“十三五”国家重点出版物出版规划
NATIONAL THIRTEENTH FIVE YEARS PLAN KEY BOOK PUBLISHING

Contemporary Research Series on The Anthropology of Art in China

当代中国艺术人类学研究丛书

主编 / 李砚祖

执行主编 / 朱怡芳

玉山之巅

琢磨世界的真实与想象

朱怡芳 著

江苏凤凰美术出版社

图书在版编目（CIP）数据

玉山之巅 : 琢磨世界的真实与想象 / 朱怡芳著. --
南京 : 江苏凤凰美术出版社, 2022.7
（当代中国艺术人类学研究丛书 / 李砚祖主编）
ISBN 978-7-5580-8206-1

Ⅰ. ①玉… Ⅱ. ①朱… Ⅲ. ①玉石 - 文化 - 中国
Ⅳ. ①TS933.21

中国版本图书馆CIP数据核字（2020）第260783号

策划编辑 方立松
责任编辑 王左佐
责任监印 唐　虎
责任校对 孙剑博
书籍设计 魏宗光

书　　名 玉山之巅——琢磨世界的真实与想象
主　　编 李砚祖
执行主编 朱怡芳
著　　者 朱怡芳
出版发行 江苏凤凰美术出版社（南京市湖南路1号　邮编210009）
制　　版 江苏凤凰制版有限公司
印　　刷 南京互腾纸制品有限公司
开　　本 787 mm × 1092 mm　1/16
印　　张 35.5
版　　次 2022年7月第1版　2022年7月第1次印刷
标准书号 ISBN 978-7-5580-8206-1
定　　价 180.00元

营销部电话　025-68155675　营销部地址　南京市湖南路1号

总序

PREFACE

艺术是人类文化的一部分，也是最具特性和变化、最为显著的文化类型之一。从发生学的角度看，艺术产生于人类的日常生活和劳作。也可以说，人类早期的所谓艺术，本质上是劳动生活的一部分和一种存在形式。劳动生活与美的结合统一形成了所谓“实用艺术”，美的纯化导致“纯艺术”的产生，即“艺术”成为艺术之后，开枝散叶、日益丰繁，形成艺术的大千世界，古典艺术、现代艺术、后现代艺术等一浪接一浪，一潮赶一潮，直至当代有人宣告“艺术”死亡、艺术史的终结。实际上，并非艺术死了、艺术史终结了，而是传统定义的艺术不能涵盖当今艺术的千变万化，不能框定艺术的呈现范围与样式。当代艺术走向日常、走向生活，似乎又回到了艺术初始的状态。

日常、生活、劳作是人之为人的最基本的状态。人类学即人学，是研究人本身的学问。在专业研究领域，人类学研究的主题是人的生物特性（体质人类学）和文化性（文化人类学）；文化人类学中包含的考古学、语言学和民族学等，涉及的范围实际上很广。不难看到，考古学、语言学、民族学等亦是独立的专业学科，艺术人类学也是如此：在艺术学中，采用人类学的理论和方法进行艺术研究，是谓艺术人类学；在人类学研究中，如果以艺术为研究对象，也可以称作艺术人类学。研究艺术及其现象，是人类学研究的传统，如对原始艺术的研究。在当代，人类学对艺术的研究基于艺术作为人类的生活、生产的文化活动这一特性而展开，艺术的社会化、生活化、物质化特征正是人类学研究的最佳切入口。

上述是我对艺术人类学的基本认知，也契合我多年从事工艺、设计一类的教学与研究工作的经验与思考。基于这些思考，我策划了这套丛书，主旨是面向中国悠久而丰繁的传统艺术历史和发展现状，采用人类学的研究方法和视角，进行系统梳理和个案研究。丛书不但专注于传统工艺领域，如陶瓷、玉器、景泰蓝、木雕、刺绣以及少数民族工艺等，还聚焦具有代表性的人物和群体。丛书作者大多为博士，他们有着工艺或设计学专业的学习和研究经历，也有着对传统工艺文化的浓厚兴趣和研究热情。

“当代中国艺术人类学研究”丛书首批出版的有：《玉山之巅：琢磨世界的真实与想象》《剪出的四季：一个中国农民的生活与艺术》《铜上书写：张同禄的景泰蓝艺术之路》《敦煌之路：常莎娜艺术教育人生》《木头的生命：福建莆田木雕群像》《景德镇新景：双创中的青年人》《瓷都的画匠：王锡良的瓷绘人生与世界》《匠艺与生活：海南黎族的工艺文化》《手艺的村庄：流动世界中的女红刺绣》《壶中天地：宜兴紫砂家族变迁史》等。这些著述，在深入考察调研的基础上，从不同角度对传统工艺及其文化进行了深度阐释，对于梳理和总结传统工艺文化具有重要的学术价值和现实意义。

中国传统手工艺文化是中外人类学学者关注的热点之一，也出现了不少研究成果，但这对于中国丰繁深厚的造物文化历史和作为人类文明的辉煌成就而言，还是远远不够的。我以为，国人引以为傲的工艺文化，是中国传统知识体系和造物文化的一部分。历史遗留之物不仅仅是“物”，不仅仅是以“艺术之眼”看到的造型、装饰一类的美学因素，其身上实际承载着深厚的历史、文化基因。具体而言，造物者、使用者在场时的社会样态、经济条件、生活方式、信仰世界、价值观、工艺技术、人生理想等组合成的知识体系是其决定性因素。或者说，“物”是这一知识体系具体化、物化的结晶。以“玉”为例，在上万年的历程中，玉所形成的知识体系整一而庞大，每一个环节都可谓“文”“化”的环节。原始初民赋予了玉这种“自然之石”文化属性，接着，通过命名、文字的表达、工艺加工使其成为具有特定功能之物（如礼器、配饰），赋予其人格（如玉有九德）等等一系列的文化品质，使“玉”成为“中华文化之石”，形成整一的玉文化知识体系。譬如形成知识传统的“命名”，仅《山海经》中直接与“玉”相关的名称就有白玉、金玉、美玉、苍玉、水玉、文玉、藻玉、玄玉、碧玉、珠玉、吉玉等三十余种（参见《玉山之巅》）。这些命名，大多与人们的信仰世界相关，“昆仑之玉”已不是地理概念，而是关于“天－地－人”的文化概念。

人类学理论和方法开拓了艺术研究的视域，它作为艺术研究的一种工具和平台，提供了对于传统工艺文化再认识的一种可能性。对于历史之物的研究，需要发掘诸多历史材料和证据，也需要某种综合与想象，更需要置于其知识体系中来认识；当代的工艺文化之“物”或通过物的个案研究，可以田野调查等方式直接进入被研究者的个人世界，被研究者个人世界的独特性即职业的专业性和人生历程的个性，这是令研究者感到陌生的地方；除此之外，研究者同样生活于这个时空环境之中，可以具身地体验和感悟，书写出活生生的文字来。如《剪出的四季》的作者追踪调查民间艺人（本质上是农民）王桂英十余年，其中有一年时间做了完整的视频记录。作为中国农民的日常生活，王桂英的剪纸是她对自我生活的记录，而这种记录也是她日常生活的一部分：白天劳作，晚上有空余时间就把白天主要的活动“剪下来”。这种“剪生活”，可以视为民间艺术创作，但更准确的表达应该是一个中国农民的日常生活。

在人类学的视域下，作为一种历史性的记录和书写，这套当代中国艺术人类学研究的著作，对于中国艺术文化的传播、民族艺术精神的传承、民族文化自信的增强，具有重要的意义和价值。在此，我要感谢诸位作者的刻苦努力，完成了相应的写作与研究任务；感谢江苏凤凰美术出版社方立松总编辑、王左佐编辑的大力支持和付出。作为主编，我也清楚地看到，丛书虽然是艰辛付出的成果，但还存在许多不足之处，如材料的收集、访谈的向度、解析的深度等等。这将作为一个起点，希望有更多更好的相关研究问世。

李砚祖

2022年5月写于江苏师范大学

前言

FOREWORD

十几年前，我迷恋上了设计编结玉石手链，还美其名曰“山海经”。虽然之前写博士论文时读过《山海经》，也只记住了一些玉石、树木及其产地、山水等的名称，但是初识这本书的感觉就是不普通，更不简单。八年前，因为看到市场上批量化的真假玉件和手串原材料备受虐待的命运，心生怜悯，设计的冲动再次爆发，于是和三两好友做起了“壹木石”。作为一个业余手艺爱好者，我试图传递“信任元”“时间银行”这些概念，以交换时间而不是交易金钱的方式来与想要这些手工物件的朋友们重新思考价值和意义等问题。每天十二小时的设计和手工时间，让我感知到自己的存在、手工的价值、物件的意义。谁想这弄巧成了一种社交技能，让我在英国访学期间以手工沟通表达的方式结识了很多外国友人。中外手艺人的执着，欧洲人对待水晶、玉石的态度和方式，以及他们对中国玉石文化的看法，让我从局限于玉石文化研究的中国“庐山”中爬了出来，尝试以此山之外的视角再次认识它。也就是在我搀拌着口语、身体语言进行文化比较研究调研的同时，碰巧在爱丁堡大学的图书馆里发现了一本英文版的《山海经》著作，两种语言在阐释同一句文字时形成的文化差异，重燃了我的兴趣。就这样，以想象性的阐释为契机，以“琢磨世界的真实与想象”为题，我希望从一种特殊的结合、一个未曾尝试过的角度审视过去和现在的玉文化。

玉文化的构建，或者说生产，自古就是在信者与疑者相互牵扯的关系里进行的。玉文化在原初社会“意（神话）—身与口（仪式、技艺）—外物（造型艺术）”的统一体中构建的世界（场）中从未消失过，这个世界转而使用了一种物是人非的叙事和表述，且与玉文化的直接生产者关系最为密切。但是，我们不能忽视那些非直接性生产者对其建构所起到的关键作用。他们就像隐形人一样，有时会带来量变到质变的影响。本书正是在“信”与“疑”的关系里展开想象世界与真实世界的辩驳。

“琢”“磨”，这两个字点明了传统治玉中最为典型且真实具体的工艺，也因此具有特别的隐喻——反复、细致地思考，使一项可见的操作工艺引申为头脑中不可见的思想过程。“玉不琢，不成器”亦有深层的文化隐喻——人原生的如“璞”的性格要经过打磨才能变成与社会相适的“良玉”。“琢磨”的人格化，让琢磨玉石既呈现出物的世界，又呈现出人的世界。

本书上、下两篇分设四章，采用相对论证的思路：第一章“误读的‘玉’”和第五章“异口同声的‘玉’”，第二章“技术的原罪”和第六章“琢磨的救赎”，第三章“可见的教化”和第七章“不可见的伦理”，第四章“共生的结界”和第八章“消解的结界”，两两呼应地体现了有与无、古与今、内与外、问与答的关系，希望从表述逻辑和哲学联系中展开一种针对玉文化的时空对话。

上篇“真实的想象（遮蔽－意义）”，论述人们为何、怎样将真实存在过的玉文化不断加工成自古至今我们获知的历史信息——传世、出土的玉器以及大量与玉有关的文字记载和传说。这些物质、文本的信息构筑的玉文化历史对于后知者是“想象性”的，也是无法复原的意义层面的“真实”。这当中既有技术性的遮蔽，也有深层的伦理意义。相对应地，下篇“想象为真实（解蔽－存在）”，则更多地着眼于现当代可以触摸和观察的事实，探讨玉文化的生产者，包括直接性、非直接性的生产者，怎样在与自我、与他人（社会）、与人造物、与自然的关系中，构建并穿梭于“真实”的存在（此在）和丰富自由的“想象”世界。

目录

CONTENTS

上篇　真实的想象（遮蔽—意义）

下篇　想象为真实（解蔽—存在）

篇

※

真实的想象
（遮蔽—意义）

REAL IMAGINATION

※

道可道，非常道；名可名，非常名。
有人终其一生尝试破解别人的密码，
有人不厌其烦地想在世代“智慧”中留下自己的印记。

第一章
误读的“玉”

历史从未真实过，而这才是真实的历史。

人类能够“想象”，这一能力是“真实”的。由于相信我们想象的、效法了自然之道的“社会生存法则”绝对存在，人类被隐去的历史、治玉手艺人的社会关系网络由此变成了不可见、不可真实记载或无法客观呈现的想象的历史。不同历史时期，人们在“玉”的叙事中所使用的概念、方式和情境的切换，慢慢地与“社会生存法则（包含政治）”共同促成了玉之神秘化的人为传统，也因此附会给玉的综合价值（人文的、经济的）越来越丰富甚至复杂。望文生义，“玉”所传递出的信息不断地被误读，亦是必然。这种误读既有选择性的、故意的误读，也有无知的、无意的误读。

那么，历史进程中作为“物”的“玉”和作为文字符号的“玉”，怎样不断地切换叙事呢？这一章就《山海经》中有关玉石造字、符号概念、能指与所指，以及当代人如何解读《山海经》等与玉石文化直接或间接相关的问题，结合人类学、叙事学、符号学的理论方法，提出技术遮蔽层面的假设并做推理辨析。

第一节
基本假设和提问

一、构造的历史？叙事文本的真实性批判

（一）关于沟通和阐释的两个问题

现实生活中，经常会出现由于语言表达不当而引发沟通不畅的问题，当然人们也会本能地做出一些反应来应对解决。那么，你是否思考过如下问题？

问题 1：怎样用我们熟知的文字语言，表达未知和不熟悉的事物？（How

to describe something unknown and unfamiliar to us in familiar written language?)

问题 2：我们通常怎样用不熟悉的文字语言表达熟知的事物？（How to describe something well-known and familiar to us in unfamiliar written language?)

这看上去是两个与信息传递相关的问题，难免要回到有效性、信道等信息学领域的问题。但是，当问题发生时，人们即使没有理论的指导，也会产生本能的或是别有动机的行为。研究人们的经验会发现，应对这两种情况最常见的行为如下。

行为一：用已知的、能成熟使用的文字语言去表达未知的事物，比如显微镜下观察到的微观世界，你不知那些微生物或结构是什么，但是得向别人传达你看到了什么时，你很自然地会用“像什么”“什么颜色”“什么形状”之类的描述逻辑，甚至画出来，涂上颜色。“像什么”的描述符合我们现代社会许多普通人的感知叙述逻辑。因此，以感知心理学的视觉先入为主的逻辑，理解为何成人、小孩见到无法用语言表达形容清楚的事情或事物时都会先形容“它像什么”，就像一个人理解不懂的艺术作品和感受大自然方物时最容易提出这种本能的疑问。

行为二：用不熟悉的文字语言去表达已知的、有名称和概念的事物时，比如你在非洲要买一口锅用来做饭，但不会说非洲原住民的语言，自然会用做饭、吃饭的动作加上用手比画锅的形状等形体语言，甚至配合象声词以让对方明白。

可见，良好、有效甚至准确的描述（信息生成）和表达（信息传递），在且必然在人们共有认知经验的前提下方能实现。基于经验的描述和记录，从当时的情况到语言、文字、主观性的记录或是参与了意识形态建构的历史编纂，都一定会筛选、过滤或者添加很多信息。这些信息同样可能会造成后世解读的障碍或误读。这也是我在本书的开篇就提出“历史从未真实过，而这才是真实的历史”的原因。

（二）四种叙事形式：身体、口传、物象、文字

20 世纪 60 年代，历史学家 R. G. 科林伍德曾提出“构造的历史学”[1]

[1]“Constructive history”，或翻译为“建构的历史”。

的概念，用以与“批判的历史学”[1]和“常识理论的历史学”[2]形成历史学性质的区分。他认为只有嵌入了想象的“构造的历史学”才是科学的历史学。然而，后现代主义的文化语境中，仍然有许多学者极力反对并批评海登·怀特关于“历史叙事的本质就是虚构”的论断。其实，无论是科林伍德还是怀特，都提醒了人们在书写和解读历史时应当采用批判性思维。

一般而言，想象性历史叙事也有两种类型：一种是以 T. B. 麦考莱与其侄孙 G.M. 屈维廉为代表，追求历史叙述表现力的“装饰性”类型；另一种就是“结构性”类型。G.M. 屈维廉认为存在科学的[3]、想象的（或思辨的）[4]、文学的[5]三类历史学，对历史研究者来说，必须谨慎地运用和处理想象与推论、假说与事实之间的关系，特别是“装饰性”的叙事方式。某种程度上，“历史学属于再现的艺术类别，它并不是某种形式的虚构。虚构的意图在于使之成为可信。历史学在可能的最直接的方式下，是在讲述真理，它预设了历史再现与过去之间的一种直接联系……它意味着感性的、解释性的、分析性的描述。再现不是对赤裸事实的叙述，它是一种理解的叙事”[6]。

那么，如何认识和对待“事实证据”？这个问题使研究者进一步对真实性和客观性展开辨析。的确，真实性不等同于客观性。研究需要的前提和假设，所使用的概念模式、知识体系甚至信念都是权衡真实性的构成因素；而叙事是否客观总是与人们的价值判断联系在一起，即科林伍德所说的“没有价值判断，就没有历史学”[7]。

历史记录或书写者的想象性叙事，并不等于当时、后世阅读或解读者的想象性构建。也就是说，在文本意义的生产问题上，书写者和解读者都存在不同程度的想象性信息生产。所以客观地讲，想象性叙事的历史从来都是企图传递

---

[1]“Critical history”，科林伍德认为，“批判的历史学”只是一种剪刀加糨糊的形式，它不过是借助历史批评的方法来确定是否将某些资料纳入与自身主题或结论相契合的图式。常见的批判类型之一是“温和派”，它专注于辨别历史事实真伪而很少反思所使用的原则或标准的合法性；批判类型之二是“激进派”，它侧重于阐释考据的方法与原则本身，有别于常识理论式的历史学。参见：[英]科林伍德著，何兆武、张文杰译：《历史的观念》，北京：商务印书馆，2003年：第360页。

[2]“The common-sense theory of history”，科林伍德称其由摘录和拼凑各种权威们的证词而建立的历史学，是一种“剪刀加糨糊”的历史学。它严格意义上属于编年史，有赖于权威记忆的可靠性、抄录作为证词的资料之忠实程度，而不是依据批判原则得出一定的结论。参见：[英]科林伍德著，何兆武、张文杰译：《历史的观念》，北京：商务印书馆，2003年：第358页。

[3]强调事实证据。

[4]注重资料筛选、归类和推理。

[5]将科学与想象性的结论以吸引人的方式表述。参见：Fritz Stern, ed. The Varieties of History: From Voltaire to the Present. New York: Meridian Books, 1973, p.239.

[6][加]斯威特编，魏小巍、朱舫译：《历史哲学：一种再审视》，北京：北京师范大学出版社，2008年：第83—84页。

[7]R.G. Collingwood. The Principles of History: And Other Writings in Philosophy of History. New York: Oxford University Press, 1999, p.217.

信息的人和解码信息的人共同参与创造的。举个简单的例子，在湖南卫视《快乐大本营》节目一个“指令画画”的游戏里，当老师念出“两个圆圈并排站，画条线儿穿成圈，圈里弧线咧嘴笑，两条前腿站得直，画出身子露后腿，另外一条要画全”这六要素的绘画指令后，四位参与者根据个人获得的信息和理解而创作出的画面完全不同（图 1–1a）。这里面就包含了符号形式、信道、信息解码的知识和有关信息有效传递的原理。至于不同文化传播所产生的更复杂层面的文化挪用或有关符号的再度想象性建构，在当今的文学作品中亦不罕见。如英国作家 J. K. 罗琳因知晓中国古本《山海经》中的“驺吾”而在 21 世纪初创作的《神奇动物在哪里》（*Fantastic Beasts & Where to Find Them*）中塑造了新的文本形象，随后根据她这本专著，2018 年又由电影公司创作了外国设计师和罗琳心中的银幕形象驺吾（图 1–1b）。

读写对于原初宗教是不存在的，口述具有不可替代的地位。一些部落的领袖经常把部族神圣的知识隐藏起来以免受到侵犯。他们认为把具有活力的神话和传说变成无生命的书写文件是毁灭性的，书写会威胁到口述所赋予的效力；因为，说话是说话者生命的组成部分。当用说话的形式表达时，抑扬顿挫的语气、新的措辞、节奏、重音、语音、腔调等，都可赋予说话以生机，说话者同时也分享他们自己的生命活力。由此可见，原初的口述带有排他性，一旦书写被引入，就无法不影响口述的效力[1]。其实，现实生活经验也告诉我们，说话的

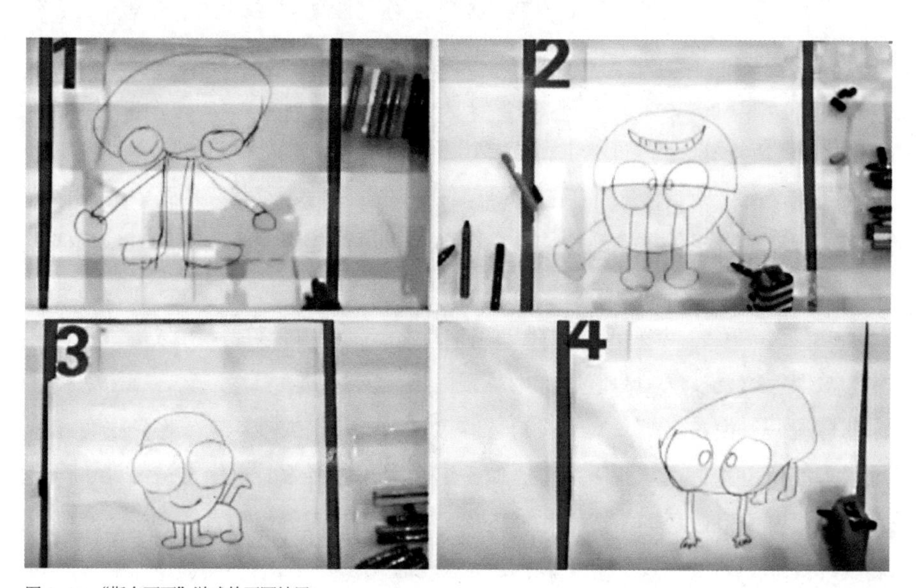

图 1–1a “指令画画”游戏的不同结果

[1]［美］休斯顿·史密斯著，刘安云译：《人的宗教》，海口：海南出版社，2013 年，第 396—398 页。

图 1-1b 《山海经》中的驺吾（左）与国外银幕上的驺吾（右）

一大作用就是增强人的记忆力；相对地，书写会让人的记忆变差，就像那句俗话所说的：“最好的记性不如最烂的笔头。”

在中世纪，无知者或是不识字的人都能够阅读理解雕刻上的意思；反观现在，只有受过专业训练的考古学家、有较高文化艺术素养者才可能释读。可以说，排他性的口述在很大程度上保护着人类的记忆，同时，它也一直试图避免书写带来的损耗。人们通过非语言方式感受神圣者的本能，这种能力会因为书写而弱化。而且，一旦书写能够明确抓住口述的要旨，某些典籍就会因被记录和书写而被赋予格外重要的地位，从而优于采用口述讲出天启的意义，这样必定会遮蔽其他神圣显露的方式。

这似乎确证了今天正在发生的事情：经典被人们忽视、雪藏；“速食文化”、现代信息技术制造信息垃圾及无用信息的海量重复；过度尊重个性化而非多样统一；很多书籍、文章没有营养且千篇一律，或抄袭、或换种语言和视角重复阐释（本书也难脱干系）。似乎这个时代已经很难赶上传统经典、再造经典，更别说突破经典了。无论新的作品、学说有无价值、有无养分，实际上确实在掩埋原有的经典，而且像泡沫和繁殖甚快的坏细胞一样湮没、吞噬优良的经典；亦像长江后浪推前浪，把经典拍死在岸边上，不过是强调“现在进行时”而已。在这个层面上看，玉文化并没有幸免于被书写和重塑。

在人类叙事的历史中，作为“物”（玉石原料、玉器）的“玉”，作为象形文字（初创本义）的“玉”，作为被后代认识、确定概念（二次释读）的象形文字“玉”，作为《说文解字》专门定义说明的“玉”，作为有发音“yù”和简体字形的现代文字“玉”等，无论是呈现的形态还是“玉”的概念，所指示的内容和意义都是不断变化的。它既是前文字时代的叙事载体，又是今天已被叠加过多次历史阐释、意义塑造的词语。例如，当今我们还能在道教文献中看到的“玉天”“玉宇”“玉帝”等字词，并依样画葫芦地理解和使用，一定程度上反映了与前文字时代《山海经》（疑为《山海图》）叙事构建的文化史信息之关联。

不断被构建意义的“玉”，我们已无法重现它第一次被赋予意义时的真实情境。那么，时至今日，做这样一项关于“玉”的研究，意义究竟何在呢？正如“玉”在历史中不断地被重构与当时社会价值、人们信仰和观念的联系一样，理论研究者和玉文化相关的从业实践者，自觉地批判或塑造着“玉”在今天的存在意义，我们似乎不过是履行着这个时代再一次认识和建构“玉”之“核心价值”[1]的职责。确证存在，如此而已。

根据叙事的属性特征，可以将其分为物态叙事和非物态叙事。按照人类叙事形式的先后历程，大致呈现为四种叙事形式，即身体、口传、物象、文字。前三种形式在科学时间轴上很可能同时出现，越是新近出现的形式，越可能具有叠加态的多重意义。

① 身体，也就是身体技艺，包括巫术的身体实施行为、琢磨治玉时具体的肢体和头脑配合的操作，还涉及肢体语言。身体技艺有即时性，发生之后就只能将这种信息内化在自己的身体中，靠一代又一代人的传承而设法再现其历史原貌，然而再现的所谓原貌也并非真实的复原。

② 口传，属于语言之一，包括口头传承的神话传说、秘诀、心得、方言、行话、隐语等。口头传承受到承载体及特点——人的记忆和讲述信息的随机性、选择性等的约束，因而会发生不确定性和信息损耗或增加等情况，无法确证为真实样貌。

③ 物象，涵盖人类的造物物质文化，玉器、纹样、图像、玉石材料等均在其内。其所在的历史时间往往需要根据经验和考古科学技术来确定，而技术工具本身的局限性和误导也有可能输出错误的年代、事件。

④ 文字，是最晚出现的叙事形式。它可能是原创，也可能是根据身体技

[1] 朱怡芳：《文化密码：中国玉文化传统研究》，北京：九州出版社，2020年。

艺、口头流传、物象经过叙事转换而形成的物态文本，在转换过程中会发生信息损耗或增加、干扰的情况，所以无法证实。

物质文化（物态）和非物质文化（非物态）在同时代文化的建构中都不一定同构，何况后人对历史的各种解读。在开篇第一章，我首先想提醒自己和研究者，无论做历史研究还是做理论研究，要清楚自己的研究工具以及这个工具可能导致的结果，最好能够真正享受用这种工具做研究的体验。“工欲善其事，必先利其器。”所以，先说说我的工具。

无论是非物态的身体技艺叙事、口传语言叙事，还是物态的物象叙事[1]和文字叙事，都难免想象，比如想象出叙事的那个对象以及第一个叙事者所在的情境。一段历史、发生的事情，除了以身体、口传语言的非物质形式流传后世，还可以采用一系列的实物、图像、文字等物质文化载体流传后世。前者属于非物态叙事，通常不可见、不可触摸，甚至不确定，所以其源头寻踪很有难度。后者属于物态叙事，因为物质文化往往是实在的、可见的，而且必须以一定的物态呈现。特别要注意的是，物态叙事和非物态叙事会在不同层面发生互释，尤其在某一时代需要构建价值时发生变化。例如，关于“西王母”的神话传说可能源于一个客观对象，无文字时代的“西王母”样貌属性究竟如何，无法得知，“祂”可能是人、动物，甚至是未知的特殊生物；当文字出现后，“西王母”被用来确定指代我们对“祂”的想象，同时或后来，人们根据这三个字的概念和想象性的口头描述以及文字记载，创造出与之对应的图像，比如画像石上的西王母；再后来，人们又根据这个图像形象加工出与之有关的二度故事和文字；后又有人根据二度口传或文字加工出二度图像。以此递推，多次阐释之后，叙事的文本越来越丰富，还可能面目全非，当然就更难梳理出最初的原型（表 1–1）。不过，最有价值的是在各种叙事版本中，我们可以解读出不同时代的“西王母”叙事所构建的其时之价值、哲学以及政治、文化，甚至阐释者个人的情感和动机。

同样的原理，可以试着推想出“玉”的物态文本的关键性演化情形。其实，在现有古文字学收录的甲骨文字中，鲜见直接释读为“玉”的文字，却有大量上下不出头的“王”形字[2]和一些“丰”形字，但是象形的“丰”也被释读为串起的玉饰或是有货币功能的串物，而非独字独意。从带有“玉”字的几个重要相关文本之引用、沿用的关系来看，《山海经》（象形文字时代 / 前文字时代 /《山海图》时代，待定）→《周礼》（周代）→《诗经》

[1] 叶舒宪也提出前文字时代存有“以物叙事”的历史。参见叶舒宪：《“玉器时代”的国际视野与文明起源研究——唯中国人爱玉说献疑》，《民族艺术》，2011 年第 6 期。

[2] 所谓“玉”字同“王”字的说法可能并不可靠，与文字出现的前后文语境有关。

（西周—春秋时期）→《楚辞》（应晚于《山海经》，战国时期）→《穆天子传》（应晚于《山海经》，战国时期）→《说文解字》（东汉），这条叙事发展脉络至汉代《说文解字》时期，已能确定汉字“玉”的能指和所指意义形成了符号性的统一，此后世代几乎就在这个基础上进行着叙事演化：最早的玉器[1]→最早“丰”（玉）字形的玉石串饰→可考证的表示“玉”形或“玉”意义的文字（或图像）、陶器纹、岩画、甲骨文、金文→带有“玉”字的书写文本→与“玉”的能指和所指对应的玉器或图像。

从以上联系可见，《山海经》是破译中国玉文化的关键历史文本。然而，想要弄清“玉”与《山海经》的渊源，在今天这个时代重新阐释“玉”，解读与之紧密相关的口传文化和实物、图像、文字等叙事文本，我将使用“新宗教学”[2]这个批判性工具。在此埋下伏笔，第二章将会递进论说其理论，谨此表示下面的论说并非妄言。

表 1–1　西王母形象的叙事演化

几种叙事演化	《山海经》中的西王母	《穆天子传》中的西王母[3]（战国时期）	《淮南子》中的西王母[4]（汉代）	《西游记》中的王母娘娘及永乐金母元君[5]（明代）
原文文字描述	玉山，是西王母所居也。西王母其状如人，豹尾虎齿而善啸，蓬发戴胜，是司天之厉及五残[6]。……西王母梯几而戴胜杖，其南有三青鸟，为西王母取食[7]。……昆仑之丘……有神，人面虎身，有文有尾，皆白，处之……有人戴胜，虎齿，有豹尾，穴处，名曰西王母[8]	天子宾于西王母[9]。乃执白圭玄璧，以见西王母，好献锦组百纯，□组三百纯。西王母再拜受之	羿请不死之药于西王母[10]	不是玄都凡俗种，瑶池王母自栽培[11]

[1] 辽宁阜新查海遗址出土的兴隆洼文化玉器有距今 8000 多年的历史，其质地以透闪石质玉为主，特别是这一时期的玉玦、玉斧等，被考古学界认定为中国最早的玉器实物。

[2] 所谓“新宗教学”不是真正的宗教团体，而是一种批判性思潮，以高科技和地外文明等为解释现象的工具，背后却是对人类技术文明的担忧和伦理思考。

[3] 图片来源：《彭山一号石棺·西王母》，参见：中国画像石全集编辑委员会编：《中国画像石全集》第 7 卷《四川汉画像石》，郑州：河南美术出版社，2000 年：图 149。

[4] 图片来源：《西王母陶灯（东汉）》，《中国陵墓雕塑全集》第 3 卷“东汉三国”，西安：陕西人民美术出版社，2009 年：图 180。

[5] 图片来源：永乐宫三清殿《朝元图》上的白玉龟台九灵太真金母元君（西王母）壁画。

[6] 引自《山海经·西次三经》。

[7] 引自《山海经·海内北经》。

[8] 引自《山海经·大荒西经》。

[9] 注：西王母如人，虎齿，蓬发戴胜，善啸。《纪年》：“穆王十七年西征，至昆仑丘，见西王母。其年来见，宾于昭宫。”

[10] 引自《淮南子·览冥训》。

[11] 《西游记》第五回《乱蟠桃大圣偷丹　反天宫诸神捉怪》。

续表

几种叙事演化	《山海经》中的西王母	《穆天子传》中的西王母（战国时期）	《淮南子》中的西王母（汉代）	《西游记》中的王母娘娘及永乐金母元君（明代）
推测形象描述	想象其描述：戴有天线的头盔（蓬发戴胜），有供给能源的导管（豹尾），口部有扬声器设备（虎齿）。从儿童绘画中可见类似的科技想象图[1]	其描述已被人性化处理，对其阐释似人间帝王之性情和行为	其描述与秦汉欲求长生不老有关，是掌管不死药的神仙	其描述为育万物、主管女仙的女神，还掌管不死药
图像文本				

二、“天书”是奇谈吗？《山海经》密码系统假设

（一）遮蔽历史的《山海经》

对中国古书《山海经》最常见的认知，不外乎它是一本地理博物志、怪异志、祭祀巫术书、医学书。

在先秦诸子文中，《山海经》中的地理、方物曾被多次引用表述。然而到了汉代，《尚书·禹贡》的正宗地位及当时意识形态、社会价值观念的统摄，迫使《山海经》沦为怪诞之说。刘宗迪在《〈山海经〉是如何成为怪物之书的》一文中探究了同为先秦地理书，为何后世奉《尚书·禹贡》为九州正宗，而将《山海经》视为大荒怪诞的原因。值得注意的是：先秦文献称述先王教化所及，所借以勾勒疆域的地名大都出自一个地理原型，即《山海经》。例如，《尚书·尧典》中的旸（汤）谷、幽都、南交、三危、羽山等地名，羲和、共工、三苗、鲧等人名，都出自《山海经》。此外，《韩非子·十过》述尧之天下的“东西至日月之所出入”，《尔雅·释地》中解释“四荒”的“西王母”“日

[1] 小学生科幻画作品一等奖《吐故纳新——智能净化器》。图片来源：http://www.xuehuahua.net/a/9133，2020年4月浏览。

下”，《吕氏春秋·为欲》中的“西至三危”“东至扶木”等，均出自《山海经》。《尚书·禹贡》和《山海经》都记录了囊括天下、笼罗西海的“世界地理志”。相比之下，虽然载于《尚书》之中的《禹贡》更具正统权威性，其描述的世界图式比《山海经》简洁明快、纲纪分明，但是先秦诸书在转引、借鉴使用材料的频次和普遍性上，却以“想象世界”的《山海经》为多。《楚辞·天问》以大禹治水和共工触不周山的神话解释地形来历，《吕氏春秋·求人篇》称禹为遍求贤才而游历四方海外，《淮南子·地形训》首称禹使太章、竖亥步天下继而述八纮、八极的图式。为何以上书著不引用《禹贡》的“九州”观，而多采用《山海经》的“四海八荒”之说？刘宗迪认为，当时人们心中的“天下”是《山海经》而非《禹贡》的天下，“就连《禹贡》本身，也与《山海经》暗通款曲”[1]。1934 年，顾颉刚在燕京大学讲授《尚书》研究时，曾特撰讲义比较《山海经》和《禹贡》，指出两书当中山川名称多有重合，列举数证，证明《禹贡》袭用《山海经》地理知识而有所修正[2]。刘宗迪的研究亦表明：《山海经》和《禹贡》的贵贱易位发生于汉武帝时期（公元前 140—前 88 年）。当时导致《山海经》地位跌落的主要原因：一是汉武帝“罢黜百家、独尊儒术”的政策，《尚书》作为“五经”之一，成为儒家阐释“洪范”大法的真理依据，并由统治阶层的意识形态赋予了其正宗权威地位；作为政治建构的产物，《禹贡》体现的是秦汉以来郡县专制的华夏地理格局，而《山海经》体现的还是古老华夷之辨的裂地封建制度的世界地理观。二是张骞通使西域后，验证了当时“天下”和异域的地理知识与《山海经》记述不符，便不为众信。公元前 179—前 122 年，刘安在编撰《淮南子·地形训》时还是将《山海经》的地理知识作为范本依据；但是公元前 145—前 90 年，司马迁著《史记》时，《禹贡》就已经代替了《山海经》原来的地位。自此之后，《禹贡》成为史料中频繁引述的舆地正宗；而《山海经》则成为志怪之祖，沦为与《神异经》《博物志》《海内十洲记》《搜神记》等志怪小说同类的想象文本[3]。诚如刘宗迪所感叹的，若是上古历史的地理背景不是依据《禹贡》而是依照《山海经》的图式延续发展，上古历史将呈现怎样的画面？它改变的或是整个古史观。

研究《山海经》的成书年代，可先推理文字记载最可能是哪种字体。目前看来主要有四种可能。

---

[1] 刘宗迪：《〈山海经〉是如何成为怪物之书的》，《读书》，2018 年第 2 期。

[2] 顾颉刚：《五藏山经案语》，见《顾颉刚古史论文集》卷八，北京：中华书局，2011 年。

[3] 同 [1]。

第一，认为是前文字时代，比大禹所在时代更早。至于传说中的《山海图》，大禹、周穆王、老子可能都曾看到过。

第二，认为是大禹、伯夷所作。大禹根据《山海图》制九鼎、定九州，传达的是君权天授的正宗、正统观念。秦汉时期，于泗水打捞禹鼎失败，后来所谓九鼎彻底消失。秦始皇则用“君权天授”的玉玺代替了九鼎。

第三，认为是战国初至汉初，楚、巴蜀、齐等地人所合作。这一时期的文献，像《楚辞》的《离骚》《九歌》中一些辞藻和说法与《山海经》颇有相似性，而且从文字及其书写载体演化历史来看，青铜器铭文和竹简以篆书记录呈现的可能性较大（图 1–2）。

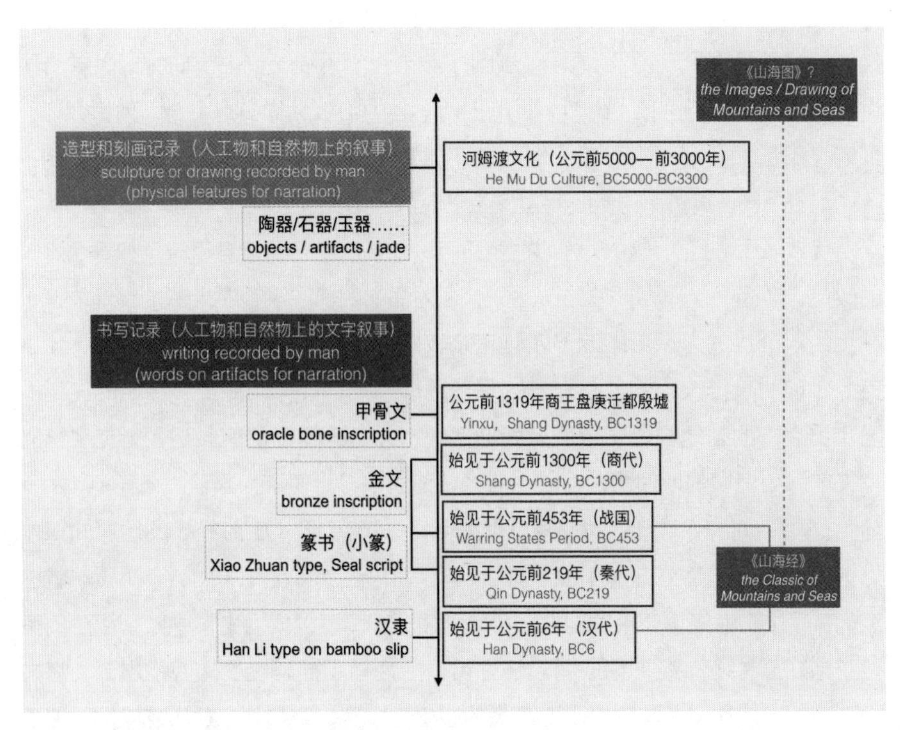

图 1–2　从文字及其书写载体推断《山海经》成书年代

第四，认为是西汉时期刘向父子集成汇编，再由晋时的郭璞作注而成。因而从《禹贡》《穆天子传》《淮南子》等文献中能发现二者的密切联系。

司马迁在《史记》中为什么说“至《禹本纪》《山海经》所有怪物，余不敢言之也”？或许是意识形态统摄下不能说出秘密，或许是真的不知道怎么描述清楚，正像之前所述的“行为一”的方式。如果用当时社会确立的真实事物和概念来解说，超出人们认知经验的信息无法切实描述，字面表达与解释之局限，难免让《山海经》落入荒诞妄言之列。

比较研究《山海经》成书背景和文本表述逻辑后，会发现《山海经》很可能采用了特殊的编码方式，遮蔽了一些其时避讳或秘密的信息，希望以怪异的文本符号流传而免遭后世删除或遗忘。因而，首先得从《山海经》中提取释读的相关密码，以重新破译"天书"被遮蔽的内容和意义。

（二）《山海经》密码系统假设

现代社会有专门的密码学，它分为编制密码的编码学和破译密码的破译学。密码学以隐藏信息为目的，在数学和信息科学基础上，专门研究如何隐秘地传递信息，比如19世纪中叶发明的由不同的点、线间隔组成的摩尔斯电码。

早在先秦时期，作为道家兵书的《六韬·龙韬》中就有周武王和姜子牙关于采用"阴符""阴书"编密方式的记载："太公曰：'主与将，有阴符，凡八等……八符者，主将秘闻，所以阴通言语不泄，中外相知之术。敌虽圣智，莫之能识。'武王问太公曰：'……符不能明，相去辽远，言语不通，为之奈何？'太公曰：'诸有阴事大虑，当用书，不用符。主以书遗将，将以书问主。书皆一合而再离，三发而一知。再离者，分书为三部。三发而一知者，言三人，人操一分，相参而不相知情也。此谓阴书。敌虽圣智，莫之能识。'"

所谓天机不可泄露，史书与兵书不同，兵书中的军事密码是希望将可理解的信息转换成绝大多数人无法解读的信息，但又要保证这些信息为特定的人所接收理解[1]。这种相似的编制密码原理在考古学对古埃及象形文字的解读以及今天的解谜、侦探推理中有所应用。那么，被封为志怪"天书"的《山海经》是否真的存在编制密码的可能呢？下面将开启这种存在可能性的探讨。

1. 基本假设一：《山海经》文本存在一个密码系统

《山海经》作为最重要的考察玉石文化根源的文字文本，其中的字词、概念、句式、组词逻辑等都可作为分析这个特殊阐释系统的切入点，也是破译的关键密码。后面会专门针对"玉"做语言符号、编码构成的破解分析。不过，这里必须澄清做此假设的两个前提。

前提一：《山海经》是对《山海图》的说明，则记录者已见过《山海图》的图像。至于该图像的载体是什么，是岩画、玉石雕刻还是金属铸造，是和坛城、沙盘一样的静态模型还是动态的影像，无论《山海图》采取何种载体

[1] 亦如金庸在《侠客行》中将唐代李白的二十四句五言诗作为武功心法和招式的信息编码。其机密在于书法的结构和书写笔画的形态与武功招式的呼应，而并非诗句字意的解读。

形式，至少表明《山海经》里的文字所呈现出的看似与地理博物相关的数字、物态等，都是原本就有依据的，只是这个依据建立在理论和猜想基础之上。也正是对《山海图》的猜想，才为我们进行密码破解研究提供了新的可能。

前提二：无关乎《山海图》的问题，而是以前文“行为一”的模式作为研究前提，即《山海经》文本是用记录者所处时代已有、已知、已普遍使用的语言文字符号（符合其时经验的文本），来表述对记录者而言未知、不熟悉、无法确切表达的事物、概念、事件等（超出后世和今时经验的事实）。

因此，《山海经》文本中的“玉”字，要么是记录者用已经成熟的赋予了社会伦理价值的文字“玉”去形容超出认知经验、无法想见的事物（苍玉、瑾瑜、琈、美玉等）和事件（“其祠”），要么是记录者把难以用文字描述却认为极具价值和意义的事物形态刻绘成“玉”的字形，从而展现出对这类事物、事件的一种畏戒、纪念、尊敬，甚至崇拜。

我曾在《文化密码：中国玉文化传统研究》一书中讨论过“玉石分化” 的问题[1]，作为当时学术研究和认知的普适观点，虽然采用了四重证据法，但很难脱离考证逻辑进行猜想。因而提出，玉石从只有自然属性到具备社会属性有个过程，远古族群试图找到一种社会秩序，与物质文化对应起来，也就是物序人伦。在原初信仰的体系内，重要性原则是：情感意义的赋予在先，物以及在物上刻画标识的文字一起才具有威慑性而不是单纯的脱离物质媒介的文字；之后才又出现了用“玉”字来指涉那些具有重要性的事物和参与事件活动的元素。

无论是《山海经》还是中国“玉”的历史文化，在后世的解读过程中，会将其他社会维度价值观赋予“玉石”上，从而遮蔽了远古“玉石”物原有的伦理意义。“玉石”物原有的指涉变成隐性信息，而在时间轴上，后来再造出的玉石器物和关于玉石的文字描述，所参与建构着的乃是新的社会形态和维度里人们的伦理诉求，如以玉比德的“玉德”说。由此可见，前文字时代——没有文字“玉”或文字“石”的玉器时代，那些器型多样的玉石与今天我们常挂口边的“玉石”，本质上有不同维度的所指，而我们很容易将这条时间轴的起点和当下连接成渐进的线条。古往今来的玉石文化历史研究往往就是在这条看不见、摸不着的时间轴上执着于寻找解开所谓历史真相的基因信息。

2. 基本假设二：前文字时代存在过高科技

时至今日，人类不断地质疑历史，究竟是不是由人类创造了史前地球的文明？因为没有文字记载，以物勾勒的历史就变得扑朔迷离。遥不可及的前文字

[1] 朱怡芳：《文化密码：中国玉文化传统研究》，北京：九州出版社，2020 年。

时代和人类遥远的未来一样，都是那么的不确定。也是因此，才为想象史研究提供了新的可能。如果作为过去式的前文字时代存在过高科技，那么创世神话、图像、实物中那些不解之谜是否就有了解释的依据？还请看到这里的读者不要即刻盖棺论定地否认可能性和想象力。在此，我将提供三个角度来佐证这个假设：首先是从神话传说（特别是创世神话）中找出远古科技和伦理的依据，其次通过一些图像比较来说明这种可能性，最后是用近现代物理学的知识进行探寻解释。

1）关于民族起源传说和创世神话中的科技与伦理

从现有的文本资料中可以获知人类起源神话母题（表 1–2）、少数民族神话传说里的一些关键词（如《少数民族创世神话选集》中所记录的），同《山海经》中的方物等关键词一样，也可以有另一个版本的想象性阐释，比如：

表 1–2　根据王宪昭《中国人类起源神话母题实例与索引》整理母题类型 [1]

序号	母题类型	细项
1	人类产生的原因、时间、地点	—
2	人自然存在或来源于某个地方	—
3	造人的原因、时间、地点	—
4	造人的材料	—
5	造人的方法与过程	—
6	造人的结果	—
7	与造人有关的其他母题	—
8	生育产生人	神或神性人物生人
		人生人
		动物生人
		植物生人
		无生命物生人
		卵生人
		感生人
		与生育产生人有关的其他母题
9	变化产生人	神或神性人物变化为人
		人变化为人
		动物变化为人
		植物变化为人
		自然物或无生命物变化产生人
		怪胎、怪物或肢体变化产生人
		与变化产生人有关的其他母题

[1] 王宪昭：《中国人类起源神话母题实例与索引》，北京：中国社会科学出版社，1981 年。

续表

序号	母题类型	细项
10	婚配产生人	神或神性人物的婚生人
		人与神或神性人物的婚生人
		人与人的婚生人
		人与动物的婚生人
		人与植物的婚生人
		人与无生命物的婚生人
		其他特殊的婚生人
		与婚生人有关的其他母题
11	人类再生	洪水后人类再生
		其他灾难后人类再生
		其他人类再生相关母题
12	怀孕与生育	怀孕
		生育与特殊的出生
		人生怪胎
		弃婴
		人的抚养
13	人产生的数量	—
14	人与异类同源	—
15	人的性别、体征等特征	—
16	人的关系	—
17	人的寿命与死亡	—
18	其他相关母题	—

①“天地之界”：少数民族创世神话中多见“天上”“上天”“从天而降”的表述，以及各种媒介塑造的时空论。

② 诞生的媒介：表述图腾和图像所显示的诞生媒介，用于描述诞生过程的关键词，包括各种雷电光、不明飞行物体、蛋、卵、璧、洞、葫芦等。

③ 创世神话中都有功能各异的图腾和形象（如动物、植物、自然物以及超出经验认知的事物等）。

④ 创世神话歌舞仪式（比如今所见的傩戏）、信仰仪式和巫术等。

⑤ 人类起源过程：造人的原因、方法、程序、形式等。

在不同民族起源神话和创世神话中出现频次较高的关键词如表 1–3 所列。若是从当代“新宗教学”的批判性视角进行另一版本的叙事阐释，许多人或会笑言荒唐。以下列举一二，至于合理性及其思考留由各家评判。

①“弓箭”用于描述战斗、营救，或某类激光束和战机出动。

②“天车、船、蛋、卵、葫芦”用于描述拯救人类的运输设备，也可能是

潜水艇、USO 或 UFO。

③“天柱、光、闪电”用以表示 UFO 喷射发动引起的光电或热气流现象。

④“鸟”用来描述用于救人、启示人的飞行设备或 UFO，“仙人、天神、天帝”或表示地外智慧生命，等等。

表 1–3 中国少数民族神话中出现频次较高的关键词 [1]

天地	天堂（天宫）	洪水	木筏（舟、船）	圣人	人类
盘古	玉皇大帝	释迦	真主安拉	巨人	魔鬼妖怪
天神	雨神	河神	火神	光	天柱
闪电霹雳	地震	巫婆	仙女（天使）	白胡子爷爷	白发老太太
太阳	月亮	星星	山（神山、天山）	山洞	泉水
天车	黑白	彩虹	兵器（刀、锤）	弓箭	镜子
蛋	卵	葫芦	蝴蝶	蜘蛛	蜜蜂
蛙（蛤蟆）	鱼	乌龟	牛（公、神、黄、青）	鸽子	乌鸦
恶龙	青龙	赤龙	凤鸟	鹰	仙鹤
骆驼	熊	蚂蚁	神花（花朵）	梧桐树	鲜血

其实，世界主要宗教的创世神话中，也不乏这类关键词，在第三章“可见的教化”中将有具体阐释。

不难发现，这些曾经口头传承，后来变成文本流传的神话传说里多次出现的关键词就像密码符号，因为关键词构建的故事中总是与灾难、拯救、帮助真善美、惩罚假恶丑等人类社会的伦理道德联系在一起。例如：① 纳西族的创世神话中依格窝格神生出一只白蛋，白蛋变成一只白鸡，自名为“米利东主家的恩余恩曼”；另一个依古丁纳神生的一只黑蛋变成了黑鸡，自名为“米利术主家的负金安南”。白色的恩余恩曼又生下九对白蛋孵化成了神和佛；黑色的负金安南又生下九对黑蛋孵化成了鬼。开天的匠师是九个能干的男神，辟地的匠师是七个聪明的女神，他们在东方竖起白海螺天柱，在南方竖起碧玉天柱，在西方竖起黑珍珠天柱，在北方竖起黄金天柱，在中央竖起白铁天柱，用蓝宝石补天，用黄金镇地，于是天和地才分开 [2]。② 珞巴族的创世神话里，天和地结

[1] 根据《少数民族创世神话选集》统计整理。参见赵晶选编：《南方少数民族创世神话选集》，北京：中国国际广播出版社，2016 年；赵晶选编：《北方少数民族创世神话选集》，北京：中国国际广播出版社，2016 年。

[2] 李子贤编：《云南少数民族神话选》，昆明：云南人民出版社，1990 年。

了婚生下太阳、月亮、星星、动物、植物、蝴蝶蛹精灵乌佑和祖先阿巴达尼，这些孩子越长越大，挨得太近，为了给他们更大的空间，天父和地母就分开了。天父带着分给他的孩子太阳、月亮、星星、云、雷电一起飘到遥远的地方。山原来不高，但由于把它分给地母之后，它很想跟天父离开，追逐父亲时又发现舍不得地母，所以追到半空中停了下来。天父离开地母十分伤心，流下的眼泪变成了雨[1]。③ 侗族龟婆孵蛋的创世神话里，则展现了似乎与“河图洛书”有关的故事：四个龟婆在没有人类的寨脚孵了四个蛋，其中三个坏了，剩下一个好蛋，孵出了一个叫松恩的男孩；龟婆不甘心又去坡脚孵了四个蛋，还是三个坏一个好，孵出了一个叫松桑的女孩，从此有了人类[2]。④ 达斡尔族关于仙鹤顶天开天辟地之说里，天与地开始也是粘在一起的，天像一口大锅扣在四方的大地上。后来一只长脖子鹤把天顶了起来，分开了天地，立在中间的鹤是一只脚，所以每隔三年必须换脚来支撑，每次换脚时就是天摇地动的地震。然后过了很多万年，一场大洪水的浩劫后，才出现了人类[3]。

世界各民族在一定时期都有本族关于神和祖先的历史传说及其用以阐释的图文描述。在中国，西王母、东王公、伏羲、女娲、黄帝、蚩尤、大禹、共工、日神、月神、昆仑山、太极、扶桑、长生树、龙、朱雀、玉……都是各种文学作品、史志文献甚至图像艺术中重复出现的关键词。不过，如果从另一种视角解读这些神或者与神相关的造物、人物、事件，将会呈现完全不同的历史图景。

宗教评论家凯伦·阿姆斯特朗在《神的历史》中分析了各个宗教的神、神秘主义的神、哲学家的神以及改革家的神。在她看来，神是创造想象的产物[4]。针对当时当世的时空状态，人类对神的概念亦存在时空局限的历史性，因为不同族群在不同时期使用此同一概念所表达的意义会有差别。某一族群人类在某一代形成的一种关于神的概念，可能对于其他族群的人毫无意义。所以，当神的概念失去它原有的意义与关联时，往往暗示了价值观念的重整，新神学曾悄悄扬弃神学之初的意义并取而代之。亦如 20 世纪后半叶因大众文化发展和科技问题质疑而涌现的“新宗教学”思潮，虽未取代，却触动了经典与权威的神经。

2）物象中的不解之谜

第一类：光环和光晕。各个有圣像的宗教中出现的身光、背光、头光，如基督和佛教圣像的图像叙事（图 1–3a、图 1–3b）。其一说法认为这种光晕代

[1] 李坚尚、刘芳贤编：《珞巴族门巴族民间故事选》，上海：上海文艺出版社，1993 年。

[2] 毛星主编：《中国少数民族文学》（中册），长沙：湖南人民出版社，1983 年。

[3] 姚宝瑄主编：《中国各民族神话》，太原：书海出版社，2014 年。

[4] [英] 凯伦·阿姆斯特朗著，蔡昌雄译：《神的历史》，海口：海南出版社，2013 年。

图 1-3a　唐卡绘画中大日如来佛的身光和头光

图 1-3b　俄罗斯莫斯科克里姆林宫教堂广场圣母法衣存放教堂内壁画上的圣像头光

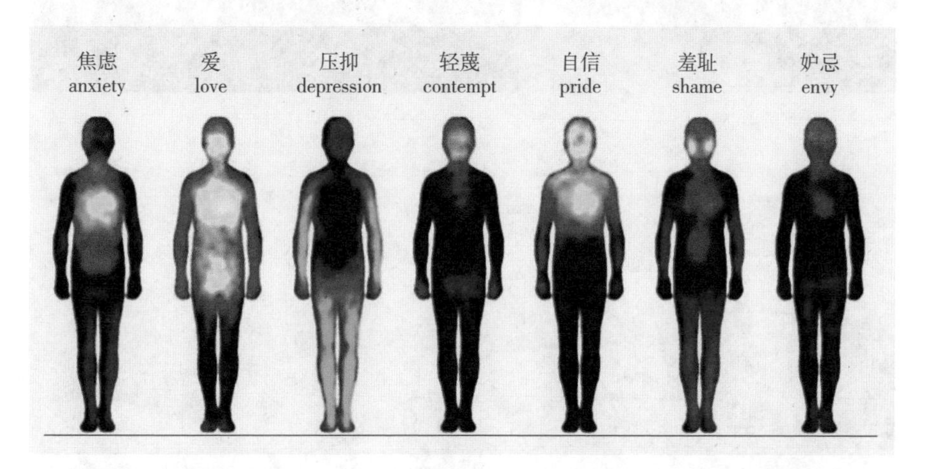

图 1-4a　现代人体气场彩光学监测到的七种各不相同的情绪光晕

表了星体或飞行器的发光或动力能量的再现；另一说法则以现代人体气场彩光学为名由，认为通过仪器检测，人体在不同情绪引导下会产生不可见的各色光晕（图 1-4a）。图 1-4b 代表此时受测试者全身周围可检测到因“爱”的强烈情感驱动而呈现的橙色光晕。

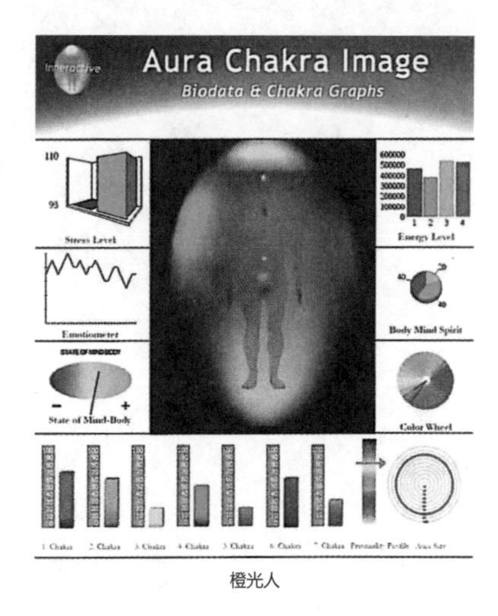

图 1-4b　呈现“爱”的橙色光晕

第二类：技术痕迹。现代社会认为技术是进化的，在时间轴前段的历史社会不应出现高于现代社会的高科技，这是一种单向度思维。“进化论”的统摄并不能

图 1–5　蒂瓦纳科城巨石

图 1–6　巨石之间的连接[1]

[1] 三张图示包括：（右图）埃及卡夫拉（Khafre）山谷寺庙石头的接缝；（左上图）秘鲁库斯科省（Cuzco,Peru）的印加罗卡宫（Palace of Inca Roca）石墙；（左下图）普玛彭古（Puma–Punku）石头连接细部看起来似是用激光工具制作的。

很好地解释地球上古老遗迹留下的未解之谜。例如，巨石的切割、无缝连接，玉器上细密的纹饰，极其薄平的大型“齐家文化”玉刀等。图 1–5 和图 1–6 所示是公元前 15000 年—前 12000 年的蒂瓦纳科城[1]。整座城市由单块在几十吨甚至几百吨的大型巨石建成，石头的“T”形和“H”形切割槽、表面的打磨以及几乎无缝的连接技术吸引了众多科幻爱好者对其进行想象性的描述。

第三类：不明用途的物件（出土物或传世品）。例如：形状奇特罕见的人像、器物，还有一些不知如何摆放、具体用途的出土玉璧、玉琮、圭等物件，也常被科幻和业余爱好者推测为与再现飞行技术有关的文明痕迹。

从一组公元 500—1500 年哥伦比亚不同地区的饰物（图 1–7a、b、c、d）比较中发现，无论是立体的饰件还是扁平的坠饰，均可见人脸为方形、身体为鸟形、口部有气流状的造型，似乎揭示了人们当时观测到的实物样貌不是自然界的什么鸟禽，而是头部有窗、窗里有生物面孔的飞行器。

图 1–7a 是哥伦比亚基姆巴亚地区的一件金铜合金挂饰（公元 500—1500 年），采用失蜡法制成，具有鸟形；图 1–7b 的细节呈现了鸟身的头首部方形框面的特征；图 1–7c 是一件来自哥伦比亚卡利玛的金铜合金吊坠（公元 500—1500 年），它塑造的这位戴面具的人，手中所持似是权杖或盾牌；图 1–7d 是一件哥伦比亚托利马地区的黄金扁平饰物（公元 500—1500 年），外形被考古学家认定为礼仪用刀具，同样采用失蜡法制造并锤打延展抛光。在中国，三星堆文化出土物亦存在类似不明功能的物件，如图 1–7e 和图 1–7f 所示的似“方向盘”的“太阳形器”和青铜面具，其呈现的机械构成和特殊相貌令人浮想联翩。另外，石家河文化玉器的人首也具有相似的特殊图式（图 1–7g），其与三

a　b　c　d

图 1–7a、b、c、d　哥伦比亚不同地区的饰物

[1] “Tiahuanaco”或“Tiahu-anacu”，位于今美洲的玻利维亚，后面有详细分析。

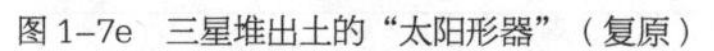

图 1–7e　三星堆出土的“太阳形器”（复原）

图 1–7f　三星堆二号祭祀坑出土的青铜面具

图 1–7g　新石器时代石家河文化玉器[1]

星堆文化、商代文化的物象叙事之间是否存有关联，则待进一步探究。

3）对《山海经》的物理学阐释视角

从近代以来物理学视角阐释《山海经》者，当以马来西亚华裔物理学家丁振宗先生为典型。他应用了大量现代科技知识对《山海经》里所记载的事物重新解释，所涉及的学科知识包括近代物理学、地球物理学、地质学、探测和开采石油与天然气的技术、冶金工程技术、核能工程、核子武器、铀的开采和提炼方法、原子弹和氢弹的原理及引爆程序、各类导弹及控制系统、空气动力学、军用飞机、气垫船，以及利用地表效应飞行的交通工具，核能潜艇，利用氢气作为燃料的交通工具，液氧、液氢和液化天然气等低温工程技术，化学和生物

[1] 湖北天门石家河印信台遗址出土。

武器技术等。

丁振宗在论证“黄帝”和“白玉”时，通过比较现代科技中铀的提炼过程和《山海经·西次三经》中关于“丹水—白玉—玉膏—玄玉—丹木—玉荣—瑾瑜之玉”的出产特征与用途关系，判断黄帝时期地球已进入核子时代，而记录中频繁出现的“白玉”就是一种核燃料。他还对 6500 万年前的燕山运动原因进行了推测，认为大禹治水的传说实际上是当时用高科技力量改变地质结构的事件，即人为因素而非自然因素造成；黄帝和蚩尤大战则是一场核子战争[1]。当然，他采用科技视角阐释的动机和初衷或许与“新宗教学”思潮对于科技伦理的反思有深层的联系。他也强调《山海经》揭示了道德伦理的意义，即希望人类能够以史为鉴，避免核战。有意思的是，在后来的史书记载、文献传播以及今天我们所接受的文化宣教中，大禹治水早已成为英雄大禹率领百姓与自然灾害抗争、不顾个人利益、“三过家门而不入”、不畏困难，经历十余年终于解除水患而造福百姓的象征性文化符号和道德叙事，无不包含着人文主义的伦理关怀（图 1–8 和图 1–9a、图 1–9b）。

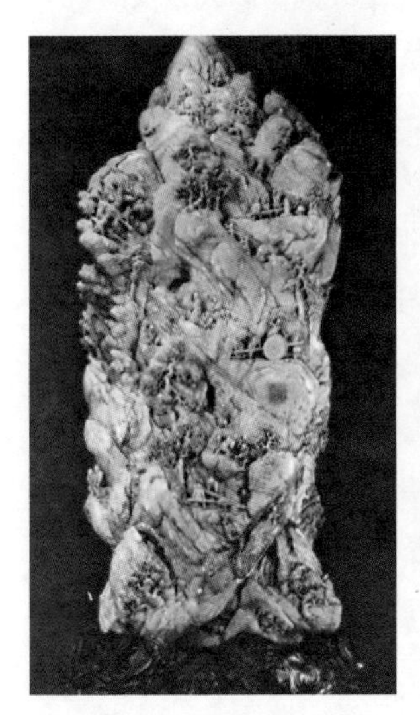

图 1–8　清乾隆时期琢制的大型玉器《叶尔羌青玉山子大禹治水图》[2]

图 1–9a　台北故宫博物院藏缂丝《大禹治水图》

图 1–9b　书本封面上的《大禹治水》故事

[1] 丁振宗重新整理了《山海经》中《海内经》关于大禹布土定九州的事件顺序：“帝乃命禹卒布土，后土生噎鸣。噎鸣生岁十有二，以定九州。洪水滔天。”另见丁振宗所著《破解山海经》第 24、第 27 章和序言。

[2]《中国美术分类全集·中国玉器全集（清）》，石家庄：河北美术出版社，1991 年：第 174 页，图 255。

第二节
“玉”之破解

一、此玉非彼玉：《山海经》密码系统及其意义

（一）取音 / 取形 / 取意的关键字词作为密码系统的基本元素

解读“玉”字的理论前提已在叙事文本的真实性批判和密码系统基本假设中做了说明，即“新宗教学”思潮和近代以来的物理学研究视角。这里将应用与其相关的方法对《山海经》密码系统进行具体分析。

《山海经》所使用的文字表述中，哪些是《山海图》当时的实指，哪些属于汉代《山海经》撰写者的语言系统逻辑呢？

第一，如果只取字词的“形”而非“意”，那研究路线则可以大致按照“甲骨文→金文（钟鼓文）→篆→隶”的脉络解读。因为汉代编撰者在重抄或新作前代历史文化时，对文字形意的表达必然会有其时代的理解、注解和使用习惯。

第二，如果是取“意”，那就得借鉴考古学家一系列的成果和文化学、历史学知识，但因时空变化，字意和语言文法不免发生很大改变。

第三，如果部分取“形”、部分取“意”，即推想编撰者可能采用了当时的文法结构，但字词多按照取“象形”之图形表意方法，在组词出现时，就要特别注意名词、动词、形容词词性和逻辑文法。比如，同一词语出现在不同地方时会有“名＋动”结构和名词转化为动词的情况，以及像“黄”“帝”“白”“玉”之类可能是用来表示观看视角——“正视图＋俯视图”——象形属性的组合词，另外还存有一些组合词转变为单字象意时使用的区别。它们内含着像摩尔斯密码一样的编码逻辑。

这三种方式中，我的研究重点是第三种。

下面将采用音指表（表 1–4）、形指表（表 1–5）、意指表一（表 1–6）、意指表二（表 1–7）比较说明这种系统的结构，其中：表里带星号（*）的项目是破解文本重要的关键词；“普释”是指传统经典的解释；“新释”是本书基于“新宗教学”的批判性阐释（包含丁振宗的研究观点）；“频次”是指该字词在晋代郭璞《〈山海经〉校注》版本中出现的次数，仅为粗略统计，因为在现世可见的版本——18 卷 39 篇 31000 多字的《山海经》今传本之中，仍然存

在错字、别字、假字、改字的可能。

表 1–4 《山海经》中关键字词密码系统的音指表（部分）
（取发音）

字词	发音	出处
鼓柝	敲鼓声，[tuo]	《北山首经》
牛	哞声，[muo]	《北次三经》
磬	磬声，[qing]	《中次二经》
叱呼	出气呼吸声，[chi hu]	《中次二经》

注：《山海经》中常见“其音如……”的句式与“其状”“其名”连用的情况，“其音”有犬吠、婴儿声、雀鸟声、野猪叫声、劈木头声等多种。

表 1–5 《山海经》中关键字词密码系统的形指表（部分）*
（取文字象形的相似形）

字词	甲骨文 金文	新释	出现频次 （次）
石	（乙六六九〇）	外形似“石”字形的设备	117
玉	A（三期佚七八三） B（一期乙三四六八）	某种飞行器； “丰”字形设备	256
金	周代仲偁父鼎上的“金”	发出特殊金属光色； 有“金”字外观	162
玄	周代齐侯钟（六）上的“玄”	带有连环外观的设备（可能是俯视图或正视图）	26
木	木觚上的“木”	像树木的立式设备或架子（可能是正视图）	289
华（華）	大夫始鼎上的“华”	有光亮的高立设备； 有此形状的高耸杆柱	56
桑	A（一期合二四九） B（三期前四.四一.四）	通信塔（可能是正视图）； 带有网络分支结构的设备	32
人	主人举爵上的“人”	“人”字形机械或飞形器（可能是俯视图）	273
毛	乙毛鼎上的“毛”	绳索或天线（可能是正视图）	53

续表

字词	甲骨文 金文	新释	出现频次（次）
巫	（人三二二一）	有四个升降器的飞行器（可能是俯视图）	32
面	（引自《说文解字诂林》）	视窗或头部（正视图）	87
日	A 周代齐侯钟（七）上的“日” B （三期甲一五六一）	卫星或特殊防御设备	36
月	季妇鼎上的“月”	带有弧面的飞行设备	28
婴（嬰）	（封八六）[1]	带天线的设备或是某种次声波武器（可能是正视图）	38
女	周代齐侯钟（三）上的“登”	人造卫星（可能是正视图）	48
美	美爵上的“美”	带天线的飞行设备（可能是正视图或俯视图）；似“华”字形设备	31
山	伊上的“山”	高出地面的地域或大型平台	875
圭（珪）	敔敦上的“圭”	上尖下方的天线或设备（可能是正视图或俯视图）	6
吉	A （一期合二八） B （周甲探一五） C （商钟上的“吉”）	由上下两部分组成的设备（可能是正视图）	16
登	A （一期卜六六四） B （一期续四．三四．二） C 周代齐侯钟（三）上的“登”	灯塔或上下两部分组成的高塔设备（可能是正视图）	5
禹	（引自《金文编》石经）[2]	带方形视窗的设备（可能是正视图或侧视图）	30

[1]《睡虎地秦简文字编》。

[2]《古文字诂林》第6082页。

续表

字词	甲骨文 金文	新释	出现频次（次）
黄（黃）帝	伯姬鼎上的“黄”	核能推动的大型飞行载体，“黄”是正视图，“帝”是俯视图（图 1–10）	13
帝	A（一期乙六四〇六） B（三期甲一一六四）	“帝”字形飞行设备（俯视图）	102
舜	（许慎《说文解字》卷五）	穿着太空衣的生物外形（正视图）	12
禹	周代齐侯钟（五）上的“禹”	带有特殊设备的生物（正视图）	16
钟	周代齐侯钟（六）上的“钟”	“钟”字形的大型基地或设备（可能是正视图）	12

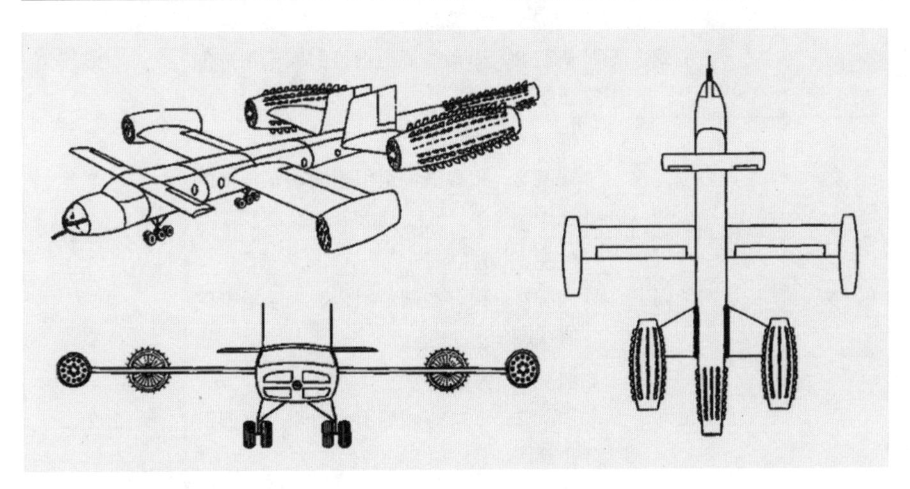

图 1–10　丁振宗研究绘制的“黄帝”三视图

表 1–6 《山海经》中关键字词密码系统的意指表一（部分）*
（取普释或形指意义）

字词	普释	新释	出现频次（次）
多	数量词	数量词	1035
少	数量词	数量词	28
上	方位词	方位词	302
下	方位词	方位词	221

续表

字词	普释	新释	出现频次（次）
大	属性词	情况 1：属性词 情况 2：和有些词组组合时表示象形的正视图	179
小	属性词	情况 1：属性词 情况 2：和有些词组组合时表示象形的正视图	13
阴（陰）	方位词和属性词	情况 1：方位词和属性词 情况 2：和有些词组组合时表示象形的侧视图	104
阳（陽）	方位词和属性词	情况 1：方位词和属性词 情况 2：和有些词组组合时表示象形的侧视图	134
南	方位词	情况 1：方位词 情况 2：和有些词组组合时表示象形的正视图	285
北	方位词	情况 1：方位词 情况 2：和有些词组组合时表示象形的正视图	357
东（東）	方位词	情况 1：方位词 情况 2：和有些词组组合时表示象形的俯视图	485
西	方位词	情况 1：方位词 情况 2：和有些词组组合时表示象形的正视图	292
黄（黃）	色彩词	情况 1：色彩词 情况 2：和有些词组组合时表示象形的正视图	143
白	色彩词	情况 1：色彩词 情况 2：和有些词组组合时表示象形的正视图	148
苍（蒼）	色彩词	情况 1：色彩词 情况 2：和有些词组组合时表示象形的正视图	25

表 1–7 《山海经》中关键字词密码系统的意指表二（部分）*
（因事物超出当时认知表述的范围而取比附意义）

字词	普释	新释（比附）	出现频次（次）
生	像草木生出土之形[1]、滋长、活着	可以动，有声音，生产加工成	110
死	人所离[2]、亡、命尽	坏了，不能动，停止，无声	19
国（國）	邦[3]、国家	超大型、大规模的物、基地	174
民	众萌[4]、百姓	与“国”相比要小的物	50
神	天神引出万物者[5]、高超	该地域、工厂的重器；超出认知的生物或设备	94
台（臺）	高的方形建筑、三公星名[6]	像航母一样的大型设备平台	22
祠	祭祀、庙[7]	仪式、守护、看防	45
血	血液、红色[8]	用红色的激光技术或铁水加工；特殊液体以提供能量	6
觞（觴）	酒器、饮酒[9]	液态燃料	2
佩	带、挂[10]	进行装备	8
杀（殺）	致死[11]、熄灭、枯萎[12]	摧毁	21
残（殘）	残害[13]、杀戮[14]	拆卸改装	1
象	兽名[15]	用于储备的大容器	9
兽（獸）	动物[16]	在陆地上工作的机器	188
鸟（鳥）	飞禽、朱鸟[17]	可飞到天空的飞行器	246

[1]《说文解字》（陈刻本）。
[2] 同 [1]。
[3] 同 [1]。
[4] 同 [1]。
[5] 同 [1]。
[6]《汉语大字典》。
[7] 同 [6]。
[8] 同 [6]。
[9] 同 [6]。
[10] 同 [6]。
[11]《吕氏春秋》。
[12]《周礼》。
[13]《战国策》。
[14] 同 [12]。
[15]《左传》。
[16] 同 [12]。
[17]《书 · 尧典》。

续表

字词	普释	新释（比附）	出现频次（次）
鱼（魚）	水生动物[1]	可在水中工作的设备	128
鼍	[tuó] 扬子鳄[2]	鳄鱼外形的工厂	1
黾	[měng] 一种蛙[3]	蛙形的设备	2
龜	[guī] 外骨内肉、象足甲尾[4]	龟形的加工厂	13
龙（龍）	如蛇，有鳞爪的神异动物[5]	发出热量的喷气引擎或核能喷气式飞行器	43
烛龙（燭龍）	能照耀天下的神名[6]	核能推动的工厂或机械	1
应龙（應龍）	有翼的龙[7]	在太空站的宇航船	5
魃	旱鬼[8]	核能驱动的宇航船	4
蛇	爬行动物[9]	浅水上的运输工具；能源站；排水或排气管；空对空或空对地导弹	114
鸣（鳴）蛇	水中动物[10]	水中发出声音的设备	2
巴蛇	大蛇[11]	与“象”字形储备容器有关的“巴”字形加工厂	2
文鳐鱼	带翼发光的鱼[12]	可潜水、可飞行的带飞翼的鱼形机械	1
鯑	黑色的鱼[13]	“帝”字形潜水艇	1
珠	蚌之阴精[14]	小型鱼雷	7

[1]《诗·小雅》。
[2]《吕氏春秋·季夏》。
[3] 唐代白居易《东南行一百韵》。
[4]《说文解字》（陈刻本）。
[5]《说文·龙部》。
[6]《楚辞·天问》。
[7] 同 [6]。
[8] 同 [4]。
[9]《说文解字》（孙刻本）。
[10] 汉代张衡《南都赋》。
[11] 晋代左思《吴都赋》。
[12] 同 [11]。
[13]《宋本广韵》。
[14] 同 [4]。

续表

字词	普释	新释（比附）	出现频次（次）
三青鸟	仙鸟[1]	运输机	4
蝮虫	色如绶文的毒蛇[2]	外形比蛇短的设备；小型气垫船	3
肥遗	六足四翼的蛇[3]	地表效应飞行器的侧面图和俯视图（图 1–11）	4
西王母	长生不老的女仙人[4]	非地球物种：戴有天线的头盔（蓬发戴胜），有供给能源的导管（豹尾），口部有扬声器设备（虎齿）	5
竖（豎）亥	善行人[5]	测量地球数据的航天设备	4
繇	草木茂盛[6]	大型起重设备，有架构柱、绳索等	4
犰狳	有麟片，昼伏夜出的兽[7]	带防护铠甲的生化武器	1
夔	似龙，有角手人面的兽[8]	氢弹	3
玉荣（榮）	玉花[9]	铀 235	1
交胫（脛）	脚胫曲戾相交[10]	雷达天线	2
卵	蛋形，无孔者[11]	炸弹	8
有易	在易水附近的部落[12]	激光武器	4
河伯	河神[13]	水泵	1
登比氏	舜的妻子[14]	灯塔基地	1

[1] 清代王夫之《九昭》。

[2] 见《山海经》郭璞的注释。

[3] 晋代张华《博物志》。

[4]《穆天子传》卷三。

[5] 见《淮南子・地形训》高诱的注释。

[6]《尚书・禹贡》。

[7] 夏征农主编，辞海编辑委员会编：《辞海》1999 年版缩印本“音序”，上海：上海辞书出版社，2002 年，第 1367 页。

[8]《说文解字》（陈刻本）。

[9]《穆天子传》卷二。

[10] 见《山海经》郭璞的注释。

[11] 同 [8]。

[12]《竹书纪年》卷上。

[13]《庄子・秋水》。

[14] 见《山海经》袁珂的注释。

续表

字词	普释	新释（比附）	出现频次（次）
珥两青蛇	耳戴青色的蛇形饰物，顺着耳边的两条头发辫子[1]	驾驶舱两侧悬挂有“青”字形的导弹设备	7
珥两黄蛇	耳戴黄色的蛇形饰物（辫子之说同上）	驾驶舱两侧悬挂有“黄”字形的导弹设备	2
践两（踐兩）	踩踏[2]	下方有着陆设备	5
夏后開	“启”诞生的母亲石[3]	配有两个核能喷气引擎的战斗飞行器	1
夏后啟	大禹的儿子“启”[4]	带有测量仪器的核能动力飞行器	3
夸父	神话人物，兽名[5]	竖直起飞的核动力飞行器	9
风伯	风神[6]	带有核弹头的洲际导弹	2
雨师（師）妾	神话中的国名[7]	反洲际导弹飞行器	2

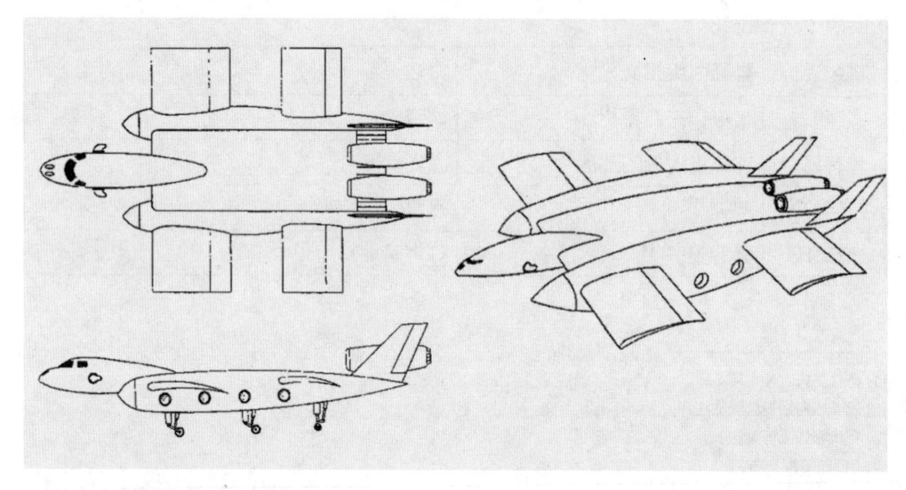

图 1–11　丁振宗研究绘制的“肥遗”三视图

[1] 参见《在线汉语词典》，网址 http://xh.5156edu.com/html3/13350.html.

[2]《庄子・马蹄》。

[3]《楚辞・九辩》。

[4] 同 [4]。

[5] 见《山海经》郭璞的注释。

[6]《楚辞・远游》。

[7] 见《山海经》郝懿行的笺疏。

（二）文本的文法逻辑

以代表高出地面的地域或大型平台的“山”为例。

①对“山”的描述共26篇，顺序依次为南、西、北、东、中（亦可参见第四章图4–39b的玉器原始四象相生的顺序示意）。其中：

南方（共3篇）：《南山经》《南次二经》《南次三经》；

西方（共4篇）：《西山经》《西次二经》《西次三经》《西次四经》；

北方（共3篇）：《北山经》《北次二经》《北次三经》；

东方（共4篇）：《东山经》《东次二经》《东次三经》《东次四经》；

中方（共12篇）：《中山经》《中次二经》……《中次十二经》。

②“山”各篇，主要描述对象是山的居位、距离，相关的河水、草木、动物、矿产等事物。例如：

之首，曰钤山，其上多铜，其下多玉，其木多杻橿。西二百里，曰泰冒之山，其阳多金，其阴多铁。浴水出焉，东流注于河，其中多藻玉，多白蛇。……又西二百里，曰龙首之山，其阳多黄金，其阴多铁。苕水出焉，东南流注于泾水，其中多美玉。（引自《山海经·西次二经》）

又西北四百二十里，曰峚山，其上多丹木，员叶而赤茎，黄华而赤实，其味如饴，食之不饥。丹水出焉，西流注于稷泽，其中多白玉，是有玉膏，其源沸沸汤汤，黄帝是食是飨。是生玄玉。玉膏所出，以灌丹木。丹木五岁，五色乃清，五味乃馨。黄帝乃取峚山之玉荣，而投之钟山之阳。瑾瑜之玉为良，坚粟精密，浊泽有而光。五色发作，以和柔刚。天地鬼神，是食是飨；君子服之，以御不祥。自峚山至于钟山，四百六十里，其闲尽泽也。是多奇鸟、怪兽、奇鱼，皆异物焉。（引自《山海经·西次三经》）

③“山”各篇的总结句体例特征是：山的总数量（“凡……”）+总距离；出现山“神”；出现祭祀事务和相关事物。例如：

凡南次二经之首，自柜山至于漆吴之山。凡十七山，七千二百里。其神状皆龙身而鸟首。其祠：毛用一璧瘗，糈用稌。（引自《山海经·南次二经》）

凡西次三经之首，崇吾之山至于翼望之山。凡二十三山，六千七百四十四里。其神状皆羊身人面。其祠之礼，用一吉玉瘗，糈用稷

米。（引自《山海经·西次三经》）

凡北山经之首，自单狐之山至于堤山。凡二十五山，五千四百九十里，其神皆人面蛇身。其祠之，毛用一雄鸡彘瘗，吉玉用一珪，瘗而不糈。其山北人，皆生食不火之物。（引自《山海经·北山经》）

凡东次二经之首，自空桑之山至于硜山。凡十七山，六千六百四十里。其神状皆兽身人面载觡。其祠：毛用一鸡祈，婴用一璧瘗。（引自《山海经·东次二经》）

④ 除26篇“山”经之外，“海内”经、“海外”经、“大荒”经中出现有少量的重要事件的描述。例如：

共工之臣曰相柳氏，九首，以食于九山。相柳之所抵，厥为泽溪。禹杀相柳，其血腥，不可以朮五谷种。禹厥之，三仞三沮，乃以为众帝之台。在昆仑之北，柔利之东。相柳者，九首人面，蛇身而青。不敢北射，畏共工之台。台在其东。台四方，隅有一蛇，虎色，首冲南方。（引自《山海经·海外北经》）

黑齿国在其北，为人黑，食稻啖蛇，一赤一青，在其旁。一曰在竖亥北，为人黑首，食稻使蛇，其一蛇赤。下有汤谷。汤谷上有扶桑，十日所浴，在黑齿北。居水中，有大木，九日居下枝，一日居上枝。雨师妾在其北，其为人黑，两手各操一蛇，左耳有青蛇，右耳有赤蛇。一曰在十日北，为人黑身人面，各操一龜。（引自《山海经·海外东经》）

大荒之中，有山名曰日月山，天枢也。吴姖天门，日月所入。有神，人面无臂，两足反属于头山，名曰嘘。颛顼生老童，老童生重及黎，帝令重献上天，令黎卬下地。下地是生噎，处于西极，以行日月星辰之行次。（引自《山海经·大荒西经》）

（三）玉石相关的图文符号编码

前面提到了四种叙事形式：身体、口传、物象、文字。这里将从语言符号学的编码原理来解析图文符号信息是怎样被制造、传递并形成不同影响的。

说到符号学和语言学研究，不可避免地要提到两位学者。一位是从结构主义逻辑出发进行建构体系研究的语言学家费尔迪南·德·索绪尔（Ferdinand de Saussure），他的语言符号学理论明确提出了符号（sign）、意符/能指（signifier）、意指/所指（signified），而且这三个概念几乎就是结构主义符号学的基本理论支撑。他还强调：语言是符号学的一部分；语言是一个符号系统；语言是特殊的符号系统；语言的声音形象是能指，语言所反映的事物概念是所指，能指和所指构成符号；语言符号能指和所指的联系具有任意性，它不像象征符号，象征符号总有确定的意义和联系。另外一位学者是颇受争议的社会学家米歇尔·福柯（Michel Foucault），他在《词与物》中批判西方人类学的主体主义，并区别了两个概念：一是看似无权力干扰的“语言”，二是带有社会性、文化权力、经验性的“话语”。的确，如福柯所说，人类的经验知识在特定的时空存在各种法则，而且无论是谬误还是真理都会遵循某类译码的法则[1]。一个社会通过发现和利用事物间的相似性和差异性的法则来描述建构合理的秩序，从而把握在社会网络中的存在。这似乎又与有效处理和可靠传输作为一般规律的信息学不谋而合（图 1-12a、图 1-12b）。

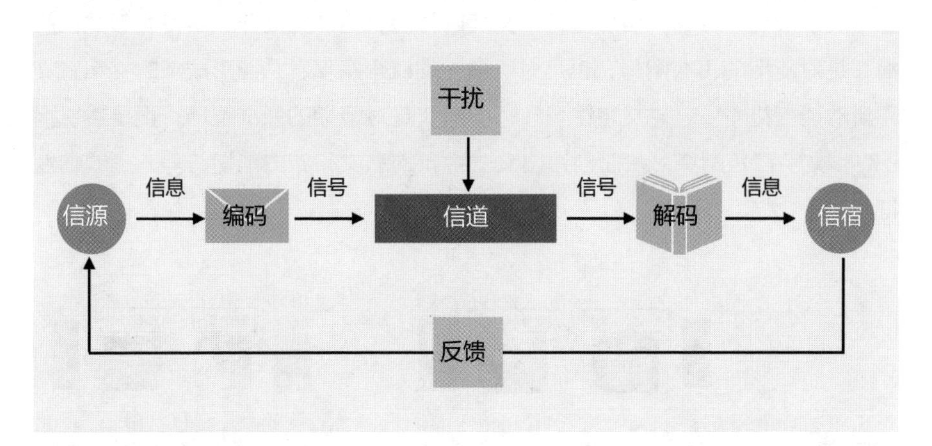

图 1-12a 信息传递过程原理

叙事形式	身体	口传	物象	文字
信息符号类型	形体	口语	物性 人造物 自然物	书写
	非物态		物态	
	非文字性语言			文字性语言

图 1-12b 叙事形式与信息符号类型比较

无论如何，人类用于自身与外部世界信息交流的符号表达类型主要包括形体符号、口语符号、物性符号、书写符号。前三者属于非文字性语言：“形体

[1] Michel Foucault. Dits et écrits, I, 1954–1969. Les Mots et les Choses, 1966, p.498.

语言”在今天我们还可以从影视表演、舞蹈、体育竞技、手语、交管人员的道路指示动作，以及人在实际生活当中的行为举止方面见到；“口语符号”主要从今天我们的口头传承文化、民族志、民俗、传说、方言、行话等语言的表达中发现；“物性符号”则从我们身边的“人造物”和“自然物”可见。“书写符号”则因不同时代、民族文化等多方面变化而会出现不同的文字和图像形式、概念及表达逻辑。作为书写符号组成的《山海经》文本只是以上四种符号表达类型中的一种类型，但是它具有了象征符号的特性[1]，即能指和所指存在确定性联系。因此，它对应了一套能指和所指体系，不过是加了特殊法则的密文而已。图 1–13 是玉膏等玉词的所指和能指示意图，其中作为能指的符号是赤宝、黄华、玉膏、玉荣、瑾瑜、玄玉、白玉，所指却因为信道的改变而有三种可能的意义。所指 1 是原指的意义，根据颜色、质地、形状、声味等“取意”信息和古文字形等“取形”信息进行密文编码传递表达的直观非文字符号形式；所指 2 是对能指的再次阐释，也是对所指 1 的概念阐释，从而形成新的文字意义和新的能指符号——“文字符号”；所指 3 是对能指的三次阐释，更是对所指 2 的非文字符号阐释，从而创造出又一种新的意义和新的能指符号——“物性符号”。

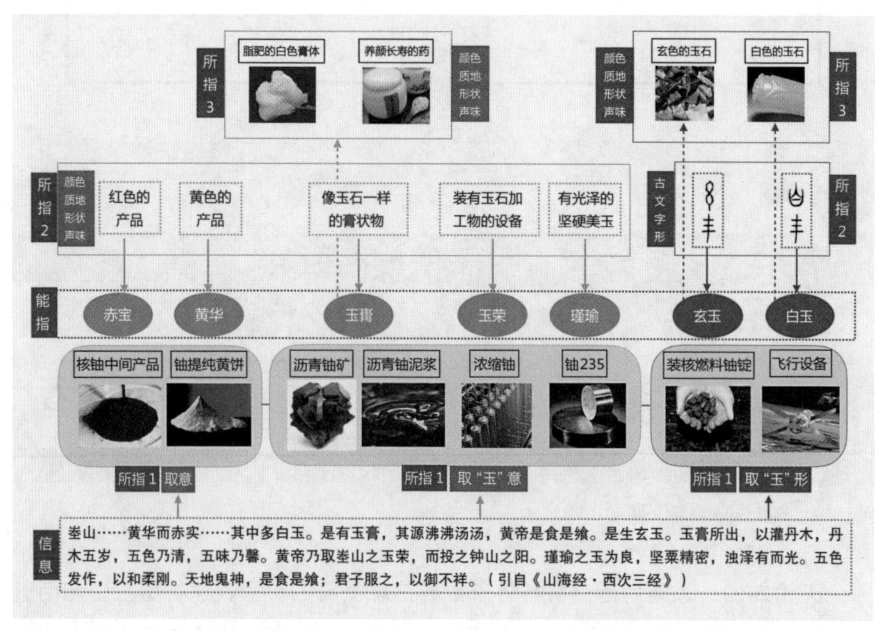

图 1–13　玉膏等玉词的所指和能指示意图

[1] 在丁振宗的大胆推理中，《山海经》源本的《山海图》很有可能是一种文字符号之外的综合影像记录。

信息传递过程原理图（图 1–12a）还呈现了信息传递时信道及其存在干扰的可能性，这个信道的干扰亦可理解为不同时代的语言、观念、制度、事物等影响信息解码的因素。不同时代能够产生所指 1、所指 2、所指 3，甚至更多所指的意义，而每一次所指意义的编码和解码（阐释）都会使能指和所指之原初的信源符号发生变化。因此，属于人文符号（形、音、意的符号）而非数据代码（如 0、1 等符号）的信息，除非还原信道及其干扰信息，即还原到当时即刻（那个时间点的“此在”）的情境，否则就不存在能指与所指绝对一一对应的情况。

（四）文本与器物叙事的时空指向

其实，根据《山海经》的文字描述，能够寻迹的物性符号还可见于青铜器、玉器、漆器等器物。在分析以造型、图案等物象的叙事形式生产其时非物质文化（非物态）和物质文化（物态）的时候，需要注意文本与器物的指向性。也就是说，任何一个时代的物象叙事都存在立足于那个时间点而追溯过去或者未来的可能性，因而，文本（特别是文字符号）的所指具有一定的开放性，就像克莱因瓶的结构原理（图 1–14），包含着两个无限循环的指向。

表 1–8《山海经》部分核心文字的物象比较，以及表 1–9 祭祀场景的原貌推想，就是以文字文本为起点（此刻），而指向不同的时空情境（信道）的示例。

一条叙事线路是面向当下的叙事：从甲骨文到简化字再到现代人们理解的该字代表的常识物象，都无法回溯到前文字时代的物象。

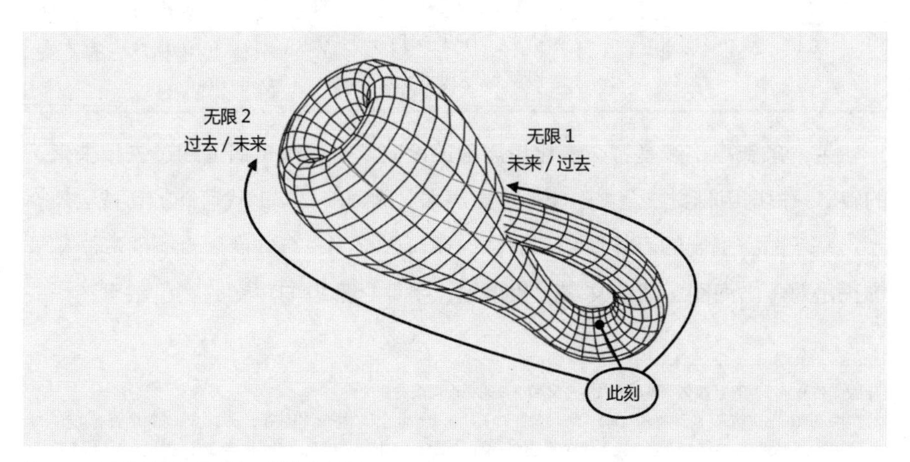

图 1–14　基于克莱因瓶的两个无限循环的指向

表 1–8 《山海经》部分核心文字的物象叙事开放性指向

常识物象											
简化字	帝	圭	璧	琮	金	玉	巫	王	工	毛	木
小篆	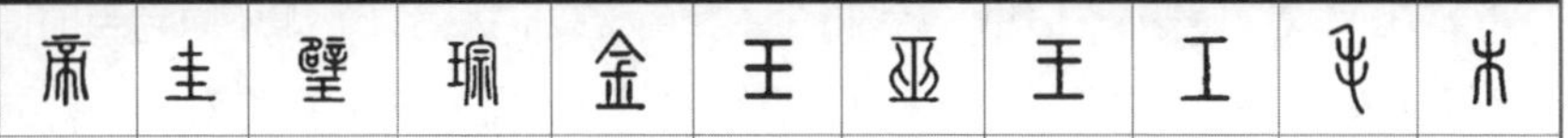										
金文	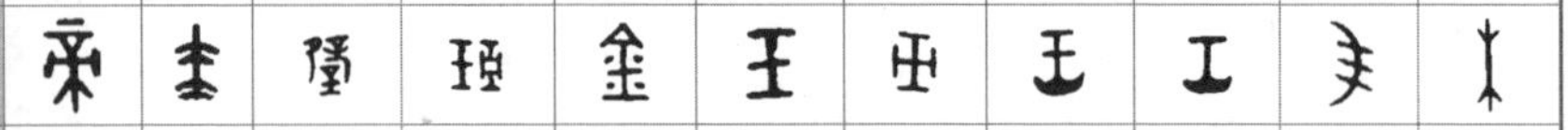										
甲骨文	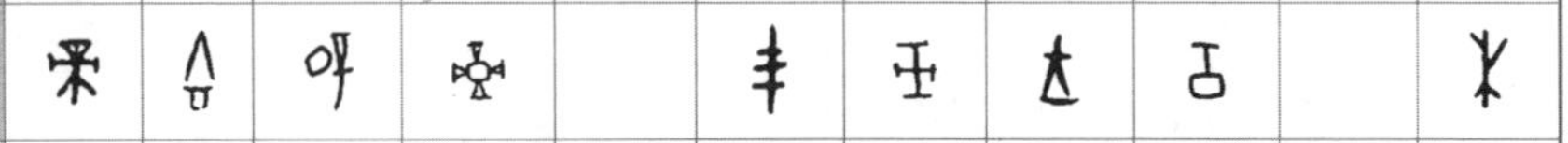										
科技物象	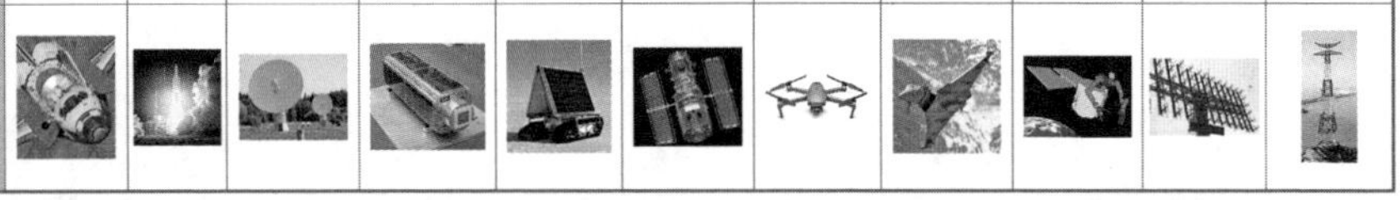										

注：此表为作者自制，与图 1–13 中部分图片一样，均来自互联网，对相关拍摄者表示感谢。

表 1–9 《山海经·南次二经》祭祀场景“毛用一璧瘗”的原貌推想

推测曾用金文[1]的原文（金文）	推测曾用篆书的原文（小篆）	推想重现的科技形态场景	现今常识重现的场景
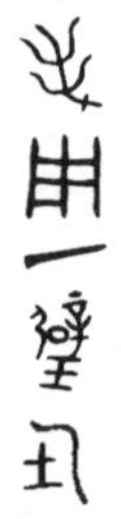	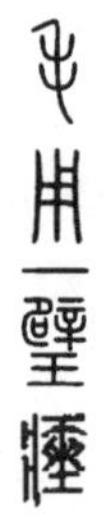	 “玉兔二号”抵达月球背面 A 点[2]，可见探月车上的通信设备似璧和似毛的结构	 汉代墓葬海昏侯墓刘贺棺椁上用于祭祀的玉璧阵列[3]

另一条叙事路线是打破进化论局限的面向两个无限（遥远的过去和未来）的叙事：根据甲骨文或金文的象形、象声本义溯源前文字时代可能的科技物象。

基于时空指向的可能性和开放性，还可以推测：有些商周青铜器形制和纹饰正是对《山海图》或前文字时代事物、事件之形象与声音的物象叙事；一些

[1] 因“毛”字可考的甲骨文尚缺，所以用金文和小篆来重现可能的原文。

[2] 图片来源：北京航天飞行控制中心著：《月背征途》，北京：北京科学技术出版社，2021 年：第 97 页。

[3]《汉书·郊祀志》中关于秦代祭祀采用瘗埋璧圭的记载：“黄犊羔各四，圭璧各有数，皆生瘗埋，无俎豆之器。”可见，至少在秦汉时期就存在着《山海经》中的瘗埋文化。

汉代玉璧上的龙、兽等也是对文字记述的《山海经》世界的再现。即使是不同时代玉器和玉器之间的图像叙事，它们也会经过所指和能指的一而再、再而三的信息编制与转译（表1–10、图1–15）。

当然，由此方式会引发一系列颇具挑战性却缺乏坚实论据的批评性质疑，例如：

表1–10　青铜器和玉器间的相似性信息转译

名称	青铜器	玉器	文字描述
钺形			从商代晚期青铜醜亚钺[1]与西周兽面纹玉钺形饰[2]的比较中发现，后者延续了齿牙的造型表达，并对兽面做了抽象简化
鸟形			由商代晚期的两件青铜器立体形式[3]和同是商代晚期的两件玉器平面形式[4]的比较可见，青铜器中鸟形作为符号元素与其他兽禽类物象共同组合，其纹饰、形状特征与玉器平面的鸟形制具有一定的相似性和同构性
鸟与建木			三星堆文化的神树九鸟和西周时期的玉鸟与建木[5]形象似与《山海经》的“扶桑”（建木）所指有一定联系
虎形			商代晚期双虎弓形器[6]与商代晚期的玉琥[7]相比，前者为立体表达，后者为平面形式

[1] 中国青铜器全集编辑委员会：《中国青铜器全集（第4卷）·商4》，北京：文物出版社，1998年：图182。

[2] 中国玉器全集编辑委员会：《中国玉器全集2·商·西周》，石家庄：河北美术出版社，1993年：图248。

[3] 商代晚期妇好鸮尊，中国青铜器全集编辑委员会：《中国青铜器全集（第4卷）·商4》，北京：文物出版社，1998年：图113；商代晚期鸮纹觥，《中国青铜器全集（第4卷）·商4》，图158。

[4] 商代晚期夔冠鹦鹉形玉饰，中国玉器全集编辑委员会：《中国玉器全集2·商·西周》，石家庄：河北美术出版社，1993年：图85、图86。

[5] 河南三门峡虢国墓出土。

[6] 中国青铜器全集编辑委员会：《中国青铜器全集（第3卷）·商3》，北京：文物出版社，1998年：图210。

[7] 同[2]，图65。

续表

名称	青铜器	玉器	文字描述
蒲纹和谷纹			商代晚期的青铜正侯簋[1]与战国早期玉璧[2]相比，前者是在立体容器上腹围浮雕乳钉和网格状的表现，后者玉器上的蒲（谷）纹恰好是前者的平面形式
觿形			商代中期兽面纹扁足鼎的三个足部件[3]与西周早期的玉觿[4]相比，平面玉觿的造型似可作为立体鼎的构成元素和部件
钺形			商代中期的夔纹钺[5]与商代晚期玉觿[6]及上图西周早期的玉觿相比，平面玉觿的造型恰似立体青铜钺上两肩侧的平面纹饰
圆环螭纹			商代晚期的兽面纹方壶的顶部[7]与战国时期的螭龙食人玉饰的中心部[8]相比，螭龙构图基本相似，均为环形向内俯视结构
三旋纹饰			商代晚期息爵帽顶上形似三旋太极的三旋纹饰[9]和战国晚期龙凤纹佩内部核心位置的三旋纹饰[10]相比，一个为逆时针，一个为顺时针，但二者皆为围绕圆心的中心对称式样

[1] 中国青铜器全集编辑委员会：《中国青铜器全集（第3卷）·商3》，北京：文物出版社，1998年：图85。
[2] 中国玉器全集编辑委员会：《中国玉器全集3·春秋·战国》，石家庄：河北美术出版社，1993年：图141。
[3] 中国青铜器全集编辑委员会：《中国青铜器全集（第1卷）·夏商》，北京：文物出版社，1996年：图47。
[4] 中国玉器全集编辑委员会：《中国玉器全集2·商·西周》，石家庄：河北美术出版社，1993年：图202。
[5] 同[3]，图170。
[6] 同[4]，图175。
[7] 同[1]，图138。
[8] 同[2]，图297。
[9] 同[1]，图53。
[10] 同[2]，图287。

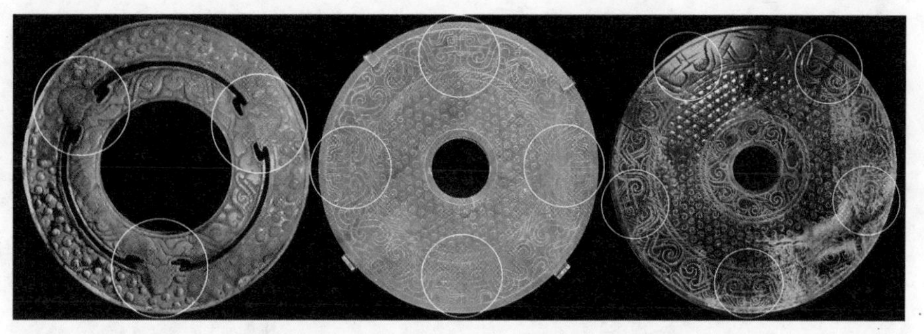

图 1–15　战国三螭头（左）、西汉四螭头（中）、西汉五螭头（右）谷纹玉璧的图像联系[1]

① 以璧礼天这个传统，究竟是礼抽象的“天空”“上天”，还是礼具体的“天体”“天上飞行器”（图 1–16a）？又或者只是对某个朝天设备形象的象形文字符号再现？（表 1–8 中图像所示的璧可能是仰向天的信号接收或发射器。）

② 玉璧上的谷纹、蒲纹是飞行器或特殊设备的结构与装饰吗？这些纹饰是试图再现《山海经》所谓“其上有石”的样貌（图 1–16b），还是对升降时云卷水翻、气焰尘土的情景之图像记录（图 1–17a）？其形与《道德经》中“谷神不死”“玄牝之门”的阐释又存在怎样的联系（图 1–17b）？

③ 凌家滩出土的玉龟壳、玉版、玉签片（图 1–18），三者组成的结构和纹饰，其作用是模拟某种天体或飞行器的结构和原理吗？尽管已有学者认为它们和四象八卦的天文知识及占卜有关，但它们与塞尔维亚裔现代发明家尼古拉·特斯拉设计的反重力无线电飞行器（图 1–19）是否也有所联系呢？

图 1–16a　科幻影片中的碟形飞行器

图 1–16b　“世界最高的机场”四川甘孜州稻城机场（海拔 4411 米）似蒲纹的设计

[1] 图 1–15 为战国时期玉环璧，中图和右图为西汉前期玉璧，参见中国玉器全集编辑委员会:《中国玉器全集 4·秦·汉—南北朝》，石家庄：河北美术出版社，1993 年：图 36。

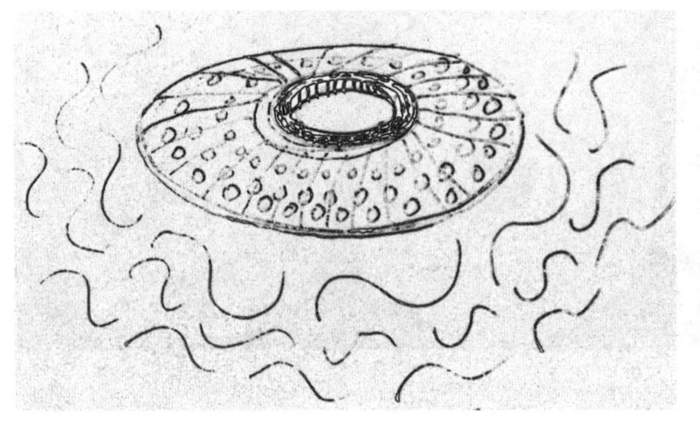

图 1–17a “S”纹 / 勾云纹似再现了飞行器升降时的气流情况

成象第六

谷神不死谷養也人能養神則不死也神謂五藏之神也肝藏魂肺藏魄心藏神腎藏精脾藏志五藏盡傷則五神去矣是謂玄牝言不死之有在於玄牝玄天也於人爲鼻牝地也於人爲口天食人以五氣從鼻入藏於心五氣清微爲精神聰明音聲五性其鬼曰兆魂者雄也主出入人鼻與天通故鼻爲玄也地食人以五味從口入藏於胃五性濁辱爲形骸骨肉血脈六情其鬼曰魄魄者雌也主出入於口與天地通故曰爲牝也玄牝之門是謂天地根根元也言鼻口之門是乃通天地之元氣所從往來綿綿若存鼻口呼噏喘息當綿綿微妙若可存復若無有

图 1–17b　明嘉靖年间顾春世德堂刊老子《道德经》中有关“玄牝之门”的叙事

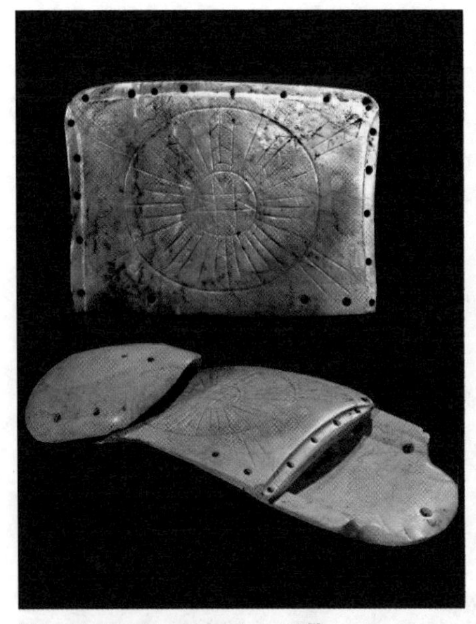

图 1–18　凌家滩出土的玉龟壳、玉版[1]

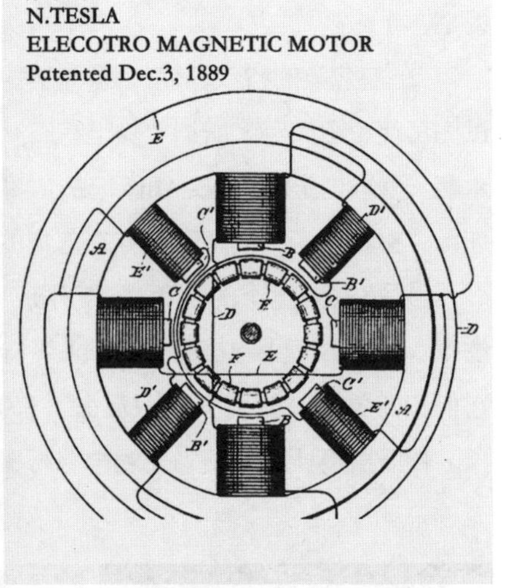

图 1–19　尼古拉・特斯拉设计的反重力无线电飞行器

④ 三足金乌被誉为驾日车的神鸟（图 1–20），有学者认为是古代人们观天象时对夕阳与云彩的自然景观有感而说（图 1–21）。如果换一种观象思维，其形象会不会是一种飞行器，下方带有三个启动时的喷气出口或是停落的支撑机构？（如图 1–22 是现代带有三个起落架和一个太阳圆盘状预警雷达的预警机。）根据《尚书・舜典》所言“璇玑玉衡以齐七政”及《晋书・天文志上》所谓“魁四星为璇玑，杓三星为玉衡”，玉璇玑与北极星、帝星有天体运

[1] 中国玉器全集编辑委员会：《中国玉器全集 1 原始社会》，石家庄：河北美术出版社，1992 年：第 48 页。

图1–20 汉画像砖上的“金乌负日”拓片[1]

图1–21 北京朝阳区落日时的凤鸟云彩（刘建宇拍摄，2019年秋）

转联系。如果和玉璇玑这种玉器式样联系起来，“金乌负日”是否表达着太阳等星体的天文知识，或是《连山》《归藏》《周易》中无极、太极之奥妙（表1–11）？

[1] 中国美术分类全集系列《中国画像砖全集·四川汉画像砖》，成都：四川美术出版社，2005年：第126页。

图 1–22　带有三个起落架和一个太阳圆盘状预警雷达的美国预警机

表 1–11　玉璇玑形制与传统宗教符号的比较

甲骨文疑似璇玑	（甲骨文编号：HD180 璧）		
	一个圈与三点图中心对称的连接象形		
出土的玉璇玑			
	带有三等份的齿牙 [1]		带有四等份的齿牙 [2]
出土的璜合璧			
	西周时期组玉佩中的半璧形对璜 [3]	齐家文化三璜合一璧环式 [4]	齐家文化四璜合一璧环式 [5]
佛教喜旋			
	方形双行万字咒	圆面三分喜旋 三旋是三宝之意	金轮、法轮中心为三旋喜旋，外部为象征八正道的八个轮辐

[1] 龙山文化（公元前 2600—前 2000 年），现藏于美国佛利尔博物馆。

[2] 龙山文化（公元前 2600—前 2000 年），现藏于芝加哥菲尔德博物馆。

[3] 中国玉器全集编辑委员会：《中国玉器全集 2 · 商 · 西周》，石家庄：河北美术出版社，1993 年：图 296。

[4] 喇家遗址 17 号墓出土的三璜合环璧式，《中国出土玉器全集 15 · 甘肃 · 青海 · 宁夏 · 新疆》，图 138。

[5] 宁夏回族自治区彭阳县文物管理所藏周沟村出土（公元前 2200—前 1600 年）。

续表

道教太极		
	二分阴阳鱼图	太极八卦图

⑤ 大禹治水究竟是怎样一回事？前面已对《山海经》中大禹制九鼎布土以定九州的事件提出了另一种可能性叙事。尽管所提出的前文字时代存在高科技的观点听上去像是一种想象的历史且不十分真切，但是在当代，人们采用影像手段进行艺术创作时，又不约而同地再现了对这种叙事的执着。2013 年上映的科幻电影《星际迷航：暗黑无界》（*Star Trek Into Darkness*）开篇中，斯巴克平定了尼比鲁星球的活火山，像救世主一样用高科技方法将火山休眠，星球的原住民看到升向天空的宇航战舰，立即扔掉原本追逐不舍的部落图腾画卷，而将战舰形象画在土地上，将其视为拯救了他们的神祇集体膜拜（图 1–23a、图 1–23b）。由此推想：对于原住民观物取象后的平面图像，后世人又怎知它的原貌情境呢？

⑥《山海经》中的一些造物形式，比如“台”“国”的形貌如何解释呢？那些有特殊功能的巨型（外来）神器为何常伴有云雾火焰？其实不仅是《山海经》，古梵文、藏传佛教等宗教典籍、传世文献和图像中也有类似腾云驾雾、登天入地的时空描述：一是印度传说中的神器“Rukma Vimana”的样子就被现代科学家重现成与喷气式发动机相似的设备，它的外观像一座台形山（图

图 1–23a　科幻电影 *Star Trek Into Darkness* 中的“企业”号星舰

图 1-23b 科幻电影 *Star Trek Into Darkness* 中原住民绘制星舰外观并膜拜

1-24）。《远古外星人》（*Ancient Alien*）中的“Manna Machine”也被描述为天降的、能够制造球藻和绿藻的神食器。由于它每七天就需要清理，猜想可能属于某种核能或新能源驱动的机器。二是《山海经·海外西经》中的“云盖三层”、《山海经·海外北经》中的“共工之台……台四方”、《山海经·海内北经》中的“各二台，台四方”，其描述像是各种宇航舰类巨型设备的设计（图 1-25），上面所谓的装饰和“金”“玉”“石”可能都是防御设施和特殊飞行器。中国北京的大兴国际机场、成都天府国际机场的俯拍视图中有

图 1-24 “Vimana”的想象图 [1]

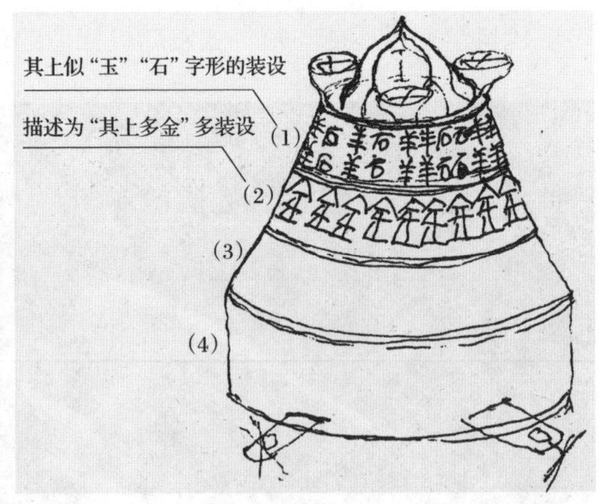

图 1-25 （1）（2）（3）（4）的结构与“云盖三层”（《山海经·海外西经》）、“共工之台……台四方”（《山海经·海外北经》）、“各二台，台四方”（《山海经·海内北经》）中的描述相似

[1] [英] 罗伯特·比尔著，向红笳译：《藏传佛教象征符号与器物图解》，北京：中国藏学出版社，2014 年：第 88—89 页。

很多“金”“玉”状的飞机停靠，机场整体或做“山”之形意（图1–26a、图1–26b）。三是藏传佛教中的“须弥山”，梵文念作“Meru Sumeru”，藏文念作“Ri–rab”，它的样貌与共工之台恰成倒立相反状，所描述的是搅拌大海而升腾的世界。在一些绘画和铜像等造像艺术中，须弥山也有不同呈现的方式，比如有单独的须弥山宇宙结构图（图1–27a）[1]，须弥山的东坡面是由水晶形成的[2]，有坛城、曼陀罗须弥山的合体，如雍和宫藏的铜法器（图1–27b）。

图1–26a 北京大兴机场似“金”字形的飞机停靠在似“山”字形的机坪场地上[3]

图1–26b 似“山”字形的美国“企业”号航母上停落的似“金”字形的飞机（1964年拍摄，已于2017年退役）[4]

图1–27a 藏传佛教绘画中的须弥山

图1–27b 雍和宫藏清中期银鎏金曼扎供

[1]［英］罗伯特·比尔著，向红笳译：《藏传佛教象征符号与器物图解》，北京：中国藏学出版社，2014年：第202页。

[2]根据 *Ancient Alien* TV series1–02 建 模。图片来源：https://cn.toluna.com/opinions/2547563/Conoscete-i-vimana，2018年3月1日登录。

[3]图片来源：https://www.sohu.com/a/343795952_120304724，2020年1月2日登录。

[4]图片来源：http://m.haiwainet.cn/middle/232591/2017/0210/content_30720331_1，2020年1月2日登录。

⑦ 各种洪水神话传说究竟暗含何意？藏传佛教须弥山和有关搅拌大海的记载[1]，其事件、地点与《山海经》中黄帝与蚩尤大战、大洪水事件是否有一定关联？“水利万物”“水能载舟，亦能覆舟”的道理是否与大洪水“灭世”有关系？覆灭一些文明痕迹是否只能借用自然大力，比如大洪水或是实属人为而看上去像火山爆发、陨石撞击地球一样的自然灾难？就像托尔金的文学作品《魔戒》里双塔奇兵那场大战中，树人们采用打开大坝泄洪的方式冲毁了艾辛格。再如，在《时轮金刚密续》中提及2327年爆发野蛮人大战时使用了“火轮围攻器”等武器（图1–28a），还有吉祥天母的神器“疾病种子袋”（图1–28b）会不会是一种生化武器？“红咒语包”[2]是不是一种与不可见的电磁或声波有关的武器？除此之外，吉祥天母的“黑白骰子”[3]、中国《周易》阴阳太极、《圣经·旧约》（*Old Testament*）所罗门神庙祭司的黑白占卜石“土明”（Thummin）与“乌陵”（Urim）[4]之间是否都有一定渊源？

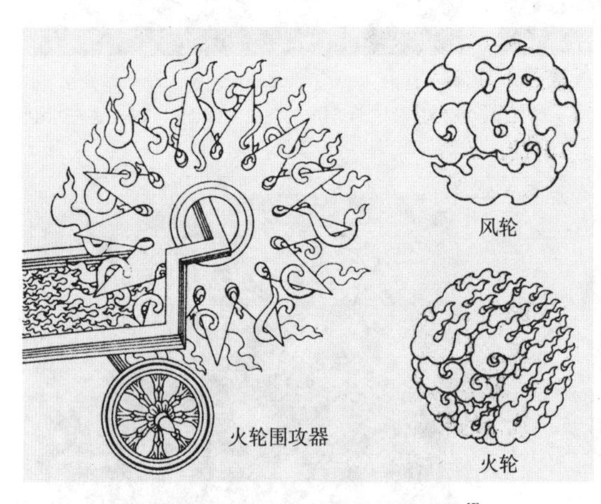

图1–28a　藏传佛教绘画中的风轮、火轮和火轮围攻器[5]

图1–28b　吉祥天母像及其神器[6]

[1]［英］罗伯特·比尔著，向红笳译：《藏传佛教象征符号与器物图解》，北京：中国藏学出版社，2014年：第241页。

[2] 同[1]，第165页。

[3] 同[1]，第166页。

[4] 参见《出埃及记》。

[5] 同[1]，第162—163页。

[6] 雍和宫研究室编：《雍和宫藏传佛教造像艺术》，北京：中国民族摄影艺术出版社，2006年：第98页。

二、“玉”字厘析：基于统计和结构研究方法

（一）《山海经》中“玉”字出现的频次特点分析

开始以下阅读时，建议先参看我重新整理的《晋代郭璞〈山海经校注〉版本中“玉”字出处》（附录1），其中对下文涉及的名词、称谓等做了详细的出处标注。

《山海经》中各种带“玉”的名词出现的频次颇多，具体出处见表1-12所列。

表1-12 《山海经》中“玉”字及带“玉”名词出现的频次和出处统计

名称	出现频次（次）	细项
玉	256	《南山经》23次，其中：南首7次，南次二10次，南次三6次 《西山经》48次，其中：西首10次，西次二8次，西次三19次，西次四11次 《北山经》56次，其中：北首8次，北次二14次，北次三34次 《东山经》20次，其中：东首8次，东次二5次，东次三3次，东次四4次 《中山经》98次，其中：中首1次，中次二6次，中次三7次，中次四6次，中次五8次，中次六12次，中次七10次，中次八11次，中次九8次，中次十2次，中次十一14次，中次十二13次 《海外西经》1次 《海外北经》1次 《海外东经》1次 《海内西经》2次 《海内东经》2次 《大荒东经》1次 《大荒南经》2次 《大荒北经》1次
金玉	77	《南山经》11次，其中：南首1次，南次二5次，南次三5次 《西山经》7次，其中：西次二2次，西次三3次，西次四2次 《北山经》20次，其中：北次二4次，北次三16次 《东山经》13次，其中：东首4次，东次一4次，东次二2次，东次三3次 《中山经》26次，其中：中次二5次，中次三1次，中次四1次，中次六5次，中次八5次，中次九2次，中次十1次，中次十一3次，中次十二1次

续表

名称	出现频次（次）	细项
瑾琈之玉	19	《西山经》4次，其中：西首2次，西次二1次，西次四1次 《中山经》15次，其中：中次三2次，中次四1次，中次五1次，中次六1次，中次七2次，中次八2次，中次十1次，中次十一3次，中次十二2次
白玉	16	《南山经》3次，其中：南首2次，南次二1次 《西山经》9次，其中：西首1次，西次二2次，西次三2次，西次四4次 《北山经》1次，其中：北次二1次 《中山经》3次，其中：中次八1次，中次九2次
美玉	12	《西山经》1次，其中：西次二1次 《北山经》5次，其中：北次二1次，北次三4次 《中山经》6次，其中：中次三1次，中次五1次，中次七1次，中次九1，中次十一2次
苍玉	11	《西山经》1次，其中：西首1次 《北山经》3次，其中：北次二1次，北次三2次 《东山经》1次，其中：东次四1次 《中山经》6次，其中：中次三1次，中次五2次，中次六1次，中次七2次
水玉	8	《南山经》1次，其中：南首1次 《西山经》2次，其中：西首2次 《东山经》2次，其中：东首1次，东次二1次 《中山经》3次，其中：中次四1次，中次六1次，中次十一1次
遗玉	4	《海外北经》1次 《海外东经》1次 《大荒东经》1次 《大荒南经》1次
玉山	4	《西山经》1次，其中：西次三1次 《中山经》3次，其中：中次八1次，中次九1次，中次十一1次
白玉山	2	《海内东经》2次
玉膏	2	《西山经》2次，其中：西次三2次
瑾瑜之玉	2	《西山经》2次，其中：西次三2次
藻玉	2	《西山经》1次，其中：西次二1次 《中山经》1次，其中：中次七1次
珚玉	2	《中山经》2次，其中：中次六2次
文玉	2	《西山经》1次，其中：西次三1次 《海内西经》1次
铜玉	2	《北山经》2次，其中：北首1次，北次二1次

续表

名称	出现频次（次）	细项
玉荣	1	《西山经》1 次，其中：西次三 1 次
玉门	1	《大荒西经》1 次
麋玉	1	《中山经》1 次，其中：中次七 1 次
玄玉	1	《西山经》1 次，其中：西次三 1 次
碧玉	1	《北山经》1 次，其中：北次三 1 次
石玉	1	《北山经》1 次，其中：北次三 1 次
珠玉	1	《西山经》1 次，其中：西次四 1 次
璇玉	1	《中山经》1 次，其中：中次五 1 次
婴垣之玉	1	《西山经》1 次，其中：西首 1 次
婴短之玉	1	《西山经》1 次，其中：西次三 1 次
玉璜	1	《海内西经》1 次
璧	13	《南山经》2 次，均为“祠用”，其中：南首 1 次，南二次 1 次 《西山经》1 次，均为“祠用”，其中：西首 1 次 《北山经》2 次，均为“祠用”，其中：北次二 1 次，北次三 1 次 《东山经》1 次，均为“祠用”，其中：东次二 1 次 《中山经》7 次，均为“祠用”，其中：中次五 1 次，中次经八 1 次，中次经九 1 次，中次经十 2 次，中次经十一 1 次，中次经十二 1 次
吉玉	11	《西山经》1 次，均为“祠用”，其中：西次三 1 次 《北山经》1 次，均为“祠用”，其中：北首 1 次 《中山经》9 次，均为“祠用”，其中：中首 1 次，中次二 1 次，中次三 1 次，中次五 2 次，中次经七 1 次，中次经九 1 次，中次经十一 1 次，中次经十二 1 次
珪	5	《西山经》1 次，均为“祠用”，其中：西首 1 次 《北山经》2 次，均为“祠用”，其中：北首 1 次，北次二 1 次 《中山经》2 次，均为“祠用”，其中：中次十一 1 次
圭	2	《中山经》2 次，均为“祠用”，其中：中次八 1 次，中次十二 1 次
瑜	1	《西山经》1 次，均为“祠用”，其中：西首 1 次
璋玉	1	《南山经》1 次，均为“祠用”，其中：南首 1 次
浮玉	1	《南山经》1 次，均为“祠用”，其中：南次二 1 次

注：此表为作者自制，具体出处可查阅附录 1：晋代郭璞《山海经校注》版本中“玉”字出处。

根据表 1–12 的统计，具体分析如下。

① 由 18 篇文字组成的《山海经》，5 篇“山经”里出现与“玉”直接相关的信息最多，共计 245 次。按照出现频次高低顺序依次为：《中山经》98 次，

《北山经》56 次，《西山经》48 次，《南山经》23 次，《东山经》20 次。具体信息可参见表中统计数据。

② 单篇章之中，《北次三经》出现“玉”字最多，为 34 次。原因是自太行之山至无逢之山，总共 46 座山中有 31 座山都提及了“玉”。

③ 18 篇中的《中山经》，由《中山首经》至《中次十二经》这 13 章经组成，出现“玉”字最多，为 98 次，其中：《中山首经》1 次，《中次二经》6 次，《中次三经》7 次，《中次四经》6 次，《中次五经》8 次，《中次六经》12 次，《中次七经》10 次，《中次八经》11 次，《中次九经》8 次，《中次十经》2 次，《中次十一经》14 次，《中次十二经》13 次。原因不排除：首先，在 5 篇“山经”中，山的数量依次为中山 198 山、北山 87 山、西山 77 山、东山 46 山、南山 40 山，可见中山约占了“山经”之山总数的 44%；其次，《中山经》篇中提及 “玉”的山有 73 山，约占 37%。不过，《中山经》篇《中山首经》章中的 15 山却没有一山提到“玉”字，只是首经的祠礼中涉及了唯一一处“吉玉”。

④“金玉”并称在全文出现了 77 次。本研究认为，“金”是用来修饰“玉”的，而非当今我们认为的两种材料“黄金”和“玉石”，也非前辈学者注释的“金属矿”和“玉矿”，其意指（signified）在文中有新的解释。

⑤“瑨琈之玉”出现 19 次，其中 15 次集中在《中山经》中。

⑥ 有些“玉”名词仅在个别专门篇章中出现。例如，“瑊玉”只在《中山经·中次六经》中出现 2 次，“玉膏”只在《西山经·西次三经》中出现 2 次，“瑾瑜之玉”也只在《西山经·西次三经》中出现 2 次，“铜玉”只在《北山经》中出现 2 次，“白玉山”只在《海内东经》中出现 2 次。

⑦ 有些带“玉”的名词全文中只出现过 1 次，如玉荣、玉门、麋玉、玄玉、碧玉、石玉、珠玉、璇玉、婴短之玉、玉璜，以及只在篇章总结性段落的“祠用”礼仪中出现的璋玉和浮玉。

⑧ 仅出现在篇章总结性段落“祠用”礼仪中的“玉”名词有 7 种：璧、吉玉、珪、圭、瑜、璋玉、浮玉。其中“璧”出现的次数最多，共 13 次，约占所有“山经”部分“祠用”礼仪总数 27 处的 50%。“吉玉”11 处中有 9 处集中在《中山经》。

⑨“遗玉”未曾出现在各“山经”篇章中，其表述体例以“爰有遗玉”的形式仅出现 4 次，即在《海外北经》《海外东经》《大荒东经》《大荒南经》中出现，各 1 次。

⑩“玉”字在第 6 篇至第 18 篇中，仅出现 11 次，其中：《海外西经》

1次，《海外北经》1次，《海外东经》1次，《海内西经》2次，《海内东经》2次，《大荒东经》1次，《大荒南经》2次，《大荒北经》1次；而《海外南经》《海内南经》《海内北经》《大荒西经》《海内经》5个篇章中均未提及“玉”字。原因之一可能是：“海经”和“大荒经”的叙事体例以“国”“民”故事为特征，而不像“山经”部分以描述物属、事理为主。

（二）《山海经》中“玉”字出现的句式体例分析

1.【句式一】山/海/水……是/有/多/出（*）玉（表1–13）

例如：

又东三百里，曰堂庭之山，多棪木，多白猿，多水玉，多黄金。（《南山经·南山首经》）

又西三百七十里，曰乐游之山。桃水出焉，西流注于稷泽，是多白玉。（《西山经·西次三经》）

又东二百里，曰京山，有美玉，多漆木，多竹。（《北山经·北次三经》）

表1–13 “山/海/水……是/有/多/出（*）玉”句式在“山经”各篇中出现的频次

单位：次

《南山经》		《西山经》		《北山经》		《东山经》		《中山经》	
《南山首经》	3	《西山首经》	1	《北山首经》	1	《东次二经》	3	《中次二经》	1
《南次二经》	2	《西次二经》	1	《北次二经》	3	《东次四经》	2	《中次三经》	1
—	—	《西次三经》	5	《北次三经》	9	—	—	《中次五经》	1
—	—	《西次四经》	3	—	—	—	—	《中次六经》	4
—	—	—	—	—	—	—	—	《中次七经》	1
—	—	—	—	—	—	—	—	《中次十一经》	3
小计	5	小计	10	小计	13	小计	5	小计	11
合计：44									

2.【句式二】其阳多（*）玉（表1–14）

例如：

又北三百八十里，曰湖灌之山，其阳多玉，其阴多碧，多马。（《北山经·北次二经》）

又西九十里，曰阳华之山，其阳多金玉，其阴多青雄黄。（《中山经·中

次六经》）

表 1-14 “其阳多（*）玉”句式在“山经”各篇中出现的频次

单位：次

《南山经》		《西山经》		《北山经》		《东山经》		《中山经》	
《南山首经》	2	《西山首经》	6	《北山首经》	2	—	—	《中次三经》	1
《南次二经》	1	《西次三经》	1	《北次二经》	1	—	—	《中次四经》	1
—	—	《西次四经》	3	《北次三经》	2	—	—	《中次五经》	2
—	—	—	—	—	—	—	—	《中次六经》	4
—	—	—	—	—	—	—	—	《中次七经》	1
—	—	—	—	—	—	—	—	《中次十经》	1
—	—	—	—	—	—	—	—	《中次十一经》	2
小计	3	小计	10	小计	5	小计	0	小计	12
合计：30									

3.【句式三】其阳有（*）玉（表 1-15）

例如：

又北百七十里，曰柘山，其阳有金玉，其阴有铁。（《北山经·北次三经》）

表 1-15 “其阳有（*）玉”句式在“山经”各篇中出现的频次

单位：次

《南山经》		《西山经》		《北山经》		《东山经》		《中山经》	
—	—	—	—	《北次三经》	2	—	—	—	1
小计	0	小计	0	小计	2	小计	0	小计	0
合计：2									

4.【句式四】其上多（*）玉（表 1-16）

例如：

又东三百五十里，曰贲闻之山，其上多苍玉，其下多黄垩，多涅石。（《北山经·北次三经》）

又东二百里，曰太山，上多金玉、桢木。（《东山经·东次四经》）

表 1-16 “其上多（*）玉”句式在“山经”各篇中出现的频次

单位：次

《南山经》		《西山经》		《北山经》		《东山经》		《中山经》	
《南次二经》	3	《西次二经》	4	《北山首经》	2	《东山首经》	4	《中次二经》	4
《南次三经》	5	《西次三经》	3	《北次二经》	6	《东次二经》	2	《中次三经》	1
—	—	—	—	《北次三经》	9	《东次三经》	3	《中次四经》	4

续表

《南山经》		《西山经》		《北山经》		《东山经》		《中山经》	
—	—	—	—	—	—	《东次四经》	2	《中次七经》	3
—	—	—	—	—	—	—	—	《中次八经》	9
—	—	—	—	—	—	—	—	《中次九经》	4
—	—	—	—	—	—	—	—	《中次十经》	1
—	—	—	—	—	—	—	—	《中次十一经》	6
—	—	—	—	—	—	—	—	《中次十二经》	2
小计	8	小计	7	小计	17	小计	11	小计	34
合计：77									

5.【句式五】其上有（*）玉（表1–17）

例如：

又东北百二十里，曰少山，其上有金玉，其下有铜。（《北山经·北次三经》）

表1–17 “其上有（*）玉”句式在“山经”各篇中出现的频次

单位：次

《南山经》		《西山经》		《北山经》		《东山经》		《中山经》	
—	—	—	—	《北次三经》	9	《东山首经》	1	—	—
小计	0	小计	0	小计	9	小计	1	小计	0
合计：10									

6.【句式六】其中多/有（*）玉（表1–18）

例如：

又西百五十里，曰时山，无草木。逐水出焉，北流注于渭，其中多水玉。（《西山经·西山首经》）

又西九十里，曰常烝之山，无草木，多垩。潐水出焉，而东北流注于河，其中多苍玉。（《中山经·中次六经》）

又东南三十里，曰毕山。帝苑之水出焉，东北流注于视，其中多水玉，多蛟。（《中山经·中次十一经》）

表1–18 “其中多/有（*）玉”句式在“山经”各篇中出现的频次

单位：次

《南山经》		《西山经》		《北山经》		《东山经》		《中山经》	
《南山首经》	1	《西山首经》	3	《北次二经》	2	《东山首经》	3	《中次三经》	1
《南次二经》	1	《西次二经》	2	—	—	—	—	《中次四经》	1

续表

《南山经》		《西山经》		《北山经》		《东山经》		《中山经》	
—	—	《西次三经》	2	—	—	—	—	《中次五经》	2
—	—	—	—	—	—	—	—	《中次六经》	4
—	—	—	—	—	—	—	—	《中次七经》	1
—	—	—	—	—	—	—	—	《中次八经》	1
—	—	—	—	—	—	—	—	《中次九经》	1
—	—	—	—	—	—	—	—	《中次十一经》	1
小计	2	小计	7	小计	2	小计	3	小计	12
合计：26									

7.【句式七】其阴多 / 有（*）玉（表 1–19）

例如：

又东十里，曰騩山，其上有美枣，其阴有瑌琈之玉。（《中山经·中次三经》）

表 1–19 “其阴多 / 有（*）玉”句式在“山经”各篇中出现的频次

单位：次

《南山经》		《西山经》		《北山经》		《东山经》		《中山经》	
《南次二经》	1	《西次四经》	2	《北次二经》	1	—	—	《中次三经》	1
—	—	—	—	《北次三经》	1	—	—	《中次五经》	1
—	—	—	—	—	—	—	—	《中次七经》	1
小计	1	小计	2	小计	2	小计	0	小计	3
合计：8									

8.【句式八】其下多 / 有（*）玉（表 1–20）

例如：

之首，曰钤山，其上多铜，其下多玉，其木多杻橿。（《西山经·西次二经》）

又东南五十里，曰云山，无草木。有桂竹，甚毒，伤人必死。其上多黄金，其下多瑌琈之玉。（《中山经·中次十二经》）

表 1–20 “其下多 / 有（*）玉”句式在“山经”各篇中出现的频次

单位：次

《南山经》		《西山经》		《北山经》		《东山经》		《中山经》	
—	—	《西次二经》	1	《北山首经》	2	—	—	《中次十二经》	3
—	—	《西次三经》	1	《北次二经》	1	—	—	—	—

续表

《南山经》		《西山经》		《北山经》		《东山经》		《中山经》	
—	—	《西次四经》	1	—	—	—	—	—	—
小计	0	小计	3	小计	3	小计	0	小计	3
合计：9									

9.【句式九】“无草木，多金玉”（表 1–21）

该相连句式仅在“山经”内出现 14 次。

表 1–21 “无草木，多金玉”句式在“山经”各篇中出现的频次

单位：次

《南山经》		《西山经》		《北山经》		《东山经》		《中山经》	
《南次二经》	2	《西次二经》	1	《北次二经》	2	《东次二经》	2	《中次六经》	3
—	—	《西次三经》	1	《北次三经》	3	—	—	—	—
小计	2	小计	2	小计	5	小计	2	小计	3
合计：14									

此外，还有特殊的句式，如“无玉”和“以血玉”。其中：“无玉”出现在《南次二经》中，1 次；“以血玉”出现在《南次三经》中，1 次。

根据以上句式可以发现：

“其上多（*）玉”和“其上有（*）玉”两种句式应用达 87 次；

“山 / 海 / 水……是 / 有 / 多 / 出（*）玉”为介绍性的无具体方位指示的句式，应用达 44 次；

“其阳多（*）玉”和“其阳有（*）玉”两种句式应用达 32 次；

“其中多 / 有（*）玉”句式应用达 26 次；

“其阴多 / 有（*）玉”和“其下多 / 有（*）玉”两种句式较少见，应用仅 17 次。

由此分析得出：

第一，“玉”主要在“其上”和“其阳”，使用时有属性和数量之分。表示“其上”时主要是金玉（40 次）、玉（26 次）、白玉（4 次）、苍玉（4 次）、瑀琈之玉（4 次）、铜玉（1 次）、美玉（1 次）、碧玉（1 次）、婴短之玉（1 次）。

第二，表示“其阳” 时主要涉及的玉有玉（14 次）、瑀琈之玉（9 次）、金玉（5 次）、美玉（1 次）、石玉（1 次）、婴垣之玉（1 次）、瑾瑜之玉（1）。

第三，表示“其中”时主要涉及的玉有水玉（6 次）、白玉（5 次）、苍玉（4 次）、美玉（3 次）、金玉（2 次）、藻玉（1 次）。

（三）关于《山海经》中“阴—阳”“上—下”等相对关系

正如《道德经》对“有无之相生，难易之相成，长短之相形，高下之相倾，音声之相和，前后之相随”的对立统一之见解，对立、对应关系也是《山海经》叙事表述的一大特点。

通过以上句式信息，需要明确《山海经》中讲山、水所谓的“阴—阳”“上—下”时究竟是位置属性还是正负属性，或是其他象义。

1.“阴—阳”

要准确理解《山海经》中的阴和阳，需要先做一定的时空限定，因而必须考虑两个方面：一是《山海经》内容反映的那个年代、那个版图上的记事；二是用文字表达和注释的古代作者所处的时空文化。

中国传统文化中，“山南水北谓之阳，山北水南谓之阴”，此处的“阳”指的是向阳。我们今天的南北方向及地理位置都是基于地球上人类时代的地理状况和认识，因而不代表燕山运动和喜马拉雅新生代造山运动以前或当时的地球情况就与我们今天的所见所识相同。由于燕山运动和喜马拉雅新生代造山运动之后，古代中国的地域主要位于今日所说的北半球，太阳始终处于偏南方；所以，人在地面水平线正视山体，山基于地面形成高耸的形体，太阳东升西落的光线一般会照射在山的南面，故称为“阳”，而山的北面因为未被光线照到而称为“阴”。同理，当人站在水流的北岸，会因为面向太阳而受到水面强烈的阳光反射，人们就在习惯上将水之北当作阳；与之相反，水之南由于没有那么亮，故为阴。

2.“上—下”

《山海经》中的“上”和“下”，应存在一个相对位置和观测角度。其“上”，可能指的是在山的表面，或位置较水平视线高的地方；其“下”，则可能指的是山里面看不见的地方，或是与高山位置相对较低的平地，或较水平视线低的地方。

3.“内—外”

“内、外”二字主要作为篇章名出现。需要强调的是，《山海经》中的“海外经”和“海内经”的叙事体例与“山经”差别很大，不排除由不同记述者记录或是经历几代重抄再叙的可能。

（四）“玉”及其组合词和关联字的释义

“玉”在《山海经》中常与其他词语组合出现，又或者在特定的句子结构中才形成相应的意义，因此，需要明确“玉”的组合词、关联字在组词结构和词性方面的特点。通过划分其类型，也就是掌握编密的原理和结构，才能相对准确地把握释义（表 1–22）。

表 1–22 “玉”及其组合词的组词结构和句式结构特点

序号	名称	组词结构特点	词性特点
1	玉	“玉”字前置与后置的所指不同，前置时多为取意，后置时多为取形，具体释义须结合组词情况和前后文表述	名词
2	金玉	属性色 / 属性材质 / 象形 + 象形	名词 + 名词
3	美玉	象形 + 象形	名词 + 名词
4	水玉	象形 + 象形	名词 + 名词
5	文玉	象形 + 象形	名词 + 名词
6	石玉	象形 + 象形	名词 + 名词
7	吉玉	象形 + 象形	名词 + 名词
8	白玉	属性色 / 象形 + 象形	名词 + 名词
9	苍玉	属性色 / 象形 + 象形	名词 + 名词
10	碧玉	属性色 / 象形 + 象形	名词 + 名词
11	玄玉	属性色 / 象形 + 象形	名词 + 名词
12	珠玉	[王 + 朱]+ 玉，功能属性 + 象形	词组（句子）+ 名词
13	璇玉	[王 + 旋]+ 玉，功能属性 + 象形	词组（句子）+ 名词
14	珚玉	[王 + 因]+ 玉，功能属性 + 象形	词组（句子）+ 名词
15	璋玉	[王 + 章]+ 玉，功能属性 + 象形	词组（句子）+ 名词
16	瑾瑜之玉	性状 + “之” + 象形	形容词 + 名词
17	瑾瑜之玉	性状 + “之” + 象形	形容词 + 名词
18	婴垣之玉	疑“垣”与“短”同，性状 + “之” + 象形	形容词 + 名词
19	婴短之玉	性状 + “之” + 象形	形容词 + 名词
20	血玉	动作状态 + 象形	动词 + 名词
21	遗玉	动作状态 + 象形	动词 + 名词
22	铜玉	动作状态 + 象形	动词 + 名词
23	麋玉	动作状态 + 象形	动词 + 名词
24	藻玉	动作状态 + 象形	动词 + 名词
25	浮玉	动作状态 + 象形	动词 + 名词
26	玉门	属性色 / 属性材质 / 象形 + 象形	形容词 + 名词
27	玉膏	属性色 / 属性材质 / 象形 + 象形	形容词 + 名词
28	玉荣	属性色 / 属性材质 / 象形 + 象形	形容词 + 名词
29	玉瑱	属性色 / 属性材质 / 象形 + 象形	形容词 + 名词
30	玉山	属性色 / 属性材质 / 象形 + 象形	形容词 + 名词
31	白玉山	属性色 / 象形 + 象形 + 象形	词组（句子）+ 名词
32	璧	象形	名词

续表

序号	名称	组词结构特点	词性特点
33	圭	象形	名词
34	珪	疑同“圭”，[王 + 圭]，功能属性 / 象形	名词
35	瑜	[王 + 俞]，功能属性 / 象形	名词

注：

1. 带外框的字词，表示仅在《山海经》与“祠用”有关的描述中出现过。

2. 璧、圭、珪、瑜，可能是专有的设备或部件。

表 1–22 中整理出的 35 项，具体释义如下：

序号 1：玉

① 飞行器或“丰”字形设备（当“玉”字单独出现或在词组中后置时）。

② 某种像玉石质地、颜色或功能的设备（当“玉”字在词组中前置时）。

序号 2：金玉

① 特殊金属光色的飞行器或“丰”字形设备。

②“金”字形和“丰”字形组合的设备。在《南山经·南次二经》中出现过“金石”的说法，可见词组“金玉”和“金石”要突出的是“玉”字形和“石”字形的差异，而非强调“玉”和“石”作为矿物的属性。按照取形的分析，也有可能“金”是该设备的正视图，“玉”是其侧视图或俯视图。

序号 3：美玉

“美”字形和“丰”字形组合的设备（图 1–29），或为“丰”字形设备的不同视图。

序号 4：水玉

“水”字形和“丰”字形组合的设备，或为“丰”字形设备的不同视图。

序号 5：文玉

“文”字形和“丰”字形组合的设备，或为“丰”字形设备的不同视图。

序号 6：石玉

“石”字形和“丰”字形组合的设备，或为“丰”字形设备的不同视图。

序号 7：吉玉

“吉”字形和“丰”字形组合的设备，或为“丰”字形设备的不同视图。不过吉玉比较特殊，仅在“祠用”有关的描述中出现过。

序号 8：白玉

白色的或“白”字形和“丰”字形组合的设备，或为“丰”字形设备的不同视图。

序号 9：苍玉

苍色的或“苍”字形和“丰”字形组合的设备，或为“丰”字形设备的不同视图。

序号 10：碧玉

碧色的或“碧”字形和“丰”字形组合的设备，或为“丰”字形设备的不同视图。

序号 11：玄玉

玄色的或“玄”字形和“丰”字形组合的设备，或为“丰”字形设备的不同视图。

序号 12：珠玉

① 圆珠状、卵状的设备。《说文解字》有“蚌之阴精”。

② 作为一个词组出现，表示具有“王 + 朱”设备功能且与“丰”字形设备组合发挥作用。

序号 13：璇玉

① 璇玑形状的设备。

② 作为一个词组出现，表示具有“王 + 旋”设备功能且与“丰”字形设备组合发挥作用。

序号 14：珚玉

① 带有珚色的设备。

② 作为一个词组出现，表示具有“王 + 因”设备功能且与“丰”字形设备组合发挥作用。

序号 15：璋玉

① 有玉璋外形的设备。

② 作为一个词组出现，表示具有“王 + 章”设备功能且与“丰”字形设备组合发挥作用。

序号 16：瑀琈之玉

表示特殊设备在工作时的状态。它表示在一种凹形地势 / 特殊容器内，制作加工某类物质（矿物）的过程中，浮升有雾气（水汽）迷蒙的情形。

序号 17：瑾瑜之玉

发出美丽光泽的“丰”字形设备或载有这种光泽属性物质的设备。

序号 18 和序号 19：婴垣之玉、婴短之玉

① 疑“垣”同“短”。

② 表示特殊设备工作时的状态，就像有通信设备、墙体一样的设备和“丰”

字形设备组合使用的情况。也可能表示“玉”这个设备或飞行器在一种带有天线围壁式的设备内工作的状况。现代军事领域中，俄罗斯无线电电子对抗营形成的防御性电子伞——“季夫诺莫里耶”电子战系统[1]（图 1–30），其外形就是多功能设备的组合，或可称其为如今可见的“婴短之玉”。

序号 20：血玉

① 可以用红色激光之类的技术解剖“玉”这个设备。

② 用激光或钢水制造加工出“玉”这个设备（图 1–31）。

③ 特殊的红色液体给“玉”这个设备提供能量。

序号 21：遗玉

表示留下或放下“丰”字形设备。

序号 22：铜玉

表示铸成或炼制出“丰”字形设备。

序号 23：麋玉

表示布满或以阵列形式排设组合。

序号 24：藻玉

表示吐丝或制作藻形的“丰”字形设备。

序号 25：浮玉

表示可以漂在水面上的“丰”字形设备。

序号 26：玉门

表示“丰”形的门。

序号 27：玉膏

表示像玉石一样的膏状物，参见前文能指与所指部分举例的图示。

序号 28：玉荣

表示装有玉石加工物的设备，参见前文能指与所指部分举例的图示。

序号 29：玉璜

表示玉石质地或多个“丰”字形串联成“虹（璜）”形的设备。

序号 30 和序号 31：玉山、白玉山

表示“丰”字形设备所在的基地。白玉山则可能是“白”字形和“丰”字形组成设备所在的基地。

---

[1] 该系统能压制固定翼飞机、直升机及无人机的雷达等电子设备，可干扰 E–3“望楼”、E–2“鹰眼”和 E–8“联合星”预警机，甚至能影响敌方间谍卫星工作。引自俄罗斯《消息报》网站 2018 年 10 月 10 日发表的亚历山大·克鲁格洛夫的文章《陆军将受到“电子伞”保护》。

序号 32：璧

① 特殊的通信设备，形状由圆形和支撑底座组成，可用来建构防御体系，常见于《山海经》与“祠礼”有关的描述。

② 大型圆形飞行器，核能推动或有反重力动力系统，底盘有孔，便于散热。《说文解字》有“璧，瑞玉圜也”。

序号 33 和序号 34：圭、珪

① 上尖下方的设备。根据出土玉器器型的标准界定和《说文解字》的注释：“剡上为圭，半圭为璋。从玉，章声。《礼》：六币：圭以马，璋以皮，璧以帛，琮以锦，琥以绣，璜以黼。”可见“璋”是半个“圭”的造型，纵横比例较宽；“圭”则是上尖下方的造型，纵横比例较“璋”更长，就像四面立体造型的方尖碑一样（图 1–32）。

图 1–29　似“丰”字形和“美”字形的输电线铁塔

图 1–30　似“婴短之玉”的“季夫诺莫里耶”电子战系统

图 1–31　似供“血”状态的钢铁厂熔炼设备 [1]

图 1–32　似良渚文化玉琮的现代航天设备 [2]

[1] 图为南宁市邕宁区钢铁厂。

[2] 图片来源：https：//www.nasa.gov/sites/default/files/，2018 年 3 月 1 日登录。

②“珪”同“圭”，可能代表航天设备垂直发射或启动升天时玉周围方尖设备的组合。

序号 35：瑜

表示变得有光泽的设备或特殊的“俞”字形设备。

第二章
技术的原罪

第一节
治玉之“魅”

一、魅——技术原罪的遮蔽

（一）客观存在的“魅”

1. 信念存在层面

脑科学研究发现，人的信念对体内化学环境有十分深远的影响。比如，在自我认同和社会认同的情况下，人可以处于放松警惕、平静或愉悦的状态，由此使多巴胺神经递质激活奖励模式，从而增加“自信”。也就是说，人的“自信”信念与神经递质血清素有着密切的联系。当人体内缺乏这种血清素时，往往会导致抑郁、自残甚至自杀行为，而认同感却能提升大脑多巴胺和血清素的水平，有助于平复情绪和身心健康。个体行为往往取决于自身所得到的社会认同和信念感，现代神经科学研究的视阈为我们提供了理解和研究文化与身份认同的新方法。根据神经科学的解释，各个独立的脑回路在同一时刻被激活并被表达出来就产生了我们所称的“意识”，而人的经验不断改变着神经联结并修改着大脑中的并行回路系统，当然也有学者认为并行系统就是平行宇宙。

2. 感知存在层面

治玉作为一项全面的身心活动，离不开身体的劳动，也必然有智力的参与。特别是采用传统时期的设备工作时，琢玉人必须身心合一、手脚并用。根据蒙特利尔神经病学研究所的怀尔德·彭菲尔德（Wilder Penfield）的研究和坎特利夫人（Mrs. H.P. Cantlie）图绘呈现的人类身体神经密度地形图（图 2–1）所示，手部作为最精良的触觉器官之一，有丰富的机械性刺激感受器，即一系列高度适应的周围神经末梢能够将触觉刺激转化成大脑语言——电位。正如双眼能够感知外部的视觉图像那样，人的手可以感知外部的触觉图像。

以上两点说明，无论是人的生理系统还是心理和意识系统，都被先天地设定了一种机制，能够不断地通过各种方式、途径来确证存在感。这种为了确证存在感的驱动力（本能力量）就构成了“魅”，但凡能够有效发挥驱动作用的方式或途径就能促成“魅”。“魅”是客观存在的，只不过总是变换着其面目。

图 2–1　小矮人图（人类身体的神经密度地形图）[1]

（二）技术原罪的设定与遮蔽

盘古开天辟地，女娲造人和补天，上帝创世和诺亚方舟，无一不是技术活儿。这些“创世者”为了世间的有序管理而造人造物，但是人的欲望抵不住技术的诱惑。“禁果”之类，也可视为技术成果和伦理手段，以此来警诫人们何为“原罪”和何以“赎罪”。例如，《圣经 · 旧约》中的上帝（神）与人（挪亚）立约不再用洪水毁灭世界，并以“彩虹”为凭：

[1] 图中描绘的是基于彭菲尔德的研究，皮层“小矮人”是根据初级躯体感觉皮层的分布将人体进行变形后得到的表征，皮层“小矮老鼠”是对等地根据啮齿类初级躯体感觉皮层来进行变形的表征。小矮人身上形状被夸张表现的嘴和手以及老鼠身上的胡须、口鼻及前爪，都是神经感受丰富的部位。参见［巴西］米格尔 · 尼科莱利斯著，黄珏苹、郑悠然译：《脑机穿越：脑机接口改变人类未来》，杭州：浙江人民出版社，2015 年：第 49 页。

凡有血肉的，不再被洪水灭绝，也不再有洪水毁坏地了……虹必现在云彩中，我看见，就要纪念我与地上各样有血肉的活物所立的永约。（引自《创世纪》第九章）

以“虹”作为天地神灵与人之间的凭信，在中国的玉文化中亦有类似传统，像是形若彩虹、意涵天象的玉璜、玉珩。

在中国，汉族神话传说里讲女娲补天后用剩的泥土造人，还有“女娲手拿一条枯藤，伸入一个泥潭里搅浑了浑黄的泥浆，向地面上挥洒，泥点溅落的地方出现了许多小人”[1]的说法；苗族有“两个巧仙女把天和地补好后，人烟生起来了，草木长起来了，从此生命开始繁殖了”的口传文化；布依族流传着“天空中的清气与凡尘中的浊气互相碰撞摩擦，混合变成了一个葫芦形的东西，这个葫芦生出了人类祖先”的故事；维吾尔族有“女天神造出来第一个泥人，真主吹气使这个泥人成活，这个人就是亚当”的传说，类似地，塔吉克族认为是“安拉让众天使造人，天使造出泥人后，真主取天堂中的空气给人造了气息”[2]；普米族有“洪水后到月亮上逃生的老三，骑着老神雕从月亮上回到了荒无人烟的大地上”的故事；仡佬族认为“金星大仙用果子把仡佬族的先人从天上诓到地上”；怒族有“很早以前天上掉下一个大蜂筒，从中钻出一个人叫茂充冲冶（女始祖名）”[3]的传说；鄂温克族认为是尼桑（萨满）帮天神射跑压着造人泥土的大乌龟而造出了人类；瑶族传说“密洛陀（万物之母 / 女始祖 / 女神）用石头和铁来造人，但变成了小石人和小铁人”，也有“密洛陀（女神名）拿来石头放进瓦缸里造人，过了九个月，石头却变成了老虎崽”[4]的说法；鄂伦春族认为神“用石头创造了一黑一红两个石人，红的是魏拉依尔氏族的祖先，黑的是葛瓦依尔氏族的祖先，后来觉得不够，又造了一个人，起名叫玛尼依尔，让葛瓦依尔氏族的人变成女人与玛尼依尔氏族结婚”，也有“恩都力玛刻石人，逐一抚摸后就能灵活行动”[5]的说法，还有“天神恩都力玛发从天上搬下巨石，造出最初的人类”[6]的传说。由此可以窥见，在创世和造人造物的神话传说中，

[1] 陶阳、钟秀编：《中国神话》（上），北京：商务印书馆，2008 年：第 317—319 页。

[2] 马达里汗讲，西仁 · 库尔班等采录翻译：《人类的来历》，见中国民间文学集成全国编辑委员会编：《中国民间故事集成》（新疆卷），北京：中国 ISBN 中心，2008 年：第 34 页。

[3] 吕大吉、何耀华总主编：《中国各民族原始宗教资料集成》（纳西族卷、羌族卷、独龙族卷、傈僳族卷、怒族卷），北京：中国社会科学出版社，2000 年：第 854 页。

[4] 姚宝瑄主编：《中国各民族神话》（土家族、毛南族、侗族、瑶族），太原：山西出版传媒集团 · 书海出版社，2014 年：第 168 页。

[5] 同 [4]，第 22—23 页。

[6] 中国各民族宗教与神话大词典编审委员会编：《中国各民族宗教与神话大词典》，北京：学苑出版社，1990 年：第 131 页。

很多高深的技术来自“天外”或“天上”。像哈萨克族的传说中，天神安拉所造的第一个男人阿达姆阿塔就住在天上；侗族的传说中，天外有一只金斑大蜘蛛是神婆（祖母神），是她生下了天地、万物、众神和千个姑妈。

从中国少数民族丰富的口传历史中可以发现，关于创世和造人，不仅神能使物象变化生出人、从天而降人、吹气使人有气息、对特殊物材施以奇技造出人，有时神还必须使用咒语技术。比如在瑶族传说中，密洛陀女神用蜂泥造出人的形状后把他们放进四只箱子里，然后连吹三口气，又默默念三回咒语，再解下她贴身的衣服盖在箱子上。

传说故事中的一些事件，有的反映出技术造成的悲剧，有的则说明需要付出代价从而赎罪补救。就像“偷食禁果—洪水灭世—彩虹立约”揭示的因果道理，中国一些地区的汉族聚落中也流传着救赎的故事：“很早以前， 天母娘娘怀了一个孩子，这孩子只有在天修补好之后才能降生，若是日子长了，天修补不好，不但不能降生，还得死在娘胎里。”[1] 特别是违背了神的旨意和一些特殊禁忌而造成的悲剧后果。比如在纳西族的传说中：“洪水后，地上没有了人类，阳神老公公做下九对木人和木马送给了崇仁丽恩（幸存的祖先），嘱咐他不到九天九夜不能看，丽恩不满九天看了一下，结果有眼不会看、只会眨眨眼，有舌不会说、只会张张嘴，有手不会拿、只会摇摇手，有脚不会走、只会匍匐爬。”[2]

特别是对造人来说，通常都有特殊的时间禁忌，比如有三天、七天、四十九天、九个月造人之说。倘若违背了时间禁忌，就会致使造人失败。纳西族传说中亦有：“白胡子老爷爷为洪水后幸存的锉治路一苴（三兄弟中的老三）造伴侣，说要用七个月时间，但锉治路一苴心急，没有到时间就把木人挖了出来，结果杜鹃人只会弯弯腰，山茶人只会招招手，都不会走路，也不会说话。”[3]

即便是全球极具影响力的佛教，也有“神通于解脱无益”的教义。佛陀曾禁止僧团的比丘在世人面前显示“神通”。“神通”作为超出常人的特殊能力，也代表一项技艺（技术活儿）。正如琉璃王屠城时目犍连尊者为了营救迦毗罗卫城居民，以神通之力将僧钵盛装五百释迦族人上天的典故，最终“神通”不敌业力，这些族人反而在钵中化成了血水。可见，正觉的智慧始终是正道，贪求或滥用神通玄术的做法脱离不了因缘果报的规律。

---

[1] 陶阳、钟秀编：《中国神话》(上)，北京：商务印书馆，2008 年：第 106—109 页。

[2] 吕大吉、何耀华总主编：《中国各民族原始宗教资料集成》(纳西族卷、羌族卷、独龙族卷、傈僳族卷、怒族卷)，北京：中国社会科学出版社，2000 年：第 324 页。

[3] 谷德明编：《中国少数民族神话》，北京：中国民间文艺出版社，1987 年：第 445 页。

从这些神话传说、宗教义理中能够洞悉一些疑似远古遗留的技术“原罪”启示。

原罪源于被设定的过错。如果说黄帝时期确实爆发过核子战争的话，这个错误是“神人”所犯，那么《山海经》就是警醒，国内外的众多神话传说渗透的伦理寓意亦是对一代代人类的警醒。

原罪源于畏惧和忧患。手工艺者（治玉工匠）保持着自我与宇宙的联系，而现代科技延展了人身体以外的能力，使得人这个媒介变成间接或可有可无，割裂了人和宇宙直接感知的密切联系。工业化和数字化时代，一个按键可以解决很多问题，但是按键控制的科技原理知识却不是每个人都懂的，特别对手艺人来说，这部分知识的缺乏是他们产生畏惧新科技心理的原因之一。

那么，用一种特殊的信息编码对传达了原罪内容的信息进行遮蔽，简单地说就是遮掩过错、隐藏畏惧，变成人类能够欺骗性存在的一种途径。这些信息编码被包装成了看似无法理解的现象叙事，将想象余地留给释读者，其中的伦理启示则在每个企图确证存在的个体那里变成了所信之“魅”。

最初的技术原罪，体现在文字时代对前文字时代高科技的魅惑与灾难的叙事。这种原罪设定，令后世有了以各种救赎方式重新建构文化的叙事多样性。对于玉文化的开创者来说，就是以一种可见的物象文本开启了原罪救赎之路。玉在叙事历史上的转译，本身就属于一种求“魅”的社会行为。因此，如今我们一再强调的玉文化之社会性，起初是以帮助人类群体确证其客观存在而作为必要前提的。然而，在这个“罪”与“赎”的过程中，神秘化、故意隐化则是遮蔽信息最常见的手段。

二、祛魅与复魅——技术知识的相对显化

祛魅是解蔽或者说解构的过程和手段，能将神秘的信仰或知识技术显现出来。复魅是重新建构、创造一种新的意义、新的信念，即新的魅、新的遮蔽。

如果说中国玉石文化的远古传统是为了遮蔽技术原罪之“魅”的话，那么古典传统时期将玉石开采、运输、加工、琢磨、使用、保存等技艺及知识以文字文本与具体工艺流程的图像文本方式显化的做法，符合了其时社会价值建构的需要。祛魅是对远古治玉巫术和神秘化的祛除，但是治玉技艺的神秘性并没有消失。技艺知识的显化也具有相对性，并非完全公开，而是以晦涩的新式密

码文辞、稳固的传习体制进行解构和重建。

（一）文辞暗示的“采玉”知识

采玉相关的文字文本记载涉及玉石的出产地位置、环境以及采玉难度等。从以下引文的描述中不难看出，一些文辞并非明指而是暗示了与采玉有关的知识和信息。

在《山海经》和《穆天子传》中，虽然存有昆仑取玉的说法，但是如前文所论，两书的叙事背景和“玉”之所指并非今日界定的矿物玉石，因此并不适合作为地质学所说的“玉料”的来源地考据。

同样，时代更早的《楚辞·涉江》中“登昆仑兮食玉英，与天地兮同寿，与日月兮同光”，以及《楚辞·哀时命》中“愿至昆仑之悬圃兮，采锺山之玉英”的说法，其出处也与《山海经》《穆天子传》两书有关。至于玉石是否出自昆仑并不是作为科学证据的措辞，但玉出昆仑从此以后成了文字记载的摹本源头。

在其他一些文献中，可以发现真实玉料产地在西北地区、于阗、玉河的说法居多：

> 玉起于禺氏，金起于汝汉，珠起于赤野，东西南北，距周七千八百里，水绝壤断，舟车不能通。先王为其途之远，其至之难，故托用于其重。（《管子·国蓄》）
>
> 白水宜玉，黑水宜砥，青水宜碧，赤水宜丹，黄水宜金。（《淮南子·地形训》）
>
> 于阗国，王治西城，去长安九千六百七十里。户三千三百，口万九千三百，胜兵二千四百人。辅国侯、左右将、左右骑君、东西城长、译长各一人。东北至都护治所三千九百四十七里，南与婼羌接，北与姑墨接。于阗之西，水皆西流，注西海；其东，水东流，注盐泽，河源出焉。多玉石。西通皮山三百八十里。（《汉书·西域传·第六十六上》）
>
> 汉使穷河源，河源出于阗，其山多玉石，采来，天子案古图书，名河所出山曰昆仑云。（《史记·大宛列传》）
>
> 初，吕光之称王也，遣使市六玺玉于于阗，至是，玉至敦煌，纳之郡府。（《晋书·列传第五十七》）
>
> 有水出玉，名曰玉河。（《梁书·西北诸戎传·于阗》）

其河源所出，至于阗，分为三：东曰白玉河，西曰绿玉河，又西曰乌玉河[1]。三河皆有玉而色异。每岁秋水涸，国王捞玉于河，然后国人得捞玉。（《新五代史·四夷传·于阗》引［晋］高居诲《使于阗记》）

唐代玄奘从天竺（今印度）回国曾途经新疆的天山南路，他记述瞿萨旦那国（今和田）产"白玉、翳玉"，以及乌铩国（今莎车）"多出杂玉，则有白玉、翳玉、青玉"[2]。唐代中期，和田本地的采玉业或带动了当地和附近琢玉业的发展，据史料可知，当时亦能从新疆换易玉器产品：公元780年德宗即位，"遣内给事朱如玉之安西，求玉于于阗，得圭一、珂佩一、枕一、带銙三百、簪四十、奁三十、钏十、杵三、瑟瑟百斤并它宝等"[3]。

《新唐书·西域传》中关于于阗"有玉河，国人夜视月光盛处，必得美玉"的描述已能体现，一些文辞参考了前代历史记忆，在文学叙事中加入更多想象性复魅的情况亦不鲜见，比如：

吴丝蜀桐张高秋，空山凝云颓不流。江娥啼竹素女愁，李凭中国弹箜篌。昆山玉碎凤凰叫，芙蓉泣露香兰笑。十二门前融冷光，二十三丝动紫皇。女娲炼石补天处，石破天惊逗秋雨。梦入神山教神妪，老鱼跳波瘦蛟舞。吴质不眠倚桂树，露脚斜飞湿寒兔。（唐代李贺《李凭箜篌引》）

肯时玉为宝，昆山过不得。今时玉为尘，昆山入中国。白玉尚如尘，谁肯爱金银。（唐代刘驾《昆山》）

玉叩能旋止，人言与乐并。繁音忽已阕，雅韵诎然清。佩想停仙步，泉疑咽夜声。曲终无异听，响极有馀情。特达知难拟，玲珑岂易名。昆山如可得，一片伫为荣。（唐代刘轲《玉声如乐》）

游宦今空返，浮淮一雁秋。白云阴泽国，青草绕扬州。调膳过花下，张筵到水头。昆山仍有玉，岁晏莫淹留。（唐代李端《送魏广下第归扬州宁亲》）

这些诗词的作者可能并未涉足过新疆或所谓"昆山"实地，但以同理和移情的手法表达了采玉之地的神秘、采玉工作的艰辛和玉之珍稀。正如《太平御览》记述的那样："玉者，色不如雪，泽不如雨，润不如膏，光不如鱼。取

[1] 白玉河即今和田市东的玉龙喀什河，乌玉河、绿玉河即今和田市西的喀拉喀什河（维吾尔语"Qaraqash Deryasi"）及其支流。

[2] 季羡林等校注：《大唐西域记校注》，北京：中华书局，1985年：第990、1001页。

[3]《新唐书》卷二二一上《西域传》，中华书局标点本，第5305页。

玉最难，越三江五湖至昆仑之山，千人往，百人返，百人往，十人至。中国覆十万之师，解三千之围。”

五代时期，西北地区割据政权，如占据瓜沙二州的归义军、占领凉州等地的吐蕃残部、占据西州的西州回鹘和于阗等，都向内地输出和田玉。其中，占据甘州（今张掖）的甘州回鹘进贡次数尤多。仅据《旧五代史·回鹘传》和《册府元龟》外臣部朝贡门统计，在924—959年这36年间进玉就达16次[1]。这些政权进贡的玉材一般以“团”为计量单位，常常直接称作“玉团”，一团玉重8斤[2]。甘州回鹘贡玉动辄以数十、上百团计，于阗国王李圣天甚至遣使贡玉千斤[3]。过去官方垄断和田玉的买卖，到周太祖广顺元年（951年）时开放此项贸易。“晋、汉以来，回鹘每至京师，禁民以私市易，其所有宝货皆鬻之入官，民间市易者罪之。至是，周太祖命除去旧法，每回鹘来者，听私下交易，官中不得禁诘，由是玉之价值十损七八。”[4]此后，玉石贸易走向活跃。虽然明清时期都曾有过中央政府力图垄断贸易的事情，但终归失败。这对于玉器进入寻常百姓家、玉器生产的商品化都有重要意义[5]。

宋代的张世南在《游宦纪闻》卷五中记载了“国朝礼器及乘舆服饰多是于阗玉”，而且他还指出宋代和田玉的输入途径及分类等级：“大抵今世所宝，多出西北部落西夏五台山。于阗国玉分五色……唯青碧一色高下最多端，带白色者浆水又分九等。”

《宋史·于阗传》除了记载“每岁秋，国人取玉于河，谓之捞玉”之外，还记载了丝绸之路沿途的龟兹、高昌、甘州、沙州回鹘都曾经向宋朝进贡玉石。1036年，元昊西攻回鹘，占领了河西走廊并掌握了丝绸贸易的控制权，由此和田玉输入宋境除经西夏外，又取经青唐（今西宁）等吐蕃统治地区入陕西的路线[6]。

同样，从元代马祖常《河湟书事》中“波斯老贾度流沙，夜听驼铃识路赊。采玉河边青石子，收来东国易桑麻”可见，采集来的玉石因其特殊的经济价值而被进贡或交易。

元代初期，中央政府直接控制和田玉的开采。采玉民户聚集在喀拉喀什河上游（图2-2）的匪力沙 （今希拉迪东），他们以淘玉为生，因而也叫做“淘

[1]《册府元龟》及《旧五代史》。

[2][法]哈密顿著，耿升等译：《五代回鹘史料》，乌鲁木齐：新疆人民出版社，1986年：第125页。

[3]《新五代史》卷七十《于阗传》，中华书局标点本，第918—919页。

[4]《旧五代史》卷一三八《回鹘传》，中华书局标点本，第1845页。

[5]程越：《古代和田玉向内地输入综略》，《西域研究》，1996年第3期。

[6]同[5]。

户”。他们采集的玉石经由驿站运往元大都。1273年，元世祖命玉工李秀才至和田采玉，翌年又命令免去淘户差役。元中期以后，察合台汗国控制了今新疆地区，和田玉或者通过回族商人贩入内地，或者由西北宗王进贡。元代琢玉工匠的数量不少，据记载，仅元大都南城就有百余户从业者聚居：“南城彰义门外，去二里许，望南有人家百余户，俱碾玉工，是名磨玉局。”[1]

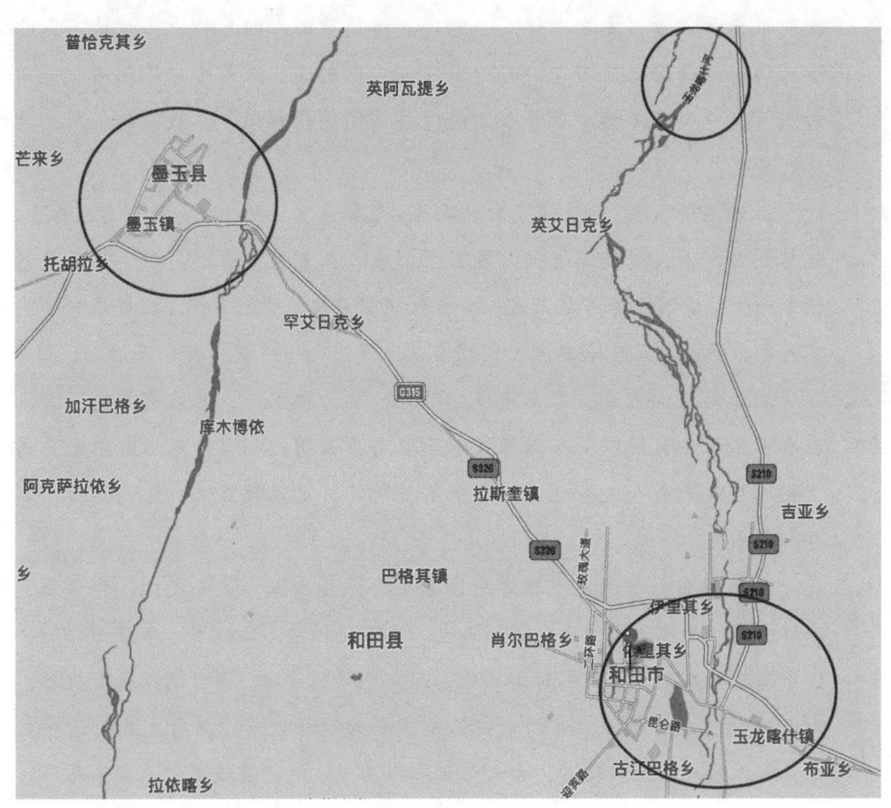

图2-2　新疆地区的墨玉县、和田市、玉龙喀什河的地理分布[2]

明代宋应星编撰的《天工开物》详细记载了玉石自然属性之特别、原料开采之不易、珍惜贵重之原因，而且对玉石的产地来源（图2-3、图2-4），开采的天时、地气、人因等条件，以及种类、价值、交易、定价等情况也有描述。例如：

[1] 元代熊梦祥《析津志》。

[2] 来自谷歌地图，2020年1月24日登录。“喀什”是“喀什噶尔”的简称，在突厥语中指的是“玉石”的意思，“噶尔”在古伊朗语中是“石”（山）的意思，“喀什噶尔”合起来就是指“玉石”或“玉山”。另外，据语言学研究考证，它也指古和田塞语中的“玉石之城”。

玉韫山辉，珠涵水媚，此理诚然乎哉，抑意逆之说也？大凡天地生物，光明者昏浊之反，滋润者枯涩之仇，贵在此则贱在彼矣。合浦、于阗行程相去二万里，珠雄于此，玉峙于彼，无胫而来，以宠爱人寰之中，而辉煌廊庙之上，使中华无端宝藏折节而推上坐焉。岂中国辉山、媚水者，萃在人身，而天地菁华止有此数哉？

凡玉入中国，贵重用者尽出于阗（汉时西国名，后代或名别失八里，或统服赤斤蒙古，定名未详）、葱岭。所谓蓝田，即葱岭出玉别地名，而后世误以为西安之蓝田也。其岭水发源名阿耨山，至葱岭分界两河，一曰白玉河，一曰绿玉河。后晋人高居诲作《于阗行程记》，载有乌玉河，此节则妄也。

玉璞不藏深土，源泉峻急激映而生。然取者不于所生处，以急湍无着手。俟其夏月水涨，璞随湍流徙，或百里，或二三百里，取之河中。凡玉映月精光而生，故国人沿河取玉者，多于秋间明月夜，望河候视。玉璞堆聚处，其月色倍明亮。凡璞随水流，仍错杂乱石浅流之中，提出辨认而后知也。

白玉河流向东南，绿玉河流向西北。亦力把里地，其地有名望野者，河水多聚玉。其俗以女人赤身没水而取者，云阴气相召，则玉留不逝，易于捞取。此或夷人之愚也。（夷中不贵此物，更流数百里，途远莫货，则弃而不用。）

凡玉唯白与绿两色。绿者中国名菜玉，其赤玉、黄玉之说，皆奇石、琅玕之类。价即不下于玉，然非玉也。凡玉璞根系山石流水，未推出位时，璞中玉软如绵絮，推出位时则已硬，入尘见风则愈硬。谓世间琢磨有软玉，则又非也。凡璞藏玉，其外者曰玉皮，取为砚托之类，其价无几。璞中之玉，有纵横尺余无瑕玷者，古者帝王取以为玺。所谓连城之璧，亦不易得。其纵横五六寸无瑕者，治以为杯斝，此已当时重宝也。

此外，唯西洋琐里有异玉，平时白色，晴日下看映出红色，阴雨时又为青色，此可谓之玉妖，尚方有之。朝鲜西北太尉山有千年璞，中藏羊脂玉，与葱岭美者元殊异。其他虽有载志，闻见则未经也。凡玉由彼地缠头回（其俗，人首一岁裹布一层，老则臃肿之甚，故名缠头回子。其国王亦谨不见发。问其故，则云见发则岁凶荒，可笑之甚），或溯河舟，或驾橐驼，经庄浪入嘉峪，而至于甘州与肃州。中国贩玉者，至此互市得之，东入中华，卸萃燕京。玉工辨璞高下定价，而后琢之。（良玉虽集京师，工巧则推苏郡。）（《天工开物·珠玉·第十八》）

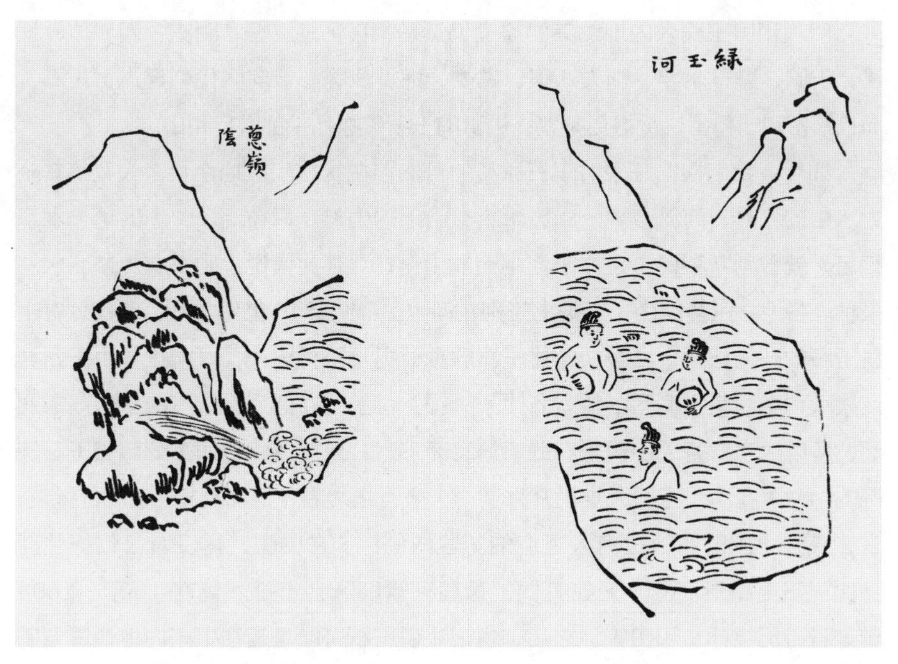

图 2–3　《天工开物》中所绘葱岭分界的绿玉河 [1]

图 2–4 《天工开物》中所绘的于阗国及白玉河 [2]

---

[1] 图片来源：[明] 宋应星著《天工开物》（上、中、下卷）和抄本。

[2] 同 [1]。

明代和田玉输入内地的首要渠道仍然是朝贡贸易。据《明史·西域传》记述，于阗、撒马尔罕、别失八里、黑娄、把丹沙等都曾向明代朝廷进贡玉石，而且哈密和吐鲁番进贡得更频繁，进贡的玉石矿物几乎都取自和田。

如今，我们根据开采时玉石原料的自然存在状态和质地性状，大致将其分为水中的籽料、河滩腹地的山流水料、山上的山料。早在明代，李时珍《本草纲目》就曾判断和田玉是产于河中而非山料："观此诸说，则玉有山产、水产二种。各地之玉多在山，于阗之玉则在河也。"[1] 至 16 世纪中叶，明代才有山料玉石的开采记载。高濂在论述玉器欣赏时提及玉材出产，可能正是由于西域商人顾虑中原买主洞悉山料玉石比子（籽）料玉石易得后，就不能获得高额利润，所以故意对开采山料玉石的事情秘而不宣，致使依靠传闻了解西域玉石情况的中原人在山料玉石大规模开采了一个多世纪之后才得知真相[2]。1500 年左右，来过中国的布哈拉商人阿克伯契达依说："在中国，再没有任何一件商品比玉石更昂贵。"[3] 无独有偶，葡萄牙籍耶稣会士鄂本笃在 1603—1604 年亲身游历喀什、和田等地之后，也记述说玉石可能是运往中国内地最重要的商品[4]。

清代乾隆后期，朝廷严打玉石走私行为。1779 年在阿克苏截获走私玉石四千三百八十二斤十五两，其中碴子玉（即山料）四千三百三十五斤三两，籽玉四十七斤八两，山料与籽料的数量比为 91:1[5]。从具体的数字看得出，山料较为易得价廉，而籽料难得且十分稀有。

中国人对玉石有着特殊的情结，这种需求一定程度上造成了玉石资源无止境地开采，导致现当代一些品相好的山料都变成了可与原来籽料价值比肩的稀有之物。而且，前往深山开采玉石也变得越来越危险和艰辛。在一部当代私人自制的纪录片《中国采玉人》（*Jade Hunters of China*）中，几个采玉人为了赚到家庭一年的生计，组成探险小团队，不得不冒着恶劣天气等自然艰险，最终却可能一无所获的巨大风险出行数十天找矿。这还仅仅是和田玉的开采故事，尚未提及中国人开采翡翠、赌玉赌命的那些惊心动魄的故事。按照经济学原理，采玉的成本直接推高了玉石原料的交易成本，而这还未计入个人非法开采所付出的生命代价和家庭幸福损失的风险。

---

[1]［明］李时珍：《本草纲目》， 北京：人民卫生出版社，1985 年：第 499 页。

[2] 高濂：《遵生八笺》卷十四《燕闲清赏笺》四库全书本。

[3] 阿里玛札海里著，耿升译：《丝绸之路》，北京：中华书局，1993 年：第 256、315 页。

[4]《利玛窦中国札记》，北京：中华书局，1983 年：第 545—550 页。

[5] 林永匡、王熹：《清代西北民族贸易》，北京：中央民族大学出版社，1991 年：第 560 页。

（二）图文显化的“治玉”技术

寻采、运输得来的玉石要经历解玉、攻玉、琢磨等治玉环节，相关的技术知识反映在一些文字记载和图像文本之中。

①《诗经》描述以“他山之石”为介质或磨错的工具来“攻”玉。

鹤鸣于九皋，声闻于野。鱼潜在渊，或在于渚。乐彼之园，爰有树檀，其下维萚。他山之石，可以为错。鹤鸣于九皋，声闻于天。鱼在于渚，或潜在渊。乐彼之园，爰有树檀，其下维谷。他山之石，可以攻玉。（《诗经·小雅·鹤鸣》）

②《诗经》所述琢磨的治玉方式：

瞻彼淇奥，绿竹猗猗。有匪君子，如切如磋，如琢如磨。（《诗经·卫风·淇奥》）

③ 汉代《淮南子·说山训》中以马尾鬃毛编成的软绳作为截玉的工具：

梧桐断角，马氂截玉。（《淮南子·说山训》）

④ 辽代《绿松石琢制图》描画了身着少数民族服饰的工匠正在加工绿松石（即突厥甸子）。如图 2–5a 所示，右侧 9 列 108 个字的契丹文说明以瘦金体旁注的形式展现了五组分工的工作场景。

⑤ 元代方回《桐江续集》卷三十对琢玉的记述有《赵朴翁字说》：“玉人加剖凿淬磨之功。”（图 2–5b）

⑥ 对于“治玉”时依据的玉器名称、用途及形制等尺度规范，如：

玉人之事，镇圭尺有二寸，天子守之；命圭九寸，谓之桓圭，公守之；命圭七寸，谓之信圭，侯守之；命圭七寸，谓之躬圭，伯守之。天子执冒四寸，以朝诸侯。天子用全，上公用龙，侯用瓒，伯用将，继子男执皮帛。天子圭中必，四圭尺有二寸，以祀天；大圭长三尺，杼上终葵首，天子服之；土圭尺有五寸，以致日、以土地；祼圭尺有二寸，有瓒，以祀庙；琬圭九寸而缫，以象德；琰圭九寸，判规，以除慝，以易行；璧羡度尺，好三寸，以为度；圭璧五寸，以祀日月星辰；璧琮九寸，诸侯以享天子；谷圭七寸，天子以聘女；大璋中璋九寸，边璋七寸，射四寸，厚寸，黄金勺，青金外，朱中，鼻寸，衡四寸，有缫，天子以巡守。宗祝以前马，大璋亦如之，诸侯以聘女。瑑圭璋八寸。璧琮八寸，以覜聘。牙璋中璋七寸，射二寸，厚寸，以起军旅，以治兵守。驵琮五寸，宗后以为权。大琮十有二寸，射四寸，厚寸，是谓内镇，宗后守之。驵琮七寸，鼻寸有半寸，天子以为权。两圭五寸有邸，以祀地，以旅四望。瑑琮八寸，诸侯以享夫人。案十有二寸，枣栗十有二列，诸侯纯九，大夫纯五，夫人以劳诸侯。璋邸射素功，以祀山川，以致稍饩。（《周礼·冬官·考工记》第六）

⑦《天工开物》中添沙剖玉的琢玉工艺和设备（图 2–5c），涉及解玉沙的产地、磨砺工具、琢磨、雕刻、画样、特殊处理、伪造，以及尊材的伦理观念。具体如下：

凡玉初剖时，冶铁为圆盘，以盆水盛沙，足踏圆盘使转，添沙剖玉，逐忽划断。中国解玉沙出顺天［府］玉田与真定、邢台两邑。其沙非出河中，有泉流出精粹如面，借以攻玉，永无耗折。既解之后，别施精巧工夫。得镔铁刀者，则为利器也。（镔铁亦出西番哈密卫砺石中，剖之乃得。）

图 2–5a　辽代《绿松石琢制图》（绢本，高 46 厘米 × 长 200 厘米）局部[1]

[1] 宋兆麟：《绿松石雕刻工艺》，《民艺》，2019 年第 1 期。

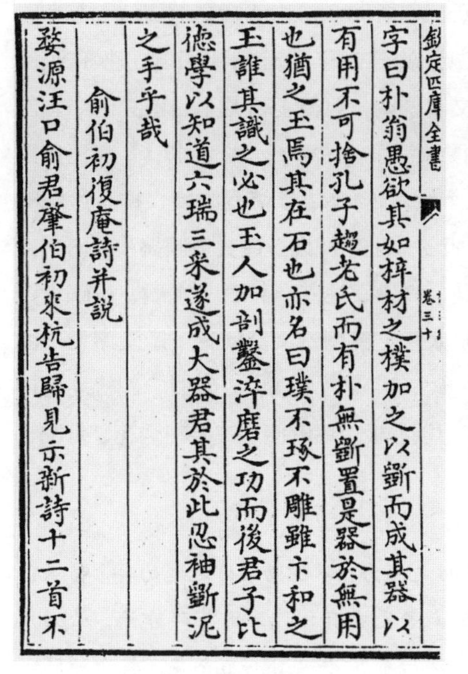

欽定四庫全書 卷三十

字曰朴翁愚欲其如梓材之樸加之以斲而成其器以有用不可捨孔子趨老氏而有朴無斲置是器於無用也猶之玉焉其在石也亦名曰璞不琢不雕雖卞和之玉誰其識之必也玉人加剖鑿淬磨之功而後君子比德學以知道六瑞三采遂成大器君其於此忍袖斲泥之手乎哉

俞伯初復庵詩并說

婺源汪口俞君肇伯初來杭告歸見示新詩十二首不

图 2-5b 《桐江续集》相关治玉的记载[1]

图 2-5c 《天工开物》琢玉图[2]

凡玉器琢余碎，取笔钿花用。又碎不堪者，碾筛和泥涂琴瑟。琴有玉声，以此故也。凡镂刻绝细处，难施锥刃者，以蟾蜍添画而后锲之。物理制服，殆不可晓。凡假玉以砆碔充者，如锡之于银，昭然易辨。近则捣舂上料白瓷器，细过微尘，以白蔹诸汁调成为器，干燥玉色烨然，此伪最巧云。

凡珠玉、金银胎性相反。金银受日精，必沉埋深土结成。珠玉、宝石受月华，不受寸土掩盖。宝石在井，上透碧空，珠在重渊，玉在峻滩，但受空明、水色盖上。珠有螺城，螺母居中，龙神守护，人不敢犯。数应入世用者，螺母推出人取。玉初孕处，亦不可得。玉神推徙入河，然后恣取，与珠宫同神异云。（《天工开物·珠玉·第十八》）

⑧《玉作图说》中的治玉设备、工具和工艺流程等，以图文结合的方式进行解说。

光绪十七年（1891 年），李澄渊应英国医士卜君要求而彩绘《玉作图说》，图说原作见于美国商人收藏家毕索普（Heber Reginald Bishop，1840—

[1]《钦定四库全书·桐江续集·卷三十》。

[2] 图片来源：[明] 宋应星著《天工开物》，明崇祯十年涂绍煃刊本，1637 年。

1902 年）的《玉石调查与研究》（*Investigations and Studies in Jade*，New York，1906 年版）。《玉作图说》以十二图十三说展现了治玉操作画面以及具体的工具、要领、场景并配以文字说明，算得上是截至目前关于中国古代治玉工艺、工序、事项最为翔实的图像记录（图 2–6—图 2–17）。《玉作图说》后世存有版本之别，目前主要有三个绘本：1891 年李澄渊版、据李绘版的仿绘版、1985 年周以鸿版 [1]。李澄渊版的《玉作图说》图文按照捣沙、研浆、开玉、扎碢、冲碢、磨碢、掏堂、上花、打钻、透花、打眼、木碢、皮碢十三道工序顺序展开，其中“捣沙”和“研浆”一图两说，其他十一道工序为一图一说。从绘制的细节可见：在扎碢、冲碢、磨碢、木碢、皮碢时，砣机均使用了挡沙板；而掏堂、上花时，砣机未使用挡沙板。弓的使用主要在透花、打钻、打眼工序环节。详细内容如下 [2]：

【一、捣沙图说】

攻玉器具虽多，大都不能施其器本性之能力，不过助石沙之能力耳。传云，黑、红、黄等石沙产于直隶获鹿县，云南等处亦有之。形似甚碎砟子，必须用杵臼捣碎如米糁，再以极细筛子筛之，然后量其沙粗细，漂去浆，将净沙浸水以适用。

图 2–6　捣沙图说和研浆图说

[1] 周以鸿版是指台湾周以鸿在乙丑年（1985 年）所作，见于邓淑苹《玉石器的故事》一书，是周先生专为邓女士的书参照《玉作图说》而创作，但其研究上的参考价值不能与《玉作图说》原作相提并论，如将“捣沙”作“捞沙”、将“打钻”作“钻穴”，显然带有臆造成分。

[2] 本文中的十三道工序图皆出自《玉石调查与研究》（*Investigations and Studies in Jade*）。参见：*Investigations and Studies in Jade: Volume one*. New York：The Bishop Collection，1906:P64–71.

【二、研浆图说】

磨光宜用极细腻黄沙去浆，浸水以适用。

位于核心场景图下方的四组图示文字说明，从右至左依次为：黑石沙，性甚坚；红石沙，此红沙性微软；黄石沙，性比红沙又软；宝料，为上光用，性似沙土。

【三、开玉图说】

器用聚钢条及浸水黑石沙，凡玉体极重即宜用此图内所画之式以开之。至若玉重二三十斤则以天秤吊之，再用尺六见圆大扎碢开之。论玉之产于山水，其原体皆有石皮，今欲用其玉，必先去其皮，若剥果皮取其仁也，故云开玉。此攻玉第一工也。

下方图示的文字说明，从右至左依次为：大法；聚钢法条；此黑石沙性极坚硬；盆内是黑石沙。

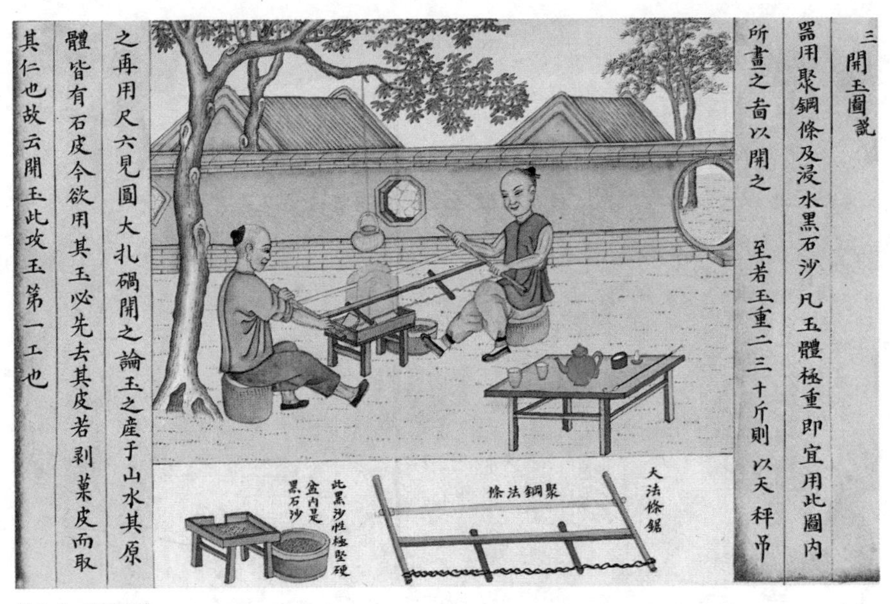

图 2-7 开玉图说

【四、扎碢图说】

碢用木作轴，用钢作圆盘，边甚薄，似刀，名之曰扎碢。用浸水红沙将去净石皮原玉截成块或方条，再料其材以为器，用冲碢磨之以成其器之胎形。若大玉料体重则以天秤吊之，如小而轻则以手托之，不用天秤。

下方图示的文字说明，从右至左依次为：登板；木轴；扎碢；小铁砧；小铁锤；铁砧铁锤皆为收拾扎碢不平整处用。

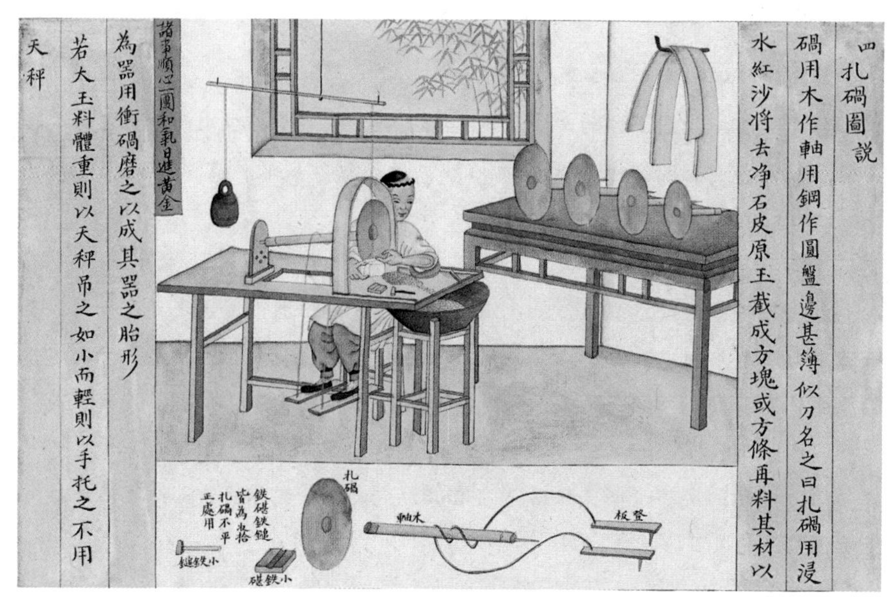

图 2-8 扎碢图说

【五、冲碢图说】

碢用四五分或二三分厚钢圈，圈内横以厚竹板，再以紫胶接在木轴头上，用浸水净红沙以冲削其方条玉之棱角，故名冲碢。玉之棱角既去，器型既成。玉体肤上尚有小坳沙痕则宜磨碢以磨之。木碢、胶碢、皮碢以光亮之。

下方图示的文字说明，从右至左依次为：冲碢；木轴；尾丁；登板。

图 2-9 冲碢图说

【六、磨碢图说】

磨碢用二三分厚钢盘、木轴，碢形大小不同，约有六七等。既冲之后宜磨之，使玉体细腻。磨工既毕，宜上花、宜打钻、宜掏堂、宜打眼，再各施其工。

下方图示的文字说明，从右至左依次为：登板；转绳；尾丁；木轴；紫胶接轴处；钢磨碢。

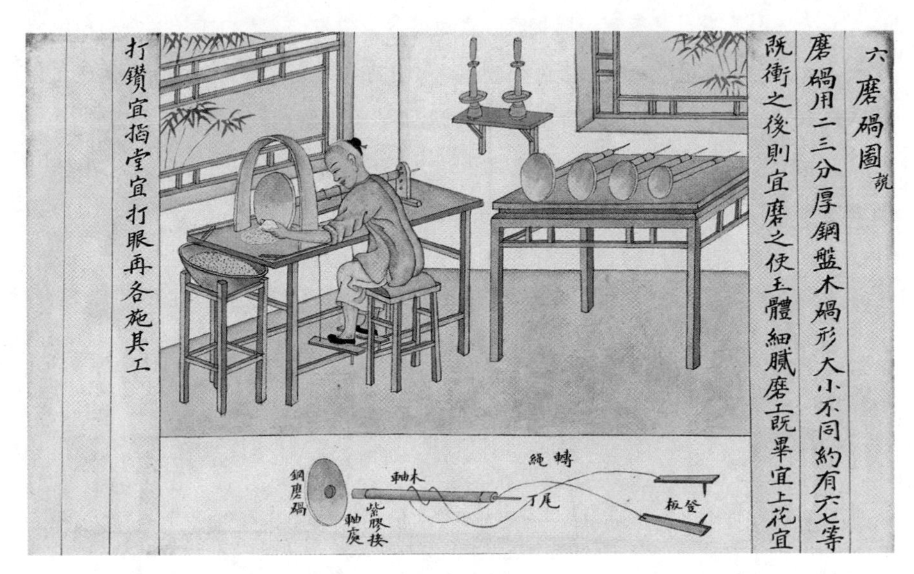

图 2–10　磨碢图说

【七、掏堂图说】

掏堂者，去其中而空之之谓也。凡玉器之宜有空堂者，应先钢卷筒以掏其堂，

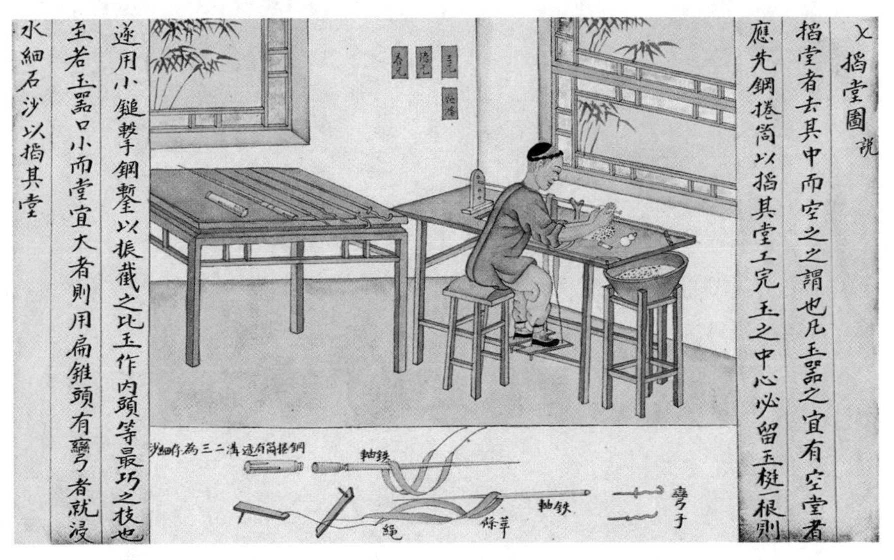

图 2–11　掏堂图说

工完，玉之中心必留玉梃一根，则遂用小锤击钢錾以振截之，此玉作内头等最巧之技也。至若玉器口小而堂宜大者，则用扁锥头有弯者就浸水细石沙以掏其堂。

下方图示的文字说明，从右至左依次为：弯子；铁轴；革絛；铁轴；钢卷筒有透沟二三为存细沙。

【八、上花图说】

按：玉作上花，具皆用小圆钢盘，盘边甚薄，似刀，名之曰丁子，全形似圆帽丁子，故名之。或用小钢碢，名为轧碢。此等具可以随意改作大小，以方便适用为度。凡玉器无论大小方圆，外面应有花样者皆用此等具磨冲以上花。

下方图示的文字说明，从右至左依次为：登板；铁轴；大小丁子；小锤，为正丁子毛病用；铁锤，为打丁子入铁轴穴；小碢。

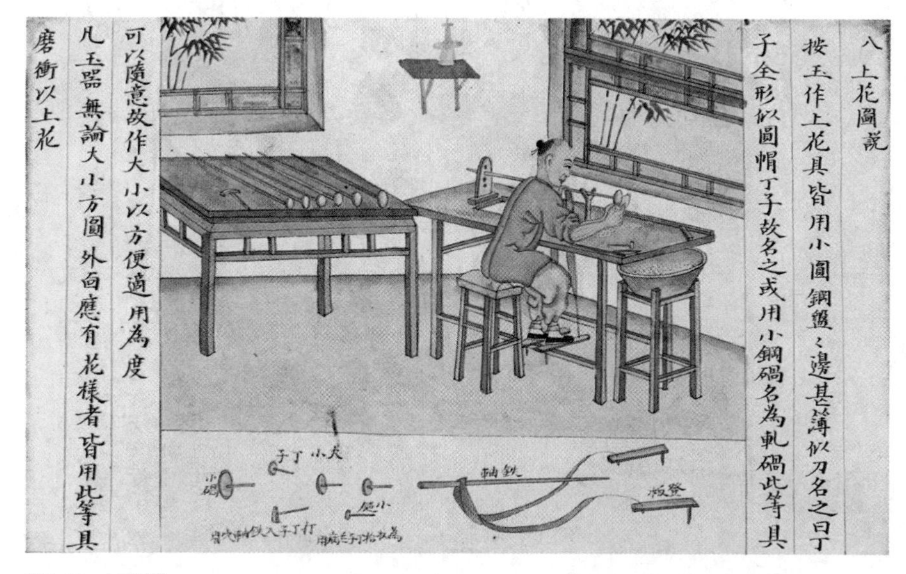

图 2–12　上花图说

【九、打钻图说】

是玉器宜作透花者，则先用金钢钻打透花眼，名为打钻，然后再以弯弓锯，就细石沙顺花以搜之，透花工毕，再施上花磨亮之工，则器成。

下方图示的文字说明，从右至左依次为：坠砣；活动木；金钢钻；弯弓；浸沙盆。

【十、透花图说】

凡玉片宜作透花者，先以钢钻将玉片钻透圆孔，后以弯弓并钢丝一条，用时则解钢丝一头，随将丝头穿过玉孔，后结好丝头于弓头上，然后用浸水沙顺花样以搜之，如木作弯锯搜花一样。图内桌上有竖木桌拿子或横木桌拿，以稳住玉器。

下方图示的文字说明，从右至左依次为：横木棹拿；竖木棹拿；钢丝；搜弓；钢丝，弓背于钢丝解开式。

图 2–13　打钻图说

图 2–14　透花图说

【十一、打眼图说】

凡小玉器如烟壶、扳指、烟袋嘴等不能扶拿者，皆用七八寸高大竹筒一个，内注清水，水上按木板数块。其形不一，或有孔，或有槽窝，皆像玉器形，临作工时则将玉器按在板孔中或槽窝内，再以左手心握小铁盅按扣金钢钻之丁尾，用右手拉绷弓助金钢钻以打眼。

下方图示的文字说明，从右至左依次为：大竹筒内所用稳玉器木具数块，有孔板；大竹筒；铁盅；金钢钻。

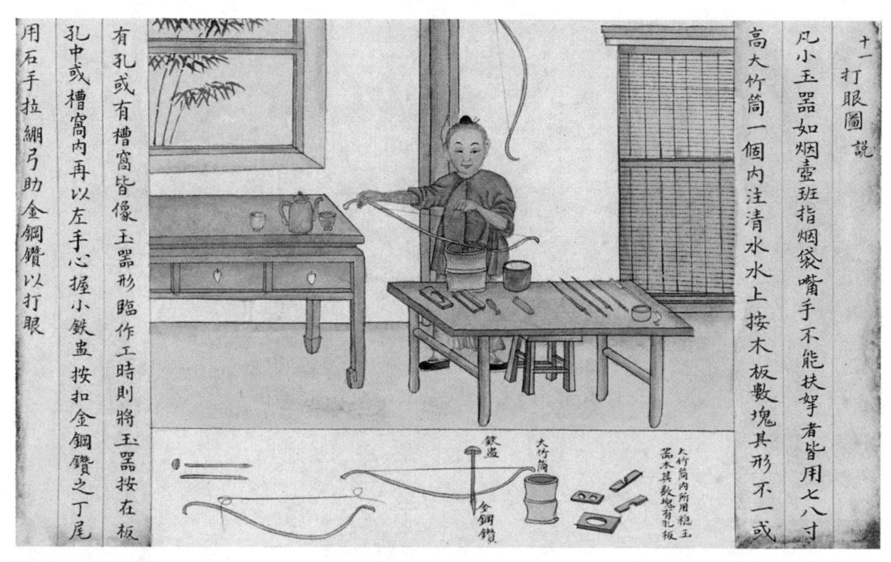

图 2–15　打眼图说

【十二、木碢图说】

钢碢磨毕玉体虽干净，然尚欠光亮，即用木碢及浸水黄沙、宝料或用各色沙浆以磨之。若小件玉器不能用木碢磨之，或有甚细密花样者，皆不可用木碢磨之，则以干葫芦片作小碢以磨之。

下方图示的文字说明，从右至左依次为：二小木光堂具；铁轴；木碢；木轴；转绳；登板。

图 2–16 木碣图说

【十三、皮碣图说】

此系皮碣磨亮上光之图也，碣系牛皮为之，包于木碣之上纳以麻绳，大者尺余见围，小则二三寸不等，皆用浸水宝料磨之。皮碣上光后则玉体光亮温润，使鉴家爱之无穷，至此则琢磨事毕矣。

下方图示的文字说明，从右至左依次为：登板；绳；木轴；皮碣。

图 2–17 皮碣图说

第二节
治玉原理与技术推想

一、经典技术原理：琢磨以治

（一）实物工具及设备

按照考古学和历史考据的方法，考古发现的玉石加工场所（作坊）遗迹除了满足一定的制作空间，还应当存有一些特殊设施、加工工具以及原料、半成品、废料甚至成品遗存[1]。但是，至今为止的考古遗址发掘中，很少出现这类能全方位证明玉石加工情况的特殊遗迹，偶有原料或半成品及破损残件的遗址也不能完全反映出玉石加工的准确工具和生产面貌。

尽管存在玉石原料或半成品伴随墓葬出土的情况，不过遗存的专门的治玉工具十分缺乏。因此，造成古代治玉工艺及操作设备无法准确考证而只能较多依赖于文献、图像等资料以今度古。根据已有研究，表 2–1 对玉石半成品、废料、原料和解玉沙堆积考古遗存情况进行了梳理，以推测治玉作坊存在的可能性及规模。

除了以上估计为治玉作坊的遗址，自新石器时代以来还有很多遗址中虽未有大量原料、工具或遗迹出现，但也发现存有钻芯、玉料半成品或残料，甚至有少量燧石制品。比如：兴隆洼文化查海遗址，小珠山中层文化文家屯遗址，小珠山上层文化北沟西山遗址，红山文化牛河梁遗址、田家沟遗址，新乐文化新乐遗址，河姆渡文化田螺山遗址，薛家岗文化黄家堰遗址，崧泽文化张家港东山村遗址、南河浜遗址、安吉安乐遗址，凌家滩文化凌家滩遗址，海岱龙山文化两城镇遗址、三里河遗址，石家河文化钟祥六合遗址、枣林岗遗址，良渚文化福泉山遗址、武进寺墩遗址、草鞋山遗址、新地里遗址、余杭上口山遗址，齐家文化甘肃皇娘娘台遗址、青海喇家遗址，商代殷墟妇好墓、郭家庄墓地、滕州前掌大墓地、三星堆遗址、金沙遗址，西周时期的张家坡墓地、宝鸡強国墓地、浙江东阳前山墓地，东周时期中山国舋墓、晋国赵卿墓、曾侯乙墓、山

[1] 邓聪：《东亚古代玉作坊研究的一点认识》，《2003 海峡两岸艺术史学与考古学方法研讨会论文集》，台南艺术大学艺术史学系、艺术史与艺术评论研究所，2005 年：第 139—151 页。

东沂水纪王崮春秋墓、浙江绍兴306号战国墓、河南新郑铁岭墓地、辽宁东大杖子墓地、陕西韩城梁带村芮国墓地、侯马祭祀坑遗址，等等。

表 2-1 先秦时期治玉作坊 [1]

史前时期（6处）	浙江桐庐县 方家洲遗址 （马家浜文化晚期—崧泽文化）	砾石、石器半成品、磨石、砺石、石锤、废弃石片共计逾2万件 [2]；玉玦、璜、管、片、钻芯、初坯、玉石废料；灰坑、石堆
	江苏镇江 磨盘墩遗址（大港镇聚落群） （崧泽文化中晚期至良渚文化早期）	玉玦、玉环、玉料10件；黑色燧石、玛瑙石制品5532件 [3]
	江苏镇江 戴家山遗址（大港镇聚落群） （良渚文化时期）	燧石制品、砺石；灰坑；大港镇周围沿长江南岸11千米范围有7—8处类似的岗地玉石加工聚落群 [4]
	浙江余杭 塘山遗址 （良渚文化时期）	带有切痕的玉料残块、玉器残件、石质工具；先后两次发掘出琮、璧、钺、镯、管珠、钻芯、锥形器500多件；3处石砌遗迹 [5]
	江苏句容 丁沙地遗址 （良渚文化晚期）	细石器；玉器、玉料78件，包括无加工的玉璞、初加工的残料；钻芯，线切割、片切割玉料和工具，阴线雕磨工具，砺石打磨工具；无加工的砂岩（解玉砂原料）；灰坑3座 [6]
	湖北石家河 罗家柏岭遗址 （石家河文化早期）	有直墙、土台、围沟烧土的作坊建筑；锥体棒形石料及石器500多件，玉器40多件，石器70多件 [7]
夏商周时期（4处）	甘肃武威 海藏寺遗址 （齐家文化时期）	玉璧37件、玉镯1件；斧、锛、凿等工具8件；玉石边角料、半成品、毛坯和原石161件，带切割痕的大玉板 [8]

[1] 根据相关考古报告和姜亚飞的《先秦时期制玉作坊遗存及相关问题研究》资料整理制成。

[2] 浙江省文物考古研究所：《桐庐方家洲新石器时代玉石器制造场遗址发掘的主要收获》，《浙北崧泽文化考古报告集》，北京：文物出版社，2014年：第309页。

[3] 南京博物院等：《江苏丹徒磨盘墩遗址发掘报告》，《史前研究》，1985年第2期。

[4] 镇江博物馆等：《江苏镇江市戴家山遗址清理报告》，《考古与文物》，1990年第2期。

[5] 王明达等：《塘山遗址发现良渚文化制玉作坊》，《中国文物报》，2002年9月20日。浙江省文物考古研究所：《良渚遗址群》，北京：文物出版社，2005年：第121页。

[6] 南京博物院：《江苏句容丁沙地遗址试掘钻探简报》，《东南文化》，1990年1、2期合刊。南京博物院考古研究所：《江苏句容丁沙地遗址第二次发掘简报》，《文物》，2001年第5期。

[7] 湖北省文物考古研究所等：《湖北石家河罗家柏岭新石器时代遗址》，《考古学报》，1994年第2期。

[8] 梁晓英、刘茂德：《武威新石器时代晚期玉器作坊遗址》，《中国文物报》，1993年3月30日第3版。

续表

夏商周时期（4处）	河南偃师 二里头遗址 （二里头文化二—四期）	位于宫城外东南，围垣作坊区东北部有绿松石作坊；绿松石料坑遗迹2处；砺石工具13件；解玉沙；绿松石原料、成品、半成品、次品、废料等4000多件[1]
	河南安阳 殷墟遗址 （商代殷墟四期）	房址2座和灰坑1座；圆锥形石料600多件、长方形磨石残件260多块；玉石料、玉石器；石璋残件；铜镞、铜刀[2]
	甘肃 马鬃山遗址 （战国—汉代）	寒窑子草场玉矿遗址有矿坑6个、矿井1处、石料堆积2处和防御遗存1处；矿坑和矿井周围分布有大量碎玉料、废弃石料、石锤等；径保尔草场玉矿遗址有11处灰坑、灰沟2条、房址21处和石料堆积10处；陶片、玉料、砺石、石锤、铜镞、铁块等[3]
其他遗存：两周时期的周原白家遗址，战国时期的郑韩故城、灵寿故城也都存在制玉作坊，但尚未进行发掘和公开报告。		

能够注意到这些考古发掘中的锥形石料，很有可能就是用于钻磨的工具之一。有学者通过实验考古的方法，模拟古法成功验证了切割、钻孔的治玉技术，特别是用弓式手工钻进行玉料钻孔的可能性[4]。另外，就软化工艺是否存在的问题，张祖方认为良渚文化玉器的刻纹应是软化处理而成[5]，且现代实验也证明了煮玉石或烧焚玉石确有改变玉质结构的作用。

令人遗憾的是，目前与治玉工具和原材料有关的遗存研究尚依托于考古挖掘的遗迹整体情况，公布的信息也较少且缺乏系统性，考古机构也并未将其作为一个专题对相关出土实物资料和遗存状态给予足够的关注。很多研究者在缺乏一手资料的情况下难以开展作坊乃至工艺的研究，对于已经出土的作坊遗址

[1] 许宏：《二里头遗址发掘和研究的回顾与思考》，《考古》，2004年第11期。中国社会科学院考古研究所：《二里头（1999—2006）》，北京：文物出版社，2014年：第337—338页。

[2] 中国科学院考古研究所安阳发掘队：《1975年安阳殷墟的新发现》，《考古》，1976年第4期。

[3] 甘肃省文物考古研究所：《甘肃肃北县马鬃山玉矿遗址》，《考古》，2015年第7期。甘肃省文物考古研究所：《甘肃肃北马鬃山玉矿遗址2011年发掘简报》，《文物》，2012年第8期。

[4] 黄建秋等：《良渚文化治玉技法的实验考古研究》，钱宪和、方建能编：《史前琢玉工艺技术》，台湾博物馆，2003年。席永杰、张国强：《红山文化玉器线切割、钻孔技术实验报告》，《北方文物》，2009年第1期。

[5] 张祖方：《良渚玉器的刻纹工具——兼谈玉石软化工艺》，钱宪和、方建能编：《史前琢玉工艺技术》，台湾博物馆，2003年：第95—102页。

的工具与治玉的关系囿于研究者身份和资源权属、资金问题等，很难积极高效地开展模拟实验或集中投入科研力量。另外，地质和材料科技手段的局限及对检测技术的过分依赖，且缺乏人文史料和考古材料信息的互译研究，也在一定程度上使得玉料来源无法准确测定。

鉴于此，我寄希望于利用现代人类学研究中有关资料的比较方法来推测可能的治玉传统方式。通过对近现代至 21 世纪初印度琢制宝玉石的方法、新西兰毛利人的琢玉工艺原理以及具体工具和设备的比较研究，发现当地原住民、本土工匠之间承续着一种金属工具未出现时的治玉方式。

如图 2–18a 所示，在印度的首饰制作中，还会采用传统的厚重的切螺钢板，将贝壳切成薄厚相当的形式。该工具的上方两角各有两个手持柄，其弧度便于工匠有节奏地精巧切割，以减少对材料的浪费。由图 2–18b 可见，工匠的工作条件、环境很简易、艰苦，无论男女老少都保持着席地而坐的手工劳作习惯。图 2–18c 展现了制作手镯束时，会把末端用渐收缩的形式和起始端自然过渡相连，然后上面用金箔做装饰，再用虫胶上色。图 2–18d 展现的是手镯的打磨工艺，需要将手镯内环套在一个印度人俗称“danda”的筒状棍子上，然后往复摩擦。棍子上涂有金刚砂，有时涂的是河沙和虫胶的混合物。

图 2–18a　印度用宝玉石琢制首饰的传统方法[1]

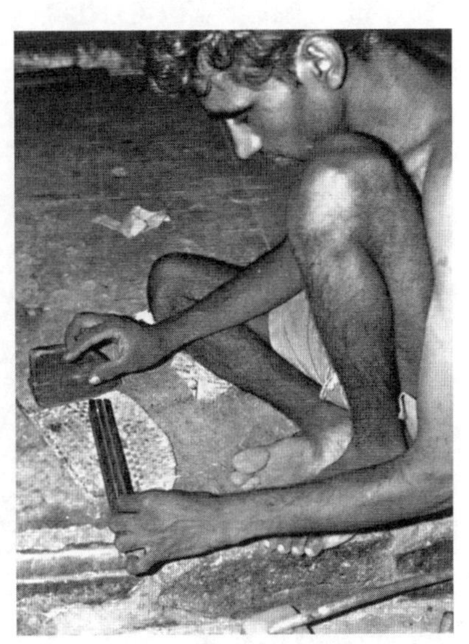

图 2–18b　席地而坐手工制作的场景[2]

[1] Oppi Untracht. *Traditional Jewelry of India*. London: Thames and Hudson Ltd. 1997: fig.326.

[2] 同 [1]，fig.317。

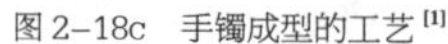
图 2-18c　手镯成型的工艺[1]

图 2-18d　首饰磨制的方法[2]

玉石的开采和加工方式在世界范围内可发现相似性（图 2-19a—图 2-19d）。这些分布在世界各地的玉石文化之间或多或少早有渊源，在第四章中将会专门讨论中华玉文化传播的问题。

有些加工技术具有普遍性，例如：新西兰的毛利人会将富含石英的杂砂岩制成石锯，然后用这种特殊的、可磨切的锯子采用对切和对钻法来分离玉料。在分离时，极薄的部位可直接敲开或掰断，从而留下毛茬痕迹（图 2-19e）。

图 2-19a　备受尊敬的毛利人玉石工匠及其承续的传统钻磨法[3]

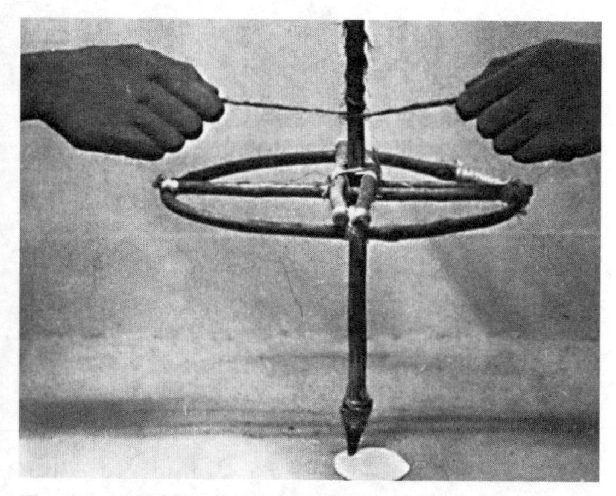

图 2-19b　毛利人的传统钻磨法是用细枝惯性飞轮（twig flywheel）在玉石上钻孔[4]

[1] Oppi Untracht. *Traditional Jewelry of India.* London: Thames and Hudson Ltd. 1997: fig.319.

[2] 同 [1]，fig.328。

[3] Russell J. Beck. *New Zealand Jade: The Story of Greenstone.* A. H. & A. W. REED Ltd. 1970: pp17.

[4] Elsie Ruff. *Jade of The Mori.* London: F. J. Milner & Sons, 1950: fig.21.

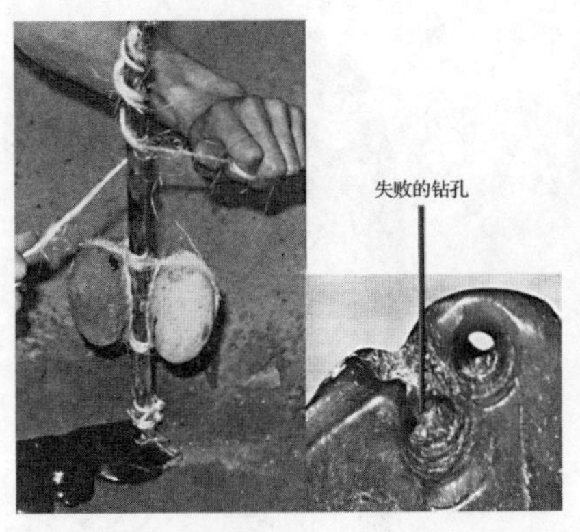

图 2-19c 毛利人用石头惯性飞轮钻孔的方法及一件玉石吊坠上失败的钻孔 [1]

图 2-19d 毛利人在水边的砂岩上磨制玉锛 [2]

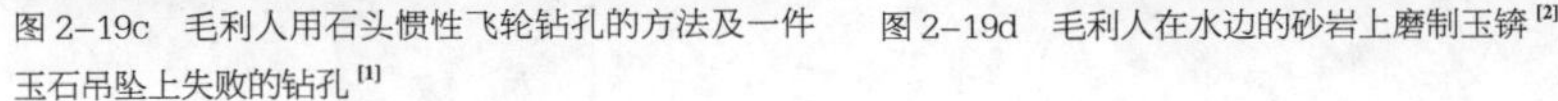

切磨玉石时如果没有砂子，他们就会用锤子砸碎砾石将其加工成细粉状作为磨玉的解玉砂。在新西兰南岛西至西南沿岸的考察中还发现，毛利人有时也会用比石英硬度高一些的石榴石解玉砂 [3]，这与接下来要谈到的中国治玉传统使用解玉砂的情形不谋而合。

新西兰本土解玉方式的改进很可能是基于猎人对采集和狩猎工具的加工而形成的，特别是锯子和解玉砂媒介的改良，像锯切、研磨、钻孔这三种常见的工艺后来又由专门从事玉石加工的工匠进一步普及完善（图 2-19f—图 2-19h）。尽管如此，关于毛利人用传统方式加工玉器的记录还是很少，特别是后来，当欧洲人到达新西兰时，原住民大多转向了使用金属工具，毛利人的传统知识和技艺也就难以长久保持了（图 2-19i—图 2-19l）[4]。

按照传统习惯，通常直接将新西兰的碧玉（pounamu）和另一种绿色蛇纹石鲍文玉（bowenite）统称为“绿石”（greenstone），但是实际上新西兰当地的真玉属于软玉（nephrite）。这种特殊的碧玉产于新西兰南岛南阿尔卑斯山的特瓦碧玉山（Te Wai Pounamu），其毛利语是“碧玉水域”的意思。这个碧玉矿带形成的年代约为 200 万年以前。在新西兰原住民毛利人的历史传说和信俗中，这种圣石是赶走入侵者的水怪“纳胡”（Ngahue）的组成部分，是鱼龙形神“普提尼”（Poutini）的化身。与传说有关的新西兰碧玉或称“新西兰绿玉”，按照颜色通常分为四类：卡瓦卡瓦（Kawakawa）[5]、卡胡

[1] Elsie Ruff. *Jade of The Mori.* London：F. J. Milner & Sons，1950：fig.22.

[2] 同 [1]，fig.20。

[3] 同 [1]，p73。

[4] 同 [1]，p70。

[5] 卡瓦卡瓦碧玉与新西兰当地的一种树叶颜色接近，还有深浅、橄榄色等常见色彩。

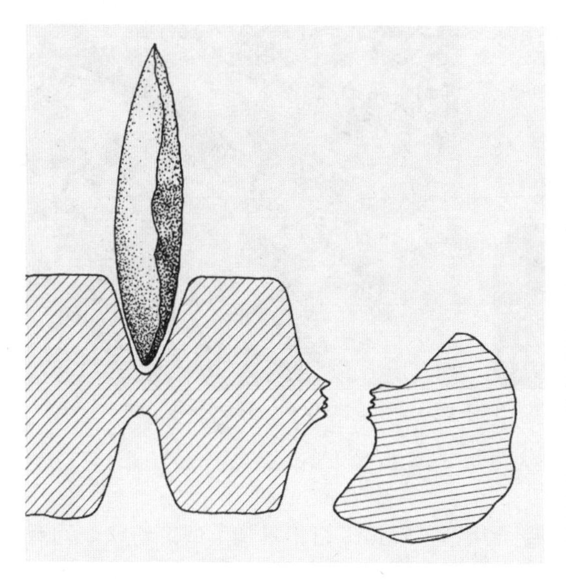

图 2-19e　毛利人用杂砂岩石锯对切和对钻方式分离玉料 [1]

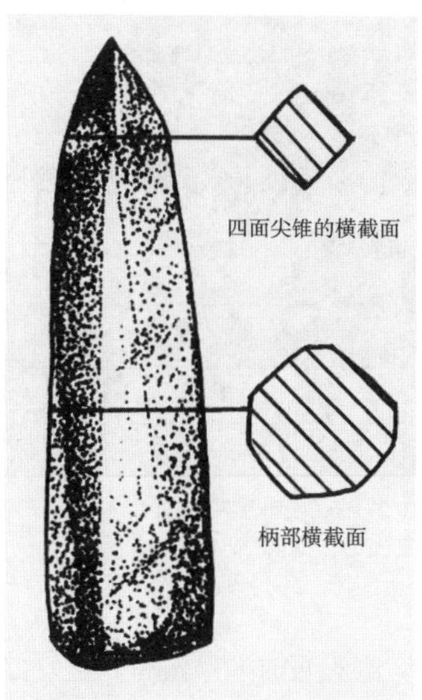

图 2-19f　软玉做成的钻头（前段截面为切削过的四方形，中后部是便于手握的近圆形）[2]

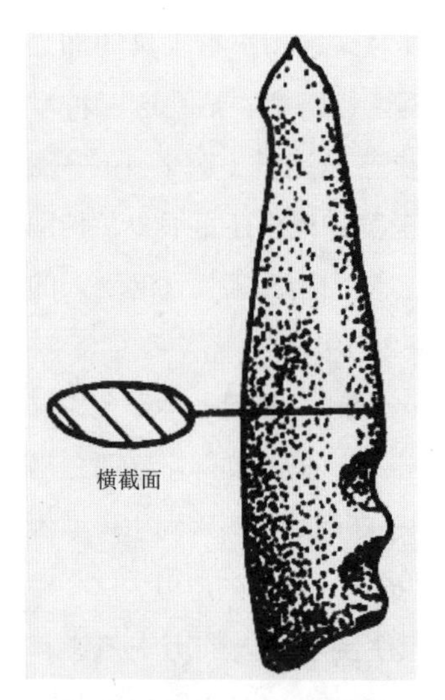

图 2-19g　新西兰软玉带倒刺的鱼钩（中部齿牙附近截面为椭圆形，齿牙双槽，以便于固定鱼钩）[3]

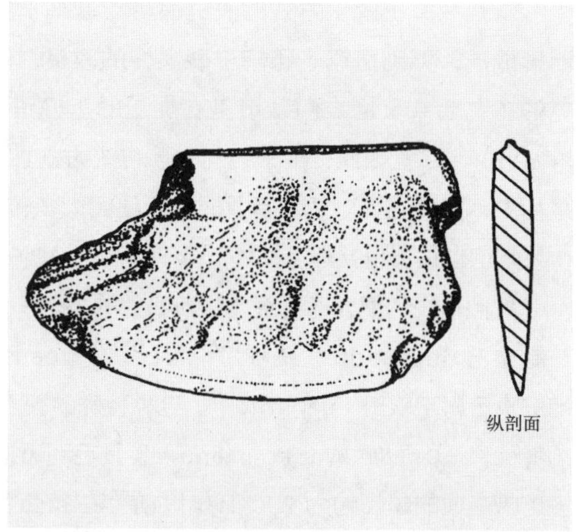

图 2-19h　新西兰软玉做成的亚麻刮刀 [4]

[1] Elsie Ruff. *Jade of The Mori*. London：F. J. Milner & Sons，1950：fig.7.
[2] 同 [1]，p79。
[3] 同 [2]。
[4] 同 [1]，fig.10。

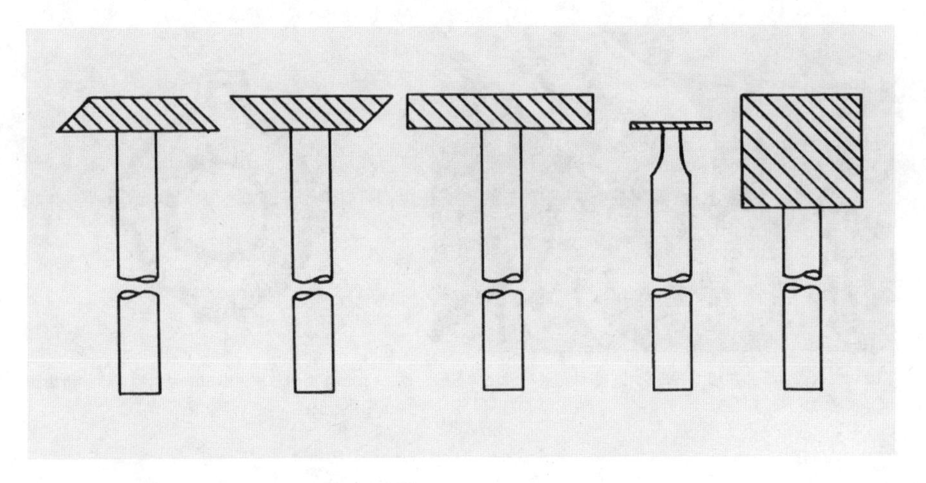

图 2–19i 新西兰现今加工玉石常用的各种平头砣[1]

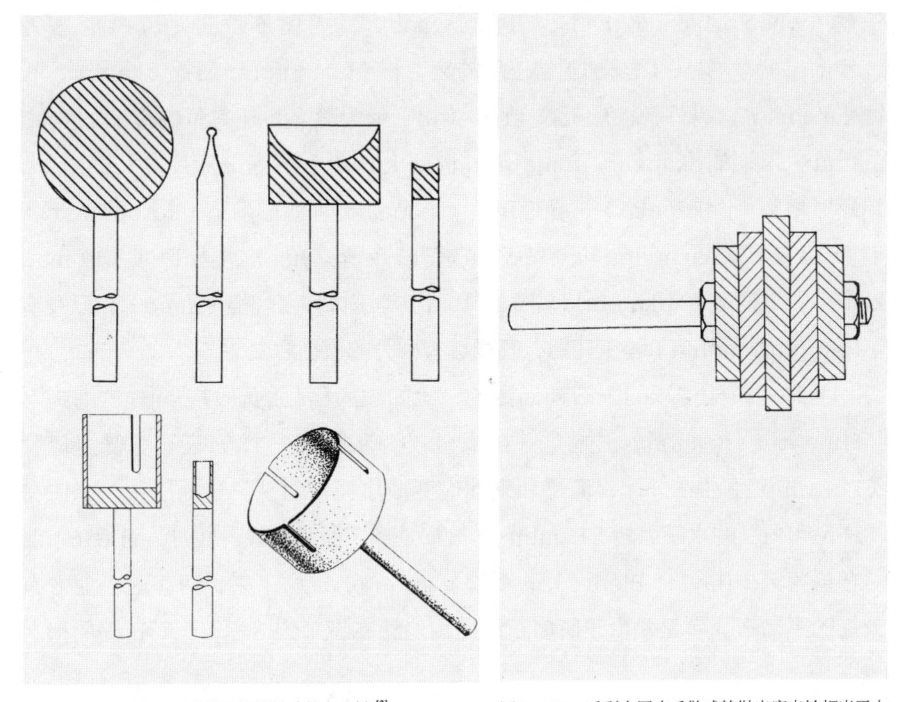

图 2–19j 凸形和凹形砣以及钢管做成的空心钻[2]

图 2–19k 毛利人用皮毛做成的抛光磨光轮相当于中国传统的磨碣和皮碣[3]

[1] Elsie Ruff. *Jade of The Mori.* London: F. J. Milner & Sons, 1950: fig.13.

[2] 同 [1], fig.14、fig.15。

[3] 同 [1], fig.16。

图 2-191　现今新西兰加工玉石使用的各种砣头和添加解玉砂的设备 [1]

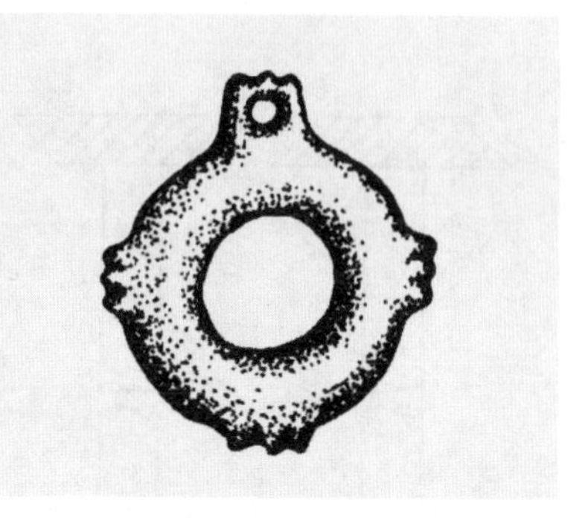

图 2-19m　新西兰软玉做成的系鸟器（这种带齿腿环也叫“Kaka poria”）[2]

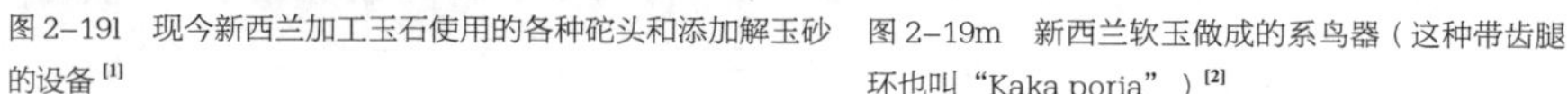

让伊（Kahurangi）[3]、伊南伽（Inanga）[4] 和唐吉瓦伊（Tangiwai）[5]。

毛利人用碧玉做成的玉器与中国的十分相似，比如玉锛（toki）、弧口玉凿（whao whakakoaka）、玉凿（whao）、捕鸟矛矛头（tara）、玉刀（maripi）等工具，以及加工碧玉用的磨刀石（hoanga）、石锉（kani）、石锯（mania）。另外，人形玉饰（hei-tiki）最为著名，还有鱼钩形吊坠（hei matau）、耳饰（kapeu / mau taringa / kuru）、鲨鱼牙形耳饰（mako）、蝙蝠形吊坠（pekapeka）、喙形吊坠（manaia）、涡形吊坠（koropepe）、谱系吊坠（whakapapa）、鸟形或鱼形吊坠（hei）、人形项饰（mau kaki）、鸟腿环（kaka poria，图 2-19m）等玉饰和玉扁棍（mere），以及锛（toki poutangata）等玉礼器，同样具有权力的象征意义 [6]。

毛利人口头传承的玉石神话传说，比如被人格化的研磨石叫作“海妮”（Hine-tua-hoanga）。她是一位女性神，和像鱼一样的玉石“普提尼”（Poutini）生活在一起，但是后来他们变成了冤家对头。普提尼和一个住在“Hawaiki”的水手海胡（Hgahue）渡海逃离了原来居住的地方，而后在新西兰普伦蒂湾（Bay of Plenty）的图华（Tuhua）定居下来，图华这个地方有大量的黑曜石。可是，由于研磨石海妮也追随二者来到这里，玉石普提尼和水

[1] Elsie Ruff. *Jade of The Mori*. London：F. J. Milner & Sons，1950：fig.38.

[2] 同 [1]，fig.11。

[3] 毛利语“卡胡让伊”有“纯洁的天空”之意，刚好卡胡让伊碧玉也具有鲜绿色通透的特质，很少带有絮状纹路，因而是毛利人尊贵之物的象征，特别制作成特殊的仪式性物用，比如酋长举行仪式所用的玉锛头。

[4] 新西兰当地的一种淡水鱼也叫“伊南伽”，而且这种鱼的幼鱼与加热过的伊南伽碧玉色泽银白且透明的样子相似。

[5]“唐吉瓦伊”在毛利语中是“泪水”之意，其质地通透就像泪水，属于鲍文石，据说是女子伤心之泪变成了这种碧玉。唐吉瓦伊是鲍文玉，是以提出者 G.T. Bowen 的名字来定义这种接近软玉的玉石名字的，其实它更接近蛇纹石质玉石。

[6] 同 [1]，p.37。

手海胡不得不再次逃离。在逃离路上，普提尼遇到了同样从“Hawaiki”逃来的纳胡（Ngahue），最终纳胡帮普提尼在艾拉胡拉河床（bed of Arahura River）找到一个避风港，然后从普提尼身上敲了一片玉石带回了他的家乡“Hawaiki”。通过这则神话传说，我们可以看到，在新西兰的古老玉石加工传统中，砂石是研磨玉石的主要媒介材料，而且作为与玉石相克的物质，也被神话描述为玉石普提尼的死对头（冤家海妮）。另一则传说里，毛利人勇士塔纳（Tana-ahua）沿着新西兰南岛航行寻找他的妻子，他的妻子被玉石普提尼（Poutini）劫持了。他在艾拉华河（Arahura）发现他们时，他的妻子和普提尼却变成了新西兰的另一种玉石——绿玉（pounamu）。还有一则神话，记载了哈姆吉（Hamuki）从塔拉纳基（Taranaki）来到艾拉胡拉（Arahura）发现了一块绿玉（pounamu）巨石，但是在开采石头时他伤到了自己的手指，然后由于禁忌术的作用，他吮吸手指时变成了石头，而他的妻子海妮（Hine-tua-hoanga）在寻找他时不幸溺水身亡[1]。

其实，在众多与新西兰绿玉有关的神话中，都显示了故事的主人公与水、鱼甚至与血脉的紧密关系。其文化隐喻似乎表明：新西兰玉石出产的自然环境、不同或相近的玉石种类、某种专用的捕鱼工具，以及开采和加工玉石所付出的代价。

（二）古今治玉的原理及特征

1. 治玉工艺用词的伦理含义

玉石加工流程大致包括：采（运）—解（开）—攻（冲）—琢磨（透）。可以从这些传统用词中看出其所富含的人文情怀和伦理意义。

1）“采”非挖

“采”带有用心、用眼去挑选、选择之意，而“挖”则暗含盲目之意。

2）“解”非切

庖丁解牛的“解”蕴含谙熟结构而解开组织的意思，并有脱离、下落之态势。在现代玉石加工技术中，人们总用“切”料来形容分解的工艺。很明显，前者将玉石当作生命物象来对待，而后者将玉石视为客观事物和无生命的对象。

3）“攻”非刻

“攻”是一种进势，其手段是采用工具、借助媒介来攻克对方，其结果是

[1] Elsie Ruff. *Jade of The Mori*. London：F. J. Milner & Sons，1950，pp.27-29.

让对方损耗。这从哲理上明确表达了治玉过程使用解玉砂与水作为介质，就是要实现攻耗玉石以出器型的效果。而且，“攻”抽象地包罗了所有治玉工艺。“刻”作为一种工艺强调了实施行为的工具较加工对象更硬，以此来实现减地的消耗，而不在乎是否有水、砂等介质参与。

4）“琢磨”非雕刻

当介质能做到如刀削泥的硬度并保证玉石不迸裂的地步时，也许可以称其为“雕刻”，也就表示力量悬殊的两个对象之间的博弈，能刻者为强者，而被刻者为弱者。与“雕刻”相比，琢磨则通过介质属性来发挥损耗作用。在放慢的时间线上，从玉器表面的痕迹中，可以看到介质作为触媒的功能，通过媒介的参与，玉石和工具两方发生了不同程度的材质损耗，最终实现一个合中适度的结果。金属砣头没有解玉砂和水的话，就会因为太坚硬锋利而损坏。而且欲速则不达，过于希望快速、强硬地切割玉石就越容易使玉石迸裂、刀具毁坏。

一些学者立足于以上考古材料，通过对遗址出土的玉料、工具、半成品，特别是带有加工痕迹的玉料采取实验考古法，以模拟的仿制工具和加工原理来进行研究，其中就有人认为以“皮带弓”解玉是治玉工艺所采取的一种古老方法[1]。这与新西兰毛利人的绳旋法相似，都是基于一定的机械物理原理。针对良渚文化时期是否已经开始采用砣具的问题，有些学者认为寺墩玉璧上的同心圆弧形琢痕说明了当时已有直径不同的轮锯和固定装置，而且制陶的圆盘旋转技术也可能曾与治玉砣具原理互鉴[2]。有些学者持反对观点，认为砣具切割一般留下的是一组等径圆而不是同心圆，良渚文化时期玉料上的这些圆弧形说明当时应采用了硬质片状工具切割和柔性的线切割方式[3]。

客观地，从造字意义和历史文献中“攻”玉及“切”“磋”“琢”“磨”等字义分析，并结合出土物的观摩而推演：新石器时代治玉过程采取非高速、非单向旋转的磨钻是肯定的，而且不排除已经开始运用旋转原理来解决传动供

[1] 周晓陆、张敏：《治玉说——长江下游新石器时代三件玉制品废弃物的研究》，《南京博物院集刊》第七刊，1984年：第12—16页。

[2] 持此观点者文献可参见汪遵国：《良渚文化的“玉殓葬”——兼谈良渚文化是中国古代文明渊源之一》，《南京博物院集刊》第七刊，1984年：第8页。聂新民：《山东龙山文化部分石陶玉器制作工艺的探讨》，《史前研究》，1988年辑刊。黄宣佩：《略论我国新石器时代玉器》，《上海博物馆辑刊》，1987年。郝明华：《良渚文化玉器探析》，载徐湖平主编：《东方文明之光——良渚文化发现60周年纪念文集》，海口：海南国际新闻出版中心，1996年：第414—426页。林华东：《论良渚玉器的制作工艺》，载徐湖平主编：《东方文明之光——良渚文化发现60周年纪念文集》，海口：海南国际新闻出版中心，1996年：第374—381页。

[3] 牟永抗：《良渚文化玉器（前言）》，浙江文物考古研究所等编：《良渚文化玉器》，北京：文物出版社，1989年：第1—9页。

能的问题，像皮带弓、桯钻，至于究竟采用的是砣具还是砣机，需要根据具体的文化时期和地域特征来甄别。

无论如何，以不变应万变的“刚柔相济”“以柔克刚”是治玉中的“大道”。正如《淮南子·说山训》中以事喻理的例子：“厉利剑者必以柔抵，击钟磬者必以濡木，毂强必以弱辐。两坚不能相和，两强不能相服。故梧桐断角，马氂截玉。”

在技术进步论演进式脉络中琢磨玉器时工具、设备形式及原理的发展变化如表 2-2 所列。

表 2-2　玉石加工工具、设备形式及原理的发展变化（仅限琢磨玉器时）

<table>
<tr><th>时间</th><th colspan="2">工具</th><th>设备</th><th>原理</th></tr>
<tr><td>新石器时代</td><td colspan="2">石、木、骨、陶等自然非金属材料砣具</td><td>坐式 / 半地下坐式原始砣机，横轴立砣</td><td>线切割 / 片切割，手动及脚部给力，可单人或多人分工合作（手脚并用）属于简单机械传动</td></tr>
<tr><td>夏商</td><td colspan="2" rowspan="3">铜砣（青铜）</td><td rowspan="6">跪坐式几式砣机</td><td rowspan="6">可双人合作（双手劳作）属于简单机械传动</td></tr>
<tr><td>西周</td></tr>
<tr><td>春秋中期</td></tr>
<tr><td>春秋晚期</td><td>铁</td><td rowspan="5">铁砣</td></tr>
<tr><td>西汉中期</td><td>炒钢</td></tr>
<tr><td>魏晋南北朝</td><td>百炼钢[1]</td></tr>
<tr><td>隋唐时期</td><td rowspan="2">灌钢</td><td rowspan="2">桌式木质砣机（水凳）</td><td rowspan="2">人力（手脚并用）属于机械传动</td></tr>
<tr><td>近现代</td></tr>
</table>

[1] 据意大利博物学家在《自然史》中的记述：公元 1 世纪时虽然世界上铁的种类较多，但没有一种能和中国传来的钢相媲美。曹操在《内诫令》中也提到“百炼利器”的“宝刀”“百辟刀”。

续表

时间	工具	设备	原理
20 世纪 60 年代以来	钢砣（带有人工合成的金刚砂） 合金钢丝	桌式金属架构的电动玉雕机 手持小型便利电动雕刻机	电动力 （解除了双脚工作） 属于机械传动
未来	激光或特殊微型材料	激光技术设备或微型材料技术或其他新介质原理设备	激光雕刻原理 / 涂抹微型材料触媒反应原理 （似小说中的化骨粉）

材料、工具、机械、人、场所、条件、方法、原理是考察任何物质生产时不可逃避的要素。西汉刘安在《淮南子》中提及的“马氂截玉”在现实中就是以马尾或马鬃编结成绳索，黏土、上解玉砂充当“锯条”，然后不断添水剖解的方法。明代宋应星《天工开物 · 玉》中所描述的“凡玉初剖时，冶铁为圆盘，以盆水盛砂，足踏圆盘使转，添砂剖玉，遂或划断”，以及清代李澄渊的《玉作图说》“开玉图”中描绘的合二人之力的传统开玉工艺都生动体现了这些要素。“工欲善其事，必先利其器”，可以说青铜工具的出现，使得琢玉技术有所改进。而且，基于轮制陶器工具陶车的原理，琢玉也形成了原始的砣切法。之后，琢玉工艺史上因为砣机的发明而引发了一次伟大的技术革命，这就是由两三人共同操作、拉弦转动的跪坐式砣机，发展完善成为由一人独立操作、足踏联动的水凳，这也彻底使得“玉”与“石”在工艺上相区别和分离。受此变化影响，工具比制造对象坚硬的叫作雕刻，比制造对象质地软或相当的叫作研磨。可以说，砣机为玉器的规模化生产、精致化琢磨创造了条件，也为几千年来的治玉方式奠定了可依仿的原理、原型。

2. 治玉的“人—机”系统

“工具是人的延伸”，这一古老信念在神经科学家当中获得了全新的解读：这种延伸并非只是“器物”层面的，不是一截木棍再捆绑另一截木棍的“几何延长”，而是经年累月的“打磨”之后，大脑对这种“人—工具复合体”的认知反应，并重新经过神经元组合之后产生的“上手状态”。

巴西世界杯“机械战甲”的发明者、美国杜克大学神经科学研究中心创始人米格尔·尼科莱利斯（Miguel A. Nicolelis）指出，“边界”有三重不同的含义：其一，大脑的运作并非靠孤立的个体神经元，而是靠神经元集群（这一点超越了单一“神经元定位—功能主义”的局部科学观）；其二，将神经元集群的活动与身体的相互塑形联系起来，突破“大脑—身体”“两分法”的边界；其三，让大脑超越身体，延展到另一个“身体—大脑”，延展到任何“器物”“机器”，进而延展到外部世界。著名的互联网思想家凯文·凯利（Kevin Kelly）也认为，我们将迎来“人的机器化和机器的生命化同步开展”的时代，未来的科技将作为与有机体共同发育、成长的“第 7 元素”，成为这个世界的“基元”[1]。

通过梳理中国古今治玉的原理及特征，可从工具形态与质料、介质形态与质料、机构或设备、操作方式与程序、成型原理、供能动力特征六个方面，进行比较说明其变化和承续（图 2–20）。值得注意的是，治玉工具和原理的改变，也是直接导致“人—机”相处模式（共存关系）变革的根本原因。在机械化、电子化的现代工具的改革与生产中，单向高速磨钻缩短了琢磨的时间，加快了成型的结果。我们虽然无法监控玉石微观粒子物理性能乃至化学属性的改变，但是从“人—机”关系上讲，传统以人力为动力来源的操作，无论是坐式砣机还是垂足水凳，其“控制—反馈”的机制都属于“人”与“机”内在统一协调且由人来处理反馈信息的控制系统。例如，双人拉锯的配合就是在来回往复中调控力度和节奏，水凳靠人脚的踩踏供给动能并借人手的力量配合以调试、控制节奏。而现代以电力为动力来源和高效、高速的单向砣钻为工具的“人—机”加工系统里，频率快慢由机器决定；准确地说，是由外部系统的供能及数字化编程和芯片技术来控制的，人变成了适应“机器”的一个系统元件，不再是起到把控全貌、应急反馈作用的核心中枢。

其实，治玉的“人—机”系统还分固定式和移动式。由于砣机不便经常移动，所以针对大型的玉石制作还采用了借鉴金属工艺錾刻工具的“火镰片”，

---

[1] [巴西] 米格尔·尼科莱利斯著，黄珏苹、郑悠然译：《脑机穿越：脑机接口改变人类未来》，杭州：浙江人民出版社，2015 年。

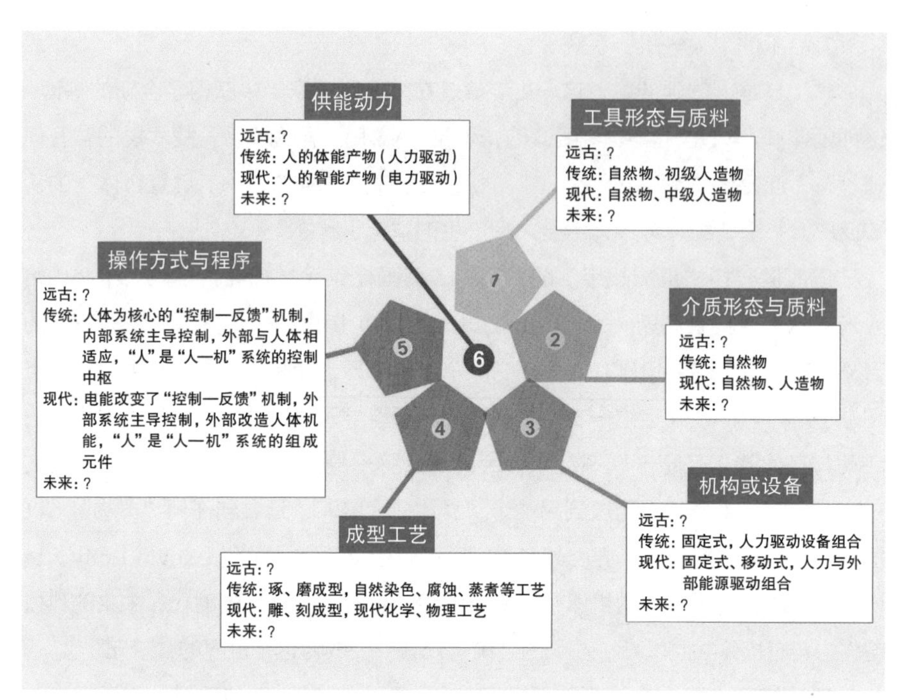

图 2–20　古今治玉的原理及特征“人—机”系统

这在清宫治玉的档案《乾隆年间总汇》的《玉瓮联句》中有详细记载。手持钢片制成的琢玉工具，可以灵活移动，满足了加工大型玉石的需要。当然，这种方式虽然提高了加工效率，但是会消耗大量的火镰片材料。手持式的工具还可能存在像刻刀一般的工具，这类工具主要由刀头和支撑手柄组成。有国内学者曾复原良渚文化玉器加工工具（图 2–21），从中可以推想出古代甚至上古时期这种便于操作和可移动式的手持工具为工匠琢磨细节和精细创作提供了可能的条件。

3. 琢磨方式与介质

正因为玉在中国文化中的独特性，世称“治玉”的工艺也像治学、治经一样被赋予了更深、更丰富的文化寓意。解玉砂和水是媒介，砂用来磨玉、攻玉，水用来降温润泽、辅助琢磨。后来完善的水凳机构则是治玉的设备，它由联动的机构组成，有脚踏动力的轮带，有用于切磋琢磨的转轴砣机，还有盛砂、水的盆，由于人通常坐在凳子上操作，所以被形象地称为“水凳”。

从琢磨方式来看，主要包括三种。

第一种：点琢磨。用尖头的磨钻能磨出细微的点凹形，可视为接触面较小的面琢磨方式（图 2–22）。例如桯钻，就是锥状实心的工具，琢磨后的玉器接触面形成倒喇叭形。

第二种：线琢磨。这种方式通常采用木工弓锯锼花的原理进行线性拉扯磨制（图 2–23）。

第三种：面琢磨。根据工具形式各异的接触面进行磨制，比如：①接触面为垂直或水平的平直片状，特别是像锯切形成的垂直截面（图 2–24a）；②接触面为环形切面，像管钻取芯留下的圆柱面或圆锥面痕迹（图 2–24b）；③接触面为球弧面（图 2–24c），主要由实心的圆球或锥台工具实心磨耗加工而成，常见于钻孔痕迹；④接触面为坡面（斜面），像是采用不同斜角的上大下小的砣头或上小下大的砣头磨制留痕。其实，不同的面琢磨形式在今天早已形成接触面形态丰富的砣头系列，特别是耐用的合金金属材料铊头（图 2–24d）。片锋砣具加工的特点是在玉器上的痕迹（磨痕）底部为弧状，而且中部宽、两头尖（图 2–24e）。通常在上花、打孔、制形之前都会绘样，这个

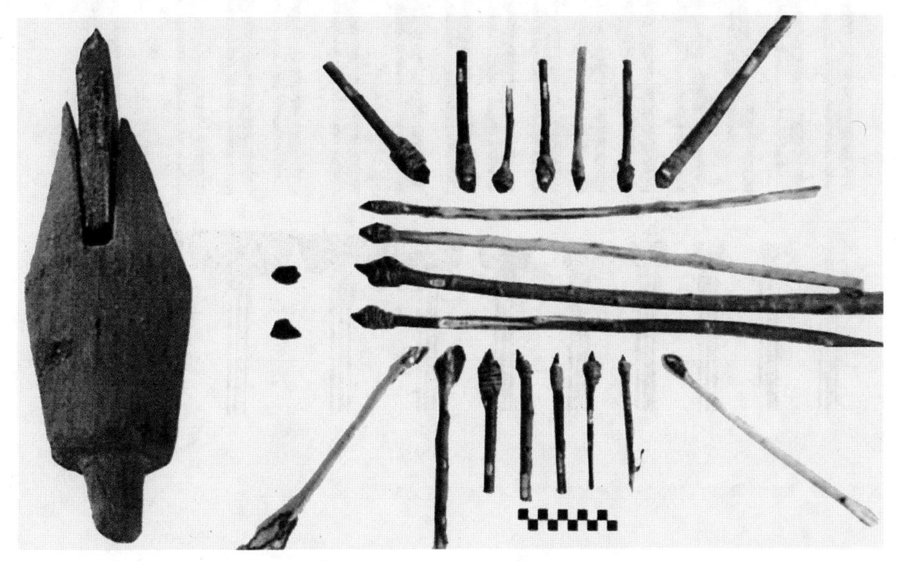

图 2–21　良渚文化玉器加工工具复原图 [1]

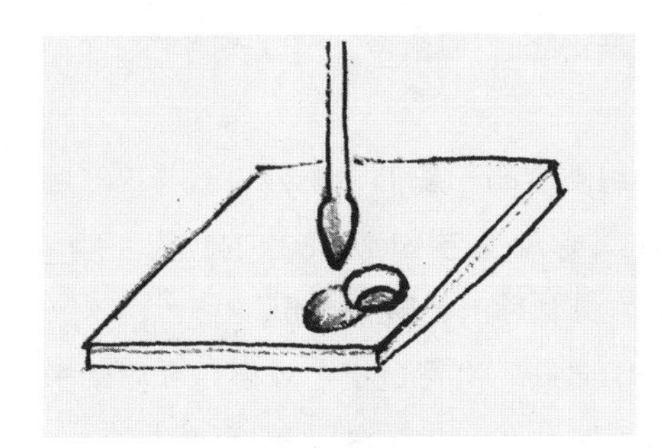

图 2–22　钻孔时尖端接触面（点琢磨）

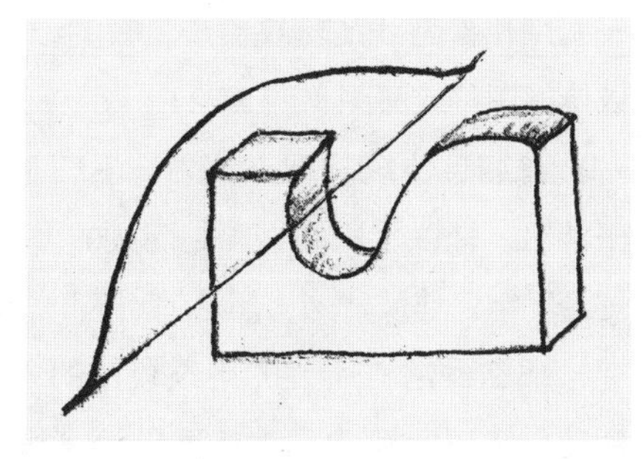

图 2–23　线琢磨方式与留痕

[1] 杨晶：《工艺探索　科技先行——良渚文化琢玉工艺研究的新进展》，《南方文物》，2019 年第 2 期。

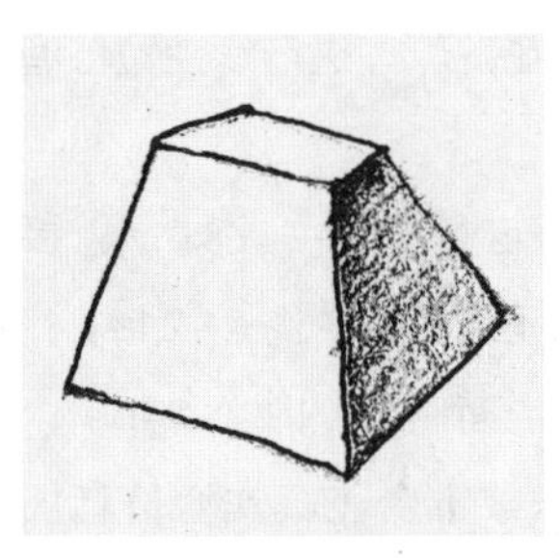

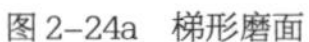

图 2-24a　梯形磨面

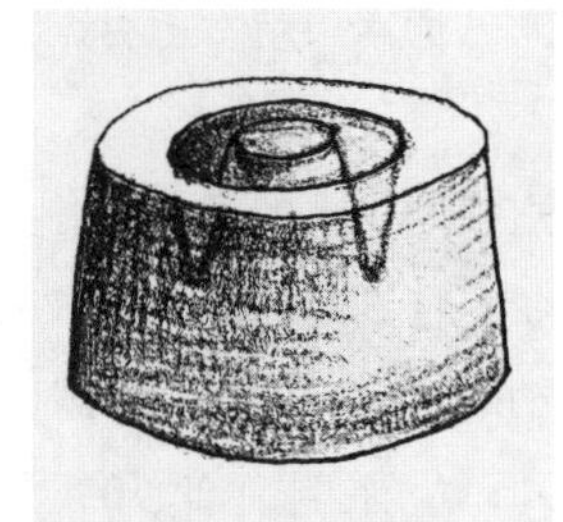

图 2-24b　内部环形切面

图 2-24c　内凹球弧面

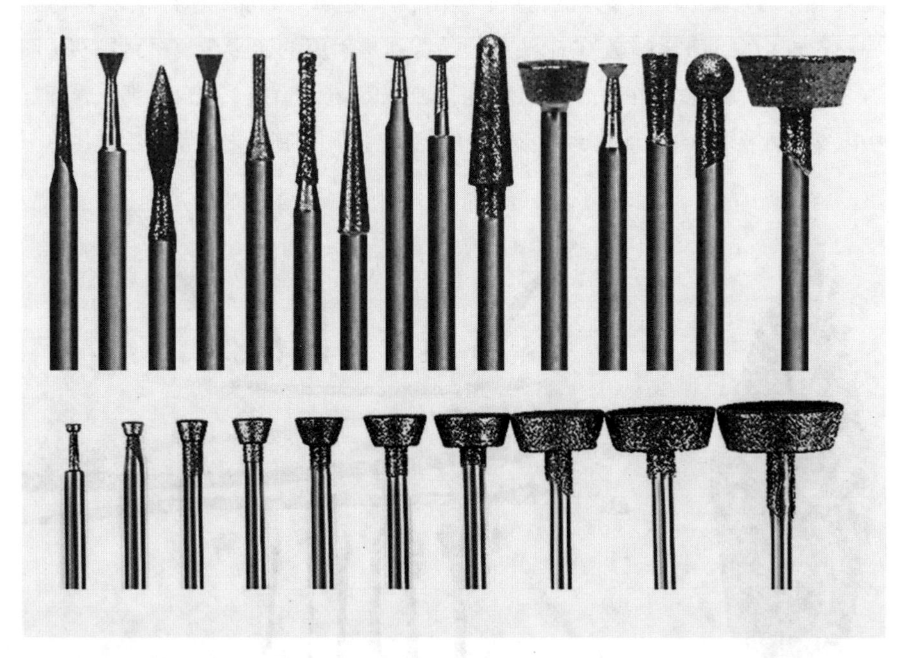

图 2-24d　现代玉雕加工使用的不同类型和同一类不同型号的砣头

传统至今都有承续。从有些出土物上可以发现，在阴刻纹饰极近处或其上常见一些用作参考线的刻纹痕迹，有的参考线与纹饰刻痕重合，足以表明它是阴刻纹饰的图稿或底图（图 2-24f）。

普遍且传统的观点认为：玉石是利用硬度高于玉的金刚砂、石英等“解玉沙”，辅以水研磨、琢制而成的。因此，这门工艺采用了形象的、从水旁的“治”字。非雕非刻，而是“治玉”，后世亦称琢玉、碾玉或碾琢玉。

那么，常言所说的用以攻玉的“他山之石”究竟是指工具还是介质解玉沙呢？解玉沙和水作为重要的治玉媒介，其文化属性和科学属性值得推敲。

1）沙非砂

若是仅从“砂”和“沙”在古文中的意义来说，解玉的应为砂质地和水介

图 2–24e 片锋砣具加工痕迹

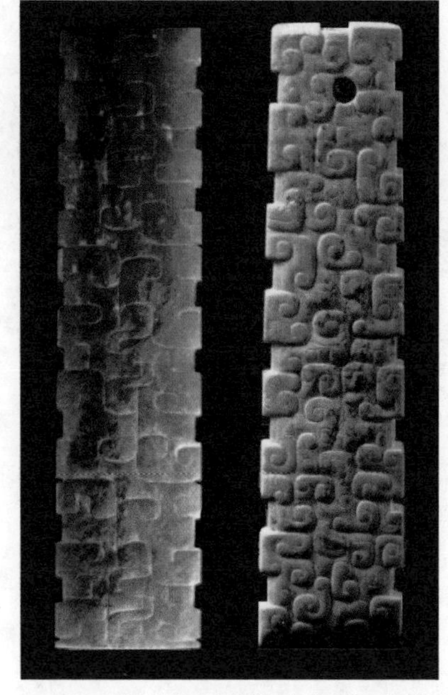

图 2–24f 从两件春秋晚期的玉长条齿边形饰可见有参考线的刻纹痕迹并推理其加工顺序[1]

质混合的物质，所以合而为一取意的“沙”字似乎更贴切。

2）解玉沙的科学属性

研究者以砂绳切割原理成功仿制了凌家滩水晶耳珰，证明其制作并非需要“高速旋转碾琢”的砣技术[2]，但是绳子上必须要有泥沙。那么，解玉沙究竟所含何物、成分何属？最早对解玉沙进行科学界定的国内学者章鸿钊指出：“今都市所用者有二：一曰红沙，其色赤褐，出直隶邢台县，验之即石榴子石（Carnet）也，玉人常用以治玉；二曰紫沙，亦称紫口沙，其色青暗，出直隶灵寿县（河北灵寿县）与平山县（河北平山县），验之即刚玉（Corundum）也。”[3]

表 2–3 所列有三种可以作为“他山之石”用于攻玉的解玉沙——石英砂、石榴子石砂、刚玉砂，其中硬度最高的是刚玉砂。按照《旧唐书·西戎》记载的天竺国“有金刚，似紫石英，百炼不销，可以切玉”“西海流砂有昆吾石，

[1] 中国玉器全集编辑委员会：《中国玉器全集 3·春秋·战国》，石家庄：河北美术出版社，1993 年：图 105、图 106。

[2] 邓聪：《线切割 VS 砣切割——凌家滩水晶耳珰凹槽的制作实验》，《名家论玉：2008 绍兴“中国玉文化名家论坛”文集 1》，北京：科学出版社，2009 年：第 262—272 页。

[3] 章鸿钊《石雅》。

治之作剑如铁，光明如水精，割玉如泥，此亦金刚之大者”[1]、“扶南国出金刚，生水底石上，如钟乳状，体似紫石英，可以刻玉”[2]、“玉人攻玉，以恒河之砂，以金刚钻镂之，其形如鼠矢，青黑色如玉如铁。相传出西域及回纥高山顶上，鹰隼粘带食入腹中，遗粪于河北砂碛间”[3]，从诸多描述中得见疑似刚玉砂的“金刚石”在琢磨中的力量和效率如铁刀削泥。科学检测证明，刚玉的成分主要为氧化铝，其莫氏硬度达到了 9[3]。当含不同金属成分，比如铬、钛、铁、锰时，其颜色会呈现红、蓝、棕或玫瑰色。那么，《旧唐书》中似紫石英的刚玉应当是含有锰的玫瑰色刚玉。

与硬度最高的刚玉相比，石榴子石因所含金属成分不同，比如有镁铝、铁铝、锰铝、钙铝、钙铁石榴子石，硬度也不相同，但其莫氏硬度的范围为 6.5—7.5。

刚玉和石榴子石在现代生产中可以用于制作砂轮、砂布、砂纸或充当研磨砂，品质好的甚至能用作钟表等精密仪器的耐磨轴承。颗粒较细的石榴子石和刚玉是用来磨玉的最好介质，而且这两种砂不像石英砂那样普遍易得，寻找它们须具备一定的找矿知识[4]。不仅如此，这种介质材料也是进贡之物，依照物物相易的价值来评估，应当与玉石一样是稀有贵重的。据《明会典·朝贡》记载，明永乐七年（1409 年）至天顺时期（1457—1464 年），向朝廷进贡金刚钻的有哈密卫（新疆哈密）、吐鲁番（新疆吐鲁番）、鲁迷（治不详）、天方国（沙特）等。另外，从弘治三年（1490 年）对进贡金刚钻所划定的回赐物品等级可以看出其价值不菲，比如上等、二等、三等的金刚钻，每颗对应回赐绢四匹、二匹、一匹，四等的两颗回赐绢一匹，五等的每颗回赐布一匹。

这种进贡的金刚钻是不是钻石，琢玉的刚玉砂有多少属于金刚石所制，均有待进一步研究，特别是需要考古研究对古玉器上的解玉沙微粒或粉末残留的分析、出土加工场所的土质筛检。不过，除了进贡，中国内地也有金刚石的矿藏，不排除历史上曾经开采利用过。近些年的地质勘测发现，在中国的辽宁、山东、湖南、安徽有金刚石矿，在陕西岚皋—镇坪、湖北枣阳—随县一带也发现了金伯利岩类（此类岩石为金刚石的母岩）[5]。

值得注意的是：一直被认为是石器时代工具的黑曜石也极有可能作为解玉沙的材料。

---

[1]《十洲记》。

[2]《抱朴子》。

[3] 南宋周密：《齐东野语》，其中“青黑色如玉如铁”的描述似燧石颜色。

[4] 霍有光：《从玛瑙水晶饰物看早期治玉水平及琢磨材料》，《考古》，1992 年第 6 期。

[5] 同 [4]。

表 2-3　常见出土玉石制品原石硬度、有关宝玉石及琢磨材料的硬度

类型	名称	莫氏硬度
常见出土玉石制品原石的硬度	大理石	2.5—5
	汉白玉	3—4
	孔雀石	3.5—4
	岫岩玉（蛇纹石）	4.5—5.5
	绿松石、青金石	5—6
	和田玉（软玉）	6—6.5
	黑曜石	5.6—6.2
	独山玉	6—7
	玉髓、水晶（石英族）	6.5—7
	翡翠	6.5—7.5
	玛瑙	7
	碧玺	7—8
有关宝玉石的硬度	滑石	1
	石膏	2
	辰砂	2—2.5
	方解石	2.5—3
	煤玉	2.5—4
	萤石	4
	磷灰石	5
	绿玻陨石、虎睛石	5—6
	正长石	6
	天河石、拉长石、金红石	6—6.5
	硬玉	6.5
	坦桑石、锂辉石、橄榄石	6.5—7
	石英、燧石	7
	电气石	7—7.5
	锆石	7.5
	绿柱石、祖母绿	7.5—8
	黄玉	8
	刚玉（蓝宝石、红宝石）	9
	金刚石	10

续表

类型	名称	莫氏硬度
有关琢磨材料的硬度	石英砂（解玉沙）	6.5—7
	石榴子石砂（解玉沙）	6.5—7.5
	刚玉砂（解玉沙）	9
	角制工具	2—3
	骨制工具	3—4
	牙制工具（珐琅质）	8
	铜制工具	3—4
	熟铁工具	4
	不锈钢工具	4.5—5.5
	淬火高碳钢制工具	6.2—6.5
	铸铁工具	7
	高强度合金钢（钨钢）	9

黑曜石的断口锋利，如今还作为墨西哥的国石。通常在火山附近可见暴露的黑曜石，美洲出产的黑曜石也被称为“天然火山琉璃”。黑曜石在美国电视剧《权力的游戏》（*Game of Thrones*）中被描述为秘密武器——龙晶（Dragon Glass）。考古发现已经证实，人类使用黑曜石的历史很久。特别是在火山爆发后的一些地理就近处，黑曜石的资源曾是早期文化商贸活动中的主要物资。地中海西部所有蕴藏黑曜石的岛屿都曾有过史前人类开采的痕迹和产品遗存，甚至上溯至旧石器时代晚期已出现加工和交易活动[1]。研究爱琴海[2]、安纳托利亚、叙利亚—巴勒斯坦、塞浦路斯、两河流域地区的文化历史会发现，这些地带（国家）之间很早就形成了黑曜石的商路网络，交易的玉石涉及安纳托利亚的黑曜石、伊朗的红玉髓、阿富汗的青金石，尤其是安纳托利亚和亚美尼亚到两河流域的黑曜石贸易，可视为最早的玉石世界贸易的证据[3]。在黑曜石产地临近的一些遗址，像在土耳其中部安纳托利亚的加泰土丘（Catal Huyuk）城市遗址中，还发现了制作黑曜石器物的工具、原料。研究者认为有关的贸易网络从公元前 8000 年开始就存在，而且已有专门的工匠加工黑曜石镜子等，一直持续了四五千年。后来，冶金技术的发展影响了黑曜石的生产并致其没落。在美

[1] 希腊的伯罗尼撒半岛法朗契特洞穴遗址中就发现了公元前 9500 年的黑曜石碎片。参见张富强：《人类早期航海之谜初探》，《华中师范大学学报（哲学社会科学版）》，1989 年第 5 期。

[2] 米克诺斯岛（Mykonos island）和吉亚里（Giali）是爱琴海最重要的黑曜石产地。

[3] 刘昌玉：《上古时期东地中海贸易活动探析》，《外国问题研究》，2018 年第 3 期。

洲，黑曜石还被用来做成尊贵的工具、武器、饰物等，而且北方高地的玛雅文化统治者就曾在兴盛期建立起卡米纳尔胡尤城（Kami–naljiuyu），以控制当地的黑曜石资源[1]。在环日本海的东北亚地区，特别是中国长白山和日本北海道曾经都是黑曜石的矿产地，其文化与技术甚至传播至1200千米以外的萨哈林岛，而且俄罗斯滨海地区也发现了14处与其相距700千米开外的长白山黑曜石[2]。

3）不同解玉沙的产地

以沙（砂）解玉的有关记载不仅见于工艺记录，还可见于原材料出产与纳贡来源方面，像《大明一统志》中就有“解玉溪在华阳县大慈寺南，与锦江同源，唐为皋所凿，用其沙解玉，则易为功，因名”。在宋代，解玉沙作为土贡之物，由地方上交，比如《元丰九域志》记载了邢洲（今河北邢台）曾土贡解玉沙一百斤、忻州（今山西忻州市）土贡解玉沙五十斤。而且，《宋史·地理志》提及了忻州贡解玉沙，《金史·地理志》也记载了金代大同府宣宁县（今河北宣化）产碾玉砂，《元史·百官志》记载了元代“大同路采沙所，至元十六年置，管领大同路拨到民户一百六户，岁采磨玉夏水砂二百石，起运大都，以给玉工磨砻之用，大使一员”，明代宋应星在《天工开物》中说明了“解玉沙出顺天玉田（河北玉田县）与真定（河北正定县）、邢台（河北邢台）两邑，其沙非出河中，有泉流出，精粹如面，借以攻玉，永无耗折”。

现代工具只是将以前需要手来操作添加或黏沾在条带上的各种解玉沙，制作成为如今粗细不等的金刚砂并固定在砣具上。现代科技改变了工具耐用、便利的特质，提高了速度和效率，但是治玉琢磨的原理本质未曾改变。只不过随着技术的不断发展，我们越来越倚重并相信视觉感官的信息获得。对于传统治玉而言，用眼看并不能完全做到缘心感物，治玉过程还需要依靠触觉经验以及被忽略的听觉（磨玉声音、水、解玉沙）信息判断和嗅觉（粉尘、矿石、泥土气味）判断的协同。

4）关于玉器上残留朱砂的问题

是否出土物上带有朱砂（辰砂、丹砂）就表示特殊的祭祀传统或参与过巫术仪式呢？

根据清代道医徐灵胎的《神农本草经百种录》记载：“丹砂，味甘微寒，主身体五脏百病，养精神，安魂魄，益气、明目，杀精魅邪恶鬼，久服通神明不老。”主流观点认同在符篆和器物上点朱砂是为了辟邪，因为朱砂“得天地

---

[1] 曹兵武：《石器研究琐谈》，《中原文物》，1994年第3期。

[2] Y. V. Kuzmin and M. D. Glascock. *Two Islands in The Ocean: Prehistoric Obsidian Exchange Between Sakhalin and Hokkaido.* Journal of Island & Coastal Archaeology. 2007(2), pp.99–120.

五行之精”，与人通过吸纳天地之精气、补真元、使神通形固的道理相同，而且朱砂的颜色是天地纯阳的“大赤色”，可以趋避阴邪。

但我认为，朱砂（辰砂）或许还参与了实际琢磨的工艺，在起到防腐作用的同时兼具解玉沙的功能，而且还可凸显刻痕纹饰以同阴阳符篆的作用。所以，它也可能属于一种特殊的磨制介质残留。

二、玉器修补和改制中的伦理

针对玉璜的连接制式是对联、三联的问题，我曾在博士论文，即已出版的《文化密码：中国玉文化传统研究》中，做了基础性的保守研究推理。在后来的持续研究中，我发现，玉璜这种玉器实物形式和《周礼》中文本记载的玉璜形式之联系应属重构叙事的关系。比如出土的新石器时代齐家文化、大汶口文化的玉璧中，在分裂成几部分的玉（璧）片上打孔穿连，固定为完整的玉璧（环、瑗）似乎是一种修补措施，而非真正独立的玉璜制度。这一点可以从众多出土器物中得到证实。例如，根据黄河中游晋南一带清凉寺、陶寺、下靳等地出土物挖掘的情况可见，由多璜联璧（环、瑗）多层组合的形式，而且类似形式多数套戴在墓主人的臂腕上（图 2–25）。此后至商周时期，有的将这类素面玉璜改制成雕琢玉璜的形式，如妇好墓出土的玉璜就是后改制成动物形玉璜的案例（图 2–26）；有的则变为垂下纵列的玉璜串饰形式，如宝鸡竹园沟 BZM4 出土的组串玉璜形式，很可能正是根据这类样式，然后借以文字叙述的方式在后来的《周礼》中成为组佩规制的原型，后又经周代、汉代的工匠雕琢成组佩的实物且赋予了新的图案形式，由此流传。

可见，玉璜的源头，很可能是因为断裂或加工过程中损耗引起的失误而实施的打孔连接补救措施，也可能是专门的设计，为了方便佩戴者调节手臂尺寸来佩戴而截断再组合成圆（环、瑗）镯的方式。随后，《周礼》以文字描述的形式重新阐释定义了“玉璜”及其制度。几乎是同时，及至晚些的汉代，被重新释读和界定的“玉璜”实物形式出现了，但又不能完全与《周礼》呼应。

其实，从考古出土物情况看，新石器时代的诸多文化遗址已有玉器修补的现象，之后不同历史时期的一些有玉器出土的高级墓葬中，也能发现似修补和改制的玉器。出土玉器的典型修补形式和主要改制方法可参见表 2–4、表 2–5 的分析。

修补主要针对有裂纹或分段的玉器，常用的方法是通过打孔然后穿连（绳）

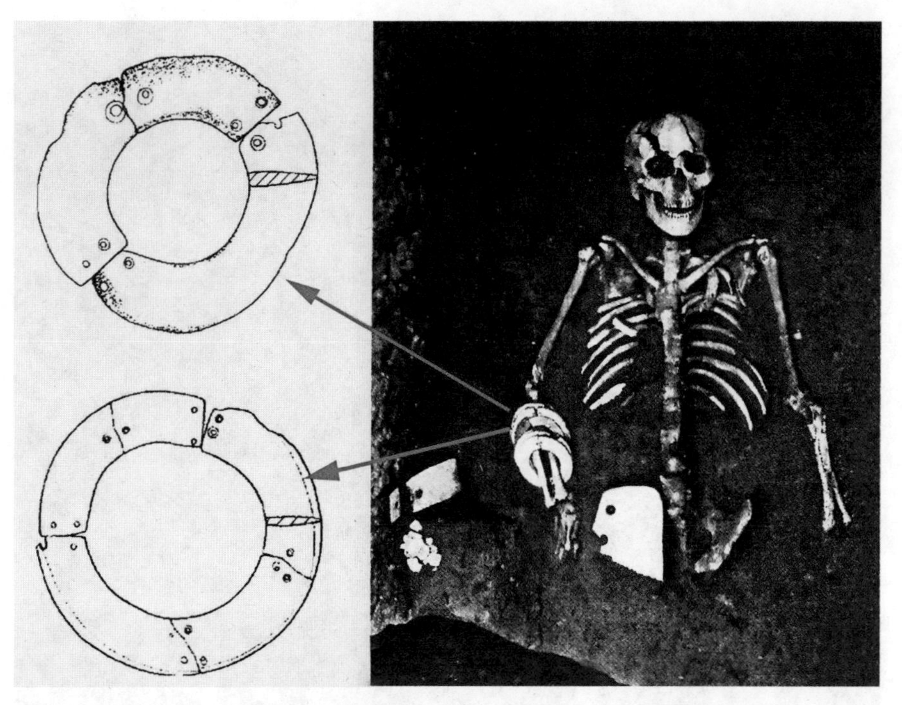

图 2–25 清凉寺 54 号墓主人臂腕上佩戴的多璜连环[1]

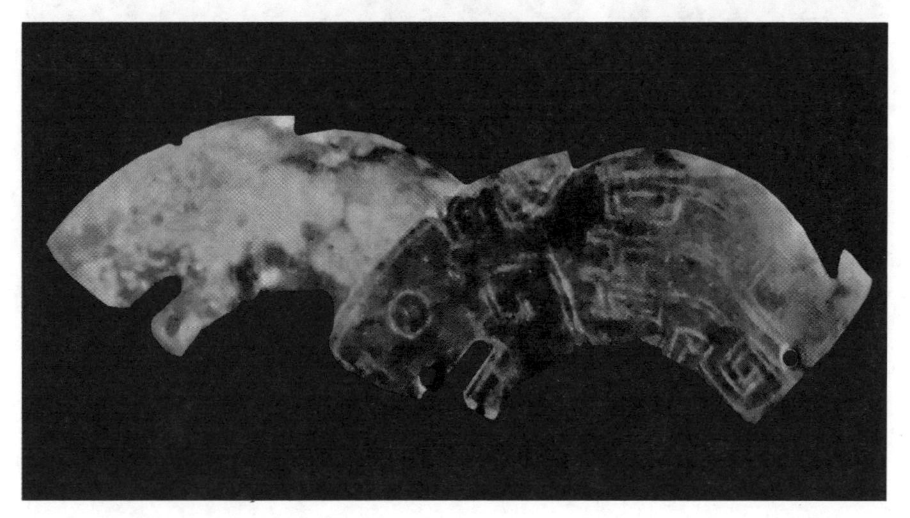

图 2–26 殷墟出土改制成动物形的玉璜饰品[2]

或锁扣（金属组件），这种打孔连接的方式可能启发了西周及战国玉具剑组合连接中的锁扣形式和汉代玉衣的玉片连接方式（图 2–27、图 2–28）。

[1] 北京艺术博物馆等编著：《玉泽陇西：齐家文化玉器》，北京：北京出版集团公司，2015 年：第 382 页。

[2] 常庆林，常晓雷：《殷墟玉器》，上海：上海大学出版社，2006 年：图 92。

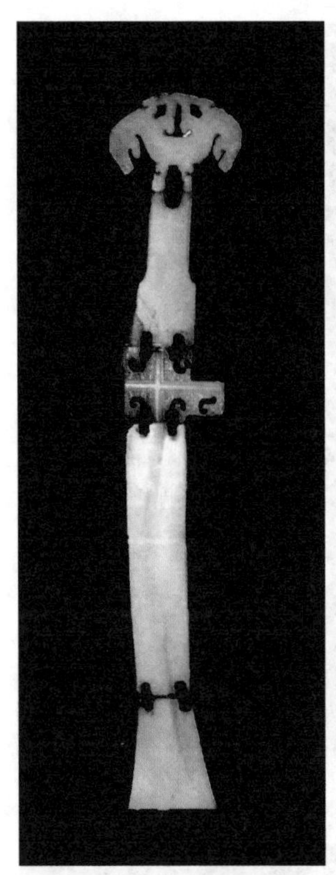

图 2–27　玉具剑的组合连接形式 [1]

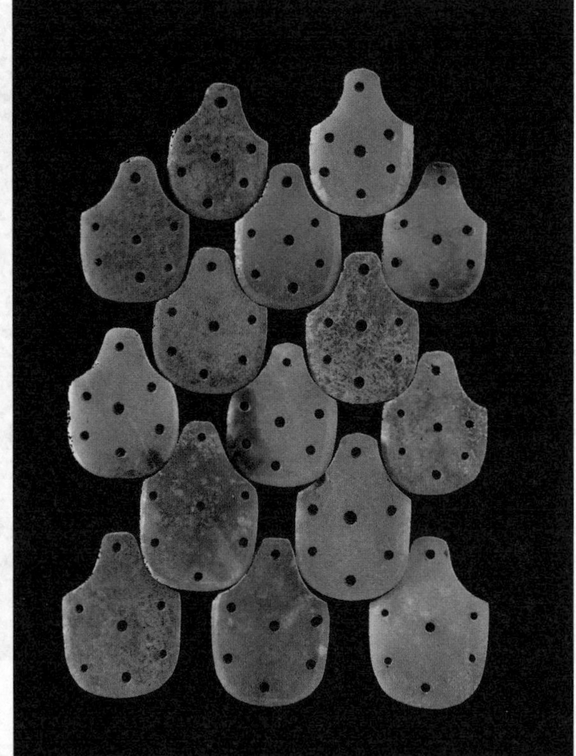

图 2–28　汉代玉衣可以连接的玉鳞甲片形式 [2]

改制方法一般是经过再设计。有的玉器残裂或损坏，但作为珍贵的玉材，可以再根据其形式改制成合适尺度的新器物，或是丧葬用途的殓玉。在出土物及传世物中有古玉器改制的情况，要么是通过一定的加工工艺改变其形制、装饰，从而功能有所改变；要么是通过设计和组合装配，强调珍藏陈设功能。最常见的是将圭、璋等改为钺、斧、戚等，将琮改为镯或不规则器物，将残璧、环、瑗改为璜、佩等。带纹饰的玉器改制后通常容易识别，而素面无纹的玉器不容易被辨认出是何时改制。根据收藏者的审美趣味进行的再设计的改制，主要是在玉器上附加雕琢诗词文字、图案，或是与其他材料组合装配。比如清宫旧藏的一些由乾隆设计改造的玉璧、玉琮等，其原有功能发生了改变，不再是祭祀物，而被当作陈设品的屏风或实用物的装饰。从商代殷墟妇好墓出土的玉琮（及琮形器），还有故宫博物院藏御题玉璧及组合装嵌玉璧等可以看出，玉

[1] 中国玉器全集编辑委员会：《中国玉器全集 3 · 春秋 · 战国》，石家庄：河北美术出版社，1993 年：图 172。

[2] 1986 年北洞山楚王墓出土西汉凸字形玉衣片，现藏于徐州博物馆。

器改制在历史上的传统似乎断裂过，商代的改制可能还是服务于祭祀需求，是远古神性的承续；而清代的改制则服务于现实现世活着的人（包括地位显赫的帝王）的使用和熏陶养性。

考古资料统计显示，商代殷墟妇好墓共出土玉器 750 多件，其中玉琮 11 件、琮形器 3 件。目前仅有 1 件玉琮（M5:916）藏于中国国家博物馆，其他 13 件均藏于中国社会科学院考古研究所。学者对这 14 件玉琮（及琮形器）的研究发现，它们的形制无一相同，并且多因改制而成新的装饰造型、具有了新的用途[1]。

魏晋南北朝可视为中国玉器历史研究的一个特殊分界点，因为自此以后在玉石器物的功能意义、材质利用、装饰纹样等方面均呈现出转折性、根本性的变化。有学者推测，缘于东汉后期至隋唐之前的食玉之风与道教炼丹术的兴盛，很多玉器可能不幸被研磨加工成了药材而未能流传于世。世谓“不破不立”，在传统彻底被革命之后，面对统治者和权贵的需求，玉石必然出现全新的形式，这也是为何隋唐以后玉器的功能、风格转向了对人、自然和世俗生活的真实写照，比如实用器皿、人物和动植物的写实玉雕以及与其时民族艺术风格统一的装饰物件等。

对高古玉器的改制出现的最近高峰是在清代乾隆时期。与之前的改制情况相比，清宫旧藏里类似编号为“故 83908”“故 83941”“故 83997”“故 84929”“故 84925”“故 84597”“故 83939”的齐家文化玉璧改为陈设用的情况较多，有 20 多件，其中 5 件带有乾隆御题诗文。可见，至少至清中期，齐家文化玉璧不仅有出土，而且已进入清宫收藏之中[2]。当中有的除了镶嵌，还被雕琢上专门的纹饰。故宫博物院藏部分齐家文化玉器改制为御题玉璧及组合装嵌玉璧的情况见表 2–6。其实，根据乾隆御题《题汉玉璧》（故 83908）文字“质以天全容以粹，世间烧染自纷陈”可知，乾隆皇帝知道世间烧染玉器的情况已多。另外，从乾隆御题《题古玉素璧》（故 83909）上的“千年佳壤伴谁哉，胜于刻画成蒲谷，为许为郲慢致猜”来看，乾隆皇帝对上古素朴而有千年土气沁色玉璧有所偏好，认为素璧胜于谷纹、蒲纹玉璧。乾隆时期，清宫收藏的古玉器为了遮绺掩瑕或追求沁色，常会染色，还有少数玉璧有被重新打磨、抛光的现象。推测重新打磨的原因之一是方便雕琢乾隆御题的诗文或一些清代纹饰，之二是平整可易于装嵌插屏等木件。由此可见，清代对高古玉器的改制，

[1] 朱乃诚：《殷墟妇好墓出土玉琮研究》，《文物》，2017 年第 9 期。

[2] 徐琳：《故宫博物院藏齐家文化玉璧综述》，《故宫博物院院刊》，2016 年第 3 期。

实质上是皇帝个人喜好、金石博古研究、仿造技术和市场需要等多重因素的作用，但这种改制终究是昙花一现。

表 2–4　古代玉器采用的典型修补形式（汉代及以前）

序号	名称 （年代/文化类型）	图像	特点
1	齐家文化四璜联璧[1]	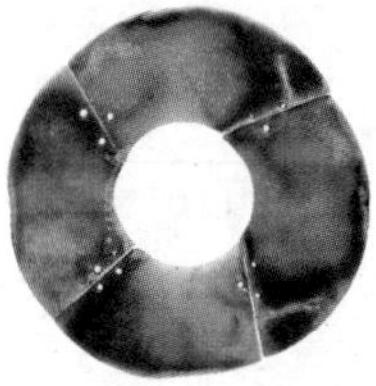	组成璧的每件璜相对均匀，基本上都属于同一块玉料先琢成璧，再分割为璜，而后有连接孔，孔的位置均在临近断面的边缘，以一字形对位和三角位为主，三角位能够形成一个固定面，使得连接更加稳固 （三角连接结构示意） 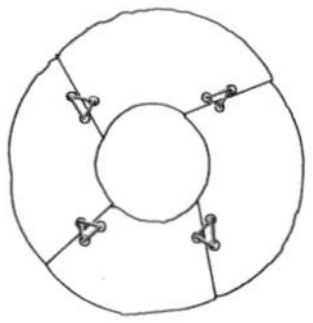
2	庄浪县博物馆藏四璜联璧[2]	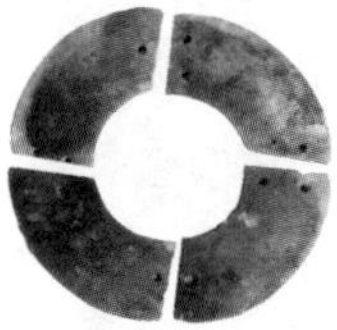	
3	喇家 H19 中型大孔玉璧 237[3]	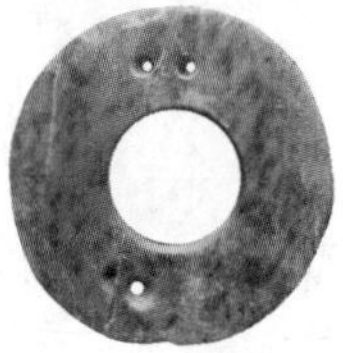	璧面上下有一道破裂，外部并不周圆。在裂缝两边有一字形对位孔，以便连接；其中一个连接孔为单面钻孔，另一个为对钻孔
4	喇家 M17 三璜联璧[4]	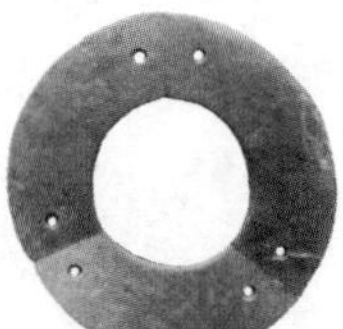	三璜中两件（右和下）弧面长短相等，另一件（左）略短。断面两边有一字形对位孔，共三对，以便连接 （对位连接示意） 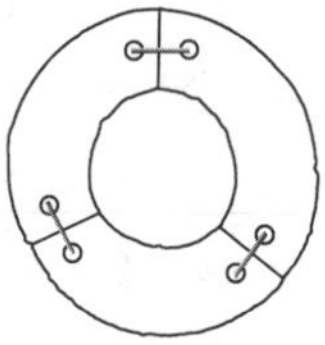

[1] 北京艺术博物馆等编著：《玉泽陇西：齐家文化玉器》，北京：北京出版集团公司，2015 年：第 183 页。

[2] 同 [1]，第 342 页，图 21–4。

[3] 同 [1]，第 237 页，图 84。

[4] 同 [1]，第 249 页，图 111。

续表

序号	名称（年代/文化类型）	图像	特点
5	师赵村三璜联璧[1]（编号1984KTT403②12–13–14组）		三璜中两件（右下和左）弧面长短相等，另一件（右上）略短。断面两边有一字形对位孔，共三对，以便连接
6	甘肃省博物馆藏庄浪野狐湾玉钺[2]		疑似为玉璋残件改制而成的玉钺，腰部有间隔均匀、略微斜的两组条纹。上方内收的设计和孔应是便于固定柄杖
7	庄浪县柳梁乡野狐湾出土玉钺[3]		与上面一件情况相同，疑似为玉璋残件改制而成的玉钺，腰部也有均匀、几乎水平的间隔条纹。上方内收的设计和孔应是便于固定柄杖
8	新庄坪牙璋[4]		疑似为玉刀或较长的牙璋残件改制而成，下方有两孔，左侧下方似乎原有一个断开的孔。下方两侧内收的设计和孔的组合，应是用于固定在柄杖上，方便使用的

[1] 北京艺术博物馆等编著：《玉泽陇西：齐家文化玉器》，北京：北京出版集团公司，2015年：第250页，图113。

[2] 同[1]，第217页，图27。

[3] 同[1]，第312页，图5–4。

[4] 同[1]，第255页，图125。

续表

序号	名称（年代/文化类型）	图像	特点
9	大溪文化玉璜（距今5300—6500年，重庆市巫山县大水田遗址出土）		玉璜出土时有多处断裂，其中一条裂纹两侧有两对一字形对位孔，应为连接修补之用。另外3个单孔，可能为悬吊连接或与其他部件连接的孔位
10	屈家岭文化玉璜（约公元前3000—前2500年，湖北省宜昌市狮湾墓葬出土）		玉璜出土时多处断裂，中部断面两侧有两组一字形对位孔。上方两端靠内各有一孔，可能为悬吊连接或与其他部件连接的孔位
11	大汶口文化玉镯（距今4500—6500年，安徽省亳州市傅庄遗址出土）		玉镯左右两端各有一处裂纹，左边裂纹两侧分布两组（4个）一字形对孔位，右侧有5个连接孔
12	龙山文化玉琮[1]		玉琮前后两处“S”开裂处钻有两组一字形对位孔。孔均为单面钻形式
13	战国早期金缕玉璜[2]		从连接处非连续形的纹饰边界以及齿牙形推测，两块玉璜件原来业已经过改制，而后又制成左右大小不同的半璜。连接二璜的是三组一字形对位孔。二璜上下边缘处均有连接孔，估计各孔的形成有先后顺序，并非同期产物
14	战国早期玉具剑[3]		这种组合连接的形式可能是受到对孔修补连接的启发

[1] 中国玉器全集编辑委员会：《中国玉器全集1·原始社会》，石家庄：河北美术出版社，1992年：图44。
[2] 中国玉器全集编辑委员会：《中国玉器全集3·春秋·战国》，石家庄：河北美术出版社，1993年：图164。
[3] 同[2]，图172。

表 2-5　古代玉器的主要改制方式（汉代及以前）

序号	图像	名称 / 特征	原器物年代或文化类型 / 推测改制年代
1		玉戚[1] 疑似玉环再经加工而成	新石器时代 / 商代早期
2		玉七孔刀（局部）[2] 疑似原为柄部有纹饰的玉圭或玉璋	不详（或新石器时代）/ 商代早期
3		玉戈[3] 疑似原为柄部有纹饰的玉圭或玉璋	不详（或新石器时代）/ 商代中期
4		M5：1051 玉琮 公元前 2000 年左右的外方内圆矮体素面，可能属于陶寺文化或齐家文化，淡青色，略透明，局部有黄褐斑，内外抛光[4]。商代武丁前期改制成带有蝉纹、凹凸弦纹的玉器	陶寺文化或齐家文化（公元前 2000 年左右）/ 商代晚期
5		M5：1003 玉琮形器 公元前 2000 年左右齐家文化玉器，外方内圆的矮体玉琮，光素无纹，青白色，有褐色斑，内外抛光。商代武丁以前改制为圆角方形矮筒状，四壁很薄，蝉纹与简化兽面纹	齐家文化（公元前 2000 年左右）/ 商代晚期
6	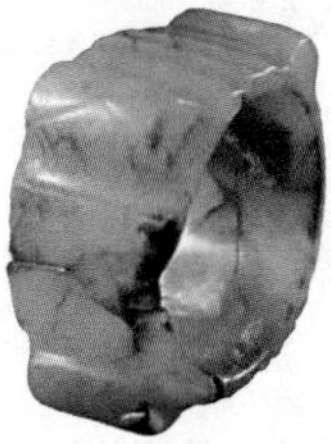	M5：998 玉琮 公元前 2000 年左右齐家文化玉器，外方内圆的矮体素面筒状，乳白色，局部有褐斑，内外抛光。商代武丁中期改制为上下对称蝉纹、凸棱形式，是妇好生前使用过的玉器	齐家文化（公元前 2000 年左右）/ 商代晚期

[1] 中国玉器全集编辑委员会：《中国玉器全集 2·商·西周》，石家庄：河北美术出版社，1993 年：图 10。

[2] 同 [1]，图 12。

[3] 同 [1]，图 18。

[4] 朱乃诚：《殷墟妇好墓出土玉琮研究》，《文物》，2017 年第 9 期。

续表

序号	图像	名称 / 特征	原器物年代或文化类型 / 推测改制年代
7		上图：玉玦[1] 下左：玉龙形璜[2] 下右：玉鱼形璜[3] 其形式疑似与加工原理相关，顺序可能为：玉领形璧→玉领形玦→玉领形璜	不详（或新石器时期）/ 商代晚期
8		玉牙璋局部[4] 从边缘纹饰的非连续情况推测为断裂后雕琢的纹饰	不详（或新石器时期）/ 商代晚期
9		玉佩[5] 疑似为玉璋、玉圭、玉戈改制	不详（或新石器时期）/ 商代晚期
10		西周缀玉覆面[6] 多数玉片属于改制，上面还有原玉器的局部纹饰	不详（或西周以前）/ 西周时期
11		西周凤鸟纹玉玦[7] 从周边及玦口不完整的纹饰推测为玉璧改制而成	不详（或西周以前）/ 西周时期

[1] 中国玉器全集编辑委员会：《中国玉器全集 2 · 商 · 西周》，石家庄：河北美术出版社，1993 年：图 101。

[2] 同 [1]，图 103。

[3] 同 [1]，图 104。

[4] 同 [1]，图 150。

[5] 同 [1]，图 161。

[6] 河南三门峡虢国墓地 M2000 虢季墓出土。

[7] 山西曲沃县晋侯墓地 31 号墓出土。

续表

序号	图像	名称 / 特征	原器物年代或文化类型 / 推测改制年代
12		春秋玉覆面[1] 从不完整的纹饰推测为玉璧改制而成	不详（或东周以前）/ 春秋时期
13		春秋晚期龙纹玉玦[2] 玉玦开口处纹饰不完整，应为玉瑗改制	不详（或东周以前）/ 春秋晚期
14		玉虎形佩[3] 从纹饰规则的重复式样、环绕直径及至边缘的非连续情况推测为圆璧形玉器改制而成	不详（或东周以前）/ 春秋晚期
15		玉玦[4] 从断口处被破坏的连续纹饰推测为小玉璧改制而成	不详（或东周以前）/ 战国早期
16		玉半琮[5] 从断裂情况推测属于玉琮改制而成	不详（或东周以前）/ 战国早期
17		玉鸟首形佩[6] 从边缘被破坏的连续纹饰推测为残件改制而成，而且可见纹饰从孔开始的加工方法	不详（或东周以前）/ 战国早期

[1] 江苏省扬州市邗江甘泉“妾莫书”西汉墓出土。

[2] 河南淅川县下寺 M1 出土。

[3] 中国玉器全集编辑委员会：《中国玉器全集 2・商・西周》，石家庄：河北美术出版社，1993 年：图 94。

[4] 中国玉器全集编辑委员会：《中国玉器全集 3・春秋・战国》，石家庄：河北美术出版社，1993 年：图 179。

[5] 同 [4]，图 184。

[6] 同 [4]，图 190。

续表

序号	图像	名称 / 特征	原器物年代或文化类型 / 推测改制年代
18		西汉青玉璧[1] 从无外廓且外缘纹饰不完整推测，是在一个更大一些的原玉璧基础上磨掉外廓改制而成	不详（或西汉以前）/ 西汉时期
19		西汉玉面罩[2] 根据玉面罩中双耳、双眼部的半璜、三璜形式的玉件纹饰推测，其可能为玉璧分割而成的改制饰件	西汉时期
20		西汉金钩玉龙[3] 此器原为龙形玉佩，尾部断裂后，在裂纹两侧各打了 3 个修复孔。修复后又加上纯金带钩，改变了原来的用途。战国时期曾有一个类似的物件	不详（或西汉以前）/ 西汉前期
21		带座玉琮[4] 金属和玉器组合的方式重新设计，利用古玉、残玉	不详（或西汉以前）/ 西汉后期

注：此表根据《玉泽陇西：齐家文化玉器》《中国玉器全集》《殷墟妇好墓出土玉琮研究》及博物馆馆藏出土物观察整理制成。参见北京艺术博物馆等编著：《玉泽陇西：齐家文化玉器》，北京：北京出版集团公司，2015 年。中国玉器全集编辑委员会：《中国玉器全集 1 · 原始社会》，石家庄：河北美术出版社，1992 年；《中国玉器全集 2 · 商 · 西周》，石家庄：河北美术出版社，1993 年；《中国玉器全集 3 · 春秋 · 战国》，石家庄：河北美术出版社，1993 年；《中国玉器全集 4 · 秦 · 汉—南北朝》，石家庄：河北美术出版社，1993 年；《中国玉器全集 5 · 隋 · 唐—明》，石家庄：河北美术出版社，1993 年；《中国玉器全集 6 · 清》，石家庄：河北美术出版社，1991 年；朱乃诚：《殷墟妇好墓出土玉琮研究》，《文物》，2017 年第 9 期。

[1] 湖北省云梦县大坟头 1 号墓出土。

[2] 徐州博物馆藏子房山出土。

[3] 广东省广州市南越王墓出土。

[4] 中国玉器全集编辑委员会：《中国玉器全集 4 · 秦 · 汉—南北朝》，石家庄：河北美术出版社，1993 年：图 206。

表 2–6　故宫博物院藏部分御题齐家文化玉璧及组合装嵌玉璧

编号和名称	图像	初制年代和特征	改制特征
故 84360 乾隆御题玉璧		敲击取芯，有断茬锯齿痕迹，片切原始斜面	**打磨、题字** 清代重新打磨痕迹，反面刻琢一首《御题汉玉璧》：“藉甚结璘车，飞来古月如。吉云常映护，精气早含储。佩德思无斁，不雕质有余。永惟君子贵，讵止重瑶琚。”楷书字体，字口内填金。此诗作于乾隆十七年（1752 年），乾隆皇帝 42 岁时
故 83908 乾隆御题玉璧		整璧外缘不够规整，非正圆	**题字、插屏组合** 一面雕琢一首乾隆二十八年（1763 年）时所写的诗，名为《题汉玉璧》：“土华盈手襮璘璘，大孔规圆制朴淳。进道不如先驷马，同心有若掷河滨。诚看特达经千载，言念温其见古人。质以天全容以粹，世间烧染自纷陈。”后有“癸未春御题”及一阴刻“乾”字方框印，书体为隶书，此诗作于乾隆 53 岁时。 该玉璧在清代时被改装为木座插屏的屏芯，后木座及花牙缺失，仅留下了玉璧
故 83909 乾隆御题玉璧		单面钻孔，璧面一侧有片切割的凹痕	**题字** 玉璧一面琢有乾隆三十六年（1771 年）御制诗一首《题古玉素璧》：“玉气全沈土气埋，千年佳壤伴谁哉。胜于刻画成蒲谷，为许为郑慢致猜。”后有“乾隆辛卯御题”款及阳文爻形“乾”字圆章和阴刻“隆”字方章。另一侧有“乾隆御玩”四字方形款。诗文款识用金文大篆体写成。此诗作于乾隆 61 岁之时，被收录于《御制诗文全集》第三集卷九十九中

续表

编号和名称	图像	初制年代和特征	改制特征
故 83941 玉璧		玉璧较厚，器身不圆，表面有片切割痕迹，单面钻孔，在钻孔的底部敲击取芯，孔径的一面有锯齿痕	**打磨、染色、悬挂组合** 估计是为了修整器身不平，清代重新打磨。残缺处有极少量的清代染色。清代时，在这件玉璧上加装了铜珐琅的云形扣饰，并加配了同样的磬形珐琅提头，配以木架，用于悬挂陈设
故 83997 玉璧	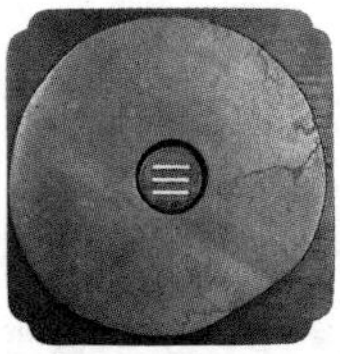	采用切方为圆的方法，并未磨圆，玉璧厚薄不匀，边缘有磕缺，单面钻孔	**木座组合** 这件玉璧配有清代紫檀木座，璧孔有凸出的爻卦“乾”形木座孔柱
故 84925 玉璧		采用切方为圆的方法，单面钻孔，璧孔倾斜度较大，还留有较直的边缘	**染色、木盖组合** 玉璧被后代大面积地染成红褐色。一面有清代墨书“六”字，原是永寿宫之物。此件小玉璧清代后配紫檀爻卦“乾”字木座，木座又为盒盖，盒内红绒布下覆盖了一个圆圆的容镜，玉璧变成了镜盒盖的装饰
故 84929 玉璧		单面钻孔，有一定倾斜度，外周不圆，内孔壁一面有用振截法取钻芯时留下的齿牙痕	**木盒组合** 一面有清代墨书“六”字，是永寿宫之物。清代后配紫檀圆盒式底座，盒身遗失后，只留下带有爻卦的“乾”字孔柱木座
故 84597 嵌玉璧圆形木几		玉璧尺寸较大，两面原始切剖不平整，均有深深的片切割痕，反面的片切割痕明显，有敲击断裂的锯齿痕	**染色、砣制、木几组合** 玉璧表面有清代后染色。反面璧孔边还有一条砣痕，推测是后来加工的痕迹。清代用紫檀木包镶，玉璧嵌于木座之中，改成了嵌玉璧的圆形木几

续表

编号和名称	图像	初制年代和特征	改制特征
故 83939 玉璧		玉璧不圆，单面钻孔，内孔倾斜度较大，有原始璧面切剖不平的痕迹	**打磨、染色、插屏组合** 清代重新打磨抛光，边缘及绺裂处有清代后染色。此玉璧清代时被改制为插屏座芯，正反两面均加刻了清代花纹。一面琢刻星宿云纹，主要由有吉祥寓意的奎宿和壁宿组成。另一面为日月海水江崖纹。玉璧装入紫檀插屏座中，前有爻卦“乾”形璧芯扣，后背插板刻画填金松竹梅“岁寒三友”图
故225211 玉璧		单面钻孔，孔内有旋痕，孔壁倾斜度较大，外圈不圆	**染色、加琢纹饰** 表面有清代染色。清代时璧面被加琢花纹，两面纹饰相同，每面阴刻三对共六只夔龙纹，两两交缠，以阴刻回纹为底，可能原和某件书画共放一处

注：此表根据博物馆实查和《故宫博物院藏齐家文化玉璧综述》整理制成。参见徐琳：《故宫博物院藏齐家文化玉璧综述》，《故宫博物院院刊》，2016 年第 3 期。

玉器修补和改制中蕴含了一定的伦理观念，有自然伦理、信俗文化。然而，宋代、清代出现的仿古盛期似乎违背了这种伦理、信俗，究其实质，“仿”在某种程度上也表达了对技术的崇拜，流露出追求“奇技淫巧”的技术原罪。不过，仿古和造假是不同程度、不同意义上的判定。对于当代玉石仿古与造假市场的混界问题所涉及的伦理价值形态，我将在第七章“不可见的伦理”中给予具体分析。

观古察今，不难发现，玉石技术中的真善美和虔诚的信仰有时并不服从于材料真假相对应的逻辑，比如西藏宝玉石饰物中的天珠就存在大量仿制（图 2–29）。有些人不解，认为宗教信仰最基本的要求是诚信，既然作为佛教的重要宝物，为何允许仿制？若从切实角度考虑，作为宗教崇拜的信物，天珠有信徒们大量的护佑和供奉所需，如果都采用天然玉石制作，既破坏自然资源和生态而有违教义，也因为稀有难得、价格高昂而变成普通百姓无法负担的供物或护佑修行之物亦有违教义。

目前，还无法追溯天然西藏天珠的明确来源。在西藏地区，人们普遍认为

图 2-29　西藏护身符饰物上的假天珠和真绿松石[1]

天珠是上天降下的神奇之物。不过，历史上有一些硬石珠子的加工中心，如印度西部地区古吉拉特邦的坎贝（Khambhat），那里也是天珠重要的出口地。可以说，是坎贝的加工作坊确定了天珠的图案式样，然而直至今天，人们还是不愿承认它是最重要的加工地。一些研究认为，天然的天珠可能是缟玛瑙、缠丝玛瑙，应当来自尼泊尔或中国西藏。

仿制的天珠很容易识别，其中玻璃做的天珠主要产自波希米亚，一些欧洲的玻璃珠子加工地或是印度（图 2-30、图 2-31）。塑料做的天珠一般是由有成熟制造技术的印度加工的。当然还有一些是采用玉石原材料，并经过特殊处理而形成纹路的天珠。既然不是天然的纹样，那么各种纹路的天珠究竟是怎么做成的呢？印度有关学者的研究显示，首先要将加工成型的玉石珠子浸泡在糖溶液中，让孔洞也充满糖溶液。等到干燥或是珠子被加热后，糖就会遍布在玉石的碳酸盐中，从而在石珠上留下棕色到黑色的永久性印迹，这个原理其实就是焦糖化的过程。如果玉石多孔或是结构上均质，焦糖化后的色彩就比较均匀。然后，再在经过焦糖化的珠子上面设计各种漂白成白色的线纹图案（图 2-32）。这种古老的方法延续至今，染色和漂白是制作不同图案纹样的天珠主要涉及的两种工艺。

[1] Oppi Untracht. *Traditional Jewelry of India*. London：Thames and Hudson Ltd. 1997：fig.240.

图 2–30 印度用玻璃仿制珠宝手镯的生产和销售场景[1]

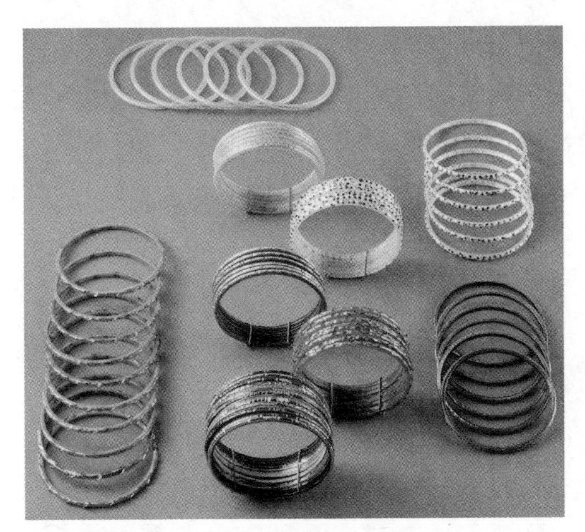

图 2–31 印度北方邦采用技艺精湛的玻璃工艺制成的 churi 手镯束[2]

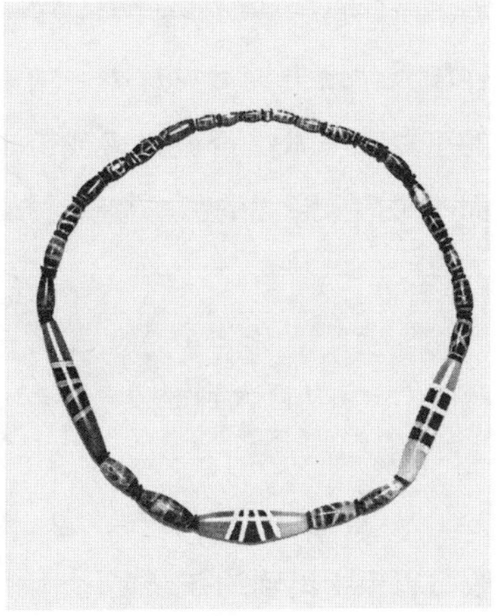

图 2–32 焦糖化和漂白处理后形成的各种白色纹路[3]

[1] Oppi Untracht. *Traditional Jewelry of India*. London：Thames and Hudson Ltd. 1997：Fig.346，fig.347。

[2] 同 [1]，fig.349.

[3] 同 [1]，fig.263.

三、遗失的治玉技术推想

考古学界普遍认为，在铁器发明以前的新石器时代和青铜时代，大部分琢玉工序可能仅凭木竹器、骨器和砂岩配制辅协完成。良渚文化玉器造型特异，纹饰纤细、繁复，工艺堪称绝伦，特别是良渚“神徽”线刻细密、精致，大都在 1 毫米以内，最细的仅 0.1—0.2 毫米。按照技术和工具的进步发展论很难解释为何使用原始工具能够琢磨出如此精细的玉器。一些非常规的技术猜测，包括煮、氧化等改变玉石形状的方式，地外智慧生命的高科技使用，激光、等离子切割工艺，光波或声波控制方式，诸如此类，都被视为天方夜谭。

可是，如果前文字时代使用了常规工具，为何难以发现更有说服力的出土证据和后世的物象描述？回答可能是：金属工具被熔炼了，其他木竹工具腐烂了，而且与技术有关的知识是不允许显化为文字或图像传播的。

那些到今天我们都解释不了的精细雕刻，以及建筑巨石如何运输、切割、雕刻而成之类的疑问，无法阻止人们去想象古老的世界曾经出现过高科技，而又遗失或隐秘。是否激光完成了良渚文化玉器的细密雕刻？双首、兽身、多足有否可能是核辐射造成的基因改变？早期的玉石器可能是以物叙事的创造，或许因为技术带来过灾难……出于伦理考虑，很多先进的、我们今天无法想象的工具和技术是否被毁灭或带走？那些存留的雕刻物象或许更多的是警示，而不是后人意淫的艺术赞叹。技术原罪令今天的人类无法赶超可能存在过的史前科技。

（一）从巨大到细微

从红山文化的“C”字龙、玉猪龙，到良渚文化的玉琮、玉钺，以及从民间收藏者手中见到的齐家文化玉刀、玉璧、玉鼎，虽不能准确考证其制作方式，但大到 1 米的玉器，其厚度不足 1 厘米，平整润泽，并不像今日工具可伪造（我曾专门请教过仿古高手以辨真伪）。

相比之下，那些细微的钻孔、纹饰，比如：① 良渚文化（距今 5000 多年）玉器上的线刻纹饰普遍都在 1 毫米以内，细的每条仅 0.1—0.2 毫米，甚至还有仅 0.7 丝细的线纹（图 2–33a）；② 凌家滩文化（距今 5000 多年）玉镯上的纹线排列间距不足 1 毫米；③ 石家河文化（距今约 4700 年）玉人首上的凸起纹饰薄厚不足 1 毫米（图 2–33b）；④ 汉代时期的几件玉器，例如玉璜上不

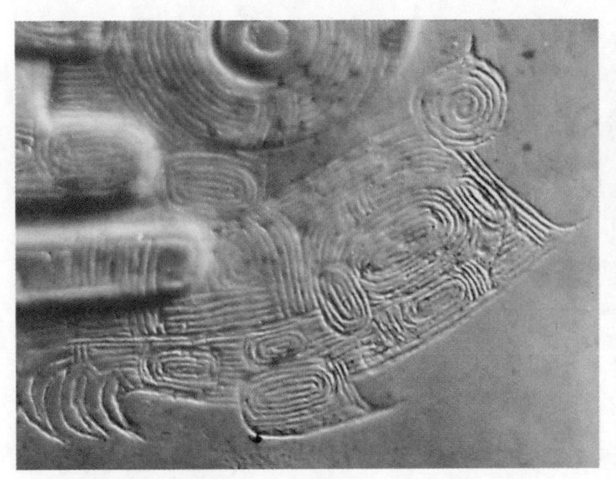

图 2-33a 良渚文化玉器“神徽”局部细纹

图 2-33b 石家河文化玉人首上的勾纹细部[1]

图 2-33c 陶家山汉墓出土西汉时期出廓凤纹龙首玉珩细须间隔约 0.2 毫米（局部）

图 2-33d 徐州狮子山楚王墓出土玉觿上不足 1 毫米的正面穿孔及薄约 0.5 毫米的尾翘卷面

[1] 美国国家博物馆藏。

足2毫米的玉孔，玉觿正面穿孔不足1毫米，尾翘卷面薄约0.5毫米，出廓凤纹龙首玉珩细须间隔约0.2毫米（图2–33c、图2–33d）。

依据现代计量单位换算：

1毫米（mm）=100丝=1000微米（μm）

1丝=0.01毫米（mm）

在现代，微型加工常见的技术是宝石的激光打孔与切割，其孔径大小一般与输入能量成正比，能够加工出10至80丝细的孔，换算后即0.1至0.8毫米的孔。

（二）以点旋线的锼磨技术

1. 谷纹作为点旋纹饰

谷纹是玉器上常见的纹饰，特别是玉璧、玉璜、带有龙凤形式的玉器，追溯其流变，学界有很多种说法。比较商代、西周、春秋战国、汉代玉器上的谷纹、蒲纹、涡纹、勾云纹，可发现其形态演变的重要原因是技术的变化及技术留痕，而造成被后世附会为各种具有意义的艺术形式。具体分析如下。

① 有人认为西周时期的勾云纹演化至汉代被简化为了卧蚕纹。大多数博物馆可见此类标注为“谷纹”的玉璧、玉璜、玉佩饰等。那么，勾云纹是因何出现的呢？若是从叙事文本形式的出现规律来看，可以发现这样的脉络：《周礼》谷纹（子执谷璧）的顺逆时针旋纹→涡纹（卧蚕纹）→小勾云纹。据图2–34a—图2–34c和图2–35a—图2–35d的细节解析，分列的勾云纹实际上也是不同顺逆方向的谷纹组合。

② 其实，谷纹之前出现的勾云纹在商周时期的青铜器上就有所体现（图2–36a和图2–36b），只是表达的形式恰恰因为工艺手段和材料的不同；也可以说，正是材料的属性、加工这种材料的技术、器物的结构与功能的特定性、局限性等因素的共同作用，反而成就了艺术形式的“创新”。所以，这种创造不是刻意求新而成的，而是顺应诸多机缘甚至“不得已”才形成的。

③ 基本定型的“谷纹”形式在汉代玉器上比较多见。但是，为何当出现螭龙，或是玉璧、玉璜之上就一定伴有谷纹？观察发现，这些谷纹中有的是浮雕形式，有的是线刻形式。如果推及东周的勾云纹玉器，汉代的这种形式或也算得上一种创新，即将勾连断开，或藕断丝连。这其实也是由工具和实施工艺时的节奏、技术限制等因素所决定的。

④ 谷纹上的痕迹表明属于旋向加工，而且可能是“规”“弦”实施旋转所

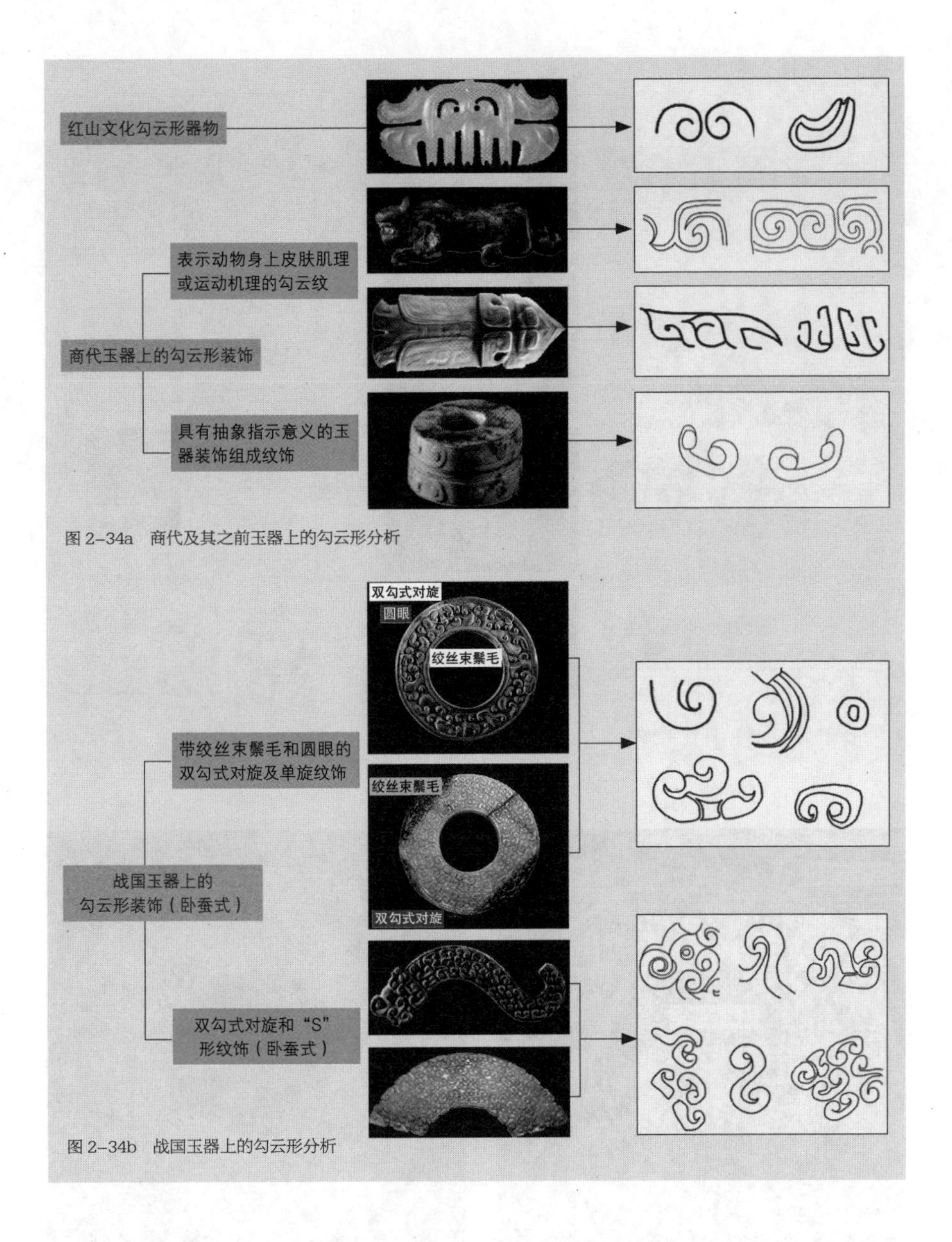

图 2–34a 商代及其之前玉器上的勾云形分析

图 2–34b 战国玉器上的勾云形分析

形成的。尤其是一些平面螺旋的凹纹印记与阿基米德螺旋线相符（图 2–37）。

⑤ 蒲纹上的痕迹表明使用了矩尺切线往复而成的加工方式。通常由三组双线平行线加工出六棱形面台，再细琢。图 2–38 是徐州狮子山楚王墓出土的西汉玉璜，其左右两半璜身的局部细节清晰可见三组平行线（红色参考线标示）割据出六棱形蒲纹台面。

⑥ 成书约在公元前 1 世纪的中国天文学数学著作《周髀算经》中记载了周代数学家商高应周公之问的作答：“数之法出于圆方，圆出于方，方出于矩，

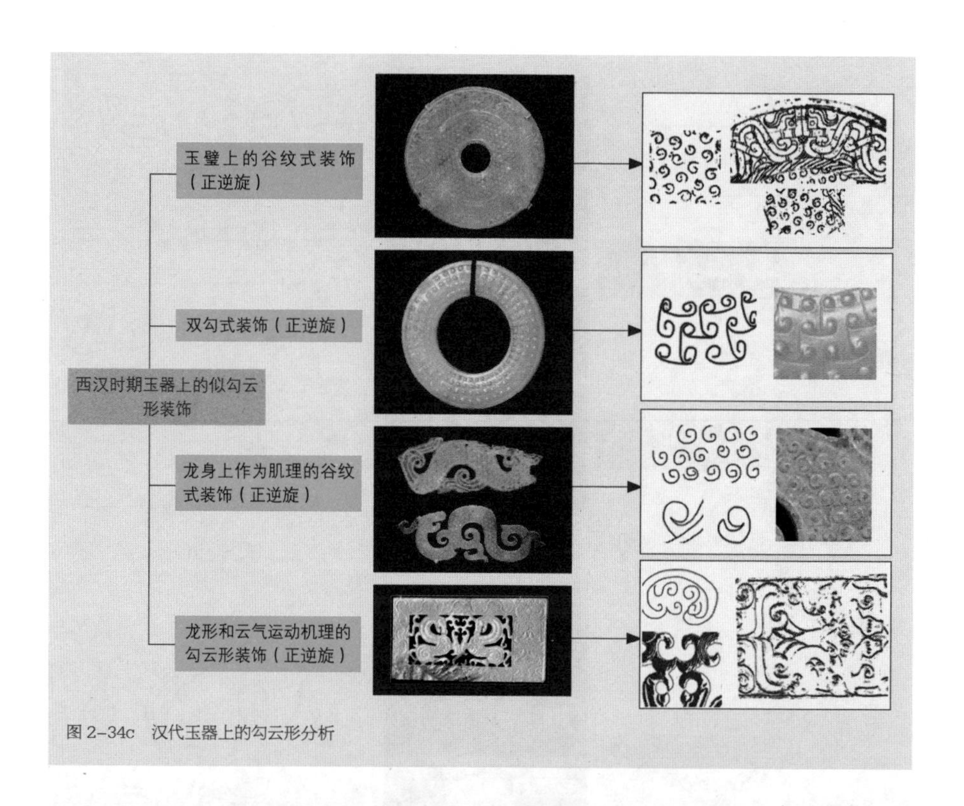

图 2–34c　汉代玉器上的勾云形分析

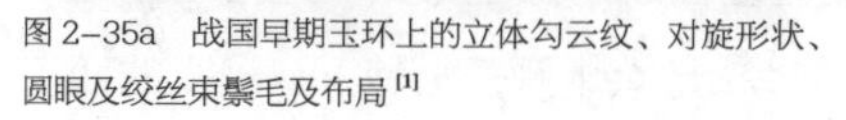

图 2–35a　战国早期玉环上的立体勾云纹、对旋形状、圆眼及绞丝束鬃毛及布局[1]

图 2–35b　战国早期玉璧上的勾云纹和对旋形状、“S”形绞丝束鬃毛呈不规则布局[2]

[1] 具体细节见标注分析。原图参见中国玉器全集编辑委员会：《中国玉器全集 3・春秋・战国》，石家庄：河北美术出版社，1993 年：图 151。

[2] 具体细节见标注分析。原图出处同 [1]，图 162。

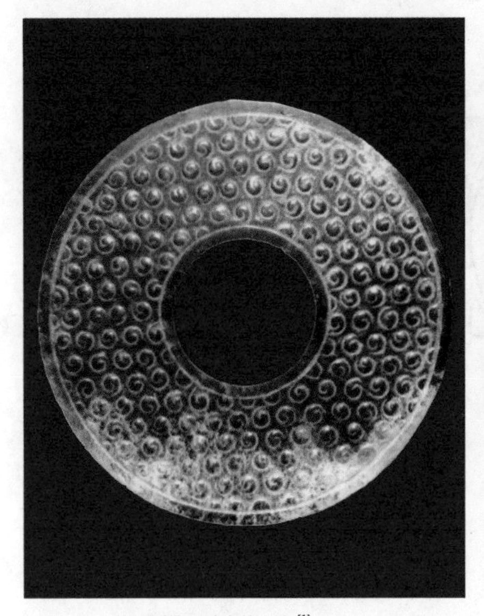

图 2-35c 战国时期玉璧上的谷纹[1]

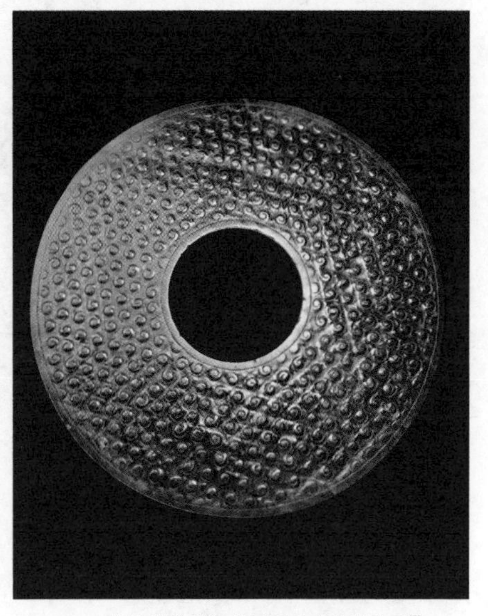

图 2-35d 战国晚期玉璧可见谷纹和蒲纹的关系[2]

图 2-36a 商代早期兽面纹斝的局部可见勾云纹[3]

图 2-36b 西周早期青铜器上的平面勾云纹和棱戟勾云纹[4]

[1] 具体细节见标注分析。原图参见中国玉器全集编辑委员会：《中国玉器全集 3 · 春秋 · 战国》，石家庄：河北美术出版社，1993 年：图 228。

[2] 同 [1]，图 261。

[3] 中国青铜器全集编辑委员会：《中国青铜器全集（第 1 卷）· 夏商》，北京：文物出版社，1996 年：图 86。

[4] 西周早期“㲃”方尊上的勾云纹。中国青铜器全集编辑委员会：《中国青铜器全集（第 5 卷）· 西周一》，北京：文物出版社，1996 年：图 155。

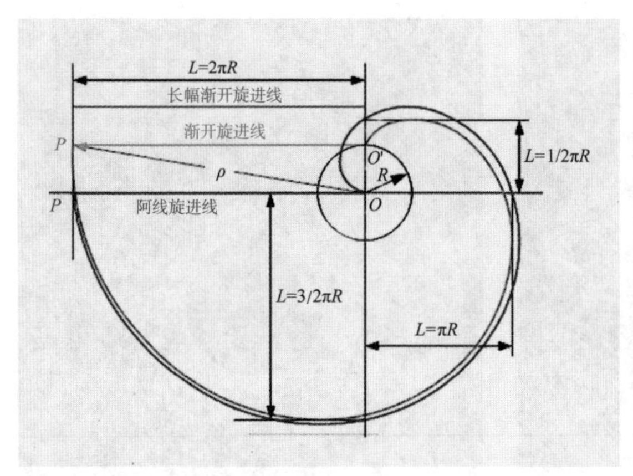

图 2-37　阿基米德螺旋线和渐开线[5]

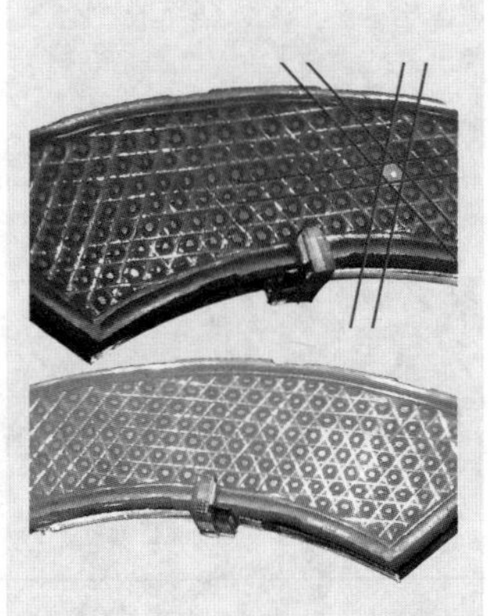

图 2-38　汉代玉璜上的六棱形蒲纹面台

矩出九九八十一，故折矩以为勾广三，股修四，径隅五。既方其外，半之一矩，环而共盘。”这是著名的勾三、股四、弦五的勾股定理。据此可见螺旋的来源亦是矩形（图 2-39）。

⑦ 蒲纹与魏晋数学家刘徽提出的“割圆术”恰好成逆推关系。所谓“割之弥细，失之弥少，割之又割，以至于不可割，则与圆合体，而无所失矣”，刘徽用割圆术得出了圆周率。而蒲纹制作的方式恰是以方成圆的基础，即证商周所谓“圆出于方”，且九九八十一正好是九宫格（3×3）组成的方和矩（图 2-40）。其六边形基础正是蒲纹制作时的三组平行线。

因此，可以毫不夸张地说：以点旋线的加工技术成就了中国玉器特有的器型、纹饰、孔洞等连接方式。也就是说，工具和工艺技术决定了艺术的形式，而非普遍的倒置的观念，以为形式需要才出现技术。

2. 以孔旋线进行锼磨

线切割是以粘有解玉沙的绳子为工具，辅助水介质来回摩擦实现“切割”的手段。实际上它并非真正的切割，我认为应叫做“锼磨”，以避免对工艺的误读。例如，明清时期著名的拉丝工，在前面的《玉作图说》“九至十一”图示中有描述。要通过使用软绳弓弦一点点锼镂出空隙。不过，这种锼磨的前提是打孔，并在玉石表面画上预设的图案（画样），然后将绳子穿过透空的钻孔，将绳弦线绑在便于来回操作的杆臂上，以点为起始位置往复拉锼。线切随着图案边界展开，有时完成后会有完整的芯子可再利用，有时芯子会进

[1] 2004 年哈佛大学博士生发表在《科学》杂志上的相关研究成果。

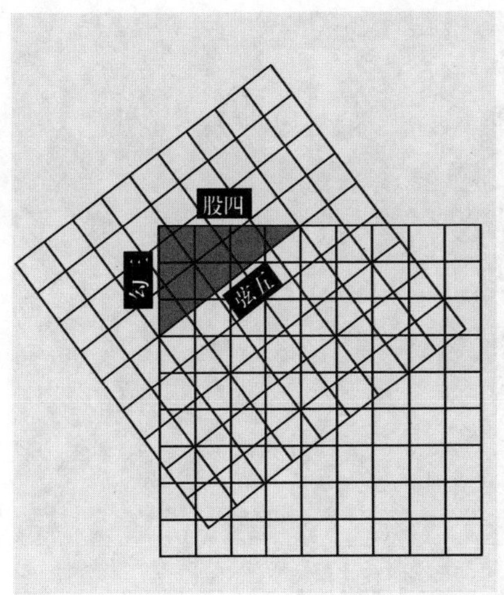

图 2-39　九乘九格和传统勾股原理

图 2-40　刘徽提出的“割圆术”基础即方形－六边形

裂或是镂去部位的玉石都变成了粉末。当然，用动物鬃毛或植物纤维做成的软绳后来也演变成了更耐用的金属丝，而且这些镂空的有大小方圆之别的孔内通常会留下钻孔时的螺旋纹以及锼拉时留下的有一定间隔排列的深浅不一的竖线和斜线纹。

其实，以孔洞为锼镂起始点形成玉器镂空形制的做法早在前文字时代就普遍存在。从下面的卑南文化玉器系列组图（图 2-41、图 2-42）中明显可看出以钻孔为始来开玉的过程。另外，被命名为玉人的玉器与商代的一组站立玉人中，腿部弯曲的形象都清晰地表明采用了这种以孔（点）旋线的锼磨技术（图 2-43）。不仅如此，从玉琮初坯及带有透孔和减地云气纹饰的战国玉器上可以看出，其原本的阴阳图案设计与固定孔位不无关系，被锼空的地方和留下的部分形成了有无互补的形式对照（图 2-44—图 2-45）。

当然，还有一种常见的片（锯）切割工艺，是在解玉沙和水的辅助下，用片状的硬石器或竹片为工具实现直片剖面的切割，就像木工使用宽面的锯子加工木头那样。追溯历史会发现，切割工艺中的线片切痕在齐家文化时期就有了，但当时真的没有金属工具吗？按照机械设计原理，切割物体的刀头形状决定了加工对象所呈现的形态，如《齐家文化玉器》中所列一些玉器上的痕迹，说明了管具壁厚和直径的关系[1]。用管钻的方式能够磨出空隙从而掏出玉芯。但是前

[1] 北京艺术博物馆等编著：《玉泽陇西：齐家文化玉器》，北京：北京出版集团公司，2015 年：第 344—347 页。

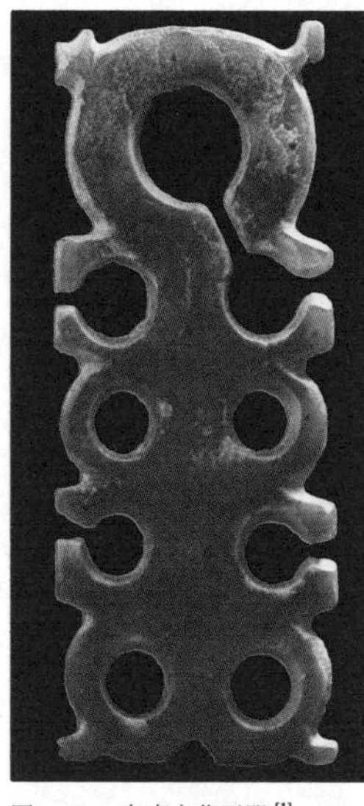

图 2–41　卑南文化玉器 [1]

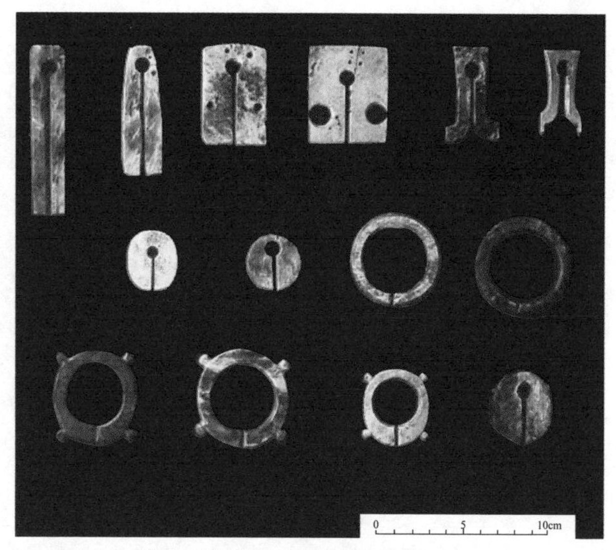

图 2–42　卑南文化玉器中的孔洞和明显的锼切线痕 [2]

图 2–43　卑南文化玉器 [3] 和商代晚期的玉阴阳人 [4]

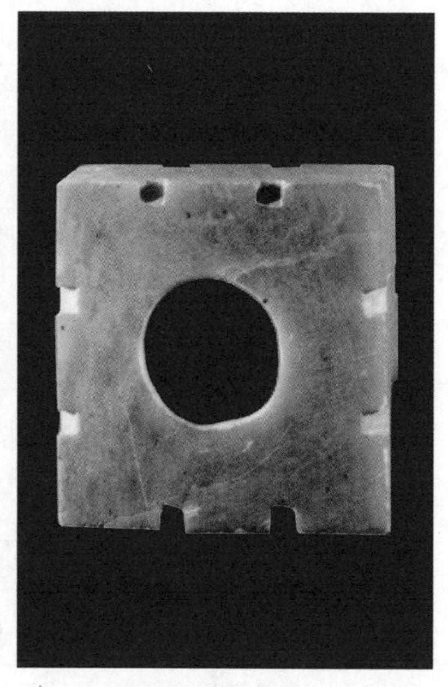

图 2–44　战国早期玉琮初坯 [5]

[1] 中国玉器全集编辑委员会：《中国玉器全集 1 · 原始社会》，石家庄：河北美术出版社，1992 年：图 300。

[2] 同 [1]，图 298。

[3] 同 [1]，图 301。

[4] 中国玉器全集编辑委员会：《中国玉器全集 2 · 商 · 西周》，石家庄：河北美术出版社，1993 年：图 56。

[5] 中国玉器全集编辑委员会：《中国玉器全集 3 · 春秋 · 战国》，石家庄：河北美术出版社，1993 年：图 152。

图 2-45 战国早期的阴阳孔玉器[1]

文字时代的管钻是骨钻吗？骨的壁厚不匀且旋转刀头的不规则通常不利于加工环形，那么当时究竟采用了哪种材料的管钻呢？是轱辘轴承器还是特殊的研磨器？也有学者根据出土物中疑似工具的器物推测玉石加工的机械原理[2]，如用竹木、骨头，特别是竹子和动物的骨头具有天然的筒形。如果在接触的环形面上涂解玉沙添水，假以时日便可形成管钻加工痕迹。另外，前面提到的新西兰毛利人在加工玉石时也有几种常见的管钻方式。以上均不可定论。

（三）齿牙形玉器的成因推测

1. 往复运动掩饰的“间断”

在一些玉器表面，尤其是齿牙形玉器上，可以观察到细微的往复运动痕迹。短小的加工线看似“间断”，但无数间断的短线一遍遍覆盖后就变成了“连续”的线，如同我们无限放大一条直线，待到一定限度就会观察到构成这条线的实际上是无数个点。用手持的治玉工具或机械砣具“反复（往复）”运动琢磨，而肉眼观察时仅看到光洁平整。当然，有一些地方会出现不同分段的相互叠压，这种现象在制作曲线时比较明显，像玉璧蒲纹加工时往复留痕的原理，两两平行的三组六条切线加工形成了六边形基本结构。这与今天素描教学时排线或切线出圆的技法如出一辙（图 2-46）。由于齿牙通常壁薄、缝隙小，推测当时应由很细的金属线往复锼磨而成（具体参见表 2-7 中的列举）。

---

[1] 中国玉器全集编辑委员会：《中国玉器全集 1 · 原始社会》，石家庄：河北美术出版社，1992 年：图 190。

[2] 方向明：《轴承还是钻孔——澳门黑沙和桐庐方家洲发现的启示》，《南方文物》，2013 年第 6 期。

图 2–46　手绘示意素描教学时排线或切线出圆的技法

2. 敲打而成的弧线

石器研究的相关实验发现，以一定角度进行敲击，可以让石器呈现一定的弧刃形状[1]。如图 2–47a—图 2–47c 所示，在掌握石材天然肌理的前提下，通过变换敲打角度，并按照合适的力度、操作程序，即可完成石斧、石刀的加工。前文提及了黑曜石的硬度较高且应用历史很早，据考古发现，曾有黑曜石制成的石器，其刃部十分锋利，甚至可以用来做外科手术。

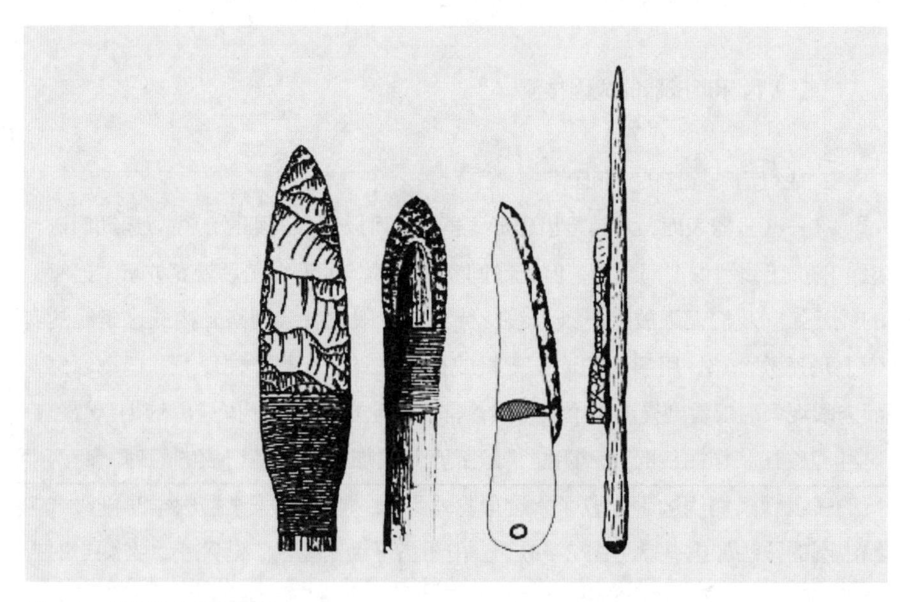

图 2–47a　黑曜石两面器的安装法

[1] 赵海龙绘制。参见赵海龙：《黑曜石两面尖状器实验研究及废片分析——以和龙大洞遗址为案例》，博士学位论文，吉林大学，2012 年。

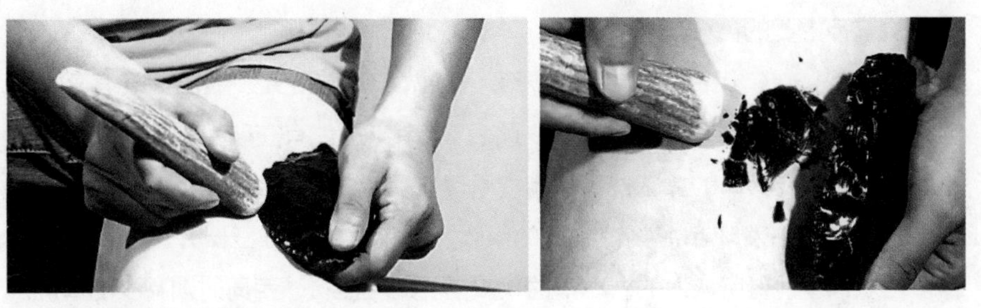

图 2–47b　用鹿角锤剥片演示

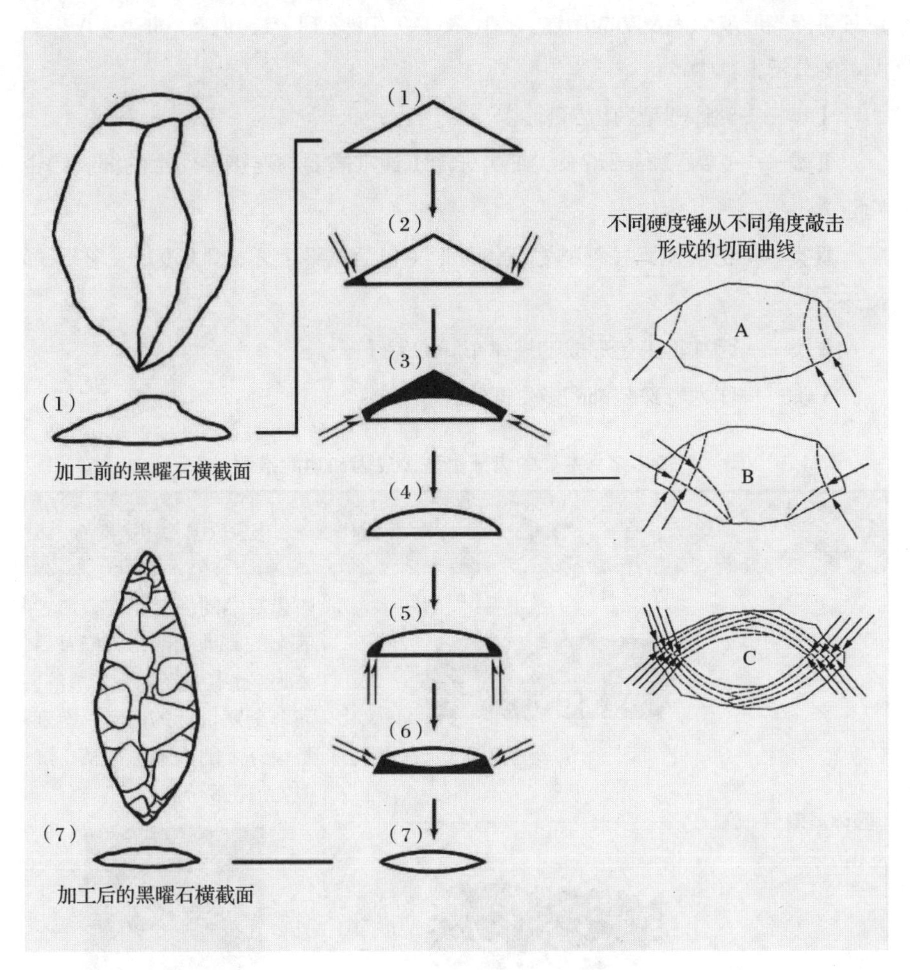

图 2–47c　敲击黑曜石成型原理

有些齿牙形玉器的加工初期可能采用过类似的敲打成型方式，因此，迸裂之处留下齿牙，而后又经过打磨加工变成精细匀称的齿牙，如牙璋端部有一定带宽间隔的弧形齿牙（具体参见表 2–7 中的列举）。

3. 五种主要的齿牙类型

20 世纪 90 年代，有学者对齿牙形玉器做了基础研究并提出齿牙有天文观测、宗教和辟邪作用[1]，遗憾的是，此后 20 余年来未有突破性的研究成果证明齿牙的作用以及具体的加工技术和制成原理。

如今，考古发现和博物馆收藏的汉代及以前的带齿牙玉器并不少见，并不存在之前有些学者所认为的新石器时代兴盛、商代流行、西周时期减少的情况。我认为齿牙的形态可分为几大类，主要考虑齿牙所在的玉器形制和属性分类讨论其可能的形成原因及功能用途。参见表 2-7 中所列Ⅰ类、Ⅱ类、Ⅲ类、Ⅳ类、Ⅴ类的分析，其中：

Ⅰ类——整体器型为齿牙形；

Ⅱ类——边缘或局部带有尖细齿牙形（通常需要与连接平面上的细纹结合判断）；

Ⅲ类——仿青铜器棱戟的宽缓齿牙形（包括宽平齿牙、弧形齿牙、勾云形齿牙）；

Ⅳ类——因加工工艺形成的规律布局的齿牙形；

Ⅴ类——作为特殊装饰的多变形齿牙。

表 2-7　主要的齿牙类型、成因和功能推测

齿牙类型特征	玉器形制	图像	时代	形成原因和功能推测
Ⅰ类 整体器型为齿牙形	梳佩	玉齿形器[1]	红山文化	梳齿底端的凹槽和勾云形棱面上的减地凹面，可能是弓弦固定磨耗加工原理形成的，而非刻意设计的图案。特别是齿牙上的内弧形凹槽，疑似先钻孔后分割
		玉齿形佩[2]	红山文化	

[1] 殷志强：《略说齿牙形玉器》，《考古》，1990 年第 3 期。

[2] 辽宁省博物馆藏。

[3] 中国玉器全集编辑委员会：《中国玉器全集 1 · 原始社会》，石家庄：河北美术出版社，1992 年：图 14。

续表

齿牙类型特征	玉器形制	图像	时代	形成原因和功能推测
Ⅱ类 边缘或局部带有尖细齿牙形	牙璋	玉牙璋[1]	商代时期	玉璋的阑部极其复杂，左右各四组齿凸，起始末尾的齿凸长出且更复杂，其造型应属加工工艺和具体使用方式造成，而非抽象符号造型
		玉牙璋[2]	商代早期	用于固定绳索类系物和柄杖以增加摩擦阻力，类似刀剑身部和柄部之间护手的剑格所起的作用
		玉牙璋[3]	商代晚期	
		玉牙璋[4]	春秋时期	牙璋仅在单面有斜纹齿牙，齿牙处有 15 条阑间条纹，疑似春秋时期收藏的夏商时期的遗留物
Ⅱ类 边缘或局部带有尖细齿牙形	玉戚	大孔玉戚[5]	商代早期	单侧五槽六齿（A1–A2–O–B2–B1 型），上部的四条直边和两侧齿牙疑似由玉璧改制而成。从单侧齿牙的形态可见，以一个窄槽孔（O）对称分布两个宽内凹弧槽（A1、A2 和 B1、B2） A1 A2 O B2 B1

[1] 成都金沙遗址，编号 2001CQJC:955。

[2] 中国玉器全集编辑委员会：《中国玉器全集 2・商・西周》，石家庄：河北美术出版社，1993 年：图 7。

[3] 同 [2]，图 146。

[4] 河南南阳市桐柏月河一号春秋墓出土的牙璋 142 号。

[5] 同 [2]，图 10。

续表

齿牙类型特征	玉器形制	图像	时代	形成原因和功能推测
Ⅱ类 边缘或局部带有尖细齿牙形	玉戚	大孔玉戚[1]	西周早期	单侧三槽四齿（A1–O–B1型），是单侧五槽六齿的粗简版，即B2和A2未加工成内凹型，而简化为宽的齿沿面 A1 O B1
		方形玉戚[2]	西周时期	单侧二槽三齿（A1–B1型），是单侧三槽四齿的简化版，即极浅的窄槽孔（O）几乎消失，显现出两个较宽的内凹弧槽，牙也演变为宽平齿牙 A1 B1
	玉刀	三孔玉刀[3]	商代	两侧各分布的四齿牙和上方的三孔，可能用来固定夹板和手柄。细绳通过三孔固定刀背，系绳缠绕在齿弧内固定刃侧面
Ⅱ类 边缘或局部带有尖细齿牙形	玉戈	带牙玉戈[4]	商代	从结构可见，这两件带齿牙的玉戈与玉牙璋相似，只是尖端和两刃部造型不同。凸出的齿牙下方（图左）窄带和孔可用来安装手柄。齿牙作为横档，其作用似剑身和剑柄之间护手的剑格
		铜柄玉戈[5]	商代中期	

[1] 中国玉器全集编辑委员会：《中国玉器全集2·商·西周》，石家庄：河北美术出版社，1993年：图211。
[2] 同[1]，图217。
[3] 同[1]，图11。
[4] 同[1]，图34。
[5] 同[1]，图22。

续表

齿牙类型特征	玉器形制	图像	时代	形成原因和功能推测
Ⅲ类 仿青铜器棱戟的宽缓齿牙形（包括宽平齿牙、弧形齿牙、勾云形齿牙）	玉钺	仿青铜齿牙玉钺[1]	商代晚期	与商代晚期的青铜器瓿亚钺[3]（见示意图）相比较，两侧齿牙均为三对，很可能是不同材料（玉和青铜）载体、相同象征意义的造物
		齿牙玉钺[2]	西周	
	玉刀	单侧齿牙玉刀[4]	商代晚期	玉刀上带有装饰性的齿牙，很可能是模仿带棱戟的青铜器，比如同是商代晚期的亚启方彝（见示意图），其上的纹饰和棱戟的造型与玉器齿牙相似；无论是单侧齿牙还是双侧齿牙，连同装饰纹样一起以异质同构的方式表现商代文化
	玉板	双侧齿牙板[5]	西周早期	

[1] 中国玉器全集编辑委员会：《中国玉器全集 2 · 商 · 西周》，石家庄：河北美术出版社，1993 年：图 173。

[2] 中国青铜器全集编辑委员会：《中国青铜器全集（第 4 卷）· 商 4》，北京：文物出版社，1998 年：图 182。

[3] 同 [1]，图 248。

[4] 同 [1]，图 43。

[5] 同 [1]，图 199。

续表

齿牙类型特征	玉器形制	图像	时代	形成原因和功能推测
Ⅲ类 仿青铜器棱戟的宽缓齿牙形（包括宽平齿牙、弧形齿牙、勾云形齿牙）	玉螭形器	圆雕螭龙 [1]	商代晚期	四件玉螭和一件玉璜虽为不同时期的玉器，器形和纹饰细节也有所差异，但齿牙作为标志性的结构均为七组，即六槽七齿的形式；齿牙皆为平齿（见示意图）。西周的这件玉玦看似螭背部无齿牙，但是观察细部会发现其曾有齿牙的加工痕迹。商代晚期的这件半璜外圈齿牙属于宽平齿牙，更接近青铜器棱戟的式样。后面四件玉器的外圈齿牙如同带棱戟的青铜器装饰一样，只不过由立体转为了平面，属于异质同构
	玉螭玉玦	螭龙玉玦 [2]	商代晚期	
		螭龙玉玦 [3]	商代晚期	
		螭龙玉玦 [4]	西周时期	
	玉璜	螭龙形璜 [5]	商代晚期	

[1] 中国玉器全集编辑委员会：《中国玉器全集 2 · 商 · 西周》，石家庄：河北美术出版社，1993 年：图 58。
[2] 同 [1]，图 100。
[3] 同 [1]，图 194。
[4] 同 [1]，图 238。
[5] 同 [1]，图 103。

续表

<table>
<tr><th>齿牙类型特征</th><th>玉器形制</th><th>图像</th><th>时代</th><th>形成原因和功能推测</th></tr>
<tr><td rowspan="4">Ⅳ类
因加工工艺形成的规律布局的齿牙形</td><td rowspan="4">璇玑</td><td> 带齿牙玉璇玑[1]</td><td>龙山文化</td><td rowspan="4">所列的四件璇玑：两件是齿牙在大旋齿上均匀分布的形式，其中青色的西周玉璇玑根据完好和损耗部位的观测，中心对称的三分角度上原来均有三齿四槽的凹弧形齿牙，刚好组成十二组齿牙，而“十二”在古代又具有特殊的象征意义，或许与计时有关；商代的璇玑是仅有大旋齿而无小齿牙的形式，其年代较早，疑似经过齿牙 改制；还有一件西周的璇玑，其大旋齿在三分角度上均匀分布，而小齿牙呈齿数递增的形式，推测其加工成型方式和作用（见示意图）：
第一步，标尺划线，刻画出三个中心对称角度上的四等份、五等份、六等份的孔位和其他旋线孔位；
第二步，打钻孔，分别在三个中心对称角度上的等分孔位钻出四孔、五孔、六孔和其他旋线孔位的孔；
第三步，锼弓旋线琢磨出以上十五个小孔的通孔；
第四步，中心固定后连接孔位上的旋点成十五条锥线，根据投影实现特定测量功能 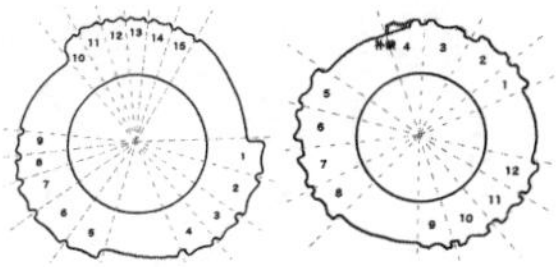</td></tr>
<tr><td> 玉璇玑[2]</td><td>商代早期</td></tr>
<tr><td> 带齿牙玉璇玑[3]</td><td>西周</td></tr>
<tr><td> 带齿牙玉璇玑[4]</td><td>西周</td></tr>
</table>

[1] 中国玉器全集编辑委员会：《中国玉器全集 1 · 原始社会》，石家庄：河北美术出版社，1992 年：图 42。

[2] 中国玉器全集编辑委员会：《中国玉器全集 2 · 商 · 西周》，石家庄：河北美术出版社，1993 年：图 190。

[3] 北京故宫博物院藏。

[4] 同 [2]，图 299。

续表

齿牙类型特征	玉器形制	图像	时代	形成原因和功能推测
Ⅳ类 因加工工艺形成的规律布局的齿牙形	玉璧	 外圈带齿玉系璧[1]	西汉	该系璧有11组阴阳（凹凸）齿牙，其中1—10组按逆时针分布为10个凸（阳）凹（阴）单元。第11组呈中心对称，11a为凸（阳），11b为凹（阴）（见示意图）。11b-1-2-3-4-5组成的半璧和11a-6-7-8-9-10组成的半璧为中心对称，即恰好是平面内以璧心为中心旋转180°后的形态。因此，该齿牙应属于加工时固定、旋转、琢磨工艺原理所决定的结构形式 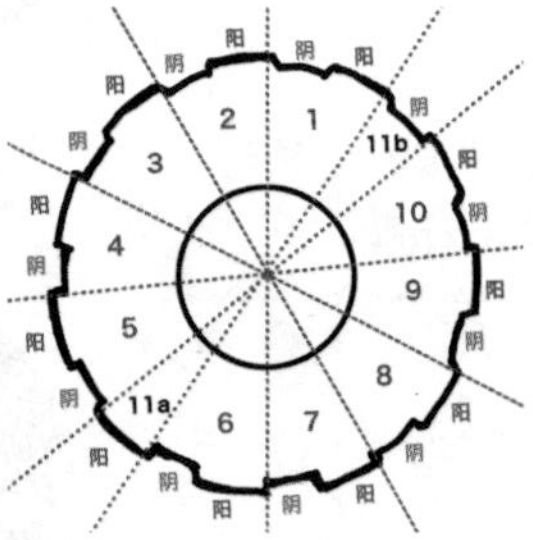
	玉玦	 螭龙有领玉玦[2]	商代晚期	这件带有外圈齿牙的螭龙玉玦，首尾相环，疑似有领玉璧改制而成；外圈为14槽15齿的形式，15个凹弧形齿牙中有一处齿牙槽已损坏，但不影响观测其均匀分布的形貌

[1] 徐州狮子山楚王墓出土，徐州博物馆藏。

[2] 中国玉器全集编辑委员会：《中国玉器全集2·商·西周》，石家庄：河北美术出版社，1993年：图101。

续表

齿牙类型特征	玉器形制	图像	时代	形成原因和功能推测
	玉璜	战国青玉龙纹玉璜	战国时期	这组璜很可能是加工时开槽固定及施工工艺技术决定的。一开始内外壁面可能是连接的，等成对或成组完成后分开形体而留下了齿槽。另参见哈佛大学艺术馆藏的战国玉璧，可见其连接部位和断连的可能性（见示意图）
V类 作为特殊装饰的多变形齿牙	玉佩	鹦鹉形佩[1]	商代晚期	不规则的鹦鹉形佩和人形佩，冠上的齿牙可能是表示翎毛的符号，均为五槽六齿的平齿凹形齿牙。再向前追溯，疑似模仿青铜器棱戟形式，属于不同材料（玉和青铜）的异质同构表达形式，但玉器的装饰意味更强。鹰形佩的双翼齿牙为对称的六槽七齿的平齿凹形齿牙。有关异质同构的解释，另可参看表1–10“青铜器和玉器间的相似性信息转译”分析
		鹰形佩[2]	商代晚期	
	玉人	人形佩[3]	商代晚期	

[1] 中国玉器全集编辑委员会：《中国玉器全集 2 · 商 · 西周》，石家庄：河北美术出版社，1993 年：图 85。

[2] 同 [1]，图 84。

[3] 同 [1]，图 177。

续表

齿牙类型特征	玉器形制	图像	时代	形成原因和功能推测
V类 作为特殊装饰的多变形齿牙	玉璜	璜形佩[1]	西周	与陶寺文化玉璜[2]（见示意图）整体形制十分相似，只是齿牙更有装饰性，疑似改制尚未完成
	玉佩	龙形佩[3]	西汉前期	佩的内圈双龙勾云形式与早期以点旋线锼磨而成的卷齿原理相似，只是这些齿牙与龙身一体，表示具体的足、口、角、须

另外，研究齿牙形玉器，还要特别注意由孔成牙的情况（参见表2–7中列举的勾云形齿牙）。玉璇玑、佩、圭、璋上的锯齿，玉器孔内存留的解玉沙和纹路，还有一些凹凸、透空效果的纹饰，如圆圈、逗号、螺旋纹，等等，这些加工痕迹一定程度上暗示了操作顺序、方式、时间、节奏，孙力等人的模拟实验推测验证了史前玉器加工原理[4]（图2–48a、b、c），从中亦可得知一二。

作为技术痕迹形成的艺术形式，能不能再提出一些大胆的想象：石头是否可以像烧造玻璃、砖头、瓷器一样，在熔化或是特殊技术和条件下出现某些固态、液态重组的变化？之所以引起这种思考，不仅仅因为在宝玉石界通过轰击和干扰等技术已经能对宝石净化、改色，也受到青瓷烧造时入玛瑙为釉的启发。另外，碳–14测定技术作为自然界的标准时钟，它是以半衰期确定现代人类所谓的“时间”概念。如果人类度量时间和空间的概念、工具再次发生变革，空间维度变成度量基础，那么差一个时空维度的时间是否就相隔几光年甚至几十光年？时间线性渐进的历史真会像今天检测出来的那样久远吗？

[1] 中国玉器全集编辑委员会：《中国玉器全集2·商·西周》，石家庄：河北美术出版社，1993年：图288。
[2] 陶寺出土编号IIM22：13。
[3] 中国玉器全集编辑委员会：《中国玉器全集4秦·汉–南北朝》，石家庄：河北美术出版社，1993年：图46。
[4] 孙力：《史前琢玉工艺的模拟实验研究》，《辽宁省博物馆馆刊》（第2辑），2007年。

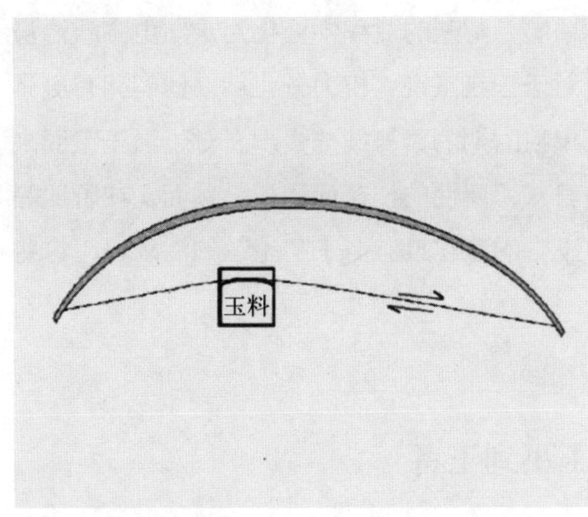

图 2-48a　弓弦切割法

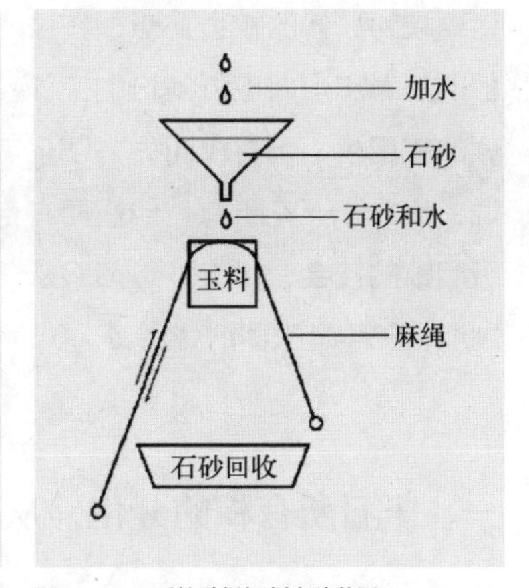

图 2-48b　手拉砂绳切割实验装置

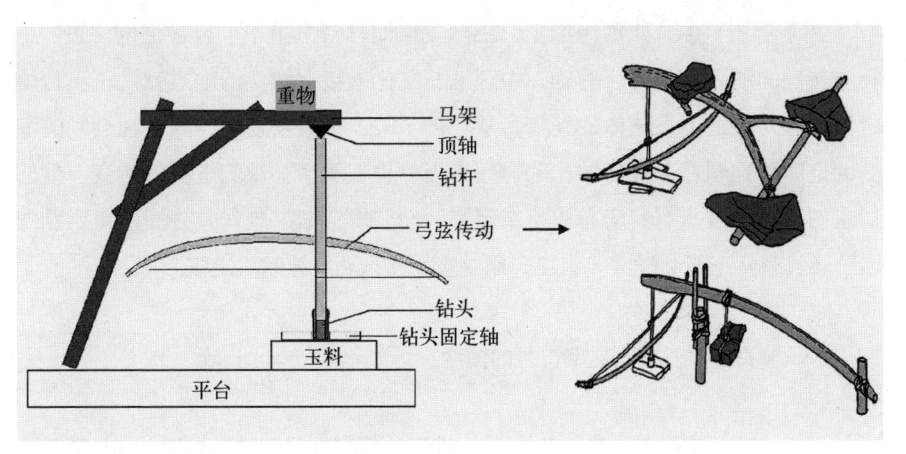

图 2-48c　管钻手动实验原理示意图和史前管钻装置推测

第三节
治玉话语权的分化

如果按照中国甲骨文字、金文、篆书的演化发展脉络梳理，会发现“玉”和“王”、“玉”和“工”的联系十分密切。有意思的是，与玉有关的“王”和“工”的字形、字义的成立，恰好证明了治玉话语权的分化。“玉—巫—王—工”之字形、字义的演化到所指意义的固化，也使得治玉者社会身份和技艺知识话语权因分化而越来越具体，当然也传达出分化后“王”与“工”就“玉”的问题而产生的不同伦理观念。“玉巫”从集玉石所有权、享用权、治玉技艺话语权为一体的权力身份，在技术祛魅、解蔽的过程中分化为走向更高政治身份的王者和走向更低身份的工匠。对于王者来说，权力分化后，他们拥有更具体的享用权、所有权而失去了巫王集权时期的具身技艺资本。对于治玉工匠来说，也并非一无所有，他们拥有自身知识属性的技艺话语权。然而，在阶层等级明晰的社会，“工”必须服从“王”的意志且服务于“王”的需求，可这些制造者并不是玉器的使用者。

一、玉石所有权的分化：从玉巫到王者

在《金枝》中，弗雷泽指出，巫师或祭司与帝王集于一身被称为“王”，具有特殊的能力和权力。的确，中国玉石文化最接近源头的地方就是玉巫合体之处，因为巫是神人结体的能者，从“神（天）→祖宗宗法→人王社会”的演变即证明巫觋到君王身份转化的过程，当然也表明了神权到王权的转变。他们对玉石原料和玉器有着所有权、享用权。他们规定谁来制作并分配原料给制作者，还具有将玉石制作成什么样、用来发挥什么功能等的决定权。

（一）关于“玉巫”文字符号的演变

“巫—玉—王—玊—工”作为文本符号，其演变分化关系如图 2–49 所示，其中：

【1】巫字出自《甲骨文字典》一期合 262 巫[1]。黄德宽在《古文字谱系疏证》中认为巫的象形表现了巫师所执巫具的形象。

【2】【3】诅楚文[2]中的“巫”开始接近古文“玉 [yù]”字形和指示带玉含义的“琮”字形。

【4】玊 [sù]，是指：①有瑕疵的玉；②琢玉的人。按照巫到工的演变路线，“玊”的第二项所指更合理，即与“工”之身份匹配的琢玉人。

【5】金文的“王 [yù]”可能就代表有玉之人，即“玉 [yù]”之所指的延伸。罗振玉在《甲骨文字诂林》中指出，“至古金文皆作王，无作玉者”。

【6】甲骨文的“王 [wáng]”，另一种写法是缺最上方一横（【6】中最右

[1] 徐中舒主编：《甲骨文字典》，成都：四川辞书出版社，2014 年。

[2] 战国时期秦国石刻文字，其内容用来诅咒、克制楚兵。

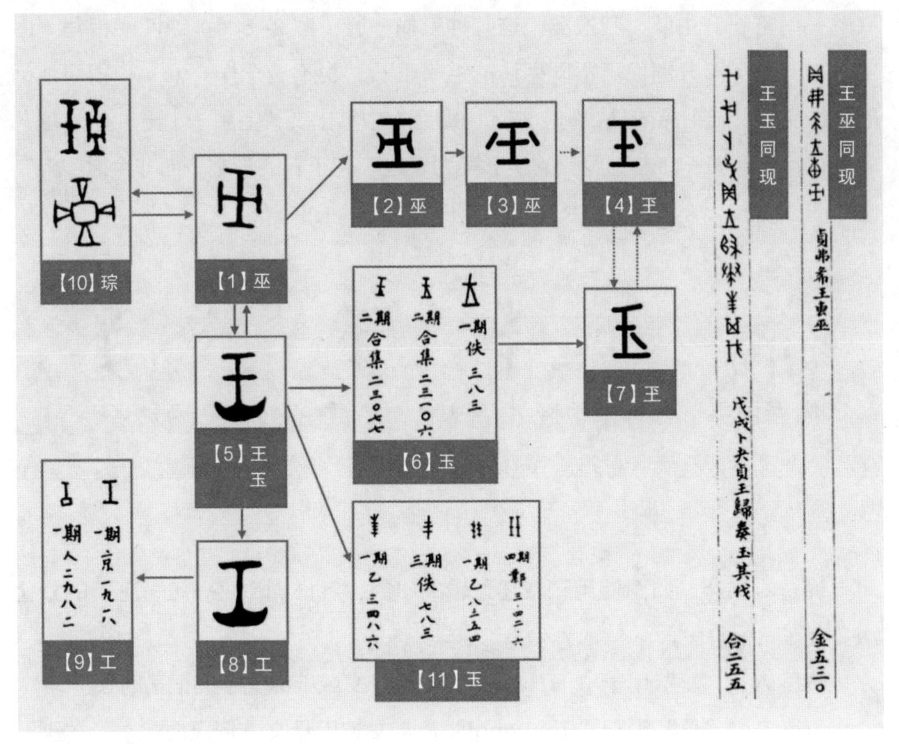

图 2–49 “巫—玉—王—王—工”的关系

字形），是简化还是字义有别值得商榷。按照甲骨文造字的象形原理，向上的弧线用方向感表示了“上”的意思，这可以从甲骨文、金文的“（上）”[1]和“（下）”[2]的形态中看出。

【7】此“玉 [yù]”字形也有人认为接近甲骨文的“”（天）[3]字。

【8】在金文中出现的“工 [gōng]”是否为“王”字形的简化？甲骨文的“工”和金文的差异较大，像【9】所示的形式，雷缙培的研究中甲骨文“”（工）[4]和金文“”[5]相比，“工”字下部的“口”已简化为一横。

【10】这几种像“巫”字的甲骨文，被解读为“琮”[6]。

【11】罗振玉认为这种两头通像甲骨文的字形表示的是“玉 [yù]”，但郭沫若不赞同。陈梦家认为“工 [gōng]”是“玉 [yù]”的单位词，可以表示串起

[1]《古文字诂林》（第 1 册），第 33 页，上 [乙三九]。

[2] 同 [1]，第 62 页，下 [7348]。

[3]《甲骨文字典》二期合集，天 [23106]。

[4]《古文字诂林》（第 4 册），第 742 页，工 [甲一一六一]。

[5] 金文“工”字，盠方彝 [9899]。

[6] 琮 2899，见陈剑编《甲骨文考释论集》，北京：线装书局，2007：第 273—316 页。

来的一串玉石。由此，我推测，这几种三横一竖（图 2–50a）或四横带角（图 2–50b）的字形分别代表不同用途的组串玉石，也不应念作“yù”，很可能指的是饰品、仪式祀品或是钱财。在《山海经》中常出现“毛用一（玉）×× 瘗”的表达，三横加一向左的竖弧的字形疑为表达串起玉石的形态，而非今之“毛”义（图 2–51），与【11】中“丰”字形的“玉”很像。

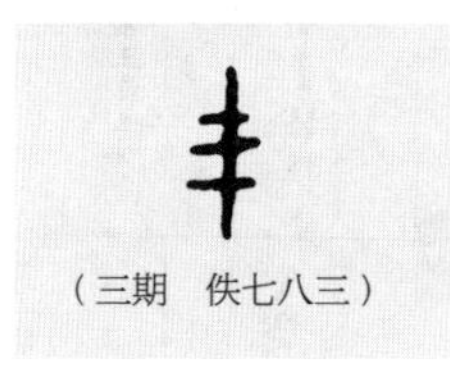

图 2–50a　三横一竖形（玉）

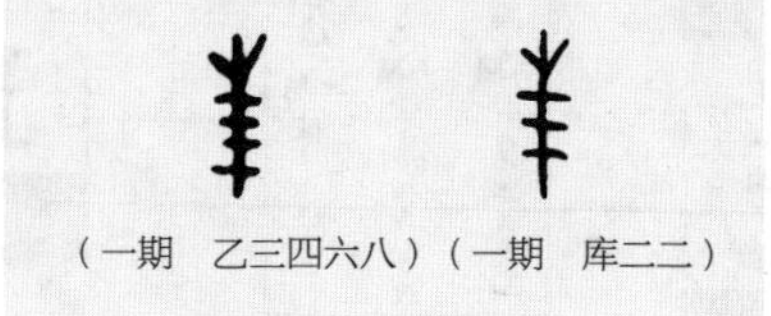

图 2–50b　四横带角形（玉）

图 2–51　三横一偏左竖弧（毛）

通过对文字、概念使用和叙述逻辑的研究，我推测“巫—王—工”的分化演变存在三个阶段。

阶段 A：“巫”早于“王 [wáng]”（甲骨文或结绳文字的记录时代）。

阶段 B：“巫”等于“王 [wáng]”（金文或甲骨文的记录时代），“巫”等于“玉 [yù]”，“王 [wáng]”等于“玉 [yù]”，所以“王”这个字形背后至少包括两个读音 [wáng] [yù] 和所指的意义。

阶段 C：“巫”降为“工 [gōng]”（金文的记录时代），“王 [wáng]”是“王 [wáng]”，“玉 [yù]”是“玉 [yù]”，“工 [gōng]”是“工 [gōng]”。此时的“王”只有一个读音 [wáng] 和所指意义，没有“玉 [yù]”的含义。

今日所传的《山海经》版本最可能的记述时期推测为阶段 C，因为从文字、概念使用和叙述逻辑来看，应是根据专门所指的象形意义来记录的，其表述也接近《周易》《周礼》，因而也是对之前文本、图像的释读转义。

推断阶段 A 和阶段 B，其时的甲骨文甚至商代金文中可能并无“玉 [yù]”字，阶段 C 出现了可以表示“玉 [yù]”的合体字，如《说文解字》中从玉部的偏旁字“环”“琮”“璧”“璜”（金文见之西周毛公鼎、番生簋、召伯虎簋）等。故推测《山海经》中祭祀用的玉、圭、璧、璜对应的造字应在阶段 C，即金文—篆书的时代。当时，很多字可能依然保持了传统的象形指示意义。

（二）关于巫觋身份职权的文本记载

美国学者厄尔指出，对象征性物品（symbolic objects）的控制有两种途径：控制原料和控制制作技术。玉石材料既有可能就近采集，也有可能源自“他山”，然后经过长途运输、纳贡而流通。无论是文献记载还是神话传说，都反映了远古时期玉料的神圣稀有性。所以，这种象征性物品的资源和制作技术想必不可能脱离某一集团的控制。而且，它与宗教信仰有关的知识和技术具有特殊的意义与重要性，因而具有排他性。所以，这些事神的玉器很可能由原初信仰的控制者自己制作（这也是“巫—王”身份合一的一种依据）。根据凌家滩遗址、良渚文化和齐家文化高等级墓葬中随葬玉料情况以及红山文化等商代以前玉器出土和墓葬制度的情况推测，中国史前时代精美的玉器极有可能是使用玉器的社会上层人士亲自制作。根据神灵之物的专属性和材料的珍贵性可以推测，与玉料接触或者制作玉器的人一定是具有相当社会地位或为权威所亲信的人。如此，“巫觋”就是当时治玉的能者。

不过，据《说文解字》卷五“巫部”的释义，“巫，祝也，女能事无形(以)舞降神者也”，“觋，能斋肃神明也，在男曰觋，在女曰巫”，即巫者为女性，觋者为男性，而且巫能以玉事神，故其字从玉。“巫”和“觋”不仅有生理性别的区分，还有社会角色性别的区分。有研究指出，在良渚文化瑶山玉神器分化过程中，存在一个由巫权向觋权过渡转变的时期[1]。

从史料来看，商代历史的文字记载包括卜辞、爻辞、铭文，而这些基本出自巫师之手。玉若作为行巫的工具，巫者一定掌握其中的密旨，而其他人并不会制作，也不懂得如何诠释。这些玉神器由巫专用、持据，具有权力垄断的意味。而且，将玉器作为事神、通神之物，它势必记载神灵的话语、旨意及祭祀神灵的仪式和历史事件。因而，其记述者一定是具备类似文书职能的记事人员。这类人可能存在于每个部族之中，也可能由专门一个部族进行这种工作。

巫作为一种职业，更重要的是沟通神、人之间的联系，知天道而代神立言。古者巫、史同为领导庶民、辅翼君上的知识阶层，巫以通人鬼之情，史以通君民之情，故巫、史既奉玉以徕鬼雄，又主诏令礼文言事，简牍之属即为上事君王、下慰庶黎的神奇之物。史官记事、计筹、进言、断狱等都必须中正公平、铁面无私，否则就违背了“执中者”所必具的神圣性与权威性。而一旦违背，必然引得天怒人怨、神谴鬼责，就会丧失其作为天人、神民、人鬼之间“中介者”“执中者”的职能与身份，进而丧失其灵性甚至生命。巫通过巫术仪式来证明与神灵的沟通。掌握部落联盟或酋邦的政治、经济、族群、军事及事神五权于一身的是大巫或神巫。她（他）们是中国历史上最早的智者群体和统治首

[1] 可见杨伯达《探讨良渚文化瑶山玉神器分化及巫权调整》及《“巫—玉—神”整合模式论》等研究。

领，也是“玉神物论”、玉神器和玉文化的创造者与推动者。

巫师能够神人结体，意味着“神给予的力量”。人对神有依靠的情感，希望神在危急的情况下能够保护自己和族人，抑或赐予神圣的力量，而这种力量是神的意志力和活力。人们借此在自然界中寻找有神力的物（自然生物或玉石这种被认为有生命的无机物）。神还必须有现实依托的载体，巫术施行的仪式过程可以将神具备的力量转化到人身上。然而，将神力施加于人身上的过程，既可以是隐性进行的，又可以是显性进行的。通过可见的方式，一些玉制器件，如玉琮、玉璧等，将玉石的自然属性、特殊形态的所指与人们信仰的神性同构。

巫的地位逐渐降低可见之于《周礼·春官·宗伯》的记载。以下引文就反映了“大宗伯”的社会地位应高于“司巫 / 神仕”。

> 大宗伯之职，掌建邦之天神、人鬼、地示之礼，以佐王建保邦国。以吉礼事邦国之鬼神示，以禋祀祀昊天上帝，以实柴祀日、月、星、辰，以槱祀司中、司命、飌师、雨师，以血祭祭社稷、五祀、五岳，以貍沈祭山林川泽，以疈辜祭四方百物。以肆献祼享先王，以馈食享先王，以祠春享先王，以禴夏享先王，以尝秋享先王，以烝冬享先王。以凶礼哀邦国之忧，以丧礼哀死亡，以荒礼哀凶札，以吊礼哀祸灾，以禬礼哀围败，以恤礼哀寇乱。以宾礼亲邦国，春见曰朝，夏见曰宗，秋见曰觐，冬见曰遇，时见曰会，殷见曰同，时聘曰问，殷覜曰视。以军礼同邦国，大师之礼，用众也；大均之礼，恤众也；大田之礼，简众也；大役之礼，任众也；大封之礼，合众也。以嘉礼亲万民，以饮食之礼，亲宗族兄弟；以婚冠之礼，亲成男女；以宾射之礼，亲故旧朋友；以飨燕之礼，亲四方之宾客；以脤膰之礼，亲兄弟之国；以贺庆之礼，亲异姓之国。以九仪之命正邦国之位：壹命受职，再命受服，三命受位，四命受器，五命赐则，六命赐官，七命赐国，八命作牧，九命作伯。以玉作六瑞，以等邦国：王执镇圭，公执桓圭，侯执信圭，伯执躬圭，子执谷璧，男执蒲璧。以禽作六挚，以等诸臣：孤执皮帛，卿执羔，大夫执雁，士执雉，庶人执鹜，工商执鸡。以玉作六器，以礼天地四方：以苍璧礼天，以黄琮礼地，以青圭礼东方，以赤璋礼南方，以白琥礼西方，以玄璜礼北方。皆有牲币，各放其器之色。以天产作阴德，以中礼防之；以地产作阳德，以和乐防之。以礼乐合天地之化，百物之产，以事鬼神，以谐万民，以致百物。凡祀大神、享大鬼、祭大示，帅执事而卜日，宿眡涤濯，莅玉鬯，省牲镬，奉玉齍，诏大号，治其大礼，诏相王之大礼。若王不与祭祀，则摄位。凡大祭祀，王后不与，则摄而荐豆笾彻。

大宾客，则摄而载果。朝觐、会同，则为上相。大丧亦如之。王哭诸侯亦如之。王命诸侯，则傧。国有大故，则旅上帝及四望。五大封，则先告后土，乃颁祀于邦国、都家、乡邑。（引自《周礼·春官·宗伯》“大宗伯”条）

司巫掌群巫之政令。若国大旱，则帅巫而舞雩；国有大灾，则帅巫而造巫恒；祭祀，则共主，及道布，及蒩馆。凡祭事，守瘗。凡丧事，掌巫降之礼。男巫掌望祀、望衍、授号，旁招以茅。冬堂赠，无方无算；春招弭，以除疾病。王吊，则与祝前。女巫掌岁时祓除、衅浴、旱暵，则舞雩。若王后吊，则与祝前。凡邦之大灾，歌哭而请。（引自《周礼·春官·宗伯》“司巫／神仕”条）

大史掌建邦之六典，以逆邦国之治。掌法，以逆官府之治；掌则，以逆都鄙之治。……小史掌邦国之志，奠系世，辨昭穆。……凡以神仕者掌三辰之法，以犹鬼、神、示之居，辨其名物。以冬日至致天神、人鬼，以夏日至致地示物鬽，以禬国之凶荒、民之札丧。（引自《周礼·春官·宗伯》“司巫／神仕”条）

而且，据《周礼·春官·叙官》的描述，大宗伯是“礼官之属”，地位最高。占卜有专门的技术岗位和管理岗位。比如，作为“大卜”的技术岗就分为卜师、卜人、龟人、菙氏；作为“占人”“占梦”“大祝”“丧祝”“诅祝”等技术岗，通常都由中士、史、徒等人组成，人数不等。“司巫”的组成为：“中士三人、府一人、史一人、胥一人、徒十人。男巫，无数。女巫，无数。其师中士四人、府二人、史四人、胥四人、徒四十人。”各岗位都以专业水准为高低贵贱的标准，即“凡以神士者无数，以其艺为之贵贱之等”。其中，大卜掌管“三兆之法”，即玉兆、瓦兆、原兆；还掌“三易之法”，即《连山》《归藏》《周易》；也掌“三梦之法”，即致梦、觭梦、咸陟。“其经运十，其别九十，以邦事作龟之八命，一曰征，二曰象，三曰与，四曰谋，五曰果，六曰至，七曰雨，八曰瘳。以八命者赞三兆、三易、三梦之占，以观国家之吉凶，以诏救政。凡国大贞，卜立君，卜大封，则眡高作龟。大祭祀，则眡高命龟。凡小事，莅卜。国大迁、大师，则贞龟。凡旅，陈龟。凡丧事，命龟。”

可以说，后来君王成为天神在人间的代表，被赋予了统治人间的权力。借用天、天命、天子的观念和“君权天授”，能够建立巩固王者社会的上层建筑、宗法制度。在“玉巫”分化为王者的社会，反映社会距离和地理距离的象征物能够帮助统治者实施威权。有西方研究者认为，建立社会上层的“交流网”（exchange network）是前国家复杂社会中统治阶层的重要领导策略[1]。在交流网中流通的不是一般的日常生活用品，而是只有社会上层才能拥有的物品（elite goods）和神秘知识。在一些酋邦社会中，物品的价值由两种“距离”决定：一是社会距离（social distance），即越是只有上层才能使用的、与大众的“社会距离”越远的物品，价值越高；二是地理距离（geographic distance），即越是本地难以生产的，需要用来自远方的材料、技术、理念制作的物品，价值越高[2]。

二、技艺话语权的分化：从玉巫到工匠

作为分化为专门治玉的工匠，其社会地位在不同历史朝代虽有高低，但是再也无法与前文字时代的玉巫比肩。工匠的技艺话语权作为具身知识的文化资本和特殊群体（家族作坊、家族工场）的社会资本，能够为其争取生存、生活的条件，更好地生活。

回顾中国手工艺历史，工匠身份地位的变化与其时社会的意识形态、匠籍制度等有着必然的联系。

夏代的“车正”奚仲，既是姓氏族长又是村社首领，还是管理手工业中专门制车的官员。被封为“陶正”的昆吾族，专门负责王室制陶及金属的冶炼铸造，甚至到了周代，仍把管理制造铜器的官职称为“昆吾”。《夏书・胤征》记载：“每岁孟春，遒人以木铎徇于路，官师相规，工执艺事以谏，其或不恭，邦有常刑。”虽是以专业职事映射政治管理的劝谏隐喻，但是也从另一方面反映了手工业生产者当时还有劝谏王室的权力。可见，在沿袭了氏族社会民主议政制度的“工”族尚有一定的政治地位。夏代手工从业者尽管有隶属于王室和贵族的奴隶，但整体上还是以身份自由的工匠为主。这些身份相对自由的工匠受到王室和贵族的尊敬，所以地位高于一般的平民。当然，这也可能糅合了撰史者和后世统治者的想象性书写。

商代从事手工劳作的“百工”“多工”大多数为贵族作坊或村社民间专业作坊的自由手工业生产者。在早期甲骨卜辞中出现的“我工”和“宗工”属于

[1] G.M.Feinman. Corporate/Network, new perspectives on models of political action and the Puebloan Southwest. *Social Theory in Archaeology. M.B.Schiffer. Salt Lake City*, The University of Utah Press.2000, pp.31–51.

[2] C.S.Peebles. *Moundville from 1000 to 1500 AD as Seen from 1840 to 1985 AD.Chiefdoms in the Americas.* C.A.Uribe. New York, Lanham.1987, pp.21–41.

王室作坊的工匠，与“工”“多工”“百工”以及地方贵族作坊或村社作坊的工匠一样，拥有比较自由的身份。但是因为他们在王室作坊中工作，所以地位要比地方工匠高，应当是众多工匠中地位最高的，甚至具有“工执艺事以谏”的特权。

根据记载，西周时期“国有六职，百工与居一焉……或审面面执，以饬五材，以辨民器，或通四方之珍异以资之，或饬力以长地材，或治丝麻以成之……审面面执，以饬五材，以辨民器，谓之百工”。可见，周代的“百工”是王室手工业作坊中的生产者及直接参与的设计管理者。分析《周礼》及相关先秦文献可以发现，“百工”亦作各种手工业部类及其从业者工匠的统称。

手工业生产者以族而居，古代以事名官、以氏名官的传统，表明这些家族世代从事某一职业。据《左传・定公四年》载，周成王时，将“殷民六族”分封给鲁国，即“条氏、徐氏、萧氏、索氏（绳工）、长勺氏（酒器工）、尾勺氏（酒器工）”；将“殷民七族”分封给卫国，即“陶氏（陶工）、施氏（旗工）、繁氏（马缨工）、锜氏（锉刀工或斧工）、樊氏（篱笆工）、钟葵氏（椎工）”。从姓氏可以管窥到这些商代的六族和七族都是具有手工技艺的氏族，而且冶铸、制陶、纺织、皮革、玉器加工、木作、建筑等生产领域实际上在商代就已经形成了较为细致的专业分工。

西周的统治专制下，对工与商的管理比对农民更严格。西周王室为了发展手工业生产，制定并执行了强有力的制度和政策。“工商食官”就是西周首推的基本国策。其实，在西周灭商之后，“工商食官”制度也有所延续，将“殷民六族”和“殷民七族” 赐给鲁国和卫国的事件就说明了专制统治者用权力保障工匠专业、专注于生产，甚至勒令工匠“世业”“族居”，乃至免去兵役、徭役。《礼记・王制》曰：“凡执技以事上者，祝、史、射、御、医、卜及百工。凡执技以事上者，不贰事，不移官。”可见，其为加强对“工”的管理并提供了有效的制度保障，要求工商与士农分开，且聚居在一起，这种情况一直持续到春秋时期。其实，及至当今，这种家传的世袭制度传统都是手工艺者恪守的体制。尽管这种制度就束缚工匠人身自由、加重劳动剥削而言是消极的，但在漫长的历史过程中，在保持人力资源的数量、质量以及知识和技艺的传承方面都起到了积极的作用。由于拥有较高工艺水平的工匠属于特殊人才，作为有效的生产力，周人在灭商后不但没有消灭工匠氏族，反而对这些有专门技艺的氏族施加了一定的保护。在现代化技术发展的今天，全世界仍然力推各类物质文化遗产和非物质文化遗产的保护措施，这种保护的自觉似乎来自人类过往的经验。

三级监造中“工”的身份的职业伦理得到了进一步规范。为了保证官府手工业生产的产品质量和规范化管理，从中央到地方都建立了严格的“造者、主造者和监造者”三级监造制度，涉及采矿、冶炼、青铜与铁器制造、纺织、漆木器、铸钱乃至建筑和公共工程等手工业门类。《礼记·月令》中有“是月也，命工师效功，陈祭器，按度程，毋或作为淫巧以荡上心。必功致为上。物勒工名，以考其诚。功有不当，必行其罪，以穷其情”。此外，《礼记·王制》中有“用器不中度，不粥于市；兵车不中度，不粥于市；布帛粗精不中数，幅广狭不中量，不粥于市；奸色乱正色，不粥于市”。其中“功致为上”“物勒工名，以考其诚”，诸如此类，对产品规格、尺寸、精细、式样、成色、真伪等质量要求和工匠伦理都做了明确规范。在整个生产过程中，从原料到半成品再到成品，每一道生产工序都会受到工师的监视和管制，甚至还有监工的考核与检查。为了防止偷工减料、掺假及劣质问题，经检验的合格产品上必须留刻三级监造的姓名，表示对产品的质量负责。三级监造最直接的反映就是“物勒工名，以考其诚”的器物署名，即合格的器物上必须有造者（工匠或工场名）、主造者与监造者的署名。一旦发现“工有不当”的次品、劣品情况，三级监造者会受到管理机构的严惩。

在西周至春秋战国时期的“三级监造”制度中：① 造者，即完成某件具体产品的工匠或工场作坊；② 主造者一般为“工师”“工尹”“工丞”等，他们负责审核原料、监督操作、调度人员、分配劳力、上报成果及检验产品质量；③ 监造者是行政负责制牵涉更高职别的官员，如相邦或丞相与郡守的署名主要是行使中央与地方各级监督、检查和最后验收之权，以示政府对手工业生产的管理与重视。由于战国晚期手工业产品尤其是兵器生产量的增加，监造者往往不会亲自检验，其署名也徒有形式。实际的验收者很可能就是直接管理手工业生产的“工师”，而司空、工正、工尹、工师和少府都属于重要的手工业机构和较高的管理职务。清代学者江永据经传所记的职官推测：司空之下应有匠师、梓师、玉人、雕氏、漆氏、陶正、圬人、舟牧、轮人、车人等掌管具体手工业作坊的工师职长。研究春秋战国的文献及竹简、玺印也可以发现，春秋时期依然沿袭“司空”一职，有的还称为“大司工”或“大司空”[1]。《礼记·王制》也有“大司徒、大司马、大司空”的记载。春秋时期，在“司空”或“司工”之下，有左右之分，还有总管工官的长官“都司工”。中原诸国习惯上称司工为“工正”，楚国称为“工尹”。在“工正”或“工尹”之下，设置有冶

[1] 汉代虽然还存有“司空”之名，但性质已不同于此时。

铸、制陶、治玉、皮革等各种手工业作坊，如司衣的织室尹、掌治玉的玉尹。

秦代官府手工业中自由身份的工匠主要是定期服役的工匠，失去自由身份的工匠则有官奴婢和刑徒。汉代的官府手工业生产者一般由四部分组成，即征调的民工及工匠、被雇用的工匠、刑徒、官奴婢。为了满足官府手工生产的需要，通常采用轮番服役制，从各地征调不同技术工种的工匠。在产品生产和质量管理制度方面，汉代总体上延续了“三级监造”制度。

魏晋南北朝时期，工匠的地位比农民低，有别于一般编户齐民的匠籍。不过在北魏实行均田制后，工匠身份地位随着直接生产者人身依附关系的相对减弱，也发生了一定变化，但是在不同体制内的工匠身份和地位依然存在很大差异。西晋初，作为官府工匠的“百工”通常和“士卒”同时出现在政治律法中。对“百工”的诸多限制有明文规定，与之相同的是父子相袭、户籍单列、身份低微的魏晋士卒。根据《全晋文》卷一百四十五录晋朝诏令的规定：“士卒百工履色无过绿青”“士卒百工都得著假髻”“百工不得服大绛紫襈”“士卒百工不得服真珠珰珥”“士卒百工不得服犀玳瑁”“士卒百工不得服越叠”。可见，身为手工业者的“百工”在标识社会等级和身份的服饰穿戴方面不能与一般的编户齐民相同。据《魏书》卷四下《世祖纪》的记载，“百工伎巧、驺卒子息，当习其父兄之业，不听私立学校，违者师身死，主人门诛”，说明当时规定工匠血缘家传的制度下身份不易改变，如有僭越，惩罚将十分严苛。另外，官府工匠的服役时间一般较其他编户齐民长。据记载，北周时，“役丁为十二番，匠则六番”[1]，即工匠每年的服役期比其他编户齐民多一个月。南北朝后期，出现了工匠的番役制，将一些官府控制的工匠户籍上升为国家的编户齐民，而且改革后的轮班制度在一定程度上调动了官府手工业者的积极性。有些官府工匠甚至通过“和雇”而得，有些原材料也可以通过市场获得，官府可以利用“和雇”而来的钱物，按时就近雇用所需要的工匠从事生产。

唐代中央政府对官府手工业之外的其他类型手工业的管理主要通过编户手段，以此保证国家的赋税来源。当时对工匠注籍编户，就规定“凡工匠，以州县为团，五人为火，五火置长一人”，“户籍三年一造”“每岁一团貌”。唐代少府监中有固定工匠约 2 万人、将作监 1.5 万人，他们“散出诸州，皆取材力强壮、技能工巧者，不得隐巧补拙，避重就轻”；其中“其巧手供者，不得纳资”，即技艺高超的官府手工业者不在纳资代役之列。值得注意的是，隋唐时期的个体手工业工匠相对独立、自由，而且人数不少。其中有的人受雇于官府、

[1] “十二番”为每 12 个月在官府服役 1 个月，“六番”是每 6 个月在官府服役 1 个月。

私营作坊主，有的人可能是有一定经济和社会地位的私营手工业作坊主。特别是唐代中后期，个体工匠甚至能自寻职业以投他坊，而且和雇工匠比较普遍。官府手工业生产中和雇工匠的比例进一步增大，和雇及纳资代役更加普遍。

宋代官府手工业对工匠实行编制，编制内的工匠叫做“官工匠”或“官工”，主要通过和雇招募制获得。其工匠招募、钱粮待遇、学徒培养、产品质量和考功等有一系列的管理规定和措施。“官工匠”的身份仍然不自由，但是有固定的名粮，一旦隶属关系发生改变，名粮也随之割隶。与前代轮番征役相比，和雇措施使宋代“官工匠”的成分有所减少，在一定程度上也促进了民间工匠的积极性和行业技艺的交流。据学者推测，若将文思院、后苑作、窑作、锦院、东西染院、八作司、都曲院统计在内，粗略估计，宋代与工艺美术相关的官工匠应不少于5万人[1]。

宋初开始酝酿后来渐渐流行的“赋民制造”或“配民制造”制度，即官府提供原料和工钱来科配工匠用自己的工具和技术完成官府订货。配作制的优点是民间工匠可以自由安排生产时间而不受官府的过度监督，比差雇到官府作坊的匠人身份要自由，因此相对而言能提高生产者的积极性，促进私营手工业发展。《东京梦华录》《梦粱录》《夷坚志》等书中记载了许多雇工和商业市场的情况，可见当时按短工、季工、长工、时、日计工，而且雇工与雇主之间以货币关系为主，并非人身依附关系，雇工的社会地位不高，但身份相对自由。

由于早期蒙古游牧民族的生活方式缺乏中原地区甚至国外种类丰富的手工艺和物质产品，所以对外扩张后，一些身怀绝技的工匠便成为掳掠的主要战利品。这些工匠在一定程度上奠定了蒙古的手工业基础。蒙元统治者不断将这些被掳掠的工匠编入匠籍，也称作“诸色正匠”。为了生产建设需要，还经常从其他户籍中“拨”“抽”“括”“招”，以继续扩充“系官人匠”。元代的统治者还令高丽、越南、尼婆罗各国定期献纳有特殊才能的工匠。“系官人匠”除按照官府的规定定期入局承担一定周期、一定数量的造作任务外，在身份地位上与一般的民户并无区别。元代还有一类工匠称作“怯怜口”，是诸投下的私属工匠。这些诸投下的工匠不包括在随路“诸色户计”之内，免除其科差，专为各投下的蒙古贵族提供手工生产服务。

明代在全国范围内进行了系统的匠籍编制管理。明代匠籍制依仿元代，编入匠籍的相当一部分手工业者属于元代的从业遗留。当时沿用的元代“系官人

[1] 如果将官募民采民冶监场务中招募到的工匠以及制盐业中的亭户也算作官工的话，数量则更大。宋代各种官工匠数目当近30万人，这还不包括数量可观的亭户。

匠”约有20万户。根据不同专业和京城所需程度制定工匠轮班的班次，有五年一班、四年一班、三年一班、二年一班、一年一班五种常用的轮班制度。

清代废除匠籍制度后，官府手工业和临时兴工都采用了计工给值的雇募制。由于行业众多、分工较细，不同工种的工资相差很大，但总体上，雇工工资分为计件工资与计时工资。官府手工业工匠进一步缩减，工部制造库、内务府造办处的营缮与御用工艺品制造从明代的1万余人减至清代的2000人左右。清代普遍形成了自由雇用劳动的关系，即雇主与雇工之间没有主仆名分，雇工是自由的，对雇主没有人身依附关系。一些行业的铺、坊实行学徒制，师父与学徒之间不是雇用关系，而是家长式的师徒关系。

表2–8 现代社会从玉行业的“物勒工名”

署名类型	署名方式	具体形式
第一类	大师（专业技术职称）之名	中国工艺美术大师——工艺雕刻类（政府评选认定）；玉雕大师（中宝协）；初级、中级、高级技工；技师、高级技师（《国家职业标准汇编》中工艺品雕刻工的五个级别）
	设计师	首饰设计师等（现代职业教育与高校教育体系内培育的从玉相关职业）
	其他	爱好收藏，懂得雕刻、绘画的非专业人员
第二类	设计企业与团队	政府行为的“86工程”（1982—1989年四件国宝玉雕艺术品的设计制作）；奥运徽宝、奥运奖牌设计（设计工作室与高校设计团体）；地方特色及知名企业品牌（如扬州“玉缘”牌玉器、南阳“拓宝”牌玉器）
	生产、销售厂商	质量保证、生产合格标签与售后服务等署名
第三类	政府	专业珠宝玉石检验师等职业与水平的认证，以及具有品质认证鉴定证书；部优、省优、名优产品（如“中华老字号”等）；中国工艺美术大师作品；非物质文化遗产传承人等
	行业组织	中国玉石雕刻“天工奖”；展销会、博览会等奖项名称（如“优秀旅游工艺品”奖、“××博览会金奖”）

我曾在《文化密码：中国玉文化传统研究》一书中探讨了20世纪末中国治玉从业者从匿名到署名凸显设计制作者身份的重要转变。与古时的“物勒工名”不同，现代玉石制品上的署名一定程度上反映了消费社会、大众文化背景下玉文化民主性的特点（表2–8）。例如，首先，设计制作者的身份群体依靠原有的单位体制凸显出来，出现了技师、工艺美术师、“大师”等专业技术职

称身份、荣誉身份和综合身份。其次，作为改制后的企业贴签生产，意味着留名、署名制度为设计制作者提供了前所未有的话语权和职业伦理约束，尽管这种署名是借以“某某厂制作”“某某牌商品”等隐含着设计师姓名或设计师团队的方式，但还有一些是直接署名的作品，如比赛展览中的玉器工艺品、艺术品大都标有“某某大师”“某某单位”“某某奖项”等。与之相应，越是有名的设计制作者，其玉器署名的价值越高。特别是随着改革的深入，从业者的身份也有多重化的现象：有些设计制作者，如“大师”、工艺美术师等专业从业者，既从事设计制作，又有可能经营管理自己的工作室或企业。同时，他们还兼有协会、学会、评审委员会、鉴定委员会、新的阶层人士等社会组织中的身份。

技艺话语权的分化一定程度上促成了行业、行会制度的发展，而除了具身知识的技术资本，绝大多数工匠群体在整个重农抑商的社会体系中属于弱势群体。

第四节 探索救赎之术

一、探索性的巫术救赎

总有一种声音认为巫术是魅惑、迷信，但是它曾在历史上促进过宗教、哲学以及科学的产生和分野，亦是让技术知识不断被迫显化的先导者。

历史和当下的经验向我们展现了一个看似规律的道理：凡是足够“先进”的技术起初看起来就像魔法，是因为人们的无知或认知的局限令其带有一种魅惑性色彩。当人们不断认识这门技术的真实面目，掌握知识和方法，习以为常并将其显化、制度化，技术的神奇魔力和“魅”随之被祛除或消解。一种信念或信仰，首要特质是颠覆理智的所有原则，只有无法用理性和常识证明的经验，才可能被人理解为神性乃至神圣的，才能推动人们接受和信仰它。这也是为何传统宗教的很多经典之中都不乏奇迹故事，如《圣经》中水变成酒、劈开红海、死人复活等看似超自然力量支配的或非人力所及的事件。客观地说，一个人可以用理性的思维、科学的逻辑和常识去解释《圣经》中上帝降下火焰和硫黄毁灭的两座城其实是地震带上地震引发的分裂灾难，是当时人们不可知的“自然力”导致的灾害。当然，一个人也可以用传统宗教的思维解释那是神的不可抗力之上帝行为，或是用新宗教的思维解释为地外智慧生物引发的灾难。相比而言，前者与人的道德伦理无关，而后两种解释却让人们产生畏惧和自身道德的谴责，进而可能影响人去约束自己的行为、调教自己的身心。

人的意识、想法具有强大的潜能。人脑和意识的关系尚在研究中，但不可否认，人脑至今还隐藏着太多的科学谜题。当人十分坚定地相信某事物，或是情绪剧烈波动，甚至脑部神经患病时，都会令人脑自觉加工信息而变出强大的戏法。

公元前250年左右成书的最早的炼金术著作《论自然和神秘事物》（*Phusika Kai Mustika*），记载了很多如何制作染料、炼制贵重的金属和宝石的信息。不过，赫尔墨斯主义认为，作为所有神秘知识来源于古希腊的赫尔墨斯神，是超自然智慧生物赐予人类的。炼金术或巫术的历史很难找到资料佐证，因为这存在一个悖论：无论是炼金术士还是巫师，都有对自己技艺和知识进行保密的传统。同样，还有一个传统，就是炼金术士或巫师都能够结合寻找宇宙哲学（含长生不老的存在哲学）与实践方法将形而上和形而下统一起来。许多中世纪和文艺复兴时期的欧洲大哲学家都曾接触甚至实践过炼金术。在那个科学技术还无法与魔法区分的年代，一些早期技术和后来变成“科学”的零星知识或多或少与亚历山大派魔法师有着联系。其实，就这两个传统而言，中国和外国并无差异，只是中国炼金方术历史可能更早一些，而且与道教的结合使其今天依然名副其实地与中国传统哲学形成共存的体系。

巫术作为原始宗教的表现形式，也是一门进行原初信仰的技术。巫术大致包括祈求巫术、诅咒巫术、驱赶巫术、比拟巫术、交感巫术、接触巫术、禁忌巫术、占卜巫术和神判巫术等。

最常见的交感巫术满足一定相似律和接触律的逻辑。如果说一般的石头因其具有重量和坚硬等共性被认为具有一般的巫术效力，那么特殊的石头则以其特殊的形状或颜色等特性而被认为具有特殊的巫术效力。例如，秘鲁的印第安人使用制成玉蜀黍穗状的石头主要是为了让玉蜀黍丰产，将促进增殖家畜的石头则制成绵羊的样子。石头的色、性、质、形往往与相应部位发生关系，也可见之于当今的灵修术，采用不同颜色属性的宝石、放置方位、操作动作与人体器官相对应，期待磁场和能量的调和顺应。

“禁忌”通常是出于保护的目的，以避免出现不希望得到的结果。弗雷泽

图 2-52 《百器徒然袋》中描绘的“经凛凛”[1]

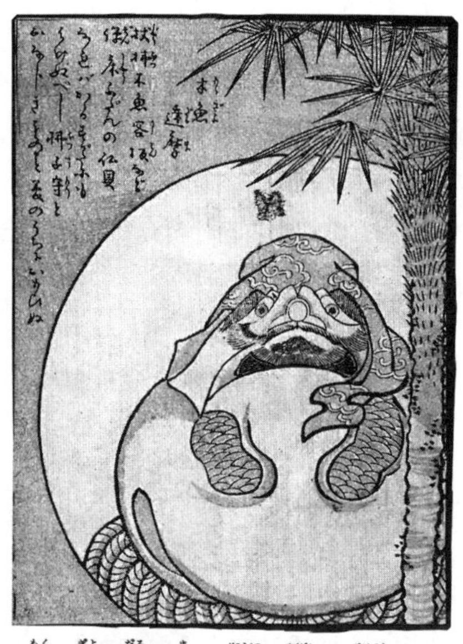

图 2-53 《百器徒然袋》中描绘的“木鱼达摩”[2]

将禁忌分为四种：行为禁忌、人的禁忌、物的禁忌、语言禁忌[3]。从日本神话传说中器物和鬼怪的故事（图 2-52、图 2-53）里可以发现有关东方文化的伦理禁忌。据鸟山石燕的《百器徒然袋》记载，日本神话传说“百鬼夜行”中的“经凛凛”就是一个法器因感受佛性而成精的妖怪。因为在日本禅宗文化中，蕴含佛法的佛教经卷能够让人阅读之后悔过开悟。然而当人们理解了经卷内容后往往会丢弃这些经卷，由僧人丢弃的经卷就变成了受佛法感化的妖怪。再如，作为木鱼付丧神的“木鱼达摩”也是因感受佛性而变化成午夜里发出“咄咄咄”木鱼声的妖怪。木鱼是僧人修行时的木质法器，敲打木鱼被认为能够警昏惰和驱魔障，经常听僧人念经的木鱼久而久之被佛理熏陶变成了妖怪。

我们无法彻底从原始人的角度出发，用他们的眼睛来观察一切事物，在这一领域，能做的仅是凭借我们的“智慧”做可以允许的推断[4]。黑格尔认为“巫术”存在于宗教中，弗雷泽则认为在认识世界的概念上巫术与科学是相近的。尽管后者的观点遭到学界的强烈抨击，但不得不承认，追求科学客观真理但又

[1] [日] 鸟山石燕：《画図百鬼夜行全画集》之《百器徒然袋》：第 226 页。
[2] 同 [1]，第 228 页。
[3] [英] 詹·乔·弗雷泽著，徐育新等译：《金枝》，北京：大众文艺出版社，1998 年：第 10 页。
[4] 同 [3]，第 18 页。

秉持唯心主义的弗雷泽，意识到了跨越时代局限性的认知规律：巫术与科学能够强有力地刺激人们对认知的追求[1]。

烧掉包裹在石头表层多余的心灵元素，往往需要长久的磨炼。炼金术士在寻找哲人石[2]的过程中体悟的哲学奥义似乎与中国工匠琢磨璞玉“玉不琢不成器，人不学不知道”[3]的道理不谋而合。西方学者荣格认为，炼金术士所寻找的哲人石象征着某种绝对不会遗失而永恒存在的东西，有的炼金术士将它比作自己在灵魂之内对于上帝的神秘体验。从心理学角度看，真实的宗教态度就是努力发现这个独特体验，并与之保持和谐。

当然，有些巫术、魔法服务于其时代意识形态的最高统治者，也因此会得到支持和赞助；还有些因为与意识形态相悖或对信仰形成威胁，就受到威权势力或统治者的压制甚至迫害。为免于技术带来的威胁和道德伦理的谴责，古代的巫师除了采用技艺知识保密的做法，还会采用独有的话语体系来记录阐释自己的技术发现和操作方法。一些特殊的含义隐藏在字句之间，像密码一样，别人无法复制和准确解读，以达到技术保护的目的。这似乎也印证了《山海经》的非比寻常。近及《髹饰录》中文辞优美的工艺词藻描述了数量、颜色、力道、程度，仍令今日的研学者无法获悉某些漆器材料成分或工艺施展的精确计数。遗憾的是，虽然明清时期有一些玉石相关的博古考证，明代《天工开物》中也有个别的琢玉图证，清代还由外国人请制了一套琢玉图，但是中国远古和古代历史上几个玉石文化的黄金期都未存留下关于玉石技艺的全面文字记述。

一些巫术因知识被垄断和大多数人的蒙昧反而使得自然资料“玉石”得到保护，即通过诅咒禁忌来施加巫术，是积极的伦理手段。相反，现今的科学破除这些迷信般的“禁忌”后，已在一定程度上打破了“保护”自然资源的伦理体系。大多数人被“开示”了，即认为资源是可以利用的，是无生命、无报应后果的，因此可以不受约束地滥用。那么，在这种破除伦理禁忌的情况下，法治能在多大程度上约束人类的行为呢？倡导道德伦理以治理人心和社会，可以大大减少社会发展和管理的成本。当代社会的发展从历史经验可鉴得：要合理利用“信仰”的力量、发扬“德治”的作用，而不应单一地依赖“法治”。

当然，我们也须认识到，巫术“魅”化[4]的救赎之路并未真正解救人们的原

[1] [英]詹·乔·弗雷泽著，徐育新等译：《金枝》，北京：大众文艺出版社，1998年：第21页。

[2] 哲人石(philosophers' stone，lapis philosophorum或mercuriius philosophorum)，也叫点金石、魔法石、贤者石，传说其一种形态是红色粉末，可以炼金，是能够令人起死回生的石头。据我的研究，很可能是辰砂石。

[3]《礼记·学记》。

[4] 参见：James R. Lewis. *Alternative Spiritualities, New Religions, and The Reenchantment of the West*, Christopher Partridge. *The Oxford Handbook of New Religious Movements*: *Volume II*. Online Publication Date: Sep 2009. DOI: 10.1093/oxfordhb/9780 195369649.003.0.

罪心理；相反，被有些人加以利用而走向了迷信之路。如存有长久历史的护身符开光，无论是咒语还是仪式，或是其中潜藏的未揭示的科学原理。但在商业利益的驱使下，很多玉石饰物变成了虚假的护身之物，其中有些甚至带来极大的生理伤害。像所谓陨石能量石产生的辐射导致人体免疫系统出现问题，一些造假材料制品引起皮肤过敏，等等。

二、批判性的“新宗教”救赎

世俗化（secularization）只是宗教信仰重构的一个阶段，它强化了新的信念体系出现的意义；或者说，是为另一个形式的“神圣化”（sacralization）来临做准备的过程。那么，换种角度来看，世俗化也就是神圣化过程中的一个阶段。当传统宗教或信俗发展到一定程度，便为新形式和新思潮的信仰做好了准备，如“新宗教”（new religions）[1] 批判思潮。在《牛津新宗教运动手册》（两卷本）（*The Oxford Handbook of New Religious Movements: Volume II*）中，世界各地的学者从不同视角对当代科学技术和人类信仰问题进行了探究，这也表明，新宗教运动（new religious movements，NRM）的研究早已是显学，相关研究的历史已有将近半个世纪。

界定范畴时的概念“一般”与“特殊”，如果应用到宗教与新宗教（信仰）的逻辑上，是不是反而因为宗教利用了人的“信念”“信仰”方面的共性而成为宗教呢？它的制度性存在只是人们赋予的形式，本质上说，人们有普遍性的“信仰”和确证“存在”时空感的本性，不会因任何宗教或社会集体信念而改变本质。

《西方世界精神信仰的转变、新宗教以及复魅》（*Alternative Spiritualities, New Religious, and The Reenchantment of The West*）一书对有关西方宗教信仰问题的调查显示：美国人的青年（13 岁左右）人群中有 150 万人都显示出了对巫术的兴趣和信念，特别执迷于一些影视剧，像 *The Craft* 和电视剧

---

[1] 杰里米·拉波特（Jeremy Rapport）在 *New Religions and Science* 中提出“新宗教”（new religions）的概念。参见：Jeremy Rapport. *New Religions and Science.* Edited by James R. Lewis and Inga Tøllefsen. *The Oxford Handbook of New Religious Movements: Volume II.* 2016. 另外，Shannon Trosper Schorey 在 *Media, Technology, and New Religious Movements* 中提出“新宗教运动”（new religious movements）概念。参见：Shannon Trosper Schorey. *Media, Technology, and New Religious Movements: A Review of the Field.* Edited by James R. Lewis and Inga Tøllefsen. *The Oxford Handbook of New Religious Movements: Volume II.* 2016.

Sabrina The Teenage Witch。相比于有宗教信仰的人，还有很多人并未列入“有宗教信仰”的群体中。调查发现，至高无上的宗教总得有一种组织和体制，而很多有兴趣和信仰的人却不愿意为体制所屈服；但是这些未在体制中的人，对于“精神性”或“灵性”也不乏热衷情怀。他们会树立新的信念之物或偶像来追求，如地外智慧生命、外星科技、虚拟的网络世界等。

现实中，即便是科学家也可能因行使身份话语权而不承认或避讳谈信仰和宗教问题。作为可观察到的现象，伴随世俗化过程，已有大众信念体系（包括信俗）回归的趋势。比如传统文化之“手艺热”、诸“美德”的社会主义核心价值观诉求，都具有信仰特质。

技术原罪的救赎从古代延续至今，一个凸显的领域就是当代的新宗教运动。这股思潮中有些是有益的批判和补充，也有些是妄言和泡沫，但其本质上反映的是人类对科学技术进步的担忧和新时代的神话想象。为避免读者认为本书的研究特别是第一章的分析似有非科学的嫌疑和色彩，所以要在这里强调说明：前文对玉文化的阐释恰是尝试选择了一种批判的视角，目的并非这种话术是否在当下“科学”，而是想通过这种角度分析构建一种伦理道德的探讨路径；即中国不断演变的“玉德观”的原型渊源或许与技术伦理有关，以及至今无法在玉石琢磨上突破使用一些跨越性技术来改变固有理念的原因，或许正是与神圣性传统的道德约束有关。

20 世纪大规模的科学技术发展和科幻小说的兴起预示着人类在宇宙中的地位发生了根本性变化，由此对老问题有了新的探索：我们是谁？我们在哪里？我们将去向何处？不明飞行物（UFO）[1]、地外智慧生命（ET）[2]、新千禧主义[3]、科学教[4]、非传统占星术[5]、神秘现象组织等作为新宗教运动思潮，其核心信念认为人类曾经或现在正在与地外文明有实质性的接触[6]。这种接触揭示了人类在宇宙中的秩序和地位。而且积极地来看，无论是核武器，还是人类科学、心理学等发展所暴露出的缺陷，人类都有能力在地外文明的启示和

[1] “Unidentified flying object”，统指在天空飞行或出现的来历不明、性质不明的物体。

[2] 地外智慧生命“Extra–Terrestrial”，外星人。

[3] “Millennialism”，一种末世主义思想。

[4] “Scientology”，也称山达基教。美国科幻小说家拉斐特·罗纳德·哈伯德（L. Ron. Hubbard）利用美国精神科学的发展在 1952 年创立的信仰系统，在一些国家被视为邪教。

[5] 非传统占星术是一种针对有长久传统的占星术而言，在大众文化发达的现代兴起的低门槛、靠赚钱在报纸和网络等媒介上以所谓职业占星师（江湖骗子）为名的非严肃、非传统的占星潮流。

[6] 当然，不乏坚持用科学理论理性分析来破除这些虚幻盲从信仰的情况，比如身为资深科幻迷但又是从事严肃科学研究的物理学家查尔斯·L. 阿德勒。参见：Charles L. Adler. *Wizards, Aliens and Starships: Physics and Math in Fantasy and Science Fiction.* Princeton University Press, 2014.

帮助下克服自身的局限性，从而超越尘世间的苦难，找到作为宇宙公民的生存地方和命运，似是一种能够超越星辰的、非体制性的信仰。

其实，与科幻有关的宗教性运动都与其时代的科学发现、技术进步密不可分，像物理学、化学、生物学、心理学等，由于人们的忧虑和梦想，例如意识到人工智能和核武器的发展与破坏地球生命的威胁、向地外和更广的宇宙空间发展的渴望，以及认为外来或未来技术可以作为减轻人类问题和支持人类进步的一种手段，特别是和 UFO（包括飞碟）、宇宙飞船、ET 运载有关（图 2-54a、图 2-54b），而且不是通过灵魂或新物理形式的轮回，而是通过基因克隆、人工智能等技术以实现人类的永生。严肃科学家的研究在面临伦理学、哲学问题时也不得不寻求信仰的救生船来坚定自己的研究，如认为非生物学意义上的“人”将于 2029 年出现，非生物系统引入人脑实现人类“永生”的雷·库兹韦尔[1]就坚信“个人信仰的飞跃”发生在“当机器说出它们的感受和感知经验，而我们相信它们所说的是真的时，它们就真正成为有意识的人了”[2]。

或许，这些被称作 UFO、USO 的不明物体和现象本就是当时的人类发明，只不过它的背后也意味着同类的威胁。UFO 可能是涉及人类政治军事机密而由不同国家（特别是有军事威胁的国家）自制研发的设备。比如，20 世纪 50 年代美国空军军事气球系统“太空钩”使用的热气球，就是一种具有高分辨率相机和智能信号装置的无人驾驶间谍飞行器。它多次被普通公众（UFO 迷）观测认为是 UFO。其实在当时，美国空军最怕的不是外星人造的 UFO，而是担忧苏联制造的实力不明的军事武器[3]，这才是可怕的“UFO”。可见，UFO 作为未知的、外星人高级技术的代名词，同时也遮蔽了地球上人类自己的政治和军事图谋，甚至形成顺水推舟的骗局。

从逃逸灾难的心理产生飞碟幻想，以及避免核战争危害的 ET 救世主幻想，可以看到人类对核毁灭威胁的补偿性神话反应。以 UFO、ET 为代表的新宗教信念反映了真正的宗教徒或人类的无助，从而发挥了对超人类依赖的大众想象[4]。新千禧主义也是一种基于技术原罪的背景，即冷战、核武器、生化武器、

---

[1] 美国人工智能领域的传奇预言家、未来学家，奇点大学校长和谷歌工程总监，有《奇点临近》《人工智能的未来》等著作。

[2] Ray Kurzweil. How to Create A Mind: The Secret of Human Thought Revealed. Pengiun Group (USA) Inc.2012.

[3] [美] 卡尔·萨根著，李大光 译：《魔鬼出没的世界：科学，照亮黑暗的蜡烛》，海口：海南出版社，2019 年：第 87 页。

[4] James R. Lewis. *Alternative Spiritualities, New Religions, and The Reenchantment of the West*, Christopher Partridge . *The Oxford Handbook of New Religious Movements: Volume II.* Online Publication Date: Sep 2009. DOI: 10.1093/oxfordhb/9780 195369649.003.0.

图 2-54a

图 2-54b

基因工程等人类担心的问题，而形成的新宗教思潮。值得注意的是，互联网作为大众传媒的温床，将新的宗教场所转移至虚拟世界，通过提供在线服务、宣教以及虚拟的仪式体验（特别像游戏世界和网络社区活动），让信仰的低门槛向大众敞开。正如社会学家布莱恩·威尔逊（Bryan Wilson）所发现的，UFO 和 ET 的信仰不像有组织的宗教形式和宗教运动，而是一种弥漫的、通过大众媒介传播的形式。

不过，这些新宗教潮流并非完全摒弃传统，而是在某种程度上，将过去世俗信仰的神灵转化为外星救世主，保留并更新着古代宗教的旨意性和象征性。在一定意义上，正是为了便于他们用当下可感知的科学语言、时世话术为陈旧的形式更新外衣。

其实，有关人类观察到不明飞行物以及与不明生物互动的叙事在历史进程中是以连续的形式存在的。比如宗教经典、神话、民间文学、口传知识、民俗，甚至是同时代、历代流传的一个文本到另一个文本的抄袭或引用，都加强了这种联系。

尝试对中国经典和神话以这种思潮解说的方式进行研究的学者并不多，本书中提及了两位重要学者及其作品：丁振宗及其《破译山海经》、王大有及其《图说美洲图腾》。在国外，所谓远古先进文明的证据主要有古代文献、图像、出土物、建筑等。例如古印度的《摩诃婆罗多》中说："没有光辉，没有明亮，各方面都为黑暗所笼罩，出现了一个巨卵，是众生不灭的种子。传说这是在由伽（时代）之初形成的巨大神物；传说其中有真实存在，光，梵，永恒，奇异，不可思议，处处相同，是未显现的细微原因，具有真实与非真实本性。从这里生出了老祖，主宰，惟一的生主，梵天，天神祖宗，天柱，摩奴，谁，最上者，波罗吉多族，还有陀刹和陀刹七子，从此生出了二十一位众生之主。"[1] 其中的"巨卵""巨大神物""奇异""天柱"等现象被认为是对远古高科技物象的描述。

最常见的就是对神话文本所做的修正主义解释。这类描述中，技术将神灵和其他超自然或超人类变成了所谓的远古宇航员、远古外星人，而背后其实是自觉地对更高技术、人类精神和道德的思辨追求。例如，将神和人的形象、堕天使的故事，作为 ET 与早期人类杂交、现代人类被外星人绑架改变基因的历史证据。

被称作伪书的《以诺书》第 8 章也被新宗教阐释者叙述为 ET 曾经传授技艺给人类、拯救人类于悲惨生活的过往事实：

> 天使中的阿萨谢尔教受罪的人们制作刀剑和盾牌以及胸甲，告诉他们金属的加工方法，教他们加工美丽的石头、手镯等工艺品，巴拉克卓教占星术，寇克博尔教星座知识。（引自《以诺书》第 8 章）

假设身为一位科学家，应该如何回答九首蛇、鸟首人身等问题？他的解答或许是：首先，不符合进化论原理逻辑；其次，无生物进化或存在的证据。然而，常人或热衷追问之人难免有多种猜想：它们可能是基因技术或基因突变，或是地外文明的实验物种吗？新宗教思潮为大众进行新的解读提供了可能性。人们会重新阐释历史遗存的文本与物象符号。有些人认为在苏美尔文字、印度的吠陀经书里有疑似基因创造或高科技发明的记载，也可能是对描述者而言未见过的高科技产品，比如现代人认知里的核武器；有的人甚至执着于对未解之谜附以科幻情结的旁注，如认为墨西哥的寂静之区［zona(del) /zone of silencio］、秘鲁地质的磁力地区"Markawasi"石头堆"Masma"（古印加帝国的神创史记）[2] 潜藏着高科技能源原理；还有人将玛雅文化的"帕卡尔

[1]［古印度］毗耶娑著，黄宝生等译：《摩诃婆罗多》，北京：中国社会科学出版社，2005 年：第 5 页。

[2] 参见科幻纪录片《远古外星人》（*Ancient Alien* ）TV series02–01。

王的石棺盖”（图 2–55）解说为“先进飞行器内的外星人”神器[1]，认为帕伦克 4 号殿“Bolon Yokte”手持鸟的神立像可能是 90 万年前“Bolon Yokte”从天而降，因为玛雅人的手稿记载体现了可能的宇宙知识，该天神的身材高大，还有宇航员般的闪亮穿着[2]（图 2–56、图 2–57）。当然，有的文化学家会反驳认为，神话和宗教文献及文物之所以那么夸张描述不会只因为这些东西是当时的基因突变物种，而更可能是根源于对其能力的折服，并对他们的生活起到过重大的影响，才值得刻写记录下来。

图 2–55 玛雅文化“帕卡尔王的石棺盖”[3] 及线图稿

20 世纪末的社会风气反映出人类世界正在进入一个没有神明的时代，UFO 和 ET 确实能够满足人们对技术和未来的想象。这种想象中包含着一种信念，甚至可能转化为宗教的信仰和灵性的追求。这个时代的新宗教形式通常不会给信徒强加外部和内部的社会规范，所以普通人更容易相信外星人。换句话说，UFO、ET 的鼓吹者和信徒常用一些伪科学来解释外星飞船的天文、物理、数学机制，而且混杂着一些科学术语和生造的新词，以此迷惑或忽悠对现代科学知识并不了解的普通受众，也是这把双刃剑的弊端所在。传统宗教和科学在发

[1] 参见科幻纪录片《远古外星人》（*Ancient Alien*）TV series04–01。

[2] 参见科幻纪录片《远古外星人》（*Ancient Alien*）TV series04–02。

[3] Mary Ellen Miller. *The Art of Mesoamerica–from Olmec to Aztec (fifth edition)*. Thames & Hudson World of Art. 2012, fig143.

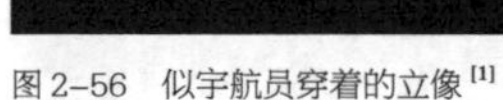

图 2–56　似宇航员穿着的立像[1]

图 2–57　眼部似护目镜的塑像[2]

展过程中的专业性、复杂性、机制化、沉默不言，对普通人来说，这恰恰是传统宗教和科学的劣势，因为对没有受过太多知识教化又时刻有需求的一般人来说，坚持信仰传统宗教、经典和科学的门槛太高，而我在前面已经提到，具有“魅”力的信念、信仰是情感而非理性的，低门槛能够为大众开启另一个世界。

从技术伦理的角度来反思，如果人类没有“善”的价值信仰作为前提基础，那么所谓“求真”的科学和缺点儿“人情味”的客观理性能够保证人类走向更好的未来吗？

韦伯在讨论宗教问题时曾指出：手工艺人作为非特权阶层，存在对待会众宗教和救赎宗教的倾向[3]。玉石行业的工匠、设计师、买卖人、研究者等，其伦理和技术知识的统一性决定了其对待手艺的信仰和“魅”的认识程度。比如，当代的一些采玉人和解玉人，他们对待材料文化价值的认识并不深刻，而是认为经济价值更为直接；但是，琢玉人、设计师、研究者那里的情况恰恰相反，

[1] 这件鹰服勇士像的实际尺寸和真人一般高大。当时沿海岸线的工匠来到墨西哥特诺奇蒂特兰城，他们很擅长制作这种大型的雕塑。Michael D. Coe & Rex Koontz. *Mexico–from the Olmecs to the Aztecs(seventh edition)*. Thames & Hudson LTD 2013，fig230.

[2] 在墨西哥埃尔萨波塔尔（El Zapotal）墓室壁画旁立置的玛雅文化陶塑，其眼部似护目镜的装设和头部的条带被认为与雨神特拉洛克（Tlaloc）有关系。Mary Ellen Miller. *The Art of Mesoamerica–from Olmec to Aztec(fifth edition)*. Thames & Hudson World of Art. 2012，fig112.

[3]［德］马克斯·韦伯著，马奇炎、陈婧译：《新教伦理与资本主义精神》，北京：北京大学出版社，2012 年：第 611 页。

他们具有道德救赎的强烈自觉性。因此，在当代的玉石行业中时刻存在这种对立又拉扯的张力。有关这一点的深入分析在第六章“琢磨的救赎”中会详细讨论。

当然，研究结果的局限以及真正的客观性在于它仅能代表一段时间内的思考，研究者也有自身的心路历程和思想完善的历史，有些认识是在不断修正和变化中生发、深刻的。某些研究显示了研究者当时的态度、观点和方法，但那些并非不可驳倒的真理。在经年之后再看，自己的认识也会不断变化和多面化，莫不是一种自我生成的再释。

第三章 可见的教化

玉石在原初信仰中扮演的角色，注定了它被遮蔽的意义。作为集体意识的表达符号，其所指是魅。因“魅”的神秘、神圣、神奇，玉石物质的本来面目被掩藏了，也因此不行广泛地教化和使用。然而，历史在文化建构中不断地被重塑，“魅”或是“祛魅”更是意识统治者的强有力的工具。以“祛魅”的理由对世人进行教化，建构起来的信念、价值却往往变成下一个时代解构并重建的对象和任务。因此，能够从宗教信仰、信俗习惯、文化传统和新的教化形式中看到不同的时代、不同的地域、不同的文化体系内对玉石文化想象和建构的实践。这一章将从我们熟知的中国本土宗教和世界范围内的重要信仰文化着手，探究那些可见、常见，但并非真知其本质的玉之教化现象和问题。

第一节 宗教信仰中玉石文化的教化

一、中国道教的“神性”玉石

“不识庐山真面目，只缘身在此山中。”从文化他者的视角，学者休斯顿·史密斯似乎勾勒出一种我们不曾注视过的中国“道”文化的形貌。他在比较宗教学研究《人的宗教》（*The World's Religions*）一书中提出了“道的三种意义”，即哲学上的道家（无为、易、阴阳五行统一）、身体实践的道家（道家太极、气功与中医）、宗教的道家（道教）。这和我要分析的道家与玉文化关系的思路不谋而合。我将主要从三个方面展开解读：一是哲学上的返璞归真和阴阳平衡的五行文化；二是食玉的想象史与身体实践——食物、药物及殓玉文化；三是道教经典中玉的故事和道理，以及“玉”字创造的圣仙世界。

道家玉石文化之根源是相信万物有灵，也坚信玉是神、人沟通的媒介。

这种神性或说神圣性、神秘性，从前文字时代开始，经过不断地历史想象和文化实践形成文脉，今天的玉石文化依旧在这三个方面有所传承。

玉亦神物、玉为天地之精、玉可通灵，这些源于上古时期朴素的玉石功能，随着中国道教文化的发展而结合得愈加紧密。延续玉之巫术，道教文化的炼丹术士、五行风水法术等新现象甚至新风尚兴起，其时所蕴藏的科学知识和实验精神逐渐显山露水。玉石参与道教文化构建，在教化中的利弊、正误，为人们明辨知理开辟了前所未有的世界。特别是通过身体力行的实践，人们知道了玉石不是万能的仙药，它亦能将人致死。虽然人的有限性决定了在可见的物质世界里无法证实玉石怎样引渡和护佑人的灵魂不死，但是玉殓葬的传统，上至皇亲贵族，下至一些地方的本土民俗，仍以一定程度的应变形式承续着。玉石与阴阳五行以及道教身体实践的文脉关联，还可见于今天的风水摆设和吉祥物文化。

（一）返璞归“真”和五行平衡

“人法地，地法天，天法道，道法自然。”[1] 尚未打磨的玉石自性质朴，璞玉即保留着原真天性的“真”物。追求璞玉特质的道理也开示了修道须归“真”的真理。

“真”是指天地万物自然的本性，《老子妙真经》中有“自然者，道之真也”。同样地，在老子的《道德经》中，“真”字出现过 3 次：“建德若偷、质真如渝”、“修之于身、其德乃真”、“其精甚真、其中有信”。《庄子》中也出现了“真”字，共 60 余次，如《庄子·杂篇·渔父》中有“真者，精诚之至也”。璞玉具有很多的可能性，就像木头未加工成筷子或家具前，它有着成为各种器用及外形的可能，而一旦成器就具有了限定性。由此，去掉外在的雕饰以还原事物的本质，也是以庄子为代表的道家所秉持的理念。

“真”是道教文化内丹修炼中尤为重要的内容，也是修行者的修炼目标。可以说，“真”作为道教信仰体系中的一种状态，是“自然”之“道”和人之“本性”的一种诠释，反映在神仙信仰、经典文本、身心实践各方面。

《庄子·内篇·大宗师》提出了“真人”的概念：“何谓真人？古之真人，不逆寡，不雄成，不谟士。若然者，过而弗悔，当而不自得也；若然者，登高不栗，入水不濡，入火不热。是知之能登假于道也若此。”所以，修得此道的人是为“真人”。同时，“真人”还应具有“不知说生，不知恶死；不忘其所始，不

[1] 老子《道德经》第二十五章。

求其所终；其寝不梦，其觉无忧；其状义而不朋，若不足而不承”的神仙特点。汉代的《太平经》将“一为神人，二为真人，三为仙人，四为道人，五为圣人，六为贤人”并称“真人主地”，即（世间）大地上的代表者。宋代张君房《云笈七签·道教三洞宗元》“三清”条目称：“太清境有九仙，上清境有九真，玉清境有九圣，三九二十七位也。”由此可见，“真人”就是“（真）道”的理想人格化身。此外，代表道教真理的经书被称作“真经”，如《老子》叫《道德真经》，《庄子》叫《南华真经》，《列子》也被称作《冲虚真经》，还有《太上元阳上帝元始天尊说火车王灵官真经》《太上说朝天谢雷真经》等[1]。

“真人”“真经”“修真”均以“全真、真一、真”为目标，进行统一于一体的实践，最终促成道与人的合真。许多道教（家）经典中都视璞玉为真，而将人造作而成的玉器视为“欲使人盗”的难得之货：

乾为天、为圜、为君、为父、为玉、为金、为寒、为冰、为大赤、为良马、为瘠马、为驳马、为木果。（引自《周易·说卦传·第十一章》）

（火风鼎）离上巽下。《鼎》：元吉，亨。初六：鼎颠趾，利出否，得妾以其子，无咎。九二：鼎有实，我仇有疾，不我能即，吉。九三：鼎耳革，其行塞，雉膏不食，方雨亏悔，终吉。九四：鼎折足，覆公餗，其形渥，凶。六五：鼎黄耳金铉，利贞。上九：鼎玉铉，大吉，无不利[2]。（引自《周易·鼎卦》）

持而盈之，不如其已。揣而锐之，不可长保。金玉满堂，莫之能守。富贵而骄，自遗其咎。功成身退，天之道。（引自《老子·道经·第九章》）

昔之得一者，天得一以清，地得一以宁，神得一以灵，谷得一以盈，万物得一以生，侯王得一以为天下正。其致之也，谓天无以清，将恐裂；地无以宁，将恐废；神无以灵，将恐歇；谷无以盈，将恐竭；万物无以生，将恐灭；侯王无以正，将恐蹶。故贵以贱为本，高以下为基。是以侯王自称孤、寡、不穀。此非以贱为本邪？非乎？故至誉无誉。是故不欲琭琭如玉，

[1]《修道即修真——浅谈道教之“真”》，道教之音网址：http://www.daoisms.org/article/zatan/info-27972.html，2019 年 7 月 1 日登录。

[2]“鼎玉铉，大吉，无不利。”《象传》曰：“玉铉在上，刚柔节也。”上九爻是鼎卦之恒卦。恒是永恒、长久。鼎之恒是说鼎新后要长久地坚持下来，所以爻辞说：“鼎玉铉，大吉，无不利。”宝鼎配上美玉杠子，最为吉祥，无不利。古代玉也是王权的象征，是人通天通神的介质，而且具有坚贞不变的特点，以象征长久。震数为七，为北斗七星，是璇玑玉衡，都是玉，巽为木，故为鼎玉铉。震为长子为大，巽为长女也为大，兑为喜悦，故为大吉。乾为勿，兑为毁折，巽、兑皆为利，故为无不利。宝鼎配玉铉，象征新生政权为天授，是合理合法且不容置疑的。如此协调和谐的新政权就应当长久地坚持下去，进而开创一个太平盛世。

珞珞如石。（引自《老子·德经·第三十九章》）

吾言甚易知，甚易行。天下莫能知，莫能行。言有宗，事有君。夫唯无知，是以不我知。知我者希，则我者贵。是以圣人被褐而怀玉。（引自《老子·德经·第七十章》）

故纯朴不残，孰为牺尊！白玉不毁，孰为珪璋！道德不废，安取仁义！性情不离，安用礼乐！五色不乱，孰为文采！五声不乱，孰应六律！（引自《庄子·外篇·马蹄》）

故曰："鱼不可脱于渊，国之利器不可以示人。"彼圣人者，天下之利器也，非所以明天下也。故绝圣弃知，大盗乃止；擿玉毁珠，小盗不起；焚符破玺，而民朴鄙；掊斗折衡，而民不争；殚残天下之圣法，而民始可与论议；擢乱六律，铄绝竽瑟，塞瞽旷之耳，而天下始人含其聪矣；灭文章，散五采，胶离朱之目，而天下始人含其明矣。毁绝钩绳而弃规矩，攦工倕之指，而天下始人有其巧矣。故曰：大巧若拙。削曾、史之行，钳杨、墨之口，攘弃仁义，而天下之德始玄同矣。彼人含其明，则天下不铄矣；人含其聪，则天下不累矣；人含其知，则天下不惑矣；人含其德，则天下不僻矣。彼曾、史、杨、墨、师旷、工倕、离朱者，皆外立其德而爚乱天下者也，法之所无用也。（引自《庄子·外篇·胠箧》）

齐之国氏大富，宋之向氏大贫；自宋之齐，请其术。国氏告之曰："吾善为盗。始吾为盗也，一年而给，二年而足，三年大穰。自此以往，施及州闾。"向氏大喜，喻其为盗之言，而不喻其为盗之道，遂逾垣凿室，手目所及，亡不探也。未及时，以赃获罪，没其先居之财。向氏以国氏之谬己也，往而怨之。国氏曰："若为盗若何？"向氏言其状。国氏曰："嘻！若失为盗之道至此乎？今将告若矣。吾闻天有时，地有利。吾盗天地之时利，云雨之滂润，山泽之产育，以生吾禾，殖吾稼，筑吾垣，建吾舍，陆盗禽兽，水盗鱼鳖，亡非盗也。夫禾稼、土木、禽兽、鱼鳖，皆天之所生，岂吾之所有？然吾盗天而亡殃。夫金玉珍宝，谷帛财货，人之所聚，岂天之所与？若盗之而获罪，孰怨哉？"（引自《列子·天瑞》）

周穆王时，西极之国有化人来，入水火，贯金石；反山川，移城邑；乘虚不坠，触实不硋……简郑卫之处子娥媌靡曼者，施芳泽，正蛾眉，设笄珥，衣阿锡，曳齐纨，粉白黛黑，佩玉环，杂芷若以满之，奏《承云》《六莹》《九韶》《晨露》以乐之。日月献玉衣，旦旦荐玉食。化人犹不舍然，不得已而临之。居亡几何，谒王同游。王执化人之祛，腾而上者，中天乃止。暨及化人之宫。化人之宫构以金银，络以珠玉，出云雨之上，而不知下之据，望之若屯云焉。

> 耳目所观听，鼻口所纳尝，皆非人间之有。（引自《列子·周穆王》）
>
> 汤又问："物有巨细乎？有修短乎？有同异乎？"革曰："渤海之东不知几亿万里，有大壑焉，实惟无底之谷，其下无底，名曰归墟……其上台观皆金玉，其上禽兽皆纯缟。珠玕之树皆丛生，华实皆有滋味，食之皆不老不死。所居之人皆仙圣之种；一日一夕飞相往来者，不可数焉……周穆王大征西戎，西戎献锟铻之剑，火浣之布。其剑长尺有咫，练钢赤刃，用之切玉如切泥焉。"（引自《列子·汤问》）
>
> 杨朱曰："古语有之：'生相怜，死相捐。'此语至矣。相怜之道，非唯情也；勤能使逸，饥能使饱，寒能使温，穷能使达也。相捐之道，非不相哀也；不含珠玉，不服文锦，不陈牺牲，不设明器也。"（引自《列子·杨朱》）
>
> 宋人有为其君以玉为楮叶者，三年而成。锋杀茎柯，毫芒繁泽，乱之楮叶中而不可别也。此人遂以巧食宋国。子列子闻之，曰："使天地之生物，三年而成一叶，则物之叶者寡矣。故圣人恃道化而不恃智巧。"（引自《列子·说符》）

《抱朴子》中以世人贵明珠、爱和璧的心理现象揭示应尊重事物本源的道理。葛洪认为，大道（真）是万事万物的根源，而儒学其实只是最淳朴品德的末流。当世人看重孔子而轻视老子时，就像看重明珠却轻视深渊、喜欢和氏璧却厌恶其出产地一样都是不注重"真"的做法：

> 何异乎贵明珠而贱渊潭，爱和璧而恶荆山，不知渊潭者，明珠之所自出，荆山者，和璧之所由生也。（引自《抱朴子·塞难卷七》）

葛洪在说到至高的道理不容易被理解、神仙学说不被人相信这种由来已久的现象时，他用指玉为石，非玉之不真的故事来喻理：

> 夫见玉而指之曰石，非玉之不真也，待和氏而后识焉。（引自《抱朴子·塞难卷七》）

有时，真正的方法会遭受无知者的质疑。例如，《抱朴子》讲到有的弟子听说熔化五种云母、炼制八种药石、制成九转金丹、冶炼黄金白银、将琼瑶溶解为水、将朱砂碧玉变为丹药、凝结霜雪于神奇的火炉中，这些方法，假的修道人就会诋毁并怀疑：

> 或闻有消五云、飞八石、转九丹、治黄白、水琼瑶、化朱碧、凝霜雪于

神路、采灵芝于嵩岳者……（引自《抱朴子·勤求卷十四》）

修真、修道之人更应持有对自然生态保护的伦理道德。比如，《抱朴子》说的在最美好的社会里将黄金放在深山中、把美玉藏在幽谷里的故事，其实是为了提醒人们，不要为了寻求珍宝玩物而不远万里去淘沙剖石、抽干深渊。这种追求利益且不惜生命的做法是太上老君所不认可的：

“老君云：不贵难得之货。而至治之世，皆投金于山，捐玉于谷，不审古人何用金银为贵而遗其方也？”郑君答余曰：“老君所云，谓夫披沙剖石，倾山漉渊，不远万里，不虑压溺，以求珍玩，以妨民时，不知止足，以饰无用。及欲为道，志求长生者，复兼商贾，不敦信让，浮深越险，乾没逐利，不吝躯命，不修寡欲者耳。至于真人作金，自欲饵服之致神仙，不以致富也。故经曰：金可作也，世可度也，银亦可饵服，但不及金耳。”（引自《抱朴子·黄白卷十六》）

追求真理之路艰难，真理的知获亦非易事。世上浅显易懂的道理都不能凭空坐等，更别说修仙之事的难度了。《抱朴子》中专门用下深渊、登险山采明珠和美玉来喻理：

凡探明珠，不于合浦之渊，不得骊龙之夜光也。采美玉，不于荆山之岫，不得连城之尺璧也。（引自《抱朴子·祛惑卷二十》）

葛洪还以“白石似玉”的道理来喻说社会现实中越是贤良的人越会隐藏自己的才华，就如同璞玉之美不在乎宣扬外表。这些贤良的人看似一无所有，但其实他们学富五车、德行深厚。

古人之难，诚有以也。白石似玉，奸佞似贤。贤者愈自隐蔽，有而如无，奸人愈自衒沽，虚而类实。（引自《抱朴子·祛惑卷二十》）

玉石与阴阳五行文化的关系最早当是从《连山》《归藏》《周易》中的太极生两仪有四象演八卦而来，比如象征无极的符号“○”和象征太极的符号“⊙”[1]，以及与宇宙观有关的苍璧、黄琮、白琥、玄璜[2]。由于自然界的玉石颜色、质地等特性不同，故根据经验，不同玉石要与相应属性的五行盛缺者或环境进行交感，以起到一定作用，从而达到阴阳五行的平衡状态。五行中的金

[1] 参见北京白云观印、任法融所编著的《道德经释义》自序。

[2] 四者体现的宇宙观在第四章“共生的结界”中有详细论述。

木水火土之相生相克，不仅是这五种属性构成元素之间的发展和制约（生克）关系，还包括了每种元素中强弱和阴阳等对立统一的关系。比如丙、丁都属火，但丙火属阳系强、丁火属阴系弱，前者与红玛瑙同性，后者则与紫晶同性。不过，无论是具体用来调理身心的玉石药材还是环境和事件的用物，重要的是它们必须在身体参与的具体实践中发挥功能。

（二）食玉的想象史与身体实践

对玉可“食用”的文本溯源，可见之《山海经》中黄帝对玉“是食是飨”的描述，后来则多见文字“服”“食”通用的情况。因此，现今谈及“食玉”“服玉”的文本时，应特别注意两种不同的阐释所指：一是“吃（用）”之意的“服”玉，二是“佩戴”之意的“服”玉。当然，这两种情况都反映了玉石与人身体实践联系的文化。“吃”玉有方法和经验可依；“服”玉，无论对生者还是亡人，都有仪礼制度可循，对生者而言的“服”玉则主要体现在儒家玉文化中（这一点将在后面的儒家部分进行讨论）。

基于第一章在研究重要文本《山海经》时的前提设定，我认为道教文化在历史发展过程中，通过对前朝历史文本和图像的想象性、创造性阐释，以及思想认知、身体实践的完善，丰富出一套道教特有的与“食玉”“吃玉”为注脚的“服玉”文化。虽然，这可能是对已有原初“服（佩戴）玉”的“曲解”，然而综观历史由来已久的传统，这一“曲解”（重释、重构）的行为或许才是形成今天我们所认知的道教文化价值的重大创新之处——通过吃玉的身体实践、力倡科学验证精神而构建出一套中医经验和生命观念，亦使“道”的哲学观念在理论与实践层面形成统一。

1. 阳世之用：玉石为药

“玉石为药”及食玉的记载，散见于先秦时期的典籍，汉代医书、道家经典，以及魏晋南北朝时期的志怪小说中。历史文献中提到的某些文献因早已失传也成为后世想象和捕风捉影的来源。正史中，有关食玉的记载并不多见，可见的比如在《隋书·经籍志》中标有一条，说明当时有《服玉方法》一卷，《旧唐书·经籍志》也记载曾有《服玉法并禁忌》一卷；但时至今日，我们尚无法查证这两卷方法和禁忌相关的具体内容。

从历史记载的食玉故事来看，魏晋南北朝时期至唐代，王公贵族、文人仕官、平民百姓，或多或少参与了食玉的实践及其文化传统的构建。据《魏书》卷三十三记载，太守李预羡慕古人的服玉方法，就去蓝田采访，亲自去挖掘寻找，最后找到100多枚环璧玉器。于是他把其中的70枚碾成粉末，每天都坚持服用。大约一年之后，他说有了效果。尽管后来他病得很重，但仍然笃信这不是药物的过错，而把原因归结为自己“酒色不绝”，以此示理：若不严格遵守食玉的禁忌，会导致死亡。

> 李预，字元恺，每美古人餐玉之法，乃采访蓝田，躬往攻掘。得若环璧杂器形者大小百余，稍得粗黑者，亦箧盛以还，而至家观之，皆光润可玩。预乃椎七十枚为屑，日服食之……预服经年，云有效验，而世事寝食不禁节，又加之好酒损志，及疾笃，谓妻子曰：“服玉屏居山林，排弃嗜欲，或当大有神力，而吾酒色不绝，自致于死，非药过也。然吾尸必当有异，勿便速殡，令后人知餐服之妙。”时七月中旬，长安毒热，预停尸四宿，而体色不变。（引自《魏书》卷三十三《列传·第二十一·李预传》）

被称为“诗圣”的杜甫在《去矣行》中表达自己厌恶官场而渴望归隐山田时，似乎引用的也是这则食玉典故：“未试囊中餐玉法，明朝且入蓝田山。”

《抱朴子·内篇·仙药》记载了名叫吴延稚的人食玉的故事，他不明食玉的禁忌而想将找到的各种玉器，像圭、璋、环、璧以及剑上的饰玉之类，加工后服食[1]。

由此推想，在那个追求食玉长生的时代，因不明禁忌和制作方法，或许令很多富含手工艺术价值的玉器——曾参与儒家伦理文化构建的玉器——惨遭炼丹制药的厄运。大量的玉器实物或许被迫参与了那个时代社会价值的重构——道教信仰，那些前时代认为有意义的图案装饰、与宗法伦理紧密关联的礼器瑞玉，其造物的前时代价值被瓦解和否定。

一些关于食玉之风的研究，普遍的观点是：这种风气流行于魏晋南北朝时期，主要原因是其承续的神仙思想传统、乱世动荡的历史局面以及追求解脱和自由的思潮。其实，在魏晋南北朝之前，关于天神、神仙的思想有着深远的文化传统：发源于昆仑山[2]神话的不死国、不死民、不死山、不死树、不死药等“不死”概念，以及发源于东方滨海一带的上下于天、龙马飞升、羽民国等“飞升”幻想与蓬莱仙岛神话的两相融合，产生了中国较早的关于西王母、黄帝和

---

[1]《抱朴子·内篇·仙药》：“有吴延稚者，志欲服玉，得玉经方不具，了不知其节度禁忌，乃招合得圭璋环璧，及校剑所用甚多，欲饵治服之。”

[2] 对昆仑山的地理位置有几种说法：一是《山海经》所记载的居天地之中（古三代时）；二是今甘肃、青海两省间的祁连山（西汉时）；三是新疆和青藏高原交界处的昆仑山脉（唐代以后）。参见何新著：《诸神的世界》，北京：现代出版社，2019年。

蓬莱仙岛的神仙思想。战国时期，在神仙思想走向实践化的过程中，由原初社会巫觋阶层发展演变而成的神仙方士集团，他们集神仙思想传播者、求神活动主持者和神仙故事编撰者等身份于一身，兴起了大规模的求仙活动，使神仙思想得到广泛的传播。这种神仙思想也是之后食玉之风兴盛的社会思想基础[1]。

玉膏、玉荣、玉英、玉屑等不同性态的玉石可供食用，其宗源也是《山海经》。据《山海经·西山经》的描述："丹水出焉，西流注于稷泽，其中多白玉，是有玉膏，其源沸沸汤汤，黄帝是食是飨"；"黄帝乃取峚山之玉荣而投钟山之阳；瑾瑜之玉为良，坚粟精密，浊泽而有光；五色发作，以和柔刚，天地鬼神，是食是飨"。战国时期，屈原的《楚辞·九章·涉江》中所言"登昆仑兮食玉英，与天地兮同寿，与日月兮齐光"，亦可表明其受《山海经》"玉出昆仑""食玉"的影响。

疑是刘向所著的《列仙传》记载了上古至西汉时期的神仙传说故事，在说到神农的雨师赤松子时，亦有模仿《山海经》的说法："服水玉以教神农""能入火自烧""随风雨上下"。这些活人吃玉、求仙的故事里不乏身份尊贵的帝王，不仅有秦始皇派徐福往蓬莱求仙，亦有汉武帝派方士入海求蓬莱安期生之属而事化丹砂诸药齐为黄金，且"于未央宫以铜作承露盘，仙人掌擎玉杯，以取云表之露，拟和玉屑，服以求仙"[2]。

据口传整理成书于东汉的《神农本草经·上经》记载了46种矿物药，其中之一的"玉泉"属于"味甘平"的矿物，能"主五藏百病，柔筋强骨，安魂魄，长肌肉，益气，久服耐[3]寒暑，不饥渴，不老神仙。人临死服五斤，死三年色不变。一名玉朼[4]，生山谷"[5]。

南北朝时期陶弘景的《本草集注》、明代李时珍的《本草纲目》亦曾记载了有关玉石药物的属性和用法。《本草纲目》"金石之二"共收录了14种玉石类药物，在医疗保健方面具有一定功效。例如，将玉石加工成玉屑可以"除胃中热，喘息，烦满，止渴"，宜与金、银、麦门冬等一同煎服发挥更好的作用，且要先将玉捣成米粒状，然后加工成玉屑如麻豆服用，久服可以"轻身延年、

[1] 吕建昌：《论历史上的食玉之风》。

[2] 出自《汉武故事》，载《汉魏六朝笔记小说大观》，上海：上海古籍出版社，1999年：第172页。

[3]《太平御览》引"耐"字多作"能"，古通。

[4]《太平御览》引作"玉浓"。《初学记》引云："玉桃，服之长生不死。"《太平御览》又引云："玉桃，服之长生不死，若不得早服之，临死日服之，其尸毕天地不朽。则'朼'疑当作'桃'。"

[5] 吴普曰：玉泉，一名玉屑，神农岐伯雷公，甘；李氏，平。畏冬华，恶青竹（《御览》），白玉朼如白头公（同上，事类赋引云，白玉体如白首翁）。案周礼玉府：王斋，则供食玉。郑云：玉是阳精之纯者，食之以御水气。郑司农云：王斋，当食玉屑。

润心肺、助声喉、滋毛发、滋养五脏、止烦躁”。此外，在治疗小儿惊啼时可使用“白玉二钱半、寒水石半两，为末，水调涂心下”，治疗面身瘢痕时可用“真玉日日磨之，久则自灭”。今天，经过现代科学检测，中药和藏药中的玉石作为天然矿物确含有硅、锰、镁、铁、锌、铜、硒、铬、钴等对人体有益的微量元素，能实现一定的治疗效果。

道教炼丹常用“八石”，即八种矿物质，分别是丹砂、雄黄、雌黄、空青、硫磺、云母、戎盐、硝石。《绮里丹法》中所说的“五石玉尘”，即丹砂、雄黄、白礜[1]、曾青、磁石五种炼丹矿物原材料的粉末。通常“五石”可呈现粉尘、液态等性态，《抱朴子》中所指的“五石液”就是由五石调配而成的液体：

> 又《绮里丹法》，先飞取五石玉尘，合以丹砂汞，内大铜器中煮之，百日，五色，服之不死。以铅百斤，以药百刀圭，合火之成白银，以雄黄水和而火之，百日成黄金，金或太刚者，以猪膏煮之，或太柔者，以白梅煮之。（引自《抱朴子·金丹卷四》）

对于玉石作为仙药篇幅较长的文本记载，主要出现在《抱朴子·仙药卷十一》中。葛洪观史而得出结论：

> 神农四经[2]曰：上药令人身安命延，升为天神，遨游上下，使役万灵，体生毛羽，行厨立至。又曰：五芝及饵丹砂、玉札、曾青、雄黄、雌黄、云母、太乙禹馀粮，各可单服之，皆令人飞行长生。（引自《抱朴子·仙药卷十一》）

不过，《抱朴子》中明确了玉石仙药里首推的上者并非玉，而是丹砂：

> 仙药之上者丹砂，次则黄金，次则白银，次则诸芝，次则五玉，次则云母，次则明珠，次则雄黄，次则太乙禹馀粮，次则石中黄子，次则石桂，次则石英，次则石脑，次则石硫黄，次则石饴，次则曾青，次则松柏脂、茯苓、地黄、麦门冬、木巨胜、重楼、黄连、石韦、楮实、象柴，一名托卢是也。或云仙人杖，或云西王母杖，或名天精，或名却老，或名地骨，或名苟杞也。天门冬，或名地门冬，或名莚门冬，或名颠棘，或名淫羊食，或名管松，其生高地，根短而味甜，气香者善。（引自《《抱朴子·仙药卷十一》）

---

[1] 礜 [yù] 是一种含砷的有毒矿物。

[2] 神农氏四部经书或许与藏医药文化的四部医典有特殊的联系，如是服用丹砂、云母就与藏药很相似。

其中，属玉的“五玉”排在了“第五重要”，当中著名的有于阗白玉、南阳玉、日南玉。排在第十至第十三位的“石中黄子”“石桂”“石英”“石脑”等也都属于矿物类仙药。排在第十五位的“石饴”是用玉石炼成的一种长寿药物，即葛洪所说的“玉可以乌米酒及地榆酒化之为水，亦可以葱浆消之为饴”。

石、玉有别，这是道教医药里多次强调的。作为“诸芝”中的“石芝”反而排在“五玉”之前：

石芝者，石象芝生于海隅名山，及岛屿之涯有积石者，其状如肉象有头尾四足者，良似生物也，附于大石，喜在高岫险峻之地，或却著仰缀也。赤者如珊瑚，白者如截肪，黑者如泽漆，青者如翠羽，黄者如紫金，而皆光明洞彻如坚冰也。晦夜去之三百步，便望见其光矣。大者十余斤，小者三四斤，非久斋至精，及佩老子入山灵宝五符，亦不能得见此辈也。凡见诸芝，且先以开山却害符置其上，则不得复隐蔽化去矣。徐徐择王相之日，设醮祭以酒脯，祈而取之，皆从日下禹步闭气而往也。又若得石象芝，捣之三万六千杵，服方寸匕，日三，尽一斤，则得千岁；十斤，则万岁。亦可分人服也。又玉脂芝，生于有玉之山，常居悬危之处，玉膏流出，万年已上，则凝而成芝，有似鸟兽之形，色无常彩，率多似山玄水苍玉也。亦鲜明如水精，得而末之，以无心草汁和之，须臾成水，服一升，得一千岁也。（引自《抱朴子·仙药卷十一》）

排在第六位的云母，主要有五种：

又，云母有五种，而人多不能分别也，法当举以向日，看其色，详占视之，乃可知耳。正尔于阴地视之，不见其杂色也。五色并具而多青者名云英，宜以春服之。五色并具而多赤者名云珠，宜以夏服之。五色并具而多白者名云液，宜以秋服之。五色并具而多黑者名云母，宜以冬服之。但有青黄二色者名云沙，宜以季夏服之。晶晶纯白名磷石，可以四时长服之也。服五云之法，或以桂葱水玉化之以为水，或以露于铁器中，以玄水熬之为水，或以硝石合于筒中埋之为水，或以蜜搜为酪，或以秋露渍之百日，韦囊挻以为粉，或以无巅草樗血合饵之，服之一年，则百病除，三年久服，老公反成童子，五年不阙，可役使鬼神，入火不烧，入水不濡，践棘而不伤肤，与仙人相见。（引自《抱朴子·仙药卷十一》）

玉材虽然是仙药，但是那些做成玉器的玉是不推荐服食的，正如葛洪特别强调的：

玉亦仙药，但难得耳。玉经曰："服金者寿如金，服玉者寿如玉也。"又曰："服玄真者，其命不极。""玄真"者，玉之别名也。令人身飞轻举，不但地仙而已。然其道迟成，服一二百斤，乃可知耳。玉可以乌米酒及地榆酒化之为水，亦可以葱浆消之为台，亦可饵以为丸，亦可烧以为粉，服之一年已上，入水不霑，入火不灼，刃之不伤，百毒不犯也。不可用已成之器，伤人无益，当得璞玉，乃可用也，得于阗国白玉尤善。其次有南阳徐善亭部界中玉及日南卢容水中玉亦佳。赤松子以玄虫血渍玉为水而服之，故能乘烟上下也。玉屑服之与水饵之，俱令人不死。所以为不及金者，令人数数发热，似寒食散状也。若服玉屑者，宜十日辄一服雄黄、丹砂各一刀圭，散发洗沐寒水，迎风而行，则不发热也。董君异尝以玉醴与盲人服之，目旬日而愈。有吴延稚者，志欲服玉，得玉经方不具，了不知其节度禁忌，乃招合得圭、璋、环、璧，及校剑所用甚多，欲饵治服之，后余为说此不中用，乃叹息曰：事不可不精，不但无益，乃几作祸也。（引自《抱朴子·仙药卷十一》）

《抱朴子》中提及的仙药，像紫石英、磁石等，也是藏医药中常用到的矿物药材，只是名称、配制和用法存有一些差异。道医所讲的紫石英可以帮助抵御寒冷：

或以立冬之日，服六丙六丁之符，或闭口行五火之炁千二百遍，则十二月中不寒也。或服太阳酒，或服紫石英、朱漆散，或服雄丸一，后服雌丸二，亦可堪一日一夕不寒也。雌丸用雌黄、曾青、矾石、磁石也；雄丸用雄黄、丹砂、石胆也。然此无益于延年之事也。（引自《抱朴子·杂应卷十五》）

同是石英类矿物，但是据"辟山川庙堂百鬼之法"的描说，白石英可使人明目而看到鬼身：

道士常带天水符、及上皇竹使符、老子左契、及守真一思三部将军者，鬼不敢近人也。其次则论百鬼录，知天下鬼之名字，及白泽图九鼎记，则众鬼自却。其次服鹑子赤石丸、及曾青夜光散、及葱实乌眼丸、及吞白石英祇母散，皆令人见鬼，即鬼畏之矣。（引自《抱朴子·登涉卷十七》）

仙药中的玉石一定要加工成不同性状，再与其他物质混合调制，才能发挥药效。大自然中天然的玉石是固态的，而药丸是泥状的，玉醴则是液态的：

又有《立成丹》，亦有九首，似九鼎而不及也……或有五色琅玕，取理而服之，亦令人长生……朱草状似小枣，栽长三四尺，枝叶皆赤，茎如珊瑚，喜生名山岩石之下，刻之汁流如血，以玉及八石、金银投其中，立便可丸如泥，久则成水，以金投之，名为"金浆"，以玉投之，名为"玉醴"，服之皆长生。（引自《抱朴子·金丹卷四》）

玉石矿物除了初加工成粉状玉屑，通常可以溶在水中，以玉改善水质或发生物理化学反应而生成有效用的物质元素。葛洪认为，炼制九转神丹、熔炼黄金玉石，就能够使整个天下的人都免于死亡，这种恩德就是"宏恩"。然而，要实现它，就必须"水金玉"，就是要采用把金玉熔化为液体而服食的方法：

世之谓一言之善，贵于千金然，盖亦军国之得失，行己之臧否耳。至于告人以长生之诀，授之以不死之方，非特若彼常人之善言也，则奚徒千金而已乎？设使有困病垂死，而有能救之得愈者，莫不谓之为宏恩重施矣。今若按仙经，飞九丹，水金玉……（引自《抱朴子·释滞卷八》）

这或许是因为液态的玉水更能帮助吸收代谢吧。比如《抱朴子》中提到有关服"云母水"[1]而去身体内疾虫的方式：

淳漆不沾者，服之令人通神长生，饵之法，或以大无肠公子，或云"大蟹"，十枚投其中，或以云母水，或以玉水合服之，九虫悉下，恶血从鼻去，一年六甲行厨至也。（引自《抱朴子·仙药卷十一》）

另外，在《抱朴子·金丹卷四》描述的《康风子丹法》《刘元丹法》《尹子丹法》中均涉及"云母水"，通过将各种特殊材料制成的丹药"漆之"再放入云母水，或"和以云母水"再"内管中漆之"，或"以云母水和丹"，制成后服用而得到寿百岁或寿千岁之久：

又《康风子丹法》，用羊乌鹤卵雀血，合少室天雄汁，和丹内鹄卵中漆之，内云母水中，百日化为赤水，服一合，辄益寿百岁，服一升千岁也。（引自《抱朴子·金丹卷四》）

又《刘元丹法》，以丹砂内玄水液中，百日紫色，握之不污手，又和以云母水，内管中漆之，投井中，百日化为赤水，服一合，得百岁，久服长生也。（引自《抱朴子·金丹卷四》）

[1] 在藏药中，云母有去毒愈疮的作用，可参见表 3–2。

又《尹子丹法》，以云母水和丹密封，致金华池中，一年出，服一刀圭，尽一斤，得五百岁。（引自《抱朴子·金丹卷四》）

玉石不仅能作为药物，而且用它制成的器皿和工具来加工药材有时也发挥着一定的医疗作用。根据 1970 年在陕西西安南郊何家村唐那王府遗址出土的大批唐代贵重药材、医药器具等医药文物可以发现，唐代医药学和炼丹术涉及的宝玉石矿物比较丰富，还有玉石做成的工具“玉杵”“玉槌”“玉锤”和器皿。出土的药物有丹砂 7081 克、钟乳石 2231 克、紫石英 2177 克、白石英 505 克、琥珀 10 块等，由金、银和玛瑙做成的医药器具有 40 多件，包括可能原为一套用具的带有研磨痕迹的 1 只玛瑙臼研药器（高 4.2 厘米 × 长 18.5 厘米 × 宽 6.6 厘米）和 1 件玉杵（长 11.5 厘米 × 宽 7.3 厘米）[1]。

被誉为“药王”的唐代药物学家、道医孙思邈，其《千金要方》及《千金翼方》（后合称《千金方》）中多处提及以“玉槌”“玉锤”研磨药物的方法和注意事项：“凡钟乳等诸石，以玉槌水研三日三夜，漂炼务令极细”[2]、“秤、斗、升、合、铁臼、木臼、绢罗、纱罗、马尾罗、刀、钻、玉槌、瓷钵、大小铜铫、铛、釜、铜铁匙等”[3]、“取所炼乳于瓷器中，用玉锤捣令碎，著水研之”[4]、“先以生绢袋盛，以七分米饭下甑中蒸四五遍，然后捣细，以密绢筛之，以玉锤研令细”[5]、“坚石或玉石为乳锤以乳二物”[6]、“以玉锤研，绢筛，以乾器中盛，深藏，取洗手面，令白如玉，发无玉锤，以鹿角锤亦得”[7]。

2. 阴世之用：殓玉

根据现代文化人类学家的研究，在很多习俗中，人们相信大自然具有一种特性，能将人和动物所吃的东西或他们感官所接触的物体的素质转移给人和动物。人会通过吸收自然界生物的体质特征——灵性，而获得一部分它们的灵性以及善恶等道德和智力特征[8]。在我们想象的那个远古高科技时代之后，人们几经文化建构与叙事阐释，自然界中的玉石终究变成了如此“灵性”之物。

对于活着的人来说，玉作为药引能使人康健，进而有玉作为仙药“服金者寿如金，服玉者寿如玉”的效果，它的作用被夸张为使人长生不老。

---

[1]《从西安南郊出土的医药文物看唐代医药的发展》，《文物》，1972 年第 6 期。

[2]《千金要方》卷一《论合和第七》，参见孙思邈：《千金要方》，载《道藏》（第 26 册）：第 25—38 页。

[3]《千金要方》卷一《药藏第九》。

[4] 见《千金翼方》卷二十二《飞练研煮五石及和草药服疗第一》的“研钟乳法”。

[5] 见《飞练研煮五石及和草药服疗第二》的“对服白石英方”。

[6]《丹房须知》。

[7]《外台秘要》卷三十二所引《近效方·则天大圣皇后炼益母草留颜方》的制作方法。

[8]［英］詹·乔·弗雷泽著，徐育新译：《金枝》，北京：大众文艺出版社，1998 年：第 705 页。

相比之下，对于肉身已亡之人来说，九窍殓玉的方法可使其不朽，亦可理解为身体之不朽和灵魂之不朽。《抱朴子·内篇·对俗》有“金玉在九窍，则死者为之不朽”的说法。从出土的汉代墓葬文物可见，玉殓物确有九窍装设（图3–1），包括玉覆面（一对眼盖）、玉鼻塞（一对）、玉耳塞（一对）、玉蝉琀（一个）、玉肛塞、玉阴塞。此外，标识身份等级的玉衣、玉匣、玉饰棺椁（图3–2），以及一些贴身的玉饰物、玉握，还有作为护佑灵魂的玉羽人、玉辟邪（图3–3）以及被称为“双印”的具有符咒压胜功用的玉刚卯、严卯等，

图3–1　故宫博物院藏汉代白玉九窍塞[1]

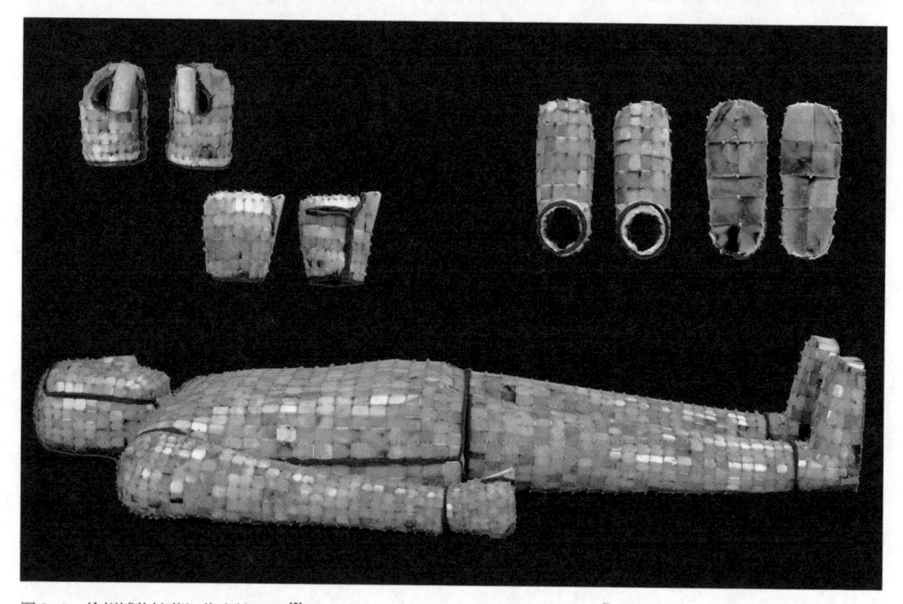

图3–2　徐州博物馆藏汉代金缕玉衣[2]

[1] 文物编号：故00093723。

[2] 徐州博物馆藏，徐州狮子山西汉楚王墓出土。

均为阴世的用玉。《汉书·王莽传》“正月刚卯”颜师古注引服虔曰：“刚卯，以正月卯日作佩之，长三寸，广一寸，四方，或用玉，或用金，或用桃，著革带佩之。”晋灼曰：“刚卯长一寸，广五分，四方。当中央从穿作孔，以采丝葺其底，如冠缨头蕤。刻其上面，作两行书，文曰：‘正月刚卯既央，灵殳四方，赤青白黄，四色是当；帝令祝融，以教夔龙，庶疫刚瘅，莫我敢当。’”这与安徽亳州凤凰台1号汉墓出土的一对白玉刚卯、严卯上的文字内容相符（图3-4）。其中，严卯四面共32个字：“疾日严卯，帝令夔化，慎尔国

图3-3　东汉玉辟邪[1]

图3-4　亳州博物馆藏东汉玉刚卯[2]

[1] 中国玉器全集编辑委员会：《中国玉器全集4秦·汉—南北朝》，石家庄：河北美术出版社，1993年：图264。
[2] 同上，图274。

伏，伏兹灵殳，既正既直，既觚既方，庶疫刚瘅，莫我敢当。”刚卯四面共有34个字：“正月刚卯既央，灵殳四方，赤青白黄，四色是当，帝命祝融，以教夔龙，庶蠖刚瘅，莫我敢当。”其意为刚卯正月卯日在制成的玉刚卯上实施除邪疾祛灾害的法术，由法师在刚卯四面刻上祈佑的殳书[1]符咒，四面分别与赤青白黄四色对应布置，“炎帝命祝融以四神降”[2]，双印化身为“两龙”[3]，得到夔龙的神力相助，各种灾难病害由我（刚卯）抵御化解。

中国新石器时代就已出现“敛玉”[4]；西周中期至西汉前期，形成了具有五官形状的敛葬用玉——玉面罩（图3-5a、图3-5b）。有学者认为这种特殊的殓葬用玉与西汉早期的玉衣有着相似的关联，直至曹魏黄初三年，以玉衣为殓葬的方式基本上结束[5]。

图3-5a 徐州后楼山5号墓出土的西汉玉面罩

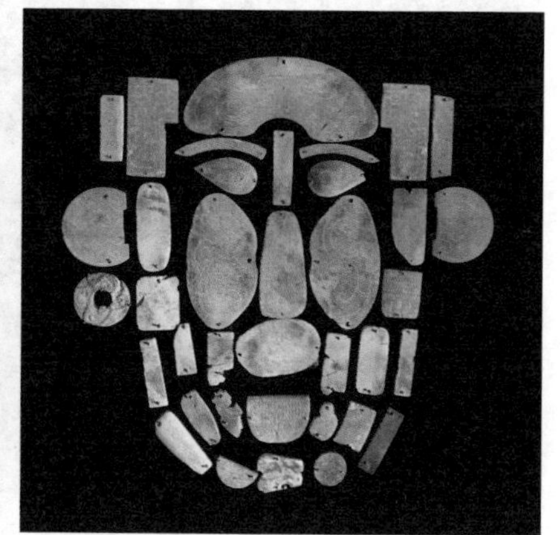

图3-5b 铁刹山11号汉墓出土的玉面罩[6]

1969年至1977年，河南安阳殷墟区殷商墓葬的考古发掘中出土了早期丧葬的眼盖、口琀和握玉，它们已具有玉面罩的雏形。考古证据表明，玉面罩在历史进程中不同地域的使用切实地反映了人们对饰身、护身文化的重视。依照等级，这种关乎身体的玉殓葬形式也只有皇室贵族级别能够享有，比如陕西张

[1] 秦代的一种书体，殳为兵器，故这种书体原为兵器上的铭文书体。

[2]《楚帛书》中有“炎帝命祝融以四神降”的说法。

[3]《山海经·海外南经》有“南方祝融，兽身人面，乘两龙”的描述。

[4]《释名·释丧制》中有“衣尸棺曰敛”，殷志强认为“敛”通“殓”，“殓”本作“敛”，形声字，从歹，表示与死亡有关。本义装殓，给尸体穿衣下棺。所以“殓玉”是指那些专门为保存尸体而加工制造的随葬玉器。参见殷志强：《关于西汉殓玉的几个问题》，载杨伯达主编《中国玉文化玉学论丛》（续编），北京：紫禁城出版社，2004年：第185—194页。

[5] 李仁俞、王恺：《徐州西汉墓出土玉面罩》，载杨伯达主编《中国玉文化玉学论丛》（续编），北京：紫禁城出版社，2004年：第195—208页。

[6] 玉面罩仅是葬玉组合之一，同时出土的还有玉璧、玉枕、玉鼻塞、玉含蝉、玉握和足玉等11件。

家坡西周中期墓葬、河南西周晚期虢国墓、山西春秋时期晋侯邦父墓、河南洛阳战国时期墓葬、山东长清西汉时期墓葬、江苏徐州西汉墓葬等。

“珠襦玉匣”[1] 与玉衣属于玉制的丧服，玉衣是由具有金、银、铜丝（镀金）的小玉片组成头罩、上身、袖子、手套、裤筒和鞋子等部分的玉罩。按照等级，它可分为金缕玉衣、银缕玉衣及铜缕玉衣。目前国内已出土玉衣 20 多套，徐州出土的汉代玉衣就有 10 余处，能辨别较为完整的缕丝和玉片的有狮子山西汉楚王墓的金缕玉衣、火山西汉刘和墓的银缕玉衣、土山东汉彭城王（王后）墓的银缕玉衣、睢宁九女墩东汉墓的铜缕玉衣、拉犁山一号东汉墓的铜缕玉衣等。学术界普遍认为玉衣是在玉面罩的基础上发展而来的，且制作更精致，所耗玉材规模也更庞大[2]。《吕氏春秋 · 节丧篇》有“国弥大，家弥富，丧弥厚，含珠鳞施”，高诱注：“鳞施，施玉匣于死者之体，如鱼鳞也。”以上说明，玉衣的形制本身经历了一个变化，从遮盖脸部五官的玉面罩、九窍塞、玉琀、玉握，一直发展到金属丝穿制的玉衣。保护身体不朽是玉衣最大的功用。与现实中的盔甲相比，盔甲用来抵御人的攻击，而玉衣是抵制鬼怪摄取灵魂的盔甲[3]，也是敬食那些神魔鬼怪以令祂们吃玉而不吃人身的办法[4]。

与紧贴身体的玉衣不同，玉饰棺椁则是一种类似居室空间的带有镶玉璧或玉版片的棺椁。西汉时期的镶玉漆棺（图 3–6）较多见。以满城中山靖王刘胜妻窦绾墓的棺椁为例，其内壁 6 个面都镶嵌了方形或长方形的玉版片，总数多达近 200 片。棺外壁不嵌玉片，而是镶嵌玉璧，共镶玉璧 26 块；棺的前后端各嵌一块大玉璧；棺盖及左右两侧壁各嵌玉璧 8 块，分两行排列，每行 4 块。另外，还有 8 件圭形玉饰镶嵌在两侧的棺口部。玉璧、玉圭、玉版片皆素面无纹。在一些出土或传世的玉璧中，若是一面带有花纹，另一面光素无纹，这类玉璧通常是漆棺外壁或内壁的镶嵌玉饰。除此之外，可能还有用泡钉钉在棺椁上的以及用绳索或丝织物捆扎悬挂在棺侧的玉璧。[5]

从殓葬中的玉面罩、玉衣、玉饰、玉压胜物以及带玉的棺椁中不难发现，无论是敬神还是保护自己，人们对身体、生命格外地关注，他们希望长生不朽。

[1] 晋代葛洪《西京杂记》一：“汉帝送死，皆珠玉匣，匣形如铠，用连以金缕。”记叙的便是“珠襦玉匣”之丧葬礼仪。

[2] 殷志强：《关于西汉殓玉的几个问题》，载杨伯达主编《中国玉文化玉学论丛》（续编），北京：紫禁城出版社，2004 年：第 185—194 页。

[3] [英] 罗森：《中国古代的艺术与文化》，孙心菲等译，北京：北京大学出版社，2002 年：第 369 页。

[4] 臧振：《古玉功能摭辨——玉为神灵食品说》，载杨伯达主编《中国玉文化玉学论丛》（续编），北京：紫禁城出版社，2004 年：第 1—22 页。

[5] 同 [2]。

a. 镶玉漆棺外观（复原）

b. 内部玉饰（复原）

c. 内部细节

图 3–6　徐州狮子山西汉楚王墓镶玉漆棺（复原）[1]

有学者认为，之所以出土的魏晋和隋唐时期的丧葬玉器较少，很可能是受到宗教观念的影响形成了食玉之风[2]，原先那些为死者提供、在阴间享用的玉器或被加工成其他物件或直接作为食用的仙药。与汉代相比，唐代最大的墓葬中并无丰富的玉器出土，这也说明尽管世代的皇家贵族都追求生命不朽，但对身体关注的具体方式和认识是不同的。“汉代的王侯在墓室的宫殿中追求永恒的生命，而唐代的王侯则认为永恒的世界存在于其他地方。”[3] 其转变，既因客观自然原料的限制，也可能与汉唐以后道教生命观不再是社会主流价值观有关。

阴世用玉中比较特殊的是墓葬出土物偶见的玉人，尤其是玉羽人，它与所谓“羽化登仙”的观念直接相关。当然，再追溯其渊源可至《山海经》的“羽人国”和“西王母”戴胜。东汉思想家王充的《论衡・无形》中有“世人图仙之形，体生毛，臂变为翼，行于云，则年增矣，千岁不死”之说，羽人通常都有坐骑，如陕西咸阳新庄汉元帝渭陵西北遗址出土的白玉仙人骑马（图 3–7）、羽人拜螭纹玄牝佩及华盛顿沙可勒博物馆所藏的玉羽人跨辟邪等，它们与汉代时期画像石、画像砖中的羽化升仙图式统一体现了已经为民间百姓所接受的道教长生不朽之观念。亦如汉代画像石中有关羽化升仙题材的“虎车升仙”“鹿车升仙”“乘龙升仙”及“乘龟升仙”等（图 3–8），只不过这些题材会采取

[1] 目前为徐州博物馆馆藏。玉片有三角形、菱形、长方形、正方形、窄长条形、弧形等。其中大玉版厚薄不匀，分素面、带孔和带玉璧图案三种。绝大多数玉版背面都有朱书文字，内容为其尺寸和方位等。复原后镶玉漆棺实际使用玉片的总数达 2095 片，多为新疆玛纳斯河流域的碧玉。镶玉漆棺棺盖由六排大玉版成行排列。两侧面的棺盖部分由菱形和三角形玉片组成横菱形图案，四周以五孔长方形玉片镶边。棺体侧面上部以四组竖菱形玉片分割成三个平面，中间平面以五个饰玉璧的玉版组成对称图案。五个玉璧图案与东汉画像石中五星连珠的画像相似。

[2] 英国学者罗森以及国内学者尤仁德、殷志强等。

[3] [英] 罗森：《中国古代的艺术与文化》，孙心菲等译，北京：北京大学出版社，2002 年：第 230 页。

图 3-7 陕西咸阳博物馆藏白玉仙人骑马[1]

图 3-8 汉代画像石“羽化升仙”图

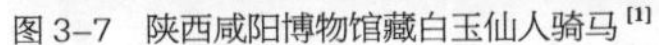

平面图像、立体浮雕、圆雕的不同叙事形式而已。

（三）“玉”字创造的圣仙圣洁世界

玉的属性，特别是所谓“通灵”的属性，被道家文化极尽阐释，而成就了一系列与圣仙世界有关的词语，其意义沿用至今。

道家将玉德理念比附到神仙圣人的身上以及他们构筑的虚幻世界之中。百姓常言的“玉皇”“玉帝”是道教最高的权力者，神灵仙道的居所都是玉石做的或如玉质般的，比如“玉清”[2]、“玉虚”“玉宇”“瑶池”“玉楼”“玉阙”“玉台”。跟随他们的神仙侍者是“玉郎”“玉女”。他们服食的是“天地之精”，因为“金、玉、珠黄者，天地之精也，服之，与天地相毕”[3]，而玉恰属“精”。不仅如此，就连动物、植物等事物，如“玉兔”“玉蟾”“玉树”“玉盘”等，也被赋予了玉之不朽的“神性”和纯洁、清净之意义。

道家的玉文化突破了尘俗儒家用玉礼制的束缚，其关注点是主体自身（肉身和精神意识）的修行以及自然而然的存在状态。

---

[1] 咸阳市周陵新庄汉元帝渭陵附近出土，图片来源于《中国陵墓雕塑全集》：图 29。

[2] 道教最高神灵三清天尊为“玉清元始天尊”“上清灵宝天尊”和“太清道德天尊”。“玉清元始天尊”居所称为“清微天玉清境”。三清境上有一重天名曰“大罗天”，其中央有“玄都玉京”。

[3] 出自道教典籍《元始上真众仙记》。

首先，是代表仙界人物的玉帝（玉皇）、玉女（神女），以及形容如玉品质的玉人。

“玉帝”一词可追溯至《山海经》中的黄帝和《楚帛书》记载的创世神伏羲。道教奉称玉帝为“无上至尊自然妙有弥罗至真玉皇上帝”，常住妙有无迹真境中，能统御诸天，统领万圣。然而，在道家经典《黄帝内经》中，对黄帝的描述深受《史记·五帝本纪》的叙事影响，称其为“生而神灵，弱而能言，幼而徇齐，长而敦敏，成而登天”之人。

“玉女”原本是指神女，后来也形容冰清玉洁之女子：

> 又《玉柱丹法》，以华池和丹，以曾青、硫黄末覆之荐之，内筒中沙中，蒸之五十日，服之百日，玉女、六甲、六丁、神女来侍之，可役使，知天下之事也。（引自《抱朴子·金丹卷四》）

《抱朴子》说真正的玉女（神女）带有黄玉痣，如果没有这颗黄玉痣，往往就是鬼怪为了试探人而假扮的：

> 又雄黄当得武都山所出者，纯而无杂，其赤如鸡冠，光明晔晔者，乃可用耳……千日则玉女来侍，可得役使，以致行厨。又玉女常以黄玉为志，大如黍米，在鼻上，是真玉女也，无此志者，鬼试人耳。（引自《抱朴子·仙药卷十一》）

“玉女”都有仙术，《抱朴子》里记载有《玉女隐微》一书，这本道书讲的是玉女如何让自己变形为飞禽走兽或金木玉石，以及怎样炼成飞行、放出万丈光芒的方术：

> 有《玉女隐微》一卷，亦化形为飞禽走兽，及金木玉石，兴云致雨方百里，雪亦如之，渡大水不用舟梁，分形为千人，因风高飞，出入无间，能吐气七色，坐见八极，及地下之物，放光万丈，冥室自明，亦大术也。（引自《抱朴子·遐览卷十九》）

当然，有时候金玉本身也具有灵性，亦有变形的能力。比如《抱朴子》说山里的鬼怪经常会出来迷惑人，在亥日里出现自称“妇人”的，就是黄金白玉变成的鬼怪：

> 山中鬼常迷惑使失道径者……亥日称神君者，猪也。称妇人者，金玉也。（引自《抱朴子·登涉卷十七》）

现实生活中，“玉人”常用来形容外貌气质清秀、美丽、高洁、柔和、温润、飘逸、有光彩之人，有时也会以象征完美的“璧”字来赞人之品貌。南朝时期的《世说新语·容止·第十四》中有许多被视为“玉人”的列举：“裴令公有俊容仪，脱冠冕，粗服乱头皆好，时人以为‘玉人’。见者曰：‘见裴叔则，如玉山上行，光映照人。’”就是讲容貌俊美的中书令裴楷被当时的百姓视为“玉人”的故事。另外，还有“潘安仁、夏侯湛并有美容，喜同行，时人谓之连璧”，即相貌甚好的潘安仁和夏侯湛同行时被人称有“连璧”之美。“骠骑王武子是卫玠之舅，俊爽有风姿，见玠，辄叹曰：‘珠玉在侧，觉我形秽。’”讲的是骠骑将军王武子是卫玠的舅舅，他容貌俊秀、精神清爽，极有风度，但是他的外甥卫玠比他的风采更加秀异，当时的百姓也称卫玠是“玉人”，王武子每次见到卫玠总是赞叹说：“珠玉在身边，就觉得我自己的形象丑陋了。”

其次，是代表仙界造物的玉天、琼楼玉宇、玉虚、玉台、玉阙、玉柱、玉泉、瑶池、玉醴、玉浆、玉壶等。

《穆天子传》中描述了疑似玉帝所居住的“黄帝宫”：“天子升于昆仑，观黄帝之宫，而封丰隆之葬。丰隆，雷公也。黄帝宫，即阿耨达宫也。”还描述了“周穆王行三万五千里西巡昆仑山，会西王母于瑶池，赠丝帛载玉万只而归”。或正因如此，遥远的西王母“瑶池”顺理成章地成为后来道教和文学惯用形容极乐极美之仙境的文辞。

北朝时期的地理学家郦道元在其《水经注》中引经据典，多次提到昆仑山上的玉境世界，其中有玉槛、玉树、琅玕和疑为玉泉的神泉水：

> 今案《山海经》曰：昆仑墟在西北，帝之下都，昆仑之墟，方八百里，高万仞，上有木禾，面有九井，以玉为槛，面有九门，门有开明兽守之，百神之所在。郭璞曰：此自别有小昆仑也。又案《淮南》之书，昆仑之上，有木禾、珠树、玉树、玻树，不死树在其西，沙棠、琅玕在其东，绛树在其南，碧树、瑶树在其北。旁有四百四十门，门间四里，里间九纯，纯丈五尺。旁有九井，玉横维其西北隅，北门开，以纳不周之风，倾宫、旋室、县圃、凉风、樊桐，在昆仑阊阖之中，是其疏圃，疏圃之池，浸之黄水，黄水三周复其源，是谓丹水，饮之不死。河水出其东北陬，赤水出其东南陬，洋水出其西北陬，凡此四水，帝之神泉，以和百药，以润万物。（引自《水经注·卷一》）

郭味蕖在《镜文考释》中对汉代的“尚方仙人镜”做了铭文的考证，其中也有“玉泉”之说。该镜素鼻，山纹重边，中轮八乳，间以朱雀玄武之饰。近鼻矩形，中十二丁十二辰。镜子内轮有“子丑寅卯辰巳午未申酉戌亥”字样，外轮铭文有25个字：“尚方作镜真大好，上有仙人不知老，渴饮玉泉饥食枣，浮由天下。”[1]

玉醴、玉浆本义是液体状的玉石药物，后来，在一些文学作品中专门用来形容仙界的美酒等世间所没有的美味饮料。

《抱朴子》中，葛洪曾提到“立成丹”里有一种叫做“玉醴”的长生不老药液。其做法是将玉石和八种石药、金银投放于朱草的汁液中，可以制成泥一样的药丸，时间长了就会变成水状，投入金调和叫“金浆”，投入玉石调和就叫“玉醴”，服食后能够长生不老。古人诗词文学作品中也常见“玉浆”，比如曹操在《气出倡》中写道，“仙人玉女，下来遨游，骖驾六龙饮玉浆”，李白在《西岳云台歌送丹丘子》中写道，“玉浆傥惠故人饮，骑二茅龙上天飞”，都属于反映道教脉系文化的诗句。

关于玉境仙界的玉物描述，如《抱朴子》里从昆仑山回来的蔡诞讲述他所见的昆仑山物产和样貌的故事，他用珠玉、琅玕、碧瑰、玉李、玉瓜、玉桃、玉井水以及珠玉叩击产生的音色形容道境美妙。还有河东蒲阪的项曼都，曾带着一个孩子进山修仙道，回来后描述他所见天上的紫府里有黄金床榻和白玉几案：

> 初诞还云，从昆仑来，诸亲故竞共问之，昆仑何似？答云：天不问其高几里，要于仰视之，去天不过十数丈也。上有木禾，高四丈九尺，其穗盈车，有珠玉树、沙棠、琅玕、碧瑰之树，玉李、玉瓜、玉桃，其实形如世间桃李，但为光明洞彻而坚，须以玉井水洗之，便软而可食。每风起，珠玉之树，枝条花叶，互相扣击，自成五音，清哀动心。……又河东蒲阪有项都者，与一子入山学仙，十年而归家，家人问其故。都曰：……及到天上，先过紫府，金床玉几，晃晃昱昱，真贵处也。（引自《抱朴子·祛惑卷二十》）

无独有偶，在佛教描绘佛陀净土时也会使用这样极美的与宝玉石有关的辞藻（将在后面的内容中讨论）。

类似的仙界造物还有作为“天子宝器”的“玉果”“璇珠”，比如《水经注·河水》里记述《穆天子传》曰：“天子西征，至阳纡之山，河伯冯夷之所

[1] 郭味蕖：《镜文考释》，1948年。

都居，是惟河宗氏，天子乃沉圭璧礼焉，河伯乃与天子披图视典，以观天子之宝器：玉果、璇珠、烛银、金膏等物，皆《河图》所载。”“玉果”和“璇珠”应属仙界造物之宝。

再次，是代表经书神迹的玉经、玉符、玉札、玉帛、玉函、玉策等。《抱朴子》中带“玉”的名词甚多，而“玉”也常作形容词属，比如玉帛、玉经、金玉宝书、玉函金札、玉神符、玉字就是比较特殊的事物。

历代一些帝王虽信奉鬼神且祭祀也能用丰厚的玉帛，但是活不长久的原因主要是在于他们自身，因为只有高尚的品德、珍惜调养自己的身体才能长寿：

> 汉之广陵，敬奉李须，倾竭府库而不能救叛逆之诛也。孝武尤信鬼神，咸秩无文，而不能免五柞之殂。孙主贵待华乡，封以王爵，而不能延命尽之期。非牺牲之不博硕，非玉帛之不丰醲，信之非不款，敬之非不重，有丘山之损，无毫厘之益，岂非失之于近，而营之于远乎？（引自《抱朴子·道意卷九》）

“金玉宝书”是指在金玉上用古文字书写的宝书，其中秘藏着“开山符”等各种灵符的式样和写法：

> 此是仙人陈安世所授入山辟虎狼符，以丹书绢二符，各异之。常带著所住之处，各四枚。移涉当拔收之以去，大神秘也。开山符以千岁櫐名山之门，开宝书古文金玉，皆见秘之。右一法如此，大同小异。（引自《抱朴子·登涉卷十七》）

“金简玉字”是说禹井边上出现黄金做成的简册，其上有玉石刻成的文字，大禹治洪水便是得此提示，以知山河体势来疏导百川。与此相似的情况便是《正机》《平衡》之类的书籍皆从纹石中剖出。这些奇异的事情数以千计，但是正统“五经”都没有记载，周公、孔子也没有谈论过，这并不代表此事真的没有发生过：

> 复问俗人曰：“……火浣之布，切玉之刀[1]，炎昧吐烈，磨泥漉水……金简玉字，发于禹井之侧；《正机》《平衡》，割乎文石之中。凡此奇事，盖以千计，五经所不载，周孔所不说，可皆复云无是物乎？”（引自《抱朴子·释滞卷八》）

“玉函金札”的典故是说，持守大道的秘诀都刻写在黄金简上，用紫色

[1]“切玉之刀”出自《列子·汤问》，讲的是周穆王征西戎，西戎献锟铻之剑，其剑切玉如切泥。

封泥加封、盖上中章印，装在玉匣子里，然后藏在昆仑山的五城之内：

《仙经》曰："九转丹，金液经，守一诀，皆在昆仑五城之内，藏以玉函，刻以金札，封以紫泥，印以中章焉。"（引自《抱朴子·地真卷十八》）

道教经典中不仅有带"玉"字的书卷，还有与玉有关的灵符，像玉神符、玉斧符、玉历符、玉策符等：

古之人入山者，皆佩黄神越章之印……或用七星虎步，及玉神符、八威五胜符、李耳太平符、中黄华盖印文、及石流黄散，烧牛羊角，或立西岳公禁山符，皆有验也。阙此四符也。（引自《抱朴子·登涉卷十七》）

《道经》有《三皇内文天地人》三卷……《石芝图》……《玉策记》……《玉历经》……《六阴玉女经》……《真人玉胎经》……《银函玉匮记》……其次有诸符……五精符、石室符、玉策符……玉历符……玉斧符十卷，此皆大符也。（引自《抱朴子·遐览卷十九》）

最后，是具有"仙"之属性的玉英、玉膏、玉羹、玉光、玉兔、玉马、玉盘（玉轮）等。

其实，作为仙物也好、仙药也好，玉英、玉膏、玉羹、玉液之类的名词在修辞中寄寓了更多想象性的美好，并且其作为仙物的神奇效用，也被极尽地夸大。

战国时期，楚国诗人屈原的《楚辞·九章·涉江》有"登昆仑兮食玉英，与天地兮同寿，与日月兮同光"，前文已说明其来源应为《山海经》。另外，《楚辞·离骚》还有"琼靡"（玉屑）之说，"折琼枝以为羞兮，精琼靡以为枨"；《楚辞·九思·疾世》中有"吮玉液兮止渴，啮芝华兮疗饥"；《河图》有"少室之上巅，亦有白玉膏，服之即得仙道"；《史记·孝文本纪》亦有"欲出周鼎，当有玉英见"。

"玉光"本是玉的光泽，《抱朴子》里讲到任子季服食茯苓18年，神女都去跟随他，其面容、身体像白玉一样光洁：

任子季服茯苓十八年，仙人玉女往从之，能隐能彰，不复食谷，灸瘢皆灭，面体玉光。（引自《抱朴子·仙药卷十一》）

传说彭祖在一次与秦始皇会面时，秦始皇为表感谢，赏赐给彭祖黄金玉璧；而作为道仙的彭祖回馈给秦始皇一件仙物，即一双赤玉鞋作为信物，并留下书信说，再过几千年到蓬莱山找他：

秦始皇请与语，三日三夜。其言高，其旨远，博而有证，始皇异之，乃赐之金璧，可直数千万，安期受而置之于阜乡亭，以赤玉舄一双为报，留书曰，复数千载，求我于蓬莱山。（引自《抱朴子·极言卷十三》）

（四）关于玉器业师祖丘处机

中国治玉的历史远早于文字时代，但是对玉器业开物成务之“圣人”的记载却以道教长春真人丘处机为始点标记。治玉手工艺人顶礼的“白玉真人”丘处机道长是玉器行业的祖师爷，如今在北京白云观邱祖殿前光绪丙戌年（1886年）所立的《白云观长春供会碑》以及云集山房民国二十一年（1932年）所立的《玉器业公会善缘碑》，都有关于丘处机传授治玉技艺的记事（图3–9、图3–10a、图3–10b）：

邱真人长春公，生于金熙宗皇统八年正月十九日，方外人间不善异居，是以略其祖籍。据生时，异香满室，白鹤翔空，世人所称述也……真人秉质超凡，察理烛机，莫不隐中，年弱冠，即西走甘陕，至昆仑学道焉。后从重阳王祖师越陇蜀而南游汴洛，周历名山大川，探奇觅胜，遇异人，多得受禳星祈雨、点石成玉诸玄术，理会奥妙，法密邃深，然居恒不轻示人，人亦以常师遇之……无何，朝廷倚重，仍复召还。慨念幽州地瘠民困，乃以点石成玉之法，教市人习治玉之术。由是，燕石变为瑾瑜，粗涩发为光润，雕琢既有良法，攻采不患无材，而深山大泽、环宝纷呈，燕市之中，玉业乃首屈一指。食其道者，奚止万家。自真人大道既成，即在本观羽化……迨后玉行商众集议，组成公会，初名玉行商会，民国二十年（1931年）改称玉器业同业公会焉。自清乾隆五十四年（1789年），玉行首事涂君国英等，约会同人，在本观创立布施善会……兹于民国二十一年春，会首张君永祺等整顿会务，有条不紊，行见善缘益广，道法常辉，善念弥坚，香火常满，俾玉业盛举，绵绵永庥，观中规模，世世靡替，不独玉业同人之幸，亦本观道众之大幸也。本观住持方丈陈明霦、监院高信鹏会同玉器业同业公会首事张永祺等，议立丰碑，以垂久远。所述真人为燕市玉器业之祖师，并陈真人圣迹之崖略如此。乃作歌曰：西山苍苍，玉泉汤汤，玉业善缘，万古流芳。（摘自《白云观玉器业公会善缘碑》）

坊间流传且见于文本描述的丘处机与玉器之联系主要如下。

图 3-9　北京白云观邱祖殿前《白云观长春供会碑》

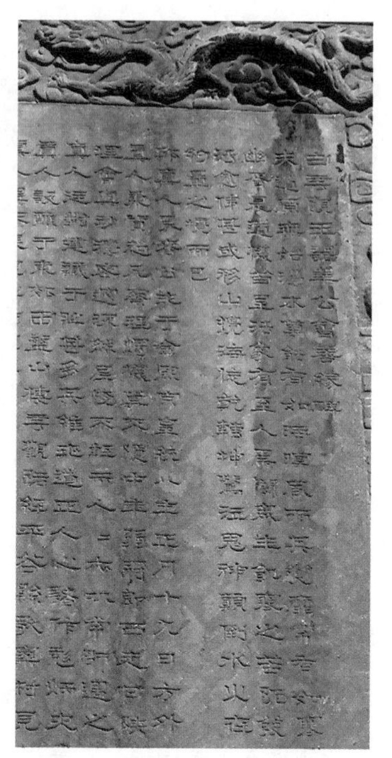

图 3-10a 《玉器业公会善缘碑》碑文（局部）

图3-10b　北京白云观《玉器业公会善缘碑》（即东1碑）

一种说法是，北方的玉器行业，是有一个祖师爷的，人们尊称他“丘祖”。这位丘祖叫丘处机，是个道士，道号“长春”，本来是山东人，小时候家道贫寒，继承父业，担个书挑儿，走乡串户，卖点儿书啊，纸墨笔砚啊，度日也很艰难。后来当了道士，四处云游，学了不少本事，特别是琢玉的手艺。

他到过河南、四川、陕西、甘肃，最远到过新疆，在出产和田玉的山里头探玉、相玉，眼光、学问、手艺，样样儿都是了不起的。他从西北又千辛万苦地来到北京，就在离这儿不远的白云观住下了……传说，元太祖成吉思汗闻长春道人的大名后招其进宫请他做玉件，他做的香瓜和玉瓶令成吉思汗赞叹不已。成吉思汗封长春道人为“白玉大士”。[1]

另一种说法对这个长春道人有点儿不敬，说是成吉思汗赐给长春道人一只玉杯，有一次御驾亲临白云观，却不见他使用这个玉杯，问他何故。长春道人却说御赐的圣物不敢使用，只能顶在头上。成吉思汗适才发现其头顶玉杯，玉杯上打了一个便于固定的眼儿，扣在髻儿上，用簪子一别，当成了道冠。成吉思汗一高兴便说：“嗅，顶天立地，你是玉业之长了！”

以上两种说法不知是真是假，自那以后，长春道人就成了北京玉器行业的祖师爷，人称“丘祖”。四处化缘的道士，只要能背下来“水凳儿”歌诀的，必是白云观出来的，玉器艺人都要好好地侍承。正月十九是丘祖的生日，他们都到白云观去拜祖师爷。九月初三是丘祖升天的日子，他们又都到琉璃厂沙土园的长春会馆去聚会，那儿供奉着丘祖的塑像。玉器行业的从业者都没去拜过丘祖，祖上的手艺到底是怎么学来的，我就说不上了，也许就是这位丘祖，也许还有别的祖师爷。[2]

还有一种说法：丘处机原名邱左，得道成仙后经常为百姓做好事。有一天，元太祖为公主办嫁妆，从全国各地招来了上百位有名的玉石工匠，把他们送进了上林院，并传旨要他们在一个月内雕磨出一万件玉器珍品，以备公主的大婚之用，若拖延误工到期不能完成，当格杀勿论。这一任务并非朝夕之事，也绝非工匠能力所及。丘处机为解救工匠，上奏皇上，说这一万件玉器由他一人制作，请皇上放回玉行的匠人，免去州县贡品，并在元太祖面前伸手捏措出一只玉麒麟，皇上便答应了其要求。之后，丘处机到民间传授玉器技艺。传说每当有人学会一件玉器的做法，宫中就会少一件玉器，这样宫中的一万件玉器陆续回到了民间。从那以后，民间玉器行业就奉丘处机为“丘祖”。北京每年农历正月十九，适逢丘祖生日的这天，玉器行业的匠人们都会来白云观供奉，也叫“燕九节”。[3]

---

[1] 引自霍达的小说《穆斯林的葬礼》。

[2] 同 [1]。

[3] 此说法引自王作楫的《中国行业祖师爷》。

为何有长达万年历史的玉文化，其行业祖师爷却与历史上生活在金朝的人物发生了密切的关联？从历史及社会文化背景来看，丘处机被治玉行业的手艺人奉为祖师爷的说法主要集中出现在金、宋、元时期，其时的玉器行业状况与顶礼祖师爷的需要可能恰相符合。

第一，宋代玉器发展走向民间，市井繁荣促使民间作坊增加，行业与行业之间的竞争、行业内的竞争都是不可避免的，而具有祖师爷的行业可以在一定意义上提升其声望和地位。

第二，宋代民玉的确有着繁盛的发展，但宋金、宋元的历史战乱在某种程度上破坏了玉器手工行业的完整性和繁荣景象。在社会文化发生急剧变迁的情况下，玉器行业顶礼祖师爷并形成一系列相关的传说，是保护行业、使行业存留的手段之一。

第三，这些关于玉器行业祖师爷的传说，成为一种历史的印记，具有历史的行业或手艺能够为众人所认可而继续存在。丘处机处于特殊的社会历史背景之下，还具有特殊的经历与身份。他成为玉器行业的历史性代表人物，不仅为这门技艺、这一行业附加了更多的历史文化价值，还提高了在经典世俗化的历史时期琢玉手艺人的社会地位。

总的来说，道教玉文化的贡献，不只是文化观念和哲学理念上的，还有文学艺术创作方面的，尤为重要的是在炼丹术和医药方面，以及具有手工业行业经济意味的治玉业的师祖道教真人的树立。其实，扩展至科学技术传播与交流的意义，中国的炼丹术曾于唐代就传至阿拉伯地区，著名的炼丹士姬巴尔（Geber，702—765 年）曾在东方探求“哲人之石” 和“不老之药”，他很可能受到过中国当时道教炼丹文化的影响。12 世纪，阿拉伯地区的炼丹术又传至欧洲，欧洲炼丹术在整个 15 世纪堪称鼎盛，随后至 18 世纪演变为近代科学的门类，并分化出化学、生物学、医学等[1]。如此推想，在“去西方中心”论或“去欧洲中心”论的话语体系下，中国道教玉文化的影响作用可以说是世界范围内的，而不仅限于中国本土。

[1] 冯家异：《炼丹术的成长及其西传》，载《中国科学技术发明和科学技术人物论集》。

二、中国儒教的“德性”玉石

（一）“以玉比德”君子说

中国古人善用玉来比附美好的事物和人物，君子比德于玉，“玉如人品，人如玉品”是同一的至高境界。

“君子无故，玉不去身，君子于玉比德焉。”[1]“比德”与中国传统文化的价值观念有着必然联系。从西周时期“惟德是辅”的理想到春秋战国时期“比德”理念的真正形成，它对后世各代的影响是在历史过程中不断丰富和发展的。作为广义的价值评判标准，“比德”反映了不同历史时期围绕人生、人性，甚至具体到人的言谈举止形成的思想与观念，是一种继承性的、实质性的中国玉文化传统。

狭义的比德，仅以春秋战国时期的“君子比德”为代表，反映出这一特殊历史时期的玉文化传统特点。在这一时期，各流派的思想家围绕善与恶、利与义、德与力、贵与贱、得民心与得天下等问题，引发了空前的学术争鸣。玉石作为比附人品德的价值要素出现在各家学派的评价主张中。尤为突出的是孔、孟、荀的儒家体系，尽管其他各家如法、墨、道对其也有评说，但多是符合自己思想主张的言论。

玉德是君子与玉之间建构价值标准的桥梁，特别是具有先赋性的君子，必然有德，这恰如天然的美玉。“天子诸侯谓之君，卿大夫谓之子，古之为此名也，所以命天下之有德。故天下之有德，通谓之君子。”[2]其实，不同历史语境下，随着社会阶级的分化，“君子”的概念也发生着变化。“君子”从西周春秋战国的“贵族君子”演变为科制产物的“君子”，君子佩玉的符号意义也从狭义的礼制化时期的“惟德”扩展为有才学、有品德甚至富贵显达等内容。汉代的“君子”一词是指善人、好人、合乎道德的人、长期遵守“善”的原则并使“德”内化为人格的人。后来，“君子”则由特殊人群转向了一般人群，即从特权式的贵族君子符号变为以文人士大夫为代表的广泛人群的普遍符号。

人的个体价值观经常是各向异性的，有些甚至会与社会价值观形成冲突。社会中不同身份群体的价值取向受其所处的阶级地位、知识系统、利益关系等

---

[1]《礼记·玉藻》。

[2]《王文公文集》卷三十四。

因素的影响。玉石的自然属性以及历史继承的社会属性，刚好为满足主体人的需要而利用，从而成为比附德行及社会教化的载体。当然，历史文化的变迁必然导致不同时期主体需要的变化。人们，尤其是社会的特权阶层，在认识自己的需要、掌控自己的需要、创造自己的需要、实现自己的需要时，可以利用玉石来满足自我与社会体系内的价值关系。比如远古时期用作耳饰的玉玦和作为佩饰的玉（环）璧，在春秋战国时期因价值构建的主体需要，而形成新的意义和价值，即君侯以玦为信，表示关系“决绝”和意见的“决断”，而玉璧又成为决裂之后求合复好的信物，亦有像“完璧归赵”一样的典故。再到后来，这种决绝与玦、和合与璧相比附的需要发展为君子独善其身的需要。君子腰际若是佩玦则表示善决断的品性，若是佩璧则表示品德的美好。由此可见，比德所反映的价值观念，或者说物态文本的叙事，本身就是动态而非静态的。在信念、信仰、价值的建构过程中，玉德的文化实践具有创造性，它甚至会消解原有的价值意义，但同时又不断地演绎出新的内涵。

受社会价值引导和教化的规训，君子被要求“以玉比德”。君子不仅可以通过佩戴各类形制的玉饰来传达自己合“礼”、合规矩的态度和修养，还通过行步时玉石发出的声响、不同玉石的色泽、场合功用方面的比附创造出合“礼”的实践意义。《礼记·玉藻》有“古之君子必佩玉。右徵角，左宫月（羽）[1]。趋以《采齐》，行以《肆夏》。周还中规，折还中规。进则揖之，退则扬之，然后锵鸣也。故君子在车则闻鸾和之声，行则鸣佩玉，是以非辟之心无自入也”的描述。这段文字传达了佩戴组玉佩的目的，即借助行走时玉佩之间相互碰撞所发出的优美声音来调整约束君子的举止，使君子不生邪念，无是非之心。

君子为比德的对象，其所比的“同质异构”的内容实质主要有十一德、九德、七德、六德、五德（后文将会展开）。众德之中严守节操、坚贞不屈、仪态风雅、人品高洁是通识的玉德。古人有以坚定之色为玉色的说法，如“立容……盛气颠实扬休，玉色”[2]；以玉比喻人的品质高洁，不仅有“宁为玉碎，不为瓦全”，还有“如冰之清，如玉之洁，法而不威，和而不亵”[3]。不难发现，比附人的品格与意志时，由玉来比德已扩及社会中的女性角色。上至地位高贵的皇后妃子，下至闺阁秀女，其姿容、举止的风雅与玉结下了不解之关联。与女子仪态、贞德比附的价值标准，有“白茅纯束，其女如玉”“亭亭玉

[1] 据孔疏改。

[2]《礼记·玉藻》。

[3]《艺文类聚》四九，曹植《光禄大夫荀侯诔》。

立”“冰清玉洁”“守身如玉”“冰肌玉骨”以及“如花似玉”等。可见，“比德”符号指涉的主体对象逐渐泛化：既可以是男性也可以是女性；既可以是人，也可以扩及人使用的物和人写作的文章作品等具体的玉文化实践活动产物。

（二）“服玉”之礼德

在礼制文化中，对于生者而言的“服玉”主要体现于与政治生活和社会生活同构的佩玉规范与实践中。西周时期的《周礼》基于宗法制度规定了命玉、享玉之数和玉器、玉瑞等用玉规范。被誉为世界文明之“轴心时代”的春秋战国，因各家多元化的价值主张与批判，成为其后两千年间乃至今天价值观念的思想源泉，此时关于玉德的论说最为丰富。汉代经历了先秦“百家争鸣”的价值体系完善，最终确立了以儒家思想为统治和指导思想的“三纲五常”[1]的价值观。“三纲五常”不仅是两汉时期与中央集权的封建专制主义和大一统的政治格局相适应的主导价值观，更是整个中国传统社会不可动摇的价值准则。纲常人伦构建着稳定的家庭乃至社会关系，它既是横向又是纵向的纽结。“五常”中的“仁、谊（义）、礼、知（智）、信”更是玉德观中最为重要的“仁”“知”“义”“勇”的演绎；“三纲”则表示了维系政治生活与社会生活纵向和横向结构关系所遵守的信诺、凭信（图 3–11）。

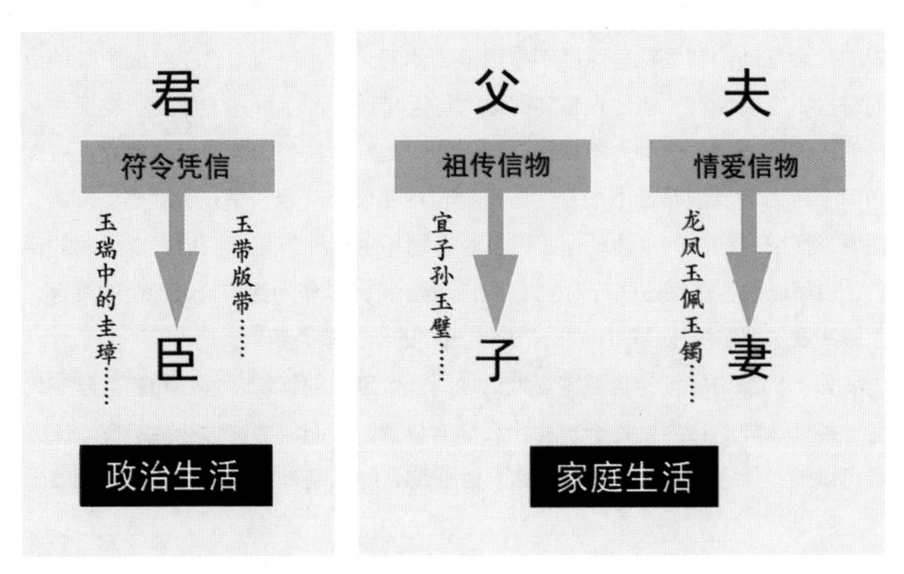

图 3–11 “三纲五常”下玉为凭信的社会政治生活中的关联

[1] 三纲，即君为臣纲、父为子纲、夫为妻纲；五常，即仁、谊（义）、礼、知（智）、信。

当然，佩玉的种类很多，除了代表身份地位的璧、璜、珩、冲牙的玉组佩（图3–12），还有可随身携带的信符玉件以及权礼之物玉具剑。作为佩饰的"宗"源主要出自西周时期宗法玉制的规定，后世各代竞相效仿，并在玉质、玉色、组绶的搭配上相区别，以示各类社会等级与身份。而且，最初的君子比德也是以佩玉制度为能指，即"君在不佩玉，左结佩，右设佩，居则设佩，朝则结佩，齐则綪结佩而爵韠；凡带必有佩玉，唯丧否；佩玉有冲牙……天子佩白玉而玄组绶，公侯佩山玄玉而朱组绶，大夫佩水苍玉而纯（缁）组绶，世子佩瑜玉而綦组绶"[1]。

图3–12　西周佩玉中璜的层级制式[2]

戈夫曼在研究社会结构的核心要素如何与互动秩序发生联系时，提出在常规的社会互动中有些符号可以明显地得到体现。这些符号包含了组成阶级地位的符号，它们能够"使他人感到得体的行为和让人产生好感的举止。在那些在场的人们的心中，这种人被视作'我们的同类'。这些印象似乎是建立在对许多单个行为的反应基础上的。这些行为包括礼仪、沉着、举止、滋事、声调、语调、措辞、细微的身体动作，以及对事物和生活细节无意识地表现出来的评价。也可以说，就是这些行为构成了社会风尚"[3]。作为建构阶级地位的符号，玉佩饰是中国传统社会秩序中一个相当重要的结构核心要素。

佩饰的身份象征，也是客观地位之间社会距离的标识，人们知道自己应具有一种什么样的行为、处于一种什么样的位置，从而保持这种社会距离。什么是可以的、什么是不可以的，什么是世俗的、什么是神圣的，这些都成为倾向

[1]《礼记·玉藻》。

[2] 中国玉器全集编辑委员会：《中国玉器全集2·商·西周》，石家庄：河北美术出版社，1993年：图296。

[3] 西蒙·威廉姆斯、吉廉·伯德洛著，朱虹译：《身体的"控制"》，载汪民安、陈永国编：《后身体——文化、权力和生命政治学》，长春：吉林人民出版社，2004年：第399—423页。

性的习性，而行为的倾向性特征强调其“身体化”形式。对于一个阶级来讲，相同的成功或失败的机会，在身体形式与认知倾向方面都是“浑然一体”的。它们通过身体的形式与风格（即姿势与步态），也通过话语表达的形式表现出来。从《诗经·有女同车》的“将翱将翔，佩玉将将”到出土的战国时期吴楚玉石杂佩，可以发现“佩玉有单排贯始终的，也有双排铿锵作声”的情况。在中国传统社会的服玉制度文化中，佩玉在材质等级上始终高于金、银、铜、铁，而且玉作为佩戴饰物具有严格的用色、配色、搭配物等使用限定。比如《唐会要·舆服下》规定：“武德四年八月十六日，敕三品以上，服大料绸绫及罗，其色紫，饰用玉。五品以上服小料绸绫及罗，其色朱，饰用金。六品以上，服丝布杂小绫，交梭及双紃，其色黄。六品七品饰银。八品九品鍮石。流外及庶人服绸絹絁布，其色通用黄白，饰用铜铁。”

服玉文化中的佩玉礼制后来仅在各朝代舆服志的记载中可见一二，而更广泛群体范围的服玉，从贴身佩玉以示德行的儒家文化发展至宋代，又衍生出了收藏玉、玩赏玉、研究玉之类等修身养德以服玉德的意义。由此，一种与身体紧密相关的循礼修德符号，发展成为生活起居等更广大社会时空场域中的德行符号，服玉也从狭义的阶级等级象征衍化为广义的教化群体的社会身份象征。

（三）“文”化“武”之玉德

“文”化“武”之玉德主要体现在两方面：一是治玉“琢磨”之伦理美德，二是以玉礼兵之玉德。

《礼记·学记》：“玉不琢，不成器。人不学，不知道。是故古之王者建国君民，教学为先。”这就是说，封建体制下的教化完成了“琢磨”的任务，根据严格的律令和伦理道德价值观的教化导向，才能“琢磨”出符合传统社会意识形态具有“玉德”的“肖子完人”。然而，封建礼制道德规范“琢磨”出来的所谓“肖子完人”也不尽是真美的。“玉不琢，不成器”所指也有正反两重性：“琢磨”以适应社会、回归社会，“不磨”以亲近自然、回归自我。这恰恰与社会价值和个人价值相呼应。

一件玉器，从粗磨到细磨，需要不断地更换各种型号的砣子。每件“活儿”形态各异，方圆不一，凸凸凹凹，操作起来不全神贯注就会手忙脚乱。工匠必须手脚并用，一丝不苟，“眼睛就像被磁石牢牢地吸住，心就像被无形的绳子吊住，以至于连呼吸都极轻、极缓、极均匀，了无声息。‘沙沙’的磨玉声掩盖了一切，融汇了一切。”[1] 这一点一点琢磨的其实是心智与体力。从本质来看，手工艺劳动让人“专注”“勤劳”“自食其力”“美丽”“尊重”“奉献”“节制”，这些都属于“美德”品质。

在艰苦的玉石加工现实环境中，治玉不大可能是一件像上面文学作品所描述的那般美好的事情。使出浑身解数加工玉石的过程，有时就像动“武”一般，但是这种工艺不是粗暴的武力，而是融合了“文”心的治术。手工艺劳动的过程，是文化实践“诸美德”的途径，它涉及的伦理范畴包括以下内容。① 人伦：能尊重传统，尤其是尊师敬祖，入门学艺先后有序，同门同行有仁信。② 生态伦理：能尊重自然和材料，适度开采和使用，因材施艺，和出于适。③ 职业伦理：遵循传承已久的手工艺行业规范，本分地各守门派，保密不外传绝技，不抢同门的活计。④ 教育伦理：缘心感物，尽心知性，美善相乐，自明诚与自诚明，尽善尽美[2]。

以“文”心治玉，经常会出现“手下留情”的情况。无论是玉品还是人品，后天琢磨、教化而成的品性固然有其善美，但玉与人都有先天本性的真美。返璞归真，是世代琢玉艺人欲求的至高境界。尤其在优质材料愈加稀少的今天，艺人惜材，尽量少雕琢或祛雕琢，使玉石保留本真的美。

若是探究以玉礼兵的历史，至少能追溯至有玉斧、玉刀等玉器的前文字时代。既然商代的金属加工工艺已经十分成熟，为何不用金属直接做祭祀刀具？玉刀作为礼器的意义是什么？虽然现代考古和文化研究大多将那些出土的玉斧、玉戈、玉钺、玉戚（图 3–13a、图 3–13b、图 3–14）等推测为祭祀礼器而非实用性兵器，但是不影响我们从中认定它所传达的价值和观念意识，即力量、威信、神圣。

其实，武器作为世代最新技术应用的领域，也象征着征服的力量；因此它就像双刃剑，作为工具，既可以带来保护，也具有危害性和攻击性。

“德”与“力”是标志道德价值和实力价值的一对范畴。就个人而言，它表现为道德品质与气力、能力的关系；就社会来说，它表现为道德教化与经济实力、强权实力、军事实力的关系。儒家孔、孟“尚德轻力”“崇德非力”，荀子既肯定“德”的必要，又强调“力”的价值。由此，刚柔相济、文武之德是当时社会对人之品德设定的价值标准。汉代有一定身份的男子佩剑，特别是文武官员须佩戴玉具剑，这被视为社会的礼仪规范。玉具剑通过用玉

[1] 引自霍达的《穆斯林的葬礼》。

[2] 朱怡芳：《文化密码：中国玉文化传统研究》，北京：九州出版社，2020 年。

图 3-13a 良渚文化玉钺[1]

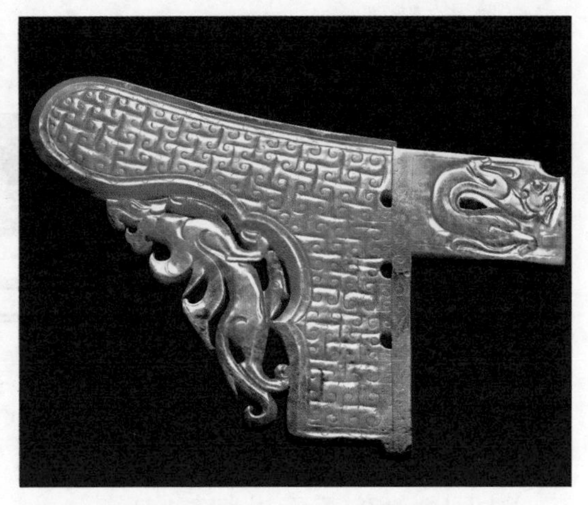

图 3-14 徐州博物馆藏徐州狮子山西汉楚王墓玉戈

图 3-13b 西汉玉钺形礼器[2]

石装饰金属武器剑的方式，从而将武“力”属性弱化，但是作为仪式性的高贵装饰物，玉具剑的符号所指本质依然是威信和权力。

中国历史上把玉当作“文”化“武”的手段，使玉与武器结合的例子并不鲜见。考古物证显示：从仅作为刀剑的玉柄，到具有玉剑首和玉剑格，再到春秋晚期出现了玉剑璏和玉剑珌，及至汉代完善形成了首、格、璏、珌的玉具剑式样（图 3-15）：剑柄顶端是玉剑首，柄握前端是护手的玉剑格，剑鞘上用于穿带系佩的部件是玉剑璏，剑鞘尾端是玉剑珌。汉代的一些玉具剑，装饰精致而华丽，甚至让人不忍使用以免造成手刃之残的恶相。

[1] 中国玉器全集编辑委员会：《中国玉器全集 2 · 商 · 西周》，石家庄：河北美术出版社，1993 年：图 134。

[2] 徐州博物馆藏，徐州狮子山西汉楚王墓出土。

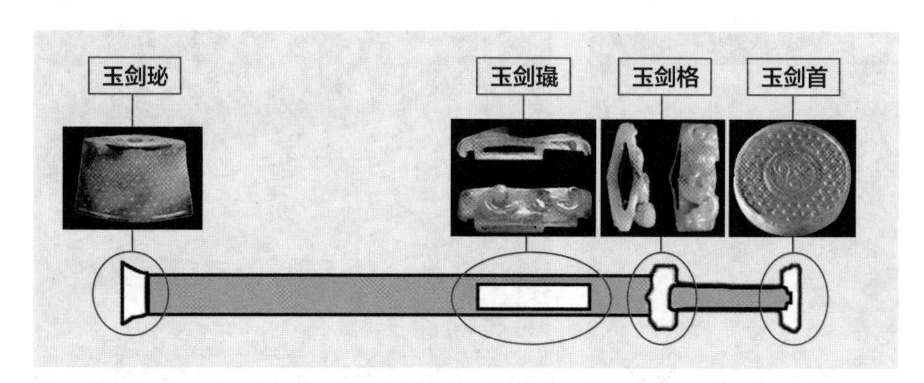

图 3–15　汉代玉具剑及位置结构示意

三、中国墨教的玉石批判与实践

尽管儒家礼制规定了如何生产玉石、使用玉石、管理玉石，却仅是从使用者、管理者的层面发声，并未涉及生产的意义，更未有批判性思考。然而，墨家（教）就儒家尊奉的教条提出了批判和质疑，他们从工匠生产者的身份、利益视角出发追问造物之意义。

对于玉石文化，墨家（教）主要有三点贡献。

第一，墨家的实用主义思想、实用的效益权衡以及兼爱、名实等方面的主张体现了对玉之“用”与“爱”的批判。

第二，作为第一个宗教性的工匠团体，工匠的利益可以通过结社获得保护和发展，对工匠的社会身份极度认可，对工匠的社会责任提出了明确要求。

第三，明确治玉工艺非巫术，可以有科学指导。

（一）对玉之“用”与“爱”的批判

谈论墨家和墨教，首先要说说墨子。墨子，先世本宋人，后迁鲁，子姓，名墨翟。从墨子书中对儒家经典《诗》《书》《春秋》的多处引述和论证，可见墨子之学源出孔门。他生活的年代与子思、子夏约略同时，精通儒家经典，但改革了儒党之学并创新了墨家学派，而且在战国后期，墨学的影响一度在孔学之上[1]。有学者指出了墨家思想源于子思一派的《礼运》，特别在兼爱、尚同、明鬼、尚贤、节用、非攻等方面的主张，二者都十分相似。学界对墨子出

[1] 何新：《诸子的真相》，北京：现代出版社，2019 年：第 229—230 页。

身究竟是富贵还是卑贱争论不下，但主流声音认为他是一名比“士”的社会地位更低下的“贱人”——自由手工业者[1]。

墨子主张用实践行动来检验理论，“言足以复行者常之，不足以举行者勿常，不足以举行而常之，是荡口也”[2]。墨子也是一个理性主义者，他提出了“本—原—用”三段论式的“三表法”。这种归纳推理形式使他成为中国学术史上最早研究形式逻辑的人。先秦诸子百家中，只有荀子、墨子、名家注意过逻辑问题。但名家注重的是语言中的逻辑问题，流于诡辩；墨子注重的则是认识中的逻辑问题，几乎构成了一套有系统的逻辑学[3]。在这种影响下，墨者十分注重实践。

墨家抱持实用主义主张。墨子曾批评君主拿黄金做衣带钩、珠玉为佩饰的行为，认为他们对待衣服不是冬暖夏凉的实用需求，而是为了好看，消耗钱财和人力皆为虚浮无用之目的。

> 当今之主，其为衣服，则与此异矣，冬则轻暖，夏则轻清，皆已具矣，必厚作敛于百姓，暴夺民衣食之财，以为锦绣文采靡曼之衣，铸金以为钩，珠玉以为佩，女工作文采，男工作刻镂，以为身服，此非云益暖之情也。单财劳力，毕归之于无用也，以此观之，其为衣服非为身体，皆为观好，是以其民淫僻而难治，其君奢侈而难谏也。夫以奢侈之君，御好淫僻之民，欲国无乱，不可得也。君实欲天下之治而恶其乱，当为衣服不可不节。（引自《墨子·辞过》）

此外，在《墨子·节用》和《墨子·节葬》中，墨子也对“处丧之法”提出质疑：“今王公大人之为葬埋，则异于此，必大棺中棺，革阓三操，璧玉即具。”他并不认为劳民伤财的厚葬就能代表对天对人的仁义。那些诸侯王公大人死后用贵重的金玉珠宝饰身陪葬不说，还要求长时间守丧不去务农、务工，长此以往，工匠必定无法修造车船或制作器皿。若以厚葬久丧的制度来治理，国家必穷，人口必减，社会也会混乱。

墨家对实用性的思考往往有利益和效用最大化、最优化的考量。墨子提出“天之意，不欲大国之攻小国也，大家之乱小家也，强之暴寡”[4]，而应该“有

[1] 何新：《诸子的真相》，北京：现代出版社，2019 年：第 234 页。

[2]《墨子·耕柱》。

[3] 同 [1]，第 240 页。

[4]《墨子·天志》。

力相营，有道相教，有财相分也”[1]。也就是说，上天希望人们有气力要相互帮助、有财物要相互分配，那些环璧珠玉如果用来聘问四方邻国而用于国与国的外交，那它就能维持和平关系，才是十分有价值的物，但如果据为己有就发挥不了这伟大的作用。

“兼爱”作为墨家另一重要主张，也反映在名实关系之中。《墨子·大取》中关于大圆、小圆都是圆的问题，就以璜为例，璜虽然不全但也属于玉，还有白石头打碎也是同源的问题等都揭示了圣人做事考核名实，因为有名不一定有实、有实不一定有名，但是兼爱包含在名实之中，不应有偏见，即“小圜之圜，与大圜之圜同；方至尺之不至也，与不至钟之至，不异；其不至同者，远近之谓也；是璜也，是玉也”[2]。《墨子·说经》更进一步明确了所谓“实”就是自己志气的表现，不像金声玉服只饰于外。

（二）第一个宗教性的工匠团体

墨家反对儒家不信天鬼、厚葬久丧、弦歌鼓舞、相信天命的思想，墨儒的思想斗争其实属于阶级斗争，墨家反对的是儒家以“礼制”这种等级身份制为核心的贵族宗法思想[3]。不得不说，这是当时诸子思想中一股批判思想的清流，探讨工匠为谁而工作、这样做的意义是什么、工匠团体的利益是什么、工匠怎样存在于社会之中。这些都是涉及工匠群体三观的关键哲学问题。墨者集团因其组织成员的工匠身份，可视为中国历史上最早的手工业行会组织。

墨家把“为公”“利民”作为最高的价值取向，认为功利是其他一切价值的基础和核心，制约着其他价值的存在及作用。以孔子为代表的儒家唯道德而轻体力劳动，以墨子为代表的墨家强调主体的劳动价值[4]，这便导致了两种文化资本话语权力的存在状态：占有劳动价值之人，持道德，从而比德于玉，成为拥有多重意义文化资本的君子；创造劳动价值的人，持手艺，成为专业文化资本的持有者。从另一角度来看，正是阶级分工及上层社会对手工业劳动者的轻视，才促使手工业成长的环境维持了一定的封闭性和独立性，在被等级化、对立化的情形下，为治玉传统的延传提供了相对稳固的保障。

[1]《墨子·天志》。

[2]《墨子·大取》。

[3] 何新：《诸子的真相》，北京：现代出版社，2019 年：第 245 页。

[4] 墨子最早用劳动观点说明价值创造，而且比孔子“人能弘道”的观念更深刻、更具体地阐明了人在价值创造中的主体能动性。

胡适认为，中国的墨家之墨学性质上属于宗教[1]，墨家可以分为墨子时代的墨家——“宗教的墨学”，以及墨子之后的墨家——“科学的墨学”。墨子提出的社会政治主张是一种以“天志”为核心信仰的宗教[2]。墨家及其结社属性带有一定的宗教性，主张在“天志”中“爱人利人”，其“兼爱”使得“天”具有人格。墨家实质上并不崇尚鬼神，而以“明鬼”的经验方法去教化百姓、改良社会。

也有研究认为，墨家在孟胜死前是一个教团性的行动组织，以“天志”为核心信仰，以“巨（矩）子”为标志。孟胜死后的墨家分离为三派，其中秦墨保有巨子传统，而且越来越关注技术层面[3]而非信仰方面。

正因为此，有学者认为墨家之学并不是一个单纯的学派[4]，“墨者有法”[5]表明它是一个组织严密的政治（宗教性）团体，其内部组织严密、纪律严格，有原始共产主义思想。墨子主张的“天志”就是天意，他用“天志”否定孔子的“天命”论。孔子的“天命”论是必然论、决定论，而墨子的“天志”论是选择论、反决定论。他主张存在先于本质、选择决定生活，认为天的意志体现于人类自身行为的结果中，因此善有善报、恶有恶报，人应当趋善避恶，所以他也算是历史上最早的“存在主义”者。他这种以天为有意志的天、以鬼神为赏善罚恶者的思想被后来的董仲舒吸收改造为西汉儒家的“天人感应”论[6]。

墨家作为工匠组成的团体，其最基本的实际尺度工具就是“矩”和“规”，这两样工具分别对应中国上古创世神话中的伏羲和女娲。不过，与神话不同，现实中以墨子为首的工匠团体以矩代表匠人，以规代表轮人，以规和矩代表轮匠（表3–1）。

《墨子·天志》云：“我有天志，譬若轮人之有规，匠人之有矩，轮匠执其规、矩，以度天下之方圆，曰：‘中者是也，不中者非也。’今天下之士君子之书，不可胜载，言语不可详计，上说诸侯，下说列士，其于仁义，则大相远也，何以知之？曰：我得天下之明法以度之”；“今夫轮人操其规，将以量度天下之圆与不圆也，曰‘中吾规者，谓之圆；不中吾规者，谓之不圆’，是故圆与不圆，皆可得而知也；此其故何？则圆法明也；匠人亦操其矩，将以量

[1] 参见胡适的《中国哲学史大纲》和《先秦名学史》。

[2] 胡适：《中国哲学史大纲》，上海：上海古籍出版社，1997年：第122页。

[3] 比如今天所见的军事技术实践成就。见《墨子·备城门》《墨子·备梯》《墨子·备穴》等。

[4] 何新：《诸子的真相》，北京：现代出版社，2019年：第236页。

[5]《吕氏春秋·去私》。

[6] 同[4]，第237—238页。

度天下之方与不方也，曰‘中吾矩者，谓之方；不中吾矩者，谓之不方’，是以方与不方，皆可得而知之；此其故何？则方法明也”。从中可见，“天下之明法”是以“规矩”为尺度，“天志”在墨子手中，其实物和图像的象征符号就是“巨（矩）子”。

表 3–1　与规、矩有关的代表人物和符号

先后顺序	《山海经》所述时代	上古神话	东周时期	18 世纪欧美共济会
代表人物/群体	夸父等神	女娲—伏羲	墨家（墨子—匠人）	自由石匠联盟
代表符号	手操两黄蛇（左矩右规）	女娲执规 伏羲执矩	巨（矩）子	规、矩组成的六芒星形符号
图像	不晚于公元前 8 世纪的玻利维亚古蒂亚瓦纳科城太阳门上的石雕神持两龙蛇（平面图像）	四川合江张家沟汉墓 4 号石棺画像石伏羲、女娲（拓片）	商代殷墟出土的玉尺形器	共济会标志

虽然墨家的墨者们形成了一个制度性组织，而且拥有既富标识性又有历史出处的权力象征物（符号）——“巨（矩）子”[1]，但是他们并未走上真正的宗教之路，而是成为中国最早的科学技术研究和实践组织。特别是最早的光影成像研究，在《墨子·说经》中，他们早于西方科学就已揭示了“临”和“鉴”的原理：

> 临：正鉴，景寡、貌能、白黑、远近柂正，异于光。鉴、景当俱，就、去介当俱，俱用北。鉴者之臭，于鉴无所不鉴。景之臭无数，而必过正。故同处其体俱，然鉴分。鉴：中之内，鉴者近中，则所鉴大，景亦大；远中，则所鉴小，景亦小。而必正，起于中，缘正而长其直也。中之外，鉴者近中，

[1] 何新在对墨子的研究中也提出所谓墨者组织领袖的巨子又可作木匠之锯子及伏羲女娲之规矩中的方尺。这也表明该团体的工匠身份特质，为他们教派的天命根源。参见何新：《诸子的真相》，北京：现代出版社，2019 年。

则所鉴大，景亦大；远中，则所鉴小，景亦小。而必易，合于中，而长其直也。鉴：鉴者近，则所鉴大，景亦大；其远，所鉴小，景亦小。而必正。景过正，故招。（引自《墨子·说经》）

（三）从巫到工：生产意义和方法的批判

《墨子》中的很多内容反映了墨子本人在工艺技术方面有很高的造诣，但身怀技艺的人并非以这门技艺为职业。所谓“技多不压身”，一个人的身份往往根据身处环境的不同属性而有多重特征和代名词。墨子的身份还有学者、方士、游士、手工业者、说课、管理者甚至社团领袖，是否以“工匠”作为其职业身份亦值得商榷，不过“工”却是他诸多身份中最典型的一个。

据记载，《墨子》全书应有 71 篇，流传至今 53 篇版本的《墨子》得益于《道藏》的收录。因为《道藏》收录以占卜、术数、方技为主的书文，既有道家、医学的著作，也有兵书和神仙传说，而《墨子》中的方技为《道藏》所认同。墨子甚至出现在葛洪的《神仙传》中，或许是人们对其能力的神化、对其主张提倡的崇信，可能缘于工匠技艺实施过程中一些特殊且必须遵循的操作、规则、仪式，而且可能和当时的宇宙认知紧密相关。一些符咒、风水讲究不免与建造、施工发生联系，像在木工宝典《鲁班经》中就有很多与房屋有关的符咒。

有学者赞同技术就是被祛魅后的巫术，如认为技术的前身是巫术，当巫术变得越来越专门化时就变得接近技术了[1]。普通人认知中无法理解的技艺是神奇的，一旦某个人懂得且有能力用这门技艺对普通人形成务实的效果和影响，普通人便会坚信懂得这种技艺的人就等同于神仙。

从“巫”到“工”，有的技艺知识在一定范围内应用和显化，而不再是秘密巫术，一些具体的人物、事件历史被神化为祖师偶像，而另外一些群体比如普通“工匠”的地位在儒家思想主导的礼制社会中则从神坛落入凡间，这似乎与工业社会人们对现代性的恐惧、对机械流水线的排斥等人和技术的矛盾情况如出一辙。但是，从墨家的批判来看，工匠才是意义的生产者，他们理应具有话语权，可以在生产中充分考虑有用性、有效性、兼爱和包容等“天志”。

另外，从生产方法、手段的角度来看，《墨子·经说》说明古代时期的中

[1] [法] 马塞尔·莫斯、昂利·于贝尔著，杨渝东译 ：《巫术的一般理论：献祭的性质与功能》，桂林：广西师范大学出版社，2007 年：第 166 页。

国已经出现了传统科学。尽管未表明加工玉石的直接技艺，但是借助工具观察远近成像、度量轻重以及对制衡操作等原理的阐述想必与玉石的运输、相材、切割、琢磨、抛光等有直接或间接的关系。例如，说因为不了解事物规律而产生的怀疑是“循疑”，像削木片很顺手的时候以为是施了什么法术，但其实是顺着木头的纹理切削的原因。针对影子问题，墨家指出：木竿斜，影短而大；木竿正，影长而小；光体小于木竿，那么影大于木竿[1]。针对称重度量的“负”和“挈”，有科学的操作，即“衡木，加重焉而不挠，极胜重也；右校交绳，无加焉而挠，极不胜重也；不胜重也。衡，加重于其一旁，必捶，权重相若也；相衡，则本短标长；两加焉重相若，则标必下，标得权也”，以及“不正所挈之止于施也，绳制挈之也，若以锥刺之；挈，长重者下，短轻者上，上者愈得，下下者愈亡；绳直权重相若，则正矣”[2]。

无论如何，墨子未成为后世诸多手工艺行业的师祖。倒是具有道术的鲁班成为竹木家具手工行业的祖师爷，而道教的丘处机真人成为玉器行业工匠供奉的祖师爷。

四、佛教解脱之道中的宝玉石文化

历史研究显示，早期印度佛教中的佛像并没有具体的偶像形象，而是常用华盖、菩提树下的空宝座或带有其神迹的石刻来表现。表示神迹的石刻里最常见的题材是莲花和金轮。装饰物、器物、供养物和神之间不只是简单的符号象征，而应理解为“是”与互为统一的全息关系，就像从一个表皮细胞中提取DNA就能够测定人的生物信息和社会身份信息一样。藏传佛教把“八瑞相”[3]（传统八大象征物）看作佛陀身体的组成部分，其关系为：宝伞 = 头部、金鱼 = 双眼、宝瓶 = 颈部、莲花 = 舌头、金轮 = 双足、胜利幢 = 身、海螺 = 语、吉祥结 = 意。象征好运的“八瑞相”装饰有三种类型：①立体实物（三维造型）；② 平面装饰（二维图案）；③平面装饰应用到其他三维立体实物上（三维综合）。金属制品、瓷器、木雕家具、织物、唐卡等各种各样的佛教圣物、供物和世俗物品上可见此三类情况（图 3–16、图 3–17）。这种符号能指与所指的

[1]《墨子·经说（下）》：“景：木柂，景短大。木正，景长小。大小于木，则景大于木。非独小也，远近。”
[2]《墨子·经说（下）》。
[3] 梵文叫作“astamangala”，“八瑞相”可能源自前佛教时期。

图 3-16 “八瑞相”的平面图式

图 3-17 “八瑞相”组合图式[1]

确定性、全息性的含义在佛教宝玉石文化中亦有体现。

一直以来，普遍认为佛教中宝玉石文化只有装饰供养的意义。然而，通过查证佛教经典，并研究藏传佛教的绘画唐卡、藏药医疗等领域发现：宝玉石在佛教中不限于装饰、供养以显修行之德，这类世俗间的贵重之物相，除了采用宝玉石装饰物、用器的形式，还通过绘画中的宝玉石矿物颜料、生活中治疗疾病的矿物药材的形式，来表达虔诚供养、修行以及确保身心康健、解脱痛苦的意义。

可以说，佛教特别是藏传佛教中的宝玉石，在身与心、物质与精神的层面形成了一种统一体系的宝玉石文化。也就是说，宝玉石在佛教中既有修行治疗人心的作用，更有治疗具体人身疾病的作用。用宝玉石研磨制成的矿物颜料绘画唐卡佛像，不是单纯出于颜料供给和色彩表现的目的，而是当无法在平面绘画上镶嵌珠宝，想要将真金白银、真正的宝玉石供奉给佛菩萨时，将这些物质磨制成颜料蘸画固定在图像上，这乃是切实的供养形式之一。用宝玉石研磨成真材实料的粉末状颜料，可以直接代表该种宝玉石的色彩，并且作用等同于该宝石实物，能专门在图像上发挥该宝玉石的法力，传达全息意义。

不容忽视的是，佛教宝玉石文化呈现为绘画、药材、装饰方面的统一，这种传统亦统一于藏传佛教的教化基因中。例如，在寺院教育中的大小“五明”之学，其中的“大五明”包括声明（声律学）、因明（正理学）、内明（佛

[1] 尕藏：《唐卡度量》，西宁：青海人民出版社，2016 年：图 252。

学）、工巧明（工艺学）、医方明（医药学），“小五明”则涵盖诗（辞藻学）、韵（韵律学）、修辞和歌剧（戏剧学）、星算（星算学）。《无垢经》中将“工巧明”分五类来规范要求修学者的德行操守：第一类为剪裁制作，主要涉及华盖、座垫、围帘、服饰等的制作工艺；第二类是打磨和装饰工艺；第三类是以佛像和圣物为主的冶炼、铸造、抛光等工艺；第四类是讲求美观大方和有光泽的装饰与打磨工艺；第五类是绘图和设计工艺，包括乐器的设计等。其中规定，“有关工巧方面的，尔等天众和技艺之神灵，务必切切记在心”。直到今天，寺院的艺僧还是奉行这种教化修行。由此可见，佛教宝玉石文化一直保持着其理论和实践统一的传统。

通过比较研究还发现：作为佛教装饰的宝玉石，其装饰形式、制式方面在一定程度上与汉文化中的儒礼以及印度传统文化有着相似性和相关性；在藏药制作和服食效用方面的传统，与汉文化的中医乃至道教炼丹有一定的相似性和相关性。据史书记载，藏地内外至少在 7 世纪中期已有珠宝制作技艺的交流，松赞干布统一吐蕃后，就积极促成吐蕃与邻国泥婆国（今尼泊尔）的通讯和贸易，并通过手工艺品的商贸活动，以聘请工匠和艺人等方式传授建筑、绘画、雕刻技艺。另外，与汉地的技艺交流方面，仅文成公主入藏联姻时，带入藏地的手工艺品、营造和工技方面的著作就有 60 多种，特别是与中医相关的医方 100 种、诊断法 5 种、医学论著 4 种[1]。这表明中医与藏医药应存在矿物石药类的文化借鉴和交流。

（一）佛教装饰供养中的宝玉石文化

佛教装饰供养用途的宝玉石形式常见以下几种情况，分别用字母“S（Set）、H（Hang）、O（Offer）、F（Form）、C（Colour）”表示（具体参见附录 3《佛教装饰供养用途的宝玉石》）。

第一，器物上的镶嵌（S），特别是在器物的头部、柄、底端或是四周。例如，“八瑞相”上的宝伞有珠宝链。大龙神敬献给国王的黄金宝伞不仅上面缀满珠宝，连伞圈都缀有散发甘露香气的珠宝，而且伞的手柄是用青玉做成的。若佛像上有大白伞，则是金刚乘女神大白伞盖佛母的标识。宝伞的圆顶象征智慧，帷幔则象征各种慈悲方法或方便善巧[2]。

第二，身上的缀饰（H），佛、菩萨、动物以及器物上的悬缀物都属于这

[1] 宛华编著：《唐卡艺术全书》，北京：中国华侨出版社，2014 年：第 130—132 页。

[2] [英] 罗伯特·比尔著、向红笳译：《藏传佛教象征符号与器物图解》，北京：中国藏学出版社，2014 年：第 5 页。

一类，比如饕餮的缀饰。根据《室犍陀往世书》中的神话故事，饥肠辘辘的凶魔失去了自己的猎物后只好自食其身，直到仅剩下头颅，湿婆对凶魔的力大无比感到欢心，就将它的脸命名为“荣光之脸”，命它永远担当自己门槛的保护神。在藏族艺术中，饕餮作为一种纹饰出现在铠甲、头盔、盾牌和武器上。通常它的上颌挂有一颗珠宝或一组珠宝，或珠宝帘帐，从而整个饕餮脸的帘帐构成一张珠宝网，常被画在庙宇围墙的大梁上[1]。

第三，器物内的盛装供物（O），比如以宝瓶、碗等容器内供奉宝玉石。嘎布拉碗是用人颅骨的上半部做成的椭圆形供器、饭碗或祭祀用碗。作为温和相神或略带怒相神的器物，嘎布拉碗也表现为一个大海螺，内装水果、药品、食物和珠宝等供物[2]。

第四，器物本身由宝玉石做成（F），如金刚杵。佛教中的金刚杵[3]是金刚乘坚不可摧之道的典型象征。在藏文中，它是“石王”之意，和金刚石（金刚钻）一样既不易切割也不易摧毁，还有璀璨之光。金刚石的化学成分是碳，莫氏硬度达到 10，是自然界中天然存在的最坚硬的物质[4]。印度吠陀时期，它是大天神因陀罗的主要武器，被刻画成中间有洞的圆盘，上面有一对交叉的涡杆或一根带槽的金属棒，棒上有一百颗或一千颗钉，作为霹雳闪电[5]。其实，在藏传佛教的藏语文本中很少将其译为“钻石”，只作金刚钻、水晶、珍宝类属。

第五，使用宝玉石制成的特殊矿物颜料，以代表这种宝玉石，发挥与宝玉石同样的供养功能（C）。例如，伟大的“世界之山”——须弥山，它从宇宙中心隆起，东西南北四面的色彩和形状分别为：东方东胜神洲是白色的（水晶或银），呈半圆形；西方西牛贺洲是红色的（红宝石），呈圆形；南方南瞻部洲是蓝色的（蓝宝石），呈斧头状；北方北俱卢洲是金色的（黄金），呈方形[6]。

以上五类形式涉及的种类颇多，比如“八瑞相”中宝伞上的装饰、宝瓶内的藏储、胜利幢以及金轮上的装饰，“八瑞物”中的宝玉石，转轮王七政宝、七近宝、七珍中的装饰[7]，三宝的标识；龙神的夜明珠，金翅鸟的冠顶装饰，饕

[1] [英] 罗伯特·比尔著、向红笳译：《藏传佛教象征符号与器物图解》，北京：中国藏学出版社，2014 年：第 84–85 页。

[2] 同 [1]，第 119 页。

[3] 梵文叫作“Vajra”。也有人认为金刚杵是由天降的陨石天铁锻造而成的。

[4] 依照莫氏硬度标准 (Mohs hardness scale) 共分 10 级，钻石（金刚石）为最高级即第 10 级，小刀的硬度约为 5.5，铜币为 3.5—4，指甲为 2—3，玻璃为 6。

[5] 此处描述的圆盘、涡杆、霹雳闪电似乎与玉璧、玉琮有关，而且可能揭示了电磁原理。

[6] 同 [1]：第 89 页。

[7] 由于佛教中经常以数字“七”代表圆满，所以七宝也泛指无量珍宝。《般若经》所说的七宝是金、银、琉璃、琥珀、砗磲、玛瑙。《法华经》所说的七宝是金、银、琉璃、砗磲、玛瑙、珍珠、玫瑰。《阿弥陀佛经》所说的七宝是金、银、琉璃、玻璃、砗磲、赤珠、玛瑙。参见赖永海主编，陈林译注：《无量寿经》，北京：中华书局，2010 年：第 90 页。

饕的缀饰，太阳和月亮的标识，须弥山、金刚杵的标识，法铃、天杖、达玛茹、宝剑、三股叉、矛、短橛、横棒、骨架棒、板斧、铁锤、铁钩、套索、牦牛尾拂尘的装饰，嘎布拉碗里的供物，手持莲花上的标识，旗幡的饰物，镶珠璎珞、三层饰、僧钵、宝箧、礼瓶、长寿瓶、金色宝瓶、护身佛盒以及上面的装饰，念珠、各种珠宝、如意宝、如意树、水晶、瑟珠、耳环和珠宝冠、吐宝鼠鼬的珠宝等，诸如此类，仅装饰供养不下六七十种宝玉石应用形式（图 3–18 至图 3–25）。详细阐释参见附录 3 中所列内容，其中字母与文字条目相对应，便于查阅和理解。

佛教七宝之一的水晶，在《阿毗达摩俱舍论》中称作“颇胝迦”，是极为特殊的宝玉石，因为它有不同的颜色、形状和属性。南喀·诺布在著作《水晶和光明之路》中描述了镜子、水晶和水晶球是如何用于大圆满法中对精义、本质和精进做阐述的。镜子无条件地反射光芒，水晶无条件地折射光芒，水晶球则在内部成像。作为礼器，闪烁发光的水晶出现在灌顶仪式的第四步骤中，以向弟子介绍和阐释“意”的光明特质。闪闪发光的水晶还可见于拉萨龙王庙里有关大圆满法的壁画上。作为宝石或一种珍贵物质，水晶形成了须弥山的东坡面。也可以用水晶来描绘在东部的方位神和东方精怪的品性与器具。石水晶还可以用来雕刻小型佛塔、佛像和礼器，因为石水晶的晶莹剔透象征着它们具有“金刚”的特质。在印度教中，湿婆教林伽和护符[1]在传统上也都是用石水晶雕刻的。火水晶和水水晶还用来代表日、月，作为光源和光的反射物，太阳和月亮象征着绝对和相对真理、胜义谛和世俗谛的菩提心露（即直心，指纯一无染的心灵）。在古印度文化中，火水晶是一种具有神力的玻璃，作为“智慧”禅垫的红色或金黄色太阳圆盘专门供半怒相神或怒相神使用，所以画成火水晶。水水晶是具有凹透能力的散光物，作为“方便”禅垫的白色月亮圆盘是给善相神使用的，所以画作由水水晶制成[2]。观音化现的“虚空王”两只右手都持有月亮水晶（水水晶）和太阳水晶（火水晶）作为手持器物。水水晶具有使液体或阳光变凉的特质，火水晶就像一个聚光的凸透镜可以聚合阳光以点燃圣火。“避火难观音”手持一块冰凉的月亮水晶，而“避象难观音”则手持一块炽热的太阳水晶。四臂观音和四臂白色无量寿佛常被画成手持水晶念珠和水晶拂尘器物，而众多的金刚乘神灵则被画成手持宝瓶[3]。

---

[1] 这些护符和成排的小型宗教像都是用半宝石刻成的，在印度和尼泊尔的旅游市场上能轻易买到。

[2]［英］罗伯特·比尔著、向红笳译：《藏传佛教象征符号与器物图解》，北京：中国藏学出版社，2014 年：第 87 页。

[3] 同 [2]，第 202—203 页。

图 3-18　唐代玉飞天[1]

图 3-19　唐代法门寺地宫出土的佛舍利玉宝石函

图 3-20　雍和宫藏清代乾隆年间造玉金刚杵和法铃

图 3-21　佛像雕塑上的璎珞宝石装饰[2]

[1] 中国玉器全集编辑委员会：《中国玉器全集 5 · 隋 · 唐一明》，石家庄：河北美术出版社，1993 年：图 3。
[2]鲍洪飞主编：《雍和宫藏传佛教造像艺术》，北京：中国民族摄影艺术出版社，2006 年：第 47 页。

图 3-22 唐卡《大白伞盖佛母》上的宝石颜色[1]

图 3-23 象头神犍尼萨（Ganesha）呈现了七宝与印度教本土饰物的关系[2]

图 3-24 唐卡绘画作用的玉石矿物颜料（青海黄南州热贡画院展陈）

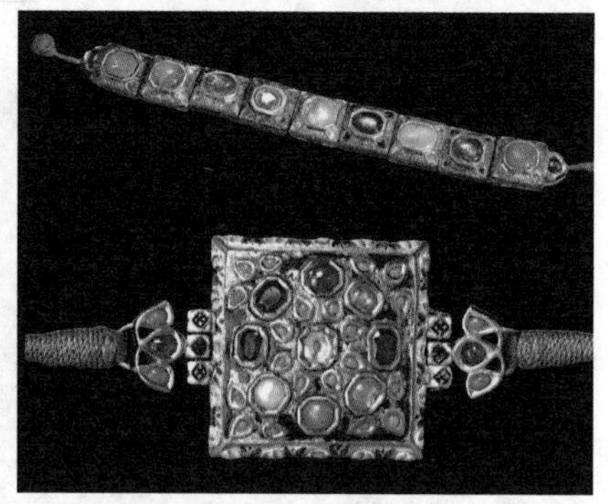

图 3-25 从九颗圆盘宝石变为竖条形[3]

一般来说，佛教文化将宝玉石作为装饰和供养的渊源，一方面出自佛教度量经里的规定，另一方面源自各种佛教经书和故事中的文本描述。信徒在造像或绘画时除了服从必要的装饰规定，可以以最虔诚的供养之心和自己对真善美的理解进行创造性表达。比如，一些房屋、衣饰，如果没有具体的文字描述规

[1] 西藏布达拉宫藏 18 世纪唐卡《十一面千手千眼观音菩萨》局部。卞志武摄，罗文华撰：《看不见的唐卡》，北京：五洲传播出版社，2015 年：第 91 页。

[2] Oppi Untracht. *Traditional Jewelry of India*. London：Thames and Hudson Ltd. 1997：p209.

[3] 同 [2]，p310.

定其式样，信徒在造像或绘画创作时就可以用喜欢的颜色、形态来表现极尽华丽、优美、高贵等特征和情境。

在供养的造像中，释迦牟尼佛和上师的造像通常很少有宝玉石装饰[1]，一些为数不多的装饰也是后人供养的装设和披挂，这也符合供养人舍得财物而佛祖无欲无求的对照。例如，西藏拉萨大昭寺内供奉的释迦牟尼像，其华丽的装饰外设正是青海塔尔寺黄教代表人物宗喀巴表达对佛祖尊崇热爱的供养。相比而言，宝玉石装饰在菩萨、金刚、天王、天母等造像中更加常见且形式多样。这既是一种文化因袭（印度的身体首饰装饰文化）的反映，也是供养者虔诚之心、修行者须经袪欲之路、佛法无量光明之圆满博大的象征。

（二）佛教宝玉石文化中的修行价值

当代宝玉石文化传承者在强调形式感的同时，往往忽略了视觉因素之外的感觉作用。历史上，佛教经典中其实十分注重宝玉石在声、形、色、味、触“五觉”方面的修行价值。佛教中的宝玉石文化具有形、色、声、味等特点，在《无量寿经》中多次出现，像是宝树有光、色、声音、香气以及诸宝装点的佛陀净土世界。

> 彼极乐界，无量功德，具足庄严。永无众苦、诸难、恶趣、魔恼之名；亦无四时、寒暑、雨冥之异，复无大小江海，丘陵坑坎，荆棘沙砾，铁围、须弥、土石等山，唯以自然七宝，黄金为地，宽广平正，不可限极。微妙奇丽，清净庄严，超逾十方一切世界。（引自《无量寿经·国界严净第十一》）[2]
>
> 彼如来国，多诸宝树。或纯金树、纯白银树、琉璃树、水晶树、琥珀树、美玉树、玛瑙树，唯一宝成，不杂余宝。或有二宝三宝，乃至七宝，转共合成。根茎枝干，此宝所成，华叶果实，他宝化作。或有宝树，黄金为根，白银为身，琉璃为枝，水晶为梢，琥珀为叶，美玉为华，玛瑙为果。其余诸树，复有七宝，互为根干枝叶华果，种种共成。各自异行，行行相值，茎茎相望，枝叶相向，华实相当，荣色光曜，不可胜视。清风时发，出五音声，微妙宫商，自然相和。是诸宝树，周遍其国。（引自《无量寿经·宝树遍国第十四》）[3]
>
> 又其道场，有菩提树，高四百万里，其本周围五千由旬，枝叶四布

[1] 根据唐卡画师曲吉昂秀的讲述进一步确证。

[2] 赖永海主编，陈林译注：《无量寿经》，北京：中华书局，2010 年：第 89 页。

[3] 同 [2]，第 101 页。

二十万里。一切众宝自然合成。华果敷荣，光晖遍照。复有红绿青白诸摩尼宝，众宝之王，以为璎珞[1]。云聚宝锁[2]，饰诸宝柱。金珠铃铎，周匝条间。珍妙宝网，罗覆其上。百千万色，互相映饰。无量光炎，照耀无极。一切庄严，随应而现。微风徐动，吹诸枝叶，演出无量妙法音声。其声流布，遍诸佛国。清畅哀亮，微妙和雅，十方世界音声之中，最为第一。若有众生，睹菩提树、闻声、嗅香、尝其果味、触其光影、念树功德，皆得六根清彻，无诸恼患，住不退转，至成佛道。复由见彼树故，获三种忍，一音响忍，二柔顺忍，三者无生法忍。佛告阿难：如是佛刹，华果树木，与诸众生而作佛事。此皆无量寿佛，威神力故，本愿力故，满足愿故，明了、坚固、究竟愿故。（引自《无量寿经·菩提道场第十五》）[3]

又无量寿佛讲堂精舍，楼观栏楯，亦皆七宝自然化成。复有白珠摩尼以为交络，明妙无比。诸菩萨众，所居宫殿，亦复如是。中有在地讲经、诵经者，有在地受经、听经者，有在地经行者，思道及坐禅者，有在虚空讲诵受听者，经行、思道及坐禅者。或得须陀洹，或得斯陀含，或得阿那含、阿罗汉。未得阿惟越致者，则得阿惟越致。各自念道、说道、行道，莫不欢喜。（引自《无量寿经·堂舍楼观第十六》）[4]

又复池饰七宝，地布金沙。优钵罗华、钵昙摩华、拘牟头华、芬陀利华，杂色光茂，弥覆水上。若彼众生，过浴此水，欲至足者，欲至膝者，欲至腰腋，欲至颈者，或欲灌身，或欲冷者、温者、急流者、缓流者，其水一一随众生意，开神悦体，净若无形。宝沙映澈，无深不照。微澜徐回，转相灌注。波扬无量微妙音声，或闻佛法僧声、波罗蜜声、止息寂静声、无生无灭声、十力无畏声，或闻无性无作无我声、大慈大悲喜舍声、甘露灌顶受位声。得闻如是种种声已，其心清净，无诸分别，正直平等，成熟善根。随其所闻，与法相应。其愿闻者，辄独闻之，所不欲闻，了无所闻。永不退于阿耨多罗三藐三菩提心。十方世界诸往生者，皆于七宝池莲华中，自然化生。悉受清虚之身，无极之体。不闻三途恶恼苦难之名，尚无假设，何况实苦。但有自然快乐之音。是故彼国，名为极乐。（引自《无量寿经·泉池功德

[1] 璎珞又作“缨珞”“缨络”，即由珠玉、花等物编缀而成的装饰物，可挂在头、颈、胸或手、脚等部位，系印度富贵人家之佩戴物。

[2] 云聚宝是一种印度珠宝的名称，由云聚宝所制成的链锁称作“云聚宝锁”。

[3] 赖永海主编，陈林译注：《无量寿经》，北京：中华书局，2010 年：第 103—105 页。

[4] 同 [3]，第 107 页。

第十七》)[1]

复次极乐世界所有众生，或已生，或现生，或当生，皆得如是诸妙色身。形貌端严，福德无量。智慧明了，神通自在。受用种种，一切丰足。宫殿、服饰、香花、幡盖，庄严之具，随意所须，悉皆如念。若欲食时，七宝钵器，自然在前，百味饮食，自然盈满。虽有此食，实无食者。但见色闻香，以意为食。色力增长，而无便秽。身心柔软，无所味着。事已化去，时至复现。复有众宝妙衣、冠带、璎珞，无量光明，百千妙色，悉皆具足，自然在身。所居舍宅，称其形色。宝网弥覆，悬诸宝铃。奇妙珍异，周遍校饰。光色晃曜，尽极严丽。楼观栏楯，堂宇房阁，广狭方圆，或大或小，或在虚空，或在平地。清净安隐，微妙快乐。应念现前，无不具足。(引自《无量寿经·受用具足第十九》)[2]

复吹七宝林树，飘华成聚。种种色光，遍满佛土。随色次第，而不杂乱。柔软光洁，如兜罗绵。足履其上，没深四指。随足举已，还复如初。过食时后，其华自没。大地清净，更雨新华。随其时节，还复周遍。(引自《无量寿经·德风华雨第二十》)[3]

又众宝莲华周满世界。一一宝华百千亿叶。其华光明，无量种色，青色青光、白色白光，玄黄朱紫，光色亦然。复有无量妙宝百千摩尼，映饰珍奇，明曜日月。彼莲华量，或半由旬，或一二三四，乃至百千由旬。一一华中，出三十六百千亿光。一一光中，出三十六百千亿佛，身色紫金，相好殊特。一一诸佛，又放百千光明，普为十方说微妙法。如是诸佛，各各安立无量众生于佛正道。(引自《无量寿经·宝佛莲花第二十一》)[4]

经须臾间，还其本国，都悉集会七宝讲堂。无量寿佛，则为广宣大教，演畅妙法。莫不欢喜，心解得道。即时香风吹七宝树，出五音声。无量妙华，随风四散。自然供养，如是不绝。一切诸天，皆赍百千华香，万种伎乐，供养彼佛，及诸菩萨声闻之众。(引自《无量寿经·歌叹佛德第二十七》)[5]

法音雷震，觉未觉故；雨甘露法，润众生故；旷若虚空，大慈等故；如净莲华，离染污故；如尼拘树，覆荫大故；如金刚杵，破邪执故；如铁围山，

[1] 赖永海主编，陈林译注：《无量寿经》，北京：中华书局，2010年：第110—112页。

[2] 同[1]，第119—121页。

[3] 同[1]，第124页。

[4] 同[1]，第126页。

[5] 同[1]，第151—152页。

众魔外道不能动故。（引自《无量寿经·真实功德第三十一》）[1]

自然中自然相，自然之有根本，自然光色参回，转变最胜。郁单成七宝，横揽成万物。光精明俱出，善好殊无比。（引自《无量寿经·寿乐无极第三十二》）[2]

后生无量寿国，快乐无极。永拔生死之本，无复苦恼之患。寿千万劫，自在随意。宜各精进，求心所愿，无得疑悔。自为过咎，生彼边地，七宝城[3]中，于五百岁受诸厄也。弥勒白言，受佛明诲，专精修学，如教奉行，不敢有疑。（引自《无量寿经·心得开明第三十四》）[4]

此会四众、天龙八部、人非人等，皆见极乐世界种种庄严。阿弥陀佛于彼高座，威德巍巍，相好光明。声闻、菩萨围绕恭敬。譬如须弥山王出于海面，明现照耀，清净平正。无有杂秽，及异形类。唯是众宝庄严，圣贤共住。（引自《无量寿经·礼佛现光第三十八》）[5]

是诸人等，以此因缘虽生彼国，不能前至无量寿所，道止佛国界边，七宝城中。佛不使尔，身行所作，心自趣向。亦有宝池莲华，自然受身……若有众生，明信佛智，乃至胜智，断除疑惑。信己善根，作诸功德，至心回向，皆于七宝华中自然化生，跏趺而坐。（引自《无量寿经·边地疑城第四十》）[6]

譬如转轮圣王，有七宝狱。王子得罪，禁闭其中。层楼绮殿，宝帐金床。栏窗榻座，妙饰奇珍。（引自《无量寿经·惑尽见佛第四十一》）[7]

种诸善本，应常修习，使无疑滞，不入一切种类珍宝成就牢狱。（引自《无量寿经·受菩提记第四十四》）[8]

在文学作品《西游记》第十二回“玄奘秉诚建大会　观音显象化金蝉”中，还用了较长篇幅的溢美之词来形容菩萨给唐僧的锦襕异宝袈裟：“这袈裟是冰蚕造练抽丝，巧匠翻腾为线。仙娥织就，神女机成。方方簇幅绣花缝，片片相帮堆锦饾。玲珑散碎斗妆花，色亮飘光喷宝艳。穿上满身红雾绕，脱来一段彩云飞。三天门外透玄光，五岳山前生宝气。重重嵌就西番莲，灼灼悬珠星斗象。

[1] 赖永海主编，陈林译注：《无量寿经》，北京：中华书局，2010年：第170页。
[2] 同[1]，第177页。
[3] 七宝城：即七宝狱，是由七宝建成的牢狱。
[4] 同[1]，第189页。
[5] 同[1]，第214页。
[6] 同[1]，第225—226页。
[7] 同[1]，第228页。
[8] 同[1]，第242页。

四角上有夜明珠，攒顶间一颗祖母绿。虽无全照原本体，也有生光八宝攒。这袈裟，闲时折迭，遇圣才穿。闲时折迭，千层包裹透虹霓。遇圣才穿，惊动诸天神鬼怕。上边有如意珠、摩尼珠、辟尘珠、定风珠。又有那红玛瑙、紫珊瑚、夜明珠、舍利子。偷月沁白，与日争红。条条仙气盈空，朵朵祥光捧圣。条条仙气盈空，照彻了天关；朵朵祥光捧圣，影遍了世界。照山川，惊虎豹；影海岛，动鱼龙。沿边两道销金锁，叩领连环白玉琮。”

为何佛经中描述功德圆满之地的佛教世界通常都是宝玉石做成的楼阁、饰物并伴有奇珍异香氛围？看似那并非一个去欲去利且色亦是空的世界。金银珠宝究竟是修行的业障困扰，还是极乐圆满的必需之物呢？

其实，《菩萨璎珞经》中就明确揭示过以金银珠宝玉石为装饰来体现菩萨庄严与修行的璎珞之德。菩萨是梵语“菩提萨埵”（Bodhisattva）的音译略称。《翻译名义集·一》：“菩提萨埵。菩提佛道名也。萨埵秦言大心众生。有大心入佛道。名菩提萨埵。……又菩提是自行。萨埵是化他。自修佛道。又化他故。……以智上求菩提。用悲下救众生。”志崇精进，心若金刚，行菩萨道，才是成佛之因。《菩萨璎珞经·卷第一》提到法璎珞义，如来说种种大乘法门，经中世尊告普照菩萨曰：“行菩萨道，当念十德璎珞其体。……复以众智璎珞妙门，训化二乘得至所趣，勤大乘学观达诸法，修如来行功勋之德。……又教化人使不毁戒，常以大哀为人说经，所游世界不离诸佛，宣示禁戒逮一切智。复以照曜璎珞庄严诸佛宝净道场，光明璎珞靡不周遍，悉照三千大千世界。”又云：“修行善本不造诸缘，兴起善法无放逸行。……所施清净舍贪无欲，心意鲜洁而无垢秽，慧无边际眼视通达，三碍六尘永已消尽，是谓菩萨法之璎珞。”（图 3-26—图 3-29）

菩萨法璎珞身，如《瑜伽师地论·卷第二十二》云：“戒庄严具，于一切类，于一切时，若有服者，皆为妙好。是故尸罗名庄严具。”《佛说观佛三昧海经·卷第三》曰：“常以戒香为身璎珞。”《梵网经·菩萨心地品》云：“戒如明日月，亦如璎珞珠，微尘菩萨众，由是成正觉。”亦如《菩萨璎珞经》所云：“戒香摄身、定香摄意、慧香摄乱、解慧摄倒见、度知摄无明，是谓如来五分法香璎珞其身。”

《大方广佛华严经·卷第三十三》说：“菩萨摩诃萨复以法施所修善根如是回向：愿一切佛刹皆悉清净，以不可说庄严具而庄严之。……阿僧祇种种妙宝庄严具，常现一切清净妙色；阿僧祇清净宝，殊形异彩，光鉴映彻。”菩萨造像“恒用戒香涂莹体，常持定服以资身”的严饰、芳馥之美，能够引领世人体会菩萨累劫积福修慧的“璎珞之德”。

由此可见，宝玉石装点的佛教净土世界既有可能以投合世人对佛国想象的方法起到吸引世俗信徒坚持修行的作用，也有可能是引导世人将俗世间贵重之物舍离和表达信仰的手段，通过多行布施、恭敬佛菩萨净土世界的最高信仰价值方能进入遍地珍宝、衣食无忧的净土世界。正如印度人龙树撰《大智度论》

图 3–26　与缨珞有关的印度传统的串珠饰物[1]

[1] 1780 年，拉贾斯坦邦的拉特哈 – 克尔慈那为主题的绘画《萨万特·辛格和他的情侣时尚夫人巴妮·旃妮》（*Raja Savant Singh and Bani Thani as Krishna and Radha*），参见：Oppi Untracht. *Traditional Jewelry of India*. London：Thames and Hudson Ltd. 1997，p.1.

图 3-27 印度辅助冥想修行的念珠[1]

图 3-28 雍和宫白檀木菩萨像上的璎珞

所言："随中众生所好可以引导其心者为现。又众生不贵金而贵余色琉璃、颇梨、金刚等。如是世界人，佛则不现金色。观其所好则为现色。"[2] 在佛看来，金银珠宝与土瓦一样，然而世人难以摆脱俗世物质崇拜的欲念，所以佛就以宝玉石为布道手段，用俗世之物来吸引俗世之人。同时，佛教信徒也用具体化的方式将佛教经典中的庄严华美净土（理想世界）以人世间的金银珠宝玉石塑造成可见、可触、可感知的世界（现实世界）。

---

[1] Oppi Untracht. *Traditional Jewelry of India*. London: Thames and Hudson Ltd. 1997, pp.70–74.

[2] [印度] 龙树：《大智度论·卷八十八（大正藏）》，第 25 册：第 684 页。

图 3-29　塔尔寺外销售的“假珠宝”藏饰

（三）藏传佛教医药中的宝玉石药材

18 世纪初，帝玛尔·丹增彭措曾经参考历史上 100 余部藏医药著作成就，并进行实地考证核实，将《月王药诊》中的 329 味药、《四部医典》中的 406 味药以及《甘露八部》《药性广论》《蓝琉璃》《药物大全》等文献中记录的药材归类纳入他所撰写的《晶珠本草》。按照《晶珠本草》的记载，其中珍宝类药材有 166 味，宝石类药材有 594 味[1]。缘于藏梵文字的翻译、一名多用以及现今实际使用等情况，表 3-2 中所介绍的仅是重要藏药文献中提及的部分主要宝玉石矿物药材，由此或可洞悉宝玉石类药材在藏医药中的重要性和丰富程度。再者，就当时矿物药材出产的地域限制和方物文化而言，足以说明 18 世纪前这些宝玉石矿物基本上出自印度以东的中国青藏高原。当然，这些宝玉石有着不同的味、效、性，需要结合不同的炮制加工属性，才能发挥具体的治疗作用，如寒水石就有凉性、热性、盐制的炮制法。在某种程度上，我们甚至可以发现，藏药中的矿物药材比传统道教炼丹及中医涉及的矿物药材还要广博。

[1] 帝玛尔·丹增彭措：《晶珠本草》，1745 年刻本。

更值得注意的是，佛教与道教、藏医与中医早在七八世纪时就已经发生了深层的交流和互纳。如前文所提到的，7—8 世纪，文成公主、金城公主先后入藏联姻，带去了大量中医著作和汉族医师。当然，藏族医师在本民族医疗经验基础上，不仅融合汉地的医学经验，还汲取印度、尼泊尔等地的医学精华，形成了后来特有的医药传统。据史书记载，文成公主进藏时带有 404 种治病之药物和 4 部配药法。这些医作被译为藏文并合编为最早的藏医学经典文本《医学大典》。虽然它已经失传，但从成书于 8 世纪的《四部医典》可管窥其传承与联系。而在《四部医典》成书前不久的公元 710 年，亦有入藏联姻的唐金城公主带去了汉地医学文献，后与当时的藏医融合编译为著名的藏医著作《月王药诊》（图 3–30—图 3–34）。

表 3–2 藏传佛教医药中的主要宝玉石矿物药材

药材名称	对应藏文名称	主治疾病	备注
舍利	རིང་བསྲེལ།	各种病	属于十种珍宝石
蓝琉璃	བེ་ཌཱུརྻ།	各种病	属于十种珍宝石
金刚石	རྡོ་རྗེ་ཕ་ལམ།	“三邪”病 [2] 及各种病	属于十种珍宝石
祖母绿	མརྒད།	“三邪”病及各种病	属于十种珍宝石
蓝宝石	ཨི་ནྡྲ་ནཱི་ལ།	各种病、邪病	属于十种珍宝石
红宝石	པད་མ་རཱ་ག།	麻风病、精神分裂症、癫痫、脑卒中及各种病	属于十种珍宝石
水晶	ཆུ་ཤེལ།	清热解毒、中暑、热性病、麻风病、癫狂病	属于十种珍宝石
玫瑰绿宝石	རྒྱ་སེ་མརྒད།	清热解毒、肝病、食物中毒	属于十种珍宝石
绿宝石	མརྒད།	中毒、肝病、麻风病	属于十种珍宝石
猫眼石（金绿宝石）	གསེར་མརྒད།	遮大蟒、通筋络、肝病、清热	属于十种珍宝石
碧玉	གཡང་ཏི་ལྷང་གུ།	清热解毒、肝热病、眼病、中毒	属于宝石十种药
绿松石（松耳石）	གཡུ།	眼病、中毒、肝热病	属于宝石十种药
青金石	མཚོ་སྔོན་ལྷུགས།	解毒、白发病、黄水病、麻风病	属于宝石十种药
金沙石	གསེར་གྱི་བྱེ་རྡོ།	珠宝毒	属于宝石十种药
花玛瑙	མེ་ཏོག་མ་ན་ཧོ།	脑卒中、癫痫、精神分裂症	属于宝石十种药
火晶宝石	མེ་ཤེལ།	祛寒	属于宝石十种药

[1] “三邪”病指的是“龙”“赤巴”“培根”三大因素失调所致的疾病。

续表

药材名称	对应藏文名称	主治疾病	备注
青白玛瑙	ཐལ་མ་ན་ཧོ།	眼病	属于宝石十种药
重晶石	ཕྱིད་ཚད་ཆེ་བ་འི།	止泻、温补、治溃疡、中毒	属于珠宝十味药
温泉舍利	ཆུ་ཚན་རིང་བསྲེལ།	邪病	属于珠宝十味药
磁石	ཁབ་ལེན།	吸附铁、退弹镞、清脉热、头骨伤裂	属于八元十效药
朱砂石（辰砂）	མཚལ་རྡོ།	泻脉治毒症、舒经活络、坚骨补血	属于八元十效药
孔雀石（石绿）	ལིག་བུ་མིག།	黄水病、秃发及各种病	属于八元十效药
花蕊石	ཏི་ཙ།	黄水病	属于八元十效药
阳起石	སྦལ་སྐྱུར་ཙྪ་འི།	止骨痛、益筋骨、中毒	属于八元十效药
雄黄石	ལ་དོ་ཀ།	喉蛾	属于八元十效药
雌黄石	བ་བླ།	邪魔病	属于八元十效药
黄矾	སེར་མཚུར།	口臭、瘤子、久溃伤口	属于八元十效药
明矾	དར་མཚུར།	骨骼病	属于八元十效药
云母	ལྷང་ཚེར།	各种毒、愈疮	属于八元十效药
代赭石	མི་རབས་བཙག།	骨折、脑病、肾病、黄水病、脑外伤	属于十味石类药
寒水石	ཅོང་ཞི།	养骨精华、清热化痰、健胃止泻	属于十味石类药
硬石膏	གས།	痘疹黄水	属于十味石类药
硅镁矿石	སྦལ་མའི་གཉེར།	眼睛疾病、清骨热	属于十味石类药
龙脑石	ཤེལ་ག་བུར་རྡོ།	脑病	属于十味石类药
石灰石	རྡོ་ཐལ།	六腑病	属于十味石煅药
煤精石	རྡོ་སོལ་མཁྲིགས་ཞིབ་རྡོ།	珠宝毒	属于十味石煅药
硫磺石	མུ་ཟི།	肾水肿	属于十味石煅药
绿玉髓	ལྤང་མ་ན་ཧོ།	诸疮伤	属于十味石煅药
滑石	ཐོད་ལེ་ཀོར།	开脉道、经络病、眼病	属于石类药物
含虫石英	དཀར་གོང	治虫牙	属于石类药物
水银石	དངུལ་ཆུ་འི་རྡོ།	烙去死肌、水晶毒	属于石类药物
花岗岩	འཇོང་།	旧疮伤	属于石类药物
石香	རྡོ་ས།	合并症	属于石类药物
海浮石	རྒྱ་མཚོ་འི་རྡོ་བ།	虫病	属于石类药物

续表

药材名称	对应藏文名称	主治疾病	备注
方解石	སེལ་སྦྱུར་ཚ་ཟི།	补脑、干黄水	属于石类药物
金精石（蛭石）	སྤང་ཚེར།	利尿、治肾病	属于石类药物
蓝闪石	རྡོ་འོད་འཚེར།	筋络韧带破裂僵缩症	属于石类药物

注：根据《四部医典》《晶珠本草》《藏药古本经典图鉴四种》《中国藏医学》等文献以及塔尔寺藏医院藏药标本展览室、青海省藏文化博物馆展出的矿物和珍宝类藏药实物标本综合整理制成。参见第司·桑结嘉措：《四部医典图解》；帝玛尔·丹增彭措：《晶珠本草》，1745 年刻本；噶玛·让穹多吉著、毛继祖等译：《藏药古本经典图鉴四种〈药名之海〉》，西宁：青海人民出版社，2016 年；蔡景峰主编：《中国藏医学》，北京：科学出版社，1995 年。

图 3–30 绘画唐卡《药王和药王城》（局部）[1]

[1] 青海省藏文化博物馆藏。药王城里有一座用五种珍宝建成的无量宫，中央的莲花宝座上是世尊医药上师琉璃光王。《世界最美唐卡》，第 29 页。

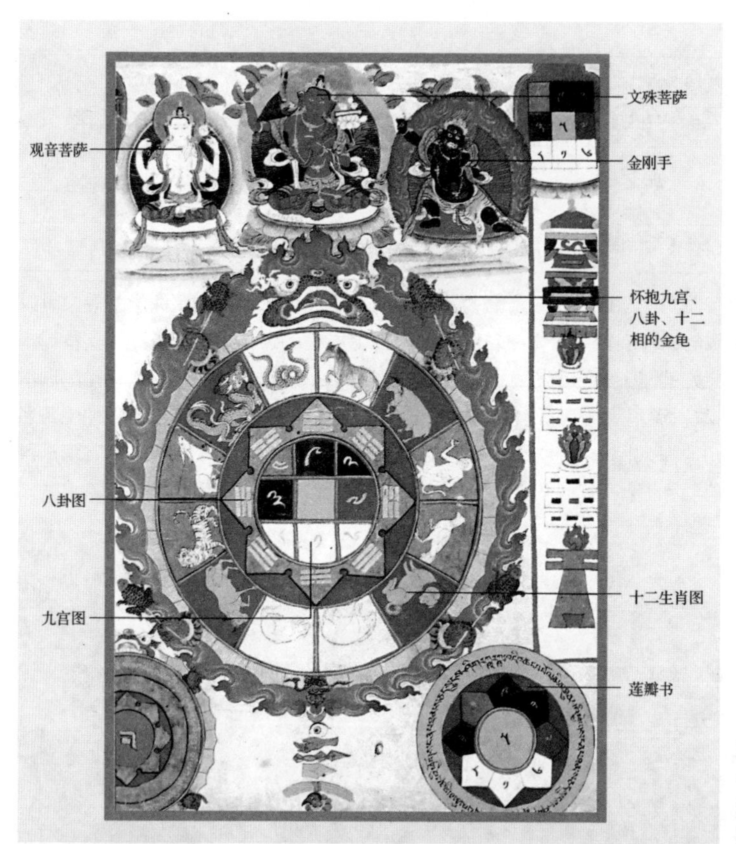

图 3–31　反映藏医与道教和汉族文化关系的《生死轮回图——斯巴霍》[1]

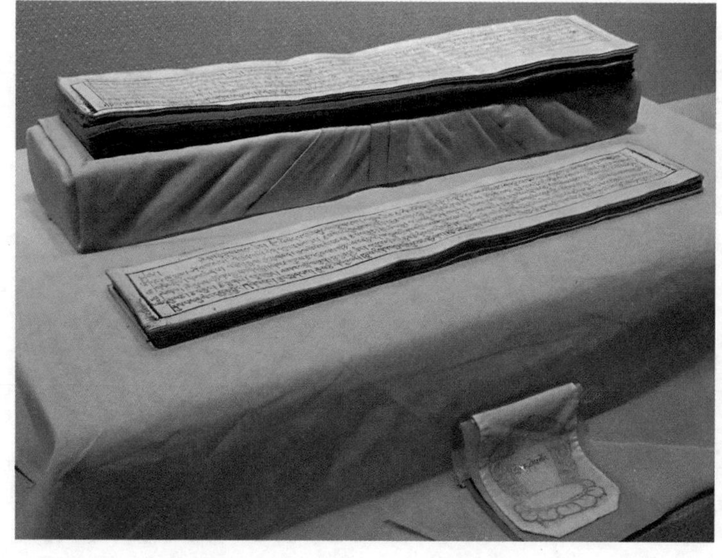

图 3–32　藏文《晶珠本草》典籍[2]

[1] 斯巴霍是“九宫八卦”的藏语音译。在一些重大藏传佛教宗教仪式上要用此唐卡来举扬开道，也被视为驱邪隐恶的神物。宛华著：《唐卡艺术全书》，北京：中国华侨出版社，2014 年：第 89 页。

[2] 青海省藏文化博物馆藏。

图 3-33 曼唐《四部医典·论述本集》第十九章中的药物来源和特性[1]

图 3-34 青海省藏药文化博物馆的矿物藏药

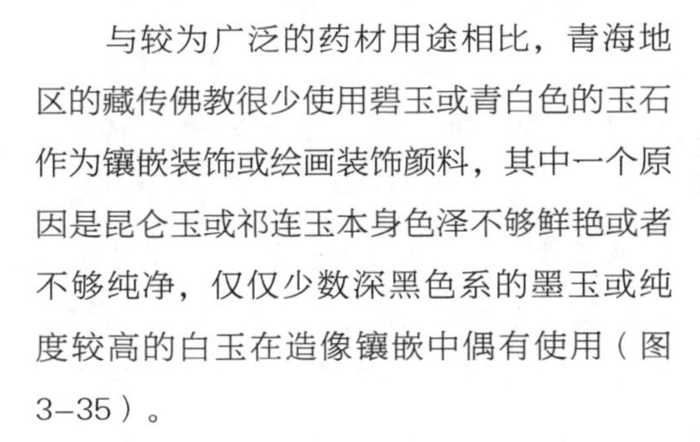

与较为广泛的药材用途相比，青海地区的藏传佛教很少使用碧玉或青白色的玉石作为镶嵌装饰或绘画装饰颜料，其中一个原因是昆仑玉或祁连玉本身色泽不够鲜艳或者不够纯净，仅仅少数深黑色系的墨玉或纯度较高的白玉在造像镶嵌中偶有使用（图 3-35）。

最后，需要关注一下宝玉石材料的来源问题。有史以来佛教文化所涉及的这些材料离不开经贸文化的交流。有些珠宝玉石并不是青藏地区甚至中国本土出产的，而是经由商贸、供养、施赠、交聘等方式获得，从而在装饰、药用方面形成了文化融合影响。根据《大唐西域记》《大正新修大藏经》《阿毗达磨大毗婆沙论》《旧唐书·波斯传》以

图 3-35 雍和宫宗喀巴金属造像背光中的白玉镂雕镶嵌[2]

[1] 青海省藏文化博物馆藏。

[2]《雍和宫藏传佛教造像艺术》，第 53 页。

及敦煌文书等文献的记载，唐代来自南亚、西亚、中亚、东南亚以及地中海等地区的宝玉石已十分丰富，有婆罗门国的白玉，天竺国的火珠、白玉，古印度十六国的珍珠、吠琉璃宝、碧玉，秣底补罗国、婆罗西摩补罗国的水精（晶），师子国（斯里兰卡）的珠玑和各种彩色宝石，波斯国的琉璃、玛瑙、金刚，吐火罗（阿富汗）的天青石等。

第二节 玉石文化习惯和新的教化

一、“美物”独立与组合的历史

玉石作为美物的历史并非中国独创或独有。在世界范围内，不同国家、不同民族、不同信仰在不同发展时期都或多或少地出现过玉石的经济价值教化和审美价值教化。因为它作为资本的代号，是财富地位的标志，是美丽、稀有、高贵的象征，有着十分现实且具体的形态。在有些文化中，玉石、珠宝以及其他材质构件一起以串连等组合形式做成装饰物；还有的文化中，将玉石等珠宝和金属合为一体而不是简单地穿连，比如宝石镶嵌文化，会涉及切割、打磨、抛光、装配等工艺环节；也有一些与中国文化有着特殊渊源的文化中，仅用玉石琢磨成装饰物件或特殊用物，而不做任何组合。众多文化之中最具有普遍性和同质性的，就是将玉石作为护身符的传统，而且护身符的类型、功能并不会因为地域、文化的差异而出现天壤之别。

（一）从玉石组合到宝石镶嵌文化

根据国外的考古发现，早在公元前5000年左右，用玉石做成珠子再进行组串装饰就已经十分常见。从西亚地区伊拉克阿尔帕契亚遗址（公元前5000年左右）出土的哈尔夫时期的黄金黑曜石项链显示了当时已有磨制加工的黑曜石饰物（图3-36），其中片状黑曜石的一面还特意抛光，大到6厘米、小至2厘米的片珠上都钻有穿心孔。苏美尔文明时期的首饰使用较多的玉石是黑曜石、红玛瑙、青金石。作为一种黑色天然玻璃质火山岩的黑曜石，在当时想必是极其稀有的，而且可能是从遥远的地域带来的，它也可能来自凡湖（今土耳其境内）北部的多山地区。由于黑曜石很难用工具进行切割、抛光或钻孔，对于居住在阿尔帕契亚附近的人来说，它就是一种稀世珍品。另外，吾珥出土的公元前2500年左右苏美尔文明时期的贵族首饰主要由青金石、红玛瑙组成（图3-37），颈部最上方是黄金和青金石编串成的颈饰，中间是一条青金石和玛瑙串成的项链，下方是红玛瑙和金珠串以及青金石的细珠串。

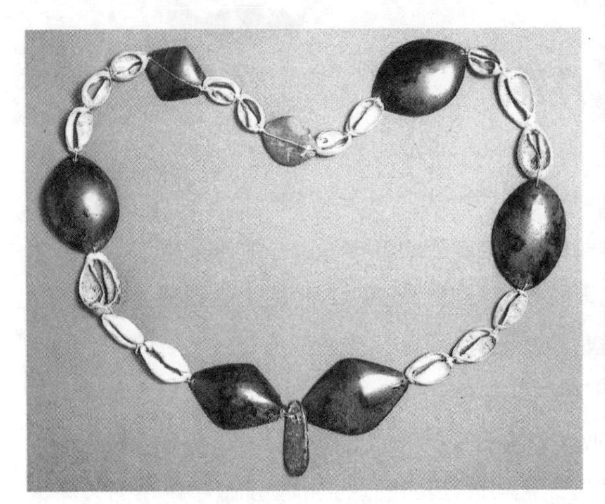

图3-36　阿尔帕契亚遗址出土的公元前5000年左右的黑曜石项链[1]

图3-37　公元前2500年左右苏美尔文明时期的珠宝饰物[2]

同样是公元前2500年左右苏美尔文明时期的珠串和坠饰（图3-38），最上方的玛瑙珠有蚀刻的印记，似今日所见的西藏天珠或佛教瑟珠。而下方三串饰物上都有黄金、青金石和玛瑙珠，以及扁平叶状的青金石和黄金坠饰。玉石的蚀刻磨制工艺出自哈拉帕文明（位于今天的印度和巴基斯坦地区），这些珠子要么是在那里生产的，要么是这种技艺被传播后在其他地方制作的。组串因为材料的不同以及珠子形态的多样性，有各种搭配组合形式。与圆形和桶形串珠相比，菱形的青金石珠是出现时间相对较晚的形态，比如从吾珥出土的另一件青金石和黄金串珠饰物（公元前2300—前2100年）中，中心的青金石长珠上还有缠丝和两头包镶的金帽头（图3-39）。

古埃及早期的玉石饰物常与黄金做简单的组合。《圣经》描述的古巴比伦（今伊拉克）迦勒底的吾珥是美索不达米亚地区最强盛的城邦，在当地的皇室

[1]［英］休·泰特编著，朱怡芳译：《7000年珠宝史》，北京：中国友谊出版社，2019年：第29页。
[2] 同[1]，第21页。

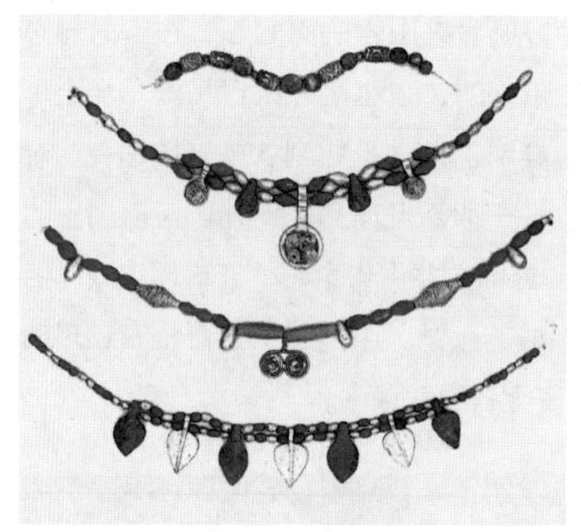

图 3–38　苏美尔文明时期（公元前 2500 年左右）的珠串[1]

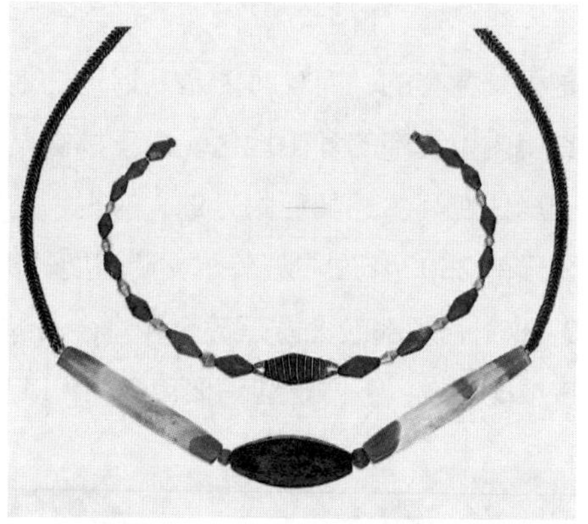

图 3–39　从吾珥出土的青金石和黄金串珠饰物[2]

墓葬中，尤其是普阿比皇后陵中发现了一大批公元前 2000 年左右的精美的黄金、红玉髓、青金石、玛瑙等装饰形式复杂的饰物，其中可见采用了错金工艺的青金石（图 3–40）。底比斯陵墓内一幅公元前 15 世纪末的壁画上再现了新王国时期珠宝工匠工作的场景，他们也使用弓形钻加工玉石，然后把珠子编串成华丽的大衣领。古埃及中王朝时期（公元前 2040—前 1730 年）是埃及珠宝饰物发展史上一个十分重要的阶段。除了高度发达的金银工艺，玛瑙、紫水晶、石榴石、青金石、绿长石、碧玉和绿松石是当时珠宝饰物加工中常用的天然材料。而且，制作玉石珠子的工匠和用火钳、焊枪干活的金属工匠同在一个场所，一排挨一排地工作。

从埃及新王国时期（公元前 1567—前 1085 年）的珠宝饰物中可见许多替代自然玉石的染色玻璃串珠和施釉组件。其实，无论是美索不达米亚还是古埃及，通过珠宝贸易发现并利用那些珍稀的宝玉石并不断创造其替代材料的做法几乎从未中断过。像前面展示的阿尔帕契亚出土的那串黑曜石项链上就有一些陶珠模仿了黑曜石。新王国时期采用多彩玻璃为替代宝玉石的装饰材料，可能主要针对那些负担不起高昂费用的人或是无权穿戴象征最高等级珠宝首饰的人。另外，作为效仿和替代宝石材质的方法——施釉珐琅工艺早在公元前 13 世纪就出现了。图 3–41 所示是古埃及第十八王朝时期底比斯墓葬出土的串饰（公元前 1480 年）；其中水滴形吊坠镶嵌有玛瑙、绿色滑石、玻璃和釉珠，下方一串小珠子是黄金、玛瑙和蓝玻璃做成的，上面的一串则每隔三颗珠子（青金石珠、

[1]［英］休·泰特编著，朱怡芳译：《7000 年珠宝史》，北京：中国友谊出版社，2019 年：第 25 页。

[2] 同 [1]，第 32 页。

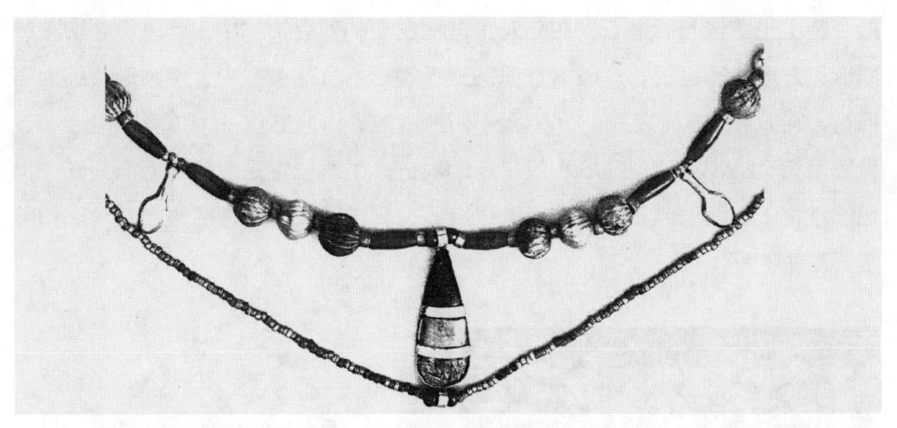

图 3-40　公元前 2000 年左右错金工艺的青金石珠坠[1]

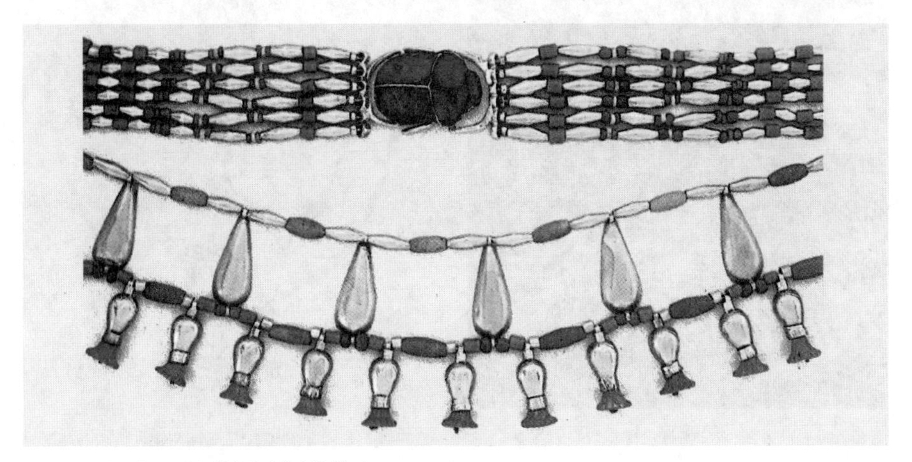

图 3-41　公元前 15 世纪带有釉珠的串饰[2]

蓝玻璃珠和绿长石珠）就用小的玛瑙、红碧玉、绿长石和绿松石色的玻璃珠组串而成。水滴形式在当时的饰物上十分常见，有的直接用黄金做成，方便加工和组串。另一件同时期的串饰（公元前 1370—前 1350 年）上，除了黄金珠子和水滴饰，还有天然的玛瑙、红色碧玉珠，六串并行的手链上有一件镶嵌了青金石的圣甲虫形饰。

与组串的历史相比，宝玉石镶嵌的传统形成较晚。公元前 3 世纪左右，罗马和希腊在发展金属首饰工艺的同时，带动提升了石榴石和蓝宝石等宝石的切割、打磨与镶嵌技艺。如图 3-42 所示，上方是公元前 2 世纪一个王冠上的饰物，平结形核心饰件上镶嵌着石榴石，下方是同时期西西里岛陶尔米纳的月牙

[1] [英] 休·泰特编著，朱怡芳译：《7000 年珠宝史》，北京：中国友谊出版社，2019 年：第 49 页。
[2] 同 [1]，第 51 页。

形吊坠上也镶嵌着石榴石。在公元 1 世纪左右的罗马饰物中，可以看到切割成圆形、方形等的宝玉石：最下方项链上蝴蝶形吊坠的镶嵌中，椭圆形头部为石榴石，圆形身体是蓝宝石，一双翅膀则是水滴形的白色玉石；中间一圈是公元 2 世纪用黄金结和扁柱形翡翠相间串连的项链；中心位置是北非突尼斯公元 3 世纪的发饰，上面镶嵌着两块方形的绿宝石，周围环绕珍珠，吊坠上是珍珠和蓝宝石菱珠（图 3–43）。

图 3–42　公元前 2 世纪的石榴石镶嵌 [1]

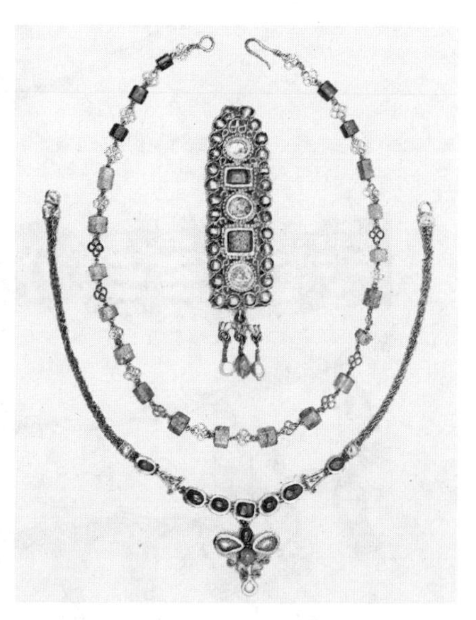
图 3–43　公元 2—3 世纪宝石切割多种形态的镶嵌饰物 [2]

埃及发展到托勒密时期（公元前 305—前 30 年），玻璃行业的兴盛曾在一定程度上挽救了当时自然玉石作为装饰物的匮乏局面。到了公元 5 世纪，也就是拜占庭早期，贵族和权势者依然想方设法使用高级宝石，此时镶嵌的宝玉石主要包括祖母绿、蓝宝石等。从公元 6 世纪左右的拜占庭项链和耳环可见，其中有祖母绿、蓝宝石和珍珠。在东罗马帝国和拜占庭早期的珠宝饰物中，大量公元 4 世纪后期至公元 7 世纪的日耳曼珠宝风格和制作工艺都借鉴了罗马帝国后期的式样与技术。随着金属技艺的进一步提高，镶嵌水平也有所提升。当时作为主流的石榴石和半宝石镶嵌可能从印度或阿富汗地区传入。图 3–44 是一组公元 4—5 世纪镶嵌了石榴石的饰物，基本上来自乌克兰的克里木区。这些石榴

[1]［英］休・泰特编著，朱怡芳译：《7000 年珠宝史》，北京：中国友谊出版社，2019 年：第 95 页。
[2] 同 [1]，第 97 页。

石原石采用最简单的打孔工艺制成珠子和镶嵌石，石榴石也轮切成不同的几何形状进行镶嵌。图 3-45 是盎格鲁—撒克逊的一组首饰，其中不乏黄金镶嵌异形石榴石的工艺，特别是当中十字饰件上的石榴石镶嵌，其精度和样式表明可能出自萨顿胡附近的珠宝作坊。另外，图 3-46 所示的公元 6 世纪的日耳曼胸针和

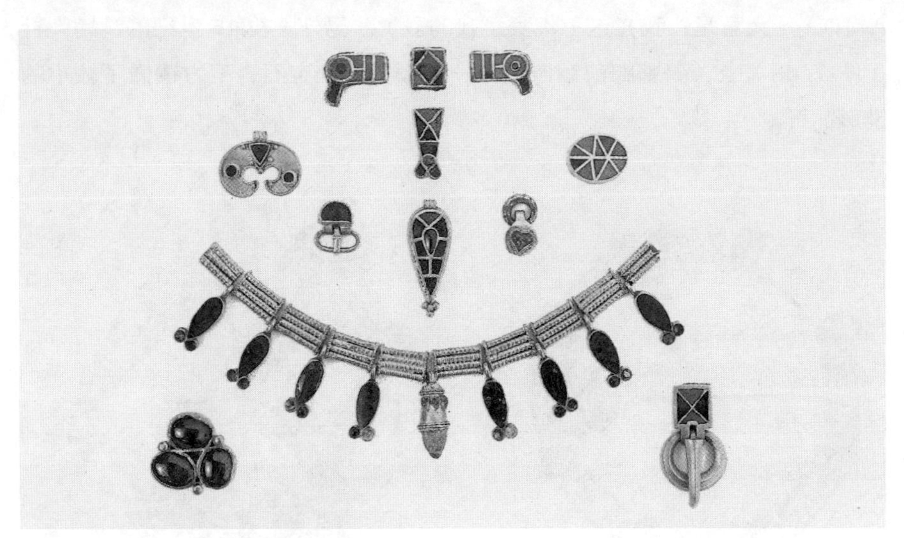

图 3-44　公元 4—5 世纪的异形石榴石镶嵌饰物[1]

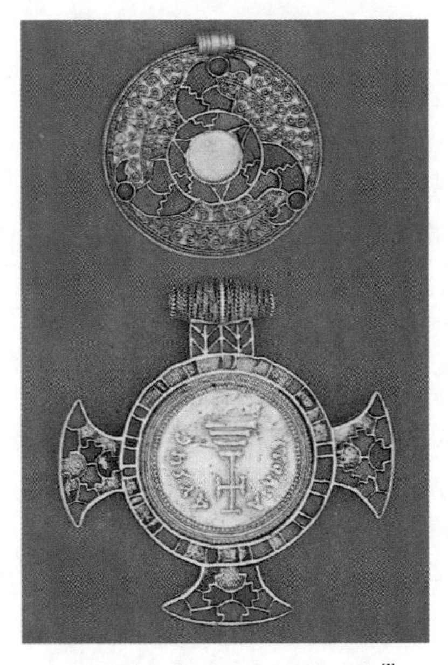

图 3-45　盎格鲁—撒克逊风格的石榴石镶嵌[2]

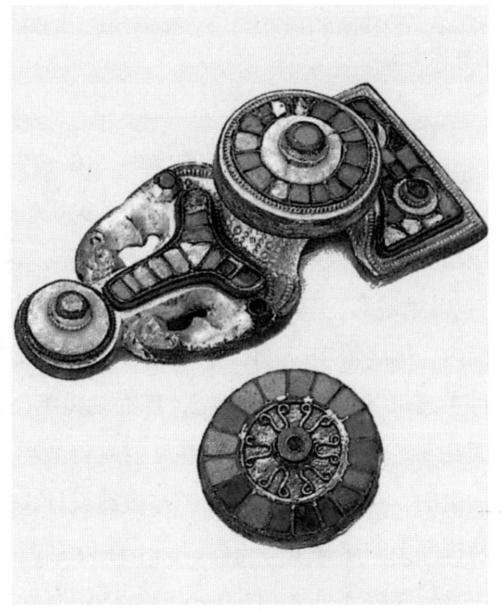

图 3-46　公元 6 世纪日耳曼胸针和带扣上的石榴石镶嵌[3]

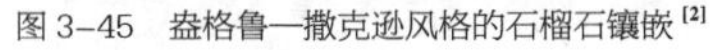

[1] [英] 休·泰特编著，朱怡芳译：《7000 年珠宝史》，北京：中国友谊出版社，2019 年：第 114 页。

[2] 同 [1]。

[3] 同 [1]，第 115 页。

带扣上，也都镶嵌了色泽净度不同的石榴石，以达到多彩、闪耀、变换的效果。

从公元 13 世纪开始，欧洲镶嵌首饰中的名贵宝石除了传统的蓝宝石外，还涌现出了红宝石及少数钻石。如图 3–47 所示，这枚 13 世纪的环形胸针上面交替镶嵌的正是红宝石和蓝宝石，其背面刻有“IO SUI ICI EN LIU DAMI : AMO”（大意是：我在这里代表了我的爱）。另外一枚 15 世纪的鹈鹕胸针（图 3–48）上，鹈鹕胸前镶嵌的是一大颗异形红宝石，下方镶嵌了较小的锥形钻石。

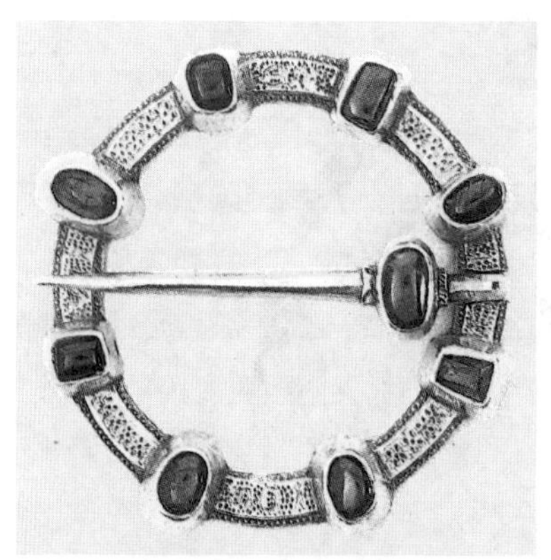

图 3–47　13 世纪镶嵌有红宝石和蓝宝石的环形胸针 [1]

图 3–48　15 世纪的鹈鹕胸针 [2]

延续这个物以稀为贵的传统，16—17 世纪钻石镶嵌饰物逐渐成为高端时尚的标志，而且在切割工艺上形成了突破性的发展。著名的“莱特”饰品在当时风靡皇室和贵族阶层。如图 3–49 所示，这件 1610 年的英国盒式吊坠上面镶嵌有 29 颗钻石，其中 4 颗采用“勃艮第点切”的钻石镶嵌在像花朵一样的透雕饰面内，围绕着字母“R”（苏格兰国王詹姆斯六世暨英国国王詹姆斯一世）。这种工艺可以追溯到 15 世纪，那时勃艮第公爵宫廷的钻石工匠第一次创造了小切面钻石。他们发现钻石能够反射来自适当角度镶嵌的亭部台面的光线。詹姆斯一世时，许多皇室珠宝都经过重新设计，一些旧的宝石重新镶嵌，就像嵌在莱特饰品上的这些宝石一样。另一件英国的“格伦维尔”饰品（1635—1640 年）也是一件盒式吊坠（图 3–50），内部有大卫 · 德斯 · 格兰赫斯的签名“DDG”，上面镶嵌着红宝石和钻石，其中花叶是绿宝石和蛋白石，顶部和底部交点处也

[1]［英］休 · 泰特编著，朱怡芳译：《7000 年珠宝史》，北京：中国友谊出版社，2019 年：第 155 页。
[2] 同 [1]。

是乳白色蛋白石，中央凸起的宝石座上镶嵌着一块较大的蓝宝石。

17 世纪晚期，西班牙的巴洛克风格首饰更加注重宝石为主体的镶嵌理念。图 3–51 所示的香囊（约 1600 年），黄金镶嵌绿宝石组成的外饰内包裹着芳香树脂和安息香球状物。左边的一件是镶嵌有文艺复兴晚期凹雕缟玛瑙的法国带饰，右边的一件则是属于西班牙巴洛克风格的嵌绿宝石吊坠。同样在 17 世纪，莫卧儿王朝宫廷对珠宝的喜爱，也让宝石成为亚洲地区镶嵌首饰的主角。图 3–52 所示是 17 世纪印度莫卧儿王朝时期的吊坠，正面设计了雄鹰展翅的图案，鹰的胸部镶嵌有一颗琢面钻石，通体镶嵌的是扁平切割而成的红宝石。

到了 18 世纪，珠宝镶嵌中越来越多地使用钻石，一方面也归功于 1725 年巴西新钻石矿藏的发现。葡萄牙人在巴西经营的宝石矿很快取代了印度，成为欧洲钻石的主要供应商。自此开始，饰品的重点不仅是镶嵌，还有精彩的宝石切割工艺。一些可拆卸的镶嵌架上镶嵌的大型贵重宝石，还可以连同连接部件取下来组佩在其他首饰上。在欧洲宫廷，男性佩戴的镶嵌宝石的纽扣、皮带扣、肩章、肩带和刀柄，其精美程度几乎可以与女性饰品相媲美。1792 年的伦敦，

图 3–49 “莱特”饰品的盒式吊坠（1610 年）[1]

图 3–50 “格伦维尔”饰品（1635—1640 年）[2]

[1]［英］休·泰特编著，朱怡芳译：《7000 年珠宝史》，北京：中国友谊出版社，2019 年：第 179 页。

[2] 同 [1]，第 177 页。

图 3–51　黄金镶嵌绿宝石香囊（约 1600 年）[1]

图 3–52　印度莫卧儿王朝时期的吊坠（公元 17 世纪）[2]

夏洛特皇后穿着一件布满垂花蕾丝和钻石花束装饰的绿色丝绸裙，上面还挂有两条大宝石项链和流苏，每件垂花饰品上又另外配有钻石项链，其奢华程度可想而知。

18 世纪以来，欧洲的珠宝资源令其在名贵宝石镶嵌方面的技艺和市场话语加强。欧洲历经工艺美术运动、新艺术运动、装饰艺术运动，除了风格和装饰手段的变化，首饰中使用宝石的传统不曾改变。一些专门的珠宝公司陆续出现，而且在设计消费方面变得专业化。19 世纪一些珠宝公司，像伦敦的菲利普斯兄弟（Phillps Brothers）、布罗格登（Brogden），巴黎的法利兹（Falize）、维塞（Wiese）都形成了自己的设计风格，但依旧不能与卡地亚、蒂芙尼或宝格丽这类大品牌媲美。19 世纪晚期，这几个大品牌公司就已有了专门的设计师。直至今天，卡地亚公司的珠宝设计仍然延续着传统宝玉石文化，并在市场上占有特殊地位。图 3–53 所示是三件 1800 年的英国饰物，心形、钥匙和挂锁胸针都经过精心的符号设计，镶嵌使用的钻石、绿松石、红宝石都和造型符号一样有着特定的寓意：红宝石和绿宝石的组合表示爱的承诺。这些设计风格与传统的样式不同，宝玉石作为形式要素、象征符号，又被赋予了新时代的风尚、价值和寓意。

当然，镶嵌技艺的传承并不限于一地一脉。例如，在 16 世纪中期，西班牙

[1]［英］休・泰特编著，朱怡芳译：《7000 年珠宝史》，北京：中国友谊出版社，2019 年：第 183 页。
[2] 同 [1]，第 194 页。

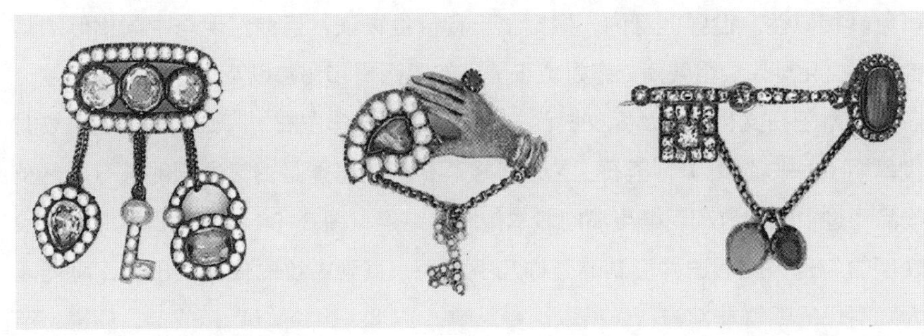

图 3–53 三件 1800 年的英国饰物 [1]

宫廷手工艺匠人开始用奢华的祖母绿等贵重宝石做镶嵌装饰，引领了欧洲装饰绚丽浮华的风格，其他国家也紧随潮流。在当时，根据不同的赞助机会，最杰出的金匠和珠宝匠也会从一个国家的宫廷作坊调到另一个国家的宫廷作坊，由此，工艺技术、风格样式、创意想法得到了很大限度的交流和促进，从而形成了更大范围的跨国、跨文化传承。

其实，不只是人力和技术资源在全世界范围内流动，玉石资源和商品贸易甚至也没有因为战争或灾害而中断太久。印度和缅甸的宝石资源相当丰富，曾为古老的东方国度和中世纪的西欧皇室提供装饰所需的原材料。16—17 世纪，一些地位显耀的王公贵族的宫廷手工艺作坊就有关于大颗未加工的天然宝石的记载。17—18 世纪，欧洲的宝石工匠创造了精细复杂的切割工艺，能让光线经多个转折面射入后呈现出多彩炫目的效果。值得一提的是，赝品或仿造工艺在 18 世纪已形成独树一帜、为人公认的风格。1740 年，法国十分擅长仿造珍贵天然宝石的乔治—弗雷德里克·斯特拉斯（Georges–Frederic Strass）通过革新，以人工合成宝石的方法加工出许多物美价廉且时尚的饰物，其大名甚至已成为此类工艺珠宝的代名词。人工合成方式让宝石不再稀有，方便了一些设计师发挥时尚装饰的奇想，从洛可可风格的饰物中就可以领略到人们对半宝石的青睐。

（二）唯玉石物件文化

玉石直接做成圆雕或饰物、祭祀物，而很少采用镶嵌的情况主要出现在以中国为核心文化地带的亚洲，这从受中国文化影响的韩国、日本的玉石物件中

[1] [英] 休·泰特编著，朱怡芳译：《7000 年珠宝史》，北京：中国友谊出版社，2019 年：第 205 页。

可见其相似性。世界范围内，根据出土和传世物证，目前发现与中国相似的其他玉石文化地带，重要两处就是位于美洲的墨西哥和秘鲁以及大洋洲的新西兰。

日本玉石文化大约从绳文时代（公元前1000年左右）开始，发展到古坟时代早期（3—5世纪），玉石工艺水平较高，推测可能是古代中国的玉石技艺及物品通过中国北方和朝鲜半岛向日本传播的结果。图3–54所示是日本绳文时代晚期的勾玉，此后这种形制的玉饰几乎消失，直到古坟时代再次出现，可能因为同时代的朝鲜非常流行，所以深受影响。17世纪中叶以后，戒指、项链、手镯、耳环中以玉石为材料的首饰在日本传统饰物中式微，而用螺钿工艺制成的年轻女性戴在头发上的漆梳和钗，可能因为与珠宝光彩效果相似且材料易得而有了另辟蹊径的发展。

在古代中国，玉不仅被崇尚为一种美丽的石头——“石之美者”，而且自远古以来就是神圣的象征，具有灵性。毫无疑问，稀有性和人们获得它的艰难性使得玉石这种材质更显珍贵，就像地中海地区的人们对黄金的认识一样。中南美洲的一些远古文明，特别是奥尔梅克文化、玛雅文化和阿兹特克文化，人们创制的玉石饰物和黄金饰物一样出色。由于目前有关美洲远古文化历史知识的局限，尤其是16世纪西班牙人到达美洲之前的史料尚有欠缺，无法确定一些装饰形式出现和流行的精确时间。

不过，公元前200年左右，中美洲和南美洲在玉石材料的使用和表现方面差异比较大。墨西哥奥尔梅克文化时期，仪式用品和饰物中单独用玉石制成物件的情况较多，而公元前200—600年的秘鲁最有特点的是玉石马赛克装饰。图3–55所示是一件高约11厘米的墨西哥奥尔梅克文化时期的玉人像（公元前1000—前100年），似圆雕形式的写实人头一侧平板上有两个文字符号。这件玉器共有四处类似的符号，分别刻在两侧平板上。据专家研究推测，这几处符号可能是后来改制加工时才刻到原本无字的圆雕件上的，而且这个头像可能属于挂件，因为人像高挺的鼻尖处有一个横向的牛鼻孔。相比之下，公元前200—800年，秘鲁纳斯卡地区的马赛克式装饰常在贝壳主体上做成人像，人面及其穿戴由不同材质拼嵌固定而成：人面用骨头刻成，嘴、眼用贝壳雕成，头饰和胸饰采用不同色彩的贝壳、孔雀石、黑色石头拼嵌，铰链处的两个穿孔便于穿绳悬挂。另从一件秘鲁莫奇卡人的耳饰（公元300—800年）上也可以清晰地看到这种贝壳和彩色石头的马赛克装饰（如图3–56）。

建于公元300—900年的宏伟的玛雅文化中枢区遗址遍及墨西哥南部地区、尤卡坦半岛、危地马拉、伯利兹、洪都拉斯和萨尔瓦多西部边缘。从这些已毁的城址中依然能管窥到玛雅建筑师、石匠和雕塑家们精湛卓越的技艺。另外，从彩陶、壁画及一些出土物上可以看到用作头饰、耳饰、唇饰、鼻饰、项链、手镯、脚踝装饰的精美玉饰样貌。当时，从额头到鼻尖棱挺的直线可能是一种审美文化或独特的标志，所以有些玉石物件专门做成较长的桶珠形式。图 3–57 所示就是公元 600—800 年伯利兹的波莫纳（Pomona）的一组玛雅文化玉器饰品，其中有串珠项链、两件喇叭状的葵瓣耳饰、一件桶身带有三角形穿孔的耳塞以及三根长管桶珠。玉石在玛雅文化中是备受尊崇的圣物，在殓葬中玉器的数量象征着墓主人的地位和财富，这一点与中国玉文化十分相似。至于其深层关系，在第四章“共生的结界”中会具体展开阐释。

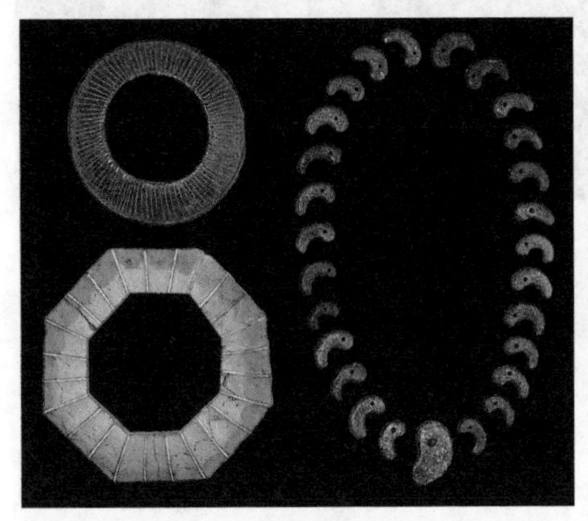

图 3–54 日本绳文时代晚期的勾玉 [1]

图 3–55 墨西哥奥尔梅克文化时期的玉人像 [2]

图 3–56 秘鲁马赛克装饰和莫奇卡人的耳饰 [3]

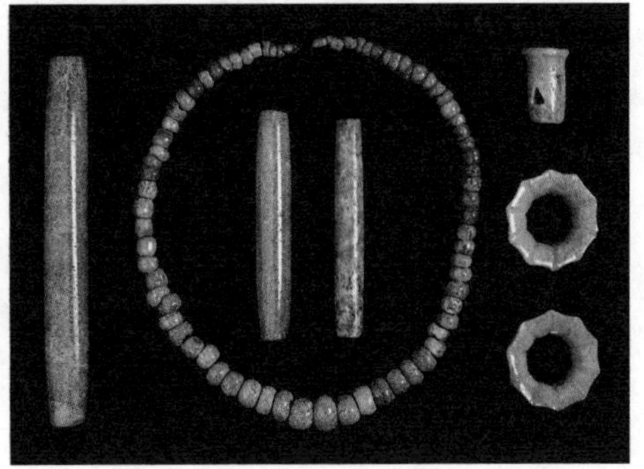

图 3–57 玛雅文化玉器（公元 600—800 年）[4]

[1]［英］休·泰特编著，朱怡芳译：《7000 年珠宝史》，北京：中国友谊出版社，2019 年：第 134 页。

[2] 同 [1]，第 91 页。

[3] 同 [1]，第 93 页。

[4] 同 [1]，第 137 页。

不难发现，从奥尔梅克文化到玛雅文化，将玉石做成人像并钻孔的传统一直持续着。图 3–58 所示是一件玛雅文化人头饰物（公元 600—800 年），高度不足 7 厘米，背面雕空，整体钻有三套对孔，应是为了固定在另一个构件上。另外四件人像（图 3–59）也属于玛雅文化时期的人形玉吊坠（公元 600—1000 年），它们虽然长相、穿着不同，但均为双手护胸的仪式性姿势。

图 3–58　玛雅文化人头玉器（公元 600—800 年）[1]

图 3–59　玛雅文化人形玉吊坠（公元 600—1000 年）[2]

同样是玛雅文化（公元 600—800 年）玉器，约 14 厘米宽的倒梯形玉吊版发现于玛雅地区以外的特奥蒂华坎（Teotihuacan，位于墨西哥），它可能是某件胸饰、头饰或腰饰的其中一部分（图 3–60）。这件版饰上身材较大的人像衣着盛装，有头饰、耳饰、颈饰、胸饰、手镯和腰饰，而且好像坐着在说什么，因为其口鼻处散播出一圈动感的涡纹。这种表现方式在后文出现的德拉洛克雨神图像中亦可见到。另外，还有四件同时期的玉版饰（图 3–61），上面也都有浅浮雕人物，且都钻有透孔，可能用来悬挂或固定。图中右上角的正面像是玛雅文化的玉米神，其下部有三个小的对钻孔，说明也许还有其他连接物件。神像和其他三件人物侧面像中的装饰物有颈饰、耳饰和臂饰，推测也是当时玉石做成的饰物。与玛雅文化因中断消失而如今无法洞悉全貌的情况不同，在今天，我们能够在大洋洲的新西兰看到毛利人玉石文化的延续。作为新西兰原住民的毛利人，他们不仅与中国保持着密切的玉石矿物贸易，还传承了他们本土的标志性玉石图腾文化——“Hei–tiki”（图 3–62）和“Hei–matau”（图 3–63）；其中“tiki”指被森林之神创造的人类始祖，“Hei”表示一种人像颈饰，“matau”表示一种鱼钩形颈饰。他们用新西兰当地的绿色或深绿色

[1]［英］休·泰特编著，朱怡芳译：《7000 年珠宝史》，北京：中国友谊出版社，2019 年：第 139 页。

[2] 同 [1]，第 138 页。

图 3-60 玛雅文化梯形玉吊版（公元 600—800 年）[1]

图 3-61 玛雅文化带人像的玉版（公元 600—800 年）[2]

图 3-62 新西兰毛利人玉器“Hei-tiki”[3]

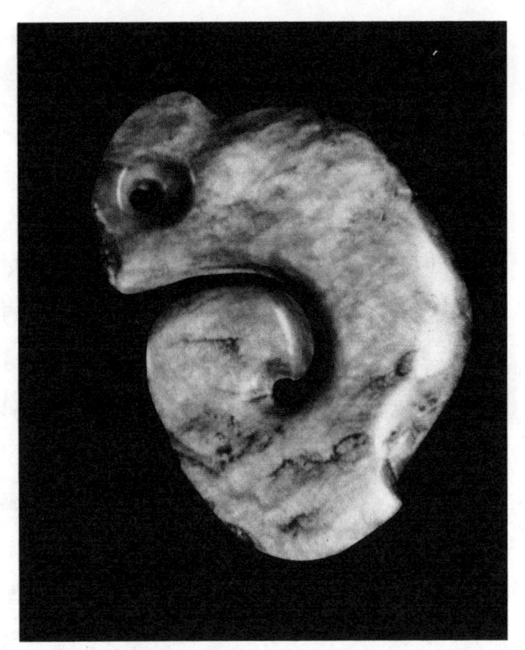

图 3-63 新西兰毛利人玉器“Hei-matau”[4]

[1] ［英］休·泰特编著，朱怡芳译：《7000 年珠宝史》，北京：中国友谊出版社，2019 年：第 139 页。

[2] 同 [1]。

[3] Russell J. Beck. *New Zealand Jade: The Story of Greenstone*. A.H.&A.W.REED Ltd., 1970: p52.

[4] 同 [3]。

碧玉做成“Hei-tiki”和“Hei-matau”（这在前文治玉技术部分和毛利人的玉石传说中已有详说）。起初这些玉石人像的眼睛上还镶嵌有叫做“Paua”的贝壳[1]，而且为了防止吊坠损坏，在图腾造型时，工匠特意将尾部藏在后面以便制孔悬挂。

（三）玉石护身符传统

玉石因为其客观的材质特性和远古时期人们对万物有灵的认知，很早就被用作保护人身体和灵魂的媒介。例如，在美索不达米亚古老的玉石饰物中，动物类型就比较常见，像尼尼微（Nineveh，古代亚述的首都）的一件白色石双头动物吊坠，还有叙利亚特尔·布拉克（Tell Brak）遗址出土的用石头和彩釉做成的动物吊坠以及青蛙和苍蝇等。这些出土实物有些可以从神话故事或文献记载中得到印证。巴比伦神话传说中就有一位女神戴着青金石做成的苍蝇挂饰，以此警示洪水将会毁灭人类世界。伊拉克乌鲁克出土的公元前7世纪绿色玉石护身符（图3-64），仅高6厘米左右，上面刻有楔形符号、长着鹰头和鹰爪的女性恶魔拉马什图（Lamashtu），两侧刻有文字。它用粗简的方式刻画出恶魔拉马什图的形象。由于拉马什图是美索不达米亚文化中一个专门对分娩期妇女产生危险的恶魔，这件不同寻常且制作粗糙的护身符正是用来保护佩戴者不受拉马什图的威胁，而能够赶走邪恶的拉马什图的是风神帕祖祖（图3-65）。

塔洛斯（撒丁岛）腓尼基文化墓葬出土的一件饰物则显示了吸收埃及文化原型的护身符象征符号形式。由黄金和红玉髓珠制成的项链带有猫形吊坠、猎鹰吊坠、埃及文字中表示心脏的符号以及荷鲁斯之眼吊坠（图3-66）。从莫斯塔各达（Mostagedda）公元前2550年第四王国时期一位女性的墓葬中，发现黄金和绿松石珠穿成的项链上也有一件黄金猎鹰护身符。另外几件大小不足2厘米的玉石护身符其制成年代约为公元前2300—前2100年，包括红玉髓右手护身符、红玉髓腿脚、深绿色碧玉龟、底足背靠背的双头狮、紫水晶猎鹰、粉色石灰岩人面（图3-67）。比较罕见的是双头狮护身符，它代表死者重生并进入一个新世界。事实上，黄金做成的猎鹰护身符并不多见，常见的还是用石头制作并搭配装饰组件的形式。猎鹰护身符的原型与《死亡之书》LXXVII章内容有密切关联。

古埃及前王朝时期的护身符很容易辨认出来，但古王国后期和第一中间期

---

[1] Russell J. Beck. *New Zealand Jade: The Story of Greenstone.* A.H.&A.W.REED Ltd., 1970, p.52.

图 3–64 公元前 7 世纪绿色玉石护身符 [1]

图 3–65 公元前 7 世纪青金石帕祖祖头骨形护身符 [2]

图 3–66 公元前 6 世纪腓尼基文化玉石护身符 [3]

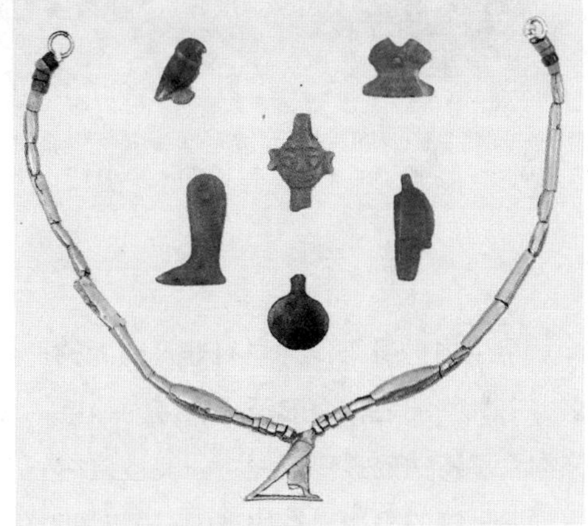

图 3–67 粉色石灰岩人面 [4]

的护身符因装饰表现形式和材质种类大幅增多而不易区分其是否具有护身符的功能。有些玉石承续了之前历史的意义，比如绿长石和绿松石仍然象征着“新生”，红玉髓或红色的碧玉象征“生命之血”，蓝色的青金石象征“天”。与交感巫术原理、万物有灵思想相通，猎鹰和公牛形式的护身符表示能够赋予佩

[1] [英] 休 · 泰特编著，朱怡芳译：《7000 年珠宝史》，北京：中国友谊出版社，2019 年：第 223 页。

[2] 同 [1]。

[3] 同 [1]，第 224 页。

[4] 同 [1]，第 219 页。

戴者（尤其是专属的物主人）某种特殊力量（图 3–68）；蝎子、乌龟、死亡和黑暗的动物形式则能够以奇特之力令人们驱避危险；鱼形护身符能够保护人们不溺水，像用绿色石头做成的鱼坠（被称作“nekhaw”）护身符通常就拴在儿童的锁辫上防止孩子溺水（图 3–69）；青蛙和猫形的护身符则与保佑丰产能力有关。此外，还有金属和珠宝搭配制成的筒形护身符（图 3–70）。穿戴有这些动物身体某一部位或样貌的饰物，能够使人们身体相应的部位获得加强的特殊力量，或是起到一种替代作用以抵挡危难和灾祸。

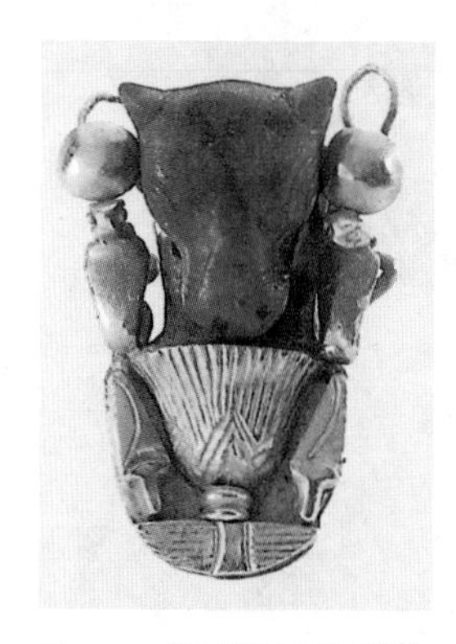

图 3–68　黄金嵌青金石牛头护身符（公元前 1300—前 1100 年）[1]

图 3–69　埃及中王国时期（公元前 1900—前 1800 年）的绿长石鱼坠护身符 [2]

图 3–70　三颗紫水晶短柱珠与金珠穿成的筒形护身符 [3]

圣甲虫护身符作为具有非凡能力的护身符，象征着重生或复活。根据《死亡之书》的记述，心形圣甲虫应为绿色，且要放在木乃伊心脏的位置。圣甲虫饰物除了特殊的丧葬用途，一般被装在一个环形嵌槽中，有的刻有铭文，以强化其护身符的力量。在埃及中王国时期的一组王室饰品中，有三件圣甲虫饰物（图 3–71）：最上方的是内嵌玛瑙、绿长石和青金石的展翅圣甲虫（第十二世王朝，公元前 1885 年）；中间是底比斯一枚镶嵌青金石圣甲虫的金戒指，上面刻着“伊涅特夫”（INYOTEF）的名字；下方是镶嵌了人面雕像的碧玉圣甲虫饰（第十七世王朝，公元前 1640 年），饰件侧面和底面上粗糙地刻有一段《死亡之书》第 XXXB 章的象形文字，这段文字咒语为的是保护佩戴者的心脏不受到外界危害，特别是在所谓“心典礼”上称重时无论有无疾病都能保障他在另

[1]［英］休·泰特编著，朱怡芳译：《7000 年珠宝史》，北京：中国友谊出版社，2019 年：第 223 页。
[2] 同 [1]，第 221 页。
[3] 同 [1]，第 222 页。

一个世界享有永恒的幸福。其实，圣甲虫玉石镶嵌戒指作为贴身的护身符比较常见，如图 3–72 所示为埃及圣甲虫戒指（公元前 1800—前 1500 年），仅 2.6 厘米宽，黄金指圈中间是刻有圣甲虫的绿色碧玉戒面。这个圣甲虫图案带有第十八王朝早期的风格特征，戒面中心呈盘结状，并环绕有四条蛇形和四只古埃及神鹰（ankh–sign）标记；其中的圣甲虫代表重生，神鹰象征永生，蛇表示众多恩赐。到后来，圣甲虫护身符戒指还有红玉髓、绿玻璃装饰的，比如两件公元前 6 世纪的腓尼基印章戒指（图 3–73）：红玉髓圣甲虫印章戒指上雕刻了伊西斯哺育法老守护神荷鲁斯以及奥西里斯的形像，场景顶上有带羽翼的圆盘；另外一件仅 1 厘米长的绿色玻璃圣甲虫戒指，两面都刻有圣树和展翅的斯芬克斯，用以保护佩戴者免受将临的危害。

在中国文化中，“蝉”是一种代表重生的生物。尽管蝉和圣甲虫属于不同物种，但是汉代殓葬用玉中的玉（琀）蝉（图 3–74）与古埃及圣甲虫作为护身符的功能十分相似，只不过玉蝉并未作为戒指等饰物，而且在发挥阴世的护佑作用时还必须和其他殓玉组合使用。

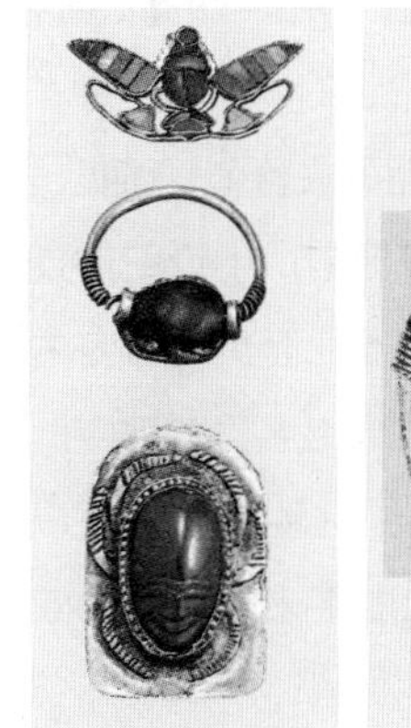

图 3–71 埃及中王国时期三件圣甲虫玉石镶嵌饰物[1]

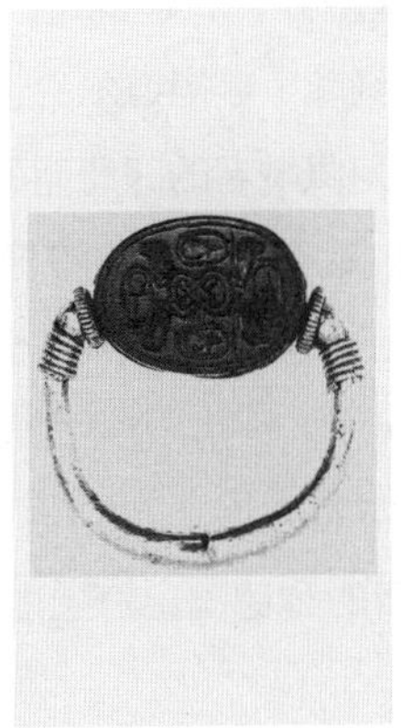

图 3–72 碧玉圣甲虫戒指（公元前 1800—前 1500 年）[2]

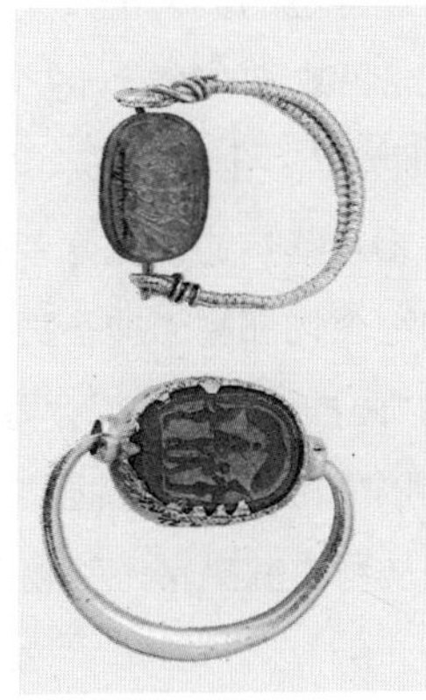

图 3–73 公元前 7 世纪的腓尼基印章戒指[3]

图 3–74 徐州博物馆藏西汉玉蝉

古希腊和罗马时代，宝石雕刻的神性饰物并非随意设计或选择，一些看上去很纯粹的图案都代表着能够防御恶魔侵害。例如，与地狱以及与阿斯克勒庇俄斯（Asclepius）之类的治愈之神有关的蛇形手镯，在希腊和罗马帝国时期就

[1] [英] 休 · 泰特编著，朱怡芳译：《7000 年珠宝史》，北京：中国友谊出版社，2019 年：第 36 页。
[2] 同 [1]，第 222 页。
[3] 同 [1]，第 258 页。

很流行。此外，罗马帝国时期还有赫尔克里斯结、生殖崇拜符号、新月和太阳战车护身图腾，不过车轮在凯尔特文化中还代表一位重要的神——塔拉尼斯。基督教的兴起，并未使珠宝护身符的功能有所改变，而是又附加了特殊的宗教护佑意义。4 世纪，君士坦丁大帝以诏令形式承认了基督徒的合法身份，随后华丽珠宝开始出现在有基督形象或十字架等宗教符号的饰物上。

在阿尔卑斯山以北地区，具有魔力的珠宝饰物或是护身符通常都与特殊的玉石设计有密切关系，像是黄金玛瑙戒指上带有神奇的北欧符咒铭文，还有牙齿和水晶球吊坠形式的饰物，其他一些武器和男性物品中也有类似的设计，象征其代表的魔力。

无论是宗教社会还是非宗教社会，玉石饰物和护身符不仅展现了束之高阁的信仰，还作为日常生活的组成部分真实存在着。整个中世纪，人们普遍相信：珍贵的石头和特殊雕刻的宝石具有神奇的魔力与真善美的品质。石头具有特殊的力量，比如红锆石能助长财富，红宝石可以激励人心。属于化石的玄武斑岩实际上是一种化石碎片，常被用来验毒，而人们认为它是从蟾蜍额头上长出来的。有的石头具有宗教和冥想修行的价值，比如宗教徒相信，当注视深蓝色的蓝宝石沉思时，可以让自己的灵魂进入天国境界。有趣的是，中世纪的珠宝匠十分看重玉石拥有者或佩戴者的德行。在《约翰·曼德维尔爵士的珠宝匠》中，珠宝匠表达了这样一种观点：上等钻石会因为佩戴者的罪孽而失去价值。可见，人与玉石的真善美是相互影响的，无德者必然不会被护身符保佑。中世纪时期与基督和圣徒有关的纪念物都属于神圣贡品，因为宗教的神圣性而具有护身的力量。当时流行的圣物匣挂件，通常都会再现耶稣的事迹并镶嵌上名贵的珠宝。例如，14 世纪中叶制作的法国金圣棘匣护身符（图 3–75）。这件护身符可以开合，盒内的圣棘是从拜占庭皇帝圣路易斯的鲍德温皇冠上取下来的，盒外双面则镶嵌了紫水晶。

与古埃及护身符戒指上以铭文咒语的形式实施保护的原理一样，护身符戒指上的宝玉石不但被赋予了专门的护佑意义，有些戒指也会刻上特殊的祈福护佑的文字。由于文化观念的差异，有些纪念性或是原本作为护身符的遗物，越来越多地被佩戴而非安静地摆在那儿被观瞻。就连原来很少被人们诵唱的祷告文之类的文字也开始被刻在护身符上，像“万福玛利亚”[1] 就常出现在护身符饰物上。有时，刻上“耶稣”这个名字就意味着免受一切邪恶伤害。同样，“三王”（智者亲临主显节）的名字被刻在珠宝上以求庇护；《圣经》上的诗句偶

[1] 也称作“圣母颂”。

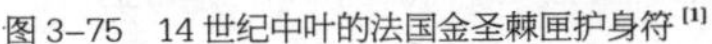

图 3-75　14 世纪中叶的法国金圣棘匣护身符[1]

图 3-76　12—15 世纪的英国护身符戒指[2]

尔也被用作庇护铭文。毋庸置疑，人们相信这些铭文具有符咒作用。多个世纪以来，冒险家和旅行者不断地寻求圣者的庇护，而刻上圣者的形象就能得到福音。例如，12—15 世纪的一组英国护身符戒指（图 3-76），四枚都镶嵌了有庇护意味的玉石——红锆石（右下）、石榴石（右上）、玄武斑岩（左上）、蓝宝石（左下），而且蓝宝石戒指沿着圈环还刻有文字“天使的致敬”（Angelic Salutation）。

罗马时期的宝玉石饰物中已可见有一些带有避邪作用的有“眼”玛瑙，而 19 世纪早期的避邪饰物（图 3-77）中的“眼”形胸针、吊坠可能就与古罗马护身符中有“眼”玛瑙表达的意义和功能异曲同工。有时也会专门用玻璃工艺着色烧造或是用不同材质和色彩的玉石切割镶嵌而刻意做成这种“眼”，目的就是效仿天然玉石“眼”的形式以起到护佑作用。前面也提到了古代和中世纪人们普遍认为水晶具有护身符的保护作用，佛教文化中的水晶也与趋利避害的

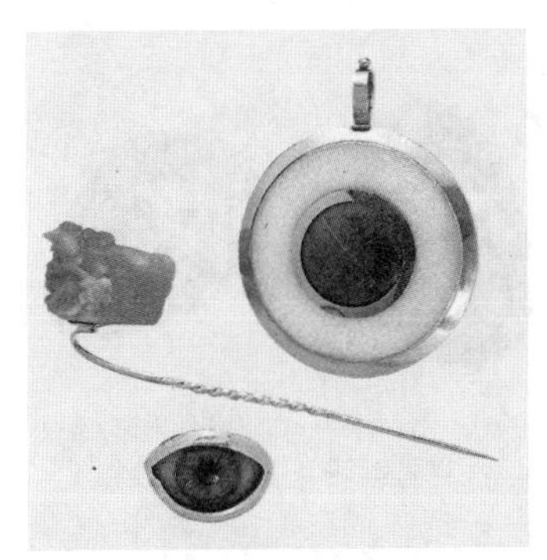

图 3-77　19 世纪早期的“眼”形避邪饰物[3]

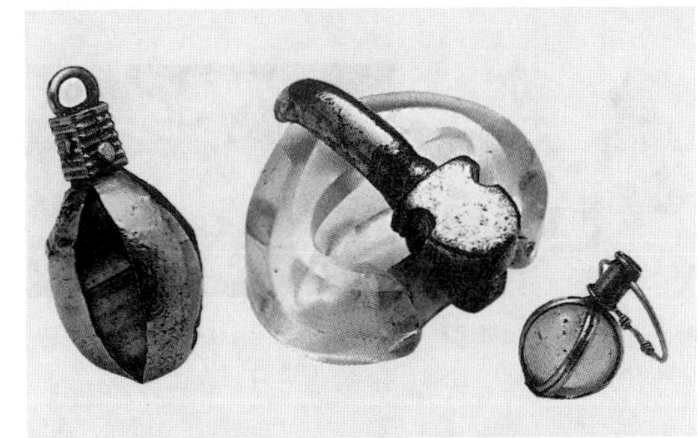

图 3-78　疑似墨洛温王朝时期的水晶和玛瑙护身符[4]

[1] [英] 休·泰特编著，朱怡芳译：《7000 年珠宝史》，北京：中国友谊出版社，2019 年：第 231 页。

[2] 同 [1]，第 232 页。

[3] 同 [1]，第 237 页。

[4] 同 [1]，第 230 页。

意义有关。在欧洲大陆和英格兰一些富人的墓葬里都发现有水晶珠球，像三件墨洛温王朝时期（也可能是伦巴第时期）的水晶和玛瑙护身符（图 3–78），珠子上还带有金属束固架以便携带。

与基督教护身符中比较单一的珍宝镶嵌情况相比，佛教、印度教和伊斯兰信仰中的护身符使用玉石装饰更加丰富，而且逐渐形成了规范和象征体系。佛教中的护身符讲究制作者要自持神圣的信念，有高僧加持祝愿的护身符会更具护身奇效。公元前 3 世纪，佛教已传入犍陀罗[1]，常见的护身符是桶珠形带盖的饰物。当然，带有珠宝镶嵌的护身符大都是富足的犍陀罗教徒和贵族佩戴的。例如，在贾拉拉巴德（阿富汗）一个佛塔发现的 2—3 世纪犍陀罗八棱形桶盒，开盖上镶嵌有石榴石，八个棱面及两端还有绿色的底石（图 3–79）。

伊斯兰教同样认为书写的经文有护佑作用，比如《古兰经》中的诗节（尤其是经文第五篇章关于保护的文字），缩写的“古兰经”字样、神的名字或属性特征、圣人的名字、具有特殊意味的书写体形式，都可以作为护身符装饰。男性、女性、动物，以及任何需要保护的对象都可以佩戴。4 世纪波斯萨珊王朝的玛瑙戒指（图 3–80）上有一句铭文，而且刻有母狼哺育两个孩子的图案，不由得让人联想到罗马建城“Romulus”和“Remus”的故事。

玉扳指是一种特殊的物件，中国的帝王，特别是喜好狩猎骑战的统治者会佩戴。因为它的实用功能与射箭稳定有关，所以也被视为护佑权力、避除危害的护身符。如图 3–81 所示，左边的扳指是中国公元前 5 世纪的墨玉扳指，上面装饰有“C”形龙头；右边的是 17 世纪莫卧儿王朝时期的青玉扳指，上面镶嵌有红宝石和蓝宝石。

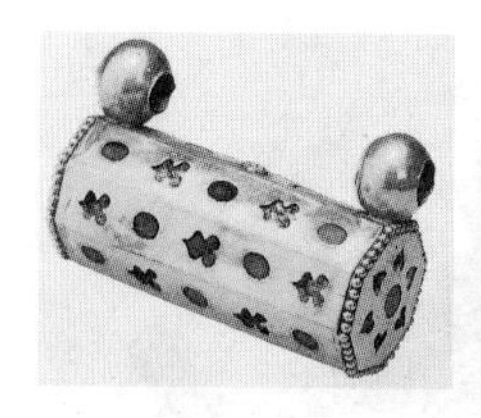

图 3–79　2—3 世纪犍陀罗八棱形桶盒[2]

图 3–80　公元 4 世纪波斯萨珊王朝的玛瑙戒指[3]

图 3–81　公元前 5 世纪的墨玉扳指（左）和公元 17 世纪的青玉扳指（右）[4]

[1] 古代犍陀罗王国（大致是现代巴基斯坦喀布尔河的河谷）有一条贸易路线连接中国，还涉及地中海地区。

[2] [英] 休・泰特编著，朱怡芳译：《7000 年珠宝史》，北京：中国友谊出版社，2019 年：第 239 页。

[3] 同 [1]，第 258 页。

[4] 同 [1]，第 261 页。

二、“魔力”的科学探索之路

（一）灵修术中的宝玉石文化

世界范围内，不论是人类存在的最朴素信仰，还是万物有灵，或是天人合一，或是石崇拜，或是宗教崇拜，甚至炼金术、占星术、医疗方术、魔法术、巫术等实践探索中，宝玉石文化与这些不同时空的信仰联系不胜枚举。早在石器时代，部落、氏族的男女会佩戴取材于自然或经过打磨加工的宝玉石，它们具有护身和装饰功能，能保护佩戴者免受伤害。国家文明和宗教社会中，佩戴宝石曾是王室或祭司的特权，如前文提及的犹太教大祭司就戴有镶嵌宝石的胸甲。

其实，玉石的特殊力量尤其是魔力（magic）和对人的治愈能力，从远古延续至今，并不局限于前面论说的道、佛玉石为药的玉文化。现今，人们用灵修术的概念来界说人类探索身体、物质、意识与宇宙之联系，而无法全然用科学知识解释。随着科学的不断发展、认知的不断变化，人们日渐包容、接纳曾被视为巫术或魔法的灵修术，并开始寻求其中的能量、磁场、物质反应等物理、化学等科学根据以及哲学依据。

当代随着“治未病”[1]和“身体健康替代疗法”[2]的兴起，玉石矿物在人体能量平衡中发挥的作用也逐渐为主流社会所包容，但是人们依然倾向于向科学解释取证。由于玉石放在人身上或旁边是否起到治疗效果是因人而异的，而且是建立在个体体验和个体差异性上的，目前还不能得到让人信服的符合当下科学常识的解释。

天然的晶石、水晶球或者以之做成的镜子在占卜上使用，大都源自水晶能与人的精神世界沟通的认知传统。晶石的神奇使用方式通常不被现代科学认可，因为这总和一些疑似迷信的行为活动纠缠在一起。然而，现代科学也认识到了矿物和晶石的某些奇特性质并加以利用，包括手表（石英的压电性）、汽车火花塞（蓝晶石）、医用激光器（红宝石）以及航天飞机的窗户材料（蓝宝石）等。

其实，宝玉石对人精神、情绪和生理的治愈历史由来已久。从出土文物和

[1]“治未病”最早可追溯到中国《黄帝内经》提出的“上医治未病”，其主张是一种预防大于治疗的健康理念。

[2] 如今推行的晶石疗法就是源自西方社会 20 世纪 80 年代开始兴起的替代疗法。有关石头的疗愈魔力再向前追溯可见于罗马、阿拉伯哲学文献以及古印度的阿育吠陀传统。

文献记载来看，距今不少于5500年。它们与传统占星术、东方的传统道（中）医和印度的阿育吠陀有着或多或少的联系。

已有8000多年历史的阿育吠陀（梵文“Ayurveda”，指的是“生命科学”）作为古印度传统医学知识，是世界上最古老的医药体系之一。作为一种兼有按摩、锻炼、食疗和静思的整体性传统养生方法，阿育吠陀赋予了宝石以特殊的地位。据古书记载，造物主之光由星球传递到地球，宝玉石恰恰收集并传播这些能量。如果某个人的健康受到了不和谐事情的影响，阿育吠陀医师能鉴别出是相应的哪颗星球出了问题，然后建议患者佩戴合适的宝石以消除病害，减缓不良影响。表3-3所列就是阿育吠陀关于星球和与之对应的宝玉石文化的相关内容。

表3-3　阿育吠陀关于星球和与之对应的宝玉石文化[1]的相关内容

星球名称	与之对应的宝石名称	象征意义
太阳	红宝石	雄性的守护神、活力、成功
月亮	珍珠	雌性守护神、平静、舒适、安康
水星	祖母绿	教育、智力、言语、幽默
金星	金刚石	爱、美、艺术
火星	珊瑚	勇气、信心、体力
木星	黄蓝宝石	哲理、心灵成长、财富、学识
土星	蓝宝石	名望、寿命、诚信、公正
罗睺	锆石	（北交点，月亮的升交点） 躁动、世俗的成功、武力、自私
计都	猫眼石	（南交点，月亮的降交点） 钝性、灵性、无着、无私

起源于古印度的“精微体”的概念与“Aura”气场说的原理基本相通（图3-82），并被众多替代疗法（包括晶石疗法）采用。精微体是一个系统性的无法察觉的通道网络（经脉），生命的能量（生命素）通过这些通道进行输送。识别并矫正不适当的能量模式有助于身体恢复平衡、释放压力并修复创伤。七个轮穴（梵文的 “轮”叫做“Chakra” ）分布在头顶到脊椎底部的身体中心部位，现代也有细化为十个轮穴的情况。每个轮穴管控着相应的肉体、心智、心灵，可以影响精微体的健康能量主接收器和分配器以此来优化生命素的流动。平衡轮穴是晶石治疗法的关键，我们可以用晶石有活力的主色调能量去供应各

[1] 根据《水晶基本导引》整理。参见：Sue and Simon Lilly. *The Essential Guide to Crystals*. Watkins Media Ltd，2006.

个轮穴[1]。如表3–4所列，每个轮穴部位放相应颜色、属性的石头（图3–83），有时短短几分钟就能让身体系统能量得到一定的平衡（图3–84）。

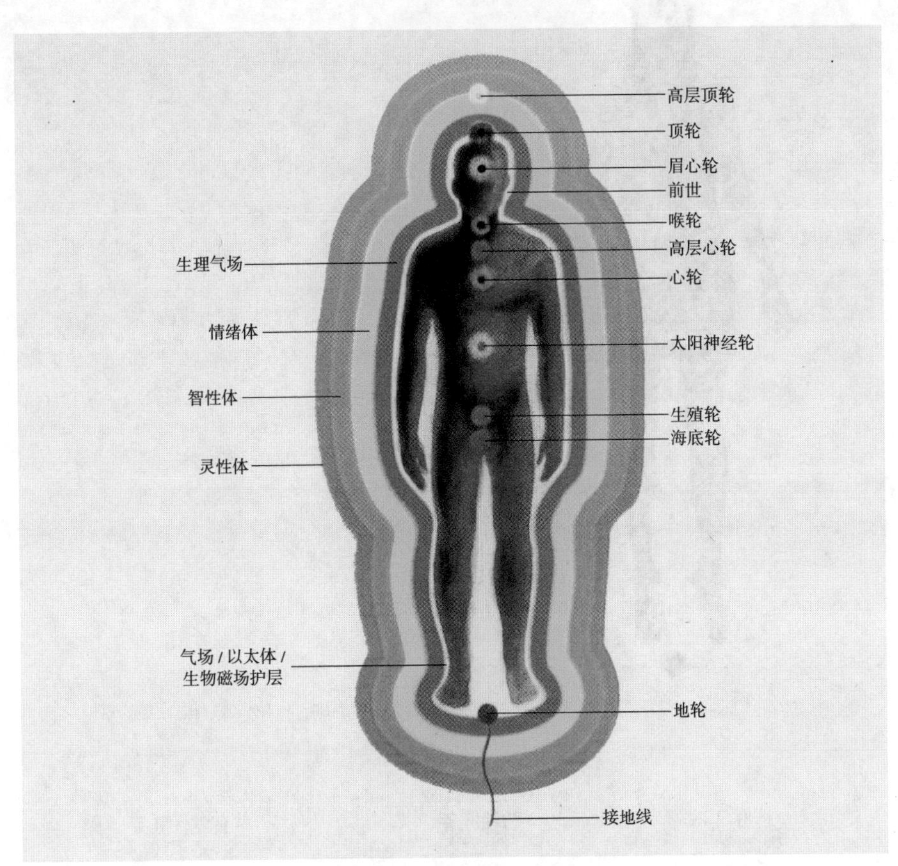

图3–82 人体能量气场和轮穴结构[2]

不同属性的玉石能够调节人体气场（Aura）的能量。比如，紫水晶能够净化气场，黑曜石能够吸收负能量，萤石和电气石能提供人体天然的护盾，磁铁矿能强化人的气场。这种理念和实践研究不断发展形成一定的体系、方法和阐释。例如，西方星相学中的生辰石（诞生石）文化就认为特定的玉石在宇宙中对应每个人能够释放能量或调节磁场，它与一定月份（甚至星盘时刻）出生的人之间有相通性，而且可以联结来自相应行星上的信息。这些玉石能护佑对应

[1] Sue and Simon Lilly. *The Essential Guide to Crystals.* Watkins Media Ltd，2006.

[2] 根据《水晶圣经》（*The Crystal Bible*）重绘。参见：Jude Hall. *The Crystal Bible.* Octopus Publishing Group，2003：p367.

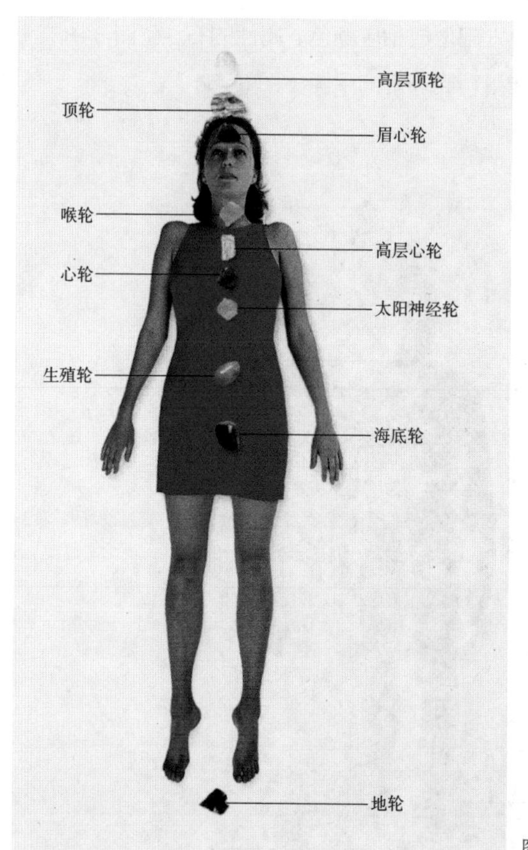

图 3–83　与人体轮穴对应的宝玉石[1]

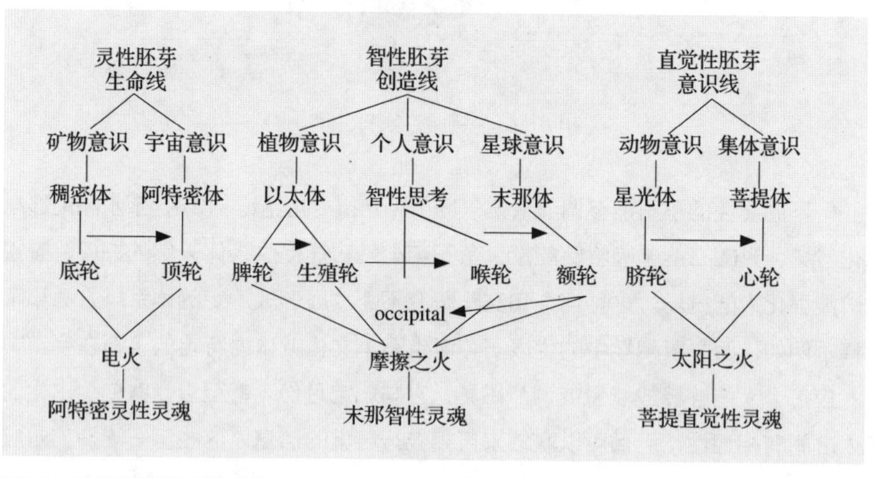

图 3–84　脉轮和意识载体的关系[2]

---

[1] 根据《水晶圣经》（*The Crystal Bible*）重绘。参见：Jude Hall. *The Crystal Bible*. Octopus Publishing Group，2003：p365.

[2] [法] 仁表著，刘美伶译：《心灵治疗与宇宙传统》，上海：上海古籍出版社，2012 年：第 133 页。

生辰星象的人，具有对应的亲和力和吸引力。尽管黄道十二宫（十二星座）都有代表性的生辰石，但其实可以起到作用的不止一种玉石。从表 3–5 中可见，每个星座对应着多种生辰石的可能性。

表 3–4　与人体七大脉轮（浅绿色）及相关身体位置对应的色彩和玉石[1]

脉轮和位置	对应的色彩	对应的玉石	针对的问题	正面作用	负面影响
星系之门 stellar gatewat chakra	白色	与高层顶轮某些玉石相同	沟通，通往其他世界的宇宙之门	与宇宙内外的最高能量联结，与智慧生命体沟通	无法融合，与宇宙虚假信息的开放联系，无法发挥作用
灵魂星体 soul star chakra	淡紫色 / 白色	与高层顶轮某些玉石相同	灵魂的联结和最高层面的自我开示	与终极灵魂联结，在高频光中灵魂与身体交织，与心灵意愿的交流，客观审视过去生活	灵魂分裂，向外星入侵开放，救世主情结，没有赋权的救援
高层顶轮 higher crown chakra	白色	紫锂辉石、鱼眼石、天青石、白云母、月光石、透锂长石、阿赛斯特莱石、似晶石	精神启蒙	精神，协调到更高层次的事，被启蒙，真正的谦卑	向入侵开放，为入侵提供空间，幻象和妄想
顶轮 crown chakra（Sahasrara）	紫色	捷克陨石、黄水晶、石英、红色蛇纹石、紫色碧玉、透明电气石、金绿柱石、锂云母、紫色蓝宝石	精神联系	神秘，创意，人道主义，给予的服务	过度想象，虚幻，傲慢，利用权力控制他人

[1] 根据《水晶基本导引》以及《水晶圣经》整理。参见：Sue and Simon Lilly. *The Essential Guide to Crystals*. Watkins Media Ltd，2006. Jude Hall. The Crystal Bible. Octopus Publishing Group，2003.

续表

脉轮和位置	对应的色彩	对应的玉石	针对的问题	正面作用	负面影响
苏摩轮 soma chakra	淡紫色	与顶轮的某些玉石相同	精神联系	精神性的觉悟和完全的意识	切断精神滋养和与内在的联系感觉
眉心轮[1] brow/third eye chakra（Ajina）	靛蓝	鱼眼石、方钠石、捷克陨石、蓝铜矿、闪灵钻（赫基蒙钻石）、青金石、石榴石、紫色萤石、紫锂辉石、锂云母、带蓝铜矿的孔雀石、皇家蓝宝石、铁蓝色黑曜石、阿赛斯特莱石、氯铜矿	直觉和心智联系	直觉，敏锐，远见，此在	分隔，恐惧，依恋过去，迷信，受别人想法的侵袭
枕骨前世轮 past-life or alta-major chakra（Alta）	淡蓝绿色	与喉轮的某些玉石相同	前世延续的记忆	智慧，生活技能，本能的想法	情绪的负担，紧张不安，半途而废
喉轮 throat chakra（Vishuddha）	蓝色	蓝铜矿、绿松石、紫水晶、海蓝宝石、蓝色托帕石、蓝色电气石、琥珀、紫锂辉石、紫水晶、锂云母、蓝色黑曜石、透锂长石	沟通交流	能表达自己的真实想法，接受意愿，理想主义，忠实	无法用语言表达想法或感觉，滞钝，教条，不忠
高层心轮 higher heart chakra	粉色	绿铜矿、紫锂辉石	无条件的爱	慈悲心，同情心，同理心，有教养，宽容，精神的联系	精神上的隔绝，悲伤，需要，无法表达的感情

[1] 也叫额轮。

续表

脉轮和位置	对应的色彩	对应的玉石	针对的问题	正面作用	负面影响
心轮 heart chakra （Anahata）	绿色	蔷薇石、绿水晶、砂金石、紫锂辉石、磷铝石、白云母、红色方解石、蔷薇辉石、西瓜碧玺、粉色电气石、绿色电气石、橄榄石、鱼眼石、锂云母、摩根石、绿水晶、粉色赛黄晶、红宝石、硅孔雀石、绿色蓝宝石	爱	爱，慷慨，有同情心，有教养，灵活变通，自信，包容	与感情无关，无法表达出爱，嫉妒，占有，缺乏信心，吝啬，抗拒改变
心底 heart seed chakra	粉色	与心轮的某些玉石相同	灵魂记忆	追溯肉身的记忆，与神圣期待的联系，显现潜力的有效工具	无根性，无目的性，迷失
脐轮 solar plexus chakra （Manipura）	黄色	孔雀石、碧玉、虎睛石、黄水晶、黄色电气石、金绿柱石、红纹石、菱锌矿	情感联系和同化	同理心，善的能量利用，组织、逻辑、积极的才智	缺乏能量利用，情绪的负担，能量过滤，懒惰，过于情绪化，冷漠，愤世嫉俗，接受他人感情和问题的影响
脾位 spleen chakra	淡绿色	与脐轮的某些玉石相同	能量过滤	自立，强有力	精疲力竭和被操控

续表

脉轮和位置	对应的色彩	对应的玉石	针对的问题	正面作用	负面影响
生殖轮 sacral chakra（Svadhisthana）	橙色	蓝色碧玉、红色碧玉、橙色红玛瑙、托帕石（黄玉）、橙色方解石、黄水晶	创造力和生育力	坚定，自信，丰富，繁殖力，勇气，快乐，性，感官愉悦，认同	自尊心弱，不孕不育，残忍，自卑，迟钝，情绪化，思想固化，华而不实
海底轮 base chakra（Muladhara）	红色	蓝铜矿、血玉髓、硅孔雀石、黑曜石、金黄色托帕石、黑色电气石、红玛瑙、黄水晶、红色碧玉、烟晶	生存本能	基本安全，自己的力量感，自然的领导力，积极，独立	不耐烦，害怕毁灭，想死，暴力，愤怒，性欲过度或无能，报复，过度积极，冲动，操纵
地轮和深地轮 earth chakra &higher earth chakra	棕色	堪萨斯神石、火玛瑙、褐色碧玉、烟晶、赤铜矿、赤铁矿、红褐色黑曜石、电气石、蔷薇辉石	物质联系	接地，实用，在日常现实中运转良好	不接地，没有力量感，在日常现实中运转得不好，消极

注：

1. 表中浅绿色标记的是普遍认为的七大脉轮。
2. 英文下括号内对应的是该轮的梵文发音。

表 3–5　西方星相学中黄道十二宫（星座）和生辰石[1]

星座（黄道十二宫）名称	主生辰石	对应的生辰石
白羊座（3 月 21 日—4月19日）	钻石 血玉髓	紫水晶（amethyst）、海蓝宝石（aquamarine）、砂金石（aventurine）、血玉髓（bloodstone）、红玛瑙（carnelian）、黄水晶（citrine）、钻石（diamond）、火玛瑙（fire agate）、石榴石（garnet）、翡翠（jadeite）、碧玉（jasper）、紫锂辉石（kunzite）、磁铁矿（magnetite）、粉色电气石（pink tourmaline）、橙色尖晶石（orange Spinel）、红宝石（ruby）、尖晶石（spinel）、托帕石（黄玉，topaz）

[1] 根据《水晶圣经》（*The Crystal Bible*）整理。参见：Jude Hall. *The Crystal Bible*. Octopus Publishing Group，2003，p.362.

续表

星座（黄道十二宫）名称	主生辰石	对应的生辰石
金牛座（4月20日—5月20日）	虎睛石 电气石	海蓝宝石（aquamarine）、蓝铜矿（azurite）、黑色尖晶石（black spinel）、堪萨斯神石（波吉石，boji stone）、钻石（diamond）、祖母绿（emerald）、蓝晶石（kyanite）、紫锂辉石（kunzite）、青金石（lapis lazuli）、孔雀石（malachite）、蔷薇石（rose quartz）、蔷薇辉石（rhodonite）、蓝宝石（sapphire）、月光石（selenite）、虎睛石（tiger's eye）、托帕石（黄玉，topaz）、电气石（tourmaline）、磷铝石（variscite）
双子座（5月21日—6月20日）	黄水晶 玛瑙	玛瑙（agate）、磷灰石（apatite）、鱼眼石（apophyllite）、海蓝宝石（aquamarine）、蓝色尖晶石（blue spinel）、方解石（calcite）、硅孔雀石（chrysocolla）、黄水晶（citrine）、树枝玛瑙（dendritic agate）、绿色电气石（green tourmaline）、蓝宝石（sapphire）、蛇纹石（serpentine）、电气石（tourmaline）、电气石和金红石石英（tourmalinated and rutilated quartz）、虎睛石（tiger's eye）、托帕石（黄玉，topaz）、磷铝石（variscite）、黝帘石（zoisite）、硼钠钙石（ulexite）
巨蟹座（6月21日—7月22日）	月长石 祖母绿	琥珀（amber）、绿柱石（beryl）、棕色尖晶石（brown spinel）、红玛瑙（carnelian）、方解石（calcite）、玉髓（chalcedony）、绿玉髓（chrysoprase）、祖母绿（emerald）、月长石（moonstone）、欧泊（蛋白石，opal）、珍珠（pearl）、粉色电气石（pink tourmaline）、蔷薇辉石（rhodonite）、红宝石（ruby）、苔藓玛瑙（moss agate）、火玛瑙（fire agate）、树纹玛瑙（dendritic agate）
狮子座（7月23日—8月22日）	金绿柱石 红宝石	琥珀（amber）、堪萨斯神石（波吉石，boji stone）、猫眼石或虎睛石（catr's or tigerr's eye）、红玛瑙（carnelian）、硅孔雀石（chrysocolla）、黄水晶（citrine）、赛黄晶（danburite）、祖母绿（emerald）、火玛瑙（fire Agate）、石榴石（garnet）、金绿柱石（golden beryl）、绿色和粉色电气石（green and pink tourmaline）、紫锂辉石（kunzite）、拉利玛石（Larimar）、白云母（muscovite）、缟玛瑙（onyx）、橙色方解石（orange calcite）、透锂长石（petalite）、软锰矿（pyrolusite）、石英（quartz）、红色黑曜石（red obsidian）、红纹石（菱锰矿，rhodochrosite）、红宝石（ruby）、托帕石（黄玉，topaz）、绿松石（turquoise）、黄色尖晶石（yellow spinel）

续表

星座（黄道十二宫）名称	主生辰石	对应的生辰石
处女座（8月23日—9月22日）	橄榄石 缠丝玛瑙	天河石（amazonite）、琥珀（amber）、蓝色托帕石（blue topaz）、绿铜矿（dioptase）、红玛瑙（carnelian）、硅孔雀石（chrysocolla）、黄水晶（citrine）、石榴石（garnet）、磁铁矿（magnetite）、月长石（moonstone）、苔藓玛瑙（moss agate）、欧泊（蛋白石，opal）、橄榄石（peridot）、紫色黑曜石（purple obsidian）、红色碧玺（rubellite）、钛晶（金发晶，rutilated quartz）、蓝宝石（sapphire）、缠丝玛瑙（sardonyx）、方钠石（sodalite）、舒俱来石（sugilite）、菱锌矿（smithsonite）、水硅钙石（okenite）
天秤座（9月23日—10月22日）	蓝宝石 欧泊	紫黄晶（ametrine）、鱼眼石（apophyllite）、海蓝宝石（aquamarine）、砂金石（aventurine）、血玉髓（bloodstone）、空晶石（chiastolite）、贵橄榄石（chrysolite）、祖母绿（emerald）、绿色尖晶石（green spinel）、绿色电气石（green tourmaline）、玉（jade）、紫锂辉石（kunzite）、青金石（lapis lazuli）、锂云母（lepidolite）、红褐色黑曜石（mahogany obsidian）、月长石（moonstone）、欧泊（蛋白石，opal）、橄榄石（peridot）、蓝宝石（sapphire）、托帕石（黄玉，topaz）、葡萄石（prehnite）、日长石（太阳石，sunstone）
天蝎座（10月23日—11月21日）	赫基蒙钻 黑曜石	阿帕契眼泪（魔导石，天然火山玻璃，apache tear）、海蓝宝石（aquamarine）、绿柱石（beryl）、堪萨斯神石（波吉石，boji stone）、紫龙晶（查罗石，charoite）、绿铜矿（dioptase）、祖母绿（emerald）、石榴石（garnet）、绿色电气石（green tourmaline）、闪灵钻（赫基蒙钻石，herkimer diamond）、紫锂辉石（kunzite）、孔雀石（malachite）、月长石（moonstone）、黑曜石（obsidian）、红色尖晶石（red spinel）、红纹石（菱锰矿，rhodochrosite）、红宝石（ruby）、托帕石（黄玉，topaz）、绿松石（turquoise）、希登石（翠铬锂辉石，hiddenite）、磷铝石（variscite）

续表

星座（黄道十二宫）名称	主生辰石	对应的生辰石
射手座（11 月 22 日—12 月 21 日）	托帕石 孔雀石	紫水晶（amethyst）、蓝铜矿（azurite）、蓝纹玛瑙（blue lace agate）、玉髓（chalcedony）、紫龙晶（查罗石，charoite）、深蓝色尖晶石（dark blue spinel）、绿铜矿（dioptase）、石榴石（garnet）、金曜石（gold sheen obsidian）、拉长石（Labradorite）、青金石（lapis lazuli）、孔雀石（malachite）、雪花黑曜石（snowflake obsidian）、粉色电气石（pink tourmaline）、红宝石（ruby）、烟晶（smoky quartz）、尖晶石（spinel）、方钠石（sodalite）、舒俱来石（sugilite）、托帕石（黄玉，topaz）、绿松石（turquoise）、钼铅矿（wulfenite）、水硅钙石（okenite）
摩羯座（12 月 22 日—1 月 19 日）	煤玉 黑电气石	琥珀（amber）、蓝铜矿（azurite）、光玉髓（carnelian）、萤石（fluorite）、石榴石（garnet）、绿色和黑色电气石（green and black tourmaline）、煤玉（jet）、拉长石（labradorite）、磁铁矿（magnetite）、缠丝玛瑙（onyx）、橄榄石（peridot）、石英（quartz）、红宝石（ruby）、烟晶（smoky quartz）、绿松石（turquoise）、文石（aragonite）、方铅矿（galena）
水瓶座（1 月 20 日—2 月 18 日）	紫水晶 玉髓	琥珀（amber）、紫水晶（amethyst）、天使石（angelite）、海蓝宝石（aquamarine）、蓝色天青石（blue celestite）、蓝色黑曜石（blue obsidian）、堪萨斯神石（波吉石，boji stone）、绿玉髓（chrysoprase）、萤石（fluorite）、拉长石（labradorite）、磁铁矿（magnetite）、月长石（moonstone）、氯铜矿（atacamite）
双鱼座（2 月 19 日—3 月 20 日）	海蓝宝石 绿松石	紫水晶（amethyst）、海蓝宝石（aquamarine）、绿柱石（beryl）、血玉髓（bloodstone）、蓝纹玛瑙（blue lace agate）、方解石（calcite）、绿玉髓（chrysoprase）、萤石（fluorite）、拉长石（labradorite）、月长石（moonstone）、绿松石（turquoise）、菱锌矿（smithsonite）、日长石（太阳石，sunstone）

基于古老的能量平衡认知和方术传统的延续，治疗师利用宝玉石矿物的物理和化学特性来实现在宏观宇宙世界与微观个体系统之间建立呼应的磁场、能量场以调节“人体—宇宙”的平衡与和谐。

按照矿物科学的专业界定：宝玉石有着一定的化学分子式和晶体结构；它们是由于地壳运动，在沉积或变质作用下形成的无机物；它们就是地球的DNA和记忆芯片，记录着地球的变化和发展印记。在自然界的晶石之中常见七种几何形状[1]：三角形、正方形、长方形、六边形、菱形、平行四边形和梯形。三角形构成三角晶体，正方形构成立方晶体，长方形构成四方晶体，菱形构成正交晶体，平行四边形构成单斜晶体，梯形构成三斜晶体。当然，晶石的外部形态也不一定反映其内部结构，因为它的核心是原子，而无法用肉眼观测的粒子会以特定的规律运动；故而，尽管一块石头表面看起来很平静，但是实际上其内部的分子和原子可能正在以一定频率振动或沸腾，这正是晶体的能量来源。

对于灵修术中的能量治疗，宝玉石的外观、大小、美丑、新旧都无关紧要，在治疗中发挥治疗效果的是肉眼不可见的原子晶格结构。例如，等轴晶系的石榴石、金刚石、萤石，能够帮助人们释放压力，促生人们的创造力；三方晶系的蓝宝石、水晶、碧玺、红宝石能够带来稳固和激励的力量；四方晶系的锆石、金红石能够调节平衡性和协调性；六方晶系的海蓝宝石、祖母绿可以影响组织性和支持力；斜方晶系的橄榄石、黄玉、天青石帮助联结通畅信息流；单斜晶系的透石膏和锂辉石可调节情绪和提升洞察力；三斜晶系的拉长石影响开放性和保护性。无论它们以何种外观形式出现，特定的晶体结构都能吸收、保存、聚焦并释放能量，尤其是在电磁波波段。

有些宝玉石因其内含的矿物质可起到疗愈作用而变得知名，尤其是水晶（石英）。远古时期的萨满和古代的水晶疗愈者都熟悉水晶能将声音和光振动聚焦成一束集中光线的特性。在人体皮肤上转动水晶魔棒，从上向下的运动操作过程中，水晶会形成一束不可见的磁力，磁场会让人感受到压力（与中医的艾灸感受相似），从而实现治疗。再如，含有高浓度铜的孔雀石，可以减少肿胀和缓解炎症，有助于减缓肌肉疼痛。佩戴孔雀石手镯可以让身体像佩戴铜手镯一样吸收微量铜。在古埃及，孔雀石被磨成粉末涂在伤口上以治愈感染。今天，它依旧是强有效的解毒剂，不过由于它本身有毒，所以依据“以毒攻毒”的顺势疗法原理，通常仅用于外部治疗。

[1] 亦有“六大晶系”之说，即立方晶系、四方晶系、六方 / 三方晶系、单斜晶系、斜方晶系、三斜晶系，是根据三条结晶轴的相对长度和方向定义的分类。

古代的疗愈者通过实践发现，有些宝玉石能刺激人体迟钝的器官而令人精力充沛，有些反而能使人体过度活跃的器官平静下来。带正电荷和负电荷的磁铁矿能让过度活跃的器官镇静并刺激不活跃的器官以达到平衡。灵修术认为人的疼痛（非外伤）可能是由能量过剩、阻塞或虚弱造成，针对这些问题可以使用特定的宝玉石来解决（表 3–6）。比如，天青石或玫瑰石英会使人平静，迅速消除偏头痛从而达到能量平衡；玛瑙则会刺激能量；大教堂水晶可以缓解任何类型的疼痛。一旦清楚地知道自己头痛的根源，通过选择适当的水晶治疗就可以使疼痛得到缓解。若是由压力引起的头痛，把紫水晶、琥珀或绿松石放在额头上可以舒缓压力；若是因为吃东西而产生的胃痛，用能使肠胃平静的月长石或黄水晶比较合适。

表 3–6　人的身体器官及系统与相应治疗使用的宝玉石 [1]

人体器官及系统	相应治疗使用的主要宝玉石
头部	琥珀、绿色电气石、深蓝色电气石、绿柱石、蓝纹玛瑙
眼部	海蓝宝石、绿柱石、玉髓、绿玉髓、蓝宝石、紫龙晶、深蓝色电气石、天青石、蓝色萤石、火玛瑙、猫眼石、橙色方解石
耳	琥珀、红黑色和雪花黑曜石、天青石、蔷薇辉石、橙色方解石
牙	海蓝宝石、钛晶、萤石
颈部	海蓝宝石、石英
肩膀	月光石
下颌	海蓝宝石
喉咙	海蓝宝石、绿柱石、青金石、蓝色电气石、琥珀、绿色碧玉
胸、肺部	藓纹玛瑙、硅孔雀石、海纹石、绿松石
肺部	绿柱石、粉色电气石、橄榄石、蔷薇辉石、琥珀、绿铜矿、紫锂辉石、青金石、绿松石、红纹石、缠丝玛瑙、蓝色电气石、硅孔雀石、祖母绿、摩根石
心脏	红宝石、绿水晶、砂金石、绿龙晶、祖母绿、绿碧玺、赤铜矿、蔷薇石、紫龙晶、蔷薇辉石、石榴石、绿铜矿
消化道	硅孔雀石、红玉、绿色碧玉
脾	琥珀、海蓝宝石、蓝铜矿、血玉髓、玉髓、红色黑曜石
胃	绿色萤石、火玛瑙、绿柱石

[1] 根据《水晶圣经》（*The Crystal Bible*）整理。参见：Jude Hall. *The Crystal Bible*. Octopus Publishing Group，2003.

续表

人体器官及系统	相应治疗使用的主要宝玉石
肝	海蓝宝石、绿柱石、血玉髓、红玛瑙、红色碧玉、紫龙晶、赛黄晶
胆囊	红玛瑙、碧玉、托帕石（黄玉）、方解石、黄水晶、黄色石英、虎睛石、玉髓、赛黄晶
胰腺	红色电气石、蓝纹玛瑙、硅孔雀石
肠	绿柱石、橄榄石、天青石、绿色萤石
阑尾	贵橄榄石
膀胱	托帕石（黄玉）、碧玉、琥珀、橙色方解石
肾脏	海蓝宝石、绿柱石、血玉髓、赤铁矿、翡翠、软玉、蔷薇石、黄水晶、橙色方解石、烟晶、琥珀、白云母
前列腺	绿玉髓
睾丸	翡翠、托帕石（黄玉）、红玛瑙、磷铝石
输卵管	绿玉髓
女性生殖系统	红玛瑙、月长石、绿玉髓、琥珀、托帕石（黄玉）、绿帘花岗岩
血液循环系统	紫水晶、血玉髓、玉髓、赤铜矿、赤铁矿、红色碧玉
静脉	磷铝石、软锰矿、雪花黑曜石
毛细血管	树枝玛瑙
松果体	单晶体、蔷薇辉石
神经系统	琥珀、绿玉、青金石、绿色电气石、树枝玛瑙
骨髓	紫色萤石
垂体	彼得石
甲状腺	琥珀、海蓝宝石、蓝铜矿、蓝色电气石、黄水晶
胸腺	砂金石、蓝色电气石
内分泌系统	琥珀、紫水晶、黄色碧玉、粉色电气石、火玛瑙
免疫系统	紫水晶、黑色电气石、青金石、孔雀石、绿松石
代谢系统	紫水晶、方钠石、软锰矿
脊柱	石榴石、电气石、拉长石、绿柱石
肌肉组织	赤铜矿、磁铁矿、赛黄晶
胳膊	孔雀石、翡翠

续表

人体器官及系统	相应治疗使用的主要宝玉石
手	捷克陨石、海蓝宝石、月长石
骨骼系统	天河石、蓝铜矿、硅孔雀石、方解石、赤铜矿、萤石、树枝玛瑙、紫色萤石、缠丝玛瑙、黄铁矿
膝盖	蓝铜矿、翡翠
关节	方解石、蓝铜矿、蔷薇辉石、磁铁矿
皮肤	蓝铜矿、褐色碧玉、绿色碧玉
足	缟玛瑙、烟晶、鱼眼石
后背	孔雀石、蓝宝石、青金石
下腰	红玛瑙

由此可见灵修术中水晶（石英）的核心地位。不同的水晶性态可发挥各异的特殊作用[1]，有的直接与治疗相关，有的则辅助冥想修行。比如：六个面几乎一样且向尖端汇聚的发电机水晶，能够为治疗和冥想提供焦点；较为细长的激光魔棒水晶能够推动能量流动，释放或扩张能量；以精神治疗师马塞尔·沃格尔命名的沃格尔水晶是经过人工设计切成的一头大一头小的双头水晶魔棒，能够促使能量从各晶面流动并形成聚焦。此外，有些合成水晶或改善处理过的水晶也能起到一定的治疗作用[2]，但整体而言天然水晶是首选。

灵修术中的治疗师或受疗者必须存有一个信念，那就是：水晶具有强大的生命力，它们需要得到尊重。你尊重了，它们将非常乐意与你合作。所以灵修的人通常会有一个专门的“水晶日”，即净化水晶并与水晶一起冥想来调节思绪和能量。冥想从红色水晶开始激活和唤醒，穿过彩虹光谱进入橙、黄、绿、蓝、靛、紫和透明，把自己带到最高的水晶振动，由此得到放松，感到平静的愉悦。治疗师将这些天然的玉石看作有生命的人，在对待它的保护、存放、净化、护理、使用等方面有一系列专门的讲究。尤其强调在每次治疗使用前后必须彻底净化，从而避免它们吸纳周围的能量而干扰平衡治疗的效果。清洗过的玉石如同受过平衡治疗的人一样，比那些使用后未净化的、其能量被破坏而疲倦的玉石更加明亮、有神彩。治疗师创设的净化方法主要有：自然流水和日光月光净化法、声音净化法、晶簇净化法、海盐净化法、熏香净化法等。

[1] 近现代民间仍然有使用石头镜的习惯。石头镜其实就是由茶色、褐色天然水晶制成的眼镜，能够对人眼视力进行调节，而且天然褐色水晶能够减少强光对人眼的刺激。

[2] Sue and Simon Lilly. *Crystals Healing*. Lorenz (London), 2001.

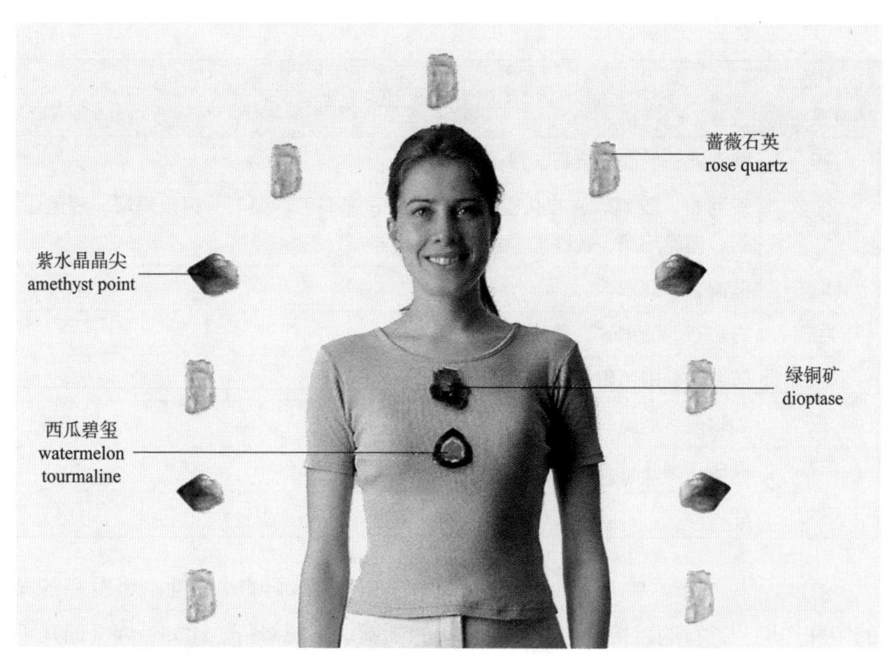

图 3-85　心轮疗愈时的晶石摆放[1]

宝玉石在治疗时，要以一定的阵列布置对应于人的经脉通行位置，或用特殊的操作动作来实现效果。例如，以一定速度、方向、节奏和频率来移动棒状晶柱体，或是悬吊玉石并做钟摆运动来消除人体不平衡的能量，像是心轮疗愈时的方法（图 3-85）：将七个蔷薇石、一个绿铜矿石、一个西瓜碧玺置于图中所示的位置；阵式保持 20 分钟后撤掉玉石；可以加四个带尖的紫水晶，令其指向外部，以吸收、消解滞压在人心脏部位的不平衡情绪。

灵修术中也有使用宝玉石制精华液和晶石水的做法。治疗师们认为晶石的能量信号可以引入水分子，通过液体引导人身体中的分子能量，然后形成平衡。具体来说，非水溶性的、无毒的石头，比如理想的石英族晶石，清洗过后放入一个专门洁净的玻璃容器，倒满自然的泉水，在太阳下磁化日晒几小时或是过一夜后把矿物拿走，白天慢慢喝这些水用以治疗。

如今，对于怎样认识、选择、购买、保存和使用灵修治疗用途而非装饰用途的宝玉石逐渐普遍。在一些国家和地区已出现专门的店铺、沙龙、杂志和书籍（图 3-86）甚至网站论坛，像 *Lepidiary Journal*、*Mind-Body-Spirit* 之类的杂志，以及成系列的《水晶圣经》（*The Crystal Bible*）等。由于潜在的

[1] 根据《水晶圣经》（*The Crystal Bible*）翻译重绘。参见：Jude Hall. The Crystal Bible. Octopus Publishing Group, 2003, p.23.

信众增多，这些所谓的玉石特殊疗法不免因经济利益而出现虚假宣传或商业炒作（图 3–87）。对于普通百姓来说，究竟是相信基于自我学习的知识，还是直接体验或间接的经验，又或是依赖某些引导者和组织？怎样鉴别此类“黑科技”？又怎样判定它不是当代的“巫术”呢？希望通过本书的讨论，能够使智者见智，去伪存真。

图 3–86　英国的水晶灵修法器和治疗店铺

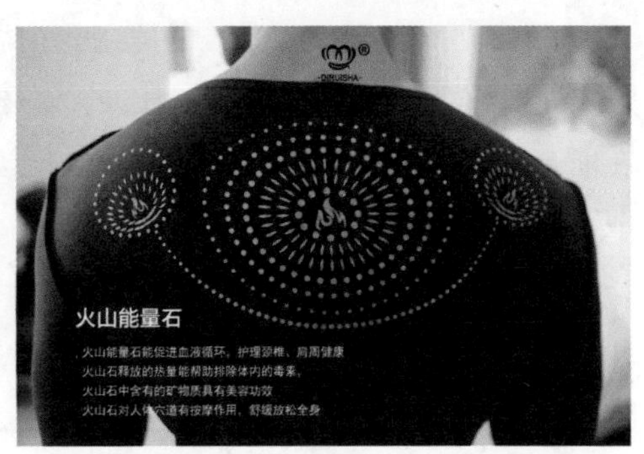

图 3–87　某内衣品牌的玉璧能量装[1]

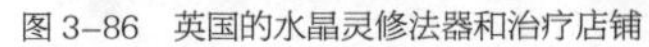

（二）“新宗教”对经典中宝玉石的批判性释读

有了前文讨论技术原罪、道德伦理的基础，就比较容易理解“新宗教”对正统经典的释读既有继承也有复魅的做法。

其实，各大宗教的经典中都有和玉石的密切联系。当代被称作“新宗教”的执着于探索或坚信“未知文明”的流派和追随者，比如世界各地的“UFO迷”及其研究者，尽管属于松散的团体，但因其共同的探索追求而被视为新世纪批判“迷信”科学、揭示世界未解之谜、“祛魅”的批判思潮和力量。他们的批判中，有对玉石象征意义的解构和重构。

根据前文的分析可知，尽管当代人们对水晶的认识主要针对它的装饰性，但实际上，水晶乃是一种最古老的治疗手段。在治疗传统中，它被视为地球的血脉，并且用于护佑人的灵魂和生命。根据伊拉克地区的考古发现，早在 5500 年前就已出现把青金石和碧玉放在活人身体周围来治疗疾病的古老医方；其中还记录了血玉髓能够治疗血液疾病，将光玉髓和绿松石戴在新生儿的脖子上用来保护他们不受侵害。

[1] 据该品牌宣传，其材料含有的火山能量石能疗愈肩、颈病痛。

玉石更是神话故事中不曾缺席的元素，像苏美尔女神伊娜（Inanna，阿芙罗狄蒂和金星的先驱）在传入地界时就戴着青金石珠宝，并用她的青金石棒来测算人的寿命长短。玉石被视为神的身体或有神性的生命体，像图坦卡蒙丧葬用途的珠宝中，利比亚金色陨石（沙漠玻璃）（图 3-88）、“伊西斯之血”、青金石和绿松石不仅作为装饰，它们的主要功能是保护图坦卡蒙的灵魂进入另一个世界。

在印度，占星术使用玉石的传统也已持续了数千年。通常从神话传说中可以了解到各种玉石的传奇来源。比如，埃及就有天蛇在战斗中汗水变成宝石落在地上的神话。还有一些文化中，将宝石比作天上降下的雨露，也有将水晶比成宇宙苍穹和行星环绕的模型。

第三节 “玉德”说的伦理学幻象与现实

一、《周礼》之幻象和“玉德”说的演绎

（一）塑造幻象以对抗僭越的工具

从《礼记》对“玉德”的符号规定，到《周礼》将玉作为权力合法化的进一步建构，提供了一种礼制社会的和谐幻想——在这样的社会中，人们完全服从符合“法天地之道”的社会价值取向，似乎没有异向个人价值存在的可能。

《周礼》对玉之职官权力合法化的规定见于“玉府”之职、“玉人”之事：

> 玉府掌王之金玉、玩好、兵器。凡良货贿之藏，共王之服玉、佩玉、珠玉。王齐，则共食玉；大丧，共含玉、复衣裳、角枕、角柶。掌王之燕衣服，衽席床笫，凡亵器。若合诸侯，则共珠槃、玉敦。凡王之献，金玉、兵器、文织、良货贿之物，受而藏之。凡王之好赐，共其货贿。（引自《周礼·天官·冢宰·大府／职币》）
>
> 玉府，上士二人、中士四人、府二人、史二人、工八人、贾八人、胥四人、徒四十有八人。（引自《周礼·天官·叙官》）

及祀之日，赞玉币爵之事。祀大神示，亦如之。享先王，亦如之，赞玉几、玉爵。大朝觐会同，赞玉币、玉献、玉几、玉爵。大丧，赞赠玉、含玉。（引自《周礼·天官·冢宰·大宰》）

玉人之事，镇圭尺有二寸，天子守之；命圭九寸，谓之桓圭，公守之；命圭七寸，谓之信圭，侯守之；命圭七寸，谓之躬圭，伯守之。天子执冒四寸，以朝诸侯。天子用全，上公用龙，侯用瓒，伯用将，继子男执皮帛。天子圭中必，四圭尺有二寸，以祀天；大圭长三尺，杼上终葵首，天子服之；土圭尺有五寸，以致日、以土地；祼圭尺有二寸，有瓒，以祀庙；琬圭九寸而缫，以象德；琰圭九寸，判规，以除慝，以易行；璧羡度尺，好三寸，以为度；圭璧五寸，以祀日月星辰；璧琮九寸，诸侯以享天子；谷圭七寸，天子以聘女；大璋中璋九寸，边璋七寸，射四寸，厚寸，黄金勺，青金外，朱中，鼻寸，衡四寸，有缫，天子以巡守。宗祝以前马，大璋亦如之，诸侯以聘女。瑑圭璋八寸。璧琮八寸，以覜聘。牙璋中璋七寸，射二寸，厚寸，以起军旅，以治兵守。驵琮五寸，宗后以为权。大琮十有二寸，射四寸，厚寸，是谓内镇，宗后守之。驵琮七寸，鼻寸有半寸，天子以为权。两圭五寸有邸，以祀地，以旅四望。瑑琮八寸，诸侯以享夫人。案十有二寸，枣栗十有二列，诸侯纯九，大夫纯五，夫人以劳诸侯。璋邸射素功，以祀山川，以致稍饩。（引自《周礼·冬官·考工记·玉人》）

另外，《周礼》不仅通过“以玉作六器”的“玉器”构建宗法尊亲明信制度来强调“君权天授”的天命合法化，还塑造了“以玉作六瑞”的“玉瑞”制度来维护现世社会生活中人与人之间等级关系的合法化：

以玉作六器，以礼天地四方：以苍璧礼天，以黄琮礼地，以青圭礼东方，以赤璋礼南方，以白琥礼西方，以玄璜礼北方。皆有牲币，各放其器之色……以玉作六瑞，以等邦国：王执镇圭，公执桓圭，侯执信圭，伯执躬圭，子执谷璧，男执蒲璧。（引自《周礼·春官·宗伯第三》）

尤其是“玉瑞”，专为天子、王公、诸侯等特权阶层所享用，供其朝觐、聘问、施命、馈赠之用，在贵族间的社会政治生活中表身份、明等级、致功利。作为现实可见的参照物，不属于特权阶层却觊觎权力的群体会顺理成章地将其视为攻击和瓦解的符号对象。

春秋战国时期，不同社会阶层、群体从自身利益和需要出发，确定各家各派的价值取向，提出社会价值观和个体价值观的诉求，天人之辨、群己之辨、义利之辨、德力之辨引起了诸多争论。此时，社会上形成了激烈的价值冲突，非礼之举、僭越之事、篡夺之风屡见不鲜。玉器符号的专属性逐渐被打破，玉石并用和以同样级别数量的石、陶器替代玉器的僭越现象严重，这甚至成为原有贵族统治阶级之外的人用来标识伪等级地位、形成新身份认同的符号。面对脱离了原本贵族统治垄断用玉的宗法制度，儒家志士却以一种理想主义心态抒怀呼吁，儒家典籍中可见的“玉德”“君子”文本更是浓墨重彩，他们希望恢复“周礼”时代那种尊亲明信、克己复礼的和谐礼制社会。

此外，秦统一六国后，开创性地实施了疑似中国历史上最重要的一次僭越之举——创制传国玉玺。据史料推测，秦始皇曾命令把和氏璧琢制成“传国玺”，且作“受天之命，皇帝寿昌”印文。它成为政治权力的象征、最高统治的代表。从此以后的传统社会，玉制的传国玺成为世代帝王改朝换代时权力合法化的正宗符号。玉玺蕴含着玉德中的“力”“信”，象征权力价值系统中的至尊权力，而且其权力是通过世袭正宗、正名、正统的方法得来的。

魏晋南北朝时期，出现了中国历史上又一次里程碑式的制度僭越。在汉代参与了重要文化建构的玉石，这一次未能幸免于难，而且几乎消失在“食玉”之风的席卷中（道教玉石文化中有详细论述）。《抱朴子》《本草纲目》等文献中均有食玉长寿、玉有药性的论说。而且，魏晋南北朝时期的玄学思想也影响并助长了长寿和成仙的风气，使玉为药食的意义不断被夸大。此时的主导价值取向为“崇尚自然”的个体自由思想，这既是对汉代崇尚儒家纲常伦理价值观的否定，也是对先秦道家自然价值观的复归。尽管其内涵与老庄的道家观念存有差异，但也从一定程度上说明，对个体身体的关注以及生命价值观增强的意识。

更进一步来讲，道家（教）并没有从根本上脱离破除一个幻境再建构新幻象的逻辑。事实上，他们不过是将玉德理念比附到神化圣仙的对象上，并由此构筑了另一个幻象世界。在这个世界中，又是另一番玉文化的叙事：“玉皇大帝”变成了最高的权力者，神灵仙道的居所是“玉清”“瑶池”“玉楼”“玉阙”，跟随他们的侍者是“玉郎”“玉女”，他们服食的是玉、珠等“天地之精”。不仅如此，就连天上宫阙中的动物、植物，像“玉兔”“玉蟾”“玉树”之类也被比附了玉之不朽的“神性”和纯洁清净之意。由于道家与儒、墨、法家的价值观大不相同，反映的文化心态比较复杂，既带有强烈的批判精神，又有着避世隐居的消极态度。但总体而论，道家（教）实施的僭越，解脱了尘俗中用玉礼制的束缚，而将关注的重点投向主体自身（身体）和自然的存在状态。其主张“天人合一”的和谐既是远古弥留的“神性传统”之延续，也是中国传统文化基因里儒、释、道文化紧密关联的纽带以及万变不离的本质。

（二）逐渐简化的“玉德”说

玉与中国传统的“德”有着不解之缘。历史上，它代表过修身以具德的个体教化，又代表过德治以安邦的社会意义上的教化，这些都是以玉比德的实质性内容。“比德”，借用一系列能指的形态指示出所指的内容与意义。其能指，既为玉石材质等自然属性，又是佩饰、陈设品、收藏研究之用的具体玉石制品形态。中国传统的白玉材料针对有“德”观念的表述已被赋予了历史文化的约定性，达到了非“白玉”（尤其是羊脂白玉）不能“比德”的地步。能指的形态中，佩饰的比德范畴实现了由王室礼制化向民间习俗化的扩展。明代和田白玉的广泛运用，将比德的概念在市井文人阶层中扩展开来。同时，集合市井“求太平”“福子孙”“祈升官”“祝发财”“佑长寿”等民俗文化，以及仿玉的石制饰件和仿古制品，使与品德比附的玉石符号融入了多元的价值意义。同样是比德的符号，自宋代以来的陈设品、收藏品以及用于金石研究的玉器属于与佩饰用玉不同的比德符号。这些玉器侧重从文玩志趣、托古思幽等方面展现出文人雅士的君子生活和德行情操。

以孔子及后学孟子、荀子为代表的儒家哲学实现了由天帝鬼神向人事的重大转折，促成了人与神的分离，实现了主体意识的自觉。但是，孔子所理解的主体只是孤立的道德化的主体，这种主体的行为主要是某种意义的个人的道德行为，而不是社会行为。作为社会整体行为的统一，往往以牺牲个体特性为代价。儒家学说重在探讨现世的人生价值问题，孔子将“仁”作为一种内在规定性，使其成为人生价值的核心理念。由此，君子比德于玉，一方面把限定在“心所欲不逾矩”范围内的德行视为有“礼”，并以“仁”“礼”为前提，总结出了“十一德”等“玉德”说的道德价值评判标准（表3–7）。

从先秦时期的春秋战国到秦，又至西汉、东汉，“玉德”说也从“十一德”“九德”“七德”简化为“六德（六美）”“五德”之说（表3–8）。从某种程度上讲，这正是在教化比德的主体应牺牲个体特性来维持社会整体行为的统一。“玉德”说是趋向社会价值力量的主张，它提供了君子群体身份认同的途径，是正统的社会价值标准，甚至也是无可选择的。另外，对“贵玉贱珉”的探讨，以及“仁、义、洁、勇、智”等德行的二分对立的认知结构与社会结构的提出，又形成一种个体内在的规范，而这一规范却是具有“策略性”的社会群体形成身份区分的标志，它是可选择的。也就是说，在传统社会，个体既要淡化、牺牲自己的特性来强调社会群体（实为统治阶层意志）的特征，又要应不同社会等级差异来要求自己做出策略性的行为，以区别和强化自己的群体身份与地位等级。如此一来，个体价值与社会价值之间的矛盾使“玉德”说之内涵形成了叙事演绎的张力，不仅体现在隋唐科举之后及至宋明时期崇玉、用玉、藏玉之风在民间玉文化中的兴荣，而且以玉比德还扩及文人士大夫甚至女性等更广的社会群体范围。

表 3-7　以玉比德的“十一德”“九德”“七德”“六德”“五德”说

名称	内容		出处	成书时间
十一德	“敢问君子贵玉而贱珉者何也？为玉之寡而珉之多与？”孔子曰：“非为珉之多，故贱之也；玉之寡，故贵之也。夫昔者君子比德于玉焉：温润而泽，仁也；缜密以栗，知也；廉而不刿，义也；垂之如队，礼也；叩之，其声清越以长，其终则诎然，乐也；瑕不掩瑜，瑜不掩瑕，忠也；孚尹旁达，信也；气如白虹，天也；精神见于山川，地也；圭璋特达，德也；天下莫不贵者，道也。”	仁、知（智）、义、礼、乐、忠、信、天、地、德、道	《礼记·聘义第四十八》	战国至秦汉集成，成书于西汉
九德	夫玉之所贵者，九德出焉。夫玉温润以泽，仁也；邻以理者，知也；坚而不蹙，义也；廉而不刿，行也；鲜而不垢，洁也；折而不挠，勇也；瑕适皆见，精也；茂华光泽，并通而不相陵，容也；叩之，其音清抟彻远，纯而不淆，辞也。是以人主贵之，藏以为宝，剖以为符瑞，九德出焉	仁、知（智）、义、行、洁、勇、精、容、辞	《管子·水地》	战国（战国至秦汉）
七德	温润而泽，仁也；栗而理，知也；坚刚而不屈，义也；廉而不刿，行也；折而不挠，勇也；瑕适并见，情也；叩之，其声清扬而远闻，其止辍然，辞也	仁、知（智）、义、行、勇、情、辞	《荀子·法行》	战国

续表

名称	内容		出处	成书时间
六德（六美）	玉有六美，君子贵之……望之温润者，君子比德焉；近之栗理者，君子比智焉；声近徐而远闻者，君子比义焉；折而不挠、阙而不荏者，君子比勇焉；廉而不刿者，君子比仁焉；有瑕必见之于外者，君子比情焉	德、智、义、勇、仁、情	刘向《说苑·杂言》	西汉
五德	玉，石之美者。有五德：润泽以温，仁之方也；理䚡自外，可以知中，义之方也；其声舒扬，专以远闻，智之方也；不挠而折，勇之方也；锐廉而不忮，絜之方也	仁、义、智、勇、洁	许慎《说文·玉部》	东汉

起初的“玉德”说，受先秦哲学思想的影响，是融道德评价与审美评价于一体的价值观，即重玉轻珉，以及将自然玉质的真、善、美引向对人的德行操守的评价，所谓“瑜不掩瑕，瑕不掩瑜”“君子无故玉不去身”“君子比德于玉”，均是君子道德修养的教化标准。然而，西汉刘向提出“玉有六美”的言论（即“六德”说）之后，使“美”与“德”既统一又相区别。“统一”，是把玉石的审美评价标准与社会的人伦道德标准并举为重，且形成一种趋从于社会意识形态、社会价值的道德和审美标准。“区别”，是那些描述玉石的形、色、质、声等“美”的元素不再完全依托于“德”之情感的掩护。

表 3–8　“十一德”“九德”“七德”“六德”“五德”比附内容及权重

名称	内容		重要性
仁	温润而泽，仁也	十一德	位居十一德第一
	夫玉温润以泽，仁也	九德	位居九德第一
	温润而泽，仁也	七德	位居七德第一
	廉而不刿者，君子比仁焉	六德（六美）	位居六德第五
	润泽以温，仁之方也	五德	位居五德第一
知（智）	缜密以栗，知也	十一德	位居十一德第二
	邻以理者，知也	九德	位居九德第二

续表

名称	内容		重要性	
知（智）	栗而理，知也	七德	位居七德第二	
	近之栗理者，君子比智焉	六德（六美）	位居六德第二	
	其声舒扬，专以远闻，智之方也	五德	位居五德第三	
义	廉而不刿，义也	十一德	位居十一德第三	
	坚而不蹷，义也	九德	位居九德第三	
	坚刚而不屈，义也	七德	位居七德第三	
	声近徐而远闻者，君子比义焉	六德（六美）	位居六德第三	
	理勰自外，可以知中，义之方也	五德	位居五德第二	
勇	折而不挠，勇也	九德	位居九德第六	
	折而不挠，勇也	七德	位居七德第五	
	折而不挠、阙而不荏者，君子比勇焉	六德（六美）	位居六德第四	
	不挠而折，勇之方也	五德	位居五德第四	
精	瑕适皆见，精也	九德	位居九德第七	“情”同“精”
情	瑕适并见，情也	七德	位居七德第六	
	有瑕必见之于外者，君子比情焉	六德（六美）	位居六德第六	
德	圭璋特达，德也	十一德	位居十一德第十	
	望之温润者，君子比德焉	六德（六美）	位居六德第一	
行	廉而不刿，行也	九德	位居九德第四	
	廉而不刿，行也	七德	位居七德第四	
辞	叩之，其音清抟彻远，纯而不淆，辞也	九德	位居九德第九	
	叩之，其声清扬而远闻，其止辍然，辞也	七德	位居七德第七	
洁	鲜而不垢，洁也	九德	位居九德第五	
	锐廉而不忮，絜之方也	五德	位居五德第五	
礼	垂之如队，礼也	十一德	位居十一德第四	
乐	叩之，其声清越以长，其终则诎然，乐也	十一德	位居十一德第五	

续表

名称	内容		重要性
忠	瑕不掩瑜，瑜不掩瑕，忠也	十一德	位居十一德第六
信	孚尹旁达，信也	十一德	位居十一德第七
天	气如白虹，天也	十一德	位居十一德第八
地	精神见于山川，地也	十一德	位居十一德第九
道	天下莫不贵者，道也	十一德	位居十一德第十一
容	茂华光泽，并通而不相陵，容也	九德	位居九德第八

二、另一种“玉”的叙事文本与三教价值认知

（一）玉石为起源的哲学观

明清文学作品《西游记》和《红楼梦》（又名《石头记》）的开篇均以“玉石”创世神话为引——《西游记》中汲取日月精华的“仙石”和《红楼梦》中女娲炼石补天遗留的“通灵宝玉”——分别由人格化的石猴和化为人形的人作为故事主角展开叙事。这两部文本中的主人公孙悟空和贾宝玉作为玉石化身之人形，其出生、成长、归宿的塑造回答了“我是谁？从哪里来？去向哪里？”经典的“哲学三问”，揭示了深刻的三教合一的观念（表 3-9）。这似乎印证了各异的世界文明当中，唯有中国在调和信仰和宗教的方式上独特而巧妙，即“每一个中国人在伦理和公众生活上是儒家，在个人生活和健康上是道家，而在死亡的时候是佛家”[1]。

《西游记》中对孙悟空的诞生和仙石的描述是：“有三丈六尺五寸高，有二丈四尺围圆。三丈六尺五寸高，按周天三百六十五度；二丈四尺围圆，按政历二十四气。上有九窍八孔，按九宫八卦。四面更无树木遮拦，左右倒有芝兰相衬，盖自开辟以来，每受天真地秀，日精月华，感之既久，遂有灵通之意，内育仙胞，一日迸裂，产一石卵，似圆球样大。因见风化作一个石猴，五官俱备，四肢皆全。便就学爬学走，拜了四方。”正是由于“三阳交泰产群生，仙石胞含日月精”，孙悟空的精魂灵魄受之于天地日月，这就赋予了他独一无二、

[1] [美] 休斯顿·史密斯著，刘安云译：《人的宗教》，海口：海南出版社，2013 年：第 179 页。

无限自由的出身。他既无人世父母，就无尘世规矩和人伦纲常的约束，因此他在人道中的主要任务就是谙人世常理，破坏规矩就得受到惩罚[1]，随唐僧取经，并在紧箍咒的限制下规训修行。

表 3-9 《西游记》和《红楼梦》玉石生人的"三教合一"哲学观

文本名称	主人公	"哲学三问"之应答		
		从哪里来	我是谁（此在）	去向哪里
		道家（教）	儒家（教）	佛教
《西游记》	石猴 美猴王 齐天大圣 孙悟空 孙行者 斗战胜佛	来自仙道 美猴王 （齐天大圣） 师从菩提祖师	活在人道 孙悟空 （孙行者） 师从唐僧取经，历经修行 厌恶礼数，不服教化	归为佛道 斗战胜佛 取得真经，皈依佛门
《红楼梦》 （《石头记》）	贾（假） 宝玉 甄（真） 宝玉	来自仙道 通灵宝玉 （顽石）	活在人道 理应活作（甄）宝玉的样子 接受礼教教化 现实活作（贾）宝玉的样子 厌恶礼俗，不服教化	归为佛道 回归青埂峰 （顽石）

亦如"每一个中国人都戴上一顶儒家的帽子，穿上道家的袍子，以及佛家的草鞋"[2]这种三教合一的价值认知，在吴承恩为孙悟空杜撰出生时就已判定："九宫八卦""九窍八孔"[3]，隐喻了他出生的道家（教）渊源；而"三百六十五""二十四"这些基础数字又影射了儒家礼制；"鸿蒙初辟原无姓，打破顽空须悟空"又预示了他皈依佛门的归宿。

《红楼梦》中的主人公贾宝玉也有着与孙悟空相似的生源故事。第一回说道："却说那女娲氏炼石补天之时，于大荒山无稽崖炼成高十二丈，见方二十四丈的顽石三万六千五百零一块，那娲皇只用了三万六千五百块，单单剩下一块未用，弃在青埂峰下。谁知此石自经锻炼之后，灵性已通，自去自来，可大可小。因见众石俱得补天，独自己无才，不得入选，遂自怨自愧，日夜悲哀。"不能确定曹雪芹（约 1715—约 1763 年）的写作有否模仿《西游记》的开篇范式，但是能从玉石与创世的渊源以及"三百六十五""十二""二十四"

[1]《西游记》中孙悟空因犯下大闹天宫之罪祸而被如来佛祖镇压在五指山下。有学者认为这里"以石镇人"的典故与施耐庵（约 1296—1370 年）的《水浒传》异曲同工。《水浒传》开篇也因石而起，第一回说道"张天师祈禳瘟疫　洪太尉误走妖魔"，洪太尉到伏魔殿，叫火工道人打开伏魔殿，挖出石碑石龟，也挖出了梁山一百零八将的传奇。

[2] 陈战国：《超越生死——中国传统文化中的生死智慧（前言）》，郑州：河南大学出版社，2008 年。

[3]《庄子·知北游》中有"故九窍者胎生，八窍者卵生"，而孙悟空兼具胎卵双生的独特性。

等数字推想，他应当受到了吴承恩（约1500—1582年）《西游记》叙事传统的影响。而且《西游记》和《红楼梦》的两位作者均来自江苏，虽然生活的时代相差逾200年，但从叙事的文字与特点上看，对传承千年之久的中国玉文化传统的认知和熏染想必已是深入骨髓。

一些学者统计了《红楼梦》文本中出现的与“玉”相关的字、部首字、词组、诗文及典故，有6000余次、7000余次等说[1]；也有研究认为《红楼梦》中玉文化渗透了主线、立意、纲目、结构、情节且已达到出神入化的境界[2]。据该文本创作的时代文化推理，作者势必接受过传统文化和社会价值观的教化，“四书五经”是文学创作的基本养分，而且明清时期所理解认知的《山海经》《穆天子传》《淮南子》等文本早已经历多次价值重建而蕴含模式化的诠释。且重要的是，《说文解字》作为正统正名的编码规则文本，更是为《红楼梦》对玉文化的借用和文辞塑造提供了理所应当的词语要素。

（二）通灵而非通神之“玉”

通灵宝玉的“灵”是指神吗？从整个《红楼梦》的描写来看，作者的信念和主张与道教自然之“灵”联系紧密，这“灵”是能够摄人灵魂，主人精神和性情乃至命运的自然因果规律，而不是具有什么神力的玉石。这与《西游记》中孙悟空被玉皇大帝所在的仙界称作“灵猴”想必同出一辙。《红楼梦》中女娲炼石补天的通灵宝玉，从第二回所说的贾宝玉“一落胎胞，嘴里便衔下一块五彩晶莹的玉来，上面还有许多字迹”，以及从第八回“大如雀卵，灿若明霞，莹润如酥，五色花纹缠护”的描述中可见，其特征更接近南京雨花石。这也符合《红楼梦》作者熟悉自己生活过的地方南京及所产雨花石的客观性和文化基因。将“雨花石”作为《红楼梦》所指之“玉”，其实与中国传统意义上“比德于玉”的真玉（透闪石）、软玉、和田白玉、羊脂玉等玉石相差甚远。从这一点上看，作者的主观性已将“玉”的符号所指转译并隐藏。由此，当持有不同价值观的读者解读这个文本时，阐释也就增加了不确定性和丰富性。

中国文化中，玉石作为一种自然之物，彻底参与了人文历史的社会伦理建构，尤其是礼制教化。但是，雨花石的质、色、性似乎无法满足“真玉”富含

---

[1] 赵璧在《“玉”文化在〈红楼梦〉中的体现及其英译》中统计了戚序本＋程甲本中“玉”字出现了6067次，程乙本中出现了5939次。郭梦在其学位论文《〈红楼梦〉中的玉文化研究》中提出了7000余次之说，其包含12位带“玉”字的人物、玉字辈者、诗词典故以及与玉相关的294种器物饰品在文中出现的频次。

[2] 何松：《〈红楼梦〉：中国玉文化流芳百世的古典文学名著》，《超硬材料工程》，2005年第6期。

的“九德”或“十一德”。或许也正因为此，恰恰促成了“假（贾）”宝玉的附会。而对真假的判断，其标准本身也是应时代、因人而异的。这似乎又揭示了“灵”的另一层意义——作为“社会人”的应变灵活之道。

其实，身处儒世的《西游记》和《红楼梦》的作者，在作品的叙事中无不流露出他们自身作为“社会人”的逻辑自洽。脱俗或厌世，他们的“修行”并不需要像瑜伽修行者那样隐居到山洞中去。相反，“一个从事自我修养的儒者，是把自己置身于不断在变动、永无休止的人际关系交错潮流中心，而不期望其他事情”；“对孔子来说，在孤离中的圣性是没有意义的。这并不只是说人际关系能令人满足，孔子的主张要比那更深刻。离开人际关系根本就没有我，自我是关系的中心，是通过与他人的相互作用组成，而由它的社会角色之总和来定义的”[1]。

根据对话自我理论[2]，自我行使着作为各种不同“自我位置”（self-position）或“主我位置”（I-position）之间多元关系的功能，而社会则为不断发展着的对话个体所寓居、刺激和更新。社会的位置类似于社会角色，如我作为教师、女儿、研究者，均接受对于一定社会语境中个人行为之社会期待的引导。此外还有个人的位置，如有点幽默的我、喜欢听李健歌曲的我、疑似伪球迷的我、爱做手工的我。这些区分使个性化角色的创造成为可能。在这样的角色中，社会的位置与个人的位置被糅合在一起。例如，作为教师可以是一位风趣幽默、见多识广、助人为乐、孝敬老人的教师，以此方式，社会的行为接受了个人的表达，个人和社会之间从而得以联结。自我与社会的相互联结不允许我们继续使用那种将自我本质化和严密封装起来的概念[3]。因此，自我也是关系中的自我；脱离了关系，自我就是抽象且不存在的。

的确，“此在”即存在，而自我判断“此在”一个直接的方式就是从与他人、群体、社会乃至众物的联系中确立“存在感”。

可见，《红楼梦》中 “通灵宝玉” 的所指并非一些学者所讲的中国传统玉文化的玉神观（玉事神、玉通神）之意，也并非真正地推崇传统玉文化的“比德”价值观，而是以“灵”字点出了道家（教）“道生一”的生命出处和作者的哲学观与世界观。而且，与认为《西游记》属于“再生型神话”[4]的观点相异，我认为这个新奇的文本在明代能够堪比今天所见魔幻现实主义风格的科幻作品。

---

[1]［美］休斯顿·史密斯著，刘安云译：《人的宗教》，海口：海南出版社，2013 年：第 171 页。

[2] *Dialogical Self Theory.*

[3]［荷］赫伯特·赫尔曼斯著，赵冰译：《对话自我理论：反对西方与非西方二元之争》，《读书》，2018 年第 12 期。

[4] 洪婧：《原型批评与再生型神话〈西游记〉》，华东师范大学硕士学位论文，2006 年。

第四章
共生的结界

第一节
以玉结界：环璧构筑的世界

一、结界的文化渊源

何谓结界？它是一个虚构的概念吗？佛教、道教甚至民间信俗中都有关于结界的说法和实践。在梵语中，“bandha”有锁住、收住之意，《楞严咒》中的梵语“sima-bandham karomi”（意为“一切皆不得入我结缚界内”）表明了结界的佛教渊源。道教关于结界的说法可以追溯到阴阳八卦和奇门遁甲，修道者的结界布阵能够保护特定的区域。无论哪个更早，两种渊源都与保护道场或圣域密切相关。

（一）佛教文化中的结界

佛教《楞伽经》中，尊者阿难问世尊释迦牟尼在末法时代修行如何施结界以建立道场才符合清净规则。佛说：

> 若有末世，欲坐道场，先持比丘清净禁戒，要当选择戒清净者第一沙门，以为其师。若其不遇真清净僧，汝戒律仪必不成就。戒成已后，著新净衣，然香闲居，诵此心佛所说神咒一百八遍，然后结界，建立道场。求于十方现住国土无上如来，放大悲光，来灌其顶……心灭贪淫，持佛净戒，于道场中，发菩萨愿，出入澡浴，六时行道。如是不寐，经三七日。我自现身，至其人前，摩顶安慰，令其开悟。（引自《楞伽经》）

而且，世尊还特别说明除了要进行一系列特殊的布置，满足规矩和向佛顶礼的仪式外，还要诚心经行诵咒。作为汉传佛教日课的《楞严咒》咒语长达439句3620字，公认对除魔、护戒、禅定正果、增益功德有不可思议之力。例如，佛对阿难说：

> 我今为汝更说此咒，救护世间，得大无畏，成就众生出世间智。若我灭后，末世众生，有能自诵，若教他诵，当知如是诵持众生，火不能烧，水不能溺，大毒、小毒所不能害。如是乃至天龙、鬼神，精祇、魔魅，所有恶咒皆不能著。心得正受。一切咒诅、厌蛊、毒药，金毒、银毒、草木虫蛇，万物毒气，入此人口成甘露味。一切恶星并诸鬼神，磣心毒人，于如是人不能起恶；频那夜迦、诸恶鬼王并其眷属，皆领深恩，常加守护。（引自《楞伽经》）

不仅如此，佛亦言明：

> 是娑婆界，有八万四千灾变恶星，二十八大恶星而为上首；复有八大恶星以为其主，作种种形，出现世时能生众生种种灾异。有此咒地，悉皆销灭。十二由旬成结界地。诸恶灾祥，永不能入。是故如来宣示此咒，于未来世，保护初学诸修行者入三摩提，身心泰然，得大安隐。更无一切诸魔、鬼神，及无始来冤横宿殃、旧业陈债来相恼害。（引自《楞伽经》）

佛说完以上开示后，会有无量百千金刚，同时在佛前合掌顶礼，然后对佛说会诚心保护这些修行菩提道的人。大梵王、帝释天、四天大王、药叉大将、诸罗刹王、富单那王、鸠槃荼王、毗舍遮王、频那夜迦、诸大鬼王、诸鬼帅以及日月天子、风师、雨师、云师、雷师、电伯、年岁巡官、诸星眷属、山神、海神，一切土地神、水陆空神、万物精祇、风神王、无色界天等，都同时顶礼发愿保护修行者安立道场、得成菩提，永不遭受魔事[1]。

可见，在佛教文化中，“结界”是一种可以抵抗干扰、进行修行的空间状态。这个空间状态可以是固定的道场，也可以通过观想形成某个意识中的保护对象，像一个动态的“保护罩”，特别是使用专门的咒语，比如“楞严咒”，就能唤起各界道的神、菩萨、护法等保护修行者免除危险和灾难。

（二）道教文化中的结界

道教经典《玉皇经》中描述了与佛教相似的六道轮回世界，这六道在宿命

---

[1]《楞伽经》卷七。

中各有不可逃离的结界：

> 周遍诸天极妙乐土，及诸大地，一切福处六道。一切众生，闻是香者，普蒙开度。所谓天道、人道、魔道、地狱道、饿鬼道、畜生道。（引自《玉皇经·清微天宫神通》）

道教文化中的属地结界还要呼应不同的咒符才能发挥护佑作用。比如，在东方有苍帝神咒，在南方有赤帝神咒，在中央有黄帝神咒，在西方有白帝神咒，在北方有黑帝神咒：

> 玉帝授臣灵宝秘篆，大不可思议神咒，故天地得之而分判，三景得之而发光。灵文郁秀，洞映上清，发乎始青之天而色无定方……是时东方安宝华林青灵始老苍帝所受神咒诰命……东山神咒，摄召九天。赤书符命，制会酆山。束魔送鬼，所诛无蠲。悉诣木宫，敢有稽延……南方梵宝昌阳丹灵真老赤帝所受神咒诰命……赤文命灵，北摄酆山。束送魔宗，斩灭邪根。符教所讨，明列罪原。南山神咒，威伏八方。群妖灭爽，万试摧亡……中央宝劫洞清玉宝元灵元老黄帝所受神咒诰命……西方七宝金门皓灵皇老白帝所受神咒诰命……北方洞阴朔单郁绝五灵玄老黑帝所受神咒诰命……（引自《玉皇经·太上大光明圆满大神咒》）

再如收入《正统道藏》的《太上玄灵北斗本命延生真经》（以下简称《北斗经》），就以符咒护佑朝国界内运势顺昌：

> 北斗咒曰：北斗九辰，中天大神，上朝金阙，下覆昆仑。调理纲纪，统制乾坤。大魁贪狼，巨门禄存，文曲廉贞，武曲破军，高上玉皇，紫微帝君，大周法界，细入微尘，何灾不灭，何福不臻。元皇正气，来合我身，天罡所指，昼夜常轮，玄裔弟子，好道求灵，愿见尊仪，永保长生。三台虚精，六淳曲生，生我养我，护我身形。[illegible]尊帝急急如律令。（默诵七遍。一字一鱼。下画线滚七星。接一磬）（引自《北斗经》）

《太平经》亦有如何使国界安、国界兴、境界保而不让国界处于常危难安之境地的论述：

> 一曰先顺乐动天地四时帝气，一事加三倍以乐天，令天大悦喜，帝王老寿，袄恶灭，天灾害悉除去，太阳气不战怒，国界安。而知常先动顺乐之者，天道为之兴，真神为之出，幽隐穴居之人，皆乐来助正也，□□哉！

二曰先顺乐动天地四时王气，再倍以乐地，地气大悦不战怒，令王者寿，奸猾盗贼兵革消，国界兴善。下悉乐承顺其上，中贤悉出，助国治，地神顺养，□□哉！三曰先顺乐动相气微气，令中和之气大悦喜，君臣人民顺谨，各保其处，则佞伪盗贼不作，境界保。故和气日兴，王气生，凡物好善。四曰慎无动乐死破之气，致剧盗贼，又多卒死者，国界常危难安，致邪气鬼物甚多，为害甚剧，剧则名为乱扰，极阴之气致返逆，慎之慎之。五曰无动乐囚废之气，多致盗贼囚徒狱事，刑罪纷纷，甚难安。民相残伤，致多痼病之人。六曰无动乐衰休之气，令致多衰病人，又生偷猾人相欺，多邪口舌，国境少财，民多贫困。［引自《太平经》庚部十三至十四（卷一百十五至一百十六）］

道教经文所起的作用有时如同符咒一样，无论是诵经还是供置某处，都可表示修功德以化恶驱邪：

尔时天尊复告四众，此经功德能碎铁围诸山，竭苦海水，破大地狱，拔重罪苦，降暴恶魔，护诸国土。能灭一切恶鬼，能除一切重病，能解一切恶毒，能离一切恶人，能伏一切毒兽，能摧一切邪道。一切诸天，皆令降伏。其余功德，说不可尽。

尔时道场大众、金仙菩萨、真圣眷属，闻是说已，欢喜踊跃，稽首敬礼，而作颂曰："大哉至道，无宗上真。上度诸天，下济幽魂。上无师祖，惟道为身。丹台紫府，金阙玉京。秘此妙法，溥福含灵。"（引自《玉皇经·报应神验》）

在奇门遁甲术中，就有"以刀画地，摄禁诸恶"的画地结界和施咒的方法：在"四纵五横"的画地过程中（图 4–1a、图 4–1b）要念咒，念咒先叩齿七通，以应北斗天罡，然后右手持刀画地，念咒曰："四纵五横，万恶潜形；吾去千里者回，万里者归，呵我者死，叱我者亡，自受其殃，急急如律令！"另有民间研究者总结了道门四灵结界法、缦天华盖护身法、五兽七星结界法、地灵罩结界法、七星望月结界法、密总披甲结界法、大悲咒结界法、三字明结界法，而且对具体的实施方法、步骤做了个体经验的描述[1]。

通过咒语、神通或专门的法术，在一定的自然环境或人造建筑环境中结印以隔离出需要实施保护的空间，这个空间内可以存储或发挥特定的结界能量，

[1] 名为"永乐居士莫枨鹰"总结，参见 https://www.douban.com/group/topic/47918378/。

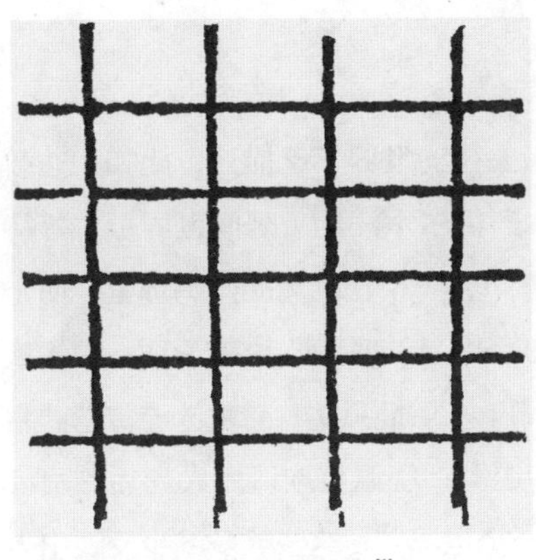

图 4–1a “画地法”中的四纵五横[1]

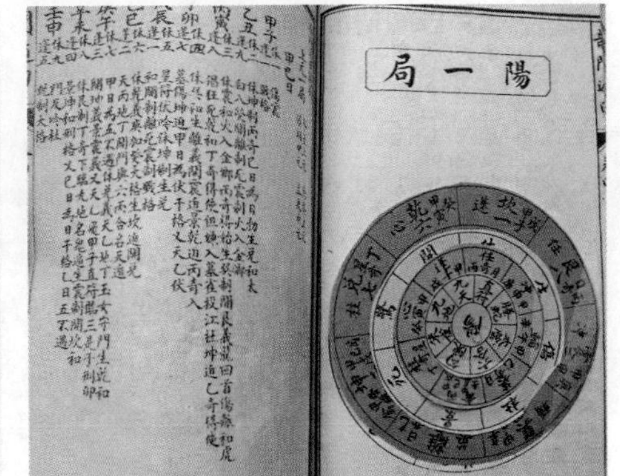

图 4–1b 奇门遁甲“阳一局”[2]

主要是防御攻击或侵扰，从而起到保护内界的作用。对外部的攻击者或企图介入者而言，结界可能具有显形的带有警示的属性特征，不过它也可能在视觉上隐形（比如全息技术的显隐原理）：要么是结界体内一切事物都不可见，要么是“界”线不可见。像《西游记》第二十七回“尸魔三戏唐三藏　圣僧恨逐美猴王”中，孙悟空用金箍棒施法力画地为界以确保唐僧师徒免受白骨精加害，其方法就属于布结界法。结界内的唐僧师徒对白骨精而言是可见的，但是实施保护的边界线是不可见的，外界的白骨精无法越过边界线而进入结界内部实施攻击和侵害。

值得注意的是，道家文化与道教阴阳思想虽一脉相承，但以有无、虚实而论“界”的存在，而且与符咒术数等实践方法有别。道家所持“界”的理念与心性、意识、自然的关系更为密切：

> 泰初有无，无有无名。一之所起，有一而未形。物得以生谓之德；未形者有分，且然无间谓之命；留动而生物，物成生理谓之形；形体保神，各有仪则谓之性；性修反德，德至同于初。同乃虚，虚乃大。（引自《庄子·外篇·天地》）

[1]［汉］诸葛武侯撰，［明］刘伯温 辑，郑同校：《故宫藏本术数丛刊：奇门遁甲秘笈大全》，北京：华龄出版社，2013 年：第 211 页。

[2]［汉］诸葛武侯著：《五彩图活盘奇门遁甲》，上海：上海江东书局印行，民国（未见详年）。

（三）民间信俗和现代功用的结界

中国少数民族的神话传说中，对人死后去往的世界不乏描述，比如：达斡尔族认为，“人死亡时，灵魂便离开其肉体到伊尔木汗冶（阴间世界），等待转生再世”[1]；鄂伦春族有“成人的灵魂有三个，一个在阿玛胡妈妈那里，两个附身，一个人到死后才能从中层世界到下层世界，走向阴间”[2]的说法；傈僳族则认为死者的灵魂会到“地土面也卡冶”（即十八层地狱）；赫哲族流传着“将死者的灵魂送往阴间时，神鹰领路，萨满护送”；鄂温克族认为人死后的灵魂其实并没有死，而只是离开这个世界去往另一个世界[3]。这些或多或少反映出人们对不同民族在时空宏观之“界”方面的认知。

具体到可操作之“界”，比如从一些民族文化的传统和流传至今的民间信俗中可以发现，布阵结界的方式往往通过特殊物质媒介在地面上进行刻画，尤其是血液、朱砂等红色辟邪之物，或是水晶等有魔力的玉石，或是烧过的木炭、金属。

在今天人们的祭祀习俗中，逢年过节，特别是除夕、清明、重阳、七月十五、十月初一，中国无论南北方，都常见老百姓画地为界、烧纸供养的现象（图 4–2）。其要领：首先，必须选择在某个四面通畅的路口，以使圈内供物顺利通达逝者的世界；其次，画在地上的圆形地界都设有朝向，选定被祭逝者曾居阳宅或当下阴宅所在的方向，如东、南、西、北及东南、东北、西南、西北之某一向。要特别注意的是，画在地上的圆圈必须留一个开口（形似玉玦）。据说，当人们就地念词、烧纸、祭奠等礼毕后，除祭逝者外，还要给四处游荡无人祭奠供养的游魂留下些食物和钱财，以便它们在那个活人无法看见的世界存活。

当代的民间信俗中还有一种结界，是以物为媒布界的方式，如对某些玉石、圣像、法器、特殊物件开光。这种传统认为，开光的事物会生发某种用以护佑的特殊能量或自带护身的道场。其实，不只是中国，在国外的灵修术中，也有类似的以脉轮和玉石形成能量场从而提升置身其中的个人的机体免疫和身心健康水平的做法。

---

[1] 满都尔图：《达斡尔鄂温克蒙古（陈巴尔虎）鄂伦春族萨满教调查》，北京：中国社会科学院民族研究所民族学研究室，内部资料，1992 年：第 9 页。

[2] 吕大吉、何耀华总主编：《中国各民族原始宗教资料集成》（鄂伦春族卷、鄂温克族卷、赫哲族卷、达斡尔族卷、锡伯族卷、满族卷、蒙古族卷、藏族卷），北京：中国社会科学出版社，1999 年：第 24 页。

[3] 同 [2]，第 108 页。

作为一类具有结界作用，但发挥了现代社会功能的新“结界”设计也随处可见。比如，禁止停车的区域用涂漆形成黄色网状禁止线布划出一个空间（图4–3），以此指示该范围（空间）之内不允许占用，这种画线符号象征的“结界”禁止任何原因的停留，具有强制性和绝对性。

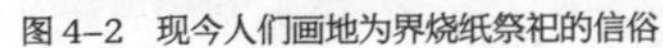

图 4–2　现今人们画地为界烧纸祭祀的信俗

图 4–3　学校门口禁止车辆停放的黑黄色禁止线

二、以玉结界的人类学依据

从结界视角来看，玉璧、玉环恰恰属于一种特殊的扣结。当然，并非所有璧环都是参与实际具体巫术行为的结界，一些出土物中带有朱砂、血渍的玉器很可能出于这种功用目的。然而，还有些玉璧、玉环，所体现的只是一种结界观念，比如，对时空的认知观念、对价值的认知观念。

人类学对现当代存在的原初社会形态及民族习俗的研究，经常涉及各种“禁忌”的问题，而以“节”“结”“解”起到结界作用则是禁忌中并不鲜见的方法。

弗雷泽在《金枝》中列举了结与环的禁忌：古罗马狄阿力斯祭祀必须遵守的许多禁忌中有一条就是他的衣服上任何地方都不能有扣结；麦加朝圣的穆斯林身上也不得有任何扣结或指环；特兰西尼瓦亚的萨克逊人在妇女分娩阵痛发作时总要把所有衣服的扣子都解开，以让妇女易产，而且门上、箱子上及屋里所有的大小锁子都必须打开；东印度群岛的原住民相信孕妇如果打结、编辫子或是把任何东西系结，那么临盆时就会勒紧腹中的婴儿，捆住自己；婆罗洲沿海地区的达雅克人则要求丈夫和妻子都不得在孕期绑扎任何东西[1]。的确，世界许多民族强烈反对在危险时刻，特别是分娩、结婚、死人的时刻身上带有扣结。

[1]［英］詹・乔・弗雷泽著，徐育新译：《金枝》，北京：大众文艺出版社，1998 年：第 356 页。

在这些信俗传统中，如果难产情况发生就会采取解开、打开的方式让全部东西释放。比如，苏门答腊的曼德林人在妇女临盆时会把盆子、盒子、容器的盖子全部打开，孟加拉湾的吉大港还会将家里养的牲畜全部放出圈[1]。而且，在萨满等巫术仪式或一些宗教仪式中，仪式主持者一般都会散发披衣，以使其不被束缚，免得妨碍神圣仪式中与神灵的顺畅沟通。

扣结的巫术作用能够实施对人类活动的束缚和妨碍，当然，反向也是成立的。也就是说，通过一定的诅咒仪式，可以将疾病、痛苦等伤害和灾难统统束缚在扣结中。比如，西非霍人的巫师在诅咒敌人时会在草秸上结一个扣，口中念叨："我把某某拴在这个扣结里，愿灾祸降在他身上。"[2] 然而，作为工具和途径，其弊端就是被用于不良目的。弗雷泽引用了一位阿拉伯注释者对《古兰经》中"对扣结吹气"的释文，这句经文指的是一个邪恶的犹太人在一根绳子上打了九个结，并且实施了巫术，然后藏入井内伤害先知穆罕默德[3]。如果从束缚的角度来看，前文提到的"玉具剑"似乎不排除其上那些精美的玉剑饰其实是布界以约束刀剑武器之下戾气的可能性。

十分有趣的是，民间文化中仍然保留了很多关于以网布界的传统。在俄罗斯，人们认为一张布满扣结的网是对抗巫师最有效的武器，因此俄罗斯一些地方在新娘穿戴新婚礼服时，要用一张渔网张挂在她头上以防邪恶侵害，同时新郎和傧相还要在腰间围绕一些网结或是系紧腰带[4]。与中国结绳祈福护佑的文化相似，俄罗斯人也用红毛线结系在胳膊或腿上，视其为抵挡疟疾和高热的护身符。以网布界的方式在中国的汉代墓葬中有太多印证，如十字穿环（图 4–4）、双龙穿璧，还有绶带和玉组佩的璎珞状饰物，以及串接而成的玉覆面、玉衣，甚至是以格拼粘并点朱的玉棺和玉枕。诸如此类。尽管有人秉持这是模仿现世生活事物之说，然而谁又能断定汉代的现实生活中人们使用的网格、环璧就不可能与实施布界护佑有关呢？观察当下，百姓仍会在高楼窗外加防盗护栏，街面道路还存在分隔左右行的中界隔栏，就是监狱或危险机要地带也会采用带有铁刺圈的防护铁网（图 4–5），个中目的本质均可释读为一种布界。

人们在对待逝者亡人时，为其戴上扣结或环状物来施加保护的例子也比较普遍。比如，拉普人要为下葬的亲人戴上镯子、指环，这样可以保护逝者的灵

[1] [英] 詹·乔·弗雷泽著，徐育新译：《金枝》，北京：大众文艺出版社，1998 年：第 357 页。
[2] 同 [1]，第 359 页。
[3] 同 [1]，第 360 页。
[4] 同 [1]，第 361 页。

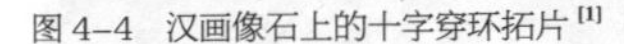

图 4–4 汉画像石上的十字穿环拓片[1]

图 4–5 现代带有铁刺绕圈防护铁网

魂守窍、魔鬼不侵[2]。追溯诸多古老的文明，根据考古发现，手足佩戴玉石环状饰物的案例不胜枚举，甚至有些是用组串的玉石饰物环绕在逝者的颈部、腰部或头部，中国尤盛。由此看来，某些扣结物本身就可以发挥结界的作用，并不受限于在建筑或自然环境内的布界。人体本身也可以看作一个“道场”、一个小“宇宙体”，或许这就是修行人所谓观想能够布设结界的缘由之一。

三、以玉结界的若干推想

（一）玉璧向天还是像天？

许多研究汉代文化的学者有一种共识，即玉璧象征“天门”。若是按照 UFO 信徒的解释，此“天门”与从天而降的飞碟带走地球人“升天”想必有着密切的关系。的确，如果按照“新宗教”学的阐释，玉璧形制很可能表示物象记录者对一种天上来物或升天之物的记录，比如未知科技的飞行器，只不过在后代历史的文字叙事中就被说成它可以“通天”。

作为墓葬出土的玉璧实物，如画像石上的穿璧图像、器物上的彩绘图像，以及“魂幡”帛画上的玉璧图像等，像是长沙马王堆辛追墓出土的一系列西汉时期带有玉璧的物象（图 4–6a、图 4–6b，图 4–7a—图 4–7d），是如何统一

[1] 此拓片为四川长宁一号石棺画像石局部。

[2] [英] 詹·乔·弗雷泽著，徐育新译：《金枝》，北京：大众文艺出版社，1998 年：第 361 页。

或转换时空叙事的呢？我认为主要有三个层面。

首先，也是通识的说法，画像石和帛画上的穿璧作为现实阳世的建筑或室内装饰，代表了活者现世和逝者往生时空具有绝对意义上的统一（同一）性。

其次，是表示不可见与可见时空的统一性，即不可见的虚拟灵魂（意识）穿梭棺椁上的玉璧与可见的汉画像或帛画图像中的穿璧形成统一。

图 4-6a　长沙马王堆一号辛追出土的西汉朱地彩绘漆棺足端挡板可见系璧和穿璧图像

图 4-6b　长沙马王堆一号辛追墓出土的西汉“T”形“魂幡”帛画，“T”形下部位置绘有双龙穿璧（十字穿璧）

图 4-7a　辛追墓出土的云龙纹漆屏风上十字穿璧图式

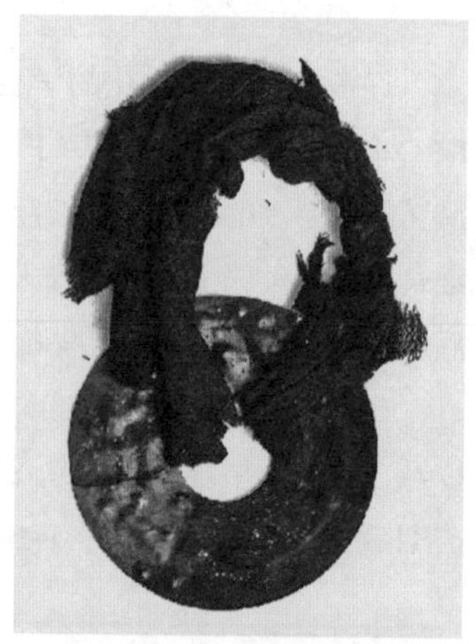

图 4-7b　长沙马王堆一号墓内棺盖板上系在“T”形帛画顶端的玳瑁璧

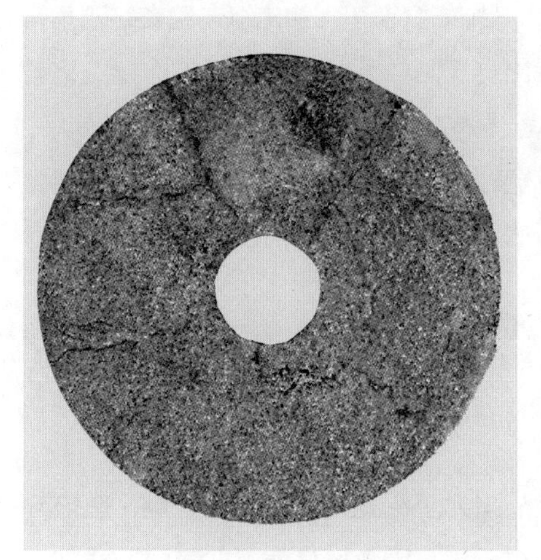

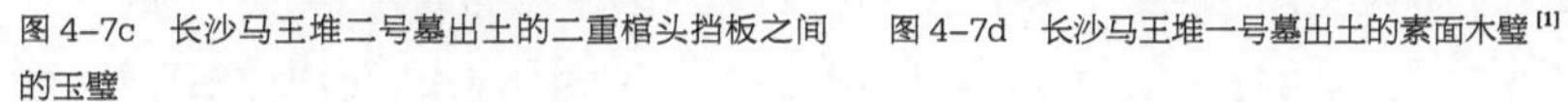

图 4-7c 长沙马王堆二号墓出土的二重棺头挡板之间的玉璧

图 4-7d 长沙马王堆一号墓出土的素面木璧[1]

最后，是可见的总体图像与可见的分解图像之间的统一，即穿璧类画像石与其他类画像石共同构成的整体石质墓室图像叙事的统一。

汉代墓葬门楣或横额上常见二龙穿璧图像，或是阙楼、门扉上龙、虎、雀等口衔玉璧（环）的图像，学界将其称作“璧门”，亦即“天门”。此璧门与棺椁上的实物或图像玉璧象征的“天门”，以及实物玉璧在人头顶、胸前及后背的“魂门”相呼应，为三重空间及时空通道。

有学者指出，汉墓画像石上的玉璧是模仿在世活人居住的建筑和室内的真实装饰样式，像《三辅黄图》所描述的“椽首薄以玉璧，因曰璧门”，班固《西都赋》中所呈现的西都宫室“体象乎天地，经纬乎阴阳……雕玉瑱以居楹，裁金壁以饰珰……屋不呈材，墙不露形，裛以藻绣，络以纶连。随侯明月，错落其间。金釭衔璧，是为列钱。翡翠火齐，流耀含英。悬黎垂棘，夜光在焉。于是玄墀扣砌，玉阶彤庭，碝磩彩致，琳珉青荧，珊瑚碧树，周阿而生。红罗飒纚，绮组缤纷。精曜华烛，俯仰如神……设璧门之凤阙，上觚棱而栖金爵”。可以想见，当时室内墙壁上有错落的璎珞彩饰，而且壁带上的金钮还衔有玉璧，像一排排铜钱，西都的宫门也因有璧而称为璧门，璧门的阙角上一般会有朱雀（凤凰）雕塑。这段描述几乎准确地印证了图像构建的璧门场景。

[1] 长沙马王堆一号墓总共出土了 32 件木璧，其中不仅有素面木璧，还有涂有金粉、银粉的谷纹木璧，推测是以木璧仿玉璧。

从《后汉书·舆服志》"大行载车，其饰如金银车，加施组连璧交络四角，金龙首衔璧，垂五采"的记载中亦可看出，汉画像石以及玉棺上的连璧交络可能不是单纯地模仿居住的宫殿处所。从全息宇宙自相似的统一（同一）性认知观来分析，就不难理解这种物我同体的情况。天体、建筑、室内、人身、车舆，这些至远及近的事物都是统一和自相似的事物，其上的悬璧装饰就必然存在对应的结构与功能。

（二）龙回首式再现奇门吉格？

据《烟波钓叟歌》的内容，黄帝大战蚩尤于涿鹿，梦天神授符诀，登坛致祭谨虔修，神龙负图出洛水，彩凤衔书碧云里，因命风后演就"奇门"成文，"遁甲奇门"从此开始。也有刘伯温一说认为，"奇门遁甲"成为文字记载是后来帝尧命大禹治水，得玄女传文，因洛龟画叙九畴而著成文。当然，坊间也有很多说法，认为汉代吕望张良曾经对其删减，几经流传的版本很多散见于其他书作中。

其实，在文本叙事中，"奇门"的最重格"龙回首"和"鸟跌穴"以及奇门中诸多"吉格"[1]，在汉代玉器、汉代画像石（砖）等造物形式中都存有相应造型和图像的物象叙事，只不过目前学界的研究似乎尚未将二者联系起来。

在汉代玉器上可见的回首式很多，而龙回首的形式主要出现在璜佩类玉器上（图 4–8）。龙回首又称青龙回首、青龙返首，指的是天盘甲值符加地盘丙奇，天上六甲加于地下六丙之宫，名曰"青龙回首"。这意味着主客皆利，而主尤吉。此时安坐在宫，可以举造百事，利见大人；行兵大胜，利于为主，扬威万里，一敌万人。葛洪也说过："此局吉，宜举百事，虽无吉门卦局，亦可用事。"用五行理论分析也就是甲木生丙火的道理，乃大吉之象。另外，鸟跌穴也是木火相生的道理。鸟跌穴又称飞鸟跌穴，丙为飞鸟（图 4–9），"凡丙奇加地盘值符旬甲，为飞鸟跌穴，如值此时，利为百事；更得吉门相合，其吉无上；惟利君子，不利小人；将兵背生击死，百战百胜"[2]。

---

[1] "奇门"中的"吉格"包括：天遁、地遁、人遁、风遁、云遁、龙遁、虎遁、神遁、鬼遁、三奇贵人升殿格、三奇上吉门格、三奇专使格、玉女守门格、交泰格、天遇冒气格、三奇利合格、天辅时格、青龙回首格、飞鸟跌穴、雀含花格、三奇得使格。参见［汉］诸葛武侯撰，［明］刘伯温辑，郑同校：《故宫藏本术数丛刊：奇门遁甲秘笈大全》（卷十五），北京：华龄出版社，2013 年。

[2]［汉］诸葛武侯撰，［明］刘伯温 辑，郑同校：《故宫藏本术数丛刊：奇门遁甲秘笈大全》，北京：华龄出版社，2013 年。

图 4–8　春秋晚期龙回首式璜佩[1]

图 4–9　西汉前期似“飞鸟趺穴”的凤鸟立阙玉佩[2]

（三）穿璧循环是不是时空穿梭？

我在文中多次提到一个观念，即若把玉璧作为“物象叙事”的一种符号文本，那么这个形式元素是否代表曾经出现过一种事物（未知飞行器），人们看到借助它的力量可以上天又返回地面？玉璧中空的形式，似乎表达了这个被模仿的对象（未知飞行器）能够引导某个空间路径中的去与来，它有往复的力量，而其运动生机的能力或可能来自中空喷射的能量束。还有可能是璧这种飞行器，在运动或工作时产生似“蛇”或“飞龙”的火光流束效果（图 4–10），抑或是喷射气体流动的景象。观摩者（人类）肉眼看到这种现象时将其阐释为穿梭的龙升天或二龙戏珠（或出廓双龙环璧的形式）、二龙穿璧。从西汉时期的玉璧（图 4–11）纹饰中可以看出四组对称的穿璧螭龙纹：通过平面俯视的呈现方式，龙首穿过一个空洞，身体则是对称拆分的形式，传达出两股动态或双柱气流迸射升天的意义。这类带翅螭龙穿梭的立体形象在魏晋时期的两件玉器上一目了然（图 4–12）。

在对《山海经》密码系统进行分析时，已经指出“龙”这个字可能的原型。有学者认为龙就是鳄鱼，这也不无道理。《山海经》中出没的烛龙（高科技设

[1] 中国玉器全集编辑委员会：《中国玉器全集 3・春秋・战国》，石家庄：河北美术出版社，1993 年：图 116。

[2] 中国玉器全集编辑委员会：《中国玉器全集 4・秦・汉一南北朝》，石家庄：河北美术出版社，1993 年：图 60。

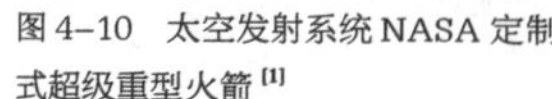

图 4–10　太空发射系统 NASA 定制式超级重型火箭[1]

图 4–11　西汉中期四组螭龙穿璧的平面俯视图[2]

图 4–12　晋代立体双螭龙玉饰[3]

备），其外形也可能和当时人们认知中的自然界动物鳄鱼有关[4]。而且在中南美洲的奥尔梅克、阿兹特克、玛雅文化中，羽蛇神（原型类似鳄鱼）的构成元素也与天、放射状的发光体、龙蛇形貌有一定联系。然而，汉代人们在使用“龙”字来形容双龙穿璧时，该“龙”已经是经过“物—图—文”的多次叙事转换后形成的符号。直至今日，今人对其所指的理解多是融合了几种动物特征的生物性的“龙”。

另外，从玉璧、结界、宇宙维度三者关联的视角看，穿璧还可能暗示存在某种新的宇宙模式。那么，对双龙穿璧、十字穿环、首尾环佩（图 4–13）等形式做新的解释似乎也就有了多种可能。前文已经提到基于拓扑原理的克莱因瓶，后面在玉器时空维度部分也将涉及自相似全息宇宙原理，而在此处就玉璧的问题不妨提出一种天体物理学的联想。根据当代物理学的奇点理论，奇点是物质密度无穷大、时空极度弯曲、熵值无限趋近于零的存在又不存在的一个点，它能用于描述虫洞（图 4–14）、黑洞和宇宙生成的状态[5]。在这个点上的物理学定律会失效，奇点及坍缩形成的黑洞甚至可能实现时空穿梭（图 4–15）。

[1] 图片来源：http://www.sohu.com/a/255050821_735420，2019 年 7 月 1 日登录。

[2] 中国玉器全集编辑委员会：《中国玉器全集 4·秦·汉—南北朝》，石家庄：河北美术出版社，1993 年：图 110。

[3] 同 [2]，第 206 页。

[4] 可参见第四章表 4–3 中的图像比较。

[5] [美] 基普·索恩著，李泳译：《黑洞与时间弯曲：爱因斯坦的幽灵》，长沙：湖南科学技术出版社，2000 年。

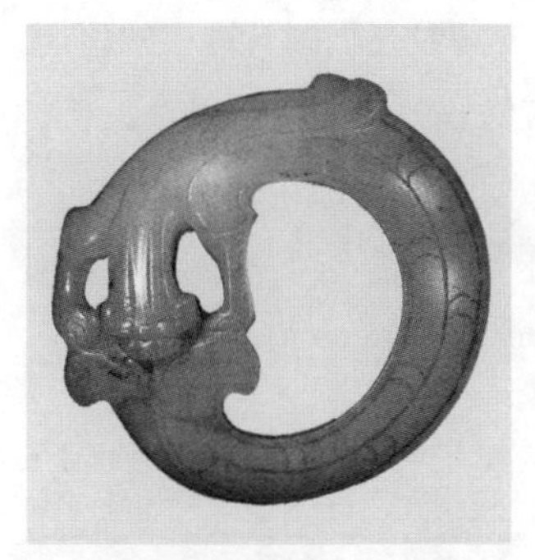

图 4–13 魏晋时期螭龙玉形饰表现的吞噬循环 [1]

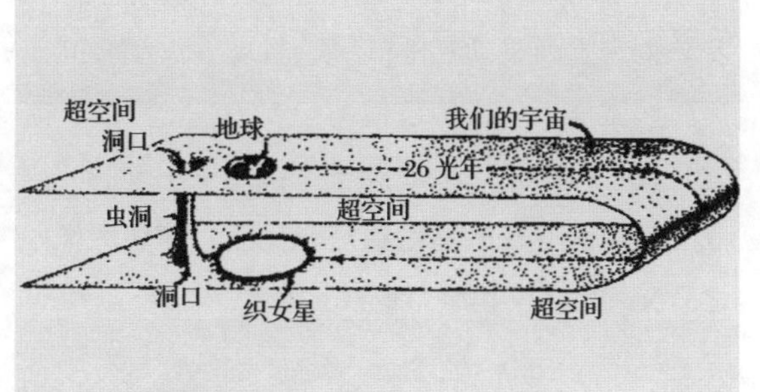

图 4–14 虫洞和超空间结构 [2]

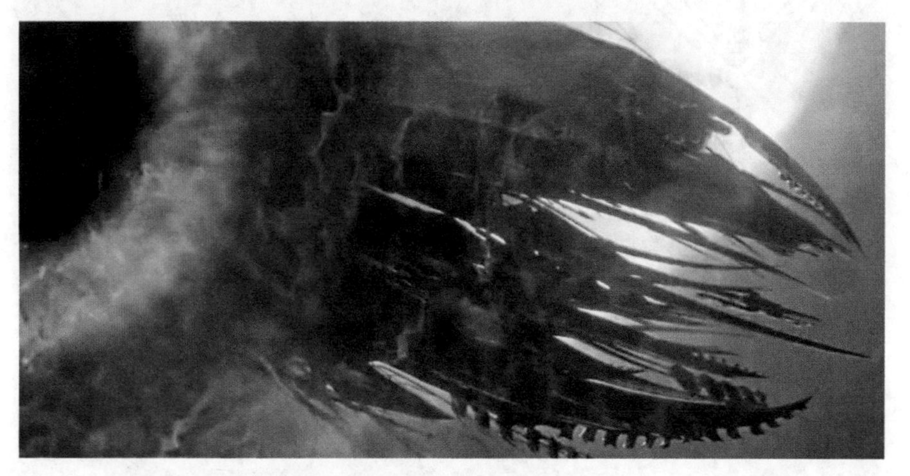

图 4–15 科幻电影《星际迷航》中星舰受奇点黑洞引力作用穿越时空

（四）十字穿环编结的防护罩

以玉结界的图像和实物考证中，需要特别注意所谓“十字穿环”的式样。汉画像石（砖）中的“十字穿环”，有些穿是单穿，即龙形或绳形单个穿过单璧环心（图 4–16a、图 4–16b）；有些是双穿，即两个龙形或绳形穿过单璧环心（图 4–17）；有些是只结未穿，即璧体是独立的，龙形或绳形没有彻底穿过璧环心，而是通过十字编结来固定璧环，但璧环又可以在十字编结的平面内来回平移（图 4–18）。当然，穿璧的单元通常呈现重复形态，比如二方连续或四方连续（图 4–19）。

[1] 中国玉器全集编辑委员会：《中国玉器全集 4 · 秦 · 汉—南北朝》，石家庄：河北美术出版社，1993 年：第 208 页。

[2] 通过超空间连接地球和 26 光年外的织女星的 1 千米长的虫洞。图片来源：[美] 基普 · 索恩著，李泳译：《黑洞与时间弯曲：爱因斯坦的幽灵》，长沙：湖南科学技术出版社，2000 年：第 452 页。

有学者认为汉代墓室中出现的外圆内方的十字穿环纹是当时五铢钱的再现，我认为这是孰先孰后的问题。其实，汉武帝时期五铢钱的铜钱形制以及汉代的压胜钱式样，未尝不是模仿已有的玉璧形制，所谓璧礼天、琮礼地的天圆地方之文化符号甚至可以追溯至铜钱尚未出现的“周礼”时期。只有当铜钱具有独立于玉璧而存在的财富象征意义后，墓葬图像中的铜钱（压胜钱）与玉璧形式之意义才可能不再联系得那么紧密。

图 4-16a　单个穿过单璧环心（魏晋时期）[1]

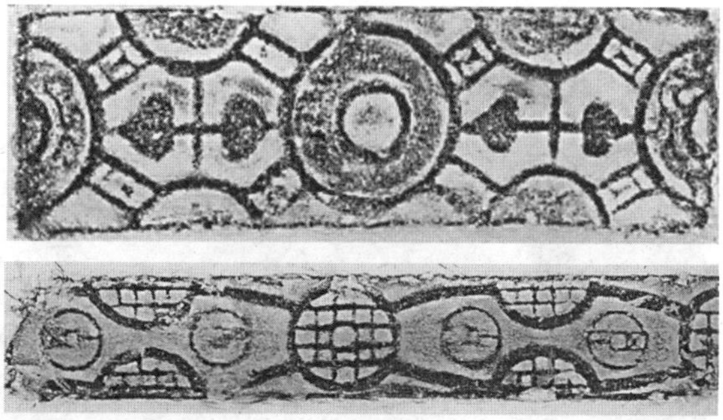

图 4-16b　不穿结的连璧形式（东汉）[2]

图 4-17　两龙交穿通过单璧环心（东汉早期）[3]

图 4-18　两龙以只结未穿的十字编结来固定璧环（东汉）[4]

[1] 魏晋时期的铺地花纹方砖。参见《中国画像砖全集》编辑委员会:《中国画像砖全集·全国其他地区画像砖》，成都:四川美术出版社，2005 年:第 60 页。

[2]《中国画像砖全集》编辑委员会:《中国画像砖全集·四川汉画像砖》，成都:四川美术出版社，2005 年:第 169—170 页。

[3]《中国画像砖全集》编辑委员会:《中国画像砖全集·河南画像砖》，成都:四川美术出版社，2005 年:第 66 页，图 64 局部。

[4] 同 [3],图 111。

图 4–19　上图：二龙穿五璧的构成；下图：古泉文钱币“十字穿环”的连续重复形态[1]

从属性上讲，这种编结而成的穿环式样，不一定是根据二龙穿璧的式样抽象简化而成的符号。至于汉代墓葬棺椁或画像石（砖）上出现的十字穿环图式，哪些表示玉璧，哪些表示铜钱，哪些表示纺织编结或是金属固定件，需要仔细考证后甄别对待。那些我们附会给穿璧和穿环图像的象征意义不可一概而论。从经验出发，如果我们要将所见所感所知事物呈现在图像上，会受到工艺、材料、人的需求、设计等多种因素的影响，编码者对物象文本的创造、译码者的阅读阐释都会不同程度地附加构建者的多重叙事转译。

[1]《中国画像砖全集》编辑委员会：《中国画像砖全集·四川汉画像砖》，成都：四川美术出版社，2005 年：图 210。

第二节 平行宇宙：玉器时空维度说

一、有关具体性和永恒性

原初信仰中对“地点”的认知不同于今日我们所说的“空间”地理概念，简单地说，空间是抽象的，而地点很具体。列维·斯特劳斯在《原始思维》中曾提出一个地点不可转移的观点。他认为事物处于它们的“地点”的确定性才是事物神圣的一个原因，如果把它们移到其他地点，就算只在念头中转移，整个宇宙的秩序都会毁灭[1]。我认为在地点具体性的前提下，他的这段论说是成立的。在大多数信俗传统中，能感知的是那些“地点”的具体特征，这些真实的特征往往能够随着人的需求而发生物理和心理空间上的移动，即信仰者会将这种具体性附会于物、投置于特征相似的抽象性之中，作为完整信仰观念的一部分。例如，在国外，原住民纳瓦荷（Navajos）人把支撑自己住所屋顶的柱子用他们信念中支撑整个宇宙的神祇来命名，像大地、山母、水母等，以此把神祇发挥作用的那个“地点”转移到自己居住的空间[2]。在中国，这种现象更为普遍，而且至今还在延续（图 4-20）。例如，阴阳两世属于一种抽象的时空观念，而活人的居室空间、生活事物可以与逝者的墓葬棺椁、祭祀物品相互呼应，“地点”的具体特征恰好就统一在抽象的时空之中。同时，仪式参与了时空的塑造，它能创造出神圣的空间，这个空间相对于具体的地理环境来说具有变动的结构[3]。像前面提到的烧纸仪式，可以在墓地进行，也可以在寺庙、街角、小区、天桥下、异国他乡进行。

我曾在《文化密码：中国玉文化传统研究》一书中探究过中国玉石文化实质性传统中的永恒性。这种永恒性反映的正是人们对时空统一性的认知，并对应到人类学家所研究的现实社会结构之中。比如，越是精心准备的祭祀物品，越能够表示供养者和祖先神灵亲近熟悉的关系；越是精雕细琢的玉器，那些精湛的手艺，也像一种仪式般建构这种紧密的超时空概念的感情联系。近现代科

[1] [法] 克洛德·列维·斯特劳斯著，李幼蒸译：《野性的思维》，北京：商务印书馆，1987 年。

[2] [美] 休斯顿·史密斯著，刘安云译：《人的宗教》，海口：海南出版社，2013 年：第 400 页。

[3] [美] 白桦著，袁剑、刘玺鸿译：《烧钱——中国人生活世界中的物质精神》，南京：江苏人民出版社，2019 年：第 85 页。

图 4-20　纸扎传人张徐沛一家设计制作的新时代纸扎祭祀品

学将时间属性看作直线性的，过去、现在、未来是钟表可以度量的发展周期。然而，对于前文字时代或说原初社会（包括今天的土著部落）的人们来说，时间是非时间性（无时间性）的，它是永恒的现在，也是一种因果存在，而非编年式的刻度顺序存在。“过去”意味着因源，它并不能够用先后的时间刻度标记。在这些文化当中，可以用节奏、节律、动作完成等事件描述来代替时间（时刻）的概念，一言以概括之——此刻即永恒。

二、“人—地—天—道”的自相似法则

关于玉器体现的时空观，我在十几年前的博士论文中做过保守的研究，比如历史顺序发展观下玉璧时空理念的变化。不过那是从玉石的社会性、价值认

知视角进行的拘紧的分析。在这里，我想从地点具体性和时间永恒性统一的思路着手，提出一种新的假设；即在不涉及玉器历时性多重意义的前提下，仅就玉器构建的时空原型和确定性意义进行推理研究。下面仍以玉璧为引。

（一）三重空间的全息构造

汉代玉璧在墓主人、棺椁、墓室中以特殊的组合方式形成了部分与整体自相似的全息宇宙[1]构造（图 4–21）。

第一重空间：玉衣、玉枕。可追溯为：前代的贴身玉殓具，比如商代的玉（琀）蝉、猪形或鱼形玉握，西周的玉缀面罩，东周的玉覆面。与人身体直接接触的玉器从填塞、持握、佩戴的玉（琀）蝉、玉握及非组佩玉饰，发展到“玉覆面 + 玉组佩”，再发展到“（玉枕）+ 玉衣 +（玉组佩）”的形式（图 4–22）。两汉期间，按照墓主人的身份级别，通常有玉枕出土的墓葬都有玉衣，但有玉衣的墓葬未必有玉枕；可见除了金缕、银缕、铜缕玉衣的等级划分外，玉枕代表的级别可能更高，或涉有个性化因素。

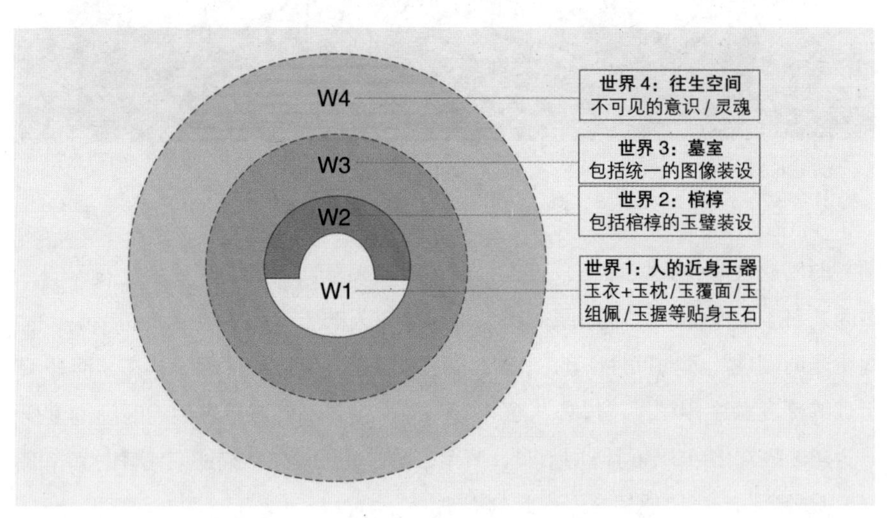

图 4–21　基于全息宇宙原理分析汉代“人的近身玉器—棺椁—墓室”时空图

第二重空间：装设玉璧的棺椁。漆棺四壁有以镶嵌玉璧和联网的形式，似意味着防护；有的用象征玉璧的平面纹饰涂画来表现。棺椁四壁的纹饰似采取

[1] 前面也多次提到这个概念。宇宙全息论的基本原理是从任何部分所带的信息中都可见整体的全部信息，比如 DNA。

玉衣		
	刘胜玉衣出土时情况	窦绾玉衣
玉枕及顶部玉璧		
	刘胜玉枕	窦绾玉枕

图 4-22　中山墓的“玉枕—玉衣”组合

以防护为主的玉璧联网形式，顶部则是以单个悬璧（璧门）的形式表达出入之门的时空通道之意。

第三重空间：以玉为题材的画像石（砖）墓室。画像石（砖）上的双龙穿璧及十字穿环可能表示更大空间范围的防护。有的学者认为汉画像的水平线自下向上刻画的依次是地、人、天。但我认为，在单幅画面上，某些分层或不同大小的区隔，可能属于近大远小且以事物重要性为大、次要为小的空间表达形式。图 4-23 中，我分析了墓室画像或画像砖上图像再现的空间逻辑，一些分为内外

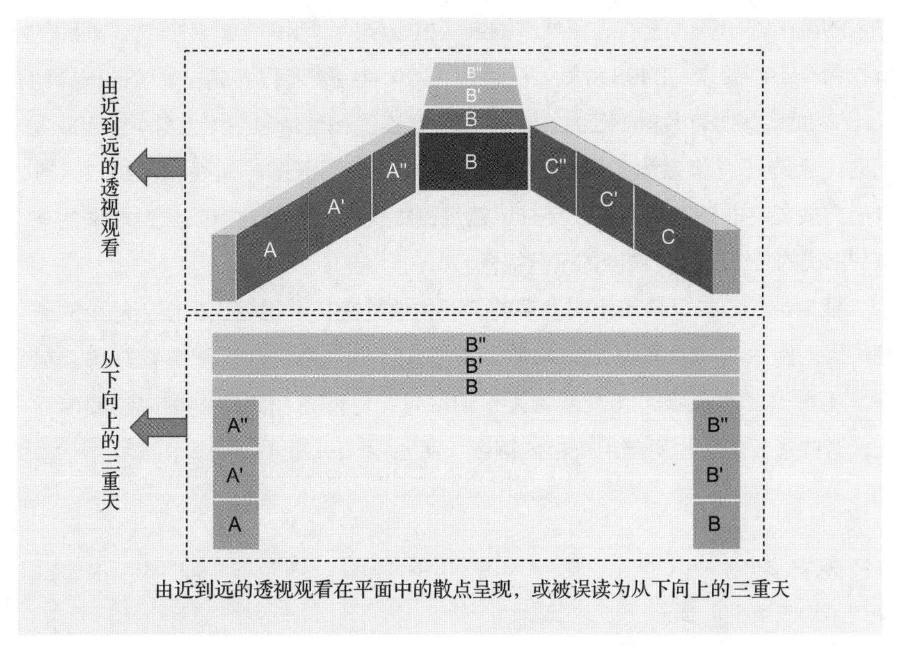

图 4-23　墓室画像石（砖）的空间摆放与构成原理

多层次或左右多间隔的图像，会被误认为是从下向上的三重天，但其实是以散点平面的方式表现由近到远的观看空间。另外，从很多表现宴请餐桌食物的画像，比如平铺的鱼和疑似网格织物的只结未穿的十字环璧式样，更能明显看出这种成像原理（图 4–24）。

图 4–24　桌布上平放在盘子里的鱼 [1]

需要注意的是，尽管 W1 至 W3 这三重空间是可见的，但还不能忽略另一类实在的时间和地点，即墓主人往生的生活时空 W4，以及使整个时空逻辑成立的更广范围的虚拟（全息）时空，亦可视为宇宙观、生命观。

图 4–22 河北满城中山靖王刘胜墓和王后窦绾墓恰好印证了这一全息构造。二人的墓中都出现了玉衣、玉枕、镶嵌玉棺以及殓葬用的玉璧和玉饰。刘胜的玉衣约长 190 厘米，2498 片岫岩玉片由 1100 克金缕连缀而成。窦绾的玉衣约长 172 厘米，2160 片岫岩玉片由 700 克金缕连缀和丝带包粘（上身）[2] 而成。同时出土的还有鎏金镶玉铜枕、玉九窍塞、玉握和玉璧。刘胜和窦绾二人玉衣上方放置有非镶嵌类玉璧。另外，镶玉铜枕枕内中空且放有防虫蚀功能的花椒 [3]，枕的装饰就带有镶嵌的玉璧组合。

根据中山墓二号墓出土时发现的玉石物件情况，推想窦绾墓嵌玉漆棺的原貌：因为她只有棺没有椁，26 块素面玉璧和 4 件圭形玉件可能是棺外饰。另外，还有 192 块玉版，有些带有天干和符号，可能是作为方便镶嵌的顺序标记，这些素面玉版也可能用于棺内镶嵌（图 4–25a—图 4–25c）。

[1]《中国画像石全集》编辑委员会：《中国画像石全集 · 四川汉画像石》，石家庄：河南美术出版社，2000 年：第 63 页。

[2] 上身的玉衣因玉片四角没有穿孔，所以用丝带包粘起来。

[3] 放花椒等香料的做法在现代的土葬中仍然有所传承，当今解释为防虫蚀。

图 4-25a 窦绾墓嵌玉漆棺合开时的复原图

图 4-25b 漆棺上的玉璧

图 4-25c 漆棺上的菱形玉版

级别较高的汉代墓葬中会发现墓主人的身上或附近带有雕琢纹饰的玉器，通常是佩戴物或祭祀随葬品。贴近人身的玉璧多见于头上方、正面胸前和腹部、背部，有的玉璧还放在玉衣内部和人的肉身之间，比如南越王墓主棺室玉衣之上、之内和之下都放置有玉璧（图 4-26、图 4-27）。另外，疑似棺椁之间放置的玉璧通常也雕琢有龙凤纹或取用出廓形式，如江苏仪征烟袋山汉墓、徐州子房山汉墓、徐州狮子山楚王陵出土的玉璧（图 4-28a、图 4-28b）。

值得注意的是，从 W1 至 W4，每一重空间都有表达相似原理和意义的实物或图像形式。

从玉璧依存的不同载体式样到墓葬的整体形制，就像一个层层包含的宇宙。有趣的是，中国传统文化中的奇门遁甲盘式（图 4-29、图 4-30）就恰好分为四盘，即神、天、地、人盘。“奇”代表乙、丙、丁“三奇”，“门”指人盘“八门”，“遁甲”是指隐藏的规律，有甲子、甲戌、甲申、甲午、甲辰、甲寅“六甲”。这四盘里，神盘有九神，天盘有九星，地盘有九宫，人盘有八门，贯通了宇宙的运转规律和变化原理。其中，“神盘”是盘式的核心盘，通常以太极为符号，或视为“道”，象征宇宙中类似磁场的不可见力（图 4-31a—图

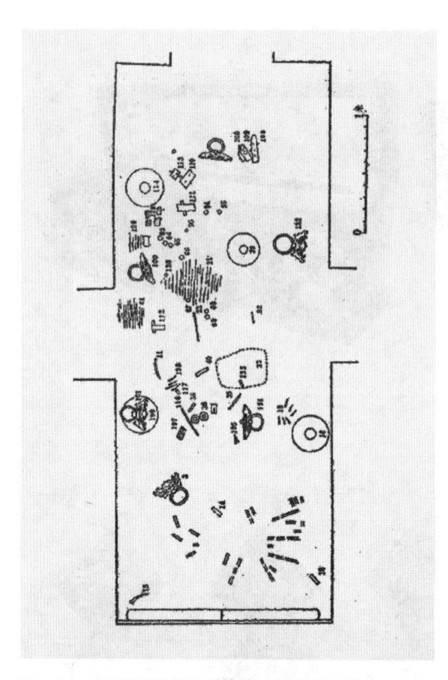

图 4-26　南越王墓主棺内头箱足箱内的玉璧

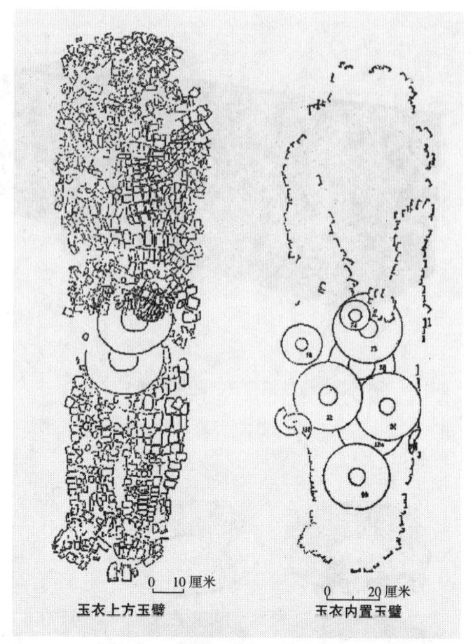

图 4-27　位于玉衣上方和玉衣内的玉璧

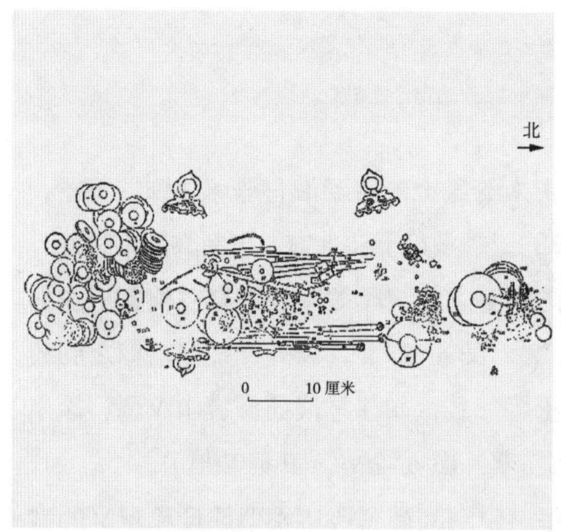

图 4-28a　位于椁表层的玉璧

图 4-28b　南越王墓后中室墓主遗骸上方的玉璧出土时样貌[1]

4-31c，图 4-32），可无形穿梭、生化运转。可见，奇门遁甲的盘式与老子在《道德经》中多次提到的天、地、人、道可形成巧妙的呼应。

[1] 广西象岗汉墓发掘队：《西汉南越王墓发掘初步报告》，《考古》，1984 年第 3 期。

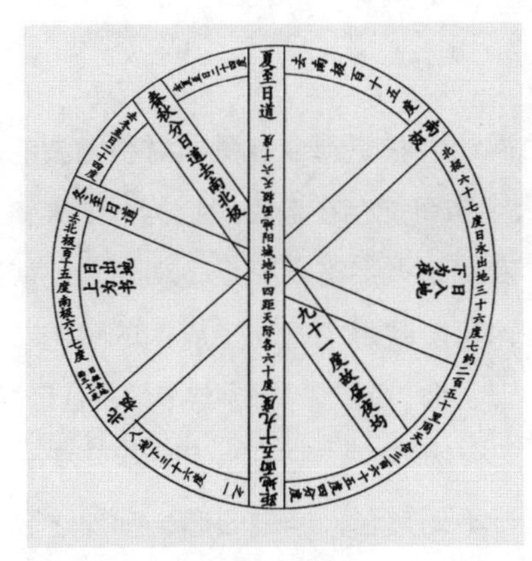

图 4–29　奇门遁甲之晷影图 [1]

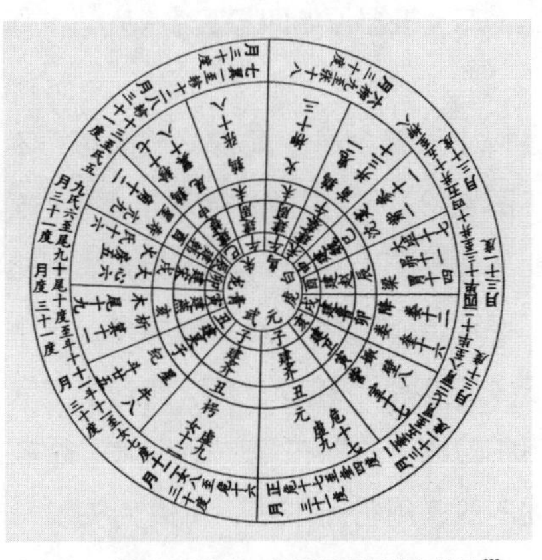

图 4–30　奇门遁甲之十二辰经星分野分度总图 [2]

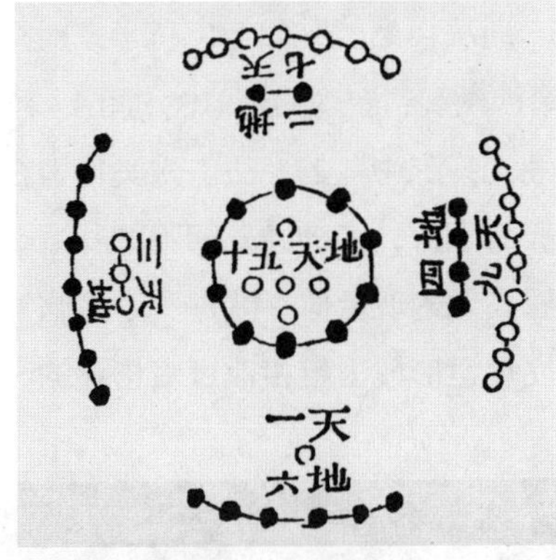

图 4–31a　河图 [3]

图 4–31b　洛书 [4]

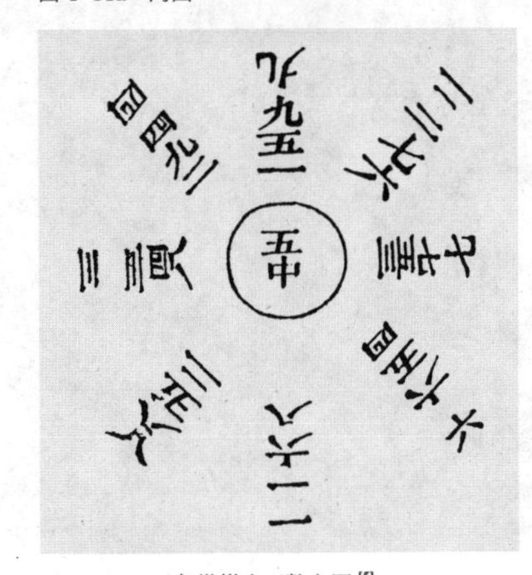

图 4–31c　灵龟纵横十五数之图 [5]

图 4–32　八卦八节之图 [6]

[1] [汉] 诸葛武侯撰，[明] 刘伯温 辑，郑同校：《故宫藏本术数丛刊：奇门遁甲秘笈大全》，北京：华龄出版社，2013 年：212 页。

[2] 同 [1]，214 页。

[3] 同 [1]，第 121—124 页。

[4] 同 [3]。

[5] 同 [3]。

[6] 同 [3]。

（二）玉器原始四象寰宇观

以上玉璧全息空间构造的推想，不由得让人联想到今日科学对引力波的研究（图 4–33）。引力波暗示了小宇宙到大宇宙可能存在自相似结构。如果将细胞比作微观的小宇宙，将浩瀚的太空比作宏观的大宇宙，那么微观到宏观从结构和原理上都符合总的宇宙规律，这个规律可能就是中国老子所谓的“道”。老子《道德经》第二十五章提到了“人、天、地、道”的寰宇结构，而且流露出自相似的“法”正是应循规律的途径：“有物混成，先天地生。寂兮寥兮，独立不改，周行而不殆，可以为天下母。吾不知其名，字之曰道，强为之名曰大。大曰逝，逝曰远，远曰反。故道大，天大，地大，王亦大。域中有四大，而王居其一焉。人法地，地法天，天法道，道法自然。”如今，科学家对全息宇宙、量子宇宙[1]、平行宇宙[2]的研究，也牵涉微观到宏观的相似性（图 4–34），甚至有“上帝就在粒子中”“上帝就在神经元细胞中”的说法。人类行为在社会中可以传播蔓延，其方式与神经元细胞极其相似，即神经元细胞的共振令其电子信号得以传递。从这种相似性原理来看，人的现世似乎就是一个由脑神经化学反应组成的全球性网络。中国的玉石文化也形成了自相似逻辑构建的大宇

图 4–33　爱因斯坦 100 年前预言了引力波[3]

[1] 如专门研究粒子物理学的布莱恩・考斯特和杰夫・福修的研究。参见：Brian Cox，Jeff Forshaw. *The Quantum Universe: Everything That Can Happen Does Happen.* Apollo’s Children Ltd. &Professor Jeff Forshaw，2011.

[2] 比如加来道雄的研究。参见：Michio Kaku. *Parallel Worlds.* Doubleday & Company Inc.，2004.

[3] 图片来源：https://www.sohu.com/a/201314361_718994，2020 年 3 月 1 日登录。

宙、现世宇宙、往生宇宙。这可能不等同于平行宇宙在科学意义上的解释，却可以反映前文字时代以来中国人不断塑造的宇宙认知。

《周礼》记载的“六器”，即璧、琮、圭、璋、璜、琥，作为祭祀之物，其实暗含了大宇宙时空维度的秘密。此六器与人间的现世宇宙中的“六瑞”对应并衍生出礼仪系列规制，其大小、质色、纹饰、系饰组合搭配等制式附加了人间礼仪教化的意义并不断发生变化[1]。其组合逻辑在汉代还演化为五行四象（四神）。人类灵魂在现世宇宙中“死亡”后，在往生宇宙能够又以新的形式“活着”，而玉璧恰好代表往生宇宙穿梭之门。也许就像想象有 UFO 那样，玉璧本身就是带人升天的工具。

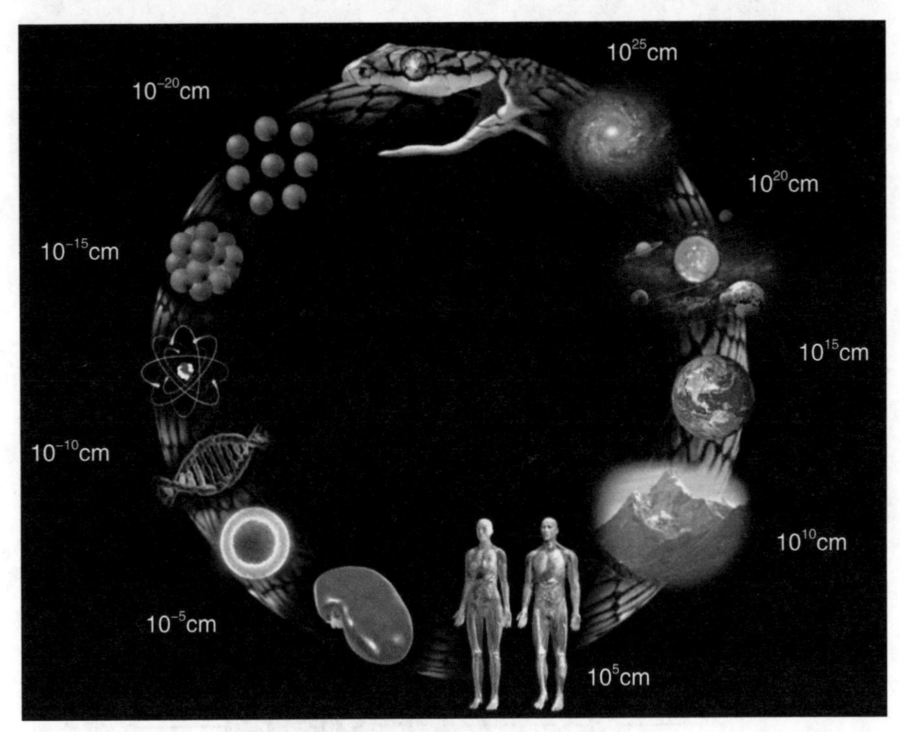

图 4–34　从微观到宏观自相似的全息宇宙[2]

关于现世宇宙的“玉瑞”和往生宇宙的“玉器”，在《周礼·春官·宗伯》“郁人 / 典瑞”中有较长篇幅的描述。比如作为“玉瑞”的圭、璧等使用等级

[1] 一些变化，如玉琮的数量在春秋战国时期开始骤减，有学者认为是由礼崩乐坏的社会制度引起的。玉人在史前—春秋时期还主要以男性人像为主，且多为圆雕形式；但战国中期—汉代的玉人变化为以女性为主的玉舞人，且多为薄片的浮雕或线刻形式。

[2] Illustration of the *ouroboros* micro/macro model as described by Martin Rees. *Credit: Courtesy David Heskett. Handbook of Space Technology*，fig.15.14.

规制方面："典瑞掌玉瑞、玉器之藏，辨其名物与其用事。设其服饰：王晋大圭，执镇圭，缫皆五采五就，以朝日。公执三圭，侯执信圭，伯执躬圭，缫皆三采三就。子执谷璧，男执蒲璧，缫皆二采再就，以朝觐、宗遇、会同于王。诸侯相见，亦如之。瑑、圭、璋、璧、琮，缫皆二采一就，以覜聘。"还有专门用于祭祀、丧葬之用的圭、璧、璋的制式，其使用为："四圭有邸，以祀天、旅上帝。两圭有邸，以祀地、旅四望。裸圭有瓒，以祀先王，以裸宾客。圭璧，以祀日月星辰。璋邸射，以祀山川，以造赠宾客。土圭，以致四时日月，封国，则以土地。珍圭，以征守，以恤凶荒。牙璋，以起军旅，以治兵守。璧羡，以起度。驵圭璋、璧琮、琥璜之渠眉。疏璧琮，以敛尸。谷圭，以和难，以聘女。琬圭，以治德，以结好。琰圭，以易行，以除慝。大祭祀、大旅，凡宾客之事，共其玉器而奉之。大丧，共饭玉、含玉、赠玉。凡玉器出，则共奉之。"

由此，我推理出"玉器原始四象寰宇图"，它由玉器中的"六器"组成，表达了对大宇宙和往生宇宙的认知（图 4-35）。图中的 X、Y、Z 三个轴向构成了物理的三维空间，磁力则构成不可见的能量流动（或为时间或意识）。因此，"玉器原始四象寰宇图"实际上是四维，即"三维空间 + 磁场（时间）"形成的天一地、东一西、南一北、天一西一北、地一东一南的运行体，其构成其实与今天的地球天体认知十分相似：X、Y 轴构成地平面（local horizon）；

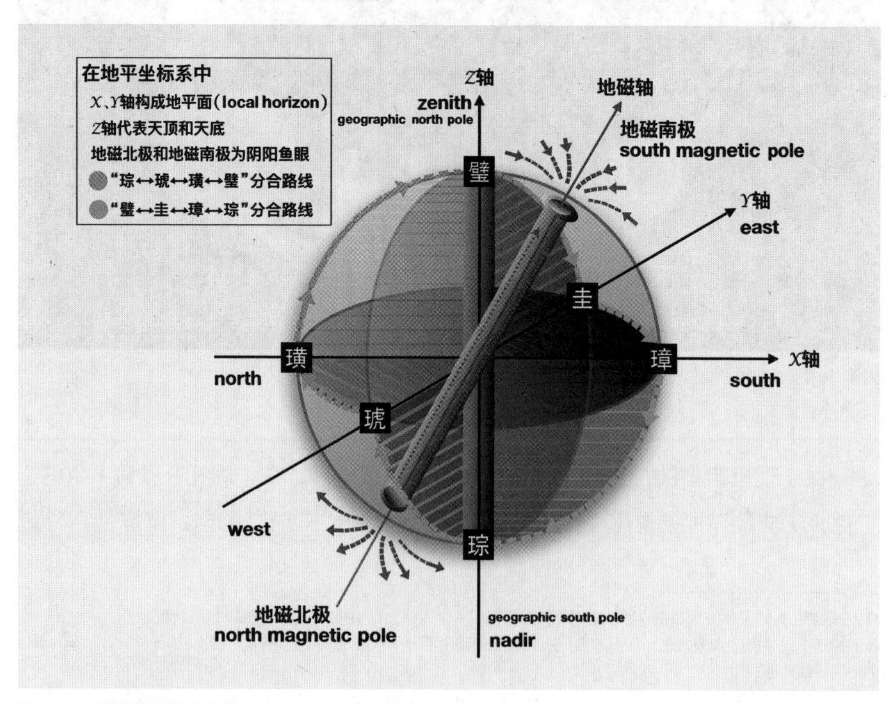

图 4-35 玉器原始四象寰宇图

Z 轴是地理北极与地理南极之轴，它构成了天顶和天底；太极中的阴阳鱼眼分别是地磁北极和地磁南极。而且当中已经包含了分与合的转化和流动路线，即“琮↔琥↔璜↔璧”的分合路线以及“璧↔圭↔璋↔琮”的分合路线，分合转化再演变为五行相生相克原理（汉代以后）。可见，至少《周礼》所在的年代，“六器”就代表了一种四维的寰宇时空认知。以下对 X、Y、Z 轴的空间坐标系构成方式和特点进行解析。

【Z 轴】天[苍璧]—地[黄琮]：相对于 X、Y 轴构成的地平面垂直上下向的 Z 轴，上为天顶（zenith），下为天底（nadir）。

【NMP-SMP 轴】地磁北极—地磁南极：地磁轴和 Z 轴形成磁偏角，磁场运转方向和出入流动的理念与太极阴阳鱼眼及生化运转相呼应，是“道”（或“神”）和不可见力（磁场）流通运行的空洞场所。如图 4-35 所示，当磁力线通过阴阳鱼眼时可促成循环运转的动力。

【X 轴】南[赤璋]—北[玄璜]：璋与璜都是不全的形制，二者分别与圭、琥有关，其全制分别对应琮和璧。

【Y 轴】东[青圭]—西[白琥]：“六器”和“六瑞”中的圭与琥并不相同，“六瑞”中的圭按等级划分有很多尺寸，且琥在出土的佩戴瑞物中也多是虎形璜佩。

【1/4 西北球】地—西—北—天：代表一条从分到合的运行路线，即“琮↔琥↔璜↔璧”之间的转化联系。其中属于 ZY 轴平面的“琮—琥”关系在形制上表现为玉琮四面棱柱对角的兽面纹。YX 轴平面的“琥—璜”关系在形制上表现为虎形玉佩（虎纹浮雕），或是玉虎[琥]符（圆雕）[1]。XZ 轴平面上方的“璜—璧”关系在形制上表现为对璜合一璧、三璜合一璧等制式[2]。这 1/4 西北球上的转换方向带动的能量流动路线如图 4-35 中的橙色所示，刚好构成立体的太极阳鱼部分，地磁北极作为动力出口是太极的阴眼。

【1/4 东南球】天—东—南—地：代表另一条从分到合的运行路线，即“璧↔圭↔璋↔琮”之间的转化联系。其中属于 ZY 轴平面的“璧—圭”关系形制上表现为“一璧生四圭”。圭璧组合的形式在汉代墓葬中出现过，比如汉昭帝平陵帝后陵内出土的一圈玉圭尖端指向中间小玉璧的组合物件。另外，甘肃鸾亭山遗址也发现有圭璧组合的情况，只是具体如何摆放无法得知（图 4-36a、图 4-36b）。圭璧组合的形式若仅从形貌上看，似乎还能从甲骨文卜

[1] 以《周礼》中的引文作为依据。

[2] 同[1]。

辞的字形和航天设备的造型推想一二（图 4–37a、图 4–37b）。*YX* 轴平面的“璋—圭”关系在形制上表现为“半圭为璋”。*XZ* 轴平面下方的“璋—琮”关系在形制上表现为“璋邸射，以祀山川，以造赠宾客”[1]，而且很有可能四璋恰好是一琮的四壁，因为琮多为长方形柱面，而且琮壁一般都带有射台，这与璋下部有成组阑线齿牙的形式或有关联。这 1/4 东南球上的转换方向带动的能量

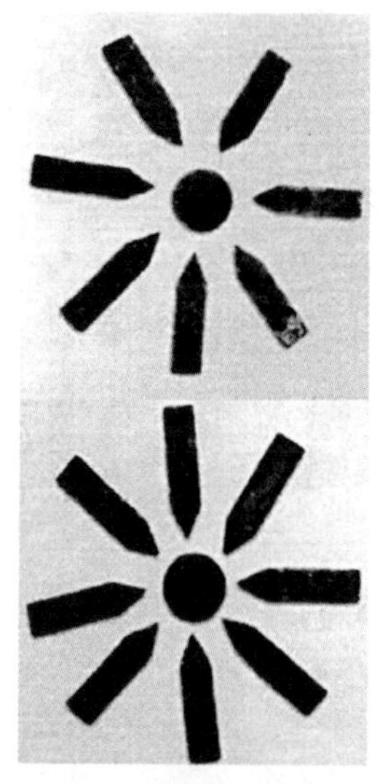

图 4–36a　汉昭帝平陵帝后陵内出土的圭璧组合

图 4–36b　甘肃鸾亭山遗址出土的圭璧组合

图 4–37a　似一璧生四圭的航天设备 TECSAS[2]

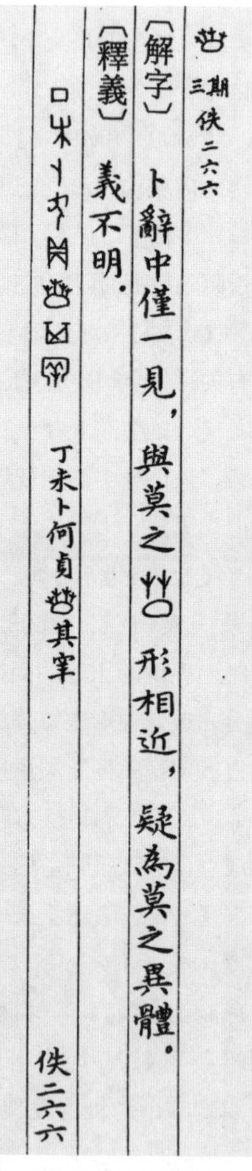

三期　佚二六六

〔解字〕卜辭中僅一見，與莫之形相近，疑為莫之異體。

〔釋義〕義不明。

丁未卜何貞其宰

佚二六六

图 4–37b　甲骨文卜辞形似一璧生四圭字

[1]《周礼》。

[2] 图片来源：DLR，figure 7.7.37。

流动路线如图 4–35 中的绿色所示，恰好构成立体的太极阴鱼部分，地磁南极作为动力入口是太极的阳眼。

【ZY 正轴平面】上方的“璧—圭”关系在形制上表现为“一璧生四圭，圭长尺二”[1] 以祀天、礼上帝，亦有“圭璧祀日月星辰，璧径六寸，上刻五寸之圭”[2]。故璧可生出圭，再分化为璋，后合为琮。

【ZY 负轴平面】下方的“琮—琥”关系在形制上表现为玉琮四棱八向的虎相兽面，故琮可以分离出琥面，再转化为璜，后合为璧。

由以上分析可以推演出一个通天地的“分合运转图”（图 4–38），从三个轴向和球面上的运行可见其沿 X、Y、Z 轴的路线为：“–Z[琮] → –Y [琥] → –X[璜] → +Z[璧]” 和“+Z[璧] → +Y[圭] → +X[璋] → –Z [琮]。”[3]

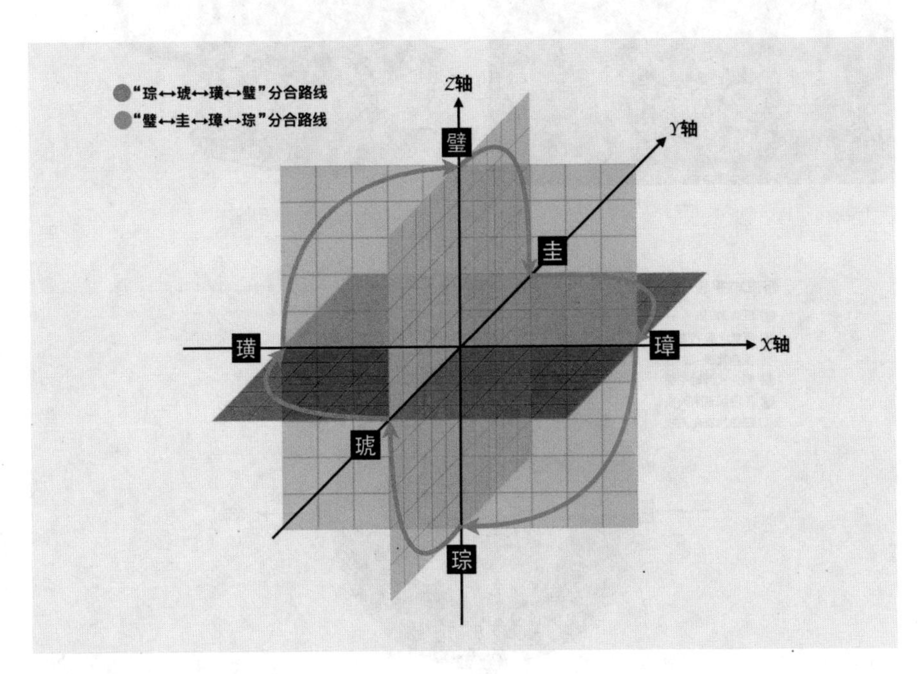

图 4–38 通天地分合运转图（三维）

不难发现，“玉器原始四象寰宇图”“通天地分合运转图”，《周礼·春官·大宗伯》规制的“六器”“六瑞”，《周礼·冬官·考工记》中玉人之事

[1] 据《周礼》记载，而且在汉代平陵的帝墓中又有类似形制的情况。

[2]《周礼》。

[3] 短线“–”表示负号，“–”和“+”用以区分负轴和正轴。

在制作圭、璧、璋、琮时的要求规范，以及《礼记·曲礼》记载的行军布阵[1]，都统一在《周易》太极生两仪、两仪生四象、四象生八卦的宇宙认知体系内。

虽然玉器与寰宇四象在象征意义上是统一的，但在表达方式上，单件玉器作为形式载体罕见与后来演化出的“四神”同聚的情况（图 4–39a）。这种由四象（四神）同现一个载体的情况在汉代的陶塑、瓦当、铜镜、铜炉上可见（图 4–39b），但在墓室画像石（砖）上出现的四神图像多的只是独立的图像表达，通常用来指示东西南北的方位和星象意义[2]。

“玉器原始四象寰宇图”的分合原理及路线，在汉代还演化出了五行四象相生相克原理。在五行四象中，土（原黄琮）的位置与代表四象的青龙（原青

图 4–39a　汉代四神“长宜子孙”玉胜[3]

图 4–39b　汉代铜染炉上的四神[4]

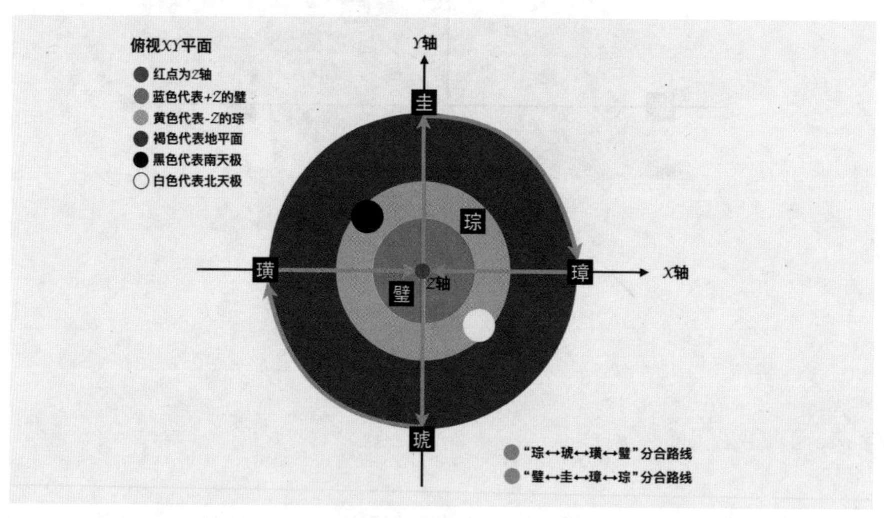

图 4–39c　“玉器原始四象寰宇观”的分合原理路线（二维）

[1]《礼记·曲礼》有“行，前朱雀而后玄武，左青龙而右白虎，招摇在上，进退有度，左右有局，各司其局”。其所指是军事布阵时的方阵，前锋是朱雀，后防是玄武，左攻防是青龙，右攻防是白虎，中军置七星北斗旗即招摇来指挥调度，左右军阵各自也有分管。

[2] 二十八星宿中的朱雀、玄武、青龙、白虎各由七星组成。

[3] 中国玉器全集编辑委员会：《中国玉器全集 4·秦·汉—南北朝》，石家庄：河北美术出版社，1993 年：图 233。

[4] 徐州博物馆藏。

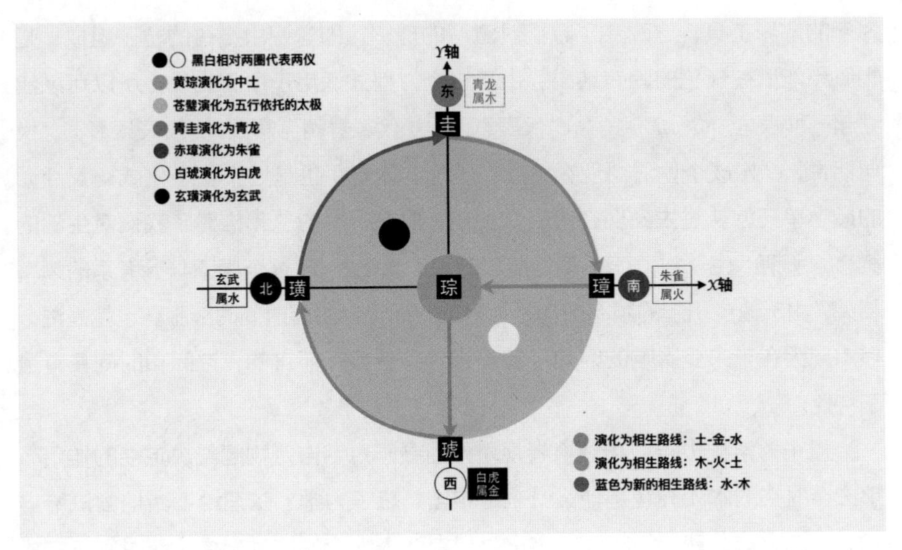

图 4-39d　演化为五行相生路线（二维）

圭）、白虎（原白琥）、朱雀（原赤璋）、玄武（原玄璜）同处于地平面且居中（图 4-39c、图 4-39d）。

尽管汉代玉璧在大宇宙、现世宇宙、往生宇宙中抽象为“门”（通道 / 载体）的原型，其意义更是在当时和后世价值观的阐释下多重化，但是，无璧就等同于无法通天地、无法在宇宙中流转，亦视为缺陷和无德，从而附加于人的价值判断，可见本质上依然参与了建构其时的伦理教化。

第三节
物象同构：异时空同宗源的玉文化

一、量子理论的文化学启示

如何从非哲学理论的角度来表述“过去、现在、未来”的概念？我们知道经典物理学中量子是物质实体的最小单位，而且目前研究表明其不可再分。但是当代科学理念下发展的量子物理学和爱因斯坦相对论为当代宇宙科学认知提供了新的研究基础。德布罗意波粒二象性方程式（De Broglie’s Equations）成为新的解释工具，它改变了我们对意识的理解，即意识由量化的粒子组成，是物质和能量被量化的固有结果。由于这个方程式适用于所有物质，所以可以建立起一种表达：$C=hf$（其中C代表意识，h代表普朗克常数，f代表频率）。换句话说，C构成个体对“现在（此在）”的体验，也是一个量子化或交互活动的最小单元。从过去到现在所有“现在（此在）”的总和构建了我们对生活的概念，所谓“生”与“死”都是抽象的C（此在）。f这个频率与参考系的频率相关，由于速度引起的频率增加是相对的，而且会引起时间的膨胀。也就是说，根本原因在于未受影响的时间经验是相对参考目标而言的，空间和时间具有量子特性。

量子力学提出意识和观察者视角作为参照对宇宙万物起着决定性的作用。那么，时空的本质究竟是什么？全息宇宙、量子力学、弦理论不断地尝试给出解释。按照这些理论的阐释，宇宙是只有两个维度的信息架构，而时间其实是人对一系列变化时间的感知，时间本身也存在膨胀和伸缩，所以，在爱因斯坦看来，时间和空间是相通的。时间的流逝可以解释为时钟的指针在与时间相反的方向上移动所产生的距离。这样看来，“生”与“死”不过是头脑感受的欺骗，和所谓“来世”的概念一样，都是虚幻不可靠的。如此，传统时空理论空间是三维、时间是第四维的说法似乎也变得不再准确。更准确地说，我们普通认知的线性时间都是片段时刻，时间的连续性只是感知的假象。再说空间，人类的经验证明空间并不是同质的，就像你家可以有很多房间，但有些房间大多数情况下是看不到的（除非使用监控视频），因为你在使用一个特定的房间成为此刻的空间，而不能同时身处其他的空间。

按照通识的物理时间传统，地球的东西半球曾经出现过两个区域几乎是同时期、十分相似、繁荣的玉石文化现象：一个是亚洲以中国为核心的东亚玉文化地带（包括日、韩等东亚板块地区），另一个是中南美洲以秘鲁、墨西哥为核心的美洲玉文化地带（包括一些北美洲地区）。

然而，“同时期”的说法并不妥当。因为在某一片段时刻，比如20年一代人的间隔，这些人作为玉文化的持具者，能够将这一代人关于玉石的知识、技艺、传统等与之有关的文化在另一片相异地域上传播。但是与同宗源文化的间歇性“失联”，自然会导致异地新生的这个同宗源文化在其所在的新环境中慢慢独立发展，或又与其他非同宗源的文化融合而发生变异，类似于文化学研究常说的文化“变迁”。再经历一两代人之后，该文化与原本的同宗源文化可能会呈现越来越多的异构现象，也就是文化“差异”。但是，我们从中南美洲的玉文化中发现，其与中国不同朝代存有间歇性同构现象。也就是说，以夏商甚至更早时期为始端，之后对应中国的周代、汉代时期，两地（文化）亦存在图像、器物上的众多相似性。

有人会坚持认为这种情况属于文化持续交流的结果，就像邻居串门一样，你来我往之中彼此的餐桌上都多了一样从别人家学来的菜肴。然而，科学世界的量子力学也是近半个世纪以来才验证了原来古老的佛教、道教哲学中早已揭示过的量子科学原理：色即是空，无极生太极、太极生两仪……量子理论未尝不可作为我们阐释文化世界问题的一种新工具。

二、中南美洲的玉文化宗源

从第三章的分析可见，玉石作为稀有物资以及“美物”“护身符”的历史是普遍性的。世界历史显示，几乎每个古老的文化和文明都出现过宝玉石文化，其实，包含在大文化中的玉文化必然与大文化的发展、传播息息相关。

国外学者很早就提出中国人发现并生活在美洲大陆上要早于哥伦布。1752年，法国汉学家吉涅（J. De Guignes）指出，公元500年时墨西哥就已经有中国人种，这要比哥伦布发现美洲大陆早了1000多年。他还于1761年向法国文史学院提交了《中国人沿着美洲海岸航行以及居住在亚洲最东部的几个民族之研究》一文。20世纪初，中国学者才从真正意义上参与了中国与中美洲文化关系的研究。20世纪40年代，中国学者陈志良提出了殷人东渡是美洲古代文明的源头的观点。直至今日，对此观点的讨论立场主要有这样几种：一是赞成美洲文化的起源为殷人东渡，甚至更早时期，即美洲文化的宗源是中国；二是认为两者虽有联系，但属于并行发展的文化体系，即美洲的宗源不是中国而是自己本土生发的与中国相似的文化；三是认为二者有文化联系，但是由于后来晚些时候的文化传播和交流，而使得美洲本土文化受到中国文化的影响才呈现某些相似性，即二者的联系不在早期；四是完全否定，即认为二者根本没有联系。

根据一些文化人类学者的研究，1492年哥伦布在中美洲遇到的美洲原住民很可能就是中国殷商时期东渡的中华人种后裔；美洲最早的原住民是4万—12万年前或更早时间来自亚洲东北部和中国华北的中华人种，澳洲的原住民则是4万—5万年前来自中国华北的中华人种和爪哇人的后裔。当然，美洲原住民也有一部分是来自欧洲和非洲的人种，但其构成主体和文化影响最深远的是中华人种后裔。而且，中华人种的美洲迁移很有可能发生过多次，从10万—15万年前中国北方人种的东迁开始，8000年至1万年前、5000—6500年前，以及2000年、3000年、4000年前后都是中华先民大规模移民的高峰期。时至今日，在迁徙带多少还能发现一些保留的母体文化特征和联系，尤其在美洲和澳洲的原住民文化中，不难看到某些具有明显辨识度的中华文化。正因为此，也有学者倾向于将哥伦布误以为是印度人才称作“印第安”人的美洲原住民，改称作有中华文化殷商血统的“殷地安”人。

中华文化为宗源，是以何种路线传播的呢？有学者指出了中华人种开拓太平洋文化圈的五个区域[1]（图4-40a—图4-40d）：一是中华本土文化区，即今亚洲的中国版图区；二是西太平洋文化区，即今朝鲜半岛、日本诸岛等；三是北太平洋文化区，即今东北亚、库页岛、勘察加半岛、阿留申群岛、阿拉斯加等，其母体文化是中国红山—仰韶文化和东北夷文化；四是南太平洋文化区，即今中南半岛、南太平洋诸岛、澳洲等，其母体文化是中国河姆渡—良渚文化；

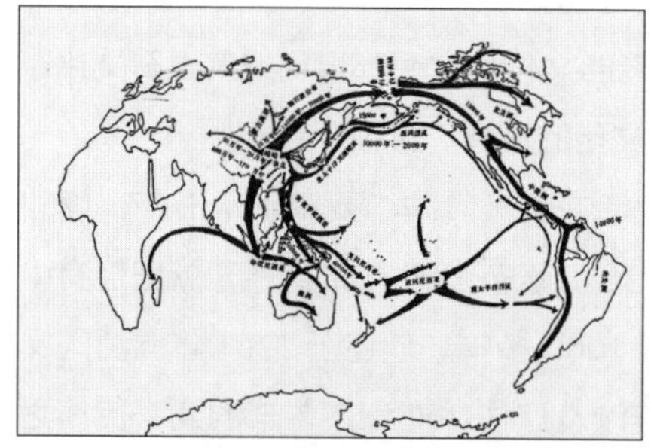

图4-40a 远古中华祖先开拓美洲路线图[2]

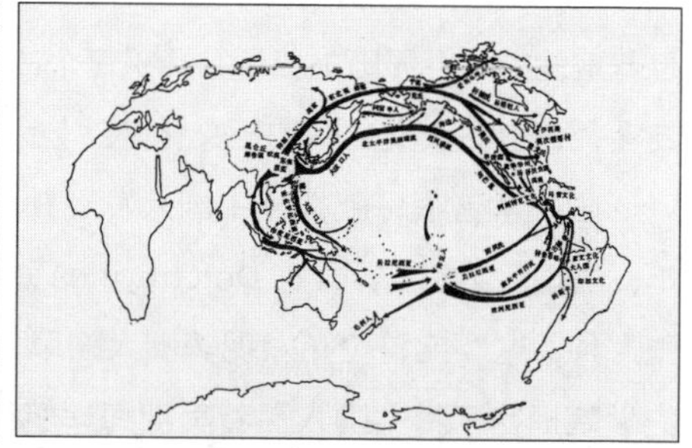

图4-40b 少昊和东夷民族移民美洲图[3]

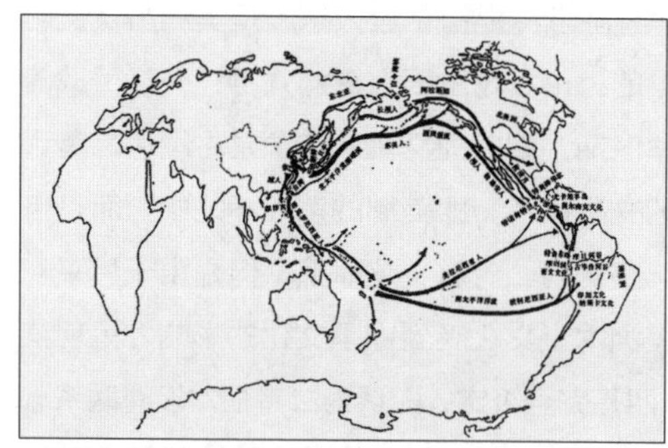

图4-40c 殷人东渡美洲路线图[4]

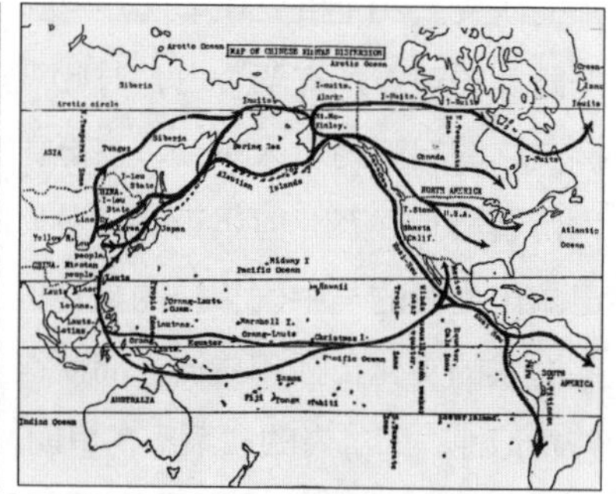

图4-40d 中华文化开拓文化圈示意图[5]

[1] 20世纪八九十年代，以王大有、宋宝忠等人为代表的专家学者，对于中华人种美洲迁移的问题做了大量的文化学和神话学研究。中华人种开拓了太平洋文化圈五个区域的观点也是由他们提出的。

[2] 王大有、宋宝忠著：《图说美洲图腾》，北京：人民美术出版社，1998年：图363。

[3] 同[2]，图364。

[4] 同[2]，图367。

[5] 徐松石1987年绘制的路线图。参见徐松石：《禹迹华踪 美洲怀古——铜鼓圆峤奥秘》，1987年。图出自[1]，图368。

五是东太平洋文化区，即今美洲特别是其西部靠近太平洋的地区，其母体文化是中国大汶口文化。至于发生迁徙的原因，很可能是气候、战争、资源等对生存造成了影响。

母体文化本质的辨识度体现在文化信俗、族源、发祥地、移民路线、语系等方面的共性上。做出以上迁徙推论的依据首先是人种学。例如，徐松石等学者研究认为，中美洲锐头俗（长头颅）的发源和分布与中华东夷苗越鸟田人的发源和分布有关[1]。

其次，就语言来说，法国学者保罗·里维特用人类学、民族学、语言学的方法，通过颅形、血型、航运工具、贝币、糯米安、纹身、凿齿、悬棺葬、语言等资料证据研究呈现了从北纬 3°—43° 大约 40° 沿太平洋的大量部落之间的关系，也可从中发现公元前 3424 年 ±230 年至公元前 2211 年 ±200 年时期与中国华北、华东、华南移民至此的关系。例如，那—地尼（Na-dene）语族是北美洲所有语族中分布最广的一个语族，所及范围从北极海岸到北墨西哥，北面从太平洋沿岸到哈德森湾，南面从科罗拉多河到格兰德河河口，范围广及 40 个纬度和 45 个经度。这一语言涉及南、北美洲一个最重要的印第安居民群体。1925 年，萨皮尔就发现了那—地尼语族与汉藏语系之间的亲缘关系，罗伯特·沙菲尔也发现加拿大阿尔伯达省的亚太巴斯干湖、加拿大西北部和中部居住的那—地尼·亚太巴斯干族群（Na-dene Athabascans）语言与汉藏语系十分相似[2]。不仅如此，中国和墨西哥两地文化还可以从五声音阶中找到相似的联系。比如，卡斯特利亚诺斯（Castellanos）研究发现阿兹特克人的五声调式“Ti、Qui、To、Co、Ton”与中国的宫、商、角、徵、羽可能是一样的。另外，波利尼西亚人将他们的海洋神叫做“太昊”（Taoroa 或 Tangalo），而太昊又是东夷民族的领袖，说明二者有一定联系。海南南丰白沙洞黎族称纹身（图腾，tuteng）为“陶坦”（tauttan），而波利尼西亚人称纹身为“塔图”（tatan），阿吉布瓦人称图腾为“多丹”（dodaim），亦可见彼此的联系[3]。

再者，客观来看，地理优势因素应是允许多次迁徙的前提条件。根据世界海底地形和地球地理变化研究推测，亚洲、大洋洲、白令海峡在大陆层位上是连为一体的。当冰期海水退却时，会是一片开阔的陆地，那么，在亚洲的居住者特别是处于腹地的中华人种，可以直接通过陆路到达环太平洋地区。另外，

---

[1] 徐松石：《华人发现美洲考》（中册），1983 年。另参见王大有、宋宝忠著：《图说美洲图腾》，北京：人民美术出版社，1998 年：图 369。

[2] [法] 保罗·里维特著，朱伦译：《美洲人类的起源》，北京：中国社会科学出版社，1989 年：第 55—56 页。

[3] 王大有、宋宝忠著：《图说美洲图腾》，北京：人民美术出版社，1998 年：图 367。

环绕东亚、东北亚、阿留申的太平洋海沟是形成太平洋黑潮暖流的地质原因，从而形成一条海上天然航道，这为海上移民提供了近海逐岛迁移的可能。

最后，据考古发掘和比较文化学的研究可知，早期移民路线影响产生了后来的日本绳文文化、古坟文化，特别是从一些彩陶造型与纹饰上可以发现甘肃青海马家窑文化、仰韶文化、庙底沟文化等文化特征。例如，在日本发现的具有辛店文化特征的陶器，可作为殷人东渡美洲的佐证。另外，商周时期山东半岛、江苏沿海一带是东夷人和宿沙氏居住的地方，而日本不仅有宿沙造岛的传说，还有疑似鸟夷宿沙图腾的出土物。日本神代史上的洪水传说讲的是伊奘诺尊把天琼矛探入水底，拔出来时矛锋上吸附了息沙息土而长成了海岛（宿沙造岛之说）。从日本绳文文化、古坟文化“四鸟敷土”四方陶器可见（图 4–41），它与 10 世纪北美洲南密西西比文化的田纳西左旋四正四隅阳鸟八芒太极图（图 4–42）似乎存有一定的宗源联系[1]。

图4–41 日本绳文、古坟文化“四鸟敷土”四方陶器

图 4–42 北美洲左旋四正四隅阳鸟八芒太极图

三、以《山海经》为参照的异时空玉文化

基于前文分析，亦有学者认为，中华文化迁徙传播的五个太平洋文化圈就是《山海经》文本描绘的一幅更早的世界地理图景。5000—6500 年前的一次移民很可能是“蚩尤—炎帝”与“轩辕—黄帝”大战而造成的[2]。

[1] 王大有、宋宝忠著：《图说美洲图腾》，北京：人民美术出版社，1998 年：第 148 页。

[2] 这与丁振宗推理的 6700 万年前的燕山运动背景、时间单位成万倍关系。

轩辕氏族取胜后在中国本土开创了玉兵时代，而蚩尤族、夸父族则大批移民。其中一部分夸父族人经由河渭—阴山河套—贝加尔湖—黑龙江—东北亚及其岛屿—阿拉斯加—北美洲西海岸—南美洲比鲁河谷（疑为《山海经》中的“波谷山”“嗟丘”等地名）建立了举父国、博父国、大人国、查文国，而因纽特人、阿留申人、海达人、夸口特人、查文人、毛利人就是其后裔（图 4–43）。

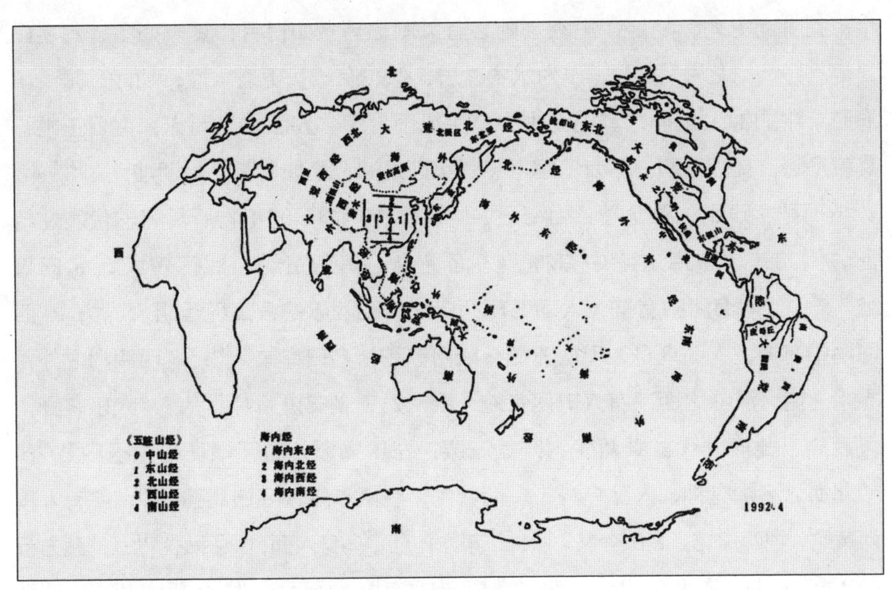

图4–43　王大有先生于1992年绘制的《山海经》地理区域图[1]

下面将以《山海经》文本提及的事物作为参照，通过与中南美洲玉文化物象文本的异时空比较，探讨其宗源联系。

（一）神（人）与羽蛇神

中国文化对“龙”字的文本想象源于《山海经》，我在第一章中已经从“新宗教学”的批判视角对各种龙的所指进行了想象性推测，此处的比较分析并非赘述《山海经》之前《山海图》及其形成时的物象世界，而是以《山海经》文本为起点，对原文本引发的二度（或不只是二度的）物象创造和图像叙事进行比较。

[1] 王大有先生于 1992 年绘制的《山海经》地理区域图。参见王大有、宋宝忠著：《图说美洲图腾》，北京：人民美术出版社，1998 年：第 500 页。

正像老百姓今日还挂在口边的“四海龙王”和一些地方的农村信俗仍信奉保风调雨顺的“龙王”、供养“龙王庙”那样，具有水性或与水密切相关是中国文化中“龙”的一大特征。比如：螭龙，可对应《山海经》中的应龙，是带翼、有兽足、蛇身、能带来雨水的龙，即“应龙处南极，杀蚩尤夸父，不得复上，故下数旱，旱而为应龙之状，乃得大雨”[1]；夔龙，虽然首形如牛，但其出没时也必有风雨，即“东海中有流坡山，入海七千里，其上有兽，状如牛，苍身而无角，一足，出入水则必有风雨，其光如日月，其声如雷，其名曰‘夔’”[2]；蛟龙（蛇），作为水中之兽，似蛇有鳍，更通水性；烛龙，是《山海经》中的钟山之神，其出没也会产生风雨，即“人面蛇身而赤，直目正乘，其瞑乃晦，其视乃明。不食不寝不息，风雨是谒。是烛九阴，是谓烛龙”[3]。

珥蛇、践蛇、乘龙是《山海经》中可称作“神”的事物所具有的代表性特征。例如：“东海之渚中有神，人面鸟身，珥两黄蛇，践两黄蛇，名曰禺虢”[4]；“南海渚中有神，人面，珥两青蛇，践两赤蛇，曰不廷胡余”[5]；“西海渚中有神，人面鸟身，珥两青蛇，践两赤蛇，名曰弇兹”[6]；“西南海之外，赤水之南，流沙之西，有人珥两青蛇，乘两龙，名曰夏后开”[7]；“大乐之野，夏后启于此儛九代，乘两龙，云盖三层，左手操翳，右手操环，佩玉璜”[8]；“北海之渚中有神，人面鸟身，珥两青蛇，践两赤蛇，名曰禺彊”[9]；“有人珥两黄蛇，把两黄蛇，名曰夸父”[10]；“东方句芒，鸟身人面，乘两龙”[11]；“南方祝融，兽身人面，乘两龙”[12]；“西方蓐收，左耳有蛇，乘两龙”[13]。可见，禺虢、不廷胡余、弇兹、夏后开、禺彊、夸父、句芒、祝融、蓐收，要么在身旁两侧有类似“蛇”形、可“珥”或“把”的装设，要么是在足下方位置有类似可“践”或“乘”的踏立之物（图 4–44a—图 4–44e）。

类似的“珥”“把”“践”“乘”姿态在南美洲蒂亚瓦纳科太阳门石雕上

[1]《山海经・大荒东经》。
[2]同 [1]。
[3]《山海经・大荒经》。
[4]同 [1]。
[5]《山海经・大荒南经》。
[6]《山海经・大荒西经》。
[7]同 [6]。
[8]《山海经・海外西经》。
[9]《山海经・大荒北经》。
[10]同 [9]。
[11]《山海经・海外东经》。
[12]《山海经・海外南经》。
[13]同 [6]。

的太阳神雕像中亦可见（图 4-45a、图 4-45b）：太阳神的形貌是虎形、人首、羽冠，其双手持法杖，两脚踏龙蛇。该造型不仅与《山海经》中珥蛇、践蛇、乘龙的描述十分相似，还与中国良渚文化玉器上的神徽有几分相像（可参看表 4-3 的分析）。

与中国的水性“龙”文化相似，英文如今将巨型龙蛇叫做“serpent”。沿此线索，追溯到美洲早期的奥尔梅克文化及后来的阿兹特克文化、玛雅文化，“羽蛇神”也是一个具有强大水性能力的神（图 4-46、4-47）。从奥

图 4-44a　疑为凤鸟“珥两蛇践螭虎”的西汉晚期陶制件[1]

图 4-44b　良渚文化玉器神徽中疑似“把两蛇”的形象[2]

图 4-44c　明代蒋应镐图本《山海经》中的蓐收

图 4-44d　明代蒋应镐图本《山海经》中的祝融

[1] 汤池主编：《中国陵墓雕塑全集·西汉》，西安：陕西人民美术出版社，2009 年：图 149。

[2] 中国玉器全集编辑委员会：《中国玉器全集 1·原始社会》，石家庄：河北美术出版社，1992 年：图 270。

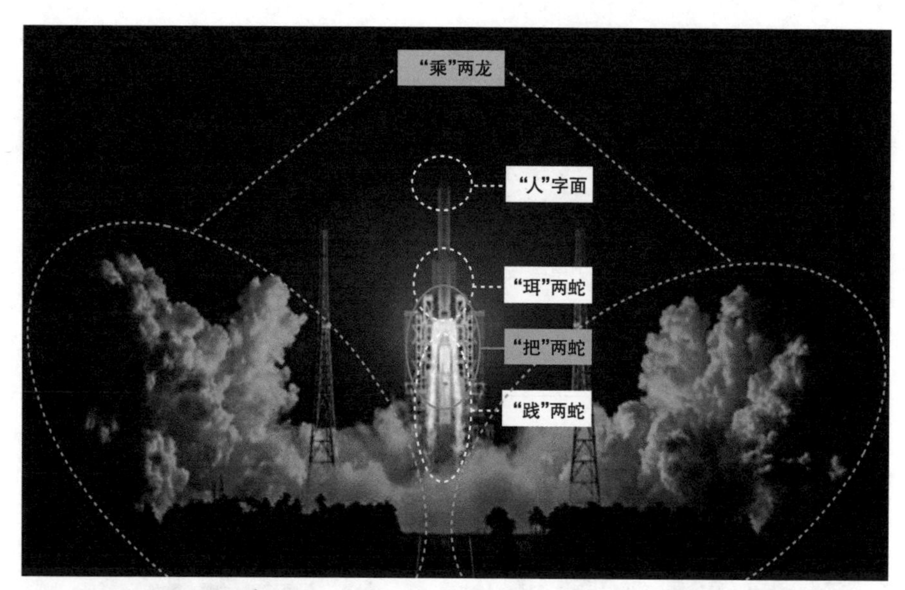

图 4-44e　火箭发射场景物象[1]与"珥""把""践""乘"建立的叙事关系

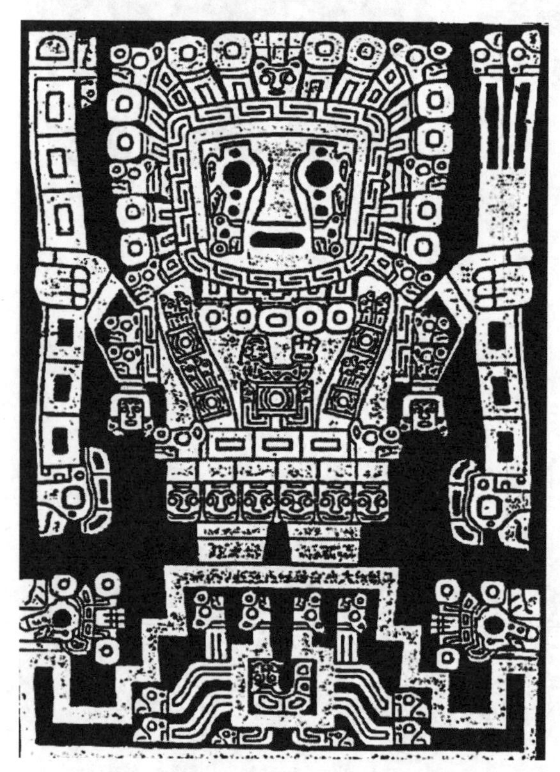

图 4-45a　南美洲蒂亚瓦纳科太阳门石雕上的太阳神雕像图绘

图 4-45b　与《山海经》句芒描述相似的查文鹰碑图绘[2]

[1] 图为"长征五号"遥三火箭成功发射"实践二十号"卫星（郭文彬摄）。

[2] 公元前 2500—前 1200 年查文文化遗址第十六鹰碑。参见《秘鲁的艺术与瑰宝》（上）。

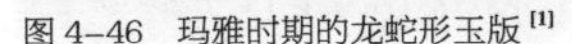

图 4-46　玛雅时期的龙蛇形玉版[1]

图 4-47　中国战国晚期的龙形玉佩[2]

尔梅克文化开始，到阿兹特克文化所称的“Ketsalkoatl”，再到玛雅文化的“Kukulcan”，羽蛇神是能够为人们带来雨水且保佑玉米等农作物丰收的保护神，其样貌在很多建筑物雕饰上可见（图 4-48）。另外，在萨尔波尼科手抄本上，美洲原住民文化的德拉洛克雨神[3]也身具龙蛇的外貌特征（图 4-49）：雨神双手持圭状法器，似是调兵遣将之行为，两个螺旋勾纹表示口中还念着咒语，在雨神发出指令后风云雷电一起奔来，雨神坐器的下方犹如倾倒流出雨水的形态。

图 4-48　玛雅金字塔建筑雕刻的羽蛇神

图 4-49　德拉洛克雨神

[1] 拍摄于中国国家博物馆玛雅文化展览。

[2] 战国晚期玉龙形饰和身上的谷纹可能由战国早期的勾云纹演化而来，与玛雅文化特奥蒂华坎石雕羽蛇相似。参见中国玉器全集编辑委员会：《中国玉器全集 3·春秋·战国》，石家庄：河北美术出版社，1993 年：图 293。

[3] 公元前 2500—前 1200 年查文文化遗址第十六鹰碑。参见《秘鲁的艺术与瑰宝》（上）。

（二）建木与扶桑

前面提到已有研究认为，今美洲所谓“印第安人”可称为“殷地安人”[1]，因他们与中国文化的渊源颇深，应属于同宗源的文化，很可能是夏商或更早时期文化传播与交流的结果。分析近代以来的一些文化研究，亦有青睐两地人种相似性、语言文字相似性、神话传说相似性、图形图像相似性以及用玉传统相似性方面的说法。至于其中的一些差异和特异现象，学界也倾向于认为是移民美洲的中华后代创新传承的“变迁”文化。

1761 年，法国人德・吉涅发现《梁书》上记载的“扶桑国”可能就是墨西哥。但是，200 多年过去了一直也没有给出研究定论。反倒是有些学者认为扶桑国所指是日本的观点，一时间十分受捧。不过，根据 9 世纪古朝鲜的《天下图》（即《山海经天下地志图》）所绘景象，中国、朝鲜、日本、旸国、扶桑都有明确的地理位置，而当中的扶桑并非日本而是墨西哥。

《山海经》中关于建木的特征描述是“有木，其状如牛，引之有皮，若缨、黄蛇。其叶如罗，其实如栾，其木若苉，其名曰建木”[2]、“有木，青叶紫茎，玄华黄实，名曰建木，百仞无枝，有九欘，下有九枸”[3]，依此，有学者认为中国三星堆出土的青铜器即“建木”的原型（见后表的分析）。我认为将其定为原型的言论尚值得商榷，只不过按照对《山海经》原文本施加过二度物象创造的逻辑，将“建木”几经转译变成一种与重要仪式有关的事物并非没有可能。

美洲“殷地安人”有一种祈求丰产的古老舞蹈叫做“飞人舞”（图 4–50a—图 4–50c），历史学、文化学、民族学、人类学、考古学研究者比较一致地认为该舞蹈与“殷地安人”古老的宇宙天体观密切相关。现代人类学家的研究发现，在墨西哥、危地马拉、尼加拉瓜等地也存在与此类似的旋转舞蹈。飞人舞中的飞人通常装扮成羽人或飞鹰的样子，他们的舞蹈有一定的流程，像是对一种仪式的记录。一般羽人首领会爬上一个木质的建筑（杆架）的筒顶朝拜，再由 4 位一组的羽人轮番爬上柱子后沿绳索纵身滑下盘旋，飞舞 13 圈，像是振翅飞翔；当第一组羽人落地后，第二组羽人接着抓住绳索盘旋飞舞，依次轮流。羽人的飞舞受控于转动的圆筒，立杆的长度与绳子的长度恰成正比。由于“殷地安人”将 52 年作为一个世纪，依此推测，4 位羽人代表四季，他们

[1] 王大有等学者早在 20 世纪 80 年代就通过著书立说发表过大量此观点的证据。

[2]《山海经・海内南经》。

[3]《山海经・海内经》。

图 4–50a

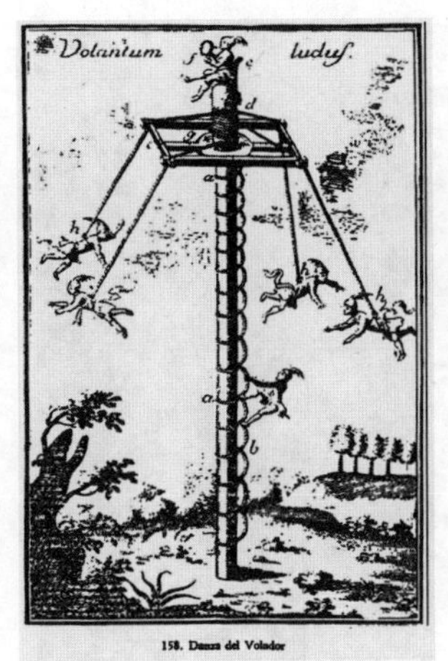

图 4–50b

图 4–50c

各转 13 圈代表一年 13 个月，13 圈后落地刚好代表完整的周期 52 年。如今被当地开发为旅游项目的飞人舞，立杆高约 30 米，转 24 圈左右能够落地。由此，也可以测算出古代“殷地安人”转 13 圈的立柱应约 15 米高。

根据羽人大师依希多拉·卡尔西亚（Isidoro Garcia）的徒弟、韦拉克鲁斯州帕潘特拉城的飞人舞乐手何塞·多明戈（José Domingo）提供的舞曲资料和口述史资料，以及马蒂的《先殖民地时期歌曲、音乐和舞蹈》一书再现的飞人舞场景（图 4–51）可以推想，这种飞人舞应该是与祭天地和祖宗有关的仪式，同时包含了一定的宇宙知识。飞人舞共有 15 段曲，即前奏曲、祈祷曲、圆圈曲、进行曲、祈求宽恕曲、谣曲、瓦萨卡曲、祈祷曲、爬杆曲（共 4 段）、飞行曲、落地曲、终曲。伴随每段曲子都有相应的动作，可视为专门的仪式。具体参见表 4–1。

王大有认为 *Tlacacaliztli* 图中有太阳神、四子职守、扶桑、天梯、建木、日表等元素。其中四正（东南西北）、四隅（东北、东南、西南、西北）与八条绳索对应，绳索从建木顶端的天脐拉出，上方绳木固定的斗形四棱为四隅，斗形四个底边中点引出四正方向的绳索，四位羽人束缚在这四根绳上，似乎表达的正是中国《列子·汤问》的“折天柱，绝地维”。臬木天齐、地四方、八维、游表用来确立四时（春分、夏至、秋分、冬至）及四立（立春、立夏、立秋、立冬）、昼夜、13 个月 52 年为一周期的太阳历。如今，在中国一些地区，比如青海互助土族自治县，就有一种叫做“转秋子”的飞人舞民俗（也叫“轮子秋”）。另外，新疆少数民族也有跳飞人舞的传统，云南一些少数民族当中还保留着上刀山、云梯、神树的习俗。美国加利福尼亚州阿瓦托尼的普韦布洛

图 4–51 *Tlacacaliztli* 中的飞人舞场景[1]

文化陶钵上的彩绘，也有天梯、太阳、圭表、四条绳索和下方游表的形象[2]，表现的可能是赫比人连山天梯四维的太阳纪历。

表 4–1 “殷地安人”飞人舞仪式[3]

第 1 段	前奏曲	羽人首领和 4 位羽人用笛子吹奏声音尖细、曲调忧伤的前奏，环绕村子跑，以邀请村民观看飞人舞
第 2 段	祈祷曲	羽人小跑到立杆场地
第 3 段	圆圈曲	羽人用普通的走步、沉稳的步伐围绕立杆庄重地转圈行走
第 4 段	进行曲	羽人以锁链形走步，围绕立杆转圈行走
第 5 段	祈求宽恕曲	羽人继续以锁链形走步，围绕立杆转圈跳舞
第 6 段	谣曲	唱颂歌
第 7 段	瓦萨卡曲	羽人用活泼欢快的舞步跳舞
第 8 段	祈祷曲	羽人首领面向东方鞠躬敬礼，宣告飞舞开始，并爬上立杆圆筒顶端向四方朝拜

[1] 王大有、宋宝忠著：《图说美洲图腾》，北京：人民美术出版社，1998 年：图 100–1。

[2] 李淼、刘芳编绘的《北美原始艺术资料图集》。

[3] 参考王雪、马蒂的研究成果。

续表

第 9 段	爬杆曲	分别在 4 位羽人爬上立杆时吹奏
第 10 段		
第 11 段		
第 12 段		
第 13 段	飞行曲	暗示羽人沿着绳索纵身滑下
第 14 段	落地曲	羽人落地并解开腰间的绳子
第 15 段	终曲	结束舞蹈

圭表建木的说法并非子虚乌有，毛利人、奥尔梅克人、托尔蒂克人、玛雅人、查文人、纳斯卡人等王侯贵族都有持圭的传统。中美洲华斯特克—托尔蒂克—米兹特克—阿兹特克—玛雅文化族群盛行奥林世界图与传说。有学者认为奥尔梅克—玛雅文明以八卦扶桑太阳历和金星历为核心，推崇太阳鸟、羽蛇、玉兔、白虎（金星）四大图腾，它们似乎对应了中华文化中的朱雀、青龙、玄武、白虎四象（四神）。奥尔梅克人在美洲重建中国殷商文明，亦能从一些物象叙事中发现线索。例如，从中美洲尤卡坦半岛拉文塔遗址出土的玉圭（图 4–52a、图 4–52b）及其上的象形文字中似乎可以得到一些印证。这组玉器由 16 件玉石人像和 6 件玉圭组合摆放，1 件带有红色的玉人居中，其他 15 件深色玉人面向中心玉人环绕，而 6 件玉圭中有 4 件刻有疑似中国象形文字（甲骨文或金文）的符号[1]。公元前 1150—前 1045 年，周灭商后，中国确有殷人东渡的

图 4–52a　玉圭和玉人组玉

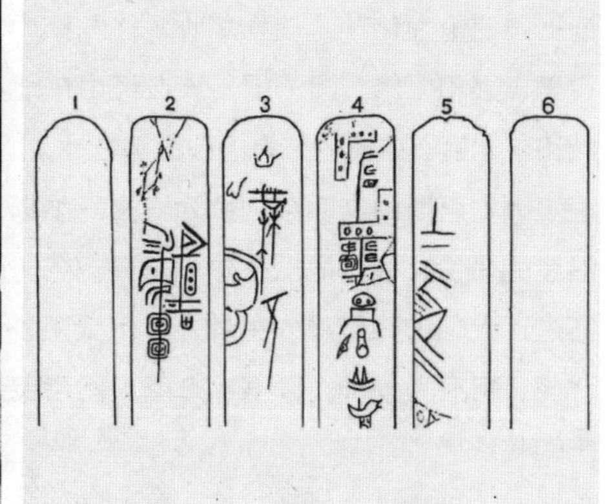

图 4–52b　玉圭上疑似中国象形文字的符号

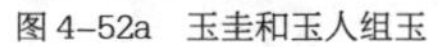

[1] 王大有、宋宝忠著：《图说美洲图腾》，北京：人民美术出版社，1998 年：第 257 页。

记载，这一迁移使美洲文明发生了巨大变化。移民的殷商后裔在拉文塔建都，并奉攸侯喜为王，世称“乙祁”，贵族名“对卢”“纳绌沙”（那族沙）。在墨西哥西海岸刻 25 个“亚”“帆”陶文盟书，在南美洲祭祀祖先“报乙”，陶盆上书“人方”“本日”“二十匚乙”均可辅证。玛雅人记录的纪元始于“4Aau8Cumhu”（即公元前 3113 年 8 月 13 日 / 公元前 3373 年 10 月 14 日 / 公元前 3641 年 2 月 10 日），可以视为后裔对羲和句芒奥林日历的起始，即中美洲的墨齿扶桑国少昊—玛雅文化移入美洲——第四个世界结束（洪水时代陨落），从此后第五个世界奥林开始。此时间与大河村三期碳 14 测定年代公元前 3685 年 ±125 年相符合，台湾卑南文化自公元前 3300 年至公元 700 年都属于该文化的分支。这在一定程度上表明，中美洲的玛雅文明可能是东夷少昊羲和文明同化吸收了奥尔梅克文明[1]。少昊羲和东渡美洲后，在中美洲的奇瓦瓦（音似“羲华华”）地区定居，并发明了璇玑玉衡。美洲的太昊—少昊—羲和—常羲文化以太阳金乌八卦扶桑文化为主，金星白虎扶桑文化为辅，又次为玉兔月亮扶桑文化，再次为天狗食日扶桑文化（可参见后表分析）。

太阳八卦扶桑文化又分为丘墟坛扶桑文化、天梯建木扶桑文化、地母扶桑文化、汤谷扶桑文化等，中美洲的天文历法几乎取八卦五行扶桑文化格局。玛雅人崇拜先天八卦，并将之同十月太阳历相结合，一定程度上表明其继承了伏羲文化。玛雅人精通金星历，而且建造金字塔观测金星、日、月运行，金星为白虎形，月亮为玉兔形。墨西哥和墨西卡利保留着与古代“殷地安”相似的语音，比如墨齿、墨池，甚至演化为黑齿习俗。玛雅人至今还有修和熙（Xio 和 Xius），在《左传·昭公二十九年》中有修与熙为少昊裔叔（或为裔子）的佐证：“使重为句芒，该为蓐收，修与熙为玄冥。世不失职，遂济穷桑。”可见少昊、羲和、修、熙、重、该在经由东北亚进入中美洲后，其后裔仍往来于美洲和东北夷、东夷的穷桑（扶桑）之地，所以中南美洲的扶桑特征也根源于此。南美洲安第斯山文明系列则为查文—纳斯卡—摩且—印加族群，以靠近太平洋沿岸的哥伦比亚、厄瓜多尔、毕鲁河谷（秘鲁）、智利为主要区域，其显著特征是：太阳神句芒重为主神，或以太阳神“殷帝”（因蒂）为主神，以飞鹰、飞虎、狙猴为辅神，以钺、舟船、凿齿民等符号元素显示出与中华越族文化传统的联系[2]。

南美洲纳斯卡文化以巨大的地画、崖刻著称，其中前印加文化皮斯科的帕

[1] 王大有、宋宝忠著：《图说美洲图腾》，北京：人民美术出版社，1998 年。

[2] 同 [1]。

拉卡斯湾（Paracas）沙山上有一个高602英尺（约15.3米）的树形崖刻（图4–53），与中国商周甲骨文、金文中的“扶桑”“若木”（图4–54a）以及后来三国魏时期四川汉画像砖上的伏羲女娲建木形象极为相似（图4–54b）。

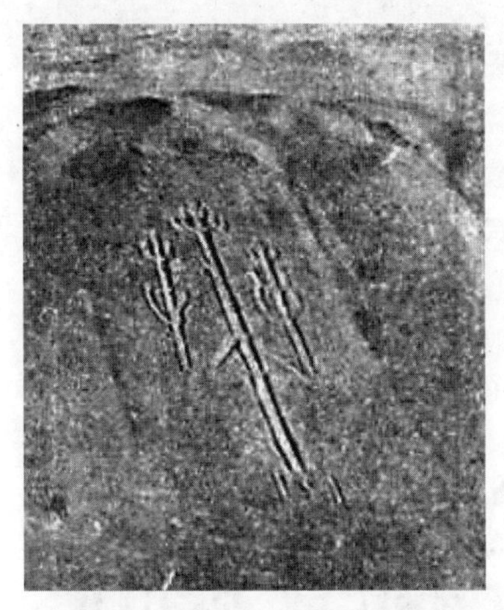

图4–53 帕拉卡斯湾高602英尺的树形崖刻[1]

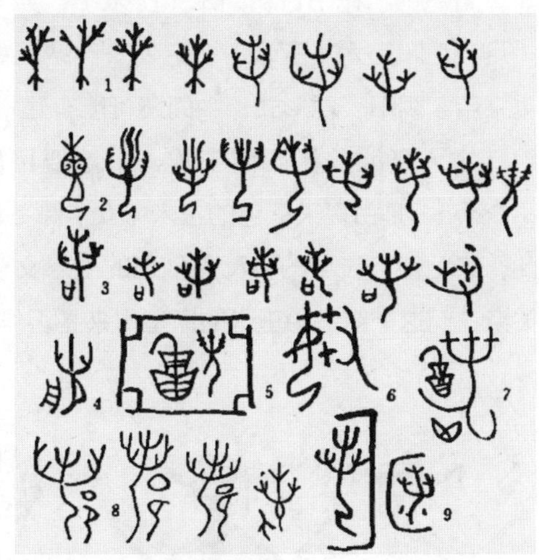

图4–54a 中国象形文字“扶桑”和“若木”[2]

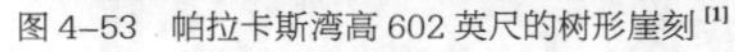

图4–54b 画像砖上的建木形象[3]

[1] 王大有、宋宝忠著：《图说美洲图腾》，北京：人民美术出版社，1998年，第171页。

[2] 同[1]。

[3]《中国画像石全集》编辑委员会：《中国画像石全集·四川汉画像石》，郑州：河南美术出版社，2000年：图176。

另外，从纳瓦霍人天父和地母的纺织图案中，均可见与阴阳、建木、扶桑、中国伏羲女娲等的文化渊源。19世纪美国新墨西哥州的纳瓦霍人织毯图案（图4-55）就以黑白形式表达了阴阳交媾宇宙和生命观，二人手托物不同，一人胸前有阳鸟、手托阳日和阴木（玉米），另一人胸前有蛙形（蟾蜍）、手托阴日（月亮）和阳木（玉米）。另外一件纳瓦霍人织毯图案上，所谓的圣玉米女神也采用了阴阳表现形式，中间还可能有建木演化而来的玉米树形（图4-56）。纳瓦霍人是北美洲西南部的一个重要民族，根据他们的祖先传说，特瓦人（Tewa）是由夏天蓝色的玉米（女）和冬天白色的玉米（男）结合而成的，因此，格兰德河流域的特瓦人创造的玉米文化或许和后来他们的玉米栽培技术有关系，而这个图案中玉米的原型本来是否作阳、阴形式有待进一步研究。

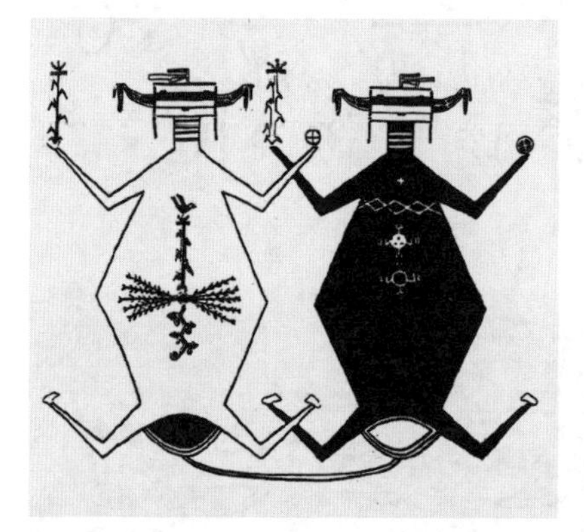

图4-55　纳瓦霍人织毯图案上天父、地母手持建木[1]

图4-56　圣玉米女神织毯上演化为玉米的建木[2]

换一种思维方式，如果不是从大文化、大宇宙观分析，而是具体至从生活可察的细节着手，那么，登梯旋转的飞人舞与采用规矩度量并利用弓弦旋转加工玉器的工艺原理十分相似。对原初文化玉石加工原理的研究表明，当时很可能已经开始使用规矩以及锼弓等工具度量，或已出现锼磨开料、钻孔等工艺，这种加工方式的传承在现当代的新西兰玉石锼弓加工传统技艺上也可以看到（第三章已有论述）。

[1] 原载《北美洲原始艺术资料图案》，另参见王大有、宋宝忠著：《图说美洲图腾》，北京：人民美术出版社，1998年：图35。

[2] 同[1]，图36。

四、异时空的物象同构

中国和中南美洲两地在不同历史时期物象同构的现象比比皆是，其中最主要的是与《周易》文化相似性的阴阳、四象、八卦、九宫图式，当然还有与中国早期文化、汉代文化相似的图式（详见表4–2、表4–3）。《周易》作为世界上最高深的哲学和科学体系，概括了宇宙密码和生命密码。墨西哥的阿兹特克太阳历与中国古老的《周易》所载的文王八卦有一定的相似性，而且王大有的研究指出，墨西哥的太阳历八卦图与我们今天所见中国的阴阳八卦图很可能同源于伏羲的先天易。阿兹特克太阳历中心有一个“天脐”[1]，因为玛雅文化中将天的中心称作肚脐，肚脐是人的命门，胎儿要靠脐带从母亲体内获得生存所需的营养；墨西哥的八卦九宫图以圆形的天脐为中心，八角垂芒作八卦（图4–57），与中国的太极八卦相比较确实有妙不可言的联系。古代墨西哥以西为尊上方位，像特诺奇特兰城的特奥卡里神庙就是坐东朝西，恰克雨神的贡品摆放位置也是向西。墨西哥人认为他们是太阳的儿子，西方是太阳落下的位置，也就是家。从墨西哥地理位置看太阳落下的西方恰巧就是中国。

在阴阳属性方面，也有一些与双旋阴阳有关的符号（图4–58）。斯特瑟·皮恩（Stresser Pean）研究指出，“殷地安人”将天空视为男性神明且属火，将大地视为女性神明且属水和空气，万物的繁衍生息源于二者的结合，可见其天地、阴阳观念与中国传统的天地观一致。

图4–57　墨西哥国家人类学博物馆藏阿兹特克太阳历石雕

[1] 有关“天脐”的说法，有一说认为出自《道德经》“谷神不死”“玄牝之门”“天门开阖”，但是道教中人并不认同。

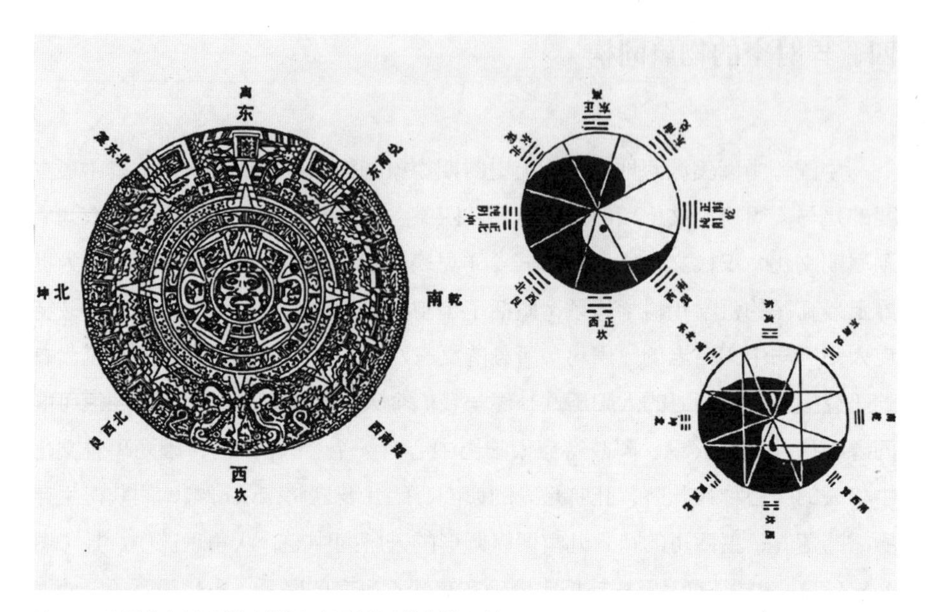

图 4–58　阿兹特克太阳历的八卦位与中国太极八卦的简图对应

在阿兹特克太阳历图式中，上为东（对应离位春分），下为西（对应坎位秋分），右为南（对应乾位夏至），左为北（对应坤位冬至），东北对应震位立春，东南对应兑位立夏，西南对应巽位立秋，西北对应艮位立冬，即坐东朝西，而这样排出来的正是原始的伏羲先天八卦图（据推测可能在公元前 6000—前 4000 年产生）的样子。中国的原始八卦图可见于大汶口文化八卦图（距今 6500 年）、湖南汤家岗大溪文化八卦图（距今 6000 年）、安徽省含山八卦图（距今 5000 年），大溪文化的八卦图与阿兹特克太阳历在整体上十分接近。正如大溪文化的原始八芒组成的八卦中间是四方形内有一条龙，阿兹特克太阳历中央陨落的日也在四方形内，当中也有一条龙叫龙日。“四方”不是说地是方的，而是指地平的四个方向。米斯特克坛台的四面八方九宫扶桑图像与湖南长沙子弹库楚国缯书十二月神扶桑图在布局上十分相像。在南美洲哥伦比亚的纳里宁陶器上也出现类似湖南安乡汤家岗大溪文化白陶盘内的八卦九宫（坛台建筑）图形，疑似一璧四圭八芒九宫图像，与距今 6500 年左右的中国崧泽文化陶器俯视图中呈现的八芒九宫式样十分相像[1]。

已有许多研究历法的学者提出阿兹特克太阳历与中国八卦历具有相似性。现藏于墨西哥国立人类学博物馆的阿兹特克太阳历石刻（公元 1479 年雕刻而

[1] 参考王大有的相关研究。

成），于1790年从墨西哥宪法广场特诺奇特兰遗址出土。根据记载，阿兹特克人建造了特诺奇特兰城，在15世纪西班牙人入侵前已经有20万人的城市规模，城中心广场建有40多座神庙，太阳神庙高达35米。这件太阳历石刻在直径约为3.8米、厚0.84米、重达24.6吨的正方形石头上方。太阳历为中间直径3.58米的圆形浮雕，凸出方形石面0.2米。石刻中央是托那蒂乌太阳神，头的两侧是鹰爪托心祭日的图像，头部4个方框表示龙风日、虎火日、舟济洪水日、水土日，它们分别在洪水时期陨落。外圈20个象形文字表示20天（鳄鱼晨曦、风、房屋、蜥蜴、蛇、颅骨死亡、鹿、兔、水、狗、猴、盘绕植物、芦苇、虎、鹰、猛禽秃鹫、运动的奥林、燧石、雨、花），八芒圭代表四向、四隅，最外圈为两条龙（或双首连尾龙）。王大有认为，阿兹特克太阳历就是中国文王八卦之前的先天八卦图，并将其与中国先天八卦[1]进行比较，而且阿兹特克人以落日西方为家、为正向，而当时这个位置指向的正是中国。另外，他还指出，印第安的传统医学依据这个先天八卦图和中国的月体纳甲图相配合来取穴位[2]（图4–59）。西方学者米盖尔·里列斯·坎波斯（Miguel Ryres Campos）在介绍美洲原住民历法的文章《中国之船》（1983年）中也表明了这个历轮就是中国八卦图，而且与此相似的八卦历还有波鲁阿历、奥阿萨卡历。

在玛雅文化中，这种历相制式还可见于马赛克镶嵌。图4–60a、图4–60b

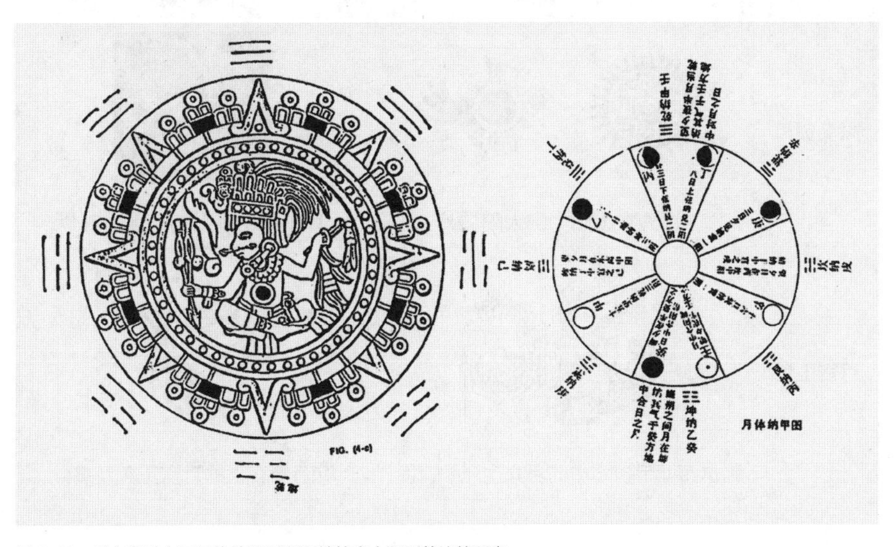

图4–59　王大有对中国月体纳甲图和阿兹特克太阳历的比较研究

[1] 王大有、宋宝忠著：《图说美洲图腾》，北京：人民美术出版社，1998年：第192页。
[2] 同[1]，第194页。

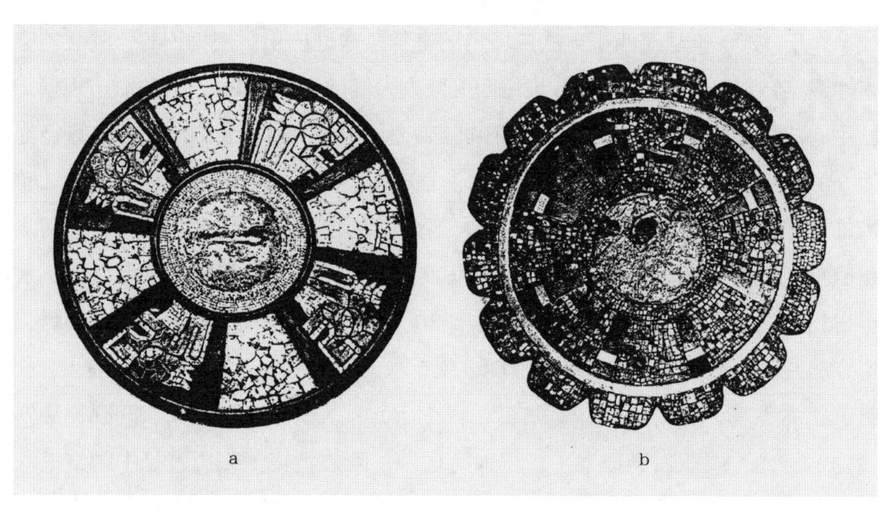

图 4-60　玛雅文化马赛克镶嵌盘[1]

是尤卡坦半岛奇琴伊查遗址出土的两件玛雅文化八分盘，左边的盘子在正四向上各镶嵌有一条羽蛇，红棕色的底象征大地，上面的玉石多为蓝绿色和藕白色。右边盘子镶嵌的玉石中，特别将羽蛇的眼睛做另色装饰。

表 4-2　中南美洲物象与中国战国至汉代文化相似图式比较

类型	中南美洲	中国战国至汉代
阳鸟负日		
	单独在太阳中的太阳鸟[2]	马王堆帛画上的阳鸟负日[3]
月宫玉兔		
	鲍尔西亚手抄本中的月亮生死孕育图[4]	汉画像石上的月宫玉兔及蟾蜍

[1] 王大有、宋宝忠著：《图说美洲图腾》，北京：人民美术出版社，1998 年：图 64、图 65。

[2] 米斯特克的太阳鸟。王大有、宋宝忠著：《图说美洲图腾》，北京：人民美术出版社，1998 年：第 178 页。

[3] 长沙马王堆一号墓出土的西汉“T”形帛画。

[4] 同 [1]，图 26。

续表

类型	中南美洲	中国战国至汉代
朱雀立阙		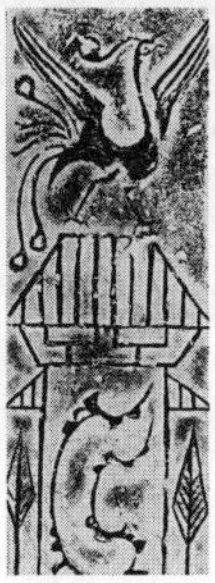
	阿兹特克的扶桑、建木（天梯）、羽人和太阳鸟[1]	汉代阙楼上站立的朱雀和桑木[2]
龙（蛇）凤（鸟）		
	公元684年帕伦克神庙石棺盖上方的凤状鸟和中部的分身龙蛇[3]	西汉前期单龙双凤玉佩[4]
规矩交尾		
	中美洲印第安人斯毕拉·蒙特贝雕上的双人持物交尾图[5]	山东武梁祠汉代画像石上的伏羲女娲规矩交尾图

[1] 王大有、宋宝忠著：《图说美洲图腾》，北京：人民美术出版社，1998年：第178页。

[2]《中国画像砖全集》编辑委员会：《中国画像砖全集·河南画像砖》，成都：四川美术出版社，2005年：第95页，图92局部。

[3] 石棺盖上的正上方有阳鸟（朱雀或凤凰），中间有四向的羽蛇神（螭龙），下方有兽面纹座，左右两侧各九组玛雅文字构成18个月的玛雅太阳历，羽人祭祀手持建木以度量宇宙。

[4] 中国玉器全集编辑委员会：《中国玉器全集4·秦·汉—南北朝》，石家庄：河北美术出版社，1993年：图43。

[5] 同[1]，图127。

续表

类型	中南美洲	中国战国至汉代
规矩交尾		
	中美洲斯毕拉·蒙特贝雕上的印第安人太阳神持物践两交尾龙蛇	中国汉代画像石上的伏羲女娲同首交尾图[1]
曲折形		
	玛雅文化的月兔神与龙蛇	西周人形连带玉饰[2]
	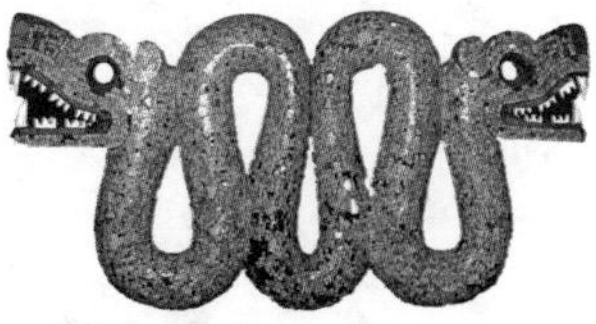	
	绿松石双首龙蛇	战国双龙双螭玉饰[3]
龙穿璧	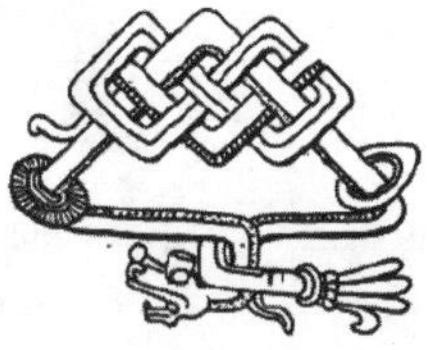	
	阿兹特克方胜龙[4]	马王堆帛画上的龙穿璧[5]

[1] 王大有、宋宝忠著：《图说美洲图腾》，北京：人民美术出版社，1998年：第150页。

[2] 中国玉器全集编辑委员会：《中国玉器全集2·商·西周》，石家庄：河北美术出版社，1993年：图219、图280。

[3] 中国玉器全集编辑委员会：《中国玉器全集3·春秋·战国》，石家庄：河北美术出版社，1993年：图306。

[4] 同[1]，第209页。

[5] 辛追墓出土作为“魂幡”的帛画上的十字穿璧（龙穿璧）。

续表

类型	中南美洲	中国战国至汉代
龙穿璧	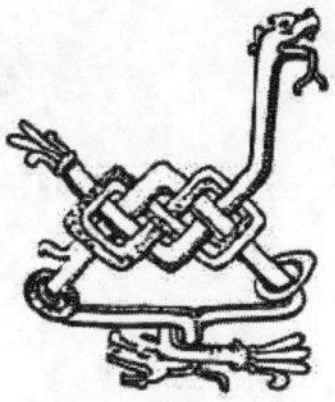	
	科纳特方胜龙 [1]	东汉画像砖上的双龙交尾 [2]
回首式		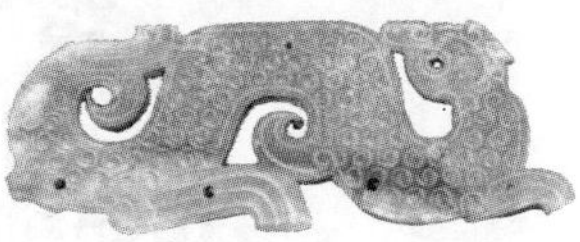
	特奥蒂华坎城建筑雕刻代表性龙形 [3]	战国回首式螭式龙玉佩 [4]
双首式		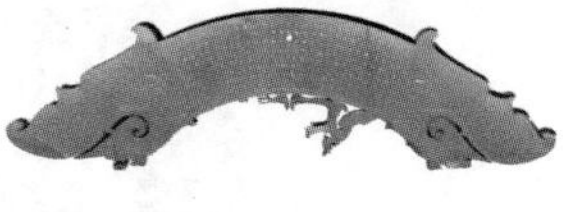
	秘鲁摩且文化陶器上的龙舟图像 [5]	汉代双首龙玉璜 [6]
四神（灵）		
	龙日、虎日、水日、土日 [7]	画像石上的四神纹

[1] 王大有、宋宝忠著：《图说美洲图腾》，北京：人民美术出版社，1998 年：第 209 页。

[2]《中国画像砖全集》编辑委员会：《中国画像砖全集·河南画像砖》，成都：四川美术出版社，2005 年：图 175。

[3] 公元 900—1000 年，托尔蒂克（Toltec）人征服墨西哥谷地，建造了特奥蒂华坎城，建筑雕刻中有代表性的龙形，上面的线条表示法与中国的螭龙很接近。

[4] 玉螭龙身上的对旋谷纹和玛雅特奥蒂华坎羽蛇神石雕形式相似。中国玉器全集编辑委员会：《中国玉器全集 3·春秋·战国》，石家庄：河北美术出版社，1993 年：图 300。

[5] 公元前 300 年至公元 700 年南美洲秘鲁北部摩且文化的陶器上的龙舟图像为双首式样，那么中国玉器上的双首璜式样是否也与舟船有关的问题有待进一步研究（《秘鲁彩陶资料图案》）。另参见王大有、宋宝忠著：《图说美洲图腾》，北京：人民美术出版社，1998 年：图 327。

[6] 徐州博物馆藏。

[7] 在中美洲玛雅—托尔蒂克—密兹特克—阿兹特克文化中常见一种奥林图，在四日陨落奥林图中具体四向有龙日、虎日、水日、土日。参见王大有、宋宝忠著：《图说美洲图腾》，北京：人民美术出版社，1998 年：第 257 页。

表 4–3　中南美洲物象与中国早期文化相似图式比较

类型	中南美洲	中国
双旋（三旋）太极		
	玛雅文字中的双旋太极[1]	《周易》先天八卦图中的双旋太极
四象八卦		
	南美洲哥伦比亚八卦九宫图	湖南汤家岗大溪文化八卦图
四象八卦		
	米斯特克坛台四面八方九宫扶桑图像[2]	湖南长沙子弹库楚国缯书十二月神扶桑图式[3]
鸟首图腾		
	玛雅文化特奥蒂华坎鸟首形石雕	商代鹰攫人首玉佩[4]

[1] 王大有、宋宝忠著：《图说美洲图腾》，北京：人民美术出版社，1998 年：图 85。

[2] 同 [1]，第 184 页。

[3] 同 [2]。

[4] 中国玉器全集编辑委员会：《中国玉器全集 2 · 商 · 西周》，石家庄：河北美术出版社，1993 年：图 180。

续表

类型	中南美洲	中国
神徽		
	秘鲁蒂亚瓦纳科文化彩陶上的太阳神[1]	良渚文化玉器上手操两蛇戴羽冠的神徽[2]
	玛雅文化石门缺口的拆分图像[3]	良渚文化玉器上的拆分图像[4]
	特奥蒂华坎石雕像	良渚文化神徽
神徽		
	拉文塔遗址4号石雕祭坛神龛两侧的拆分形式及外向齿牙和交叉口舌[5]	良渚文化拆分形玉器上的外向齿牙和口舌部交叉形式[6]

[1] 王大有、宋宝忠著：《图说美洲图腾》，北京：人民美术出版社，1998年：第459页。

[2] 中国玉器全集编辑委员会：《中国玉器全集1·原始社会》，石家庄：河北美术出版社，1992年：图270。

[3] Michael D. Coe & Rex Koontz. *Mexico–from the Olmecs to the Aztecs* (*seventh edition*).Thames & Hudson LTD.. 2013.

[4] 同[2]，图220。

[5] Mary Ellen Miller. *The Art of Mesoamerica–from Olmec to Aztec* (*fifth edition*). Thames & Hudson World of Art. 2012，fig.26.

[6] 南京博物院藏。

续表

类型	中南美洲	中国
神徽	 	
		良渚文化玉器上的圆璧双目与两侧螭形[1]

		西周早期濒鬲[2]（局部）和玛雅文化城建石雕上的龙身纹理一致

	特奥蒂华坎建筑层阶上的图腾石雕	鳄鱼表皮的肌理与图腾鳞纹相似
勾云回形		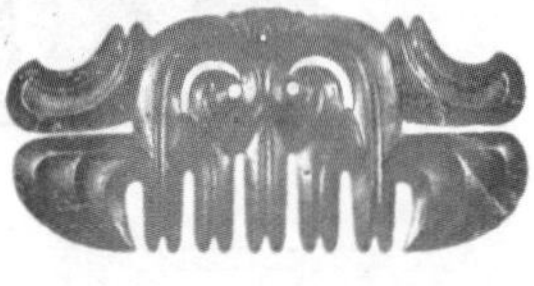
	特奥蒂华坎建筑石雕	红山文化玉梳勾云和齿牙

[1] 台北故宫博物院藏。

[2] 中国青铜器全集编辑委员会：《中国青铜器全集（第 5 卷）·西周一》，北京：文物出版社，1996 年：图 41。

关于太极阴阳图像的相似性，还有一些例子，比如，玛雅文字中的太极形式、阿兹特克方梯形太极图、玛雅科潘太极图。最有名的应当是特奥蒂华坎遗址文塔尼亚双鸟太极太阳轮石经幢（图 4–61）。该石柱形的经幢顶端有一个双旋太阳轮，轮内的两只鸟以太极左旋形式飞翔。时至当代，墨西哥对太极形式仍有很强的文化认同。根据王大有的记述，1993 年 1 月 11 日—16 日墨西哥国立人类学与历史学大学传统医学讲座的海报设计就采用了太极图式（图 4–62），而且墨西哥当地人认为只有这个图才能准确而深刻地说明墨西哥传统医学的阴阳理论。

图 4–61　墨西哥国立人类学博物馆藏特奥蒂华坎遗址太阳轮石经幢

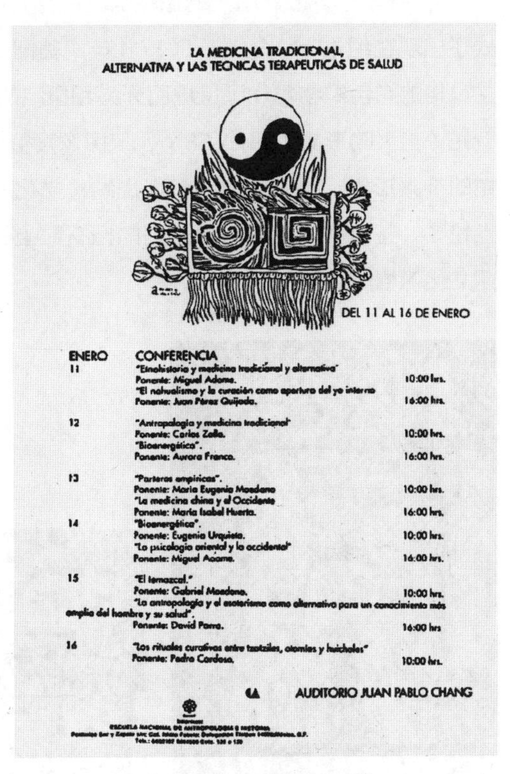

图 4–62　墨西哥传统医学讲座海报的太极图[1]

羽冠人首兽齿与龙蛇等物的组合形象，在中国的良渚文化中比较典型。而在中南美洲，这种形象的大型立体石雕较多，如墨西哥国立人类学博物馆藏高 3.5 米的阿兹特克阿特里魁地母神（图 4–63）。神像的底座上刻着托尔蒂克人的水神德拉洛克，其上各种兽、鸟、龙等的部位组合与良渚文化和商代饕餮十

[1] 王大有、宋宝忠著：《图说美洲图腾》，北京：人民美术出版社，1998 年：图 70。

分相似，根据背面的符号判断，它属于 1478—1499 年的纪念碑。玛雅文化奇琴·伊查金字塔神庙门楣上方的雕刻呈现了一个疑似洞中的神人像，其周围饕餮纹和蟠螭纹与中国良渚文化、殷商的纹饰相似。从墨西哥坎佩切南部的玛雅诸神石雕也可以看出，这种张着大口露着牙齿的样貌，是典型的奇卡纳建筑石雕风格（图 4–64）。墨西哥奥阿萨克（Oaxaca）出土的头戴羽蛇冠和虎面神像陶质骨灰盒属于萨波特克（Zapoteca）文化，墨西哥阿尔班山 104 号墓室入口放置的骨灰陶器属于瓦哈卡文化（图 4–65），其图像形式均与良渚文化神徽的羽冠人首兽齿形象相似。另外，从公元前 700 年查文文化的太阳神（如图 4–66）中可见羽冠虎齿[1]的造型与良渚文化的关系。同样是查文文化，神徽形式还出现在织物上。从公元前 500 年南美洲秘鲁卡尔瓦的依卡地区织物上的查文风格的彩色织物残片可见虎面牙齿和扭结的龙蛇形（图 4–67）以及似双手把持蛇（圭）的形象（图 4–68），该图像疑似再现了《山海经》中珥两蛇或把两蛇的神人形象。另外，秘鲁蒂亚瓦纳科文化彩陶上的太阳神，也是手持两个似圭蛇物，还有蒂亚瓦纳科太阳门门楣石雕上的太阳神图像，都显现出与中国早期文化的相似性。

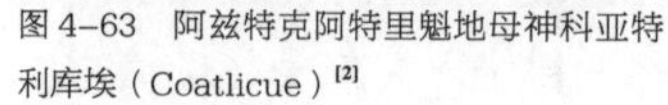

图 4–63　阿兹特克阿特里魁地母神科亚特利库埃（Coatlicue）[2]

图 4–64　墨西哥坎佩切的奇卡纳建筑石雕[3]

[1] 据人类学家的考察发现，美洲哥伦比亚原住民具有凿齿习俗，这与他们祖先流传的图腾图像有紧密关系。

[2] Mary Ellen Miller. *The Art of Mesoamerica–from Olmec to Aztec (fifth edition)*. Thames & Hudson World of Art. 2012，fig.223.

[3] 同 [2]，fig.153.

图 4-65 墨西哥阿尔班山 104 号墓室的骨灰陶器神徽造型[1]

图 4-66 公元前 700 年查文文化的太阳神[2]

图 4-67 查文彩色织物残片中的虎齿蛇形[3]

图 4-68 查文彩色织物残片上的双手持蛇（圭）形象[4]

[1] Mary Ellen Miller. *The Art of Mesoamerica–from Olmec to Aztec (fifth edition)*. Thames & Hudson World of Art. 2012，fig.97.

[2] 王大有、宋宝忠著：《图说美洲图腾》，北京：人民美术出版社，1998 年：第 447 页。

[3] 同 [2]，第 448 页。

[4] 同 [3]。

下篇

※

想象为真实
（解蔽—存在）

IMAGINATIVE REALITY

※

世事无相，相由心生，
可见之物，实为非物，
可感之事，实为非事。
想象为真实，即证一个人的存在感。

第五章
异口同声的“玉”

在当代，对“玉”的叙事最有话语权者，并非政府、持有手艺的人，而是善用传播技巧和“布道”手段的人。有些人是行家，而大部分人似懂非懂，经过他们的理解加工，什么是玉变得不重要了。因为界定、界限不断在打开，原先不懂的人也会在尊重文化多样性、对个性宽容的当下社会语境里孕生出对玉的多种理解和界定，而这些理解是为不同圈子的人所认可的，无论是善用还是擅用。

当大家都说出“玉”这个字时，发音以及背后每个人对玉的认识可能是千差万别的。但是，“玉”如今已经渐渐被抽离出来，变成了人们头脑中一个实在的抽象文化符号，大家的用字一样，甚至象征的意义也在大文化之中得到了统一。

第一节
方言和行话中的“玉”

一、“玉”乡音：方言中的玉文化词

帕默尔（Palmer）认为：“语言的历史和文化的历史是相辅而行的，它们可以互相协助和启发。”在福柯看来，语言包含内在的增生要素[1]，因此，对已有的“玉”的言语表达进行再阐释和评论，似乎要比只阐释“玉”这个具体事物更有意义。

与玉文化相关的语言包括一些方言、行话和隐语，尤其是行业性的隐语，

[1] [法] 米歇尔·福柯：《词与物——人文科学考古学》，北京：生活·读书·新知三联书店，2001 年：第 55 页。

比如，用于描述制作工艺、加工手段等方面由传统修辞语言组成的术语。民国时期的李凤公在《玉雅》中将玉的瑕疵称作“玉病”，且将玷、瑌、玊、瑕等七种瑕疵归为“玉病”；将加工玉的工艺称作“玉工”，亦有琱、瑇、理、瑑之分；“玉色”则有碧、玵、莹、琼、玖、瑳等差异。这些都是十分专业的表达，通常，行话带有强烈的职业性，有的更是与地方性、民族性语言联系密切。

旧时的手工艺行业社群多由地缘关系或血缘关系的乡帮组成，在不同地域的特定行业中，从业者多少带有乡音方言，这在当代的玉石产地、玉文化集聚地仍然常见。例如，在河南、江苏等地从事买卖和田玉原料的多为维吾尔族商人，他们所讲语言即民族方言。在广东、云南等地从事翡翠制作的治玉人多为河南籍或福建籍，他们也带有识别性极强的乡音（图 5–1）。通过对一些“玉”发音和方言玉文化词的现代语音学（phonetics）[1] 的浅析，其差异与联系可管窥一二。下面所列为青海方言里的“玉”和玉文化词语，仅为此研究方法抛砖引玉。

图 5–1　广东四会天光墟的当地生意人

① 你把这（zhi）个（gao）整给个（gao）。

整：做、处理。该句表达原意是：你把这件玉石处理一下。

② 这（zhi）个（gao）把我（nao）整坏了（liao）。

整：折腾、折磨。该句表达原意是：我在这一块玉料上耗费了很大的精力。

[1] 早期的语音学研究包括读音、拼音学、语音系统学以及中国传统音韵学等分类和系统研究，比如生理现象的发音动作、物理现象的语声特性、心理作用的听感等。

③ 这（zhi）嗲（die）上（shao）打给。

打：钻孔。该句表达原意是：在这个位置钻个孔。

④ 白（bei）料子太拧了（liao）。

拧：硬。该句表达原意是：白玉料子的硬度很高。

⑤ 老（nao）山（san）里的（zi）嘎巴玉（yziu）。

嘎巴玉：土族俗语，有“普通”的意思，也叫冰糖玉，是青海河湟谷地互助哈拉直沟出产的一种硬度较低的冻石。该句表达原意是：深山里挖来的冰糖玉。

⑥ 胡（hv）浪沟的（zi）中（zhun）坝玉（yziu）。

胡浪：蒙古语意为红土；中坝玉：是出产于青海省乐都县中坝乡的蛇纹石质玉石，也有“河坝玉”和“中坝石”的说法。该句表达原意是：红土沟产的中坝玉。

⑦ 句（ziu）呵（hao）松翻着（zhao）点（die）。

句呵：干的话、做的话；松翻：轻松、容易。该句表达原意是：做的话比较轻松。

⑧ 这（zhi）一（yzi）疙（gei）瘩（da）胡（hv）都（dv）呐重（zhun）。

疙瘩：大块；胡都呐：很、特别地。该句表达原意是：这一大块玉石特别地重。

⑨ 你炫（xuan）转着（zhao）炫（xuan）上给。

炫：一边……一边……；上：安装。该句表达原意是：你一边转动一边安装。

⑩ 柳（liu）着（zhao）的（zi）殁（mao）有。

柳着的：绿色的；殁有：没有。该句表达原意是：没有绿色的玉石。

⑪ 抓不出（chv）呵（hao）甩（fai）耷拉甩的（zi）不成。

抓不出呵：抓不住的话；甩耷拉甩：晃来晃去、摆动。该句表达原意是：抓不住的话就会来回晃动。

⑫ 那（nei）个（gao）料子殁（mao）张发。

殁张发：不好、不尽如人意、不怎么样。该句表达原意是：那一块玉石料不是特别好。

⑬ 夹（jia）刻（kei）哈的（zi）发拉拉。

夹：他 / 她；刻哈的：雕刻的；发拉拉：特别差劲、质量不好。该句表达原意是：他雕出来的东西特别差。

⑭ 你把这（zhi）个（gao）一（yzi）挂（gua）画上。

一挂：土语“全部”的意思。该句表达原意是：这块玉料你全部设计出画稿。

⑮ 这（zhi）个（gao）阿扎（zha）的（zi）说（fao）？希（sxi）诧（ca）着（zhao）。

阿扎：哪儿；希诧：特别的、惊奇的。该句表达原意是：这件玉是哪儿的啊？真特别。

青海方言作为西北官话，既有青海的汉语方言，也有因具体地区和民族存在的表述差异。从根本上讲，青海汉语方言的形成与青海地区的汉族来源及变化有关。青海湟水谷地的汉族移民历史可以追溯到汉代，又因其位于边疆，长期属于多民族聚集、因频繁战乱而发生民族变动的地区。影响青海汉语方言形成的主要原因之一是明代初期的大规模人口迁徙[1]。明代内地汉族作为戍边军队和家属陆续入驻青海东部地区，如今在西宁、海东地区的汉族、回族中都有其家族祖先自南方迁来的家谱证据。从第 15 个例子中的“希诧”就可以看出与元明清时期江淮官话存在着密切联系。比如，在元代俗语丰富的杂剧《后庭花》中有“我见他扭身子十分希诧”[2] 的说法。另据明代《西洋番国志》记载：“凡所纪各国之事迹，或目及耳闻，或在处询访，汉言番语，番凭通事转译而得，记录无遗。中有往古流俗，希诧变态，诡怪异端而或疑，或传译舛而未的者，莫能详究。”[3]

如今，青海的蒙古族主要聚居在海西蒙古族藏族自治州、黄南藏族自治州以及海北藏族自治州的海晏、祁连等县，也有一些仪式配合口中的方言词来反映其信仰文化。例如，将玛瑙、珊瑚、玉、青稞、金、银、铜等九宝装在布袋或器皿中埋入地下，或者将“九宝”布袋或器皿的口盖封严、扎紧然后埋入灶火底下祈求吉祥，称之为“封住病魔之口”。

横跨至山东莱州，当地出产白色、黑色的滑石和冻石，在其西部的粉子山、优游山一带开采玉石的历史至少有 1000 年，可考的最早的玉雕随葬品有宋代的百食罐和长明灯盏。作为当地传统民间玉雕的原材料，有一种绿色透明的冻石也被叫做“莱州玉”。成立于 1958 年的莱州玉雕厂曾聚集了一批治玉从业者，其中有些是从附近乡镇来的当地人。改革开放时期，一些乡镇也成立了雕刻厂和小型作坊，规模百计，业者千计。2006 年，莱州玉雕被列入山东省首批非物

[1] 张成材：《论青海汉语方言的形成》，《青海社会科学》，1992 年第 1 期。

[2]［元］郑庭玉：《后庭花》第三折。

[3]［明］巩珍著，向达校注：《西洋番国志》，北京：中华书局，1982 年。

质文化遗产保护项目名录。下面列举几个有关的方言玉文化词[1]，具体可参见表5–1。

① 莱州玉雕 [lai55tʂəu·y42tiau213]。可供雕刻的玉石，包括冻石、毛公石、竹叶石、豹纹石等，其中莱州玉雕中的冻石雕刻最为出名。

② 石敢当 [ʂʅ42kã55taŋ213]。全称“泰山石敢当”，这种石头往往被置于住宅的门前或者窗后，作为防冲煞、祛除不祥的镇邪之物（如图5–2）。

图5–2　淘宝网店对石敢当的“风水创新”[2]

（3）泰山老母 [tʻai42sã213lau42mu55]。全称为“东岳泰山玉女碧霞元君”。旧时莱州百姓为五谷丰登、出行安全、诉讼取胜、治病免灾等事，都可以向她诉求。其渊源与道教玉文化有关。

（4）劙 [li213]。使用锐器来割。其字形、字义和原理与传统的马鬣截玉十分相似。

此外，云南方言中的“玉”“翡翠”以及北京，广东，上海，江苏南京、苏州、邳州、徐州，安徽蚌埠，河南，辽宁，新疆等不同玉石产地以及传统流派口音中的玉文化词都值得深入研究。

有些玉文化词语会因方言生变，但并不影响其表达的意义。比如，近现代时期的上海古玩行当所说的“掮”（qian）、“掮做”，不单单表示做投机生意的买卖人，主要指的是掮着货品兜售生意的人。广东的粤语发音中也有

[1] 根据郑君鹏的研究资料整理。参见郑君鹏：《莱州方言民俗词语与社会文化研究》，硕士论文，内蒙古师范大学，2019年。

[2] 图片来源：淘宝电商“禅意阁旗舰店”。

类似的称谓，比如将翡翠中的真品叫做“坚（jian）野”，将假货称作“流（liu）野”。

根据表5–1所列33例“玉”和“玉石”发音的分析，除了传统的方言发音特点，还需要考虑到不同讲述者的语言习得，可能存在这样一些情况：①讲述者本身持有的方言因后来迁入某地方而有语言的学习融合；②受到普通话教育的影响，方言有所改变；③受父母或教师方言教化的影响；④个人音色特点或带有情绪的表达。“玉”的发音因组词、组句时前后组合文字以及语境的不同，例如当“玉”在单独表述、在作为组合词的“玉石”“和田玉”“白玉”“玉器”发音时，会有一声（阴平）、二声（阳平）、三声（上声）、四声（去声）、轻声和儿化音、特殊尾音等差异。不过，不同发音形成的“玉”的所指在意义上是统一的。尽管有人不会写“玉”字，或不会使用汉语拼音和各类输入法表达这个字，但当它被说出时所对应的或具象或抽象的内容始终似乎存有一个隐形的基因密码互通人们的共识。

表5–1 “玉”“玉石”的方言发音

序号	国际音标	参考发音	讲述者家乡	讲述者身份信息
1	[y51 ʃʅ35]	玉石 [yù] [shí]	北京	张某：中国工艺美术大师，从事玉雕，40岁，男
2	[i^{z}53 ʃʅ44][1]	玉石 [yziú] [shī]	青海乐都[2]	马某：玉店老板，35岁，男
3	[kuə̃31 luə̃53 i^{z}24]	昆仑玉 [kūn] [lǒng] [yziù]	青海西宁[3]	李某：逯家寨玉雕作坊工匠，26岁，男
4	[i^{z}45 ʃʅ52]	玉石 [yziú] [shì]	安徽歙县	胡某：在京保险从业者，青年，女
5	[y31 ɕi31]	玉石 [yú] [xī]	安徽徽州[4]	朱某：工艺美术企业家，青年，男
6	[ɻ51 ʃʅ5]	玉石 [rù] [shi]	安徽宣城[5]	何某：江苏高校教授，42岁，男
7	[y31 sæ45]	玉石 [yùe] [siá]	江苏兴化[6]	严某：从事电气销售，44岁，女

[1] 朱晓农：《汉语元音的高顶出位》，《中国语文》，2004年第5期。

[2] 曹志耘：《青海乐都方言音系》，《方言》，2001年第4期。

[3] 都兴宙：《中古入声字在西宁方言中的读音分析》，《青海师范大学学报（哲学社会科学版）》，1991年第1期。

[4] 贾坤：《徽州呈坎方言音系》，《黄山学院学报》，2012年第1期。

[5] 沈明、黄京爱：《安徽宣城（雁翅）方言音系》，《方言》，2015年第1期。

[6] 顾黔：《江苏兴化方言音系》，《方言》，2020年第2期。

续表

序号	国际音标	参考发音	讲述者家乡	讲述者身份信息
8	[y51 sa55]	玉石 [yù] [sā]	江苏扬州	李某：在京高校博士，青年，男
9	[y51 ʃʅ5]	玉石 [yù] [shi] / [she]	江苏徐州	张某：工艺美术协会管理者，42 岁，男
10	[iɔʔ22 sa35]	玉石 [yǒu] [sɑ]	江苏无锡	顾某：雕塑艺术家，中年，男
11	[n̥io44 za54]	玉石 [nǚ] [zā]	上海崇明	何某：土布收藏者，中年，女
12	[n̥iəu342]	玉 [niu] / [niou][1]	浙江浦江	张某：热能工程师，41 岁，女
13	[yo33 ɕi24]	玉石 [niou] [sɑ]	浙江台州	陈某：检验所工程师，41 岁，男
14	[yok25 siak25]	玉石 [yāo][2] / [yō] [sia]	广东佛山	沈某：在浙事业单位，中年，男
15	[ᵑgek2 tsioʔ5]	玉石 [gǎi] / [gei] [jiào]	广东潮汕	林某：玉石雕刻艺术家，中年，男
16	[y31 ʃʅ42]	玉 [yiu] / [yioù]	山东潍坊	王某：国家机关干部，35 岁，男
17	[y42]	玉石 [yùer] [shi]	山东寿光	陈某：江苏高校教师，42 岁，女
18	[ny42 ɵi42] [ŋo42]	玉石 [nù] [sì]（书面语）玉石 [wō]（口语）	福建罗源	何某：玉石雕刻艺术家，中年，男
19	[ŋo]	玉 [wó]	福建寿山	邱某：雕塑艺术家，中年，男
20	[kɛʔ5]	玉 [gé] / [ge]	福建仙游	余某：蜜蜡文玩老板，中年，男
21	[kyok5]	玉 [geo]	福建福州[3]	林某：客家文化研究者，中年，男

[1] “玉”的浦江话和“肉”的发音相同。

[2] “玉”的粤语和“肉”的发音接近。

[3] 王福堂：《汉语方音字汇》，北京：语文出版社，2003 年。

续表

序号	国际音标	参考发音	讲述者家乡	讲述者身份信息
22	[y213]	玉 [yǔ]	湖北襄阳	陈某：人文社科研究员，44岁，女
23	[y35 sɿ213]	玉石 [yú] [sí]	湖北武汉	张某：广东高校教授，38岁，女
24	[y66 sa45][1]	玉石 [yū] [sē]	湖南益阳	张某：湖南高校教授，40岁，女
25	[ji213 ʃʅ53]	玉石 [yī] [shì]	云南昆明	李某：云南高校教授，退休，男
26	[y22 ʃʅ53]	玉石 [yǔ] [she]	河北沧州	陈某：从事影视传媒，37岁，女
27	玉石 [y31 ʃʅ31] 玉器 [y33 tɕhi42]	玉石 [yùe] [shi] 玉器 [yú] [qi]	河南南阳	陈某：玉雕设计师，44岁，男
28	[y31 ʃʅ51]	玉石 [yúe] / [yú] [shi]	河南洛阳	崔某：陕西高校教授，45岁，男
29	[y51 ʃʅ214] [xə35 tiɛn35 y214]	玉石 [yù] [shī] 和田玉 [hé] [tián] [yu]	陕西宝鸡	杨某：从事玉器销售，青年，女
30	[y51 sa51]	玉石 [yù] [sā] / [sɑ]	江西宜春	钟某：在京律师，中年，男
31	[y53 sa55]	玉石 [yù] [sā]	江西景德镇	邓某：广东高校教师，30岁，男
32	[y213 sɿ42]	玉石 [yǔ] [sie]	四川德阳	伏某：从事红酒销售，35岁，女
33	[y213 sɿ42]	玉石 [yú] [si]	四川成都	罗某：云南高校教师，41岁，女

注：参考发音由本人标注，国际音标由周颖异研究标注。

[1] 湖南益阳“玉”为假声发声，基频超高，记为66。

二、“玉”知音：方言和行话建构的资本关系

玉石文化的生意圈内，说普通话的人常被排挤在地方交易关系资本的圈外，或是得不到交易中的优惠；反之，方言能够增进业玉人的身份认同，也会影响社会信任。

从语言文化学的视角来看，当一个社群内的语言集中度越高时，群内各成员之间的相似度越高，社会信任的水平也就越高。由于具有传统农耕社会文化的基因，如今中国人以血缘和地缘为纽带的社会关系网络仍在一些行业的人际交往和市场经济中发挥着十分重要的作用。因其非正式属性，具有相似语言和老乡或同行关系的个体更容易沟通，熟悉的方言和职业能够促进彼此的信任。相同方言的人能够迅速识别彼此，而且对彼此的地方历史文化及生活背景具有相近的认识和体会，容易进行日常沟通。研究显示，掌握方言技能有利于流动人口在迁入地搭建良好的社会网络，从而增加社会认同、减少歧视、克服信任障碍，从而降低创业壁垒、市场交易费用[1]。在流动人口较多的东部城市，方言集中度能够显著促进社会信任。

可以说，在一定的地缘关系上建立起来的业缘关系，形成了内行才懂的“玉”行话和地方玉文化，而这同时建构和反映着业玉人直接相关的专业技术资本、经济资本、文化资本和社会资本。

历史上的云南腾冲古城有条百宝街，销售来自印度、缅甸、巴基斯坦等地的宝石、翡翠、象牙、琥珀、玛瑙、珍珠、犀牛角及其制成的各色价值连城的奇珍异宝。晚清时期的百宝街，仅玉石加工作坊就有 100 多家，治玉工匠 3000 多人。腾冲古城由此获得了“翡翠王国”的美誉，翡翠赌石的传统让这座城市见证了“一刀生、一刀死，一刀穷、一刀富”的贫穷富贵、人生沉浮、悲欢离合，一块垫脚石就能令人从穷光蛋变身暴发户。当地人也有一个传统，就是当一夜暴富后，必须将赌石赚来的钱拿出一部分来“积善”建设这座城市。腾冲的俗话 “穷走夷方急走厂”指的就是当穷得无路可走时就去矿上挖玉石。在腾冲，成年男子若是没有出国经商或打工（专指业玉）就会遭人耻笑。“走夷方”的传统造就了“和顺侨乡”“绮罗侨乡”这些腾冲知名的商贾侨乡。20 世纪六七十年代，玉石一下子被标上“资产阶级腐朽生活”的标签，治玉手艺人多返回乡村老家务农，百宝街的作坊和店铺闭门改业。改革开放后的 20 世纪 90 年代，腾冲县

[1] 魏下海、陈思宇、黎嘉辉：《方言技能与流动人口的创业选择》，《中国人口科学》，2016 年第 6 期。

被批准对外开放。这里聚集了来自缅甸、巴基斯坦、印度和国内广东，四川，云南昆明、大理等地从事玉石、木材等生意的商人，招待所门前常见一些小贩向住店的外地人兜售玉手镯、挂件、戒指等自家加工的产品[1]。

其实，除了地方方言的特殊发音，还有一些业玉的独特表述，比如会使用隐秘词语和专有术语的行话。一般来说，方言与行话有密切的联系。如果说方言表达了地缘和血缘层面的关联，那行话就是业缘和社会层面的文化建构，它意味着同乡会得到便利，同行或内行很难被欺瞒。

行话能够反映出业玉人的思维方式、群体组织结构和文化习俗等特征。

由于行话属于特定群体的专业语言体系，具有一定的封闭性、排他性、口头性、传习性、秘密性、地方性以及与时俱进的适应性等特征，用词比较生动形象，口语性强，比如“冲凉”“洗澡”“新加坡”“游击队”“吃药”等。说行话通常发生在市场、店铺、窜货场等特定的交易经营场所，为避免重要信息的泄露，而发明了一些像密码一样只有内行人通晓、可互动交流的话术，比如“拾麦子”“大羊”之类。

一些翡翠内行通晓的诀窍，如“外行看色、内行看种”“灯下不观玉”[2]、“冷眼观炝绿”[3]、“色差一等、价差十倍”“龙到处有水”[4]、“无绺不遮花”[5]等。“种”和“水”是衡量翡翠质量优劣的重要指标，有经验的收藏者注重翡翠的质地，“种”好是前提，而翡色、翠色甚至紫罗兰色都是新手特别关注的。

俗话说“千种玛瑙万种翠”，翡翠行业内所说的“三十二水”“七十二豆”“一百零八蓝”，表达的正是翡翠“种”“水”的复杂多样。翡翠的“种”按等次高低可分为玻璃种、冰种、糯种、白地青种、花青种、油青种、芙蓉种、干青种、豆种、金丝种、马牙种、紫罗兰种、墨翠。“水”即“水头”，代表翡翠的透明度：透明度高时称作“水头足”“水头长”，透明度低时则叫“水头差”“水头短”。透明度高的玻璃种翡翠价值最高，其上往往可见略带蓝色浮光的“起莹”（也叫“起杠”）现象。像淘米水一样略带浑浊的“糯种”，又有品质较高的“糯冰种”和品质较差的“糯米种”[6]。油青种的颜色较厚重，

[1] 张惠君：《翡翠王国的记忆——腾冲城的故事》，《今日民族》，2008年第7期。

[2] 翡翠的颜色在灯下会发生变化，有些色泽偏灰蓝的料子在灯光照射下反而比在自然光照下效果好，因此会产生假象。通常用肉眼验看翡翠的“种”和“水”一定要在自然光线下鉴定。

[3] “炝绿”是指翡翠经过了加色处理，类似的做假手段还有“冲凉”“洗澡”“B货”“C货”等。“冷眼”是提醒买家要冷静看待绿色翡翠，不能放过任何疑点。

[4]“龙”是指翡翠中的绿色，出现绿色的部位通常比没有绿色的部位底子好。

[5] 雕琢复杂的玉器往往是因为被雕的地方有绺裂或瑕疵，看似细致烦琐的雕工能够迷惑买家，使其忽略玉质本身的问题。

[6] 此类相玉经验的行话总结亦可见于周经纶的《滇缅相玉录》《玉石天命》及《云南相玉学》等。

底色相对均匀；相比之下，芙蓉种的质地多见颗粒纤维，干青种的质地干涩且不透明。行内所称“铁龙生”是 20 世纪 90 年代出现的翡翠新品种，其成分主要为钠铬辉石，属于干青种。所谓“十有九豆”，是说比较“木”的翡翠“豆种”在市场上最为常见，其透明度较低且多带有绿色，像豆青种、油豆种、糖豆种、彩豆种之类，价值也因种水颜色的差异从百元到万元不等。带有被称作“春色”的紫罗兰种，其紫色浓艳程度也不同，有淡粉色、藕粉色、紫色、深紫蓝色，越鲜艳的春色越容易看到夹带棉絮点的“吃粉”现象。

行话里有相当一部分是隐语。这些在当时有具体指涉性、时间性的词语，在历经文化变迁后有些消失了，有些转变了，还出现了一些新造词汇。比如：后来将古玩商人和造假者合伙坑蒙欺骗买家的行为叫做“埋地雷”，而遇到的一些假货常被称作“妖气”；还有，为双方说合以从中牟利的“拉纤”行为，传统时期以“成三破二”[1] 即买方出百分之三的佣金、卖方出百分之二的佣金为非正式交易手段，当代则因艺术品拍卖市场的兴起而被新的拍卖佣金制取代了。而我们今日俗称的“宰客”与文玩交易的“杀猪”同义。

玉石收藏界的行话涉及经营交易、古玩种类、制作及真伪鉴定诸多方面。例如，对于古玩行业的商户们来说，只要立个字据就能“搂货”，不会不认账，实为双方互销货物的“搂货”建立在行内互信的基础上，以物换物的“打仗”亦如此。另外，在行内工艺性较强、能显示精湛技艺的艺术品常称作“工手”；遇到好的真货就叫“一眼货”，而“打眼货”则指假货；“新加坡”谐音“新”“假”“破”，意指质量伪劣的地摊货。“砸浆”意味着交易失败，和翡翠“带成”交易相似的“袖里拉手”行为通常都发生在窜货场，而以出售旧货和古玩的大众化消费场所叫“挂货铺”，这与很多地方将“挂货”解释为批发货物如出一辙，就像批发卖菜的叫“挂菜”。自己不开店而专跑到农村收货然后再卖给各店家和藏家的人被称为“游击队”，由于“游击队”的出价比市场价低很多，所以也叫“铲地皮”。如今，在房地产行业，若是买卖双方为了不给中介佣金而抛开房产中介直接私下交易的行为叫做“跳单”，这在古玩行业则被称作“抄后路”“偷冷饭”。玉器收藏讲究“品相”，推而广之，今日的二手市场在网店售卖二手货物时，也会注明品相八成新或九成新或是全品相，这延续了品相所指内在质量和外观形式的优劣程度。交易时的价格还有以数字量词代称的，比如“一毛”“一张”之说。“张”是具象量词，常指面值为百元的钞票，说这只玉镯价格为十张就表示其实是每只一千元。“毛”是抽象量

[1] 吕斌：《当代古玩业隐语行话》，《收藏》，2011 年第 2 期。

词，在买卖翡翠时常代表“万元”单位，当说这块料卖八毛时，指的可是八万元的金额。古玩以“玩”字化解了“收藏”二字的故弄玄虚，以“让给你”“匀给你”的表述隐藏了“卖给你”的赤裸直白，以“吃药”“交学费”形象地暗喻了初学者买到以新仿旧的“高老八”或“八爷”（上当受骗）后应当吸取经验的道理。不过，如果是懂行人买到“高老八”则叫“打眼”或“走眼”；反之，若是买了便宜的真货就叫“吃仙丹”“拾麦子”“捡漏子”。翡翠原料年代久称为“老种”，新出土的东西叫“生坑”，传世的东西叫“热坑”，货物连好带差地一齐卖出叫“一手出”“一枪打”“一脚踢”。玉石鉴定称作“掌眼”，其意强调了欲辨真假优劣必须上手掂、用眼看的经验重要性原则。

表 5–2 所列为传统当铺的朝奉先生所使用的数字切头，从一到十都是按照每个字的笔画出头数量来对应。比如“由”有一个出头，“中 / 申”有两个出头，“大”字有五个出头，依据这种原理组合出的“大非”就表示交易价格为 50 元。表 5–3 则是按照汉字内藏的数字来代表业内人所说的数字，讨价时如果说“挖翻”，意思就是 18 元，取“挖”字中的“乙”（谐音“一”）和“翻”字中的“八”。表 5–4 是五金行业以颜色顺序来指代对应数字的隐语，如果交易时说“白黑”，那就是指价格为 90 元。此外，还有用所指词意的形态来表示特殊数字的，像表示“三”的“川”，表示“七”的“小弯”和“竹林”，表示“九”的“大弯”，以及表示“八”的“眉毛”，等等。

表 5–2 按照笔画出头数指代数字的隐语 [1]

数字	一	二	三	四	五	六	七	八	九	十
隐语（笔画出头数）	由	申 中	人	工	大	王	夫	井	羊	非

表 5–3 按照汉字的内藏数字指代所指数字的隐语 [2]

数字	一	二	三	四	五	六	七	八	九	十
内藏数字的汉字	挖	竺	春	罗	悟	交	化	翻	旭	田

表 5–4 用颜色顺序指代对应数字的隐语

数字	一	二	三	四	五	六	七	八	九	十
颜色的顺序	棕	红	橙	黄	绿	蓝	紫	灰	白	黑

[1] 根据《有关行话中的数字隐语》资料整理。参见陆进强：《有关行话中的数字隐语》，《当代修辞学》，1986 年第 3 期。

[2] 挑脚、抬轿等行业所用的数字切头。

各行各业都有自己的行话，是特定的社会群体内沟通交流、建立联系的特殊符号性语言。行话有些是承袭传统，有些是开创新词，比如当代职业媒体人和数字原住民善用的网络词语。业玉人基本上是出于保护专业性的知识、技艺、交易利益以延续生存的目的而承袭传统行话。因为行话具有职业性、地方性、民族性，自然也具有排他性。外行人听不懂内行人说的话，内行人靠行话分辨行内外的人，行话一定程度上还潜藏有商业机密。行话的存在既是防止外人获得业内秘密的有效手段，也是信息交流中考验对方是不是同行人、内行人的方法。换个角度看，无论是交易信息、技艺知识还是其他行内信息组成的行话，行话也是构建行业保护的有效结界，让信息有效性在一定范围内畅通交流、传承，但又可以防止信息外泄而形成利益危害。

无论如何，这些行话隐语的存在及其与时俱进的适应，进一步确证了第一章所提到的历史上层出不穷的各种叙事形式——身体、口传、物象、文字，尤其是奇书《山海经》。如此看来，以特定的符号和所指、能指构成特定群体沟通的密文信息是极有可能的。只不过，一切时过境迁为人们想象性的阐释提供了孕育生长的土壤。

第二节 形色社会界阐释的“玉”

一、自然科学界：工具理性的数字和符号

马克斯・韦伯（Max Weber）曾提出价值理性（value reason）和工具理性（instrumental reason）的合理性（rationality）概念。其中，工具理性由追求功利的动机驱使，采用实证或实践的方法来确证有用性、有效性以实现目的。它不谈主观情感和精神价值，而讲求精确的计算、技术至上甚至工具崇拜。

现代科学发展以来，玉石概念也出现了工具理性的阐释。石、玉、玉石的概念紧密相关，但在不同现代学科专业对其界定有所不同。像地质与矿物学就认为，目前国际上统称的玉（jade）专指翡翠（jadeite）和软玉（nephrite），而其他玉雕石料，如岫岩蛇纹石质玉、独山玉、蓝田玉等，以及质地较软的石

头（包括大理石、寿山石、巴林石、青田石、鸡血石等）统称为玉石[1]。

地质科学的发展、研究技术的进步、经济价值的提升等多方面原因促使我国从现实意义上颁布了《珠宝玉石命名国家标准》[2]。它以科学之名规定了玉石的名属。天然玉石（natural jades）："①定义：由自然界产出的，具有美观、耐久、稀少性和工艺价值的矿物集合体，少数为非晶质体。②定名规则：直接使用天然玉石基本名称或其矿物（岩石）名称。在天然玉石名称后可附加'玉'字；无须加'天然'二字，'天然玻璃'除外。③不参与定名因素：不用雕琢形状定名天然宝石；除保留部分传统名称外，产地不参与定名；不允许单独使用'玉'或'玉石'直接代替天然玉石名称。"

以上概念和内容均属于现代地质学科、现代宝玉石行业鉴定的界定范畴和标准。源于专业背景和学科视角，科学界的理解和表达多是从地质结构，矿物的物理、化学属性，尤其是对作为一种矿物材料的成分比例，显微结构，光学、热力学性质等要素进行的科学特征表述。比如以下所列几种名玉的科学表述方式（表5–5、表5–6、表5–7）。

表5–5　新疆和田玉的科学特征表述[3]

	化学成分	和田白玉（%）	和田青玉（%）	阿尔金山白玉（%）	阿尔金山青玉（%）
西—中—东产区的和田玉主要化学成分	SiO_2	57.17	56.76	55.00	56.86
	MgO	24.92	23.60	21.30	21.34
	CaO	13.45	13.25	17.41	13.10
	Al_2O_3	0.81	0.97	1.27	2.27
	FeO	0.33	1.88	0.82	1.50
	Fe_2O_3	0.14	0.52	0.30	0.61
	Na_2O	0.20	0.28	0.24	0.36
	K_2O	0.14	0	0.02	0.30
透明度	属于微透明体				
比重	2.66—2.976g/cm^3				
莫氏硬度	6.5—6.9				
光泽	油脂光泽				

[1] 李兆聪编著：《宝石鉴定法》，北京：地质出版社，1991年：第119页。

[2] 本标准在DZ/T 0044—93和DZ/T 0045—93基础上制定而成，其中保留了适合我国情况的相关标准。

[3] 根据《中国和田玉》中的有关资料制表整理。参见唐延龄、陈葆章、蒋壬华著：《中国和田玉》，乌鲁木齐：新疆人民出版社，1994年。

续表

韧性	在压力直到粉碎前瞬间的变形抵抗能力为 9
颜色	有白色、青色、黄色、黑色等基本色和多种间有的过渡色
纤维结构	以毛毡状结构多见，在偏光镜下可见犹如交织成毡毯一样的均匀、无定向的密集分布结构，还可见显微叶片变晶结构、显微纤维变晶结构；放射状及帚状结构较少
西—中—东产区玉石地理分布特点	和田玉矿区位于西昆仑山及阿尔金山（塔里木板块的南部），多在雪线一带，海拔 4000—5000 米，自西北向东南延伸大约 1100 千米的范围分为西、中、东三个大区。西区的属于英吉沙县南向东延至策勒县南，包括大同地段、密尔岱地段和库浪那古地段。中区的属于公格尔至柳什塔格中间地块和田玉，位于昆仑山的高山轴部，包括桑株塔格、卡芒古塔格以及柳什塔格的一部分，在于阗以西为北向西走向，以东为北向东走向，此地带产出的和田白玉最多、质量最好。中区自西向东分为塞图拉地段（皮山县）、铁日克地段（皮山县）、阿格居地段（和田县）、奥米沙地段（和田县）、哈奴约提地段（策勒县）、阿拉玛斯地段（于阗县）、依格浪古地段（于阗县）七个地段，发源于昆仑山的有些河流有冲洪积和田玉矿砂，像叶尔羌河、喀拉喀什河、玉龙喀什河、策勒河和克里雅河都是和田玉的产地。东区分为阿尔金古陆缘地块和田玉与西昆仑山东段和田玉两个主要带区，从塔里木盆地东南缘山脉以北东方向延展，从新疆直至与青海、甘肃西缘相接地带。与祁连山相接处的玉门关、阳关是古代和田玉东入中原的必经集散地，而阿尔金山西段北麓的罗布泊、若羌、且末等地自古就出产和田玉，此段的戈壁滩上也出产白、青、墨、灰、绿、黄等色，质地坚韧、表面麻坑密集有玻璃光泽、今人所谓的“戈壁玉”。西昆仑山东段和田玉位于西昆仑山东段折向东南延伸到今青海柴达木盆地之内，向东至四川西部。近 50 年来在青海的格尔木和川西汶川县的龙溪两地发现的玉石其性质类似和田玉

表 5–6　新疆玛纳斯碧玉的科学特征表述 [1]

	化学成分	比例
主要化学成分	SiO_2	54.33%
	MgO	22.48%
	CaO	11.21%
	FeO	3.76%
	Fe_2O_3	1.17%
	Al_2O_3	0.81%
	Na_2O	0.13%
	K_2O	0.11%

[1] 根据《中国和田玉》中的有关资料制表整理。参见唐延龄、陈葆章、蒋壬华著：《中国和田玉》，乌鲁木齐：新疆人民出版社，1994 年。

续表

属性	组成玉石的矿物以显微纤维状透闪石为主，伴有淡斜绿泥石、铬尖晶石、钙铬榴石、针镍矿等矿物
质地和光泽	致密、坚韧，有油脂光泽和玻璃光泽
色调	绿色为基调，不够均匀，呈现绿色、翠绿色、碧绿色、深绿色等，常见带灰色者，内含墨点，有的乌黑中透出墨绿色
产地和地矿结构特点	位于新疆天山北麓、准噶尔盆地南缘，也叫准噶尔碧玉。据记载，“玛纳斯城南名清水泉，又西百余里名后沟，又西有百余里名大沟，皆产绿玉，乾隆五十四年封闭了绿玉厂，禁止开采”。20 世纪 50 年代以后查明其原生碧玉矿藏在天山距今 3.5 亿年前的华力西期超基性岩带上，斜辉橄榄岩是形成碧玉的原岩和物质基础，围岩遭受了强烈的蚀变，矿体则分布于透闪石化蛇纹岩中组成玉石

表 5-7 辽宁岫岩玉的科学特征表述[1]

	化学成分	比例
主要化学成分	SiO_2	62.28%
	MgO	24.25%
	CaO	11.56%
	Al_2O_3	0.86%
	FeO	0.39%
	Na_2O	0.16%
矿物属性	透闪石	
密度	2.91—3.31g/cm^3	
莫氏硬度	6.36—6.46	
折射率	1.6—1.62，无荧光反应	
直观印象	质地细腻，油脂光泽，微透明，硬度较高，有白色、黄白色、绿色、黑色、糖色等	
产地特点	岫岩细玉原生矿床位于辽宁省岫岩县城西北偏岭乡细玉沟，玉石产于元古界辽河群大石桥组的富镁碳酸盐（白云石）中，属于层控型中低温热液交代矿床；砂矿床主要产于细玉沟东侧的白沙河（瓦房店至王家堡段）河谷底部（河床）大约 5000 米及两岸的一级阶地泥沙砾石层中；出自水中河床的玉俗称“河磨玉”，采掘于两岸坡地的玉俗称“山流水”“石包玉”	

[1] 根据《中国岫岩玉》中的有关资料整理而得。参见王时麟等人著:《中国岫岩玉》，北京：科学出版社，2007 年。

在《珠宝玉石及贵金属产品分类与代码》国家标准（GB/T 25071—2010）中，界定各种玉石分类体系的主要依据涉及材质、产品规格、优化处理方式，比如：按材质分可有钻石、翡翠等，按规格分可有项链、戒指等，按优化处理方式分有热处理、填充处理等。其中，优化处理能够用于改善珠宝玉石的外观，像颜色、净度或特殊光学效应，耐久性或可用性的所有方法。宝石优化处理方式包括：热处理、表面扩散处理、辐照处理、染色处理、填充处理、漂白处理、覆膜处理、高温高压处理、激光钻孔以及其他优化处理方式。其中，热处理是最为常见的方式，将宝石放置在可控气氛和温度的加热设备中，添加不同的化合物或涂填物，选择不同的温度范围、气氛条件（氧化、还原、中性）、加热速率（升温、冷却）及恒温时间对宝石进行热处理，使宝石的颜色、透明度、净度、光学效应等外观特征得到明显改善。此外，漂白处理、填充处理、染色处理也常配合使用。相比经过处理的玉石，该标准中的天然玉石则包括：翡翠，和田玉中的白玉、青白玉、青玉、黄玉、墨玉、碧玉、其他软玉；水晶包括：紫晶、黄晶、烟晶、绿水晶、芙蓉石、发晶、其他水晶、星光水晶、发晶、水胆水晶等；天然玻璃包括：火山玻璃、玻璃陨石、黑曜岩；玉石雕刻品包括：摆件、佩戴件、把玩件、印章、砚台、其他雕刻品。

二、人文艺术界：文质之治的修辞

现代既有爱玉者、崇玉者，也不乏认为“石比玉雅”的尚石者，他们中不少人也谈传统人文常讲的“文”与“质”、“本”与“末”、“器”与“道”的关系。

前面讲述了关于“玉”这个字最早的概念阐释就是从文化、审美角度出发并界定的“石之美者”[1]。作为文字的“玉”“石”更早于这个概念，其象形和赋意也十分可能有别于“石之美者”的伦理与审美界定。它曾参与中国远古文明的叙事建构，或是上古时代[2]的重要信息载体。文化视野下的“玉”本质区别于现代地质矿物研究所称的“玉”，它既是一个频频出现且有宽泛意义的概念，又是一个被特定指称的、狭义范围内的概念。它与地球上最普遍的材料“石”不同，其自然属性中蕴含了上古时代人类无法解释、渴望拥有、不懈追求的各种特质——稀有、美丽、坚韧等。这些特质在人们的使用认知中很早就印记了

[1] 汉代许慎《说文解字》卷一载：“玉，石之美者，有五德。”

[2] 上古、史前、前文字时代，都是学界对历史界定和描述在不同学科有所侧重的概念。

社会属性。玉石人化的、文化的社会属性，令其在人文艺术界中产生了许多形式与内容的哲思，也因此形成了许多将玉石自然性和人类社会性进行比附的修辞言语。

《尚书·大传》有“王者一质一文，据天地之道”的说法，中国古代文艺思想中关于“文”与“质”的讨论大致围绕三种关系，即“文胜质”“质胜文”以及“文质彬彬”。究竟是代表形式、装饰的“文”重要，还是表示内容、本性的“质”重要，在不同历史时期、不同思想流派的争辩中已成为中国哲学的一对范畴。

玉石文化也有形而上和形而下的方面，代表形式的“文”与代表内容的“质”怎样辩证统一呢？这里提供三种思辨阐释：“重本抑末”的功能派、“文质相称”的中和派、饰极返素的修行派。

“重本抑末”是中国传统农耕社会帝王的治国之道，而2000多年里哲学家、思想家、政治家所辩论的这对关系，最初是由造物之中的装饰技巧与实用功能孰重孰轻的问题引申而来的。早在先秦百家争鸣之时，以儒家、墨家、法家为代表的流派就先后表述过以用为本、巧饰为末的观点。儒家的致用，比如《荀子·荣辱》中的“农以力尽田，贾以察尽财，百工以巧尽械器”，带有各司其职、各谋其事、各取其用之意；墨家、法家更重功用，如《墨子·非乐上》中所说的“非以刻镂华文章之色，以为不美也”，以及《韩非子·难二》中的“能以所有致所无”。至东汉，王符在《潜夫论·务本》中明确提出了“致用为本，巧饰为末”的观点。“致用”所代表的实用性本质上接近“质”，而“巧饰”所代表的非实用性则与“文”相近。“致用”是造物的目的，而实现的过程正是对材料施以工艺的过程，因此一门手艺也会自觉地融合“物有所需”“物尽其用”的思想进行设计制作。

与时俱进，对现代社会玉文化中“重本抑末”的功能派来说，“本”是强调玉石作为一种材料的有用性，也可以是它作为商品的实用性。这种实用性不代表它是能用来盛饭、喝水的工具，而是能符合当作一件礼物的功能，在赠送给亲朋时若是被赠予者因这件玉石而欢心愉悦，则表示它是有用的，具有达到某种目的的功能性。

作为一种物质文化，传统强调遵从自然、顺应天道，合天时、地气，取材、施艺、制成堪称“良”，致用为本的人造物，即所谓“天有时、地有气、材有美、工有巧，合此四者，然后可以为良”。它是传统朴素哲学观的终极表述，所言明的是中国传统文化中“自然、物、人”之道。

“文质相称”的中和派讲求人的不偏不倚、物的文质彬彬，以及与自然环境的相适相宜。造物之美的起始和终极都是自然，所以人们应当师法自然、巧思妙造；人造的物，则要骨肉经脉相连，肥瘦得体，如人一般，才会有生命和神采；物的装饰，要有阴阳调和之美，才能达到虚实相生、文质相适。

在施展技艺的过程中，“质胜文”会粗野，“文胜质”会华而不实；故而既不能重质轻文，也不能重文轻质，而应该“文犹质”“质犹文”“文质相称”“先质后文”。“夫水性虚而沦漪结，木体实而花萼振，文附质也。虎豹无文，则鞟同犬羊；犀兕有皮，而色资丹漆，质待文也。”也就是说，工艺装饰依附于内容，而内容又必须通过形式表达出来。任何造型、装饰都要以“质”为基础和根本，做到文质相依相辅；否则，没有内容的修饰就如同没有体格的空皮囊，也就失去了审美价值和存在的意义。孔子主张不偏不倚、“文质彬彬”，是将工艺的形式和内容与君子的品格相比附，是其中庸哲学观的具体化。“物相杂而适均之貌”“文质相半之貌”便是“彬彬”，它是一种中正、适宜的尺度，也是人与物、与自然之间和谐共存最佳的生理、心理尺度。

“文质相称”中的“适宜”包含了两种意义，看似矛盾，实则统一：就个人来说，一个人忘记自己身上穿着的衣服、鞋子才是真正的“适”；然而，就人与人构成的社会来说，一个人必须时刻注意自己的着装打扮是否合乎身份，是否适合不同社会礼仪的需要，举手投足都要显得彬彬有礼。前一种“适”，是舒适，不为物役，回归自我；后一种“适”，是适应，为物所役，回归社会。

诗意的生活，使造物与中国文人之间有了一种既理性又感性的联系。中国传统文人对技艺的态度不讲奢华、不求烦琐之礼，以“相适相宜”为度量，并将“适”“宜”作为一种品格和境界的追求。

玉石是否可以作为这种追求的承载之物呢？当代可见一二的，比如玉石做成的茶具、酒具（图 5-3）。用玉石材料做成茶具，似乎能够形成与中国茶文化的先天联系，不过作为商品的玉石茶具是否要违背传统文人品茗茶具文质彬彬的中庸之道而批量化呢？与玉石茶具相比，传统文人墨客青睐紫砂茶具在实用功能、制作工艺、装饰艺术上充分展现出的文质彬彬的功用之宜、处置之宜、品格之宜，因为与瓷壶的酸性环境、玻璃壶的碱性环境不同，紫砂的自然泥性决定了茶水能在一种中性环境中“无铜锡之败味，无金银之奢靡，而善蕴茗香”，即使隔夜也不会失香、变质。处置和品格的相适相宜往往与使用者的文化塑造密切相关。玉石茶具可以实现这种实用功能吗？通过文心读玉团队试验性推出的梅花玉茗壶与杯子（图 5-4），会发现这种文质彬彬的追求似乎只属于某些特定的消费圈子。类似地，还有用祁连墨玉做成的“夜光杯”，尽管有“葡萄美酒夜光杯”的凉州历史诗词做文化背书，也有“该玉能够有效吸

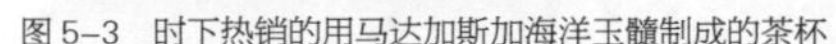

图 5-3　时下热销的用马达加斯加海洋玉髓制成的茶杯

图 5-4　近年河南产梅花玉做成的茶具（文心读玉团队提供）

收酒中甲醇、醛类物质”的现代科技鉴定，但其有用性和有效性仅针对特定群体而言。

饰极返素的修行派认为“返素”是回归“质”的本身，但要通过对“道”的领悟才能实现。得“道”而施“技”，表示只有当“技”与“道”相通时，“器”才是美丽的、有存在价值的，人作为自然的一部分才能合天。

《周易》中的“白卉，无咎”将对造物修饰的认识引入了深层的哲学思考。“卉”的本义是装饰，“既雕既琢，复归于朴”，富丽华美的修饰最终复归于自然的无饰，即“饰极返素”，才能达到至高至善的真美。老子认为“五色令人目盲，五音令人耳聋”，庄子则以“灭文章，散五采”的主张将这种观点推向极致；然而，“返素”不是“恶饰”“灭文”。尽管包含了“物极必反”的哲理，但它更是一种工艺美学乃至艺术美学的极致追求，是中国审美思想中极为宝贵的精神财富。正是这种思想，才促使不同历史时期的手艺创作在华彩重章中始终有一股初发芙蓉、清新自然的气息。陆羽在《茶经》中曾唯美地将越窑青瓷形容为“玉”“冰”，将邢窑白瓷比作“银”“雪”。那么，青瓷和白瓷的美学价值谁更高呢？若按“玉贵于金”的品评观来判断，足见分晓。

中国传统技艺中“奇巧”的宫廷特艺华丽繁复，不但消耗玉、珠、金、银、牙等珍稀材料，而且是耗时耗力、极尽其能、不计成本地为皇权服务，远远超出了器物的实用性，彻底异化了造物“用”与“美”的本质以及人与物在自然界中的关系，成为纯粹的权贵阶层身份地位的象征。在很多文人志士眼里，这些物品都是严重不合造物道德伦理的无用之物、丑陋之物，甚至不如民间百姓自制的一些粗朴用具。这便促成一种奇特的用物传统，即有一定文化资本的文人雅士善藏书画之印石和自然奇石摆设，而不爱精雕细琢的琳琅玉器。这一传统至今虽有承续，但在商业和消费文化环境下似乎变得不伦不类、真假难辨。

如果说“返素”是通过审美体验“顺自然”以“合天”的话，“技进乎道”则是通过技艺施加的道德程度来践行“合天”之道。《周易》所说的“形而上者谓之道，形而下者谓之器”是中国传统的道器观，联结“道”与“器”关系的便是“技”。

《庄子·养生主》中的庖丁与《知北游》中捶钩老匠人的故事就揭示了造物“技进乎道”的道理。技艺的精巧绝伦、精益求精是“巧出于道”，而首先要具备精准熟练的技艺才有可能入“道”。

《庄子·达生》“梓庆削木为鐻”一事则喻理，若要使人造物“以天合天”，必须去功利、去智巧、去我，斋以静心。故事是说梓庆雕刻木料做成了挂钟磬的架子，众人惊叹他如有鬼斧神工之技。当鲁国的君侯问他是否有什么道术来做成木架时，他则回答：“我只不过是个工匠，哪有什么道术？但在做架子时一定要斋戒静心。斋戒三天，没有了庆贺、奖赏、利禄这类念头；斋戒五天，不去想别人的毁誉和自己手艺的巧拙；斋戒七天，木然不动地忘记了我还有四肢形体。其间，还要解除公务杂食，这样手艺就更专一。消除了这些外界纷扰之后，我走进山林，观察禽兽的神情形貌，取其像，将其再现于木架上，再雕刻，就这样‘以天合天’。你们之所以认为这个架子如神工之作，恐怕这就是原因。”

尽管在本质上说道家反对给自然物施加任何人工修饰的力量，而是要“顺物自然”；但在言论器、技、道的关系时：时而轻器重道，将“技”视为“奇技淫巧”的雕虫小技，忽视或是鄙视技艺；时而“技”“道”相通，视“技进乎道”，只有得道的技艺才能实现天地人和。其实，在老庄这种“只有渗化入道才能使技艺达到炉火纯青境界”的认识中，“道”既可以解释为支配内心、超度物我界限的“道”，也可以理解为忘我、无我甚至有些玄虚神化的“道”。更加重要的一种理解是，“道”是万物之根本法则、必须遵守的规律，在施艺之前或过程之中，人的内心必须渗入对自然的尊崇和对造物的责任，即“道”理；只有把自己视为自然中的元素，物我同构，才能将人合于天，从而入天地人和之境。

三、情感的世界：和而不同的偏爱

但凡人类创造一件新事物，之后就会变成它的奴隶。特别是现代社会，人们用建筑技术盖起了高楼大厦，从而变成房子的奴隶；人们用电子技术创造了电脑、手机，从而变成电子产品的奴隶；还有飞机、高铁和轿车。为物所役的悲剧，根本上是由人类无歇止的欲求造成的。《道德经》有“不贵难得之货，使民不为盗；不见可欲，使民心不乱”，但是，对于大多数普通人来说，真实生活中拥有的玉石往往都有故事来历，每一件都可能蕴藏着一个情感世界的宝藏。

老百姓对玉石的认识、偏爱无关职业、性别、年龄、地方，他们的目的不同，需求也不同。以下是我与 20 位不同身份的外行人（玉文化建构的参与者）在交谈和观察的过程中，其所表达出的对玉石的态度。

自由撰稿人说：

> 去年我婆婆给了我一个镯子，你看看，水头好吧？（摸着手腕的翡翠镯子，开心地笑）我手上从来没戴过什么东西，生怕给敲了。

服装设计师说：

> 有个朋友拿给我二十几颗碧玺，让我帮忙做一组首饰。这东西比加工金银麻烦，想着给固定好吧，就怕会挡了石头的光彩，到现在才只做了一枚戒指，不敢动。

风水师傅说：

> 今年适合戴一些灰色、咖啡色的吉祥物，虎睛石适合秋天戴，最好不要戴你这个钛晶手串了，放起来让它休息休息，明年夏天适合戴。

高校教师说：

> 我都不知道这是啥玉（指着手串上的南红珠子），看着红红的喜庆就买了，你看和金子编起来还挺好看。

银行理财经理说：

> 您给看看这是不是和田玉啊？（掏出脖子上佩戴的玉扣坠）我们旅游的时候在江苏买的，按克称的呢，最后打了折扣，你看值不值 2 万元？我感觉它上面那个絮少了，越戴越白了，说明我养得好吧？

小区门卫说：

我这个松石串是从潘家园地摊上淘的，才 20 元，那个藏族女的吧，还送我一颗蜜蜡。管它真假呢，反正也不贵，弄着玩儿呗。

超市收银员说：

这镯子不知啥材料，商场搞特价，我戴上大小合适就买了（晃动手腕上烧红玛瑙手镯），这还给磕裂了，看不出来，凑合戴吧。

针灸按摩师说：

你脖子上这块玉很贵重吧，看着像博物馆里那种斧头哟，文物都不便宜的。你看那电视上的鉴宝节目，一个玉碗几百万元，真是不懂，只能看看热闹。

高铁乘务员说：

金子戴着太土了，我结婚的时候就买的玉镯子、龙凤玉佩，那可不便宜呢。就当个传家宝，以后可以传给我孩子。

雍和宫法物流通处售货员说：

这可是开过光的，（指着一个水晶佛像挂件）有加持的，我们这的东西那是有品质保障的。你属什么的？属相不同的话本命佛可不同呐！是你自己戴还是别人戴啊？男戴观音女戴佛，你看这边还有镶金的。

出租车司机说：

你看我这串虎睛石像不像金丝楠？可比木头好呢，木头一吸汗就变色了，石头夏天拿手里还凉凉的，这上面还有虎纹呢，你看一闪一闪的。

理工科博士说：

弄不明白，我女朋友就是喜欢买手串，什么水晶的，青金石的，翡翠的，玛瑙的。她还从淘宝上买了好多珠子，没事儿在家自己穿啊编啊，前两天弄了个月光石，说是她的守护石，神叨叨的。

神经内科护士说：

好看呀，我们就是不能戴呀，一天十几个小时都在病房，不方便。只能休假、出去玩了、见个朋友啥的戴一戴。再说家里有个小孩呵，老是扒来扒去的，上次就把我的紫水晶手串整断了。

病房患者家属说：

阿妈，把你的这些值钱的都收起来先拿回家了啊，（手里兜着玉镯子、金戒指）你这两天检查多呀，取下来丢掉就不好呗。

公交车上的老年女性说：

人家说这种黑色的得戴在右手，（给临座的朋友看手上的黑曜石）左进右出，把负能量都带出去。可不能戴在左手上，戴错就招霉运。

平面模特说：

你别说，我们拍照换来换去那些戴的东西，没有几个真的，当然也有。不过，谁敢拿真的来啊，太贵了，只要照出来的效果像真的就成。有一回我戴了一条什么祖母绿的还是翡翠的项链，就是那种特别绿的，拍卖能上千万的那种，回去脖子就起疹子了。

打印店老板娘说：

我特喜欢发晶的，珠子串的比镯子方便，不容易磕碰，而且每个珠子里面的丝都不一样，细细看美得很。

美术学院女大学生说：

这是我考大学的时候我妈去给我求的，（拿起脖子上红绳系的浅绿色佛）不知道是不是真玉，反正戴了好几年，我感觉好像变深了，（笑着说）是不是吸了我身上的毒害呀？

景德镇拉坯工匠说：

那玉的东西好是好，可买不起也用不起的，不过你看我们（市场上）的白瓷、青瓷，釉和那个玉很像的，又便宜，就连以前的皇帝都用我们景德镇一种玉瓷呢嘞。

塔尔寺僧人说：

> 这些石头都是我们藏药里用的，有的现在自然界里都找不到了，很贵重的标本，不能随便让人进来看。

这些来自不同社会阶层的声音传达了对“玉”深浅不一的认识。玉石作为现实之物，与他们自己和身边人发生着实实在在的联系。对玉石的喜爱、倾慕之情感会因为拥有、获得它而增强，不论真假、优劣。

第三节 死去活来的“玉”

一、展陈之玉的复活术

当玉石变成“文物”或“遗物”时，它就是研究和观察的对象、证据，使人与物构成了主客体的对立关系。

人们只看见自己注视的东西，因为注视是一种选择行为。注视的结果是将人们看见的事物纳入能及的范围内（虽然有时未必伸手可及），但是触摸实物能够把自己置身于与它的关系之中[1]。观看是人类获取信息知识、认知世界的最重要的方式之一，观看行为是经由人类感官而进行的综合且复杂的生理、心理信息加工过程。

观看与破译、解码、阐释等阅读形式一样深奥，因为看、凝视、扫视、观察实践、监督以及视觉快感等视觉经验（或称作“视觉读写”），在某种程度上不能完全以文本形式来解释[2]。“观看者站在作品面前—观看者观看作品—作品回看观看者—观看者似乎融入作品—作品无视观看者的存在”[3]，属于观者与作品之间的五个结构层次。观者观看博物馆中陈设的玉石文物时亦存在这种关

[1] [英] 约翰·伯格著，戴行钺译：《观看之道》，桂林：广西师范大学出版社，2005 年：第 2 页。
[2] [美] 米歇尔著，陈永国、胡文征译：《图像理论》，北京：北京大学出版社，2006 年：第 7 页。
[3] David Carrier. *Art and Its Spectator. The Journal of Aesthetics and Art Criticism*, Vol.45, No.1, 1986, pp.5–17.

系。历史性和文化意义，恰是在作品传递的信息返回至观者时发生的。

截至 2018 年的官方统计中，中国的博物馆数量多达 4918 个，博物馆从业人员为 107506 人，文物藏品达 37540740 件（套）[1]。对于大多数中国老百姓而言，从博物馆展陈的藏品中了解玉石文化历史和知识，是不用消耗太多精力和金钱的公众福利。不过，博物馆的收藏与展示涉及博物馆的收藏伦理（collection ethic）。

从根本上说，收藏伦理是伦理在博物馆收藏中的实践。作为一种更为细化的领域，收藏伦理延续与修正了传统意义上的伦理观和博物馆伦理学说，而且以其具体的实践活动而独具特色。藏品是博物馆存在的基础，是构成博物馆血脉和存在理由的物质依据，也是博物馆实体的终极关怀。博物馆的收藏行为与藏品的管理不仅是持续的文化过程(on going cultural process)，更是涉及知识、权力、价值与意义的社会事实[2]。

玉器收藏界对于市面可见的齐家文化玉器、红山文化玉器、良渚文化玉器等古玉，特别是一些民营博物馆、艺术馆收藏的玉器始终有所质疑，原因不外乎其中大多缺少名正言顺的信源。藏品的取得伦理中最为核心的一条是：博物馆一定要坚守来源必须合法且明晰可靠的藏品才能进行收藏的信念。这才能保证博物馆对藏品的长期拥有和利用。博物馆作为公众的受托人，是特定的代表者，替公众保管收藏并承担着公众信托的职责（图 5-5）。合法、谨慎、负责地取得藏品是博物馆受公众委托完成的使命之一。博物馆在做取得藏品的决定之前，必须实际评估长期可能消耗的资源，比如馆员、空间、保存、研究等，而且评估结果要与博物馆的发展计划相容[3]。根据博物馆征集和收藏规范，严禁对不明来历的藏品进行地下交易。究其利弊，严厉的管制反而使得一些藏品的流转信息更加隐蔽，一定程度上造成了学术研究和公众获知有所损失。承认一件藏品在学术上的正面价值并不意味着对偷盗藏品的宽恕，然而若对这些被盗取的藏品不屑一顾，则有把政治信条和意识形态置于学科求知欲之上的倾向。人们应该谴责那些偷盗藏品的人，而不应对被盗藏品本身横加指责。把精神和道德上的愤怒强加在藏品上的做法十分愚蠢，这只能显示出人的无知[4]。

根据《国际博物馆协会职业道德规范》，博物馆收藏伦理与机构、从业者

[1] 资料来源：国家统计局网站 http://www.stats.gov.cn。

[2] 王嵩山：《博物馆收藏学——探索物、秩序与意义的新思维》，台北：原点出版社，2012 年：第 7 页。

[3] Tristram Besterman，李惠文译：《博物馆收藏品的处置：伦理与实际》，《博物馆学季刊》，1998 年第 2 期。

[4] 菲力普・德・蒙特贝罗：《那你认为该对那些文物做些什么呢》，载詹姆斯・库诺编，曹巍等译：《谁的文化——博物馆的承诺以及关于文物的论争》，北京：中国青年出版社，2012 年：第 57 页。

图 5-5　古玉文化馆[1]内备受争议的古玉器藏品

的职业道德有关，除了要注重藏品的合法性、人道关怀，还要对藏品、同行、公众负责，尤其是向公众展示什么、怎么陈设，如何合法、合理地分享和传播精神文化遗产等方面。然而，有关的玉器文物未经确证的器型名称或描述性介绍，若出现信息传播错误，则有悖于职业水准和伦理。定名本身就反映出研究水平和责任态度，如徐州博物馆收藏的一件西汉时期玉器，其标注为“蟠龙玉佩”，该定名很值得商榷（图 5-6a、图 5-6b）。这件北洞山楚王墓出土的不规则曲面玉器，应该不属于佩，而可能是玉琀形玉器，作用待考证。在高不足 6 厘米、宽 3 厘米、厚度最薄处约 2 毫米的透空玉饰上琢磨有 7 条螭龙而非蟠，其中：正面 3 条；右侧面棱处 1 条，眼睛分别对称分布在正背两面；背面还有 3 条，其中 1 条的嘴在顶部上棱处。很遗憾的是，普通观众很难从旁边的标牌上获得这些细节信息。

博物馆为公众展示的玉，出于历史和审美教育的目的，不仅要呈现实物玉器，还要综合灯箱、影像资料、照明装设和壁龛陈列形式，图片、照片、图表、地图等展板标牌文图以及触摸屏、电子书、虚拟现实（VR）数字化展示等叙事形式传递玉文化相关的信息。而且，为了让展示效果更丰富，在技术和资金充足的情况下，往往有主题性和体系化的展陈、带有声效光影等场面的模拟性展陈、还原文物环境的原状性展陈等。如今时髦的数字化展陈手段被许多博物馆、

[1] 地处北京白云观附近的一家民营博物馆。

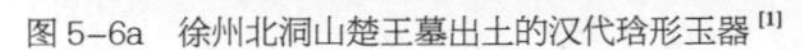
图 5-6a　徐州北洞山楚王墓出土的汉代玲形玉器[1]

图 5-6b　该玲形玉器其他角度细节

艺术馆应用，但是传统玉文化中哪些内容适合结合数字化技术展陈是值得深思的。任何虚拟场景展设的精度决定了观者对玉器藏品细节的认知和鉴赏程度。可惜有些数字博物馆所展示的藏品通过三维扫描成像结合平面图像、文字说明的方式，令观者的体验感受流于肤浅，有时仅能获知它是什么、在哪个位置、大概长什么样子，其他细节受限于图像信息数据的技术水平、获取方式、设备工具而可能无法获得真实观看的感受（图 5-7）。

文物藏品只能观看而不可能人人拥有，但是仿古、伪古在某种意义上让古玉“复活”了，然而这有违伦理和合法性。当代技术让另一种“复活”的方式成为可能，即虚拟现实技术和文创产品化。如今，博物馆对玉的保护与利用策略，不外乎数字化呈现和资料保护手段，或是做成文化创意产品。让文物“活起来”的噱头如同现代巫术，但是在现有制度和科技条件下，文物不可能活起来，只能是文物资源活起来，这是两个不同的概念。当下要防止因文创产品过度开发而产生疑似文化挪用（cultural appropriation，也叫文化擅用）的影响。

展陈的玉器有特定的空间和位置，根据展陈设计原理，每一件玉器都有吸引观众的焦点。焦点之物在摄影工具、数字化网络技术发展的今天，变成了被普通大众参观时拍摄的对象，作为记忆留念的图像记录和朋友圈、微博或抖音视频晒图的资本，通过自己的观看以“秀”的方式传播到更广范围的受众

[1] 徐州博物馆藏。

图 5–7　徐州博物馆的网上展厅[1]

中，形成“点赞”“评论”的参与式观看（图 5–8）。博物馆中参观玉器的人有些是抱持研究兴趣的观众，他们借用专业的摄影摄像设备采集自己认为重要的细节信息；还有的人是普通大众，他们的拍摄行为有时漫无目的，有时随大流，对展陈柜里射灯下的孤独玉器所持的态度并无热爱和同情，而是“值多少钱”“什么做的”“真是精美”之类有关财富的唏嘘赞叹（图 5–9）。

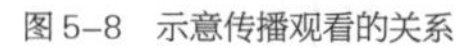

图 5–8　示意传播观看的关系

图 5–9　博物馆参观者拍照观看的场景[2]

作为家庭陈设的玉器摆件，很大程度上并不因为其主人有多高的文化品位，而是用来平衡现代化家居和数字化电器的冷漠。它们通常被置于博古架或书架上，作为一种装饰摆设，要么侧旁面壁思过，要么背对主人，而非空间视线相对的凝视和观看（图 5–10）。居家的核心位置通常都让位于电器、沙发，观看的视线则聚焦于电视、手机、平板电脑。

[1] 图片来源：徐州博物馆官方网站。

[2] 图片来源：《徐州都市晨报》，https://www.sohu.com/a/277316379_594272。

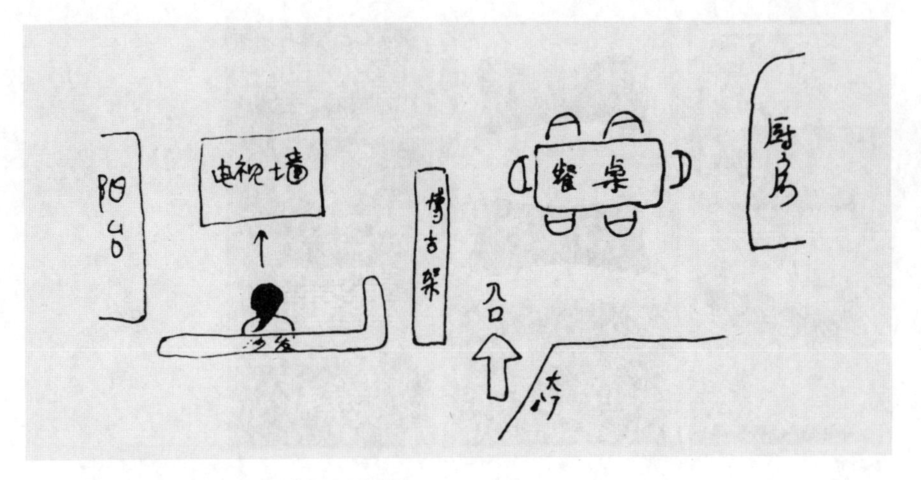

图 5–10　手绘家装示意图里博古架的位置用来隔断

现代科技参与的玉石复活术还有仿造、3D 打印、数字媒体展示，而后两种技术在人与玉石之间增加了屏障，使得传统对自然材料的直接体验大大地减弱。从另一方面来说，也正是因为直接接触的减弱、间接性的增强，才在一定程度上促成了新一代观者对玉文化理解和阐释的想象性塑造。

二、众人“服”玉使其“活”

不知从何时起，民间就盛传一句话：“人养玉，玉养人。”这句话本身不是没有科学道理的，从前面几章的讨论里，很明显地看到在礼化仪式、人的日常生活中，玉石和人的身体发生着各种关系，特别是“服”玉文化。对“服”的不同阐释造就了“服用玉石”以养生、治病的“服”玉文化，更成就了活人的礼仪佩戴和亡人丧葬所用的“服”玉文化。

大众消费、世俗化、数字媒体加速消解着经典的知识、技能，同时也出现了很多颠覆性的重构。当代“玉养人”的“服”玉文化很大程度上杂糅了真科学和伪科学，并以商业化的身体实践方式重蹈着魏晋食玉的历史。在受众无法分辨真假的情况下，这种真假参半的伪“玉”文化信息传播影响更加恶劣。在淘宝网店不难看到推荐购买的以下养生玉石产品（图 5–11），如玉枕，不再限定其使用者身份（传统社会为统治者专享），也不再限定其使用规矩（传统社会多为祭祀用品），还广而告之如下宣传文案：

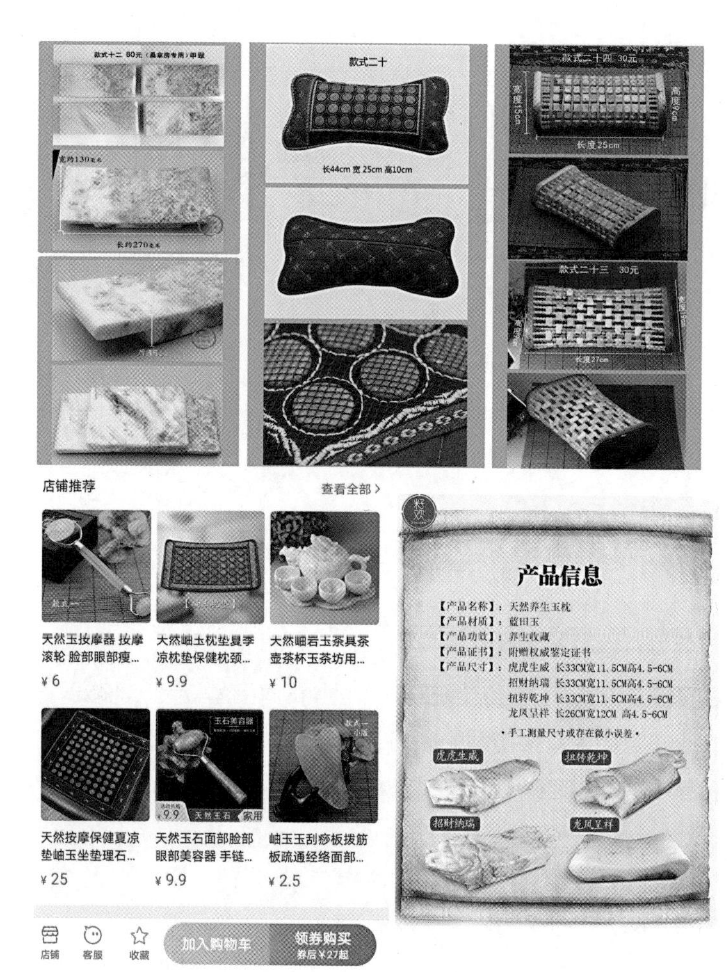

图 5–11　几种网络电商推送的养生玉石产品形貌特征

玉枕功效：阿富汗玉天然裸露在山体之外，承受亿万年烈日的暴晒却不失其水分和光泽，反而色如凝脂，油脂光泽，精光内蕴，厚质温润。……早在两河流域文明兴盛期，各国王公贵族都使用阿富汗白玉来解暑、保健、养生。阿富汗玉具有吸水、锁水、保湿功能，长期与人体接触容易吸收人体的汗渍、油脂，玉石的有益成分则被人体吸收。所以，阿富汗白玉与人体接触越久，玉就越有油脂感，而人的皮肤越光滑细腻。阿富汗玉还具有光电效应，在摩擦过程中可以聚热蓄能形成电磁场，使人体产生谐振，促进各个部位、器官协调运转，从而达到稳定情绪、平衡生理机能、保健强身的功效。玉中有益微量元素还可以改善皮肤的外观，均衡皮脂分泌，维持细胞水分，让皮肤看起来更滋润、更年轻！

天然玉石手工打磨抛光，适合汗蒸房、桑拿房、体验中心使用。玉石枕也适用于家中午睡、休闲养生，是夏季降温的必备佳品！

如果人的身体好，长期佩玉可以滋润玉，越来越透亮；如果人的身体不好，长期佩玉，玉中的矿物元素会慢慢被人体吸收，达到保健功效。

总而言之，身体好应该用玉、戴玉，身体不好更应该“服”玉。这些描述里看似有着可以作为产品科学性的依据，但是为了避免传播伪科学、误导信息需要承担的违法责任，一些店家还会专门做郑重声明以示其无辜，信不信由你。至于这些东搬西抄的“科普知识”是救人命的还是要人命的，全靠“缘分”眷顾了：

以上科普知识不代表产品的实际功效，均来源于百度，本产品为玉石类产品，请消费者理性消费。另外，玉枕使用后会渗入个人体脂，影响二次销售，一经使用没法退还。

如图5–12所示，“会呼吸的枕头”的产品展示文案虽然掺和了玉石、人体医学等专业术语，但表述前后逻辑矛盾、东拉西扯：

天然蓝田玉手感温和、大气尊贵……玉枕底部可以抽出底板放入香料或中药，能够养护颈部……玉枕作用：玉石本身物理降低头温、稳定脑压，含有对人体有益的多种微量元素，人脑接触会产生静电磁场，疏通大脑中枢神经，对脑部神经穴位具有刺激按摩的作用，促进脑部血液循环，长期使用，对人体健康有很多益处！

不能否认，这些有点“可怕”的文案就是真实参与建构当代玉文化活生生的案例。或许它并未像服用药石一样直接伤害人的五脏六腑，但是深深影响了缺乏辨别力的大众的认知。

再如图5–13所示的“能搬回家的养生馆——中巴玉疗养舱”，则使用了很多中医、西医知识混杂的描述甚至还有冠冕堂皇的错别字和误用的医学理论：

温度决定生老病死……提高免疫力，释放负离子，加速新陈代谢，促进微循环畅通，排垢、排重金属、除湿寒、解除代谢障碍，创造矿物质环境，让细胞营养均衡……自然治愈力的倡导者……

客观地讲，将玉石变成可使用的“物”——与人一体的物，通过人的佩戴、触摸、盘玩、拥有、赠送（有的还经过再设计、再包装等）而与人发生情感联系，物的功效因人的相信而起作用。除了玉石养生的新实践，玉石文化在当代的“生命力”还表现在玉石制品的普及化方面。

图 5–12 “会呼吸的枕头”网络宣传材料

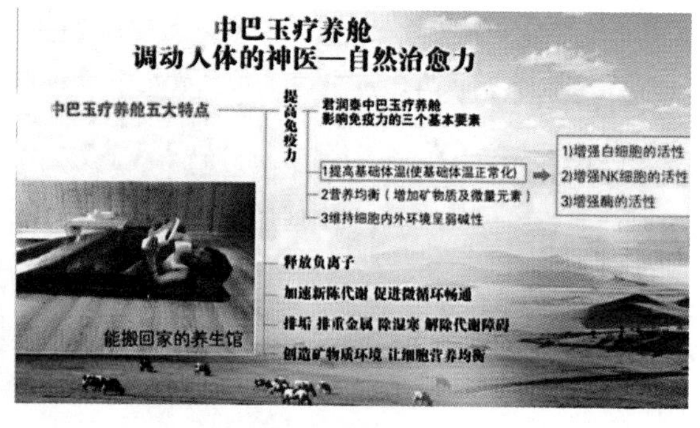

图 5–13 “中巴玉疗养舱”网络宣传资料

通过先后对 100 位普通消费者（外行人）的调研发现，这百位对象均拥有玉石制品，涉及手串、手镯、戒指、挂件、摆件、车饰几种；最少者 1 件，最多者 50 多件；其来源渠道主要是他人赠送、自己正规购买、抵债、物物交换；所牵涉的材质范围较广，包括水晶、和田白玉、昆仑玉、翡翠、绿松石、虎睛石、玛瑙、青金石、碧玺、蓝宝石、红宝石等。当代玉石商品的价值和使用价值存在于市场系统中，但它的象征意义存在于社会系统中。

我在十年前写作的《文化密码：中国玉文化传统研究》中提出过“当代玉石文化民主化”的观点：首先，可直观感受到的是当代商品化的玉石工艺品数量和种类的剧增，它表现为技术背景下商人谋划的以生产为主的时尚文化试图用不同级别和层次的玉石商品来塑造不同群体所谓“个性化”的形象和身份。其次，随着商业化、市场化和资源流动性的不断深化，“京派”“海派”“扬派”“南派”等传统玉文化地域板块特征演变为新疆、辽宁、河南、江苏、广东、云南、青海等省（自治区、直辖市），形成诸多的玉石加工和贸易集散地分布。这些集散形式颠覆了原有的资本话语权，亦形成了地方玉文化的趋同性与差异性。再者，由于设计师、制作者（企业）的署名性增强，玉石商品的品牌文化、形式设计、技术专利在时尚消费中越显重要和多样。此外，购物场所增加、消费方式自由，许多大型购物场所的品牌珠宝摊位、珠宝玉石的专营商店、古玩街、商品批发零售街、文化街、旅游景区、前店后厂的生产地，以及新媒体广告宣传和销售手段的多样化，各类鉴定认证、收藏、拍卖营造着消费幻境，使玉石蜕变成为参与大众消费文化的一支生力军。

当代所谓的“创造力”就像不可遏制的巫术，不断地更新换代玉文化追逐的时尚，像 20 世纪 80 年代以来的“玛瑙热”“珍珠热”“水晶热”“宝石热”“松石热”“蜜蜡热”“碧玺热”“南红热”“翡翠热”“白玉热”，都让玉石经历了死去活来、生不如死的劫难。

玉石商品化的过程实现了新时代众人“服”玉使玉“活”起来的文化承续，然而，在很大程度上，机器批量化生产的玉石商品牺牲了手工艺品的复杂性、多样性和差异性。一些商人为了破除差异性便降低“高贵 / 卑微”的门槛，制造出粗糙的、统一制式的串珠、环扣，以牟取其中的微利。这不仅是对自然资源的过度消耗和浪费，更是有悖于传统玉石伦理文化。

大众并非都有足够的鉴赏与先验知识。假冒伪劣、滥竽充数、以次充好在市场中并不鲜见，不少店铺的兜售者谎称阿富汗玉和岫玉是和田玉，将东陵石、马来玉甚至料器说成翡翠。或许是销售者因自身的无知接受了错误和虚假的知识信息；或者是销售者有意将错误和虚假的知识信息传播给消费者，以通过欺骗手段获利；又或是购买者无先验知识，接受了错误和虚假知识信息的传播，他们往往图心情好、吉利、便宜、“有眼缘”而购买。总之，当代玉文化参与着大众文化的建构过程，通过设置、行动、话语、氛围等全方位的诱导，正在进行它对一代民众的塑造。

三、“造”而“化”之的抽象文化符号

造化如“易”道，即创造之、再转化之的循环。玉文化既是现实之物的文化，亦是观念之物的文化。当观念易变时，物态随之变化。一代代人参与建构的玉文化现实之物有其时的传统，虽然一些过时的形式样貌看似“死”了，但是直指的符号经过再造指涉，又会通过新的形式“活”下来。

当代玉雕中最受推崇的题材类型主要包括龙凤兽灵、生肖瑞物、禽鸟游鱼、花果树木、神佛菩萨、器物、标识、字咒。其能指也涉及符合规矩的传统佩饰类型、象征财富尊贵的类型，不讲究玉石质量的祈福专用类型、盘玩之物、信俗之物。不过，如今一些玉石物件被“风水创新”赋予了新时期的符号意义，如招财貔貅、黄水晶发财树、黄玉聚宝盆（图 5–14），都还带有所谓的布阵指导。

有说法认为《汉书》所记载的“桃拔”就是“貔貅”，根据孟康所注“桃拔，一曰符拔，似鹿尾长，独角者称为天鹿，两角者称为辟邪”，无角者为符拔，独角者为天鹿（天禄），两角者为辟邪。后亦有将貔貅分为雌雄两性的说法，即：雄性为貔，即天禄；雌性为貅，即辟邪。不同历史时期，貔貅的形象有所差异，不过总体上是一种集合了龙（虎 / 狮）首、虎（狮）身、虎口、虎爪、鹿（犀牛）角、獠牙、长须、翅翼、鳞甲的想象性神兽。貔貅这个想象性

符号的意义塑造始终作为观念之物与信俗文化密切相关，无论是驱害镇邪，还是招财生富。

随着科技的发展，自以为“开智”的人类改造自然甚至“控制”自然的力量越来越强，从原初和古代社会对自然的敬畏感和未知感弱化了，因此借助貔貅之类的想象神兽来驱害镇邪的意义逐渐消逝（图 5–15）。当下人们关注此在的生活感受，民间信俗将久远的畏惧感转变为对名利、财富和健康的有求必应的祈福。

图 5–14　黄水晶发财树[1]

图 5–15　南朝齐萧辰之永安陵神道东侧镇守的辟邪[2]

观历史，东汉至魏晋南北朝时期的貔貅已有雌雄之分，造型特征也有独角天禄和双角辟邪的区别。后有传说，貔貅因触犯天条被天帝惩罚其吞万物而不泄。民间智慧却将它本来无法排泄的缺点转变为与众不同的能力，尤其对应到人们愿意敛财却不想失财的心理，便将其视为喜食金银珠宝、以财为食的祥瑞之物。亦有说法认为，貔象征财运而貅象征财库，有财运还得有财库方可富足。在后世的信俗文化中，人们赋予了貔貅一定的生理特征，即只吃不拉、口腹大、无肛门，从而呼应了求进不求出、招财护财的财富文化隐喻。这种意义至今延续、兴盛不衰，正是与市场经济形态相呼应的文化形态。从十几元的地摊货到几十上百万元的白玉、翡翠和水晶，无一不漏地成为貔貅文化的阵地（图 5–16—图 5–19）。

[1] 图片来源：淘宝某电商。

[2] 图片来源：张道一编著：《中国陵墓雕塑全集（第四卷）· 两晋南北朝》，西安：陕西人民美术出版社，2007 年：图 16。

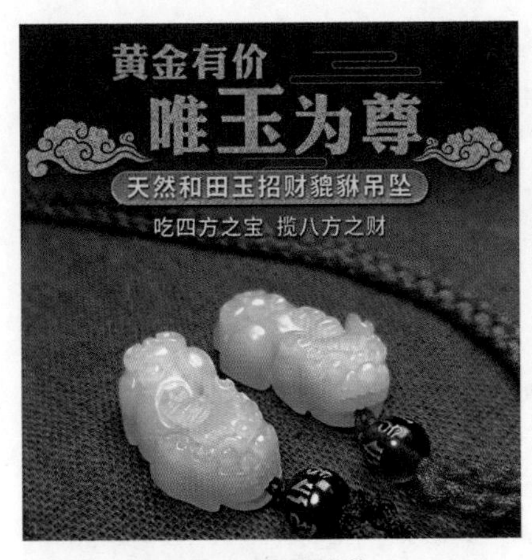

图 5-16　网店几十元一件的翡翠貔貅

图 5-17　商店里千元一件的招财水晶貔貅

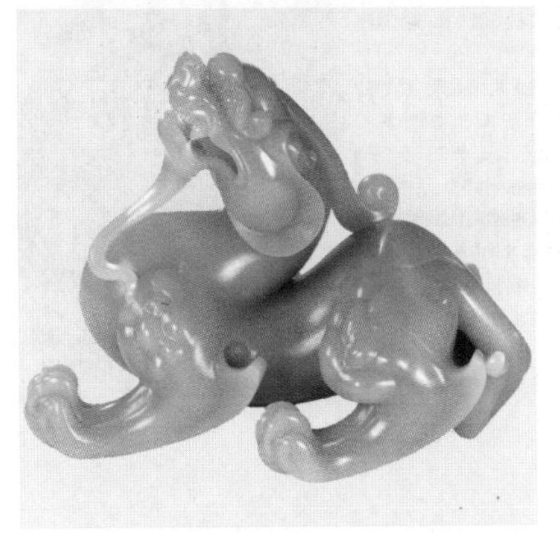

图 5-18　业玉人张清雷的白玉汉风辟邪

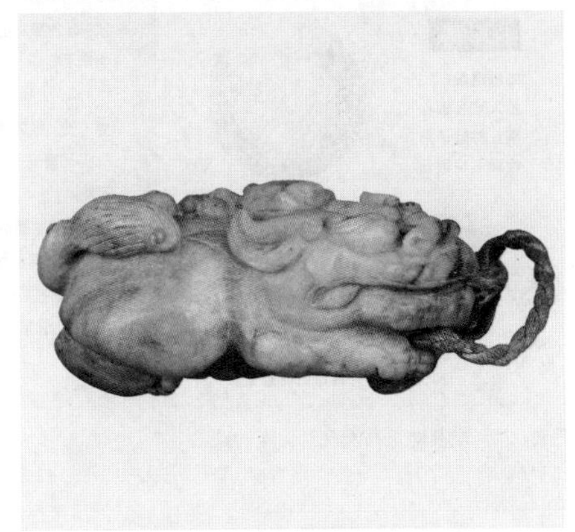

图 5-19　徐州博物馆藏汉代辟邪

无论是从事金融业、房地产业的商人还是企业家，都不抗拒在办公桌上摆放貔貅、随身佩戴或是作为私家车的摆挂。中国传统堪舆变身当代风水学后，貔貅也变成了常用的化煞利器。比如某网店所宣传的：

> 貔貅最擅长化解五黄煞、天斩煞、穿心煞、镰刀煞、屋角煞、白虎煞、阴气煞，摆放在家中是家中的守护神，保阖家平安；在家中摆放貔貅时讲究用一杯水供奉，这是因为貔貅乃龙子，离水即为无用之物。

甚至有为了达到促销目的而移花接木的所谓“史实”根据，夸张地说：

> 青玉貔貅镇东方、白玉貔貅镇西方、赤玉貔貅镇南方、玄玉貔貅镇北方，开光之后摆放使用才有生命和灵气，才会更加灵验……要想有求必应，须在寺庙为其开光，因为法师高僧才能化解貔貅的暴戾之气。

民间还有“一摸貔貅运程旺盛，再摸貔貅财运滚滚，三摸貔貅平步青云”的说法，其联系可从老百姓对“把玩”的阐释中得来。他们为“把玩”行为塑造了形象的比附依据（图 5–20）：

> 传说貔貅性贪婪且嗜睡，最好每天将玉石貔貅拿在手中把玩以叫醒它吃饭（吃财），这样才会来财运。

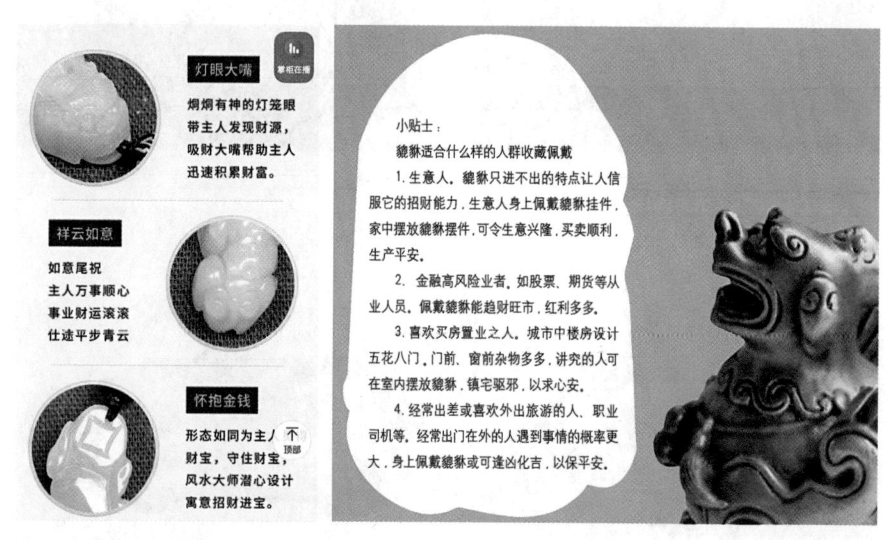

图 5–20　电商对玉石貔貅新功能的描述

简单地概括当下百姓所造化的“貔貅”符号与意义：其形象是多元的统一体，未有大的改变，偶有新的综合，比如常取三脚七星钱串蟾的趴窝形态（图 5–21）；其所指，因雌雄而有成双成对的阴阳好合之意，因传说中只进不出的生理功能而有吸财纳宝的增福之意，因传统信仰的驱邪镇墓功能而有居家辟邪挡煞和镇宅护院的意义。

任何时代的玉文化都与人们的祈福信俗文化必然相关，亦如当下复兴的幸“福”文化。其实，《尚书·洪范》在论说治理天下的“九畴”时就曾提出“五福”“六极”的概念：

> 五福：一曰寿，二曰富，三曰康宁，四曰攸好德，五曰考终命。六极：一曰凶、短、折，二曰疾，三曰忧，四曰贫，五曰恶，六曰弱。

长寿、富贵、康宁、善德、善终这“五福”之治，反映了古代统治阶层意识形态期望建立的社会幸福观。现代社会人们的幸福观与欲求不无纠缠，原来的“五福”内涵演变成新的强调物质享乐的“福、禄、寿、喜、财”，与之相关象征名利地位的“飞黄腾达”“金玉满堂”“荣华富贵”“好运连连”“禄路通达”“福寿如意”“指日高升”“喜结桃花”（图 5–22）等语意符号实现了观念之物向现实之物的显化，特别是对于价值不菲的玉石而言，简直没有比它再好的能够代表传统“文化气”又能与时俱进展现“世俗气”的载体了。普通百姓想象性地勾勒出美好的“福”境，那个有权有势、有名有利的阶层世界或许是永远追求的目标和幸福的期盼，可望而不可及，然而，平凡生活的必需品恰恰是幻想性的补偿。“蝙蝠”与“福”同，“兽”与“寿”同，“鹭鸟”与“禄”同，“荷叶和螃蟹”与“和谐”同，造化（幻化）出的各种玉雕形式用象征、比拟、谐音等表意符号原理来表达一个集体想象的世界，它的符号性和仪式性能够带来一种集体宽慰感。

图 5–21　寓意招财的三脚七星蟾

图 5–22　当代女性常佩戴所谓“可招桃花运”以改善姻缘的粉晶灵狐

在几例对“非遗”传承人的访谈中，当论及玉文化在当代的传承问题时，被访者大多会提及当下所谓“生产性保护”“活态化传承”的政策说法。按照联合国教科文组织《保护非物质文化遗产公约》所明确的，“非物质文化遗产世代相传，在各社区和群体适应周围环境以及与自然和历史的互动中，被不断地再创造，为这些社区和群体提供认同感和持续感，从而增强对文化多样性和人类创造力的尊重”[1]。非物质文化自身就在变化，“生产性保护”所强调的

[1] 引自 2003 年 10 月 17 日发布的联合国教科文组织《保护非物质文化遗产公约》。

“生产”不是单纯鼓励产业价值和经济效益生产，重要的是适时易变的文化生产。文化的构成虽然复杂，包括了知识、信念、艺术、道德、法律、风俗、其他能力和习惯等，但是文化始终具有整体性，任何一方面的变化都会牵连其他方面的变化。

在第一章中，我也提到了四种叙事形式——身体、口传、物象、文字，它们在今天呈现的叠加态令我们更难认清玉文化的当代语言了。不过，无论是物态可见的还是非物态不可见的，玉文化的传承与造化始终具有先天性和自觉性，亦如《道德经》所云：“绵绵若存，用之不勤。”

第六章 琢磨的救赎

在很多人的想象中，手艺人是活在一个单纯、孤立甚至封闭的世界里。其实，他们很活跃地与外界保持着联系，参与文化的建构，争取获得话语权和存在感，证实自己手艺的价值、自我的价值以及存在的意义。着眼当下治玉人的业态，所谓文化、经济、社会的影响，不是强加给他们的；他们具有一定的选择性和自主性。同样，他们也会像种子和细胞那样，作为由内而外、由下至上的文化内生力量，影响着玉石文化呈现出来的面貌。如构成治玉主力军阵地的河南、江苏、福建、广东，以及有名或无名的治玉人、卖玉人，这些采矿业、制造业、文创业的合力，在不同层面和组织上构成了国家经济、社会、文化的实体，并塑造着不可见的精神文化。人们从现实中可以看到他们的布道与执迷，就像被一种潜在的救赎信念所支配。

第一节 玉文化的布道者

玉文化的布道者是在建构文化中竭力推动、传播玉文化的人，包括有代表性的个人和群体。兢兢业业的治玉者、研究者、鉴定者、买卖人、推销者、宣传者，他们要么是无私爱玉的人，要么是想从玉中获得利益的人。在理性说服他人与感性理念认同的过程中，布道者的行为重要的是让人相信玉文化的核心，或说是布道者内心的旨意。玉文化的世代教化（教育）很大限度上依赖于这些玉文化布道者的文化实践，他们可能持不同的方式、态度，行使不同的权力，走不同的道路，甚至怀揣不同的信念，但是殊途同归。

一、备受争议的社会活动家

在社会学理论中，一个人的身份角色意味着某种责任和期待。治玉的工匠被期待有精湛的技艺，卖家被期待有良心且提供的东西物美价廉，买家被期待知玉、爱玉，鉴定者被期待有好眼力、讲真话。这些身份类似一种职业，被期待做到“专业”。不过，任何个人的角色都是在社会不同群体中互动塑造的，也会自我促进，正是因此，人的社会角色和身份往往是多重的。一种社会活动或产业的运转规律必然要求有机制和要素。在玉石文化传承这个符合一定内在规律的“游戏”中，若要继续下去，就得有采矿者、设计者、制造者、商人、收藏者、鉴定者和批评者。他们看似有各自的专业路子，但有时候这些角色可以集合在同一个人身上，特别是在同一个领域内共存时。一位工匠因为在治玉方面懂技艺、见识多，所以也可以是很有眼力的鉴定者；同时，如果他很善于与人交流，良好的人际关系使他成为出色的商人和社会活动家也不为过；当他有一定经济资本时，他也可能成为精通作品的收藏者；他获得的技艺资本、文化资本及社会关系网络资本，也可能在一定程度上将他塑造成为专家学者。

每一种多重角色的设定中，伦理问题都会表现为个人经济利益与每种角色的“职业”伦理之间的冲突。有些匠人出身的商人赞助或组织出版的玉石书籍或图册，其中多为他们自己的商品或藏品。他们的多重身份和渗透自身的角色，决定了这种行为活动是协同作用地获得利益，而非伪善。当然，由此发生的利益冲突也很常见，比如谁家赞助得多，谁的商品就出现得多，渐渐地会获得更强的话语权。

玉石文化界不乏手艺精湛的治玉人，但不是每一个治玉人都能成为好的营销者，因为不是每一个人都擅长扮演社会活动家的角色。尤其是在治玉行业，手艺人大多比较含蓄，善于默默无闻地和石头打交道而非与人交流。当多重身份分离时，就意味着自主权和选择性的减弱。例如，不同的资源和能力可以影响商人（中介或藏家）和艺术家型的治玉人的关系。他们或许是很好的伙伴关系，也可能是很好的朋友关系，而友谊往往是利益获得中的平衡感应器。“真”的友谊圈会限定二者的利益关系，当商人（中介或藏家）和艺术家结下深厚的友谊时，很难保持理智公平地去评论其他艺术家的作品价值，出现贬低和蔑视是常见的事情。然而，现实中不乏“假”的友谊圈，因为只要有善于打交道的能力、有闲谈的技能，也可能使商人（中介或藏家）和艺术家保持一种亲密关系。单纯的艺术家对这种亲密带来的信任要么当真，要么若即若离。

具有社会活动家身份的手艺人，通常能够有更多获得“称号”“名誉”等标签的机会。在有艺术特质的玉石作品买卖中，买家在乎的是作品创作者的个人身份，至于他所属的企业公司或团体往往并非最重要的。就像后面提到的社会传承方式下的扬州玉器厂一样，普通的产品不需要明确个人身份而只需要货真价实的质量保证；但是对于价格不菲的艺术品来说，个人标签就是提升所谓“附加值”的重要内容，它甚至与艺术内容共同构成作品价值。而且，对于某些收藏者来说，在一定时间内，个人标签的价值高于艺术价值。

调研每个玉石产区和集散地时都曾发现行业内有不少社会活动家型的治玉手艺人和玉石文化研究者。从成本和机会的角度看，他们不过是付出了相应的“务正业”时间（比如雕玉件、钻研学问）而获取了比其他同行多一些的资本：可能是多建立了一条人脉来销售自己的产品，也可能是得到了一次奖赛或荣誉的附加标签。借助身份标签，比如“×× 会长”“×× 大师”“×× 专

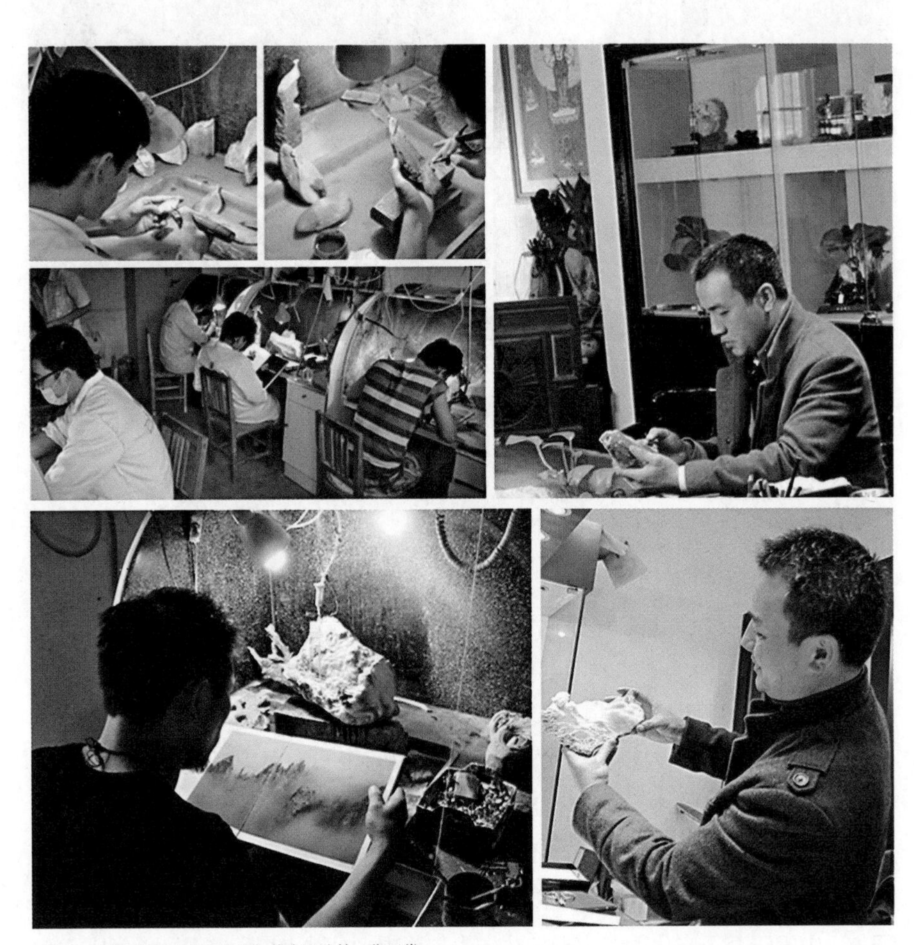

图 6–1　河南南阳“文心读玉”艺术团队的工作日常

家”“×× 传人”“×× 金奖”来推销自己或是作品，这样首先能直接转化为经济效益（图 6-1、图 6-2）。但是，并非所有的社会活动家都是为了经济利益，他们当中还有很多是无怨无悔为行业管理付出、为工匠共同体谋利益、为玉石文化贡献热情的人。总之，我们应该客观辩证地从经济学、社会学甚至哲学的视角去认识社会活动家型的手艺人或研究者。

图 6-2　荣誉等身的大师工作室销售店面（姜栓兰提供）

二、树林人和护林人

（一）建树话语权的树林人：研究者的作用

玉石文化的研究领域分为几个不同阵地：玉石考古阵地、地质矿物阵地、产业阵地、艺术阵地。之所以称为“阵地”，是因为术业专攻；没有摇旗呐喊的人，阵地就会失去力量。当代玉雕艺术若没有玉石的历史考古研究做背书，则容易沦为珠宝首饰中甚至比不上黄金贵重的组成部件。

当代玉文化体系的建构，离不开“玉文化”“玉学”理论建构的奠基者们。无论是赞美还是批评，前赴后继的研究者建树着玉石文化传承的话语权。20 世纪末，中国研究玉文化的专家杨伯达先生与蔡克勤、姚士奇、曾卫胜、倪志云、喻燕娇等专家学者致力于构建“玉文化”“玉学”的理论研究框架，并提出了“中国玉学是中国特有的玉文化的高度集中与理论升华”[1]、“是我们对古已有之的玉文化、玉学现象的回归与认同”[2]等观点。“玉文化”“玉学”作为交叉性的学术研究与政治学、宗教学、哲学、历史学、文学、社会学、经济学、艺术学、工艺学、地质学、医学等联系紧密。“玉学”理论框架是“其理论结构的观点和经络及其纵横交错的联系，而不是它的全部”[3]，它包含了哲学、功利、伦理三方面的内容：哲学方面有玉石的美学、神学；功利方面涉及瑞符、祭祀、泉货之类；伦理方面像是“与玉比德”等。从其时代性与地方性的变化上研究这三方面的发展、变化与交叉关系是“玉学”的主要任务。

从肯定的方面看，杨伯达先生先后主编的《中国玉文化玉学论丛》（2002年）、《续编》（2004年）、《三编》（2005年）、《四编》（2007年），是20世纪第一个十年内奠基性的成果，它被当代玉文化研究业内公认为是众多“树林人”式学者在玉文化、玉学方面的智慧集合。

他个人提出的一些观点，常作为开山立宗的立论和引证，比如玉的社会性、玉为神物的属性[4]、玉文化板块论、“巫—玉—神”整合论[5][6]。他曾多次提到对中国丝绸之路之前存在的“玉石之路”[7]进行研究的必要性。

对于众说纷纭的“玉石”定义，他明确界定是玉的“社会性”使之成为玉：“玉是远古人们在利用选择石料制造工具的长达数万年的过程中，经筛选确认的具有社会性及珍宝性的一种特殊矿石。”他提出的“珍宝性”和“社会性”，是从中国玉文化研究层面对中国各历史时期不同“玉”的界定的高度概括和客观总结。这也提醒着玉文化研究者和实践者，若要确定玉之定义和范围，仍然应以传统观念对“玉”的理解为依据，并以它的用途和社会意义为着眼点。

---

[1] 杨伯达：《关于玉学的理论框架及其观点的探讨》，载杨伯达主编：《中国玉文化玉学论丛》，北京：紫禁城出版社，2002年：第165页。

[2] 同[1]，第2页。

[3] 同[1]，第170页。

[4] 针对这种玉与神物的关系，杨伯达先生也做了三种解释：①玉是神灵寄托的物体或外壳；②玉是神之享物，也就是供神灵吃的食物；③玉是通神之物。还有学者认为，不仅玉殓葬的玉器可作为神之享物，就连其上的纹饰都有“吸引鬼神食玉”的功能。杨伯达：《巫—玉—神泛论》，载杨伯达主编：《中国玉文化玉学论丛》（三编），北京：紫禁城出版社，2005年。

[5] 他提出了“重要的玉神器应当是由巫来琢制的”观点，并首次提出存在一个由巫权向觋权过渡转变的时期。杨伯达：《探讨良渚文化瑶山玉神器分化及巫权调整》，载杨伯达主编：《中国玉文化玉学论丛》（四编），北京：紫禁城出版社，2007年：第12—46页。

[6] 他在《“巫—玉—神”整合模式论》一文中认为：红山文化、良渚文化墓中所埋的大巫绝非一般事神的巫觋，而是神的现实代言人，她（他）集一个部落联盟或酋邦的政治、经济、族群、军事及事神等五权于一身，是大巫或神巫。她（他）们是中国历史上最早的智者群体和统治首领，也是“玉神物”论、玉神器和玉文化的创造者与推动者。杨伯达：《“巫—玉—神”整合模式论》，载雷广臻主编：《走近牛河梁》，北京：世界知识出版社，2007年：第15—20页。

[7] 他认为“玉石之路”是远古最早的商路，它打通了区域阻隔，构成了区域性乃至全国性的“玉石之路”网络。

尽管他在2005年的《中国史前玉文化板块论》中论证了三大玉文化板块，但是很快地，在2006年7月17日中国文物学会玉器研究委员会举办的“传授古玉鉴定辨伪理论与经验培训班”上，他又首次公开将原来的三大玉文化板块改为四大玉文化板块，即在东夷玉文化板块、淮夷玉文化板块、古越玉文化板块的基础上增加了东北夷玉文化板块。而且，他还通过对出土品材料、工艺、形制、种类、使用以及其他领域多方面的考证，完善了史前四大玉文化板块和五支亚玉文化板块的观点[1]。虽然不可与王大有关于中华文化的世界传播板块（第四章所提及）相提并论，但他确实提供了中国玉文化传播与交流的论据，更是在一定程度上增强了学者研究中国文化乃至东方文化的自觉性和自信心，同时还刷新了研究者和实践者对古玉历史的固有观念。

2008年11月，杨伯达先生在看到我送审的博士学位论文时，显现出异常的兴奋，当时已是耄耋之年的他欣然接受了参加毕业答辩会的邀请。在会上，他的提问很犀利，不过他肯定了作为一个博士阶段的研究课题能突破研究业障而有“新”（观点新、角度新）、“广”（视野广、有学术前沿性）、“活”（强调从历史走向当代性、当代玉文化的解析独具眼光和现实意义）的特点，其中的鼓励和认可也是我辈研究者一直坚守阵地的动力。

（二）兢兢业业护林人：工匠共同体的追求

在与一些治玉人，尤其是工匠群体的对谈中，当谈及“追求”时，他们的表态主要呈现两个极端：工作很辛苦，没什么人能够理解，希望下辈子不再投胎做工匠；没什么追求了，就是自己技艺上再有所提升，目前对有这门手艺很知足，过好当下每一天。

理查德·桑内特（Richard Sennett）在讨论“技艺”（craftsmanship）时说过，每个人都有成为优秀匠人的可能，因为每个人的基本能力以及能力的大小都差不多，然而促使每个人走上不同人生道路的根本原因是他们追求质量的动机和欲望，而且这些动机会受各种社会条件的影响[2]。追求“质量至上”，换句话说，追求作品和产品品质，意味着手艺人痴迷于培养所谓“精湛”的技艺。特别是对于成就更高、看似伟大的治玉者来说，他们的执着难免导致固守陈规或拒绝变通。对于普普通通的工匠而言，因循传统的力量体现在很长时间

[1] 杨伯达：《中国史前玉文化板块论》，《故宫博物院院刊》，2005年第4期。

[2] Richard Sennett. *The Craftsman*. London：Allen Lane/Penguin Press，2008.

内他们不会主动去改变玉器的形制，即使工具在现代社会发生了变化且有新技术出现，这些理应刺激他们做出创新、提供改变的可能性，但是因袭的观念和集体意识，令治玉工匠们宁愿辛苦些，也不愿逾越规矩，而是恪守传统、兢兢业业地做好本职工作。

治玉工匠的默默无闻有时被外行人视为木讷，他们不爱说话，但可能在思考。他们能够投入大量的时间，不分工作时间和闲暇生活时间，去反思问题然后行动。因此，深入思考、将注意力集中在处理具体问题上，正是他们的特殊能力。相比之下，聪明的人很难做一名合格的工匠，因为聪明让人看似具有处理很多问题的能力，但是这种八面玲珑带来的不过是一些肤浅的能力，对于深入理解、解决问题的能力还不如专业的工匠。特别是在经济快速发展的过程中，具有快速学习能力（比如速成班）和肤浅知识的人，反而在各种顾问组织中成了“香饽饽”。这或许就是当代呼吁“工匠精神”的内因之一。

就在桑内特的《匠人》在中国出版的同时，“工匠精神”成为举国关注的焦点。

国家需要提升“中国制造”在国际的竞争力、品牌影响力和技术创新力，产业要转型升级，社会发展要有活力，传统文化需要复兴，乡村脱贫后也要振兴，这些都是时代的需求。暂不谈创新能力，“工匠精神”契合了做好本职工作的职业伦理本质，“工匠”在这里也不仅仅指传统手工艺行业的工匠，还包括了各行业的职工。作为集体特质，它不仅直接体现在最终的产品品质、工作效果上，更重要的是，还会作用于社会稳定、诚信、文明以及优秀的代际文化基因传承上。“工匠精神”曾是历代工匠集体智慧和属性的抽象概括，如今作为文化符号对当代社会民众和专业群体进行集体性的启蒙，默默无闻、兢兢业业、执着专注的态度，不厌其烦、严格精准、尽善尽美的要求，实事求是、诚信以待的操守，使“工匠”成为时代标杆，可能变成每个小人物心中大英雄的样子。那些潘家园古玩旧货市场里常年坚守在摊位上，不畏“三九”“三伏”的小商贩，可能并不自知他们也有工匠群体的精神特质。

工匠的存在是一种共同体的存在，无论是他们的存在方式、工作方式、生活方式，还是具体的身份、利益、能力。工匠的生活可能并不精致，甚至有的工匠生活艰辛，但这个群体有史以来就参与创造着人们的精致生活，也有着对美好生活的向往和追求，只是他们在通往未来的路上多了些自我节制或是情非得已。治玉工匠共同体的根本追求可以总结为：以一技之长谋生活。谋生活的前提就是要修炼好这门技艺。

近 20 年，通过与玉石行业各类人的交往和学术调研发现，在 100 多位治玉者中，因感兴趣而从事这个行业的人只有不到十分之一。即使是受家庭传承或本土玉石文化影响的人，也多因为看到艰苦的环境、窘迫的日子而逃离这个行业。他们当中的大多数人，要么是被迫选择，要么是为了当时的生存只能做这一种选择。当然，这是回顾来时路的粗略统计。这大多数人之中如今仍有一半人因为坚持而小有作为，也都通过奋斗从谋生计发展到了追求更好生活品质乃至艺术化生活理想的阶段。

三、标准的制定者

（一）徒弟的师父们

1. 追求完美的标准

手工技艺的习得是一个内化过程，是将信息与实践转化为隐性知识的过程，它可以形成身体的长久记忆，即经验。如果说一个徒弟掌握了这门技艺，那就表明他已经养成了有关技艺的一整套行为程式。也就是说，徒弟向师父学习的过程中，除了训练自己形成具身的行为程式，还要掌握如何从隐性知识和显性批评中汲取经验教训的本领。当达到较高水平时，其隐性知识和自我意识能形成一种持续的互动，从而促使手艺人在专业上精益求精。

桑内特在谈到“完美正确的标准”和“实用功能的标准”之间的冲突问题时，做了一组生动的对比，以说明对于追求完美的匠人来说，哪怕有一个缺陷也是错误和失败。然而在追求功能性的匠人看来，痴迷于尽善尽美才是失败。如果按照追求完美的标准，作家会痴迷于斟酌每个标点符号，直到把句子的节奏弄对，木匠会执着于榫卯件的精密配合。如果按照功能性的标准，作家只要按时交稿就行，可以不用纠结于标点停顿，书卖出去给人看才是关键；木匠则完全可以用螺丝钉连接两个部件，只要能让人使用就行。这是关于把事情“做好做对”和“做完做成”的不同标准。“做好做对”的标准要求从事者必须对模棱两可的事情保持好奇和探索精神，然后从中学习新的技能和知识，丰富自己追求完美的认知。

无论自己的师父在行业内是否具有权威性，首先在徒弟这里就是权威。具有地位和权威身份的治玉者，不仅取决于技能水平，还有其道德伦理，即对待材料的真诚、对手艺的真诚以及对人的真诚。像对师祖的供奉或前辈师父的供拜仪式，某种程度上正是为了强化从业者的道德感而实行的。

当代社会，子承父业的情况在治玉行业不算多见，反而是不依托血缘和地缘的拜师学艺者较多。对于没有血缘关系的师徒而言，师父是养父般的存在，他能够代理一个父亲的权威，对徒弟施加管教，并对其心智成长、道德养成担负责任。徒弟对师父的尊重和服从是为人伦理的基本，更是其在学习技艺过程中通晓“得到与付出”道理的必经之路。从玉器行业严苛的规矩中不难看到毒誓、体罚等惩戒方法，例如，独家秘籍不能外露，否则不得在同业内找活儿。这种口头承诺或书面约定的契约精神既保护着徒弟的利益，也保护了师父的利益，从根本上奠定了治玉行业的职业伦理。

这些“代理父亲”是徒弟们的榜样，甚至比生父对其的影响和帮助更大，尤其是在职业素养、社会地位、荣誉心方面。徒弟内心会描摹一个奋斗的未来——要向师父那样，或是做得比师父更好。

2.“大师”这个团体

普通人探究“大师”这个概念多由“百度”而来，其来源通俗意义上离不开字典。《辞海》对“大师”的定义为：“① 指享有盛誉的学者或艺术家，如：艺术大师。《汉书·伏生传》：‘山东大师，亡（无）不涉《尚书》以教。’② 佛教徒称佛为大师。《瑜伽师地论》：‘能善教诫声闻弟子一切应作不应作事，故名大师。’也用为对和尚的尊称。杜甫《赠蜀僧闾邱师兄》诗：‘大师铜梁秀。’③ 同‘太师’，字音‘Tai’。a. 古代三公之一。《诗·小雅·节南山》：‘尹氏大师，维周之氐。’b. 古代乐宫名。《周礼·春官·大师》：‘大师掌六律六同，以合阴阳之声。’”另外，《现代汉语词典》对“大师”的解释是：“在学问或艺术上有很深造诣的，为大家所尊重的人。”那些被上帝带走的人才、天才是不是“大师”，都交由后代历史去评判了。钱学森等科学领域的顶级人物也只是被世人称为“科学家”。金融商业领域的比尔·盖茨也不过享有“大亨”“传奇人物”“大家”之名。艺术领域齐白石先生成就卓越，也不过是博得“大家”“名人”“艺术家”之名。文艺复兴奇才达·芬奇也不过得到“艺术家”“科学家”“发明家”“巨匠”等冠名。“大师”在好莱坞电影《星战前传》出现过，它所描绘的是身材矮小、聪慧绝顶的“尤达大师”，所指之意乃是“智慧之人、德高望重之人、有原力（最擅长能力）之人”。

当代，国家为提升包含玉器制作在内的传统工艺美术从业人员的社会地位，鼓励艺人们在技艺上推陈出新，自 1979 年始，在全国范围内对各工艺美术行业中的从业人员进行“中国工艺美术大师”评审和授予工作。截至 2013 年，共开展了六届由国务院认可颁证的“中国工艺美术大师”评审工作。据统计，这六届获得“中国工艺美术大师”称号者共 443 人（其中 71 人已仙逝）：第一届（1979 年）34 人，第二届（1988 年）62 人，第三届（1993 年）64 人，第四届（1997 年）44 人，第五届（2006 年）161 人，第六届（2012 年）78 人[1]。如今，国家和地方各级政府、行业协会、学会等组织，甚至一些文化机构或企业联合，以各种"称号"形式对工艺美术优秀从业者进行表彰和奖励，由此产生了各种名目的荣誉身份。首先，级别最高、最权威的是"中国工艺美术大师"，对应国家级称号，地方各级也授予该地区的优秀从业者"（××省、区、市）级工艺美术大师"。其次，由政府授予且与工艺美术紧密相关的，比如国家级和地方各级"非物质文化遗产传承人"。另外，协会、学会下设的各专业委员会及有关工艺美术的专业组织，都纷纷评定授予各种荣誉称号，像中国珠宝玉石首饰行业协会评定授予的"中国玉石雕刻大师""中国珠宝首饰设计大师"以及中国民族民间工艺美术家协会评定授予的"中国传统工艺美术大师"等，都是设立多届次评定授予的称号。

改革开放后，很多原本在国企从事玉石设计制作的"大师"在制度改革下，设立了自己的工作室或是企业公司，有的则由地方政府为其传承技艺而设立了研究所等机构。另有部分企业聘请大师为自己的企业设计制作价格更高的精品。大师中有相当一部分出身世家，得祖传技艺；有的早年就读过相关专业的艺术院校；有的在获得"大师"称号之后仍然到专业院校进修以提高技艺、丰富知识。

然而，大众文化消解着很多正派词、褒义词，"大师"变成了不敢轻言的词语。当下时代，"大师"名称泛滥，几乎成了与"美女""帅哥""小姐""同志""干爹"一般加引号的双关语，有悖于"大师"造词的原意。

时代造就着一代代人，也酿造着他们的迷茫，无论是匠人之工匠精神，还是大师之德艺绝代。身份、价值、人存在的意义、我们的世界观，无时无刻不作用在人们的生活、工作、信仰之中。

正如本书开篇论说的"玉"，"大师"这个概念也是人造的。概念作为工具，更是逃脱不了为意识、政治、社会、利益等所驱使的命运。这个称呼，代表着一定的身份，是一群人、一类人的特征概括。

大师是时代文化的符号。过去，当我们说起大师时，多会联想起周公、释迦牟尼、达·芬奇、莫扎特等，无可比拟的"圣贤""大家"，他们大都已逝去，却为我们留下了谜一样的精神财富和物质财富。今天，当我们口中说出"大师"二字时，根据语言环境，却演变成了三种情绪的文化符号：褒义的，是真

[1] 截至 2018 年统计所得。

赞叹；中性的，是不明真相、随大流；贬义的，是耻笑。

关于“大师”正规说法的概念源自国务院1997年颁布的《传统工艺美术保护条例》第十二条：“符合下列条件并长期从事传统工艺美术制作人员，经评审委员会评审，国务院负责传统工艺美术保护工作的部门可以授予中国工艺美术大师称号：（一）成就卓越，在国内外享有声誉的；（二）技艺精湛，自成流派的。”这样的定义太简单，并未说明“大师”的地位、权利和义务。而且，“国内外知名”一条有不好的社会导向，其湮没了一些默默无闻的设计制作者。概念范围的不确定会制造很多灰色地带，比如，对于那些有争议的企业行业管理者、教育系统等身份的人士是否也有资格被评为“大师”呢？《传统工艺美术保护条例》第十九条其实有着相应的解决方案：“国家对在继承、保护、发展传统工艺美术事业中作出贡献的单位和个人，给予奖励。”那么，这种奖励可以让他们变身为“大师”吗？

其实，“中国工艺美术大师”这个概念的出现，是因为在缺乏职称评定的时代，我们需要让手工艺群体在社会中拥有身份价值。尽管这个荣誉称号也只是相当于“副高级别”职称，但在当时已经是相当高的身份地位的认证。国家要让人民认可这群人为国家经济创造外汇、为文化传承所做的贡献。这是那个时代诞生这个荣誉称号的历史所需，也是历史必然。但是随着国家经济形势、社会文化发生了巨大变化，“大师”发生的不只是名称意义上的改变，这个名称所指代的人群自身也随着社会环境的变化而发生了思想观念、生活方式等多方面的转变。这个称号扭捏地存在于行业、政管之中。当一个人的社会地位、身份背景不再通过真正的学历、职称、职务来评判，而是可以通过经济财富、其他名誉来交易、附加、等衡的时候，这个“大师”的称号开始变得越来越扭曲、畸形。“大师”的概念，在这个时代已经成为文化符号，被人们任意消费，在纠结的历史进程里被添加了太多色彩。这是当代社会发展过程中经典世俗化的一种表现，是大众文化扩张下的文化符号之一。

当然，尽管“圣贤”“大师”的经典名义被不断地俗化，但实质上也是在证实“大师”需要发威的权威性，刺激社会民众对“大师”现象进行诊断、判断，重拾认知的标准和意义。换句话说，“大师”的称谓，在当下这个时代还有什么存在的理由，还有什么意义？答案是：需要我们诊断它的病因，重新认识它，让它原初、本质的意义散发能量。

师者是“传道、授业、解惑”之人，“大师”的本职工作亦如此。“大师”的英文是“master”，国内外异名同道，其实都是在说德艺、贡献绝世之人，重在为人类创造物质和精神财富，特别是精神财富之人。没有一木一石默默、稳稳地累积，哪有坚实万丈的大厦？没有深根盘结，哪有大树枝繁叶茂？大师，应该象征一种精神。我们总容易看到高楼大厦的宏伟，而忽略一木一石的存在；我们更容易只看树木向上的生长，享受大树荫凉，而忽略树木向下的生长和不可见的深藏。

大师也好，匠人也好，这些概念背后所捍卫的是大师精神。大师精神，实质上是为人之本、存在之本的微不足道的精神；微而见大、细而见久、深而见长，是谓“大师”！

总之，“大师”的真伪，应交给历史评判。

（二）真伪的鉴定者

真伪的问题涉及技术层面和伦理层面，哪些属于真、哪些属于伪，在当代玉雕中对应于哪些是正宗、哪些是模仿、哪些是造假。

一代代徒弟一开始都离不开模仿师父手艺的规律，这就涉及正宗的问题。治玉行业和其他手艺行业有着类似的情况，即在学徒的晋升制度中必要的评价标准是：他能否做到和师父一模一样的手艺活儿。因此，学徒在相当长的一段时间内必须学会打磨自己的个性，以更好地通过模仿让自己达到复制师父的本领的水平。师父追求卓越，徒弟则先得追赶上师父。通常合格、优秀的徒弟才能继承“正宗”的技艺。“正宗”代表具有一脉相承的合法性，不过它也意味着固守的传统、一成不变的式样、刻板的教条。

其实，仿造自有它的生物学依据。模仿是天性，是生物适应生存的必要因素，是大脑运转的机制和原理。人的大脑是绝佳的模拟器，它像忠诚而孜孜不倦的现实塑造者。大脑的中枢神经系统能够建立并存储有关外部世界、我们的生活以及两者间不断交汇的非常翔实的模型。通过主动、不间断地探索周围环境，寻找检验和更新这些内部模型的新信息，其中就包括：从经验中学习，预测未来事件及结果，产生对结果、代价和收益的预期。英国生物学家理查德·道金斯在《自私的基因》（*The Selfish Gene*）一书中指出，人类的大脑已经进化出非常有益的能力，就是创造对现实的精巧模拟。物理学家戴维·多伊奇也在《真实世界的脉络》（*The Fabric of Reality*）一书中提出，人类直接感受到的是虚拟的现实，它来自我们无意识的头脑，借助感觉数据以及复杂的、与生俱来的或后天获得的解释这些数据的理论，头脑信手拈来地为我们创造虚拟的现实[1]。

[1] Miguel A. Nicolelis：《脑机穿越：脑机接口改变人类未来》，杭州：浙江人民出版社，2015 年：第 25 页。

仿古或复古之风历代皆有，它可以是一种情怀或时尚，是一种传统文脉得以承续的途径。有时，它会启发物质文化中不同业类的造物借鉴，比如南宋官窑出品模仿良渚文化玉琮而制成的八卦瓶。就“仿古玉”来说，现今已变为百姓能够脱口而出的名词，但其指涉越加宽泛，尤其是一些“伪古玉”都被说成“仿古”件。“仿”和“伪”，二者的区别在于伦理道德层面。因崇尚、仰慕古物和古代文化且不以赢利而做，即为“仿古玉”；然而，以获利为目的，以假乱真，甚至做工伪劣，即为“伪古玉”。刘大同就不同古玉的名称做过界定：玉未入土者叫作“传世古”，也叫“自来旧”；入土者叫“土古”；伪造者叫作“老提油”，也叫“油炸侩”，有伪造“传世古”、伪造“土花血斑”、伪造“水坑古”、伪造“牛毛纹”、伪造“受地火者”以及“阿叩伪造法”“提油伪造法”等；改造者叫“旧玉”；改造后雕者叫“古玉后雕”[1]。

邳州（邳县）玉器于 1987 年左右开始做仿古件，而在此之前是“邳州人给安徽人打工”。因为邳州的工匠只负责玉石的初加工并没有仿古件的全套技术，他们会将半成品交到安徽蚌埠的工匠那里进行精加工，成品再销往港澳台地区的古玩市场。20 世纪 90 年代初，邳州兴起的仿古玉器市场，主要是因为在长期的模仿中获得了丰富的经验。受到蚌埠仿古玉器市场的影响，一些仿古商人为了低进高卖的需求，将进货市场扩展到了邳州。

“仿”虽不等同于“伪”，却会导致“伪”。伪古玉这个行当的产业链也很特殊，有专门的造方、卖方、买方、藏方。除了许多独门绝技不外露，造方、卖方、买方、藏方的客户信息同样秘密化，因为它和造假、伪劣有不可割断的联系，容易牵涉违法违规问题并受道德谴责。特别是行话的“跑老件”，即新玉做旧按照历史老物件的价格来买卖，甚至充当文物。因此，“跑老件”成为一种冒险投机的行当，被印上了非法的标签。因为仿古件按照“老件”来销售，其成本小、利润大，容易被追究非法造假的法律责任。一些新玉做旧、改造款式，虽然也反映出一定的“创新”，但除了制作工艺上的新做法，更多的是造型上的“画蛇添足”。比如，新式沁色的创造，玉猪、玉蝉在原有“汉八刀”上发生的刀工变化，龙凤玉器上的游丝毛雕变成新的绞丝纹饰，仿古器皿上添加了原本不存在的足手。形成这些改变的原因之一是买方市场决定了高仿新件的创新形式，买方希望得到不一样的款式。另外，改变的客观原因是无法复原的工具和技术要领。“今人不见锟铻刀，而以菊花铁所炼之钢刀刻玉，而欲追踪三代，颉颃秦汉，睥睨六朝，岂不愚哉？”[2] 这是清代“玉痴”刘大同在《古

[1] [清] 刘大同著，褚馨评注：《古玉辨》，郑州：中州古籍出版社，2013 年。

[2] 同 [1]，第 77 页。

玉辨》中论说后代仿古之作不如前代的观点，工具和技术的流失就是其一。

伪是不诚实，牵涉伦理道德和违法的法律责任。如果说在自然材料玉石上造假要追究法律责任，那么，相比之下，历史文献伪作或更恶劣的伪史，应该如何追究欺瞒世人的责任呢？

当代社会，科学鉴定仪器的出现使很多通过学习获得操作技能和标准判断技能的人成了“鉴定”玉石真伪的能者。像国家和地方级的珠宝玉石鉴定中心，都能出具有关玉石材质、产地、物理化学属性的“身份”证明。这被视为客观标准，可以在器械的帮助下轻而易举地鉴别出技术上酸蚀、注胶、染色等非自然形成而人为加工伪造的情况。

相比现代科学仪器鉴定方法，传统的鉴定方法十分讲究“上手”的重要性。桑内特也曾提出“聪明的手”这一观点，因为人类的视觉带有欺骗性，但是通过手的触感和手部动作神经机制输送给大脑的信息要比眼睛看到的图像更可靠。人们常说的对某件事情有把握，流露的正是人的手和脑之间相互促进的哲理。不仅是传统的收藏鉴定者，连相玉的治玉人也会通过摸、掂，甚至听声音、嗅味道等方式对材料作出判断。手艺人像具有“魔法”一样，无论是他们“亲手”加工还是“亲手”掂量，触觉本身就是一种经验测试。在触摸中反复推敲得出的结论更能让人相信鉴定的结果。

传统的鉴定系统要求鉴定者必须有一定的“上手”经历以及“见过世面”的收藏经验，这也意味着这类鉴定者在学识、素养方面积累的文化资本使其拥有一定的话语权。在大众文化消解精英文化的当代，一些大学研究所、考古文物所、博物馆等专业机构保持了这种鉴定“能者”的话语权，因为依托这些机构的研究者有更多机会接触“正宗”的、“真”的玉器标准件，能够因其职业便利和身份地位积累更多的鉴定经验。

第二节
不同传习体系的执迷信徒

在社会学范畴，“代理”（agency）一词来源于“能者”（agent），能者所指可以是个人、群体。当对象是个人的时候，因身份的复杂性，其对应的代理形式不确定，但是有些属性相似的代理机构和关系又可以归为某一种体系。

也就是说，一个能者可以身处不同的代理中。而代理既有松散的形式，也有固定的形式，具有独立性、多样性、现代性、综合性等特点。例如，父亲在家里传承技艺，所指是在家庭体系中，他把显性和隐性知识与技艺传给了儿子，然后他的孙子又继承了他儿子的技能。这似乎限定在与血缘相关的家庭传承体系中。但是，父亲也可能受聘于传统社会的官办作坊，或是现代社会 20 世纪 50 年代的手工业生产合作社，又或是七八十年代以来的国营企业，在职业伦理的要求下，他得把技艺传授给其他非血缘关系的徒弟甚至同事。官办作坊、合作社、国企都属于社群体系。不止于此，这位父亲还可能参加了某个手工艺行会，行会则属于另一种没有具体形式却靠理念和利益共识形成的社群体系。以上还未论及这位父亲可能出生于一个有宗教信仰的家庭或是受聘于某高校的客座教授。

从代理属性而不是代理形式的差异着手，对传习体系进行逻辑分类，诸代理彼此之间会有交叉融合的地方。有些代理的形式发生了变化，但实质功能并未改变，比如作坊（工作室、企业）；有些形式（名称）没有改变，但实质功能已发生了根本性的变化，比如学校。以下将探究家庭体系 / 血缘代理、社群体系 / 行业代理、学校体系 / 现代代理、宗教体系 / 综合代理、自我规训体系 / 自我元代理这五种代表性手工艺传习体系中伦理规训的方式、特点等内容。

“传习”从能者能动性来说，可英译为“Passing on and Learning Knowledge and Skill”，其关键词包含了承续、传递和学习知识与技能的意思，显然，“传习”起着承上启下、延续传统的作用。

在当代研究与政策的呼吁和推动下，我们容易强调传承知识和技艺的一面乃至经济价值，而忽视了源自家庭手工艺道德统一性的那一面——伦理。道德、德性看似与经济无关，然而，自律的道德和他律的伦理规训是保障提高整个社会发展效率、减少消耗的一种重要资本[1]。比如传习过程中知识和文化传承的典型教育制度“师徒制”，它具有组织社会化的功能，在中国手工艺历史的发生发展中发挥了重要的作用。在传统的家庭作坊或手工业工场体制向现代化企业转变发展的过程中，师徒制也不断经历改革。不只是一些工艺美术企业，甚至一些学校、研究机构都开始重新重视师徒制的当代价值，因为师徒制互建的社会资本体现着信任、规范、价值观，其社会功能远大于单纯的知识传承。

家庭、社群、学校、宗教以及自我的传习体系内，伦理规训的发生、方式、

[1] 历史上曾有众多的经济学家讨论过伦理、道德的问题，像亚当·斯密的《道德情操论》、穆瑞·罗斯巴德的《自由的伦理》、艾伦·布坎南的《伦理学、效率与市场》等，因为维护贤良公义等良好的道德规范正是出于社会健康发展和效率的考量。另可参见薛兆丰著：《薛兆丰经济学讲义》，北京：中信出版集团，2018 年。

内容、要求等有所差异。家庭对主体品性和伦理观的养成是首要的和基础性的。在中国传统社会手工艺家庭传习为主的体系中，主体同时完成了道德品性的训育和知识技能的训练两项内容。然而这种统一一体的规训方式，在现今社会已发生广泛的分离。尽管当代还保留了家庭传承的形式，但主体的基础伦理观已受到现代性、多元化的影响，在某种程度上，职业伦理在家庭体系的渗透程度超过了人伦和教育伦理。家庭和社群（作坊、工作室、企业、行会等）作为传统重要的传习体系，形式也随着现代性引起的根本性社会结构的改变而发生了彻底变革。相比之下，学校（研究机构）作为现代以来传习知识和技艺的新代理形式，本质发生了巨大变化，它成为一种获得知识的重要现代手工艺传习体系。

如果说工匠传习技艺、产出作品的过程能够修炼德行的话，不如说道德的修炼其实是将自己作为一件作品来创造，而这件“作品”——工匠，正是在不同的体系中完成雕琢的。

一、家庭传承的品格：三代相传的顾永骏

（一）家庭传承的特点

家庭传承主要是在家庭体系内的传承，属于血缘代理（kinship agency）。

整个世界历史发展中，由人组成的“家庭”是一个基本社会单位，也是手工艺传承知识和技术、伦理实践最具传统的传习体系。这种源于血缘关系的古老体系，随后扩展至家族性的手工业工场，甚至中国20世纪50年代以地缘和业缘联系为主组建的手工业生产合作社中仍不乏血缘联系的从业者。由于现代性让生产性劳动走出了家庭，手工艺传承和教育方式、组织结构在现代社会的家庭传习体系内发生了重大转变，手工艺伦理实践的统一体也遭遇了分离。

在中国传统社会家庭传习体系中，有的技艺是严格地遵循男性代际相传，有的是女性代际相传；有的家庭可能掌握着与其他家庭不同的技艺，有自己的拿手活或独门绝技。例如，金属工艺、漆器工艺、烧造工艺、玉石工艺、木雕工艺等大多是男性的工作，而纺织、编结、针线绣活儿往往是女性的行当。现代性对不同种类的手工艺行业家庭性别分工的影响程度不一，例如宗教绘画唐卡业内，受现代家庭的子女数量、从艺可造性、受教育形式、职业选择等因素影响，家传技艺中的性别规则就会被打破。自20世纪90年代末以来，在青海藏区允许女婿或女儿来替代应由儿子继承绘画唐卡衣钵的情况已属多见。父子、

父女、母女、母子间，既保持家庭伦理建构的血缘“亲属”关联，又形成手工艺技艺和知识传承上的“师徒”关系。但当儿媳妇、女婿、外甥等非血缘或外亲的社会关系参与时，手工艺传承脉络原有的闭合体系变得开放，故而不定性的影响因素就变得复杂。家庭体系中的手艺就是家庭文化构建的一项内容，子女或者徒弟能够长时间在一种相对稳态、封闭的环境中耳濡目染“师父”（父母）技术和知识之外的德行，即家庭体系中的伦理教育是全方位的，在家庭环境中容易遵从世袭的、唯一的规则和标准。在没有流动性和多变性的体系中，手工艺基本上能够形成严格服从的传统。反映中国伦理传统的《三字经》中有“孟母断机”“铁杵成针”“琢玉成器”的故事，这些故事通过与手工艺的联系，宣教了先天和后天美德伦理、社会价值观形成的哲学。再如，“二十四孝”中“刻木事亲”的故事具体强调了中国传统美德之孝道；《朱子家训》中的“器具质而洁，瓦缶胜金玉；勿营华屋，勿谋良田”，则说明了“三纲五常”道德准则下的规训方法。

手工艺家庭传习体系，的确因现代性发生了根本意义上的变化。恰如麦金泰尔对劳动现代性的批判：现代性的发生，关键性的标志就是劳动生产走出了家庭。只要生产性劳动在家庭结构内部发生，就不难把这种工作正确地理解为维系家庭共同体以及由家庭所维系的更大形式的共同体的要素。当且仅当劳动生产走出家庭并服务于非人格的资本时，劳动的领域才趋于跟一切分离，而只服务于动物性的生存、劳动力的再生产以及制度化了的贪欲[1]。换句话说，作为手艺的能者，手工艺者将人力资本、知识资源带出了家庭，并在更复杂的组织形态和代理机构中重整资源、分工以及新的利益分配。

中国的传统手工艺制度在家庭结构基础上逐渐演化发展起来。传统手工艺以家庭作坊中的劳动为主，当手工艺产生、依存、实践的基础单元结构发生根本性改变时，手工艺能者就不得不面临现代社会诸多复杂的道德问题：非本亲的子弟可否收？没学成师父的本领就跳槽怎么办？盗学绝技和知识担不担后果？打着节约成本的旗号而粗制滥造怎么处理？等等。没有了家庭、家族的约束，若再没有任何行规限制和道德约束，如何能保证社会范围内传承的质量和效益？

总的来说，当家庭体系中知识和技艺的传承出现能者缺乏的时候，生存和发展规律会促使这个体系向外部寻求能者，或能者直接走向外部，而寻求过程中奉守的重要原则还是找到容易形成道德约束和规训管理的血缘关系的能者。

[1] Alasdair C. MacIntyre. *After Virtue: A Study in Noral Theory*. Indiana: University of Notre Dame Press, 2007, pp.227–228.

综观手工艺发展历史，可以发现从有地缘或一定血缘关系的家族中招募新学徒的情况，但是为了约束能者的能力且证明他们的合法正宗性，也出现了行会门派，并发展出契约关系，形成行规甚至律法。值得反思的是：这种情况下的手工艺传承走出家庭了吗？其实没有。从家庭到家族乃至传统行会，它的运作机制依然是“父系”模式；或者说，传统行会在实践伦理时奉行的依然是“三纲五常”的父系制社会价值准则。

（二）身为画师的顾伯逵

从事传统山籽雕的中国工艺美术大师顾永骏出生在一个画家家庭，从小耳濡目染，潜移默化地受到浓郁的文化艺术熏陶。他的父亲顾伯逵（1892—1969年），祖籍苏州，早年号“九举（峰）居士”，晚年用“片石斋老人”，是江苏省国画院的老画师，20 世纪 50 年代作为江苏省首批誉聘的扬州三位老画师之一，在扬州一带很有名气。由于从小家境贫寒，自幼喜爱美术且聪慧伶俐，9 岁起，顾伯逵便被父亲托付给他的远房舅舅——镇江金山的竺仙和尚学画，此后便随竺仙四处云游，边习文边学画。18 岁后画艺初成，他辞别了竺仙开始独立生活，后又结识了一些文人墨客，和他们相互切磋、交流艺术，在保留原有传统画风的基础上不断地探索吸收各大名家的长处。对顾永骏父亲的艺术创作影响最大的有石涛的山水、郑板桥的竹、任伯年的花鸟人物，还有吴昌硕的花鸟。他父亲青年时代曾在上海的哈同花园[1]待过一段时间，那里的猴山曾引起他的兴趣，随后画猴就成了他绘画生涯中的一大乐趣。他早期画猴多兼工带写；中期以后因自己对人物、山水、花卉、翎毛的精写，各种技法不断渗透，则以水墨写意猴最为擅长，也因此，画猴使他在古城扬州的画坛独树一帜。

顾伯逵一生兴趣广泛、多才多艺、热爱生活、怡养性情。比如，种花赏花、养鸟画鸟、吟诵诗词，每逢农历时节都习惯性地在花瓶里插上清馨蓓蕾或摆两盆俏枝绿叶，陶冶心情。青年时代的他还曾开过照相馆，以画家的眼光用摄影表达，又以摄影艺术效果反哺传统人物画的表现。他还喜欢扎制灯彩和风筝，尤其是扎美猴王孙悟空，曾和邮电局的老职员多次合作制作手工风筝，也亲手教幼年时的顾永骏扎灯彩和风筝。

顾伯逵的性格刚直清高，有时脾气急躁，不免经常得罪人，特别是一些地

[1] 哈同花园又名“爱俪园”，是近代上海最大的私人花园，由犹太裔房地产大亨哈同（Silas Aaron Hardoon，1851—1931 年）出资兴建，其风格为中国古典园林式建筑。在当时，那里是一个达官名士、才子俊彦云集的地方。

位显贵的人。但由于他的大家风采、艺术成就令人叹服，他因此曾受过扬州徐老虎（徐宝山）的家庵——祈陀灵庵主徐老太太（孙朗仙）的款待，时常请他去写字作画，但这种门客生涯并不长久。

婚后到中年时期，顾伯逵勤奋作画，钻研攻读，还曾受过上海美专的函授教育。这使他的艺术理论得到升华，画作更为成熟。然而家境清贫，生活常无来源，还要经常靠朋友的周济举行画友联展或个人画展，多数在上海、南京展出。当时与他交往最密切的画友要算客居上海的著名画家戈湘岚和林雪岩等人，与当时扬州的鲍楼光、何其愚、吴笠仙等一些名流书画家也经常交往聚会。

战争年代，当日寇侵占扬州城时，顾伯逵曾冒着风险机智地掩护一位被日寇追杀的同胞，还将一大批亲朋邻里转移安顿到乡下暂避，并常与红十字会组织联系，探听消息。顾伯逵的知名度在 1949 年以前就很高，他为人乐施好善，在担任果蛋业名誉理事长的时候，为人正直且做事不计报酬，虽然自己并不富裕，但是还会经常以放粥等活动救济穷人。

1949 年后的一段时期，尽管他身兼一系列社会职务，像江苏省美术协会委员、华东美术协会会员、扬州市政协常委、扬州市文物管理委员会委员、扬州市文联委员、市人大代表等，但家庭生活还是很清苦，创作和手艺是主要的生计来源。在创作黄金期，他每年都要给江苏省国画院送去不少画，最多的一批达到 80 幅之多[1]。在国画院做画师的那些年，顾伯逵频繁活动于南京、扬州一带，除了去栖霞山、燕子矶、玄武湖等处写生，他还经常去艺术院校作画讲课[2]。

顾伯逵的三个孩子中唯独顾永骏对画画有兴趣和天赋，但顾永骏性格孤傲，不愿接受父亲的强制培养，反而喜欢闲时自己偷偷学。

（三）以画入玉的顾永骏

顾永骏（1942—）从小就画一些充满童趣的连环漫画，但还算喜欢读书，觉得读书比画画有前途。父亲知道顾永骏喜欢画画却不愿意跟他学，就投其所好有意无意地灌输一些道理，调动其动手的兴趣，引导他的艺术之路。顾永骏喜欢放风筝，父亲就教他扎风筝和在风筝上画画，比如做街上买不到的嫦娥奔

[1] 他的作品经常被北京荣宝斋选用，也曾几次被挑选参加出国展出。如《松鼠》曾赴柬埔寨展出，花鸟画《三唱雄鸡东方红》获华美展创作奖，被北京人民大会堂选用在当时的迎宾馆。有一些作品为《新华日报》《雨花》杂志选登，江苏人民出版社（1954—1956 年）出版的《江苏省美术创作选集》收录了他的《鹰》。可惜的是，经过“文化大革命”，精品佳作都未能保留下来。

[2] 曾任南京艺术学院美术系名誉教授。

月风筝，做好素面之后再用墨彩画嫦娥，然后拿去放。顾永骏上初中时经常画画，因为这一技之长还当上了班里的课代表。他当时并不懂画技好不好，只觉得好玩，而且大家都认可。

顾永骏的设计之路是不平凡的，每一次人生道路的转折点、每一回事业选择的岔路口，总有一种不可抗拒的力量牵引着他朝向传统工艺、传统玉雕事业这个方向。对他的人生观、价值观造成最大影响的事件主要发生在中专毕业、父亲去世和改革开放这几个节点。

1. 从艺的起点

1962年，国家对国民经济进行调整，他所在的扬州水利学校于同年6月被迫停办了一段时间。就一个对未来尚无清晰人生目标的年轻人来说，第一次不得不面对离开学校、考虑前途去向的问题。停学，表面看来无益于学业发展和前途，但冥冥之中已有天意的安排，一次难得的、亲密体验艺术的机会就这样到来了。

从学校回到家中，他静待了三个月，而这三个月中，萌发了一种向父亲学画的念头。父亲甚是欣慰地答应了他，并一点一点耐心地教导、点拨。顾永骏从原有的被动、不愿去学画，转变为这时的主动、情愿，他朝向艺术发展的道路似乎渐渐清晰起来。顾永骏边看父亲画画边临摹，就这样一天天地坚持着学习。机会总是留给有准备的人，1962年9月，当时的扬州漆器玉石合作工厂[1]开始招收徒工，征得父亲的同意之后，他开始边工作边学画。与玉打上交道，这是他平生第一次，玉器散发的魔力和魅力着实让这个初出茅庐的年轻人兴奋。顾永骏的玉雕生涯就这样开始了，不期而遇却又是冥冥中注定。

学习玉雕的过程是愉快的，但也是步履艰难的。一门综合性的技艺，不仅要求做玉的人有慧心丽质，还要做到潜心凝神、心无杂念。做好它，是一件既耗体力又费脑力的事情。“认真”，是最能总结顾永骏做事态度的词。既然学做玉器了，自己又很喜欢、很着迷，对他来说再苦再累都无怨无悔。学习玉雕初始并不顺利，那时缺少艺术修养很高的师傅，老师傅中多数都是从师徒传帮带或子承父艺的传承制度下学来的技艺[2]，“工”强于“艺”，而且那种体系下

[1] 1962年7月4日，地方国扬州漆器玉石工艺厂恢复为集体所有制，并更名为扬州漆器玉石合作工厂；1962年，扬州漆器玉石合作工厂内成立了扬州特种工艺研究所；1962年8月29日，玉器车间从杭集牙刷厂划出单列，为邗江县杭集玉石工艺社；1963年3月，邗江县湾头玉器生产合作社与邗江县杭集玉石工艺社合并，组建了邗江县湾头玉器厂，后来更名为邗江玉雕厂；1964年4月4日，扬州城南玛瑙轴承生产合作社并入扬州漆器玉石合作工厂；1964年8月24日，扬州漆器玉石合作工厂划分为扬州玉器厂、扬州漆器厂。

[2] 流散在扬州邗江湾头、杭集等地弃艺从耕的玉器艺人罗来富、罗来卜、王金莲、吴永礼、周玉宝、韩有早、朱万祥、任永元八人自动汇集，自筹资金，并由政府提供部分贷款，于1956年农历二月初二在邗江田家庄组建了邗江玉石生产合作小组（扬州玉器厂前身），大都是1949年以前的传统手工艺作坊中师徒传承制度下学来的技艺，由罗来富负责经营和管理，从而在真正意义上开创了扬州玉器的现代品牌。

培养出来的徒弟恪守着师父教授给他的传统方法，不改也不敢改。

21岁进厂的顾永骏，在学做玉雕的人中年纪算是大的，但他有着十足的信心把它学好。这一时期，父亲给予的精神支持影响很大。他白天在厂里学做玉，晚上回家临摹父亲的作品，动手动脑之中对艺术的感悟和认知也有所提高。缘于当时的经济政策和生产需求，仕女人物产品的销售量很大，而当时扬州漆器玉石合作厂有七八十号人都做仕女玉器，做仕女的车间叫做人物车间。顾永骏的玉雕入门学习便是从做仕女人物开始的。那时还没有谁去做籽料，白玉翡翠在当时属于高档料，而高档料的获取、加工是严格受限的[1]。由于当时计划经济体制下的统购统销政策，玉雕产品都是由外贸公司来收购的，主要有江苏外贸公司、上海外贸公司和天津外贸公司，其中上海又占多数。外贸公司通常按照百分比进行收购，大部分产品都是低档、中低档料制成的，比如辽宁的岫玉（辽宁岫岩县所产的蛇纹石质玉），色绿且透明、硬度偏低，制作起来速度较快。这种玉料档次不高，但外贸公司主要收的也是这些，按比例来说，高档料品收购得很少。正因为当时的主流产品是中低档的特点，也决定了那时玉器厂每年的产值和利润很小。这些低档的东西卖价偏低，生产周期也短，而且出彩的精品很少。不过与当时发展缓慢的社会经济、人民生活水平相较而言，消费能力是与之相适应的。

再者，从当时加工技术手段和工具情况来看，条件也不允许使用高档料来制作产品。20世纪60年代的玉雕工具还比较落后，依然是传统的人力脚踏的水凳。后来发展为一种由电动机带动的半原始的机子，它有一根很长的轴，用电动机来带动。每一张水凳上有几根皮带，长轴一开动，所有水凳上的皮带就一起转动起来。到了70年代，这种一起带动的形式转换成每人有一台马达来带动的机子。发展到80年代，就有了很大程度的改变，先前的机子又换成了苏州产的高速玉雕机[2]，它的加工速度更快。事实上，即使目前不断出现更加先进的机器，这种80年代的玉雕机一直都在使用。这表明，生产水平、技术手段、社会需求、经济体制等多方面因素促成了20世纪60—80年代玉器产品玉料选用、题材内容到造型样式的时代特点。

顾永骏的玉雕艺术之路正是在这样一种历史情境下启程的。择业，作为他艺

---

[1] 当时，各级主管部门和地质部门先后在16个省、市扩建和新建了29个玉石矿与玉石收购站。开采和收购的玉石品种有玛瑙、虎晶、紫水晶、翡翠、碧玉、青玉、白玉、岫岩玉、萤石、绿松石、芙蓉石、孔雀石、寿山石、青田石等。其中一些主要品种由轻工业部工艺美术公司统一分配。

[2] 20世纪60年代前期，在部分产品的某些工序中，如玉器、石刻、牙雕的开料，开始采用机械化、半机械化生产方式。这种方式一定程度上降低了劳动强度，并提高了传统加工的效率。70年代以后，机械化水平继续提高，北京和锦州玉器行业的钻石粉工具初步开始应用于开料。80年代，过去手磨脚蹬的玉器行业，已经普遍使用钻石粉工具、超声波打孔、高速磨玉机等专用设备，不仅大大减轻了劳动强度，而且使出坯、粗磨等工序提高了1至5倍的功效。

业上的第一次人生转折，为后期的艺术创作与技艺钻研铺垫了道路。

2. 斗争的年代

20 世纪六七十年代，精神生活高于物质生活的政治导向，使一辈人经历了一种斗争式的生活。在总体性社会制度结构下，国家、单位、集体都是个人最高的服从对象，工作、生活中的一切事物、事件都被人为地划以分明的阶级立场、定义清晰的身份属性。而这个时候，很多艺人的生存状态分成两类：避世，以寻找自己的精神家园；参与斗争，以示“又红又专”、真理高于一切的精神追求。年轻气盛的顾永骏，有着一股书生意气，但又不乏阳刚正气。斗争的年代，他的思想与内心也不断地面临矛盾的抉择和斗争的洗礼。尤其是在父亲去世那年，他的心智经历了从稚嫩到成熟、从浮躁到沉稳的巨大转变。“斗争”于他而言，既是那个时代的代名词，也是自己思想上形成变化的斗争过程。被破坏的资源、父爱和青春，不堪回首，失去了方知珍贵。痛定思痛，伴随一次次思想的洗礼，他的人生态度发生了转变，似乎更加明白要去做什么、应该怎么做。

这一时期所有文化都受到了冲击，包括玉器厂，但是后来国家另行颁布的文件做了说明：只要不是黄色的、反动的、有碍民众健康的东西都可以生产。当时厂里生产的很多产品被封存起来，但工厂的生产还照常进行，只是生产受到社会气氛的影响而变得不太正常。如同遇到一股强势猛进的浪潮，个人显得手无缚鸡之力。顾永骏追忆当时：“每天早上来，先去厂里看看、转转、做做。到中午的时候，就上街去看大字报，回来后就写大字报，到街上去刷大标语。就像现在电影电视上演的那样，电影电视上演的还太简单了，缺少那种真实气氛。那个年代，真是疯狂啊……”

疯狂，或者并不足以反映人们真实的内心。它让人们的热情转而投向了政治运动中，原来借艺术方式来表达个人情感的绘画与设计，动不动就被划入“反动”的行列。暂时放弃绘画的不只是他，还有许多手工艺人和艺术家，包括当时健在的父亲，也不得不放下了画笔。由于凡事都能扣上所谓“封资修”、有阶级性的大帽子，甚至公园里的假山、太湖石也被说成资产阶级的东西，所以公园不开放，庙宇也不开放，更有甚者被砸得一塌糊涂，这些突然都成了有阶级性的标志，被说成资产阶级欣赏的、“封资修”的东西，而不是为劳苦大众所欣赏和所用的。外界条件不允许艺人们再画、再去做这些事情，况且他们自己哪里还有闲情逸致去挥施画笔呢？

那时全国都在搞“大练兵”、民兵“大比武”。顾永骏被编在了武装民兵行列。一个文弱书生样的人也开始拿枪拿刀、实弹实枪地演习，男子汉的阳刚英武在训练场上得到了展现。大操练、大比武，一个活动接着一个，但是他每天都没有怨言，而且热情激昂地参加。然而，他的父亲却感到心疼和不安，一个好端端学玉器的人，突然又拿起刀枪，似乎成了无法接受的事情。老人心里不能理解年轻人的这种做法，但又不好说教；自己的儿子也遗传了有点倔强的脾性，偶尔还会翻脸不让人管教。顾永骏父亲当时的一位得意门生陆吕峻，经常到顾伯逵老先生家埋头用心地学画。与陆有才气、读书多、写字好、很用功相比，顾永骏则显得不用功又浮躁。但是，陆却心知肚明：顾老先生对儿子顾永骏寄予了很大的希望。顾永骏参加大练兵的行为和后来整天沉迷于操练的状态激怒了陆吕峻。旁观者清，于是，他将自己的反感态度以及师父对顾永骏的期望一一道出："你能不能静下心来学一些画啊？先生如果看到你能学画的话，比吃肉还高兴，你怎么这样整天都不用功？"这番言辞像开关一样触动了年轻的顾永骏，慢慢地，他开始意识到有些东西就在自己不用功和不经意间错失了。1968年，母亲的去世使他有些心灰意冷。他从工厂搬回家住，突然意识到热衷于搞练兵、"闹革命"，结果生产照样搞不上去，技术也没学到。于是，顾永骏有了重拾画笔的意愿。回家之后，白天，他还必须例行参加那些活动，但晚上就在家潜心画画。这时候，他父亲心里很是高兴，也由衷地欣慰。

可是，幸福的光景没出一年，1969年的冬天，母亲去世后一年，顾永骏的父亲也辞世了。"大树倒了"是顾永骏对当时心境的一种比喻。他刚刚结婚不久，太太又有身孕，突然间这个家要由他自己承担起来。而刚刚重拾画笔不久的他，又失去了人生中最重要的老师——自己的父亲。学画无门可投、无路可择，只能靠自己拼命地用功弥补。当时他四处奔走，向一些朋友、师兄弟借来画稿学画，其中包括父亲的一些遗作，也有资料图本。通常，顾永骏画完以后，又依依不舍地归还给他们。原来心里还存有激烈斗争思想的他，眼前的道路却已清晰：读书、画画、设计，只有这样才能继承父亲的遗志，自己内心才会踏实，才能走上人生的正途。

3. 艺术的春天

1978年迎来了中共十一届三中全会，国家将工作中心转为经济建设。其实自1976年开始，一系列加强工艺美术发展的文件就陆续发放了[1]。这对"文化

[1] 1973年4月21日，国务院以国发〔1973〕46号文批准转发了轻工业部、外贸部《关于发展工艺美术生产问题的报告》。1977年8月10日，国务院以国发〔1977〕87号文件批准转发了国家计委、轻工业部、商业部《关于进一步发展工艺美术品生产和扩大销售意见的报告》。1979年8月20日，轻工业部、财政部、冶金工业部和国家地质总局联合发文《关于贯彻执行玉石矿山管理和玉石开采管理试行条例（草案）》。从1979年开始，工艺美术行业参加了由国家经委统一组织的一年一度的全国性"质量月"活动和轻工业产品的质量评比、奖励活动。以后，考虑到工艺美术具有艺术性的特点，国家经委和轻工业部联合决定，从1981年起举办中国工艺美术品"百花奖"，单独进行评比活动。20世纪70年代末期以后，随着国家对外开放政策的贯彻，还兴起了来料加工、来样生产、来件装配和补偿贸易（简称"三来一补"）的对外贸易形式。

大革命”期间惨淡经营的扬州玉雕行业来说，就是新生的希望，玉雕生产开始复苏。同样地，那些沉寂多年的艺人、工人也将积蓄许久的创作热情、工作激情尽情地释放，专心地投入新时期的生产建设之中。春天给予万物生长的机会，在温暖滋润的环境中，也就是1978年春天，扬州玉器厂着手恢复失传200多年的山籽雕技艺，并组成了一个技术攻关小组，顾永骏恰恰幸运地名列其中。谁也无法预知这一契机却是开启他山籽雕创作艺术之门的关键钥匙。

当时，他专心地在攻关小组里搞创作和研究，时刻总结传统技艺经验，实践水平也不断得到提高。改革开放之初，国有企业不允许搞替别人做加工的第二职业。尽管其他行业已有这种开放的情况，但顾永骏并没有因为这样能为家里带来贴补而找机会去做。相反，他一门心思地投入各种文学典籍、画本资料的收集与学习中，怀着因荒废学艺而留下的遗憾，更加发奋地弥补。

对他而言，改革开放初期最大的转折就是1980年左右，他从以前从事的仕女人物创作转向了山籽雕这门富有探索性的综合艺术形式的研究。山籽雕反映的题材内容很丰富，就像宽阔的舞台，可以将构思好的人物与故事情节进行巧妙设置，而设计师就像一位编剧和导演。顾永骏设计生涯中的第一件山籽雕作品就是使用白玉籽料做的，山籽雕品类的特殊，要求它最好是用籽料来做。陆续地，他开始接触山料、翡翠，经他之手的这些玉石材料大都有很多的问题，比如绺裂。每一次设计，事实上都是化腐朽为神奇的过程。往往当那些料被巧用之后，观者不得不赞叹设计师的能力，如同点石成金，为一块生命黯淡的玉石增添了熠熠生辉的生命光泽。1985年左右，玉器厂里一些问题太多的料都以做山籽雕的方式设计制作了一大批产品被销售出去，这些产品充分得到了当时社会的认可。

改革开放初期，顾永骏一家的生活水平并不高，生活条件也很艰苦。当时，一套老式房子，只有一间客厅，其中半间客厅还与别的人家合用。这间16平方米的小房，一家四口人就住在狭小的空间里。顾永骏自己的一举一动都会影响到家人，尤其是晚上。夜里，他要坚持画画，而家人得睡觉，每次只能等妻子和孩子都睡着之后再开始画画、读书。他常常用纸把灯泡给罩起来，怕灯光太亮打搅家人。这种情形下，他做起动作更是蹑手蹑脚，生怕发出一点声音惊醒了他们。就这样，每天画画、看书，他都持续到深更半夜。不是一年、两年，而是很多年都这样度过。20世纪80年代，扬州的玉雕企业不同程度经历了成立、合并、转产等改革过程。当时体制系统外的生产企业像邗江县瓜洲宝石工艺厂、邗江县槐泗玉器厂、仪征工艺玉器厂、邗江县八里玉器厂等，以及在邗江县境内的红桥、霍桥、湾头、汤汪、杨庙以及扬州市郊的城北等乡镇小规模玉雕生产或加工厂，也因 1982 年国际玉器行情下跌，部分限产或转并。至 1987 年，扬州市工艺美术行业系统内县属以上的玉雕工艺品生产企业仅剩扬州玉器厂、邗江玉器厂两家，均是外贸定点生产企业。

20 世纪 80 年代末，社会媒体争论着一个热点问题，即做“星期日工程师”[1]。那是鼓励技术人才走出去，用自己的智慧和技术经验帮助一些民营企业提高生产效率的呼声。它使当时一些技术资源得到了合理再利用。在举国上下紧抓经济建设的特殊时期，这样的做法不至于造成技术资源浪费。大环境开放了，人们的思想认识也逐步开放了，社会开始为有能力、有想法的人提供越来越多的机会去发挥自我特长，实现自我价值。

原本做仕女人物的顾永骏，一直都在读书、学画，可以说在父亲去世之后，对中国画中很多精神的领悟都是自学而成的。1980 年左右，他一边在厂里做山籽雕的技术攻关，一边从事仕女人物的设计创作。他广纳百家艺术之长，先后汲取了王叔晖、刘旦宅、华三川等名家的人物绘画技法，并将其适宜地与玉雕结合。即使是做人物，他也不再像传统老师傅们抱持得那么单调保守，而是大量地从文学典籍、诗词曲赋、戏曲表演中寻找与之密切相关的背景和道具。

对顾永骏而言，改革开放时期，有机会接触山籽雕、迷恋上山籽雕，就是人生的又一次转折。可以说，在创作道路上的他是不平静的：从不愿意学到有强烈意识地学，从学徒到做仕女人物再到做山籽雕，每一阶段都有岔路口，但他遵从自己的内心，再多世事变化也未能阻挡他执着于玉雕艺术前行的信念。

尽管他没有继承父亲中国画的衣钵，但是从小受到的艺术熏陶，比如怎么用笔、用墨、造型之类的家传要领，以及父亲的为人秉性，对他的成长、做事、思考方式都有潜移默化的深刻影响。这些影响可见于《麻姑献寿》《福禄寿三星》等顾永骏不同时期的玉雕作品中（图 6-3）。

（四）子承父业的顾铭

顾永骏的女儿和儿子受他的影响，年少时就喜欢画画和设计。女儿在高中毕业后也学做玉器，但是觉得太辛苦不愿意做，后来就调到扬州玉器厂的商场部做销售工作，再不画也不做玉了。顾永骏觉得女孩子做贤妻良母顾好家最重

---

[1] 1988 年 1 月，国务院曾专门就“允许科技干部兼职”发文，这使得科技人才走出单位所有制的限制，在业余时间内发挥才干。1988 年 5 月，上海成立了“星期日工程师联谊会”，成为上海科技人员和急需技术服务的中小乡镇企业密切联系与交流的平台。“星期日工程师”是一个带有改革开放历史色彩的名词，而且从提出到成熟，其意义不断演进，大多数技术人员经历了一种从偷偷摸摸到光明正大兼职的过程。

图6–3 顾永骏进行山籽雕的细节创作

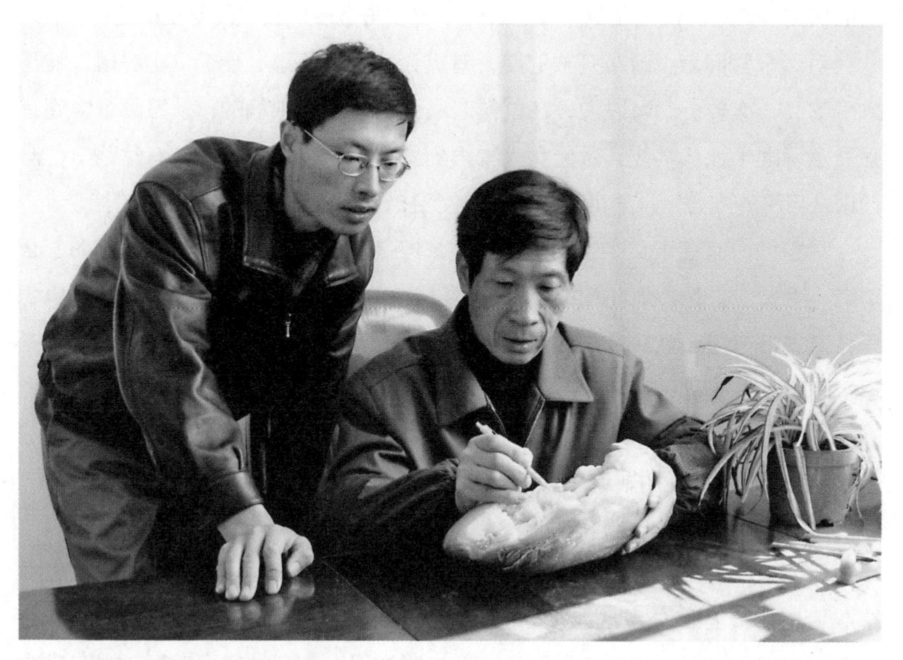
图6–4 顾铭和顾永骏沟通作品的修改方案

要，所以做不做玉也未强求。

儿子顾铭中专学美术装潢，积累了一定的美术专业知识，毕业后以第三名的成绩享受了当时尚有的政策分配待遇，但是被分到一个小厂做写写画画的工会干事，几经波折才调入父亲所在的扬州玉器厂，从而走上了子承父业之路（图6-4）。

顾铭先是在玉器车间里当学徒，打下了山水、人物雕作的基础，不过十多年后就辞职离开了玉器厂。2001年，他独立创业，从来料加工开始起家，他成立的工作室偶尔也请父亲帮忙设计。起初生意较好多少也因为父亲顾永骏的名声和口碑。后来，随着市场需求的增加，工作室规模变大，顾铭开始自己带徒弟，同时还继续跟父亲学玉雕设计。工作室就像一个小型的工厂，有关产、供、销的经营工作也由顾铭和他姐夫负责。顾永骏担心儿子因为管理分心而令专业有所疏忽，时常督促他抓紧时间学习。经过十余年的学习与磨合，顾铭基本吸收了父亲的一些设计精要和技法，特别是一脉相承的设计风格、工作态度，当然也包括读书。就像被称作有“书卷意气”的父亲那样，他也要求自己博览著作和画作。另外，还尝试把民间民俗一些元素，比如“年年有余”“鸿运当头”“喜上眉梢”等吸收到山籽雕中并进行再设计。顾永骏表示，他偶尔也会向顾铭学习这些新的表达形式，二人在技艺、理念方面互相渗透，互为补充。顾永骏认为自己的实践经验比理论知识丰富，而顾铭却知晓一些专业理论，再加上时代的新技术和新观念，能够更好地了解市场，让更多人喜欢他们的作品。顾铭在走一条自己的路，顾永骏认为那是年轻人的路，和他的艺术发展道路并不相同，但殊途同归的是艺术理想与传统玉器文化因血脉延续、家族传承的根本。进入中年的顾铭，不仅要跟着时代走，还要担起综合多重身份的责任，比父辈更加“艰难”地治玉和经营。

顾铭在创新的路上并不容易。“不能乱来，这个东西，它出枝的方法都是有它一定的道理的，有章法的，要不然比例什么都不好看的”；“读书帮助从事工艺创作的人脱俗，脱去匠气，否则作品的内涵是不能被提升的，就仅仅是个一般化的商品而已”；“不要只是读书，还要多读画，因为有时候自己没有时间去画，但是可以读人家的画，读懂了找出不好的和好的地方，提炼那些值得学习的东西，也能指导我们的山籽雕创作”；“即使玉料再好，若是被做成一般的模样，看起来很俗、不耐看，也不会有人愿意收藏”；“现有的玉石资源匮乏，如果做设计的人马马虎虎地去做一件东西，那太可惜、太浪费，太不负责任了。我们怎么对得起大自然赐给我们那么美的玉石？”……这些唠叨，都是严父的教导，得当作准则来遵守，这正是传统传承的规矩和门道。他也深谙和践行父亲的经验之道，即对大自然的观察与感悟，丰富的生活体验，古典文学、诗词曲赋、传统绘画的知识和修养，广博的姊妹艺术见识，特别是戏曲表演艺术、雕塑艺术、摄影艺术。

顾永骏教给儿子“设计第一性的重要”。这是他综合多年丰富经验所得的真理。他先是儿时从父亲那里的博览感受到这个道理，再在自己的生活和工作中践行这种统一，在古稀之年悟出了玉雕艺术中好的设计必须满足三要素，即饱览书卷、博纳画卷、精通技艺。而后，这又作为教导儿子和徒子徒孙的信条（图 6–5—图 6–7）。

图 6–5　作品《潮音洞》设计初稿中观音的正面像

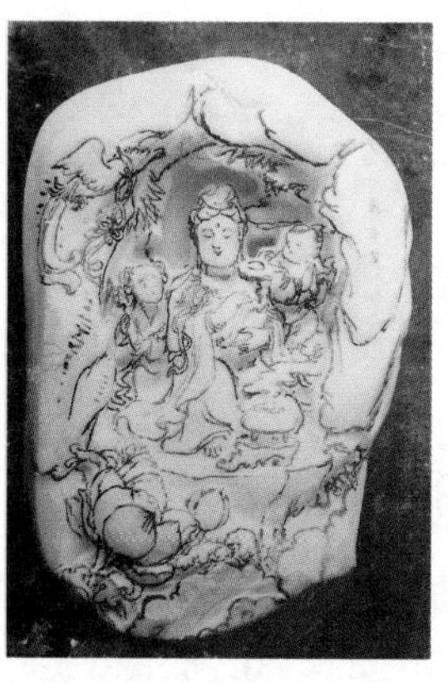

图 6–6　经修改后的观音面部朝向

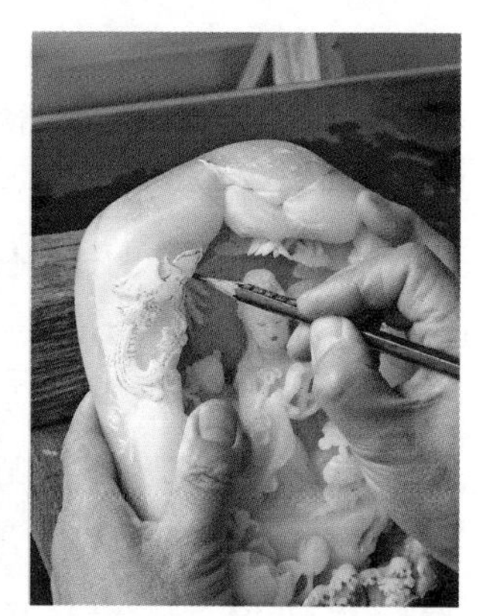

图 6–7　多次修改后的再经细节修改

现代著名治玉人潘秉衡先生在其艺术生涯中始终信守“隔行不隔理”，比自己见长的技艺、手艺人都是自己学习的对象。的确，玉雕这一行里面包含着方方面面的知识：对玉石材料的揣摩和认识，具备较高的古典文学修养，掌握一定的传统绘画技巧，以及对现代技术工具的驾轻就熟。这些无不消耗着从玉艺人的智力与体力。

顾永骏虽然出身艺术世家，但并未经过正规的专业教育培养，自学是他成长过程中获知的主要方式。专注于学习，广博知识，热爱自然和生活，广结善缘重修德，是顾家传承家文化的传统。

治玉这一行，首先，要下苦功做一名学徒，从最基础的相玉识料开始，在较为原始的技术条件下学会雕作的基本技法。如何在一段时间的学习之后使自己脱颖而出，这就离不开平日在私下里进行持久的补习。就像顾永骏自己所说的那样，要多读书才能脱掉匠气、俗气。他是这样说的，也是这样做的。聪慧上进的他对所闻所见既抱有好奇心，又会刨根究底，这正是做研究之人、成大器之人不可或缺的秉性。书本是他的精神食粮，顾永骏从中提炼构思着一个个耐人寻味的故事情节，这也是为何仿造他作品的那些人始终模仿不出其中味道的关键所在。他几读《红楼梦》，熟谙人物性格和家谱，并将其中的人物和场景按照自己的理解勾画出来，形成一本《红楼梦》人物画册。他坚持做读书笔记，在收集摘抄的文学故事、诗词描述旁边草草勾画出自己的创意和设想。

治玉人还要向行内、行外姊妹艺术学习。“文化大革命”期间，为了提高自己的仕女人物创作水平，顾永骏到处借阅画稿。由于从小喜爱连环漫画，他也特别关注连环漫画界的作品。但因为时期特别，一些资料稀缺、难买，借阅成了当时最主要的学习手段。而他不是借完、读完就了事的人，还经常把借来的画稿临摹下来，并附上自己的一些理解和想法。这使得他的绘画设计水平有了快速的提高。后来，学习机会增多了，只要去参观学习，他都特别注意收集资料。“当时又没有照相机，必须动手记录。”就这样，带着本子，带着笔，无论走到哪里，在吸引自己目光的东西面前都会不由自主地停下来画一画、琢磨琢磨，也不怕旁人看了笑话他，“反正谁也不认识谁，你就看吧，我画我的，你看你的”。曾有一回，看到展柜里的一幅画，对他创作十分有用，但参观的时间匆忙，他只能先用手头仅有的纸笔把那些构图勾画下来，用墨用色也详细记录下来。虽然这已在自己的头脑里形成了印象，可是晚上到了旅馆以后，他仍然念念不忘那幅画。一起出差的同事们在打牌，他却翻开本子回想白天看到的那些细节，一一记下来、画下来。第二天一早，一有机会他又走到那里，把自己的草临和原作对比，又默默地记下来，晚上回到住处再做调整。

智慧的人善于观察自然与生活。有一年，顾永骏生病，正在一所医院输液时突然间看到傍晚天上的云彩被夕阳的霞光照着，晚霞飘在天边，着实地打动了他的美感神经。他曾这样情不自禁地描述说：“就像好多大的小的灵芝组成的灵芝云一样，又像古代一种富有装饰效果的云，真美！”他便把此情此景记在头脑里，第二天一早上班，就赶快描画下来，并做了几番调整设计。从那以后，他就经常在作品当中使用这种灵芝云彩的造型方式。如今，儿子顾铭也一直跟着他学做这种云朵（图 6–8、图 6–9）。2008 年 4 月，第三届“百花玉缘杯”作品评比中，顾永骏与顾铭合作设计、获得金奖的《放鹤图》正是采用了这种造型。“大自然是最美的”，顾永骏多次发出这样的感慨。他热爱自然，喜欢与家人、朋友游历祖国的大好山河，体悟自然之美的同时，也让自己的心灵在大自然的宁静与纯粹中涤荡。如同那朵飘动的灵芝云，来自自然，发现于生活却又高于生活。发现美，不仅要有一双能够发现美的眼睛，更重要的是拥有一颗发现美的心灵。

顾永骏虽有家传，但他也为所在的玉器厂培养了很多业玉人。玉之五德，有仁、义、智、勇、洁。不仅是佩玉的人，包括治玉的人，与玉之间总有一种不解的缘分和情愫。宅心仁厚，不单单是对待这项玉雕事业，还有对学徒的谆

图 6-8　粗坯稿上的灵芝云彩画法

图 6-9　成品中的灵芝云彩局部

谆教导、对生活的知足常乐。玉之美与人之德在他这里形成了统一。所谓"君子比德于玉"，有德行的人，其修养品德是受世人尊敬的。"温润而泽，仁也"，即使顾永骏不乏倔强的个性，也遗传了父亲有点刚烈的脾性，但对身边的人，尤其是做玉的徒弟们可谓苦口婆心、耐心有方。他的正宗女弟子薛群说："这辈子能当上顾老的徒弟真的很荣幸。"除了工作上对徒弟技艺的关注，平日若是谁家里有什么事情发生、生活上存有什么困难，他和家人都会尽力出手相帮。他为人和蔼可亲，时常跟徒弟们开玩笑，调节他们的心境情绪。退休之后，他基本上一周有几个半天去玉器厂指导工作，平时徒弟或技术人员遇到一些困难问题，一打电话他就跑去。他这样兢兢业业地工作，不是单为某个厂、某个人、某件东西，而是出于自己与玉结缘的良心德行，是发自内心地热爱这一行业，遵从良心地建树着这项事业。

二、社会传承的担当：两种体制殊途同归

（一）社会传承的特点

社会传承，是一种基于社群体系的传承。基于家庭伦理原则的中国传统手工艺的社会传习体系内，为了统一并维持有家庭体系特点的稳定性，减少流动性和变化性，手工艺行业便形成了众多行业规矩和制度以作为社会传习有序发展的保障。手工艺能者活跃于行业，行业代理的形式也比较丰富，比如传统社会私人和官方的作坊、行会，中央至地方、中央委托的手工业工场等都属于社群体系。

中国传统社会中，拜师学艺、师徒传承、绝技"传男不传女"（女工传女

不传男）、“传嫡不传庶”，社群体系中招收徒弟讲究特定的地缘、业缘乃至血缘条件，强调非本地、非本帮、非本亲子弟不收，师徒关系颇具宗法性色彩。行会制度具有普遍的道德约限作用，学徒招收、技艺传承、满师就业方面都有明确的规矩。

师徒契约立“投师字据”，行规除了约束师父和徒弟的权利义务，还针对一些行为制定了惩罚条目，以保证师徒双方修习良好的道德。例如：徒弟倘若不听师言，任师责罚；倘性傲不遵，中途自废，寒暑疾忧，不与师父相干。师父新收徒，三年后再招，铺内作坊只准一名，不能多招；学艺期间不得私自外出帮工，其他同行业不能雇请，否则，公同革出，永不准入行；不准一年半载出师；徒弟未满师期，或私自逃走者，倘有匿藏混带，查出该徒公革，该师公罚钱二千四百文；不遵规、不勤习者，轻则体罚，重则斥退。晚晴时期的手工艺行会，重在明确规范涉及职业伦理的道理和制度管理，但实际上，行会还承担着社会教育的大部分功能，特别是规定了师父应根据徒弟资质而贯彻不同的教育理念，比如行规明确了“子弟从学，有聪明鲁钝之别。若聪明者，只要婉言训诲；鲁钝者，只得慢慢约束”[1]，反映出因材施艺的教育伦理实践。

然而，近代以来发生的阵痛变革，冲击了各种社会组织结构，行业代理的能者依存的稳定体系又一次进行改革。特别是持续的现代化过程中，中国手工艺人更为普遍地遭遇到伦理道德困境。民间工艺在农村社会信仰和道德体系中所起的稳定作用素来重要，可是随着现代性的渗透，也逐渐被削弱。如今，民间美术和一些传统技艺作为国家或地方的非物质文化遗产被保护起来，主要原因是传统手工艺依托的家庭传习不再是核心的体系，而且行业代理难以维持稳定性保障，社群体系抗冲击的能力十分受限。保护措施在一定程度上能够弥补因伦理实践缺失而造成的社会成本的消耗，并以此平衡社会发展的效益。

可以说，现代性引起的制度层面的彻底革命，不仅影响着家庭传习体系的变迁，还导致社群传习和学校传习的功能与方式发生了变化。

（二）国企集体体制内的传承：扬州经验

费孝通先生曾指出，“文化自觉”是生活在一定文化中的人对其文化有自知之明，并对其发展历程和未来有充分的认识。文化自觉并不是文化回归，也不是文化他化，而是在适应新的历史条件下，重新调整自身的文化，从而在文

[1] 彭泽益编：《中国工商行会史料集》（上册），北京：中华书局，1995 年：第 380 页。

化转型的过程中求得存续和新生。文化自觉除了针对自身，也涉及对其他文化的充分理解。由此可见，对传统最好的保护，就是发展传统。传统本身就是发展着的，这也是文化自觉最重要的一个特征。

1956 年，流散在扬州邗江湾头、杭集等地弃艺从耕的玉器艺人罗来富、罗来卜、王金莲、吴永礼、周玉宝、韩有早、朱万祥、任永元八人自动汇集，自筹资金，并由政府提供部分贷款，于当年农历二月初二在邗江田家庄组建了邗江玉石生产合作小组（扬州玉器厂前身），由罗来富负责经营和管理，从而在真正意义上开创了现代扬州玉器社会传承的组织模式。邗江玉石生产合作小组建立后，于 1957 年 2 月转为合作社，职工发展到 99 人，年产值 6.4 万元，并由湾头田庄迁至扬州城内。1958 年，邗、扬县市合并，同年 1 月，由扬州市手工联社批准，将邗江玉器生产合作社与扬州漆器生产合作社合并成立扬州漆器玉石生产合作社，上升为地方国营，后改名为扬州漆器玉石工艺厂，地址迁至扬州市广储门外街 6 号，当时的年产值已达 29.5 万元。1964 年，扬州漆器玉石工艺厂又分为扬州漆器厂、扬州玉器厂，扬州漆器厂另行迁址，扬州玉器厂仍留原址，并将城南玉石生产合作社并入扬州玉器厂。至此，扬州玉器厂厂名正式确定，其职工人数增至 289 名，年产值为 80.28 万元。由于生产的发展、人员的增加和专业分工的明确，扬州玉器厂开始在全面继承扬州玉雕传统技艺的道路上发展、变革。到 1965 年，扬州玉器厂年产值为 81.37 万元，职工人数为 337 人。而且，为传承玉器传统工艺，江苏省手工业管理局批准创办了一所厂办半工半读的玉器学校——扬州玉器学校，当年招收学员 50 名，从此，玉器学校便成了扬州玉器厂培养人才的摇篮。“文化大革命”期间，工厂曾一度停产，玉器学校也因此停课。1972 年 12 月，国务院以 46 号文批准转发了轻工业部《关于加强工艺美术管理工作的请示报告》，扬州工艺美术行业形势好转，特别是玉雕行业蓬勃兴起。扬州玉器厂于 1974 年新建了 2328 平方米的玉器工艺楼，并从 1978 年起逐步恢复扬州玉器传统造型产品的生产，年产值达 200.88 万元。1976 年，“四人帮”被粉碎后，国家工作重点转移到经济建设上来，扬州玉器行业又逢生机。1977 年，扬州玉器厂被江苏省委和省政府命名为“大庆式企业”。1977 年 10 月，扬州玉器学校恢复办学，招收学员 70 名。在国际玉器行业疲软、原材料紧缺、全国许多玉器厂倒闭的不利情况下，扬州玉器厂从 1981 年开始推行全面质量管理，靠加强产品质量和企业管理取得发展，产值、利润连年上升，至 1986 年总产值已达 445.75 万元；1981—1989 年连续获得国家质量奖、国家珍品金杯奖，3 件产品被轻工业部定为珍品由国家收藏。1988 年，扬州玉器厂还被评为国家二级企业。

扬州玉雕作为一项传统手工技艺文化，是地方文化的重要组成部分。从古至今，扬州涌现出诸多的能工巧匠，创造了很多玉雕精品，繁荣了扬州地域经济的同时也丰富了世世代代百姓的精神生活。即使是 20 世纪 80 年代末 90 年代初受到经济体制改革的冲击，却也因文化的自信而摸索出如今被称道和借鉴的“扬州经验”（图 6–10、图 6–11）。

“扬州经验”在当时基于一系列与企业命脉相关的决策，历经艰难，终获成功，成为具有扬州特色的行业发展经验。客观地讲，扬州玉器厂发展到今天，与深厚的地方文化背景密不可分。这不仅是说扬州琢玉工艺悠久的历史，而且主要有赖于传统观念和地方习惯对人们文化认知、素质等方面的影响。扬州地处江南京杭大运河旁，便利的水路与现今方便的陆路交通并未使这座中小城市不假思索地吸纳外来文化。不像大城市可依托多种产业发展经济，也不像大城市能够宽容地接纳外来思想与文化，经济体制改革对于中小城市传统支柱产业的冲击是巨大的，因而，一个工厂的存在意味着百姓的生活有依靠。扬州人知玉、爱玉，观念正统但不闭塞，老百姓不愿意丢弃这样一个命根子产业，因为这一产业不仅寄托了当地人对玉的执着情感，还使他们有一种与生俱来的归属

图 6–10　邗江地区散落的玉器家庭作坊

图 6-11　开放式的扬州玉器厂、玉器学校和文化景区

感和责任感，靠着一个有形的社会传习组织——扬州玉器厂，可使当地人的生活实实在在。这种传统思想正是“自知之明”的文化自觉。在当时可能遭遇了一些受到物质刺激的人的非议，而后看来，倒是正统、保守帮助了地方工艺文化很好地传承下来。作为决策者的领导班子，当时也顶着极大的压力。为了守住几千年来的文化传统，为了几十年发展得来的产业积淀，为了依靠玉器厂存活的员工以及根系文脉的爱玉情结，1989—1993 年，亦成了扬州玉器厂不断地在艰难中摸索前行的时期。

“扬州经验”主要包括两方面内容：第一，实行“一厂两制”的政策；第二，实行技术劳务输出的特殊政策。这是在传承技艺、保留核心技术力量与人员分流方面所实施的两种不同策略。对于前者，即“一厂两制”，主要是成立了技术研发性的研究所。在挽留人才方面，领导层下了很大功夫，做了多方面的工作以保障人才的待遇，提供一定的福利。特别是 1992 年最困难的时候，将玉器厂最优秀的人员集合起来成立了研究所，实行“一厂两制”，进行劳动分配，制定并执行“高技术、高质量、高效率、高效益”的“四高”方针。凡进入研究所的人员都有很强的荣誉感和责任感，不但如此，当时每月收入也有千元左右，一定程度上调动了员工的积极性。对于第二方面，又包括两项具体方案，即采取合资联办、技术劳务输出的做法和推行“封闭式企业”的做法。合资联办、技术输出解决了部分人员的压力，将部分技术力量转移到沿海城市，也在一定程度上促进推动了沿海城市的产业发展。同时，与台湾、香港等地的企业合作，实行劳务输出，每年输出约 200 人次，比如当时和香港中忆公司在深圳合资办厂。处于计划经济向市场经济过渡时期，有些人才要自行发展、另谋他路，企业也不阻碍这部分人的发展，采取了停薪留职的做法，合同为两年，两年后自主选择继续留厂或是离开，其中一部分人后来也有归厂继续工作的。由于北京、上海、广东、云南等地的一些老板到玉器厂亲自选人，实行双方自愿选择的原则，于是开始办起了"封闭式企业"，这属于当时的特殊政策。"封闭式企业"模式成为创收与解决工资分配的一大来源。当时厂里的这种封闭式企业有两三个，主要提供人力资源和进行来料加工，也属于技术输出。

扬州玉器厂的"扬州经验"侧重体现在人才管理方面。在提出采取一系列措施的特殊政策前后，玉器厂的职工（含离退休职工）结构开始精减。1989 年职工总数 613 人，其中在职职工 557 人，离退休职工 56 人；1990 年职工总数 676 人，其中在职职工 618 人，离退休职工 58 人；1991 年职工总数 672 人，其中在职职工 603 人，离退休职工 69 人；1992 年职工总数 681 人，其中在职职工 606 人，离退休职工 75 人；1993 年职工总数 683 人，其中在职职工 605 人，离退休职工 75 人。1994 年以后，员工数量有所下降，且在职职工越来越少，直到 2005 年减至 263 人。在精减之初，工厂遇到"两头难"：原材料价格高，买材料难、产品销售难，即所谓"磕头买材料、烧香卖产品"，这种情况持续了很长时间。1989—1992 年，亚洲金融危机很大程度上影响了外销产品的销路。玉器厂审时度势地采用前面所说的成立研究所和人员分流政策，并在职工待遇方面采取安抚政策，如增加经济收入、家庭生活的关怀、子女工作问题的解决等。尽管后来北京和上海也有学习与效仿这两种方式，但都没有扬州玉器厂那样成功。

扬州玉器厂在不同时期也不断调整其产品结构，即使是在艰难的人员分流时期，玉器厂也坚持不做低档产品。对于 7、8 级技术工来说，制作低档产品就等于浪费劳动力。高技术才有高质量，有了高质量才有高效益。坚持使用好的玉料，也为玉器厂在外赢得了不凡的声誉。"扬州工"倍受各地信赖，内地和田白玉的好料通常都送到这里加工，2008 年时，仅仅佩饰件每年也有 1000 万元左右的产值。2005 年以来，陆续出台了非物质文化遗产保护、文化产业创新、传统文化振兴等方面的诸多政策措施，扬州玉器厂也借机不断布局新的战略计划，原来的"扬州经验"在新时期有了新的成就和发展。应对国内居民收入的提高及反腐倡廉的国情，玉器产品的销售对象和销售环境又发生了变化。面对新的市场格局，玉器厂及时调整产品结构和营销策略，通过巩固礼品市场、发展旅游市场、开拓国际市场、开发高端艺术品市场、普及大众化市场，并在国家和地方政策支持下进一步形成了扬州玉器“中华老字号”的品牌影响力。2006 年，工厂生产的“玉缘”牌玉器工艺品被评为江苏省名牌产品，玉器厂也成为省内唯一获此殊荣的企业。如果说 20 世纪 80 年代扬州玉器厂的产品主要是为了解决企业职工生存而想方设法谋求更多的经济效益的话，此时的观念已发生明显的转向。继成功申报国家非物质文化遗产之后，扬州玉器厂在弘扬传统文化方面的工作开展得有声有色。工业示范点在扬州只有 3 家，扬州玉器厂就是其中之一。24 座历史文化名城中扬州也是首先将扬州玉器厂作为开放的试点接待外宾。对企业来说，从文化方面教育熏陶大众素养，久之就会带来一定的效益共赢。游客接待中心有讲解人员，研究所通道有玉器以及该厂历史文化的宣传。为了使“中华老字号”扬州玉雕焕发生机，一方面，玉器厂努力营造玉文化的氛围，通过文化来支持产业，2003 年、2004 年、2005 年和 2006 年成功地举办和召开了“全国玉雕石雕知名企业联展联销”“中国扬州玉文化研讨会”“海峡两岸玉文化发展论坛”和“百花玉缘杯”中国玉石雕精品博览会，通过行业专家、学者助力扬州的玉文化传播；另一方面， 从 2002 年起，玉器厂对整个厂区进行了科学规划、整体改造，由原来封闭式的建筑风格转化为开放式的文化景区，使部分生产、研究、教学、展示公开化，使消费者、参观者及旅游者参与到体验式消费之中，发挥一定的教育作用。当时，扬州玉器厂的文化景区包括游客接待中心、玉器研究所、玉器艺术馆、扬州玉器工艺品市场、玉器学校、扬州综合工艺品市场六部分。种种举措可谓新世纪的文化自觉。

特别是玉器研究所，为制作者和设计者提供了良好的交流空间。玉器研究所回廊一侧是开放的大师工作间。大师设计的方案由专门的制作者（常为其徒弟）操作执行，每完成一道工序或遇到疑难问题便及时与大师沟通、商议予以解决。研究所成了培养高级职称和技术中坚力量的摇篮。2008 年，扬州玉器厂有职工 268 人；其中，中国工艺美术大师 4 人，江苏省工艺美术大师 5 人，工艺美术名人 6 人，工艺美术及其他系列中级以上职称 74 人，占全厂职工总数的 28 %。研究所中部是制作间，硬件设备的完善使玉器厂在技术装备上应用了可控硅无级调速的现代化高速玉雕机，先进的微型雕刻机、超声波打孔机及金刚石刻筒机等，具备大型玉雕及各类玉器产品的生产加工能力。生产的玉器产品品种相对齐全，有可供观赏陈设的葫芦瓶（图 6–12）、花卉、雀鸟、走兽、杂件和人物、佛像等工艺品及首饰珠串等装饰品。

1965 年，扬州玉器厂建立了玉器学校，当时是立足培养玉器厂的技术人才，偏重技术实操而缺乏系统性的教学。通过不断完善，后来不仅有专业教学，

图 6–12　单链葫芦瓶（白玉籽料　设计：江春源　制作：李晓娟、严元喜）

还有文学、历史等各学科的教学。教师多为作品等身的大师及外聘老师，学校实行 2 年理论课和 1 年实践课的教学安排。初建校时，学制也是 3 年，但以实践课为主，即师傅带徒弟的实际操作训练。2008 年开始，从理论到实践教学更加正规化，且与扬州商务高等专科学校联合办学后，采取全日制，每年一个班 40 多人，共两个班，男女生均有，且面向全国招生。毕业的学生不一定留在本地，有去外地的，也有回家乡的。除了自身后继人才的培养，玉器厂更加注重社会效益，为社会培养这一行业的人才，不怕与同行竞争，而是靠实力来吸引人才。江苏省玉雕行业的中国工艺美术大师（前五届）都在扬州，一方面研究所为他们提供了独立的工作空间，另一方面开放的工作环境和玉器学校也提供了与其他工人一起工作的和谐环境，有益于交流经验、解决问题。

扬州山籽雕源于元末明初，多以中小型玉石为材，至清代乾隆年间，发展为大型玉雕山籽。现藏故宫博物院、由“扬州工”制作的《大禹治水图》玉山就是最知名的山籽雕代表作。这种技艺在清代中期以后逐渐失传。1977 年，扬州玉器厂曾成立技术攻关小组，承担了恢复这门技艺的任务，终于在全国玉器行业首先成功恢复该技艺并在传统基础上有所创新。由于传统的扬州山籽雕是一种将次料化废为宝、化次为优、化朽为奇的特殊玉雕门类，从而为属于和田玉青一、青二等级类的玉石原料提供了化次、化废的利用空间[1]。当时，和田玉或翡翠当中的大部分原料带有不同程度的瑕疵和绺裂，但在研究团队的巧思妙造下，弯脏遮绺、活设俏色，如同赋予一块形色暗淡的玉石以光彩的生命和自信一般。

如获得“中国工艺美术大师”荣誉称号的顾永骏、江春源、薛春梅、高毅进，他们在玉雕技艺上羽翼丰满的成长经历与扬州玉器厂、扬州乃至江苏的传统玉石文化、本土文化存在着不可分割的联系。

一方水土养育一方人，扬州的历史文化对顾永骏来说就像父亲对他的影响一般，是潜移默化的。地方文化作为一种人文软环境为治玉人的创作提供了更多用之不竭的资源。扬州的地理位置及丰厚的历史文化底蕴决定了这座城市，既能开放吸收外界的新鲜与活跃思想，又能沉稳内敛地保持自身秀外慧中的传统特色。智慧、儒雅、俊秀、内敛等地方文化精神，不但凸显在扬州玉器厂治玉人的为人处世方面，他们的作品当中也无不流露出这些气质。很多功成名就的治玉人与扬州玉器厂的发展同舟共济。除了他们自身的努力，还有很重要的一点，那就是平台。历经经济体制改革之后，扬州玉器厂稳定的企业实力与技术平台，为这许多大师和他们的徒弟们的成长、成熟提供了可靠的保障。

文中可见，不仅是顾永骏经历了体制内的社会传承，他所带的徒弟、徒孙们也同样在社会传承中获益并回馈于社会，令玉文化赓续不绝。顾永骏在扬州玉器厂时所带的合同制徒弟差不多都是厂里分配到他名下的，而在家庭工作室里收的徒孙基本都是顾铭的徒弟。所以，即使是退休离开了玉器厂，顾永骏和顾铭在家庭体制内依然进行着社会传承工作，为社会和行业培养一代代的业玉人。从现实情况来看，这些年专业技术人员的社会流动性越来越强，每家玉器厂、小作坊或工作室都有高手，但即使是从别家挖来的人才也会被人再挖走，所以很多家庭体制内的传承无法也不再阻拦自己培养的工人外流。当然，除了给予优越条件，人性化的管理、人情因素通常可以保障家庭体制内人才梯队的稳定性。如顾永骏所说：“和谐很重要，对每个工人都是心平气和地帮助和教育，技术上帮助、讲解，生活上也给予更多关心，他们也都感受得到，觉得不错，很温暖，所以愿意留下来。实际上，培养他们成才不光是对我们自己好，

[1] 扬州玉雕行业使用的玉石原料大致为：新疆的白玉、青玉、碧玉（含籽料、山料），辽宁的岫玉、玛瑙、黄玉，江苏的水晶，湖北的绿松石，广东的南方玉以及国外巴西的玉石、加拿大的碧玉、阿富汗的青金、缅甸的翡翠和日本的珊瑚等。20 世纪 80 年代末，扬州玉雕行业则主要使用白玉、翡翠、碧玉、黄玉、青金，少量使用胆青玛瑙、芙蓉石等材料。20 世纪 90 年代以来，除了新疆的白玉，扬州市场上又出现了大量的俄罗斯白玉和中国青海白玉，而且也逐渐为市场所接受。

将来如果到社会上去做，人家一看他们做的东西，评价也不错，说明是学到真正的本事了。如果成了一名高手，到哪里都能有饭吃，我们培养他们是这样想的。所以，对这些人的教育培养，我们倾注了大量的心血，真的是把他们当作自己家的孩子一样来教，怕他们不认真，怕他们自己耽误自己，所以我们尽量地把他们推向这一行的正轨。”

另一位见证了20世纪60年代以来玉器厂风云变化的治玉人是江春源。他经历了与玉结缘到厚积薄发的过程。

为了解决生计问题，青年时期的江春源初中未毕业就选择了这一职业。1963年他进入玉器厂，那时共21人进厂，随后进行集体性的培训。3个月后，也就是1963年4月，他被调到水凳上做玉器摆件，由此开始了简单的玉雕炉瓶制作。做一行钻一行，当时的分配很严，工种不能自愿选择。学徒时期，他并不是厂里关注培养的“苗子”。当初，他最先被分去学“开料”，看到一起进厂的学徒大多分到车间里学着精雕细刻的人物、花鸟，自己却做一些最粗的活，心里很是不服气。而后来再看，那确实是他玉雕生涯的第一堂课，玉料学问之深为他今后的设计创作奠定了重要的基础。他做开料工认识了各种玉石，当时什么料都有，岫玉、紫晶、翡翠、独山玉等，不仅开阔了自己对玉的视野，也掌握了不同材料的属性。其间，他学习了开料时如何避让伤绺、如何精打细算。识料更练就了他一番眼力，每块玉料的形状不同、质料不同，因而“问料”是关键。就像他所说的，一块白玉料的价格至少也有十几万元，多达几十上百万元，每天面对那些玉料就像“考试”一般。后来由于种种原因他又被分配去做机械“套碗”，尽管自己做的是简单的机械化操作，尽管内心很羡慕那些做精细活儿的同行，但他并未灰心，一有时间就自己学画画，从主观出发，有意识地努力做积累和准备。

当别人都在“运动”的时候，江春源却在一门心思搞技术。他说：“琢磨玉器要静心才能做成”；“只有爱好者才能学习玉雕，心一定要沉静下来，切记不能浮躁”。别人丢下生产上街“运动”了，江春源却一心在车间里研究，一年时间便赶上了同时进厂、已学工四年的同事。他用节省的工资买了两本《芥子园画谱》，一本人物、一本花鸟，然后把这两本画谱从头到尾临摹了一遍。通过临摹与之后的写生练习，又结合仔细观察生活的经验，最终走上了无师自通、自学成才的路。“文化大革命”期间，由于厂里停产几个月，他从集体宿舍搬回家里。当时他的想法也很简单，既然当了一名玉雕工人，就要把技术学好。后来，他有机会结识了一位山水画家，就天天登门看人家画画。感其诚心，那人便借画稿让他回家临摹。随后，他又认识了许从慎、卢星堂等几位知名画家，并在他们的影响与指导下，在绘画艺术上取得了长足进步。他坚持写生，夏画荷花、冬画梅花，几年下来，画稿有了相当数量的累积。这种长期坚持、勤奋自学，使他并未浪费宝贵的时光，从而厚积薄发。

“师者，所以传道授业解惑也。”从 1967 年到 1976 年，江春源一直都在搞设计和制作，1976 年后开始主要担负起设计工作。到了 1985 年，玉器厂开始要求他带学生，当时带了 20 多名学生，多是厂里职工的子女。他们入厂时也是什么都不懂，他就一直手把手将他们带到会做、做好。在传授技艺和培养玉器厂人才方面，他做了很多工作（图 6–13、图 6–14）。1992—1994 年，玉器厂又让他当教育培训中心的专业教师，带几十个学徒工，教他们操作技能，从选择原材料到具体的雕刻工艺，都由他逐一教导。1993 年改制时，仅他一个人就包揽了当时厂里三分之一的设计方案。他认为做设计就要多看玉石材料，材料看得少就缺乏理解，也就设计不出好东西。教学和设计工作的结合，并没有耽误他在技艺方面的提高。授课、带徒弟的过程也是一个使自己的知识体系逐渐完备的必要过程，通过教学能够将从前学到的东西再次温习、加深。理论的及时提炼也令他的玉雕技艺不断提高。尽管这段时间别人的作品层出不穷，而自己的作品数量相对较少，但对他而言，知识的系统化、完善化令他受益匪浅。这也是他在实践基础上进行理论总结和反思的重要时期。

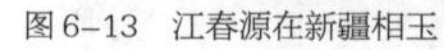

图 6–13　江春源在新疆相玉

图 6–14　江春源在扬州玉器厂带的女徒弟

江春源很懂得利用有限的时间积极学习。他白天带徒弟，晚上自费去扬州中山业余学校进修国画班的课程。就这样，通过 3 年的绘画学习，在原有工笔和写生的基础上，他系统地学习了小写意花鸟画。他把学到的花鸟知识运用到玉雕作品上，将诗、书、画、印融为一体，使当时的玉雕作品在表现上有所创新，如四大插牌《四大名楼》（图 6–15）、《白玉海棠》《链条炉》（图 6–16）等。在被评为第四届“中国工艺美术大师”后，他依然乐此不疲地在扬州玉器厂为社会培养着治玉人。

随着优秀治玉人知名度不断地提高，外界媒体、行业内外组织、企业人士、各方朋友也是慕名纷至沓来。新时期、新环境下，诸多客观因素的影响又不容得他们在艺术生活之路上做片刻歇息。当曾经自得其乐的兴趣爱好转变成为一项事业时，肩上所担负的更多的是责任，也是对这一技艺传承、行业发展由衷的期望。在发展迅速、充满诱惑且物质丰裕的当今社会，要沉静下来一门心思地做玉雕，对从事这一行的艺人来说无不具有挑战性。琢磨玉器就是琢磨人的品性。扬州玉器厂如是培养出了一代代有社会责任感的治玉人，及近惠泽小家和企业，及远福润大国之玉文化绵延。

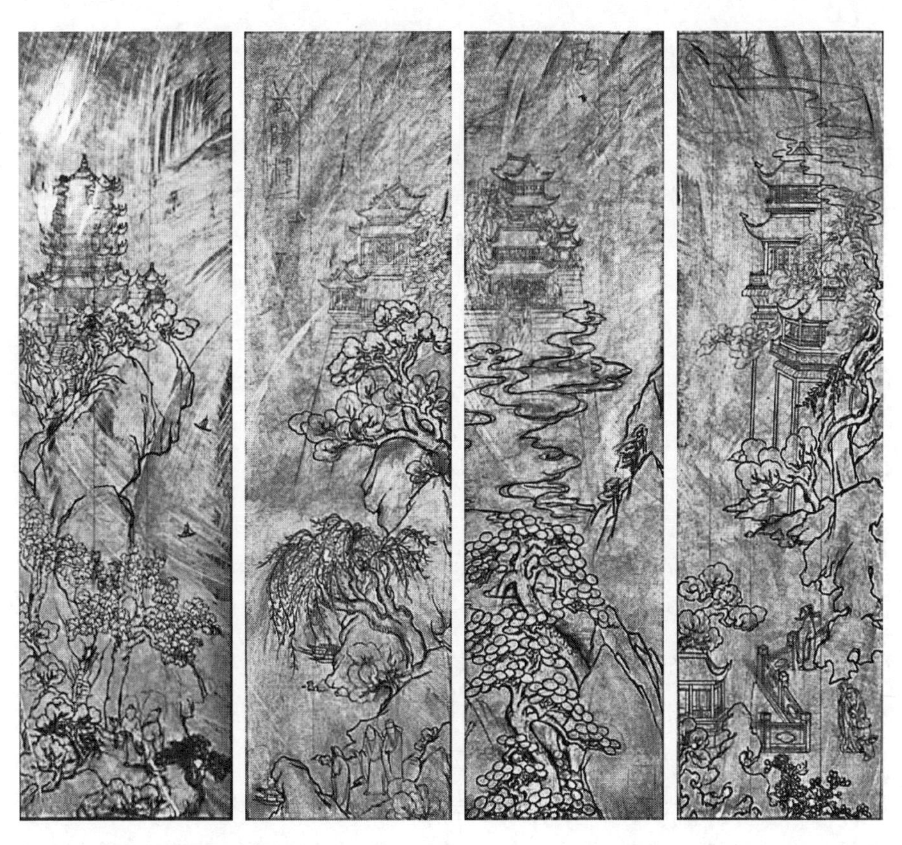

图 6–15　《四大名楼》设计稿（江春源）

图 6–16　加工中的链子活

（三）民间私营体制内的传承："文心读玉"

成立于 2003 年的"文心读玉"团队，生长在有深厚玉文化、雕刻（画像石）文化以及"三教"文化传统的河南南阳土地上。他们曾将自己的发展历程总结为"因材施艺"的雕玉→"尊材施艺"的玉雕→"尊玉施艺"的悟玉三个阶段。

第一阶段是 2003—2008 年，他们以巧夺天工为目标，关注如何精雕细琢，因材施艺，在技艺上做到精湛。作为生长在民间、对百姓生活有丰富体验的群体，他们熏染的文化更多的是南阳一地的传统文化和民间习惯，熟练操持镂空雕、深浅浮雕等治玉工艺，较多作品都反映了"玉必有工，工必有意，意必吉祥"的主题。这也是团队初创时期形成的统一创作观念。

第二阶段是 2009—2011 年，这是形成观念转变的关键三年。"文心读玉"团队不再强调"巧夺"的工艺性，而是追求"巧合"天工。他们修习"道法自然"的传统智慧，放缓了原先追求经济效益的目标，而着力于统一团队共识，并进行各种实验性的研发。他们在学习讨论中反复强调，玉石具有自然赋予的柔润与坚韧，不单是一种材质，它们应有自己的语言和魂魄。尊重玉的自然材性，采用符合不同玉石气质的表现方法，比如借物抒情、以形写意、神形俱备等适可而止、与玉合作的手段，以及化繁为简、化简为精的工艺来协助玉石表达并释放出它的生命力和性情。

第三阶段是 2011 年以后，他们提出了“尊玉施艺”的观点，认为大道至简，美玉是美心所琢。“天地有大美而无言”，通过对与玉合作的进一步认识，他们增强了从自然中深化审美经验的体悟，有时会以修禅、修道的方式，用心感悟每一件尚未被加工的玉石材性与制作者的故事、人生经历和未来期待之间的联系[1]。

“文心读玉”团队为其公司提供玉文化研究和传播，以及设计制作服务，特别是他们成立了南阳“文心读玉”艺术院，并在南阳“玉知音”“玉仙工艺”等几个品牌销售平台上推出团队的作品。团队中不仅有国家级玉雕大师、省级玉雕大师和工艺美术大师，还有院校的教授和国家注册宝玉石鉴定师。这样的构成，更加有效地从销售、设计生产的实践及理论研究层面统一了他们的行动计划。这个团队自 2007 年作品成熟开始就多次获得行业内的各项荣誉，比如“天工奖”“百花奖”“陆子冈杯”等，也在中央电视台、香港《大公报》等媒体的关注下多次以专题形式报道。在社会传承方面，“文心读玉”团队除了培养他们自身的艺术团队人才，还以合作办学的方式与河南省多所院校联合，提供玉雕实践的场所和教学资源。作为研究型民企，其本职是为社会提供产品，不只是玉石产品（艺术品），还包括为社会输出人才（玉文化的传承者）、经验和思想的理论研究成果，维护良好的生产关系和社会网络关系（图 6-17—图 6-20）。

作为一家从生产和销售发展起来的社会传承团队，他们不仅履行生产制作和销售的职责，还先见性地意识到人才流动对传统行业的影响，以及美育对人才素质的重要性和消费审美的引导的必要性。所以在经营公司打开销售局面的同时，倾注较大的精力培养人才。即使徒弟的去留无法控制或阻拦，

图 6-17 “文心读玉”团队研发的山水玉饰

[1] 根据“文心读玉”艺术研究院提供的资料整理总结。

图 6–18　独山玉山水摆件（文心读玉）

图 6–19　《天问》（文心读玉）

图 6–20　《愚公移山》（文心读玉）

但是能够在治玉行业中让越来越多的新生代接受“尊玉施艺”的理念，让持有这些认识的高素质的人才形成流动，未尝不是团队广播善缘、为社会传承做出的担当。他们还定期举行收藏品鉴会，并发表、出版作为经验总结的书刊。团队成员在各种场合谈论玉石文化和治玉经验时，将“尊玉施艺”作为布道理念的核心内容，一定程度上熏染身边众人的审美素养，让很多只是有钱的“美盲”对玉文化形成新的认识。

2008 年开始，他们设计的“禅意山水”作品为业界所关注，随后便形成了模仿这类山水雕件的风潮。主设计师陈朋旭持开放包容的态度：行业内只要举办评奖和展览，作品就会公开，模仿更是难免的；但是因为被模仿的是追求简致、减少雕作的做法，所以这种模仿总比模仿那些浪费材料、雕工复杂的做法更有益。避免模仿引起市场竞争问题的主要办法就是逼着自己创新。“光玉”是他们继“禅意山水”之后全新的研发，它关注了与人相关的室内陈设空间以及玉与光的关系。有关的装置理念和中国传统文化对光的思考被他们融入了创作中。“光玉”不乏精美的艺术品（图 6–21—图 6–23）。为了普及这种理念，他们申请了产品技术专利，将市场扩展到寻常百姓。能让普通人消费得起的玉石，可以不限于佩戴的装饰品，还可以是陈设且能提供光明的实用物品。如果说“光玉”理念产生于阳春白雪，那么最终“光”是为了接地气地渗透到每一个普通人，照亮他们的生活，一定程度上影响现代人的生活方式和生活美学态度。

图 6–21　与家居融合的玉饰（文心读玉）

图 6–22　作为光源的文心“光玉”产品（文心读玉）

图 6–23　文心“光玉”利用光源的新设计（文心读玉）

三、院校传承的主流：培育有“用”之人

（一）院校传承的特点

院校传承即学校体系、研究所等专业研学且偏重于理论研究的体系内的传承，具有现代代理（modern agency）的特征。

文化变迁下的学校传习体系，其功能变得多样化。在中国古代，学校（学堂）重在传授经、史、子、集（哲学和法律、历史、文艺）等知识，学习者可以通过知识型教育而获得功名，其中渗透的仍然是与社会伦理统一的为人之道的人伦和教育伦理。可见，传统的学校教育主要是知识型教育。但是学校在社会资源流动性增强的现代社会中，逐渐承担起了家庭教育和社会教育的双重重任，不得不服从于现代社会伦理建构的原则和标准。

与传统社会相比，现今开设了工艺美术专业的学校以及艺术设计类学校，不仅为学生提供了学习和实践知识与技能的机会，还为学生提供了应用实践技能的机会。现代社会的学校不只是知识教育的组织，更接近于具有实用主义教育理念和新型结构的“现代代理”。作为现代代理的学校，其教育硬件和软件（师资、优秀历史传统、口碑、就业机会）甚至都成为培养人具有良好综合素质和形成美德、职业伦理意识的条件。

宏观来看，民国至今的 100 余年来，手工艺能者依托的学校传习体系经历了四个阶段的变革：第一阶段是 20 世纪初至 40 年代，学校建立在传统工艺作坊和私立学校结合的基础上。第二阶段大约从 20 世纪 50 年代初到 90 年代，手工艺的学校教育采取了彻底改革和系统化的措施。许多学校就某些实用工艺品设立了专门的工艺美术专业，以及中国和发达国家有关的人文历史及理论课程，目标是将学生培养成为该工艺专业领域的行家。在这个阶段，还发生了“工艺美术”和“设计”的时代争辩。一些新的现代化学校体系以鼓励创新的名义允许手工艺传统在现代设计教育模式中做出与传统有别的创新，而且在评价“好”和“优秀”的标准上汲取了现代思想及理念，接纳并采用西方设计方法去做材料、技术和形式方面的创新。第三阶段是 20 世纪 90 年代末到 2010 年左右，以发展综合性大学为宗旨，先是削减了一批职业技术学校，又将其中一些合并为高校的系或院。第四阶段是自 2010 年至今，学校体系又趋向多元化发展，重新重视职业技术，增开实践应用型专业。同时，有的学校承担起文化保护和创新的重任，强调基地作用，许多带有艺术与设计专业的学校倾向于增加学生学习和实践传统手工艺的机会，并开设工艺美术、传统手工艺或文化创意设计等专业。此外，为了保护、继承和发展政策驱动下的传统手工艺，许多研究机构、新型的传习所、实践基地和中心、导师讲习班和大师工作室大量涌现。从城市到农村，从学校到家庭，从虚拟环境锻炼到社会实操项目，这些都是传统手工艺诞生和成长的地方。越来越多的学生和教师热衷于学习与实践传统工艺的同时，采取田野调查这种接地气、来自生活又回归生活的教与学的方式。

（二）服务于产业链的南阳师范学院

院校体系内的玉石文化的传承主要是针对未来从业人才的培养，但是因政策和时代发展的变化，国内相关院校的教育目标反而服务于培养目标，培养目标仍然是功利性地为社会输出所谓“有用”的人才。前文已提到，以手工艺劳作为特点的玉石文化传承，不应停留在知识和技术教育层面。现代化的院校体系理应意识到在“育人”方面比在“教人”方面有更为艰巨的责任。然而，现实中的主流却是为了迎合一些急功近利的短期目标而忽视“育人”的重要性。当然，有些问题需要辩证地看待，特别是历史因袭和文化生态要素的影响作用。

河南省南阳师范学院是国内第一家开设了以玉雕为方向的课程的公办本科院校。1996 年，地理系就首先开设了面向全校学生的“宝玉石鉴赏”课程。虽然是一门选修课，但是其由玉石考古、地质研究和治玉行业方面的资深专家授课，吸引了不少在校师生乃至校外的从业者。在课堂之外，学生有便利的参观和实践资源。比如，学校有专门的独山玉博物馆、宝玉石标本陈列室、宝玉石检测检验室；校外则有南阳地区丰富的玉石矿厂、交易市场和加工作坊，为学生提供了可直接体验的机会。尤其是国内玉石产业集散地之一的南阳镇平县，从作坊到市场，可见白玉、墨玉、翡翠、水晶、玛瑙等各种玉石材料及初加工、精加工、包装运输等，完整的产业链、文化业态都是田野考察的先天资源。后续开设的一些玉石文化课程，还聘请当地有经验的治玉者、研究者共同讲授，除了分享专业技艺，还为学生毕业后的就业扩展了社会渠道。如今，以南阳师范学院为主的玉文化本土传承还包括定期开办的全国范围的“华夏玉文化大讲堂”，通过公益性的宣讲，使学生和当地从业者受益。在发展初期，地质专业出身的江富建是众多本土玉文化建构者中的重要人物之一，特别是为元代《渎山大玉海》正名属于独山玉并主持筹建了国内首家独山玉博物馆、策划了“华夏玉文化大讲堂”、组建了华夏玉文化研究院（原独山玉文化研究中心）、联合优秀从业者写作出版了反映治玉者人生和理想的《玉润砣舞》等具体的工作。

21 世纪初，考虑到文化、社会和地方经济发展的现实，南阳师范学院成立了专门的珠宝玉雕学院。在四个本科专业中，工艺美术、雕塑属于艺术类，宝石及材料工艺学属于工科专业，另一个专科专业首饰设计与工艺也是艺术类专业。先后开设的主要课程包括：“玉文化概论”“玉雕材料与工艺”“玉雕人物制作”“玉雕花卉制作”“玉雕雀鸟制作”“玉雕器皿制作”“玉雕产品创意设计”“首饰设计”“玉器市场营销与管理”“宝石学”“结晶学与矿物学”“地质学基础”“宝玉石镶嵌工艺”“首饰材料学”“首饰制图”“首饰创意表现技法”“宝玉石计算机辅助设计”“蜡雕与铸造”“雕塑材料与工艺”“泥塑”“珠宝首饰品牌策划”“宝玉石鉴定原理与方法”。除了在编的学院教师，还专门特聘校外有“中国工艺美术大师”称号和省级玉雕大师、省级工艺美术师身份的业玉成就者。

院校传承的另一个优势是获得国家政策和经费支持开展有关的教研项目，比如“玉石雕刻工艺虚拟仿真实验教学项目”[1]。由于从未接触过玉石材料和加工制作的初学者会存在操作不当引起的危险，再加上真实的玉石原料成本高，

[1] 具体介绍参见项目网址：http://www2.nynu.edu.cn/kxyj/ysdkxnfzsy/jxsp/ysdkgyjj/index.html。

经不起“缎面上练绣花”的消耗，通过数字虚拟仿真的实训方式（图 6–24），能够在较短的时间内让学生了解各种材料知识，模拟不同玉石材料的设计和雕刻，从而掌握注意事项和要领，并为后期机器实操做好准备。

客观地说，虚拟仿真技术是激发新媒体技术环境下新时代大学生学习兴趣和创造能力的一种方法，有一定的积极传承意义。然而，治玉本质上和最终都需要真材实料地“上手”。数字虚拟技术下的具象仿真环境在学习知识的理论以及实践层面的预知和要领事项方面比较有效，但真正的技艺传承、品德习得、尊重自然、真诚敬业，才是玉文化传统承续的核心。这些缘心感物的需求必须从真实的操作，与真人、真材料和真机器的接触与试错中修成。只有变成具身性的知识技能，再综合经验教训和无法从虚拟世界感受到的真实体悟，形成身体记忆和文化情感，才是完整的玉文化传承教育。

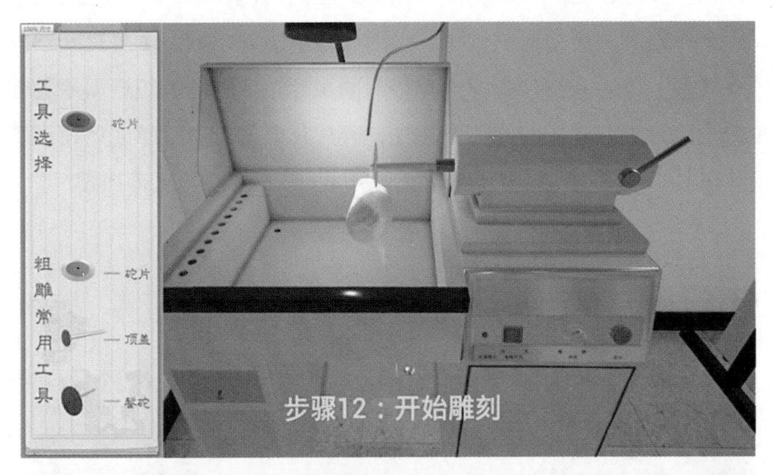

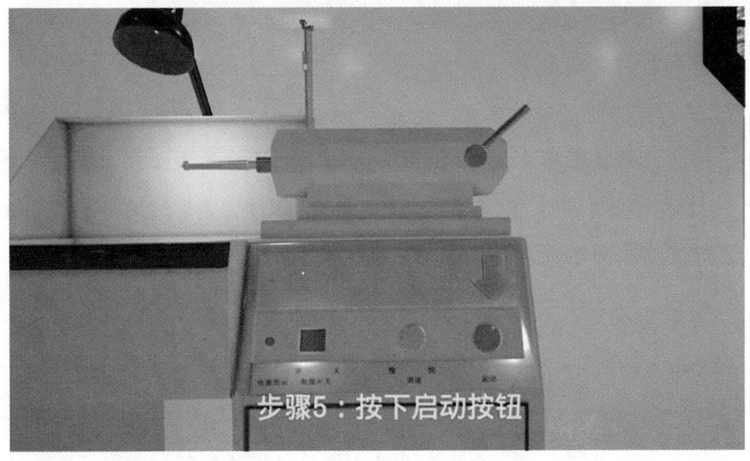

图 6–24　玉石雕刻工艺虚拟仿真实验教学的软件界面

第三节
设计救赎观

现代人心理上对时空的感知早已“曲速化”。个人空间被新媒体和高科技压缩，信息传播速度加快，空间感凝缩，时间间隔骤减。因此，人们感知的生活节奏变快了，相应地，身体承压感受敏感了，生理、心理引起的社会问题逐渐增多了。作为自然物种之一的人，当然不断在呼吁，在寻求自我与存在、自我与社会的调节法宝。越来越多的人希望从慢生活里找到自己，而且试图找到放慢节奏的方法以与快速消耗来抗争。其实，科学家一直在科学领域探寻的奇点，如今已经出现在眼下的人类社会。可以说，人类吃喝拉撒睡的现实生活比科技领域快一步地创造了奇点，而且由此产生的黑洞，已经开始让人的时空感坍缩、存在感消解。正如科学证明的，时间是节点的组成，本身是断续而非连续的，而“慢”是让人将存在统一并将时间坐标轴上的间隔趋近填平的一种办法。越是精确，越难感知时间的连续性，碎片化时间即有此感。只有沉浸式地体验“此在”“当下”，似乎才能确证“瞬间即永恒”的真实存在感。

一、被绑架的手艺：治玉人的选择

甲：你看那些卖玉的店里都是风雅古琴、兰竹游鱼。乙：哇，价格不菲，装设这么高雅，还有茶道、香道，卖的东西一定不便宜……（在北京天雅古玩城调研时亲闻）

张大师您好，好久不见，这是××地方的领导，专门来您的工作室参观，您的东西现在真是越卖越贵啦……（在非遗传承人工作室调研时亲闻）

你这个做得不对，说了多少次，要雕成上山虎，走下坡的老虎哪个人要？（在广东四会市的翡翠加工作坊亲闻）

治玉人有闲情逸致，那可能只是人们想象中的“慢”时空。反差强烈的现实是：他们中不少人被利益绑架，被需求绑架，被技术绑架，被社交绑架。

大量的治玉工匠都集中在产区或集散地，而且因为生产中的噪声和一定程度的污染，玉石加工“产业”通常都地处郊区。他们生产的也不都是阳春白雪、精美贵重的艺术品，那些批量化加工玉器的工匠每天要学会与玉雕机器打交道，还要听得懂师父的话，维护好师兄弟之间的竞争与合作关系。就算是他们的师父，过得也不轻松，还得疲于维护与中间商、买家、材料供应方，甚至政府、媒体的社交关系。

后现代性的大众消费文化，一定程度上造成了文化产品供给的求同，比如对自然材料的无差别对待。为了追求大众消费的商机和效益，只好降低成本，缩短工时，引入数码雕刻、模具技术。如果说机器大工业的批量化加工多见粗制劣质，那么数码控制的雕件生产则是在人与物原本的直接联系之间生成了一个情感真空地带，因为操作者看到的玉在屏幕中，生产线上被切割雕刻的玉石就像静静等待着被机器屠宰的猎物。“多、快、省”的功利性生产，缺少了创作的真诚性。当然，批量化的另一面的确会刺激工匠自觉在实践中求新、求异，因为后现代性本身具有对危机的反思和改良，有深刻的思想，有革新精神，也自证它本身的危机性。也就是说，玉石产品的模仿和批量化生产必然形成一股变革的力量，尽管有些尝试表现出创新无根或有失合理性，其结果也是昙花一现且常易遭到攻击。

其实，治玉人的具身知识和观念一旦固化，就很难改变。如果说他们在初学时还保有个性与内在创造力，那么经过师父的调教、同行的认定、市场的反应，诸多环节的“纠正”和检验，那些个性似乎反而成了一块玉石上的瑕疵，一点一点被磨耗光，然后变成长得一模一样的白玉了。

潘家园一家玉器店的柜面上摆着一盒质地普通、较多绺裂的软玉山料（多属俄料）挂件，售价在50—100元之间[1]。之所以廉价，按照老板的解答，只因他家厂里的徒弟是初学上手。据了解，这个小徒弟几年中净做出一些鸟不像鸟、鱼不像鱼的挂件。师父经常责骂他做的东西不成体统，尽管要求他必须照着师父给的样件做，可是徒弟不知是排斥还是钝拙，就是很难做出一模一样的鸟禽。仔细观察徒弟琢制的鸟形，瞪眼噘嘴，倒是带点八大山人画中鸟鱼的情态。从他雕琢的鸟禽的眼、嘴、爪中，能够感受到不满和顽皮的情绪，或许这种不满源自师父的批评和师兄弟的嘲笑，抑或是没有吃饱饭，又困又累，不情不愿。那种顽皮或许是自己看了卡通漫画受到的影响，抑或是心情畅快之作。然而，前不久再寒暄时，老板说经过五年时间的调教，那个徒弟已经能够做到和师父一样精致的造型了，为人也沉稳了。当我手里把玩着几年前从老板那捡宝一样买来的瞪眼噘嘴玉件时，不免感到些许可惜。的确，

[1] 为2015年调研时所见闻。2020年复又调研时，同类产品的单价已升至300元/件。

传统的力量很大，在一定程度上，这种强大会绑架一代青年的创造力。由于师父的地位和道德凌驾，徒弟本来具有原生艺术感、能够表现个性认知的稚拙手法和动机，统统在传统教化和教条标准中慢慢丧失了（图 6-25、图 6-26）。

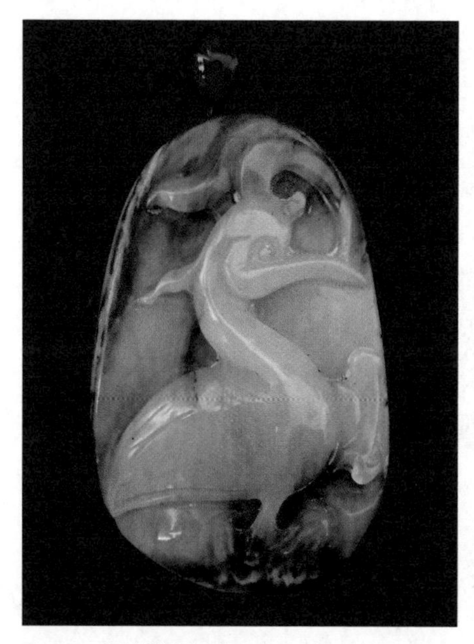

图 6-25　小徒弟的禽鸟习作

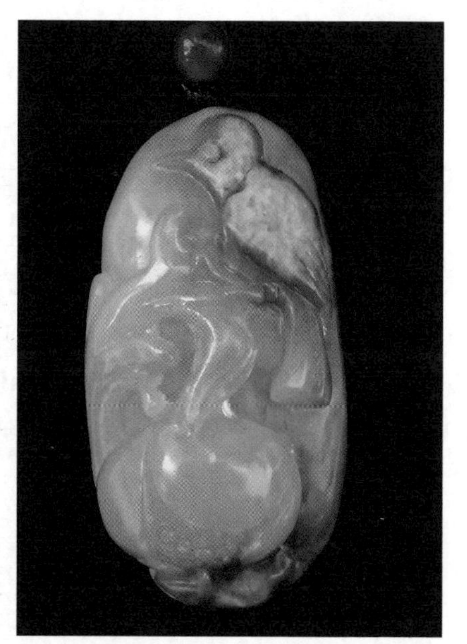

图 6-26　拙趣似八大山人画中的鸟形

还有一种绑架，则是将文本、图画、照片上的自然风光和万物形态抄搬到玉雕上，自然的物态变成了图案和粉本，以此来训练徒弟的模仿技艺。观之当下，一些不养鸟、不游览山水而画鸟和山水的“艺术家”，名副其实地在“家”做艺术。我相信，真正称为艺术品的正是因为具有生命力的那些笔触和形态，正是因它们出自能细致体察、有充分经验的造物者之手。俏色玉雕里常见一种花鸟题材——喜上眉梢。但那些照搬图样、了无生趣的形象却让本来各有特性的自然玉石材料毁于一旦，莫不是消耗玉石生命和创作者时间生命的做法？相比之下，八大山人笔下的鸟鱼、丰子恺先生的漫画之所以与众不同、有性格，离不开生活之中的驯养体验、观察和移情。玉石材料本身具有生命和性格，鸟禽也有各自的性格、情绪、神情和姿势，就像明代陶瓷“鸡缸杯”上的鸟虫甚至游戏形象“愤怒的小鸟”，欣赏它们的情趣之一就是因为能够共情。尽管看似不完美，也没有标准或科学的式样，但有着鲜活的生命，能够感人。

人们很容易将不变的程式等同于没有创新，所以总误用“求变”进行所谓的“创新”，然而一个完全创新的社会需要付出极大的成本代价才能运转。社会的经济发展需要创新，可是往往保护技术付出的代价要比刺激出现新的技术更高。在这种降低社会生存和发展成本的逻辑下，模仿似乎又有了合理的必然性。理念上的抄袭，不失为后现代性的一种折中方式。因为，一方面，“仿”表示了模仿者虚心学习的态度，因不同的玉石材料和模仿对象，模仿的形式可能有适当的变化，它的生成过程不是机械复制，多少也融入了工匠和艺术家的思考与创造力，是谓“良性之仿”[1]。至于无底线的恶性模仿，除了对权威、主流话语权下形式的追从和模仿，如对金奖作品、名家作品、好卖的产品的模仿，还有学其形而不得其神的举一反三、移花接木式的模仿，特别多见于玉雕中被津津乐道的俏色形式。

由此可见，手艺的绑架问题有主动和被动之别。哲学层面，手艺与人们探究自身的价值、意义和存在有紧密的联系。治玉人所造之物是被动还是主动情形下的选择，是否“被绑架”，我认为可以从这三个层面的造物规律来看：一是本我之物，二是非我之物，三是无我之物。

① 本我之物：属于本真性的物，服从造物者原初本能的创造，存在于独立价值和意义系统中。如为了满足自己生存、生活需要的石器、陶器，由自己亲自所造而非假手于他人的物品，以及与自己所信仰的宗教或神性等独立价值和意义系统相关的亲自制造的玉器、礼器等。这个层面的造物者本身就是用物者，其造物具有纯粹性，即为了悦纳现实的自我（自己）、理想的自我（家族、部落、知己或知音）及想象的自我（神性信仰、宗族信仰等）。本我之物的造物不仅出现在古代社会和更久远的原初社会，及至今天，我们依然能在社会的某些个体中发现脱离现代经济体系的非正式交换和创作。

② 非我之物：属于满足中介者和用物者需要的造物，存在于交换价值和他者意义的开放系统中。如为了迎合消费者的审美趣味设计制作的珠宝首饰、玉石礼品、陶瓷用品之类。正像美国人类学家布雷恩·斯普纳指出的，那些为了满足西方消费者的需要而做的东方地毯[2]，已不能断论它是东方织毯还是西方织毯。这类属性的造物正在遭遇当代最广泛的批评，因为它存在于一个相对动态的开放体系中，不确定因素和多样性促使其不断变化。非我之物的造物者（被）驯化（或规训）了更多“社会自我”的适应性，因此，造物属性、目的、意义、

[1] 李砚祖：《设计中的“仿”与“造”》，《装饰》，2010 年第 2 期。

[2] Brian Spooner. *Weavers and Dealers: The Authenticity of an Oriental Carpet.* Arjun Appadurai ed. *The Social of Things: Commodities in Cultural Perspective.* Cambridge: Cambridge University Press, 1986: pp.195–235.

方法与其他两种有本质的区别。

③ 无我之物：属于尊重自然、超出艺术范畴、进入合“天”的伦理之“道”境的造物。其造物过程具有灵感、流畅性、顺其自然的特点。比如，自然就地取材的竹竿和枝节做成的晾衣杆，以及打补丁、补锅、翻新家具等对用物自觉地维护和修补，它是迎合自然生态运化规律，循环自然资源，形成最少、最小人类痕迹的造物。从造物伦理来看，是将人造物（自然物）视为生命体来尊重。在存在关系上，物我同构，同样作为自然宇宙中的组成部分，人与人造物是平等共生的，不存在“上帝造人”心理的谁驾驭谁、谁控制谁。

二、设计以救赎：走出围城的艺术家

河南籍和福建籍的治玉人在当代玉石雕刻行业占据了大半个江山。他们像候鸟一样生活在全国各个玉石产区和玉石文化与产业的集聚地，特别是漂泊在江苏、青海、广东、云南等非故乡的地方。

中世纪阿拉伯哲学家伊本·赫勒敦通过分析中世纪金匠行业人才的流动情况指出，只有“流动作坊的师傅”才是优秀的手艺人。与相对懒惰的本地手艺人相比，外来的工匠学成技艺之后必须施展自己的技艺才华、道德修养甚至一定的社交能力、管理能力，以让所到之地的他乡陌生人相信他的能力，愿意为他的手艺买单。通过对中国玉石行业不同产区从业者的调研，确实能够发现像候鸟迁徙一样的外地治玉人更有创新精神与希望立足的求生欲。

无论是候鸟型的治玉人还是土生土长的治玉人，其中不乏有学院派雕塑专业进修经历的艺术家，像邱启敬、王朝阳、何马等人；还有传统玉雕独门专项的治玉人，像顾永骏的扬派山子、江春源的螳螂白菜、蒋喜的苏派牌子、张春雷的汉风辟邪之类。

多年来，在与许多优秀治玉人的交流中，我发现他们经常会提到创作的瓶颈问题，而这个问题主要围绕着对原材料浪费的反思、传统技艺和现代技术的矛盾、玉文化的传统传承和未来方向，其直接体现就是怎么样设计出反映这些思考的作品。

创作不是为了表现，而是一种自我技术。正如福柯阐释的“自我书写”，琢磨玉器的人不过是换了一种书写的工具和介质，本质上和用笔书写一样，都是为了实现自我叙述、自我关注、自我塑造。

福建寿山人士邱启敬被人们赋予的身份标签主要有当代艺术家、当代玉雕革新代表人物、希腊神话中的西西弗斯（Sisyphus）。而他自评的标签很简单：一个过滤器！

与众多“70后”的治玉人相比，邱启敬是1979年生人，他少时所受的艺术熏染、生活境遇和青年时期的工匠雕作生活和学院派教育经历，尤其是在创作转型的关键期（21世纪初）于中央美术学院系统学习雕塑艺术后，产生了困惑、纠结、闭门静思，令他归山后进行了庖丁解牛式的苦练。所谓戒生定、定生慧，他出山后的创作与当时中国玉雕行业的主流形式格格不入。他从材料、造型、艺术观念上形成了一种特殊的风格，从而走出了传统玉雕的围城，开启了传统玉石与当代艺术的对话，特别是一些表达当下社会自然与人性关系的装置艺术类型，能够反映出一位艺术家并未背离传统文脉却又跳脱一成不变观念束缚的深刻思考。

“痴狂”是从艺人执着信仰的代名词。邱启敬曾在进修学习后的一年里居于山中，雕刻了几十吨寿山石。2006年，以城市化造成的“农民工”迁徙现象为自己开始迁徙之路的号角，他创作了《大迁徙》（图6–27）。由40吨寿山石、8吨钢架、2吨木料，以大队卡车、驴马车、拖拉机、板车、自行车以及徒步的民工、农村迎亲和送丧的仪队、舞狮杂耍等组成的大型装置艺术作品，就这样浩浩荡荡、风尘仆仆地从福建寿山村出发，经福州、北京、上海等地的展览，真正上演了从农村到城市的一路迁徙。

2010年，他开始尝试以和田玉这种最难违背其个性特质的传统玉雕材料表达对当下的思考。3年后，他创立了自己的艺术工作室，不仅自己做，还培养了一批向往围城之外风景的年轻艺术爱好者。2017年，他有了自己的品牌“王造”，无论这是不是一种商业的权衡，至少他的理念和声音在艺术界传播开了，甚至在镇守传统玉雕领土的工艺美术圈里产生了不小的震撼。尤其是此后几年，坊间不乏对其作品风格的模仿，但难免东施效颦。这种现象多多少少流露出玉雕人集体突围的冲动。有意思的是，中国玉石文化传统的深刻性，正是在于其根深蒂固、深入骨髓，如同DNA，你无法以剥离传统哪怕一丁点皮毛的方式来实现“创新”。

邱启敬对深厚悠久的玉石文化所产生的反思，以创作实践的行动表达了出来。实践本身就是修正，就是批评，这个过程中有对别人作品和行为的不满与挑剔，也有对自我的挑剔与批评。批评意识会影响创作的最终面貌。将批评融入创作，以实践体现，就会成为有益的营养。反复实践是让造物更加合理的必经过程，当然也是不断自我批评的过程。批评并不是给否定的对象以致命一击，

图 6-27 《大迁徙》（邱启敬）

也不是完全否定，它可以是对作品的历史、文化语境进行研究，也包括社会、政治角度的多维评价；可以针对作品进行文本批评，针对设计者、创作者进行作者批评，针对受众、消费者进行读者批评，针对社会环境、制度等进行社会学批评。设计制作者作为专业的实践人士，在不断的修正、改良过程中，时常以专业的身份和经验方式贯彻着反思和自我批评。正如邱启敬所言：

回望间跌跌撞撞已过而立，剩下爱和痛的碎片散落在苍白的记忆里，吃力地泛着零星微弱的光芒，撑着虚弱的灵魂，真理的路标也略显模糊了。抹不去是儿时课余饭后独自躲进屋檐，雕琢着朽木泥块，想象着长大能像村里的老头般在家里静静地捏着泥菩萨，无谓米开朗基罗、罗丹、杜尚之流。何曾料这无常，儿时的偏好，竟成了如今的生计与执着，摸索着走向死亡的迷途中可能的未知，反倒失却了那份真实的童真与快乐。在这黏稠的浊世中，随手扔下这堆仿佛上了魔咒的废石，似乎也激不起人生些微的涟漪。（《废石三千》画册自序，2010年）

我不能无动于衷于这个世界，但当我无法对这世界作出理性评判之时，我只有借助于双手实现我双眼里的真实。因为我清楚地看到那里一群群坚强的人们以候鸟般为了各自的生存奔走于世界的各个角落。在一双双空洞的眼神里却装满沉甸甸的梦想，我知道城市的上空有着无数的泪汗凝结成云，却又恍如冬日里北方枝丫上摇曳着最后一片孤零的叶。

在贫穷的世界里，理想是最奢侈的艺术品，在生存极限的境遇中，人们挣扎着最后一丝力气换取到手里的却是沉重的无奈与绝望。

人类历史的步伐究竟磨破了多少双长满老茧的双脚到达了今日的文明。欲望，是人类最可怕的敌人，又是人类文明最顽强的潜动力。城市是一块无限膨胀的大蛋糕，撩拨着人性最本质的野性与贪婪，同时它又似一块巨大的磁铁，吸附着人类的所有高尚与罪恶。

在冰冷的柏油马路上，飞速般演绎着无数轮回的悲欢。在苍白的斑马线彼岸，他们却依然固执而渺茫地等待着偶尔放行的绿灯。在汹涌的历史急流中，他们再一次地湮没在四处耀眼的霓虹灯下。

尽管受过西方现当代艺术理念的熏染，但是他并不反叛传统；相反地，他尊重传统文化和历史、东方艺术和美学。他的作品容易让观者首先忽略所使用的工艺技巧，而是沉浸在情景展示的观念和思想上。采用不显山露水的技术态度，正是他对传统工艺技术解蔽的方法之一。在大多数工匠还追求传统精湛技艺的时候，他已经跳脱技术的束缚，“涤除玄览”。通过设计文脉的深刻性，和“去智”“去巧”来批判对技术崇拜的“魅”。他通过玉石印章上戏谑的造型反讽男权的恶习和卑劣，通过柔韧的身体形态和树木山水姿态弱化玉石的坚硬和雕作时的艰苦（图6–28、图6–29）。

邱启敬说过，每天醒过来时有自己特别想做的事，而且这事让自己有一定的自由度，那就是最完美的状态，毕竟明天和意外不知哪个先来[1]。的确，从他的作品和个人生活里可见这种统一——“当下”最珍贵，即创作和真实生活都

[1]《对话邱启敬：艺术要真实、纯粹》（网易文章），转载自“SU 王 · 邱启敬工作室”的推送信息：https://www.sohu.com/a/257193436_151769.

图 6-28 《和光同尘》展览上的修行者（邱启敬）

图 6-29 结合新媒体技术的水晶展陈效果（无锡和光同尘艺术馆，邱启敬）

应该尊重和充分珍惜“此在”。

法国作家阿尔贝·加缪（Albert Camus，1913—1960 年）在哲学随笔录《西西弗斯的神话》中写道：

> 他以自己的整个身心致力于一种没有效果的事业。而这是为了对大地的无限热爱必须付出的代价。……在西西弗斯身上，我们只能看到这样一幅图画：一个紧张的身体千百次地重复一个动作，搬动巨石，滚动它并把它推至山顶；我们看到的是一张痛苦扭曲的脸，看到的是紧贴在巨石上的面颊，那落满泥土、抖动的肩膀，沾满泥土的双脚，完全僵直的胳膊，以及那坚实的满是泥土的人的双手。经过被渺渺空间和永恒的时间限制着的努力之后，目的就达到了。西西弗斯于是看到巨石在几秒钟内又向着下面的世界滚下，而他则必须把这巨石重新推向山顶。他于是又向山下走去。……在每一个这样的时刻中，他离开山顶并且逐渐地深入诸神的巢穴中去，他超出了他自己的命运。他比他搬动的巨石还要坚硬。
>
> 今天的工人终生都在劳动，终日完成的是同样的工作，这样的命运并非不比西西弗斯的命运荒谬。但是，这种命运只有在工人变得有意识的偶

然时刻才是悲剧性的。

西西弗斯回身走向巨石，他静观这一系列没有关联而又变成他自己命运的行动，他的命运是他自己创造的……我把西西弗斯留在山脚下！我们总是看到他身上的重负。而西西弗斯告诉我们，最高的虔诚是否认诸神并且搬掉石头。他也认为自己是幸福的。这个从此没有主宰的世界对他来讲既不是荒漠，也不是沃土。这块巨石上的每一颗粒，这黑黝黝的高山上的每一颗矿砂唯有对西西弗斯才形成一个世界。他爬上山顶所要进行的斗争本身就足以使一个人心里感到充实。应该认为，西西弗斯是幸福的。

将“推大石”比作日常生活的邱启敬，的确有西西弗斯的精神特质。对石头而言，他也是征服者，生活中的一切都可视为“大石”，而这需要不断重复的劳作、耐心、信心以及赎罪之心，才能克服（图 6–27）。2018 年，在他“西西弗斯”的个展上，《我相》《无相》《空相》《无无明》《涅槃》等作品，以独特的修行者造型再现的似是一个纯真天性使然的、骨骼清奇的自己开凿人生的幻象。《鸠摩罗什与枪》《平安无事》《祈福》都是当代文化变迁与传统文化符号形成强烈对比的观照与批评反思（图 6–30—图 6–33）。

图 6–30 《溪山行旅》（局部）（邱启敬）

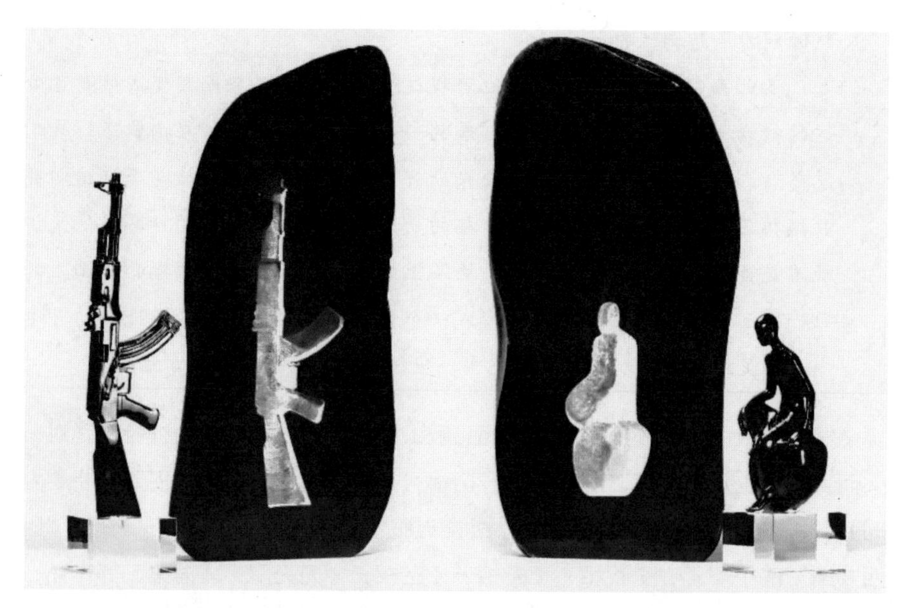

图 6-31 《鸠摩罗什与枪》（邱启敬）

图 6-32 《平安无事》（邱启敬）

《鸠摩罗什与枪》以盛产玉石的新疆为地缘文脉背景，将出生在东晋龟兹的高僧鸠摩罗什为译佛经、传播佛教文化而鞠躬尽瘁的修行者形象作为代表过去的善的传统符号，将和田青玉雕作的枪支作为代表当下的恶的现代符号，以

图 6–33 《祈福》（邱启敬）

阴阳本相和却相悖的形式表达出他对这种强烈冲突和变化的情感思量。他还采用“整体—元素”的解构方法，将老百姓传统民俗敬拜的菩萨——原本是完好的两尊白玉观音像——解构成了一颗颗白玉米粒和白玉药片。由此，《祈福》是对人们究竟信的是神还是柴米油盐现实的思考，更是将一块遮羞布——看似虔诚的信仰实为功利的求索——残酷地扯下。类似的批评，还有他对《平安无事》玉牌子的解构。按照传统惯习，玉牌子上光素无饰的谐音意味着无事，相赠这样的玉牌就是祈福对方“平安无事”。他的设计让这种源于护佑的随身佩戴之物与相应玉色的五颗精致雕琢的玉子弹形成反差，似乎暗含了子弹虽能弥补牌子上的孔伤，但牌子护佑功能的完整性已失，只能带来警示和诫持。

其实，邱启敬身上的这个“西西弗斯”标签并不贴切，因为半人半神的西西弗斯还是具有神力的。从神话隐喻看，西西弗斯的宿命是虚无而徒劳的悲剧，人生不停地推石头上山是一种荒诞，人之所以存在恰恰也是因为循环往复推石这种荒诞做法，一个人能以推石来支配自己的荒诞，所以在加缪看来西西弗斯是幸福的。与这位“西西弗斯”相比，中国“愚公移山”中的愚公作为一个普通人，或许也可当作一个标签贴给邱启敬。愚者最智，也是他作品里常可读到的一种理念。当然，任何的标签是外人给予的，于他自身而言，他要站在围城上向外看、向内看，也要走出围城发现内心追寻的世界。

第七章
不可见的伦理

前面已经说过，正、善的伦理观是为了社会发展效益最大化的“道理”。对创新技术或形式的产权保护需要充分发挥传统“德治”和“宗教信仰”、民间信仰的力量，不能单纯依赖法律去约束，否则得不偿失。真善美可以让社会发展和管理成本降到最低。法律针对道德的最低底线，对技术的保护仅以各种法条来施加，会消耗可见的物质、经济资源，也会消耗不可见的人文资源和社会信任。这种消耗越大，资源的净值就越低。反之，社会道德规范越是能够帮助降低这种消耗，社会财富的积累就越多。

第一节
玉文化实践的诸美德

在新兴技术纷涌、多样价值观共存的今天，中国城市已持续十余年出现“手工艺热”（“手作热”），是文化自觉还是政治作为，又或者是经济炒作？当然，不排除这些因素的共同作用。事实上，无论国内还是国外，手工艺因反映人与自然乃至世界关系的认识论和价值观，不免潜藏在历史文化、经济、哲学、文学、艺术、科技、教育等领域的探讨中，成为一类永恒主题素材。其中，与中国道德文化、古代意识形态密切相关的玉石、玉器和治玉尤为典型。

在伦理学范畴内谈手工艺和从手工艺视角剖析伦理问题截然不同：前者强调的是应用，且为一般到个别的演绎；后者则多依类比、实证以及个别到一般的归纳，系中国思维传统。前者易使手工艺沦入“永恒主题素材”，后者从事实出发回归本质，即从手工艺已实践诸美德的事实出发，通过探讨为何实践、如何实践、在怎样的境况中实践，从而回归手工艺的伦理本质。

一、作品不美则修德不足

中国古人善用玉来比附美好的事物和人物，至高的境界则是“玉如人品，人如玉品”。“玉有六美，君子贵之”，在古代，不仅佩玉的人要有“仁、义、智、勇、洁”的玉德品格，治玉的人也必须具备德行操守。人的美德用工艺和作品的“美”“善”“好”等形容词语来传达，达到“材美、工巧、以为良”的都是“好的”“善的”“美的”。

中国传统工艺是求真、求善、求美的工艺。真、善、美在生产生活、科学技术、信仰崇拜不同的范畴内表现的方式和程度也各有差异。反映在生产生活中，是朴实无华的实用器用蕴含的“真”、结构和功能具有合理性的“善”、材料和形式淳朴简约或文质兼得的“美”。科技范畴的传统工艺不但讲求真理之“真”和工艺伦理之“善”，更具有理性之“美”。那些与人们精神信仰密切相关的工艺造物则通过民族的、地方的、特有的或粗犷或肃穆或崇高的艺术形式，传达出人们内心真实的世界观、人生观、价值观。林林总总，方方面面，传统工艺丰富多彩的艺术表现形式，不仅流露出不同阶层、身份的造物者和用物者具有的审美情愫，还包含着丰厚、深层的哲学思考和人文观照，无不是工艺真善美的极致体现。

《荀子·礼论》所谓“雕琢刻镂，黼黻文章，所以养目也”，说明工艺传达的美能够调动人们生理、心理的愉悦感受，无论是造型、图案，还是肌理、色彩，都能调养人的眼睛，入眼而后入心，得以怡情。事实上，美感或美的理想因人而异，因材艺而异，因时代、地域、文化而异。在西方，有崇尚“美即是真”或“美即是科学”的审美理念。在东方的中国，则有以尊崇自然主义的审美理念为主、心物合一的审美文化传统。历史变迁中的审美价值因其时社会价值观的影响也会呈现出不同的艺术形态。就丰富的玉石造物来说，其美的形态既有粗简朴拙的，也有镂雕满饰的，还有通俗流行的，亦有端正规矩的，更有清新自然的（图 7–1a、图 7–1b、图 7–2）。

朴拙之美是一种近“真”的美。因为有了材料的自然性以及人在生存过程中原初的“真”性，才生成了朴拙之美。有的治玉者宁愿舍弃复杂的雕作，而珍惜与材料盘玩的感受，由此制作出一些素朴的玉石圆珠、筒珠等物件，满足本我造物的需求。

相比而言，那些追求奇巧、富丽、繁复雕饰的玉器，甚至金玉组合的镶嵌，所展现的是气质奢华、价格昂贵之华贵美。它们要么作为国礼，要么作为置之高阁的珍藏摆设。对于百姓而言，大众文化为他们消费通俗之美的玉石物件提供了可能，各色珠串、注胶染色的翡翠弥勒佛、质料一般的菩萨、相似款式的福禄寿喜财等花件，都带有一种大众世俗的趣味（图 7–3）。

图 7–1a “玉堂富贵”双链挂瓶（江春源）

图 7–1b 独山玉俏色玉雕《花开四季 富贵平安》（刘其良，刘朝海）

图 7–2 琮璧圭璜四瑞・人形佩（蒋喜）

图 7–3 《财源滚滚》（南阳市拓宝玉器厂）

传统的玉牌、玉璧、玉环、玉佩等，经当代的再设计或模仿改制后呈现一种规矩、端稳、象征德行的礼性之美。《礼记·玉藻》中的文字记载了不同玉质和形制的佩玉搭配不同色彩的绶带以示尊亲敬德：天子佩白玉，搭配玄（深黑色的）组绶；公侯佩山玄玉，搭配朱（红色的）绶带；大夫佩水苍玉，搭配纯（黑色发黄的）组绶；世子佩瑜玉，搭配綦（青黑色的）组绶；士佩瓀玟，搭配缊（赤黄色的）组绶。但是，现代可见各种类似以佩玉组绶原理编串创新的玉石饰品文化（图 7–4）。

图 7–4　现代创新的佩玉组绶形式

因玉器呈现的题材不拘一格，从祈福纳祥的传统题材到文人书画的情志意趣，治玉人不仅要精通本门技艺，往往还必须饱览群书、博纳画卷，汲取文学、戏曲艺术营养，只有这样才能在遇到不同玉料时有适合表现材料的巧思妙想而生成美的作品。琢磨玉石，倾注了时间、思考以及情感，因此，有缺陷的作品定会反映出治玉人的耐性不足、不够专注。

二、美德不足则匠心难运

尊重、崇拜、敬畏是治玉人应具有的品德。最初的自然崇拜中并无神与人分立的概念，神与人是一体的，代表性的器型便是通天礼地的玉琮和玉璧。随着信仰的演变，从崇拜神灵到崇拜祖先，人的主体性逐渐显现出来。在众神之上出现了百神之长的“天”，君王则成为“天”神在人间的代表，被赋予统治人间的权力。西周出现的“君权天授”观念构建起以宗法制度为特点的信仰体系。此时，象征天地而奉礼的是圭璧组合。汉代发展了先秦儒家思想的内涵，将“天人感应”的神秘性、“阴阳五行”的天道与“三纲五常”的人道统一在一起，深刻影响着中国传统社会的价值准则。而此时的佩玉讲求儒德，玉璧艺术形式也突破了前代单纯的圆形结构，廓璧上出现了龙纹或螭纹，其间还夹有文字，丰富了璧的文化内涵。常见有“长乐”“延年”“宜子孙”等字样的玉璧，“长乐”是对生活长久富乐的向往，“延年”是对身体康吉、生命延续的愿望，“宜子孙”是对子孙繁衍生息的祈愿，折射出的都是天道人道相合的价值观（图 7–5a、图 7–5b）。

在当代，美德不足之人不应做手工艺传承的代表人物，这是他人评价从事这项劳动的人提出的普遍道德标准。2008 年和 2013 年分别进行的第五届、第六届国家级“中国工艺美术大师”[1] 评审绩效研究显示了“美德”作为评价指标的重要转变：在第五届经验基础上，第六届制定的评审细则及实施过程首次加入“德艺资历评分”项，并多次均衡德艺资历及作品水平百分值比重，从最初的 3:7 调整为 2:8，后因随机抽取的评审专家无法根据文图影像材料在短时间内客观评判参评者德艺资历的真实情况，故总分（100 分）中的比例最终确定

[1]“中国工艺美术大师”是国务院授予手工艺行业内人士的最高荣誉称号，尽管职称待遇相当于副高级，但 1979—2012 年仅有 443 人获评。改革开放之后，这项荣誉为“大师”带来的外在利益无法估量。2006 年进行了第五届评审，2008 年受国家发展和改革委员会委托开展了第五届评审绩效研究。2009—2011 年进行了第六届评审，2013—2014 年受国家工业和信息化部委托开展了历届评审制度和第六届评审绩效研究。

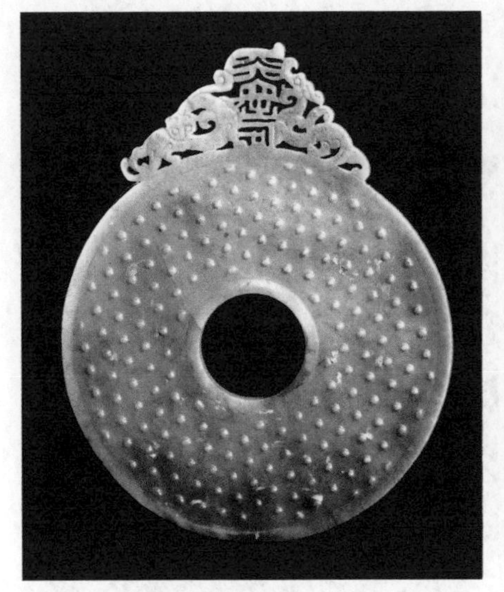

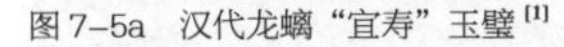
图 7-5a 汉代龙螭“宜寿”玉璧 [1]

图 7-5b 东汉时期单凤带角双螭“宜子孙”玉璧 [2]

为德艺 15 分、作品 85 分。尽管 15 分不足以代表一个人品德的优良程度，但是作为一个微小的举措，可以反映权威群体对当代正规且最高级别的手工艺价值评判需要考虑道德因素的一次有意义的进步。从针对行业内外人士所做的 500 份有效问卷调查数据统计结果来看，41.9% 的调研对象认为，“手工艺传承的代表人物”应以“德艺双馨”为首要评价标准，与选择“技艺高超并代表行业水平”为前提的比例持平。

当代治玉人汪恒曾以一篇《治玉者说》揭示了苏州乃至整个玉雕行业的诸多痛点：“今行内，原创之佳作少之甚少，偶尔一见，也好似缥缈过眼云烟……匠心作品难觅，奖杯、商会等多过于佳作，其氛围，着实让吾辈堪忧。”

针对治玉行业出现的道德谴责，除了一些争名夺利的社会现象，就是唯利是图的造假行为（图 7-6），不仅是现代玉器的注胶、改色、以石乱玉，还有现代仿古玉器和古玩玉器的造假、以赝充良。原本仿古是一项中国艺术文化传统（图 7-7、图 7-8），但是现当代迷惑消费受众、造假或假冒伪劣以求商业利益的势头无法小觑。特别是还有一些专业人士参与编造“真”的环节，不仅考验消费者的鉴别力，更是以信任为代价。如果上当只好说成是拿钱买教训，而这个行当也会认为很正常；但是当牵涉大宗交易和欺诈行为时，则上升为当

[1] 中国玉器全集编辑委员会：《中国玉器全集 4・秦・汉一南北朝》，石家庄：河北美术出版社，1993 年：图 267。

[2] 同 [1]，图 249。

代法律范畴，会受到法律的制裁。这种对专业人士认定真假水平和人品的口碑，对买家诚信、以真善美育化买家的做法，都属于不可见的伦理。

图 7-6　和田玉的皮色造假

图 7-7　仿古炉瓶（2008 年第三届中国玉石雕精品博览会展陈作品）

图 7-8　仿古玉器小件

三、业玉实践中的道德性评价

中国古人很早就在手工艺实践中融入了道德性评价。不同历史时期的相关文献，记录、表达了手工艺与天道人伦密不可分的联系。如，从作为指导性总则的先秦时期的“天有时，地有气，材有美，工有巧，合此四者，然后可以为良”[1]，再到具体的手艺行业如髹漆。明代《髹饰录》的开篇《乾集》讲道：“凡工人之作为器物，犹天地之造化。所以有圣者有神者，皆以功以法，故良工利其器。然而利器如四时，美材如五行。四时行、五行全而物生焉。四善合、五采备而工巧成焉。”[2] 漆工应遵守“巧法造化、质则人身、文象阴阳”[3] 这“三法”，而忌犯“二戒”——“淫巧荡心，行滥夺目”[4]（即过分偏重装饰而失掉了实用价值）和“四失”，亦忌“一病”——“独巧不传”[5]（即漆工艺秘不传人是不好的，应该发扬光大），还将漆工易犯的毛病和技法缺点归纳为“六十四过”[6]（即不恰当、不好的做法）。诸如此类，既是评价漆器工艺好坏的标准，也是评价漆工水平和道德的标准。

这种价值建构和道德准则在中国玉文化发生与发展过程中更加明显，从认识玉材（珍贵、尊重及与神性修饰用词的比附）到采用工艺制成玉器或玉饰（琢磨工艺、装饰工艺的比附），再到使用玉制品（以玉比德、带“玉”词语的赞美褒赏，以及日常或仪礼服饰、丧葬制度中严格的用玉社会等级标准），无所不涉。远古时期万物有灵的信仰下，玉是有神灵气息的，雕琢成的样式是与神性相关的；先民心中的玉不仅是神，亦是神物，是与神灵沟通的媒介。制玉就是创造与神灵交流的渠道，而祀玉就是祀神。从认识玉材到用工艺制作出玉器，再到使用玉器，此过程形成了一个完整、统一的道德实践体系。

此外，“巧者和之”“知者创物”“圣人之作”“国工”等专用来形容达到一定水准的有“美德”的手艺人。织绣类女工活计的好坏往往反映出女性是否贤良淑德。起观想修行作用的绘画唐卡，若在形式上不恪守标准、不能感人地传递教义，则是艺僧对供养人和佛的大不敬，致使修行不得圆满。评价一门手艺是“好”的，那么合理的功能、赏心悦目的形式、精湛的技艺、诚信的契约精神以

[1]《周礼・冬官・考工记》。

[2] 王世襄著：《髹饰录解说：中国传统漆工艺研究》，北京：文物出版社，1998 年：第 25 页。

[3] 同 [2]，第 51 页。

[4] 同 [3]。

[5] 同 [2]，第 52 页。

[6] 同 [5]。

及作者的德行都在评判标准之列。

业玉实践还包含正式和非正式的生产及交换，类似赌石的特殊交易方式就属于非正式的经济活动。在这些非正式的活动中，秘密化的诚信就是发挥内在约束作用的重要手段。例如，边境翡翠原石交易中常见的“捏指带成”的交易方式，就是一种传统的非正式交易行为。通常，翡翠交易涉及的金额不是几元、几十元，而是成百万上千万元。为了避免第三者信口褒贬，干扰生意的成交，故采取捏手指的方式表达。交易双方以长袖、长衫或布巾将右手罩住，互捏手指，从拇指起，捏一个手指表示“1”，两个手指表示“2”，三个为“3”，四个为“4”，五个为“5”，大拇指与小指呈羊角形为“6”，小指弯曲为“7”，大拇指与食指伸出成牛角形为“8”，食指弯曲为“9”，将五个手指捏两次为“10”，大单位“百、千、万”则以口头表示，成交与否以点头或摇头表示。“带成”是行业中的惯例。买卖双方在成交前协商，这个玉石卖给你，但卖方要带三成，即占 3/10，今后玉石解涨解亏，都负 3/10 的权责；另一种带成的情况是一件玉石价值较大，或 3 万元，或 5 万元，买方则邀约同行好友拼成。这种“成”，一是互相关照，二是凡带有成股者，均要对玉石的质地做出精辟而又比较准确的判断和见解，拼股双方都要对进购的这件玉石负相应的权责[1]。当玉石商品进入规范化的商场交易时，这种“捏指带成”的方式有了微妙的形式变化，即变成了买卖双方不用口出声报价、砍价，而是通过在计算器上输入价格进行商讨，防止交易空间的第三方，特别是其他卖家和买家的干扰。因为在业玉界有着不成文的规定：当顾客与店主交易时，切忌围观和口报明价；作为商人的职业道德，同行商家不应对各家商品的优劣、真假或价位给予评价，除非买家评价或口传。这种检验道德的传统尽管随着现代市场经济制度法治性规范的推广而刻意被显化，不过，隐性的道德力量传统却无法撼动。

四、自我规训者的伦理实践

自我体系内的传承者是以个体为系统的自我规训体系，属于自我元代理（meta-agency）形式。它是将手艺人自身看作具有“认识、反思、践行，再认识、再反思、再践行”逻辑的独立系统或小世界，无论能者自身处于何种大体系

[1] 参见《翡翠交易中议价的秘密与“带成”》一文，载张竹邦：《翡翠探秘》，昆明：云南科技出版社，2005 年。

之中，自我的传习需求总是产生于内在的自觉。

自我规训的能者可以通过手工艺实践，应用自我技术[1]的调适，完成自我价值的追寻和伦理方面的塑造。即使必然会受到来自不同传习体系价值观念的影响，但是会助益他在个人与物质世界、与社会的联系中确立理念与标准，尤其是确立真善美的自我标准和表达方式，成为他人所能感受的伦理价值，从而获得美德、通往信仰（图 7–9、图 7–10）。

图 7–9　水晶佛像作品（梁飞雄）

图 7–10　南阳画像石馆的工匠智慧——突破边界

自我规训的传承者尤其注重道德的修炼。有时，他会显现出与物质世界、社会交往的木讷或迟钝。特别是面临多边性、流动性、中间商影响时，由于规则较复杂，他较难选择和服从。法国历史学家费尔南·布罗代尔在论及手工业者的流动性以及行会制度时，以 16 世纪欧洲国家的呢绒、索林根刀剪、伦敦的制帽商为例，强调了因实行来料加工及包买商制度，行会的师父和徒弟一样都成为雇佣劳动者，而“中间人”像一个织网者在乡村和城市建立起高效的家庭

[1] 关于在手工艺伦理中自我技术的理论分析可参见本人的专文。朱怡芳：《从手工艺伦理实践到设计伦理的自觉》，《南京艺术学院学报》（美术与设计版），2018 年第 3 期。

劳动网络并因此获利[1]。从中我们可以同理感受到治玉人在面临“中间人”审美趣味甚至纯粹商业引导时纠结的价值判断和选择：不按照“中间人”的意图做，治玉人就可能没有吃饭钱。生存现实会迫使治玉人的审美价值选择屈从于基本需求的功能性选择。

我曾就手艺人的自我认知和自信心问题与中外匠人进行过交流。首先，不应与“艺术家”相比，有的“艺术家”甚至还不如手工艺人。匠人不能自视卑微，尤其在艺术去泡沫化的时代，经典的、真诚的手工艺品将从泡沫中坚实显露。其次，不应与会经营社会关系和经济的“艺术家”相比。那些介入商业交易、游于人际交往的手艺人，其创作精力与状态决定了精品的低生产率以及独立创作精品的低可能性。最后，不应自卑。当代的手艺人很容易对所谓主流艺术话语权、艺术形式、价值取向之类产生从众和不自觉的依附，这使得手艺人会或无意或有意地忽略不同工艺材性本身的存在价值。比如瓷板画，会被遮羞遮丑一般将厚重的陶瓷胎质釉层收容、包裹到精美、昂贵的木框之内。即使相似的视觉画面，中国画、油画、瓷板画也都应尊重各自的材料特性进行恰当地表现和衬托。不恰当的装裱效果，一定程度上反映出创作者自我定位的模糊、身份的丧失，以及难以掩饰的自卑，看似不过是削弱、抹杀了工艺材料的语言，实际上，材料的自信、表现的自信往往代表手工艺人的自信。

自我规训必须通过自我技术实现，自学只是自我技术中的内容之一。

在一个越来越讲究文化资本的社会，怎样评价和认识治玉人的手艺与产品呢？文凭学历、职称职务，究竟如何重要？在治玉行业，直白地说，大多数琢玉的工匠群体都存在文凭不高、文化资本和社会资本缺失的情况，就是行业内的专业技术职称，也曾在历史上遭遇过只有副高级的不公[2]。

可以说从20世纪90年代末开始，判定人才越来越文凭化。当一些作品师出无门、产品没有品牌的时候，似乎它们和没有文凭的人一样，就是没有“身份证”的野孩子。这些附加了“野”“土”本真性的治玉人能否胜过科班训练

---

[1]［法］费尔南·布罗代尔著，顾良译：《15至18世纪的物质文明：经济和资本主义》（第二卷），上海：生活·读书·新知三联书店，1993年：第335页。

[2]“玉石雕刻”的职称评定属于工艺美术职称认证级别系统。2017年以前，除江苏省推广了自主评定的“研究员级高级工艺美术师”为工艺美术最高职称外，其他各省、区、市基本执行认定“高级工艺美术师（副高级）”为工艺美术行业的最高职称。根据《关于深化职称制度改革的意见》［中办发〔2016〕77号］要求，经研究决定，2017年年底，人社部印发了《关于在部分系列设置正高级职称有关问题的通知》［人社厅发〔2017〕139号］，明确指出要增设工艺美术正高级职称。2018年年初，党中央、国务院联合印发了《关于分类推进人才评价机制改革的指导意见》，指出要对各类人才进行合理评价。2018年，各省陆续出台了关于职称改革的意见，也对工艺美术专业技术增设正高级职称。针对工艺美术行业，各系列专业职称资格共分为五级，由低（五级）到高（一级）依次是：工艺美术员（初或员级）、助理工艺美术师（初或助理级）、工艺美术师（中级）、高级工艺美术师（副高级）、研究员级工艺美术师（正高级）。

的“某某生”“某某专家”呢？如果说业余自学的人具有“本真”的特点，同时作品也具有本真性，那么专业科班的人是否因为获得文凭和职称而增加了他和作品的“本真”呢？通过规训人的心、眼和手，科班的人更可能从体制思想上接受某些信条并改造自己，这样看来，他们倒是因为这些资本的获得而磨去了本真，变得“伪真”了。

社会的主流，甚至有人告诉我这就是真理：有了文凭、文化和社会资本，作品就卖得贵；反之，就一定会失去话语权和市场的优势。但是在猎奇的当代，这种情况也会出现一些反转特例，尤其是对一些独特的自学者来说，恰是因为缺失光鲜的文化资本反而突出了他无师自通、天赋异禀的稀缺价值。

作为自我规训者，通常都具有批评意识。“批评意识是设计意识的前奏”[1]，它是“人在从事某种活动时的某种态度，这种态度的内容虽然不一定都能在知性的水平上加以表述，却是人构造他的行为对象的出发点，并且决定着这种行为的性质”[2]。批评意识决定了批评行为，也影响着对象物的结果面貌。治玉者兼具自发性批评和职业性批评两重身份。前者通常采取最为直接的实践行为，不断进行自我批评和修正。当前者累积一定的知识和技艺资本、文化和社会资本后，就能够转化为职业性批评者。他们既有本能的批评意识，又有直接的实践行为，更有经验和理论的权威。

我已多次表明这个观点：手工技艺的传习，无论知识还是技能，只是我们看到的表象，而传习的实质是伦理价值实践。作为自我规训的传承者，他们借助治玉这个途径，实施探索自身、改造自身的实践，从而证明和建立了自我与外部世界联系的体系、运转机制乃至各种意义。

[1] 黄厚石著：《设计批评》，南京：东南大学出版社，2009 年：第 51 页。

[2] 孙津著：《美术批评学》，哈尔滨：黑龙江美术出版社，1994 年：第 17 页。

第二节
人如玉品的口碑

一、当代玉雕的品评习惯

常人评价一件玉器，都会发出这样的疑问：美不美？像不像？贵不贵？值不值？这是一连串涉及价值观念、具有内在逻辑的问题，也是专业或业余者介入当代玉文化知玉、品玉的实质。

美，独具个人观念色彩：有人喜欢翡翠的彰华显贵，有人喜欢白玉的温润含蓄，有人喜欢独玉的变幻莫测……美，首先来自最直接的感官刺激。一件玉雕作品往往凭借形、色、质感来吸引人们的眼球，它甚至会激起人们触碰的渴望。但不是所有的作品都能打动观者的内心，打动与否关乎审美的层次与标准。如同一块带皮的璞，在有心人的眼中，它的美蕴藏于璞内，是通灵的，传达的密码在每个有心人那里得到释义，并只与欣赏它、懂得它的人互通人与玉、人与人之间共鸣的体验和情感。

“像不像”只是审美众多标准中的一种而已。一件作品若能打动不同的观者，它既可以很像，也可以不像。像，比如羊肉、花菜，那种写实风格可以使人们惊叹构思、技艺赋予的逼真与缜密，然而，它也令人们失去更多想象的空间（图 7–11、图 7–12）。不像，大致有两种情况：其一，追求写实却不到位，反而弄巧成拙（图 7–13）；其二，非纯写实手法，写实、写意、抽象等表现方式参与其中，略施细节却能画龙点睛。第二种情况的“不像”往往会引起人们追寻某个故事甚至诗意的兴致，情泄于似与不似之间，遐想无限，如觅知音。由此，上升为“美不美”的较高的知玉、品玉的审美境界（图 7–14）。

其实，但凡美的事物，都可能让人产生拥有的想法。如果说前两种问题只涉及审美欣赏与精神层面的话，“贵不贵”则是一种衡量价格标准的现实心理。一个人以可以承受的购买能力获得享受，首先基于个人的利益不受损害，其次会考虑他能否从中得到更多的享受，既有物质的也有精神的，占便宜、不吃亏的心理皆出于此。贵，有时也因“可望而不可及”增加了不可获得的、有距离的美感。虽然如此，贵的也并非都是美的。物以稀为贵，说明的是物质材料本身的稀少为其添加价格砝码的客观性；然而，这并不代表不稀有的玉材就不能达到“贵”的标准、晋升“贵”的行列。被视为材质不良的玉料在奇思妙想与

图 7–11 写实的玉雕菜肴

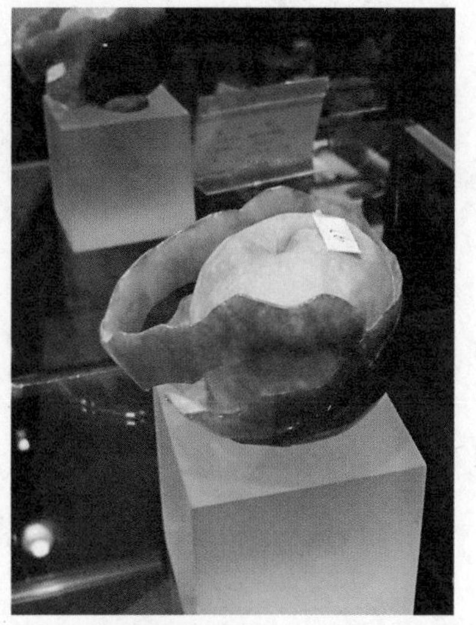
图 7–12 苹果缅甸玉《苹果》（冯志文）

图 7–13 玉雕摆件《丰收》中的“超级”稻谷

图 7–14 青海青玉薄胎工艺《见山》（2013 年，蒋喜）

精心设计之下，依然屡见“化朽木为神奇”。进而，一种纯粹的价格评价标准已不自然地导向“值不值”的疑问。

“值不值”综合了最基本的价格意向、最根本的审美取向以及最终的价值判断，其中不免带有期望它更“值”的心理。“值不值”徘徊于理性与情感之间，人们在倾注投入后，可能会衡量为之付出的代价与回报。理性的一面表现为客观地计算，情感的一面多表达出喜欢、不可抗拒甚至不计代价。

一件作品可能并不昂贵，却因某种特殊的缘由值得收藏；一件作品可能很昂贵，却因个人喜好偏见而认为不值；一件作品还有可能并不为人所懂，但它很贵，也值得收藏，只因日后的升值能带来更大的经济收益。

所有的追问最终回归到每个人的观念问题。“德”“信”“力”“利”是玉所承载的传统价值观念，社会价值观与个体价值观时而相容、时而矛盾。如何确立中国人乃至地球人品玉的价值标准，这不单单是学者们探究的课题。所有真正崇玉、爱玉、玩玉、治玉、经营玉的人都自觉或不自觉地在为之打造一把“尺”。

二、不可见的道德生平

现代社会，一个人一生中难免填写五花八门的履历表：有些比较正式，如各种学习经历、工作经历、思想鉴定；有些侧重专业成就，尤其是当他成为什么“人物”的时候，如艺术家有艺术生平或作品的年表，科学家有研究经历和成果的年表。看似记载了一个人一生重要事件的文本，经过了从琐碎经历中的精挑细选，那些未被体现出来的经历变成了不可见的历史，只能凭口说传或从此彻底消除。历史上众多优秀的工匠中，能留名在世的少之又少，有些则从真实具体的人物变成了传说故事中的抽象人物或某类人的代表，比如勤劳的农妇、善良的铁匠之类。

道德生平要么靠合法化的身份，要么靠相传的口碑。进入现当代，道德生平与职业生平存有差异，现代职业生平口说无凭，必须借助身份认定的文本。可以说，让手艺人自身生平，特别是那些“优秀”“光鲜”“正面”的经历，以证书、奖杯、锦旗等可见之物显化为合法化的文本，其作品（产品）也就顺势合法化，从而建立一种价值光晕和镜像，来代表和象征“他们是谁”。

人如玉品、玉如人品的统一，满足了人们对治玉人的想象性期待。人们往往只体悟到这句话所讲的优点和完美的一面，而忽略了塑造其完美所付出的代价。其实，现实的人与现实的玉石一样，都有瑕疵绺裂。经过打磨修饰后的玉器看似完美，但被去掉或隐藏的那些“见不得人”的缺陷恰恰“有生于无”[1]地塑造了玉之为“器”的价值；人之为“器”亦应此理。

随着文化研究和市场猎奇愈加关注非物质文化的价值，特别是未经开发的民间手艺人资源，他们的生平口碑便成为增加自身价值和作品价值的重要因素之一。然而，这个群体最缺乏的就是光鲜亮丽的人生阅历；相反，文凭学历的

[1] 老子《道德经》。

缺乏、生活境遇的不佳、不屑权势的个性、师出无门的求艺历程、传奇故事、乡亲口碑，都变成标识其稀缺性的要素。

有些治玉人的生平被喝彩声过度开发，特别是家传背景、师出名门、有权有势，他们设计的作品作为“非我之物”，就难免趋炎附势地迎合了这种虚幻的捧场。在“喝彩派”看来，他们自己才是人如玉品的典范，能够满足喝彩者的利益需要。但是在追求本真性的“嘘声派”这边，他们的口碑很差，比如作品没什么艺术价值、卖价太高，为人圆滑虚伪，商业的成功影响了他们原有的纯真朴实，他们不诚信，在徒弟做的东西上签章将之变身为自己的，等等。特别是专门对道德生平进行修饰而获得“名声”的做法，起初可能为人眼红和羡慕，但在越来越广泛的大市场竞争环境中，群众的眼睛是雪亮的，靠策划人、经纪人、收藏人来促进的名声很快就会式微。客观地讲，人的生平由“自我塑造的生平”和“他人塑造的生平”构成。而道德生平正是以自我塑造为前提形成的，任何他人的塑造，无论是可见的、优化的文本，还是不可见的、相传的口碑，都基于自身塑造道德的真实性。

在治玉行业，口碑比生平履历的任何文本更能证明一个人的人品。

无论制作者还是商家，讲信用、讲道义、正直、有眼力、不贪利、心慈善的人，就能广结人缘。反之，如果为人品行有问题，注定会受到同行或与其交道者、交易者的疏远，他获得社会关系资本、行情信息的机会就必然有所减少。

坚持卖真货的老王就是一位为人谦和、爱聊天的河北人。老王曾经在河北做过汉白玉雕，因为关节炎太严重不得不放弃久站雕作的手艺。十年前他来到北京，在潘家园承租了一个露天摊位，卖水晶、玛瑙等原石和简单的佩饰。他经常坐在一个小马扎上不厌其烦地给蹲在摊位上挑选物件的人讲故事。聊天不仅涉及玉石鉴赏的知识，还有一些奇遇经历。因为卖的东西货真价实，他有了不少回头客，更有回头客口碑相传引来的新买家。2013 年，他多花了一些钱租下了 1 平方米的大棚摊位，有朋友调侃他：“老王，房子都买了，还在这摆摊啊？”条件虽然好了一些，但是按他的话说：“没法忘本啊，只会干这个（行）……房子给老娘的，我要是回去了，你们跟谁聊天呢？”很多人喜欢在老王这里买东西，不仅因为他卖得便宜，主要是爱听他说话，“传授”给局外人好奇的知识。

专门从事玉石佛像雕刻的河南镇平人梁飞雄出身玉雕世家，为人敦儒。他的父辈善做旺财、白菜之类世俗题材的玉件，不过父母深深喜欢佛教造像，这一点或多或少地影响了梁飞雄。2002 年，他拜在水晶佛像雕刻造诣颇深的仵应汶门下正式学习佛像雕刻。学佛、修行，而持怀尊重心、平静心施艺，是他学成后的体悟。起初自立门户也是为了生计，尽管籽料市场热闹非凡，畅销流通的小雕件形形色色，但他并未迎合这种风潮，而是潜心研究藏传佛教文化和佛造像经典。造像度量、衣着饰物、神情姿势的表现既有传统的规定性，更有相由心生的个性因素。据他所说，每次去西藏的感受都不同，将真实生活中普通人或佛教信徒的善行、善面以佛造像的方式表现出来更有意义。他也深刻感悟到，佛像作品做多了，自己的心智就会变得更加明朗、平和，总能从生活中发现美善、幸福和乐趣（图 7–15、图 7–16）。他的心态和作品也影响着家人、徒弟、朋友们。物以类聚，人以群分，久而久之，他更像一个广结善缘、传播慈悲佛道的布道者了。

图 7–15　桌案上尚待完成的水晶观音菩萨（梁飞雄）

图 7–16　历经琢磨的佛教塑像“人读玉、玉度人”的故事（梁飞雄）

造福企业员工的吴老是一位社交型手艺人。当年礼品市场情势较好的时候，他为厂里的产品拓关系、跑销量。身为管理者的他往往牺牲多钻研一件产品的时间，而为更多员工的生计保障思量。“吴大师德高望重”“他与人为善”“他人脉很广”“他很勤奋的，现在都还坚持画画”“他人特别好”，这都是多年来身边同行对他的评价。尽管好的口碑可能不会直接带给他个人什么好处，但为业玉人这个集体赢得了更多的利益。

三、为玉品正名

当代中国玉文化在设计、生产、交易、收藏方面的批评实践，还体现在对“玉” 这种材质有无尊卑之分的重新认识和界定上。这也是对当代玉雕价值属性探讨、形成品评标准的前提。如前文所述，现代科学特别是地质学、材料学、经济学的发展，促使玉文化的现代传统中人为地导致了某种材料歧视。这种歧视产生于社会尊贵性和自然稀有性。狭义的玉，专指传统统治阶层意识形态下特称的真玉（软玉），即和田玉。这种独尊显要的地位，使得后世各代不断地模仿真玉制品，其他玉石在相应的社会身份等级划分之下变成了次级品、替代品，缺失了话语权和一席之地。

概念总是在不断地阐释中演进。21 世纪的今天，很有必要对“玉”做重新阐释和广义的界定，只有具有包容性的概念才能为那些历史同样久远、价值并不低廉的玉石“正名”，使其名正言顺地成为它自己，有自己的叙事特色，展现自己的个性，而不是被迫模仿、屈从位卑。

这种批评性的重释，在中国历史上也出现过。春秋战国时期就有过僭越礼制的历史，一些无法享用真玉的王侯，在自己的墓葬中大胆使用其他材质的玉石制作成天子可享的“九”数等级的随葬器具。着眼当下，我们并非去僭越什么礼制，而是采用一种带有“僭越”性质的做法，去批判性反思、挽救那些由于“独尊”而有价无市的所谓贵重玉材，或由于社会伦理的凌驾而沦落为仿冒品或替代品的原料，去试着改变那种已经自觉不自觉地就将自己、自然万物以及人造物视为“低人一等”“优胜劣汰”的定式思维和情感态度。

俗话说“好看的皮囊千篇一律，有趣的灵魂万里挑一”。客观地讲，每一种玉石都是独特的，是人类文化强加给这些自然物不同的美丑和尊卑的意义，如和田玉温润含蓄，翡翠彰显富贵，独山玉变幻莫测。诸如此类，既有可比性，也有它们专属的不可比性（图 7–17—图 7–20）。好看、美丽只是肤浅的视觉幻想和虚无，玉石被塑造、被阐释的“实质性”意义、价值，业玉人的故事与情感，才是有趣和有灵魂的存在。现代玉雕从业者逐渐意识到：若得到妥善的设计、利用，任何材质都能一枝独秀。而且，越来越多的治玉者开始推崇“尊材施艺”而非“因材施艺”、“和出于适”而非“巧夺天工”的理念。

造物者的自信和自尊，发端和终极都必然与“他者”相互纠缠。信任和尊重他者——自然、材料、相关人，才能因道德的同理心而施以节制和适度地开采、使用。玉石在经济民主和文化民主的策动下，正在建树、规训新的“天人

图 7–17　翡翠原石

图 7–18　和田玉原石

图 7–19　独山玉矿

图 7–20　出产祁连玉的祁连山（青海境内拍摄）

合一”共同体的伦理观。

第三节
治理道德的自我技术

一、“玉不琢不成器”：琢磨与比德的伦理学意义

中国古人善用玉来比附美好的事物和人物，至高的境界则是“玉如人品，人如玉品”。“玉有六美，君子贵之”，在古代，不但佩玉的人要有“仁、义、智、勇、洁”的玉德品格，治玉的人也必须具备德行操守。

在“文”化“武”之玉德部分已说过，玉器，从粗磨到细磨，需要不断地更换各种型号的砣子。每件“活儿”形态各异、方圆不一、凸凸凹凹，操作起来不全神贯注就会手忙脚乱。治玉人在水凳上手脚并用，一丝不苟，一点一点琢磨，这是一门心智与体力融合统一的复杂的工艺活动。

从本质来看，手工艺劳动让人“专注”“勤劳”“自食其力”（衣食住行用靠智慧来设计制作、谋生手段）、“美丽”（比如认真工作的匠人）、“尊重”（人是自然的组成而非凌驾，对劳动成果的尊重）、“奉献”（付出心血）、“节制”（遵从劳作的节律、日出而作日落而息、资源利用、行规对生产规模的约限），而这些都属于“美德”品质。

比德，在严格意义上讲，产生并存在于更大范围的手工艺道德实践活动之中。在此再次强调手工艺过程实践的“诸美德”，涉及的主要伦理范畴有四种：①人伦：能尊重传统，尤其是尊师敬祖，入门学艺先后有序，同门同行有仁信；②生态伦理：能尊重自然和材料，适度开采和使用，尊材施艺、和出于适；③职业伦理：遵循传承已久的手工艺行业规范，本分地各守门派，保密不外传绝技，不抢同门的活计；④教育伦理：缘心感物，尽心知性，美善相乐，自明诚与自诚明，尽善尽美[1]。

无论是玉品还是人品，后天琢磨、教化而成的品性固然有其善美，但玉与

[1] 朱怡芳：《文化密码：中国玉文化传统研究》，北京：九州出版社，2020 年。

人都有先天本性的真美。返璞归真，是世代琢玉艺人欲求的至高境界。尤其在优质材料愈加稀少的今天，艺人惜材，尽量少雕琢或祛雕琢，使玉石保留本真的美。正如曹雪芹在《红楼梦》中塑造的“通灵宝玉”本应是一块象征心灵美和品格美、自然纯真的璞玉，但经过世俗礼教的打磨后呈现的这件“宝玉”不得不让人反思：原来封建礼制道德规范“琢磨”出来的所谓“肖子完人”也不尽是真美的。“玉不琢，不成器”由此具有了正反两重性：“琢磨”以适应社会、回归社会，“不磨”以亲近自然、回归自我。

二、建构并统一于传统的利益获得：亚氏和麦金泰尔的美德伦理

传统社会手艺中的美德实践统一于社会价值的建构之中；也就是说，“玉德”作为一种特殊的社会美德规训，这一概念的建构与发展以及当代对其的理解，都应注意到它具有传统社会文化统一叙事性的特点。然而，现代性改变了这种统一性，最主要的原因是生产性劳动走出了家庭，从而使得手工艺走向不为人理解的艺术边缘。当劳动走出家庭并服务于非人格的资本时，劳动就只服务于动物性的生存、制度化的贪欲[1]。贪欲，即亚里士多德（Aristotle）理论中的“恶”，却是现代生产性劳动的驱动力量。人们对艺术、科技的实践也走向边缘，成为少数人或一小部分专家的特殊技能，大多数人只能在闲暇时间消费。这一点在玉石的鉴定、设计制作方面尤其明显。对玉石材料分辨、真假甄别、做工水准评价等具体的知识和技艺而言，专业和业余形成的边界严重破坏了美德传统在个人生活和社会生活中的统一性理解。

中国古人很早就在工艺实践中融入了道德性的评价。不同历史时期，人们试图用各类文献记录表达手工艺与天道人伦密不可分的联系。这种情况在中国玉文化发生和发展过程中尤其明显。如前文提到的远古时期万物有神灵的信仰下，玉是有神灵气息的，雕琢成的样式是与神性相关的。先民心中的玉不但是神，亦是神物，是与神灵沟通的媒介。治玉就是创造与神灵交流的渠道，而祀玉就是祀神。从认识和对待玉材到施加工艺制作出玉器，再到使用玉器，这个

[1] 麦金泰尔不但分析了现代性对社会生产结构的影响，还特别强调原有家庭道德体系的变革。参见：Alasdair C. MacIntyre.*After Virtue: A Study In Moral Theory.* Indiana：University of Notre Dame Press，2007，pp.227–228.

过程形成了完整、统一的道德实践体系。

不仅在中国，手工艺与道德关联的分析，在西方诸多理论家的道德主题中也有涉及，且可追溯至亚里士多德。我们需要清晰认识的是：传统的伦理学主张服从和规训，主流价值观认可和维护的手工艺实践的美德也具有这种特性。

亚里士多德在其伦理论说中表明，工艺只作为反映人的品德修养的某个方面，判断一个人是否拥有诸美德，比他事事都能做对更重要的是必须明白他的行为是否符合道德规范。当代伦理学家麦金泰尔（MacIntyre）则认为手艺之所以不能避谈道德，是因为手工艺可用于阐释“传统”，而传统包含了实践道德必须遵从的标准，并通过传统的传习来巩固道德，就像中世纪知识的传承和传播，基本离不开师徒相传、严格服从且互信的手工艺行业。社会人类学家詹姆斯·莱德劳基于此观点而强调：遵从标准获得美德只是一方面，而犯错和纠正才是践行并获得美德的重要方面。一种技艺最开始多通过模仿而习得，但只有不断实践、反复练习甚至出错，才能让主体明白为何这么做和该怎么做[1]。

对很多从事琢玉行业的手艺人来说，必须经历从陌生到熟悉再到精通，甚至可能的创新。这也暗示着重复和模仿手艺的过程中，他们必然要先压抑和克制自我的自由表达意愿，从反复实践、服从教条的学习中获得制作甚至创造的信心。

“美德”往往揭示了主体在处理道德和利益关系问题上形成一些“有利”的结果。麦金泰尔探讨“美德”时明确提出了“外在利益”和“内在利益”[2]的概念，并列举了从中世纪末到 18 世纪西欧发展起来的肖像画实践与获得利益的关系。成功的肖像画家能够获得许多外在于肖像画实践的利益，比如名声、财富、社会地位，甚至偶尔在宫廷内有一定的权力和影响。然而，画家的内在利益则产生于对各种问题做出创造性反应的努力中。一种实践包含着各种优秀的标准、对各种规则的服从以及利益的获得。要进入一种实践，就是要承认那些标准的权威性，并且用它们来评判自身行为表现的不足。进一步理解他的言外之意就是：虽然获得内在利益之后画家更容易获得外在利益，但并非所有主体都能在实践中获得内在利益，而内在利益获得的过程更能让人富有美德。中

[1] 詹姆斯·莱德劳在研究伦理学历史和理论时关注到手工艺作为实践伦理的重要组成。参见：James Laidlaw. *The Subject of Virtue : An Anthropology of Ethics and Freedom*. London：Cambridge University Press，2014，pp.72.

[2] 麦金泰尔认为个人获得的财富与地位属于外在利益，内在利益倾向于自我品德的修养。参见：Alasdair C. MacIntyre. *After Virtue: A Study in Moral Theory*. Indiana：University of Notre Dame Press，2007.

国手工艺典籍《周礼·冬官·考工记》中的“知者创物”意指设计造物之人为“智慧”的人，这与古希腊时代亚里士多德所提出的“核心美德”即“智慧”[1]有着相似的美德追求。

从美德到诸美德，再到核心美德，尽管伦理中美德的内涵、外延和实践领域在发生变化，但是手工艺实践美德始终存在其必然性。总的来说，手工艺劳动是主体道德实践的有效途径，手工艺伦理并非一种单纯的职业伦理，它包含着丰富的道德哲学内容，而“美德”则是手工艺的出发点和终极诉求[2]。“玉德”作为诸多手艺门类中明确提出的“美德”规范，时刻与其时代的社会价值观一致，足以证明这种统一的叙事性。无论它是被建构用来比附意识形态的，还是参与了意识形态的建构使价值显现，无可否认的是，“玉德”就是手艺人的一种美德实践。而且，这种实践甚至与佩戴者（使用者）的价值规范统一，曾在玉文化的古典传统时期发挥了“比德”的示范作用。

总而言之，按照从亚里士多德到麦金泰尔的实践伦理旨意，传统社会里的手艺人，当然包括治玉人，在生活各个方面表现出的德行与他们在知识和技艺方面的美德以及所处社会的道德传统严格保持统一。

三、从外向的规训到内向的控制：福柯治理自身道德的自我技术

治玉人究竟是做一件自己认为美的玉器，还是师父评价为美的玉器，抑或是中间商所描述的美的玉器，还是买方和藏家喜好的玉器，这正是现实中手工艺主体进行自身道德建构时面临的疑问和矛盾。

在此问题上，法国思想家米歇尔·福柯提供了以自我技术为基础来建构主体道德的解决方式。自我技术意味着“个体能够通过自己的力量，或者他人的帮助，进行一系列对他们自身的身体及灵魂、思想、行为、存在方式的操控，以此达成自我的转变，以求获得某种幸福、纯洁、智慧、完美或不朽的状态”[3]。福柯强调的这一“治理术”涵盖了整个实践领域，而在治理过程中主体的自由以及主体与他人、自我的关系就恰恰构成了伦理学的本质内容，主体与

[1] 唐凯麟主编：《西方伦理学名著提要》，南昌：江西人民出版社，2000 年。

[2] 朱怡芳：《从手工艺伦理实践到设计伦理的自觉》，《南京艺术学院学报》（美术与设计版），2018 年第 3 期。

[3] 福柯提出了四种技术，各有特点但又有密切的联系。参见：Martin，L.H. et al.. *Technologies of the Self: A Seminar with Michel Foucault*.London：Tavistock，1988，pp.19–20.

自身应该保持怎样的自我关系才真正决定了个人应该如何把自己建构成自身行动的道德主体[1]。只要稍加观察和思考历史以来被评价为“美”的作品案例，我们不难发现杰出作品普遍具有的共性：尊重传统、专注本心、和顺天道，并有一定的自由创新。这些为人所称叹的特点，恰好揭示了创作主体的诸美德。

对治玉人来说，做一件玉器，首先就是相玉。玉料适合做什么，其实都是人在评判和操作。是任由自己个性去切割处理，还是尊重自然材料缺陷和美感特点来因材施艺？解答这个问题的过程能够训育主体对自然的伦理意识。恰如日本宫殿木匠小川三夫在不断的实践经验中得到的训诫秘诀：“整合木头的癖性就是整合工匠自己的心。”[2] 除了对自然材料认识和处理的环节，工匠难免与他人打交道，特别是遇到有出资人要求做成某种样子的来料加工情况，手工艺主体会面临较复杂的与自身、与他人乃至与自然的道德实践，这个过程能够使并不完善的自身道德标准遭遇检验和修正。子承父业的日本铁匠高木彰夫就认为配合使用者的身体制造出的农具就是好的，也就是说，适合使用者的重量、形状、工具尺度等这些物性，若能够很好地传达给使用者该物的品质优良，并有清晰明了的指示和功能用途的暗示，那么，只要秉持这种理念，每当完成一件工具就很愉悦和幸福[3]。

自我技术在治理自身道德时确实具有训育特点，也因此逐渐在有关的社会教育、美育培养领域中得到应用。例如，19 世纪英国的感化教育中，作为劳动教育的手工艺实践是最重要和有效的训育方式。为了避免学习主体受到外界诱惑，感化学校相对封闭，传授的技能涉及衣食住行用，主要的手工艺有绘画、金工、缝纫、木工、制靴等。类似的感化教育方式随后在欧美、日本、中国等更多国家流行。及至现今，许多国家已在幼儿教育阶段融入手工劳作教育的启蒙模式。除了宏大的文化传承意义，也许真正久远的意义在于助益人们对“真、善、美”德行的追寻，亦如“比德于玉”是在一代代匠人的职业自律、技艺求精和艺术体悟中完成美德实践一样。

---

[1] Hubert L. Dreyfus and Paul Rabinow. *Michel Foucault: Beyond Structuralism and Hermeneutics* [*Second Edition, With an Afterword by and an Interview with Michel Foucault*]. University of Chicago Press，1983，pp.238.

[2] 宫殿木匠手艺的传授方式不是靠手把手地教，而是靠工匠自己边看边学。参见 [日] 盐野米松著，英柯译：《留住手艺》，桂林：广西师范大学出版社，2012 年：第 24 页。

[3] 高木彰夫在口述自己的学徒经历和继承父亲开创的“源次锄”时强调了自家手艺的核心价值就是合着使用者的身体。[日] 盐野米松著，英柯译：《留住手艺》，桂林：广西师范大学出版社，2012 年：第 83 页。

四、平衡自我意愿和社会责任："好"与"坏"的矛盾统一

作为一个自由技艺的主体，治玉匠人在施艺过程中必须做出许多次的判断与选择，使得这种自由只能在无数次的限定中平衡。理想化的道德体系和标准是"非 A 即 B"，它可以减化主体的判断和选择。但现实中，社会、不同的主体发生关联时，在 A 与 B 之间总会出现无数的可能性，最终若选择大写的 A，很可能也是无数小写的 a、小写的 b 多次博弈的结果。手工艺之所以能够制作表达出多样性和多元化的可能，正是因为主体每遇到一次设计和制作的困难时，就有一次实施自我技术的机会。主体可以在不同的机会中反复实践，最终强化并形成稳固的自身道德理念和标准。

怎样才能做一个好徒弟而不是坏徒弟？从传统意义上来讲，遵从传习传统的手工艺者一定能成为好徒弟。然而历史事实证明，违叛传习传统的手工艺者不一定就是坏徒弟。这个命题背后暗含着两种价值取向和实现途径。

第一，严格地遵从传统规则才能成为有美德的好徒弟，才有可能产出有传统典型性的好作品，传习正宗，从人到工艺再到产出物品都是"血统"正宗。

第二，违叛传统标准可能成不了好徒弟，也产出不了当世认可的好作品，但不排除可以成为后世评价中的好徒弟和好作品[1]。因为作品反映选择性[2]的自我技术和内在价值，其中有创造力，也有自由精神。

第一种取向过程形成可称为正宗"血统"的手工艺传习模式，第二种取向过程形成可称作改良"血统"的手工艺传习模式。是不是一个好徒弟，其评价焦点集中在第二种取向发生矛盾时。当下很多手艺人曾经或正在经历这个问题，并已经或试图通过自我技术调适做出不同的选择。

在传习体制内，不彻底地服从，可以理解为主体有一定的自由性。然而，手工艺传习中不服从反而较多地关注自己，或被视为一种不道德。如福柯所说："从某个时刻开始，关注自我很容易被斥责为自爱和自私的形式，与关注他人或者自我牺牲的要求相矛盾。"因为离经叛道、未经师父允许的一切行为都将是不道德的，徒弟必须学会服从和牺牲主体意志。自我技术一方面用于削弱顽固的自我意识和倔强的性格，另一方面利于建立完善的自我意识。詹姆斯·莱德劳认为，"不完全地服从"更能让手艺人思考他为什么这样做、

[1] 朱怡芳：《论传统工艺美术生产要素》，《文艺研究》，2015 年第 2 期。

[2] 亚里士多德也曾提出过伦理德行的自愿性和抉择性两个特点。

怎样做更好，而不是用教条规定他该怎么做。这或许可以理解为：主体应用自我技术时保有一种有限自由的选择权。恰是这一点，令手工艺传承传统的过程中伦理的实践始终具有生命力，似同《道德经》中“虚而不屈，动而愈出”的奥妙。

综观以上，手工艺主体在接受训育并产出劳动结果的整个过程中，不断地调整主体与自身、主体与自然、主体与他人的关系，通过自愿性和选择性的自我技术治理自身，形成一种比较完整的、自洽的自身道德理念和道德标准体系。

无论是亚里士多德、麦金泰尔，还是福柯，在美德是什么、如何获得美德的问题上，给出的方案本质是相同的，即叙事的统一性。参照手艺行业的美德标准，所谓“大师”就应表里如一。治玉人选择什么样的标准传承或创新，也势必与他个人的历史经历、社会生活的叙事背景相一致。对他们有无德性的评价也必然在实践“传统”的时代语境中展开。业玉行业的治玉人和广泛的业玉人更倾向谈及道德和伦理，与玉在中国文化中涉及信仰、神性、价值性不无联系。治玉人作为道德主体，通过实践，应用自我技术，调整来自不同传习体系的价值观影响，从而确立理念与标准，获得美德并可能通往信仰。

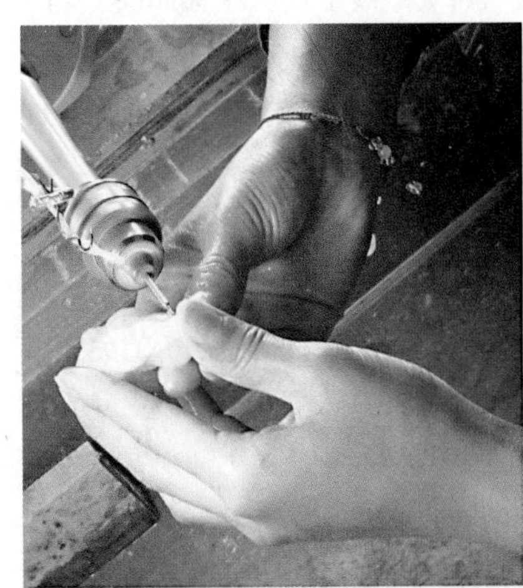

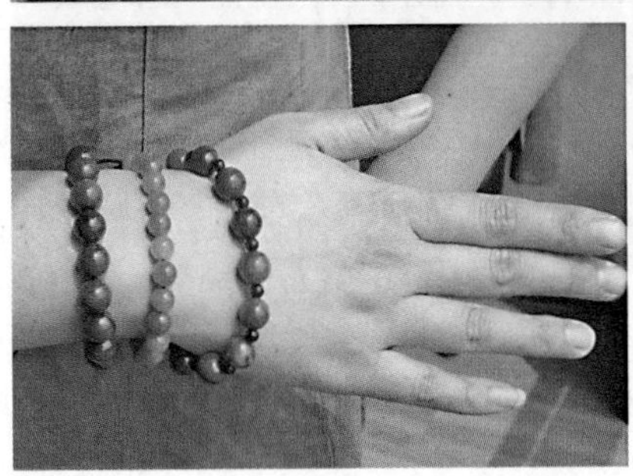

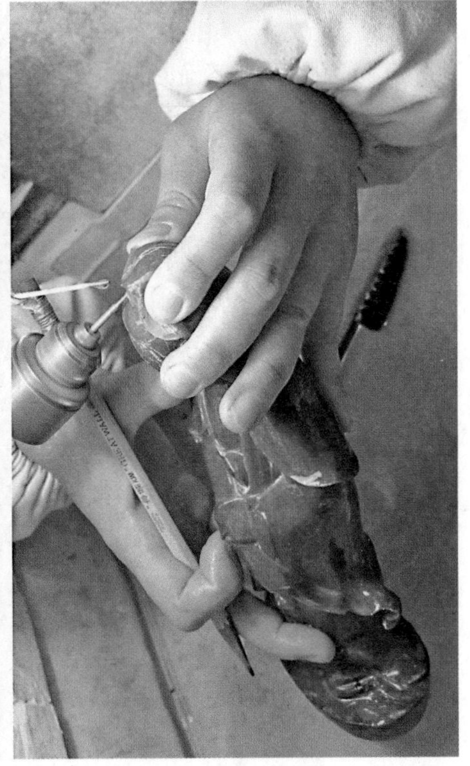

图 7-21　业玉人的手部特写

第八章
消解的结界

第一节
移动的界：结界内外的价值变迁

一、测不准的结界：变化的资本关系

科学界有一条“测不准定律”，即不确定性原理（uncertainty principle）[1]。中国传统文化里则有《易经》[2]，阐述万事万物时刻变化的道理。

玉石文化建构的不确定性首先受到一些客观因素的影响，如玉石自然材料的来源、产出、运输以及对资源的把控。

从现代产业链的视角看，不同产业阶段参与玉石文化建构的“产品—人—交易（制度环境）”除了经济价值，其社会价值、文化价值也在发生主动或被动的变迁。隐性的社会关系网络、经济关系网络，乃至不同阶段的价值关系构成，都属于一种“结界”。以今观史，就原料产业（一次产业）阶段来说，玉石这种特殊的原料可通过交易直接获取暴利，其成本主要是跋山涉水艰辛的人力采掘和运输投入，如今在资源过度开采后的一些老矿产区有时付出1—3个月的人力或器械劳作也颗粒无收。这个阶段的“结界”因牵涉专业技术者（采掘从业者，像今天的地质勘探和采矿业专门负责找矿的人）、矿源所有者或拥有资源处置权者（个人、社会群体、神灵、政府）、交易者（商人、中介者、矿源所有者等）的利益，而主要由这些群体构成不可见甚至坚实而密不可破的关

[1]“不确定性原理”是科学家海森堡于1927年提出的理论。他用一个专门的公式证明了人不可能同时知道一个粒子的所有性质，粒子的位置和速度具有不确定性。

[2]《易经》包括《连山》《归藏》《周易》三部易书。

系网络。在这个“结界”内，价值的大小主要取决于利益大局的掌控者，并非专业技术者。也就是说，开采什么样的玉石、哪种玉石贵重、哪种能赚得更大利益（经济以及社会、政治的利益）等，其权力赋能是先天或后天的矿源所有者。

法国学者布尔迪厄在社会文化研究中发展出与文化、权力、行动相关的独特理论。他把资本看作以它们体现劳动量的差别为基础的权力关系，并将资本概念扩展到所有的权力形式，即物质的或经济的、文化的、社会的和符号的资本。其中，物质或经济资本包括货币与财产，文化资本包括教育文凭在内的文化商品与服务，社会资本包括熟人与关系网络，符号资本标识出合法性。从众多学者不同领域的研究中可以发现，玉石资本的转移现象古已有之。

前文已提及在中国古代丝绸之路出现前就存在一条玉石之路，它是远古最早的商路，打通了区域阻隔，构成区域性乃至全国性的“玉石之路”网络，在地理空间上形成了一定的政治力量。随着王朝的更迭、政治中心的转移，玉石运输、进贡路线有相应的变化。尽管中心会有所转移，但一度繁荣的加工地和商贸流通地有一定程度的保留，并作为当地文化的一部分内容而存在，发挥着潜在的影响作用。这种“玉石之路”带有地域特征，类似于考古学的文化区域，经过几千年的沟通往来，由小道变成通途，并逐渐形成了几个文化区域通用的玉石干线，最终成为全国性的玉石、丝绸、珍宝和其他物资的运输线。沿路的经济文化也深受进贡和贸易买卖玉石等资本转移的影响。中央集权的封建政治体制下，为争夺资源引发的战争，甚至帝王的喜好都深深影响着当世的玉文化乃至地方经济的发展。根据玉石资本转移及其影响，能勾勒出当代玉石产业区际分工与商贸合作的版图。例如，翡翠原料及产品的进口、内销与外销贸易就形成有“滇缅→广东→中国港台地区、东南亚、欧美”（海、陆）和“广东→（河南）→全国各地”（陆）的商路。

作为专属物品的玉石，构建的结界体现在围绕使用者形成的“专有性”“阶层性”结界方面。在等级社会，专有和阶层圈定了“界”。外围向内部提供服务，而内部的需求，比如玉石物品的审美取向、趣味性、象征意义、规制性以及规范性，往往与外部形成双向互动的渗透与限制（图 8–1）。简单地说，外部满足内部需求的同时，也能引导和创造内部的需求，这在现代市场供需经济逻辑中也十分常见，如 20 世纪 80 年代日本索尼提出的“创造市场”的理念。

其实，之所以发生双向互动渗透，这与玉石资本会发生转移密切相关。

玉石资本包括物质（经济）资本、社会资本、文化资本、符号资本（象征资本），特别是与文化资本紧密联系的人力资本。物质（经济）资本，即玉石

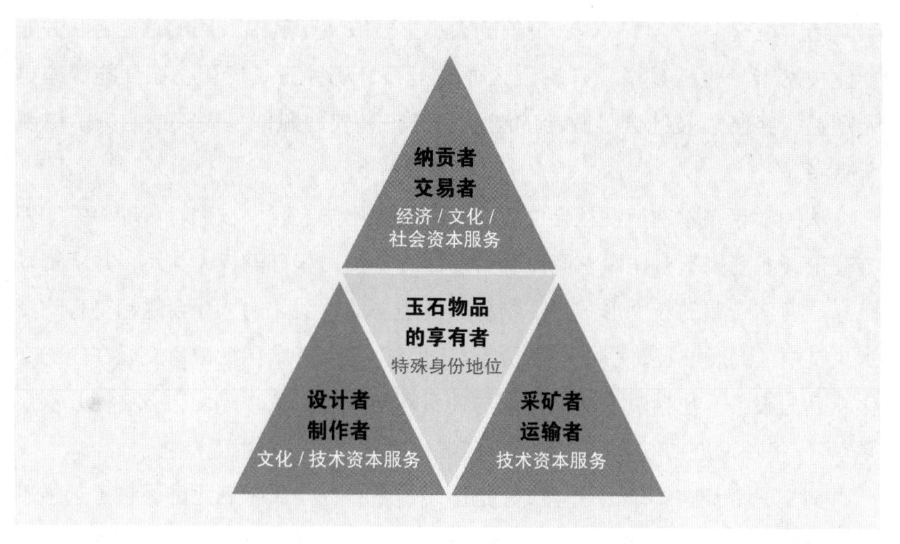

图 8-1 围绕玉石物品的渗透与限制关系

能带来直接的经济价值，针对这种原材料，其玉石品质、产地和年代、工艺水平都能带来附加价值，如文化价值、艺术价值、历史价值。文化资本，从艺术文化层面看，玉石的开采运输、设计生产、消费每个环节都要求有专门的知识体系，如保存、鉴定、鉴赏、艺术及工艺才能等。依赖身体存在的知识、技能等文化资本是人力资本所具有的特质。人力资本包含人的体质、智力因素，它具有社会性、主观能动性、可再生性和时效性。社会资本则包括熟人与关系网络，以及玉石与意识形态形成的联系。玉石资本通常为权势阶层所有，仪礼、赠送、交换、收藏、购买原料、设计制作、销售等均存在特定的社会关系网络。四种资本当中的符号资本，在当代其意义反映出经济民主向文化民主发展的趋势，象征的权力意义从集权统治到大众化、世俗化，以及生产与消费的大众意象，其中还包括品牌和信誉投资等内容。

玉石资本发生转移的原因既有内部因素也有外部因素。当内部的经济资本、社会资本、文化资本、符号资本发生某些转化时，能够引起价值的增长和降低，玉石资本就会发生有时空性、自觉性、可持续性等特征的变化。

例如，清代乾隆时期和田玉山子《大禹治水图》的玉石资本，就涉及众多环节：①玉料来源，如玉矿位置、地理环境，玉矿开采历史，与“玉石之路”的关系，开采的设备工具、人力，玉矿管理；②玉料运输，如人力、物力、耗资、耗时，清代乾隆时期政治文化背景，和田地区的民俗文化和经济发展状况，运输路线、途经地方，负责运输与安全的组织及管理；③运抵京城进行初制所涉及的资本，比如当时的监管机构、宫廷造办处玉作，皇帝参与设计，设计方案的变更、作品原名，制作者的人数、年龄、身份、出身、技艺特点、性别，制作工时、工具、过程；④运往扬州所涉及的资本，包括交通运输工具、运输路线、途经地方，运输人力、物力、耗资、耗时，负责运输和安全的组织及管理；⑤在扬州制作时的资本，含扬州经济与文化背景，工匠人数、年龄、身份、出身、技艺特点、性别，耗资、耗时，制作工具、工艺，蜡模、木模来样制作方式，工艺监管等；⑥返运京城涉及的资本，如负责运输及安全的组织，人力、物力、耗资、耗时，运输路线、途经地方，监管机构，再加工制作，最终安置等。

再如，为2008年北京奥运会承担奖牌玉料供应的青海昆玉实业投资集团，这一商业和政治资本的获得，不仅使企业发展有所转变，还直接影响了青海昆仑玉的市场价格的上升、昆仑玉文化知名度的提升、昆仑玉企业的增加。特别是因原料捐赠的文化宣传对其品牌文化的影响效应，促使其在外地设立分公司扩大规模，并引进擅长扬州工、苏州工的人才、技术和设备，而且还引资、投资建立玉文化博物馆、开发文化旅游资源。

在专业技术者布下的结界内，受保护的内容是与其社会意识形态密切相关的。比如，汉代的殓葬用玉，其保护内容和远古时期墓葬中的一些用玉保护对象所指并不相同。结界内外形成的保护和抵御是一对矛盾，但是对于自然物的认知观念甚至集体意识决定了什么是受保护、什么是需要诅咒或防御的对象内容。在神话和当代民族志研究中，动物和鸟常被原初社会形态组织（部落）中的人称作“人们”，有时动物可以和人互换形态而变成对方，不仅是玉石，植物作为手工艺生产的材料来源也是有灵性的。比如，教人竹编手艺的印第安老妇人，会带着求学者到篮子编织取材的植物旁边讲述关于植物的神话，并唱诵辅助性的祈祷，而不是直接在屋子里教求学者编织技艺。其实，除了植物、动物，有时连看似无生命的矿物、风雨、气象都被视为活着的生灵[1]，彼此之间以各种方式生发着依存关系。例如，澳洲的艾耶斯岩石就被看作活的、有神性、能说话的石头。弗雷泽指出，万物有灵的信仰秩序是颠倒的，即自然本身在寻求自己、将自己延伸而深深地进入原初社会这些人之中，渗透他们以被探测发现，而不是人深植于自然。

另外，制度和政策对重构当代玉石资本的结界具有较为深远的影响。如今的保护性政策，比如玉雕技艺的非物质文化遗产保护、对传承人的保护、对村

[1]［美］休斯顿·史密斯著，刘安云译：《人的宗教》，海口：海南出版社，2013年：第404页。

落的保护，对生产技术、自然资源及劳动力资源的保护，当代的各类玉石商会或行会对成员企业的保护，非正式经济的合理化存在，玉石商品的进出口税收政策、社交礼品政府采购政策、国家精品收购与收藏政策，统统都为资本的重新分配提供了新的机会。

二、布界者的使命：不断制造和消除结界

第四章提到了弗雷泽在《金枝》中关于扣结禁忌的研究，其实，在解决这些扣结引起的问题或危险情况时，部落的巫师也会采用顺势巫术或模拟巫术原则进行解救。比如，巫师帮助婴儿被脐带绕颈的产妇时，会指令这家人从树林里取来坚韧的蔓草，从产妇背上捆绑起来，巫师则手持利刃，嘴里喊着产妇的名字，等产妇应声，然后用刀割断她背上的蔓草，并对她说："我已割断你和你孩子身上的绑索了。"之后把蔓草切碎放进一桶水里，用这桶水替产妇洗澡[1]。诸如此类的解除或结下扣结的道理亦同于"结界"，只是"界"的范围有大有小，"界"的对象有具体和模糊之分而已。为何中国远古时期的丧葬用玉如此之多？为何逝世者专门享以墓葬形式？也许最早建构的这个"界"，就是用来防止技术带来的灾难的。

佛教有三界九地之时空观（图 8–1），其层界时空是否可从科学粒子加速器（图 8–2）之间找到些许相似性联系呢？如《三界九地之图》所示，由下至上分别为虚空、风轮、水轮、金轮、地狱、九山八海、四大洲、日宫、月宫、欲界六天、色界十八天、无色界四天等，其中欲界有五趣杂居地，色界有初禅离生喜乐地、二禅定生喜乐地、三禅离喜妙乐地、四禅舍念清净地、无色界的空无边处地、识无边处地、无所有处地、非想非非想处地。[2]道教有无极—太极—两仪—四象—八卦构成的"天地人"和"阴阳界"之说[3]。科学研究则根据 M 理论、弦理论提出了 11 个维度平行宇宙的推想（图 8–3），就像无限多个平行的宇宙与我们共存于同一个房间，尽管我们不能"调到"它们的频率[4]。

---

[1]［英］詹·乔·弗雷泽著，徐育新译：《金枝》，北京：大众文艺出版社，1998 年：第 357 页。

[2] 唐代敦煌莫高窟的《三界九地之图》是目前发现的世界上最早、最完整的佛教三界九地图，描绘了佛教三千大千世界。它是根据 4—5 世纪印度佛教哲学家世亲菩萨所作的《阿毗达摩俱舍论》，后由玄奘所译版本绘制的。现藏于法国国家图书馆。"新宗教"思潮的 UFO 爱好者认为它描绘了远古时代的一种核子加速器。

[3] 任法融：《道德经释义》，北京白云观印赠。

[4]［美］加来道雄著，伍义生等译：《平行宇宙》，重庆：重庆出版社，2014 年：第 126 页。

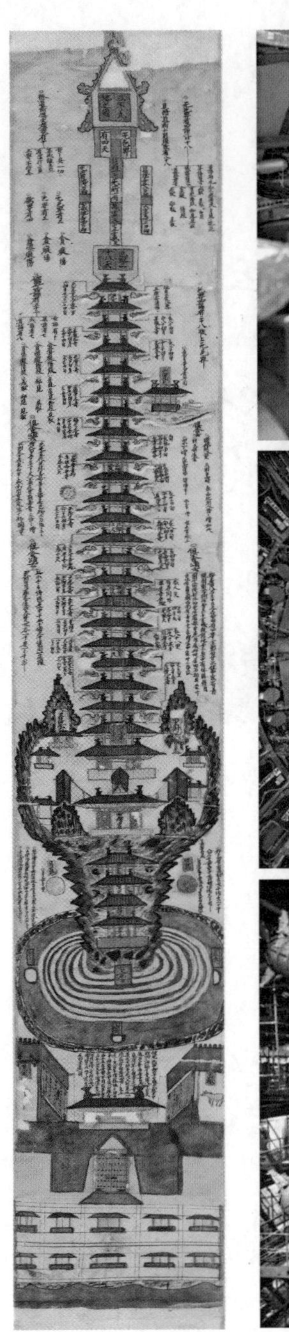

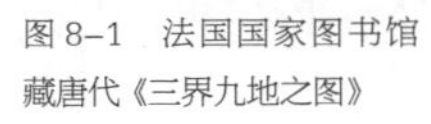

图 8-1 法国国家图书馆藏唐代《三界九地之图》

图 8-2 全球最大粒子加速器——欧洲大型强子对撞机（LHC）[1]

[1] 图片来源：《全球最大粒子加速器再度启动》，央广网，http://tech.cnr.cn/techgd/20150407/t20150407_518244021.shtml。

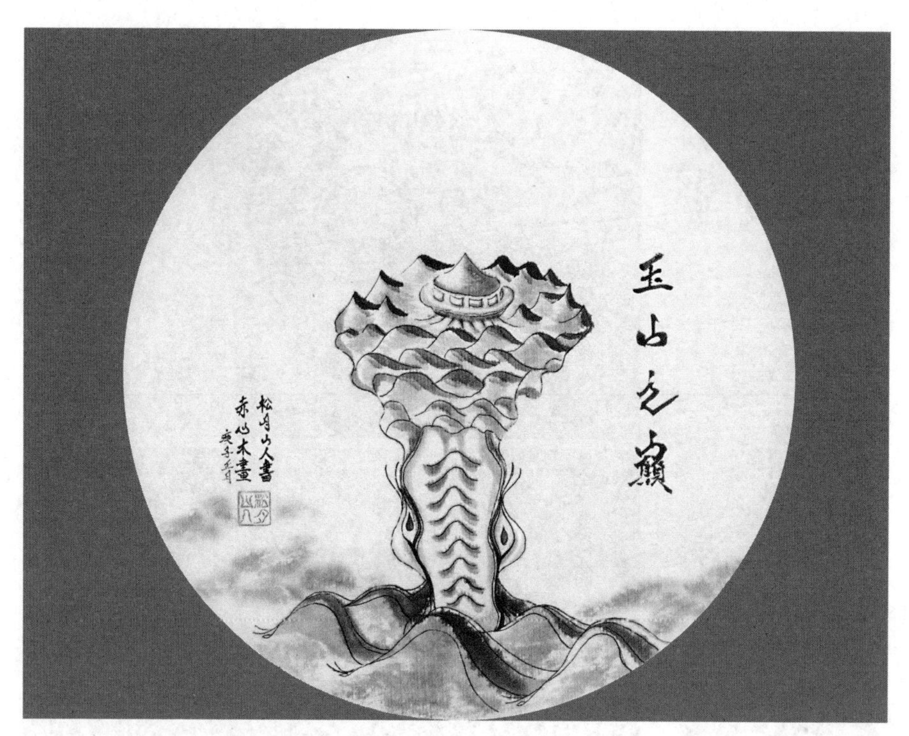

图 8-3 “玉”出昆仑的想象世界——玉山之巅（朱文泰提供）

若观人类生存的生态环境，还有植物界、动物界等的分类，可见这些界内外或界与界的不可转换、不可穿越（突破）作为必要限制决定了生存物的属性。例如，有哺乳动物和非哺乳动物之分，水生、陆生和两栖动物之分，脊椎动物和无脊椎动物之分。

结界的能者是布界者，其使命之一就是实施“护佑”或诅咒巫术，即对这个技术知识领域乃至行业的保护。在第二章，我们讲述了治玉技术的显化过程及一些原因和影响。然而，在历史发展中，治玉技术和知识的隐化，则出于权力等自然和社会生存本能，亦缘于技术原罪的伦理救赎。技术知识的隐化与显化时常显现为一对矛盾。治玉者一时遵循着技术保密、族内传承或业内传承的传统，一时又打破技术垄断和专有性，使之祛除神秘化和神圣化。

手艺使治玉人成为完整的自身，因而具有必要性。手艺作为一门技术资本，也是治玉人存在于自然和社会的前提。特别是先赋性的手艺传统，其“正宗”是“真”手艺的核心标志。恰如优良的贵族血脉基因唯守着不应变异一样，可与血统比附的手艺所包含的知识和技术，虽以世代存有个体差异的人为载体，但在漫长的口头传承中仍然力求保证手艺不变之“正宗”特性。治玉的手艺人作为此时的布界者，筑起技术保护的堡垒，不外传、神圣化，使其正宗、正统不可忤逆，制造了保护专有技术知识的结界，而且保护这个知识技术传统就是这一群（家族、行业）人的使命。

不但如此，手艺人心无旁骛地给自己也创造了一个界。这种“界”，或者与外界绝缘，或是到了无我忘我的境界。恰如《庄子》中关于坐忘、心斋、“技进乎道”的说法：

> “何谓坐忘？”颜回曰：“堕肢体，黜聪明，离形去知，同于大通，此谓坐忘。”仲尼曰：“同则无好也，化则无常也。而果其贤乎！丘也请从而后也。”（《庄子·内篇·大宗师》）
>
> 回曰：“敢问心斋。”仲尼曰：“若一志，无听之以耳而听之以心；无听之以心而听之以气。听止于耳，心止于符。气也者，虚而待物者也。唯道集虚。虚者，心斋也。”（《庄子·内篇·人世间》）
>
> 夫天下莫大于秋豪之末，而太山为小；莫寿乎殇子，而彭祖为夭。天地与我并生，而万物与我为一。（《庄子·内篇·齐物论》）

当人不执着于外物、身体，不受身心内外的束缚时，才能达到超越本我、物我两忘的境界；当技艺融为身体记忆，工具合为人身体的一部分时，就能达到庖丁解牛所谓“臣之所好者，道也，进乎技矣”的境界。这是一种由意识布局的结界，它超越了生理因素的作用和物化的可见的世界，而通过内养心性、外练形体以达到形神俱妙、与道俱化、天人合一的无所限“界”。

第二节
似是而非：应变的玉文化符号

一、打破“本真”的地方性

玉石文化的再塑造紧密围绕着原料资源的贫乏或丰富。当代中国玉文化市场的需求导致原有在中国本土的原料供应转向了全球范围内大量的玉石原料开采进口，比如逐年增多的俄罗斯碧玉、澳洲玉石、巴西水晶和玛瑙、马达加斯加海洋玉髓之类的进口。

玉石资本在时空维度下的转移及“本真性”不可避免地涉及“地方”这个概念以及“地方性”问题。“地方”既可表示一个具体的位置、地点，比如矿场、工厂、商场等；又可表示某个区域、地带，比如新疆和田、昆仑山脉、滇缅运输线、玉石（丝绸）之路、特色产业基地等。“地方性”或者说“局域性”也不仅是在特定的地域意义上而言的，它涉及知识的生成与辩护中所形成的特定情景（context，文脉），包括在特定历史条件下形成的文化与亚文化群体的价值观。从玉石出土物的材料、工艺、形制、种类、使用及其他方面的考证可见，这种价值观的冲击与文化交流发生的时间序列有先后，工艺水平有高低。玉石的土著性与移入性并存。由于社会文化发生碰撞，而且其碰撞的动力有的来自大自然，有的来自人们互通有无的交换或人为的扩张、掠夺和冲突。克里福德·吉尔兹在《文化的解释》以及《地方性知识》中主张地方性知识的重要，但也并不否认普遍的科学知识。地方性知识不是指特定的、具有地方特征的知识，而是一种新型的知识观念。玉石交易中的“带成”就属于地方性知识，它是这一行业交易的传统方式，尽管属于非正式的经济行为，但也维系了长期以来的市场秩序和特殊的定价原则。当代有相当一部分玉石工艺品由政府采购，用于各种仪礼活动。礼品、礼物并不局限于个人意义的赠送，国家仪礼赠送的礼品及政府礼品采购的做法甚至可以追溯到原初部落的馈赠。面对资本的转移，地域特色的手工产品成为商品时也会做出文化选择。以手工地毯为例，生产地毯的工匠同时也进行着文化的塑造。前文提到布莱恩·斯波纳在《织者与售者：一张东方地毯的本真性》的研究中认为，在过去两千多年的手工艺史上，这些象征化的地毯工艺品先是在东方部分地商业化，然后在国际贸易中完全地商业化。软玉和翡翠在迎合市场审美需求时尽管存在一些差别，却也会遇到相似的情况，即为了扩展外销（外地）贸易市场，今天的设计制作者可能不会再以完全陈旧的形制为鉴赏标准；相应地，他们会自觉地融合外方文化、取悦外销市场的采购者，从而改变自己本土地方性的传统风格（图 8–12、图 8–13）。

中国现有玉石设计加工企业多为 10 人左右的小型家庭作坊模式，有一定的灵活性，但其非正式性也带来了管理和行业经济数据统计的不便。这类对象见之于马歇尔（Marshall）等学者对意大利手工产业集聚的相关研究中。马歇尔、马丁基于 20 世纪末对诸如菲尔德餐具业、西约克夏不同毛纺织地区的产业综合体的观察分析认为：产业区是大规模企业的竞争者，产业区的显著特征是相同产业小企业的集聚、地方产业系统与地方社会的不可分割性。他强调地方社会

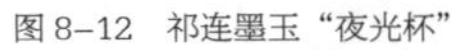

图 8-12　祁连墨玉“夜光杯”

图 8-13　商店里畅销的翡翠手镯

产生的社会规范（非正式的）和价值观对创新和经济协调至关重要。相互之间的知识和信任，如经济上的相互依赖、社会上的相互亲近、面对面接触，这些都能够帮助公司降低交易成本（从交通到信息费用）。产业区与众不同的特征不仅在于区内企业间的依赖，也在于经济和社会融入了当地“小型合作市场”，其中的商业系统、文化价值观、社会结构、地方机构是相互促进的。这类研究还有基于手工业地区的动态分析的，诸如意大利、法国、日本、丹麦等有发达经济的乡村小镇就重新出现了手工业地区。研究最多、最著名的是针对意大利中部和东北部的地方，分散在托斯卡纳区、艾米利亚—罗马涅区和威尼托区。这三个地区变得非常繁荣，主要因为那些雇佣人数少于 15 人的小企业的活力。它们在以多变和精心设计需求式样为特征的传统消费产业的专业化市场中运作，包括世界知名的普拉托（Prato，纺织品）、圣·克罗奇（Santa Croce，皮革制品）、卡尔皮（Carpi，织品）和萨斯索洛（Sassuolo，制陶业）。

近 15 年来，大批趋同的产业园区和专业化市场规划、兴建的举措，一定程度上破坏了其与地方传统文化的原生联系，进一步加剧了自然资源和人文资源地方性与非地方性之间的矛盾，所打造的专业化市场反而缺少了专业化。一些玉石手工企业以及商家更加适宜小规模发展而不是统一进行产业化和大规模化。特别是原有自然资源禀赋的地区，要么只以产业链低端的原料输出为主，走资源依赖型的粗放采发路线；要么盲目地将其作为地方文化产业来开发，破坏了不可再生的有限资源，不利于地方经济的可持续发展与文化建设。区际生产要

图 8-14　南阳市拓宝玉器有限公司的销售大厅

图 8-15　玉城淘宝直播基地[1]

---

[1] 图片来源：中华玉网，http://www.jades.cn，2020 年 3 月 1 日登录。

素的流动、区域对外界的开放程度、区域间的相互作用，使产品逐渐失去了多样性、差异性的文化生态。

不仅如此，数字化技术影响下的新型网络直播的销售方式也在很大程度上重构了“地方性”这个概念。消费者通过网络观看即可如亲临一样参与到正在销售的活动中，这个消费场所的“地方”（图 8–14、图 8–15），已不是物理时空意义上的地方。虽然一次链接参与就是一串数字 IP，但它也打破了传统的因物理地缘构成的产品“本真性”，变成了消费者心理和情感意义上的“地方”。

二、玉无定式

形式功能的跨界、设计形式的多样化、功能的扩张，是玉文化符号因应当代社会文化变迁反映出来的“玉无定式”的特点。

有些治玉人跳脱出传统材料观，将玉石变成纯粹的雕塑材料，从而产生了很多实验性的作品和产品，包括抽象首饰、装置艺术。有些治玉人则善用传统惜材观，以现代生态环保理念再发声，从而创作出一些变朽木为神奇的观念性作品（图 8–16、图 8–17）。

玉石工艺品从宫廷走向民间，从少数人享有的奢侈品变为大众消费的商品，这个变化在现代社会中形成。玉石商品化使得评价经典的门槛降低，大众消费

图 8–16　故宫博物院“卡地亚珍宝艺术展”上的插屏式座钟

图 8–17 《无相》(局部）（邱启敬香港“西西弗斯”个展）

的旅游玉石工艺品、收藏品渐增，且有不可抵挡的势头。前文谈到的玉石造物的非我之物属性以及土库曼人设计制作地毯图案的案例[1]，一定程度上说明，有些业玉者本身可能并不熟知这些符号形式的意义，也不去追问这些符号的起源。当这些商品化的符号为他人（购买的人）所享有并欣赏之后，手艺人会开始关注别人怎么看待这些符号。这在一定意义上加剧了“本真性”“本土化”之类概念的塑造。

同样，治玉人迎合市场需求的过程中，对自己固持的本土、本地方文化也采取了主动的取舍现象。如今依然存在京派、海派、扬派、南派等地域玉石艺术特征的划分，但是形式和工艺表现出来的界限已经比较模糊。所谓后现代文化的折中主义在当代玉石工艺品中既经典又世俗化的艺术风格并不鲜见，消费者能看到历史文化挪用的、地域文化拼接的形式——某种传统宫廷艺术、文人趣味、民间工艺的合体形式，具有“创意、综合、世俗”与“技巧、商品、符号”[2]的特点。

由于玉文化的现代传统是以大众消费与时尚意象为特征的，在消费群体的扩大、消费者社会身份的多样、消费者经济实力与文化资本的差异等诸多因素影响下，人们对玉石物品外在形式的追求不拘一格。历来的时尚就具有“由上至下”和“由下至上”模仿的特性，高端玉石商品的消费者在自由的消费市场环境、身份差异的社会作用以及追求精神自由的心理驱使下，也会寻求一些创意的、民间的、原典的、非精品化的中低端玉石工艺品。

由于消费文化的繁荣，制作粗糙、工艺低劣的玉石商品随处可见。不同规格数以万计的玉制串珠、手机饰品、扣挂件、腰带、枕垫等大量零售批发，玉石产品的价格甚至比普通塑料制品还低（图 8–18、图 8–19）。从中可以看到当代玉文化的低俗化倾向。大众的消费需求导致低俗玉制品的大量生产。用让·波德里亚的话来说，所谓“低俗”可解释为消费者对那些稀缺、珍贵、唯一的物品（其生产本身也可以工业化）进行了重新估价和定位。大众消费使原来仅为少数统治者独占的玉及玉文化成为大众化消费的对象，而且将旧有的尊贵世俗化，甚至达到低俗的程度。这样低俗或者媚俗与“真实”物品一起遵循着一种总是处于变动和扩展之中的特殊物资的逻辑，双双构筑了这个消费世界。波德里亚指出，媚俗有一种独特的价值贫乏，而这种价值贫乏是与一种最大的

[1] Brian Spooner. Weavers and Dealers：The Authenticity of an Oriental Carpet. Arjun Appadurai ed., *The Social of Things：Commodities in Cultural Perspective.* Cambridge：Cambridge University Press，1986，pp.195–235.

[2] 李砚祖：《关于消费文化视野下的工艺美术诸问题》，《东南大学学报》（哲学社会科学版），2008 年第 5 期。

图 8–18 青海昆玉实业投资集团有限公司使用的数码雕刻机器

图 8–19 青海昆玉实业投资集团有限公司生产的昆仑玉数码雕刻产品“北京奥运纪念品”

统计效益联系在一起的：某些阶级整个地占有着它。与此相对的是那些稀缺物品的最大独特品质，这是与它们的有限主体联系在一起的。这里与“美”并不相干，相干的是独特性，而这是一种社会学功能。在这个意义上，一切物品都根据它们的统计学可支配性、受到的或多或少的限制、像价值一样按等级划分的主体来分类。这一功能时刻规定着特定社会范畴在特定社会结构的状况下，通过特定物品或符号来表明自己与其他范畴的区别，确定自己地位的可能性[1]。

因此，大众化消费的情境中形成的审美观念是多变和复杂的，既有返璞归真、追求自然美的原石设计，也有从白到翠色、巧（俏）色、彩色为主，突出内敛到彰显品德的审美变化。概括来说，产生审美变化的主要原因有：第一，客观材料、工艺有所改变；第二，人们的主观审美意识与认知情感发生变化；第三，客观社会制度与经济结构引起的包括生产方式、组织方式、管理方式、销售方式在内的诸多转变。

通过对 20 世纪 80 年代以来因青海地区新开采而发展起来的软玉种昆仑玉（硬度与质地近似和田玉种）的历史和市场的调研，发现在 80 年代末到 90 年代中期，玉器加工中多喜好保留白色，剔除其中的绿色；而 90 年代后期至今，昆仑玉中带绿者又成为消费者追逐的上品。这种在选玉中重绿、重翠色的色彩观念多少也受到人们对翡翠贵贱的认知的影响（图 8–20、图 8–21）。

不同年龄消费者对于玉色的喜爱程度也不同。年轻人在玉镯方面更倾向于通透和翠色；中年人除爱温润之脂白和乳白外，更青睐清雅的鸭蛋青、江水绿抑或是漂花和春色翡翠；老年人通常好戴老玉镯，这类镯的色彩沉稳，如墨绿、油清绿等。当然，由于玉的价位与色彩紧密相连，在选择时，这也是一个不容

[1] [法] 让 · 波德里亚著，刘成富、全志钢译：《消费社会》，南京：南京大学出版社，2006 年：第 81 页。

图 8-20　河南镇平石佛寺市场鱼目混杂的各种玉石商品

图 8-21　青海昆玉实业投资集团有限公司原料车间不同色质的昆仑玉矿石

忽视的因素。

由于材料稀有昂贵，普通百姓缺乏足够的经济资本去购买收藏贵重的玉器摆件；因此，小型的饰件和把玩件成为当下最多的品类，既可以满足大众化消费需求，又可以因体量小而在制作上省时多变。传统的“扬州工”虽仍以攻和田玉为主，但如今也在以摆件为主的类型上扩展了较多的小料饰件加工。同样，尽管“广州工”以攻翡翠为主，“河南工”善攻和田玉、昆仑玉、岫玉等多种玉石原料，但在市场经济的供需机制中，不同价位的玉器及其造型纹样的丰富程度时刻与市场需求相呼应，地方性的印记逐渐在技术和人才的流动中褪色。

“物以稀为贵”，目前高品质的玉器及搭配设计的做工尤其考究，有些甚至属于专门定制、专人设计，服务更亲切化。相比之下，价位在1000—3000元的玉饰件虽然在国内具有广泛的销售市场，但其造型与纹样不及前者有特色，大多数也是这一层次的消费群体所共知和喜爱的主题，比如观音、佛、葫芦、寿桃、平安扣等（图8–22），其中很多是不加镶嵌和组配的独体饰件。为了避免成本过高，一般不采用与其他金属或宝石组合的设计。若是采用了手工编结的组配工艺，价位则较普通饰件有所增高。

表8–1所列是目前市场上玉饰件中多见的题材，各类吉祥瑞意的纹饰居多，主要包括保平安、佑健康、祈升官、求发财几类。一些小摊商贩还自创出

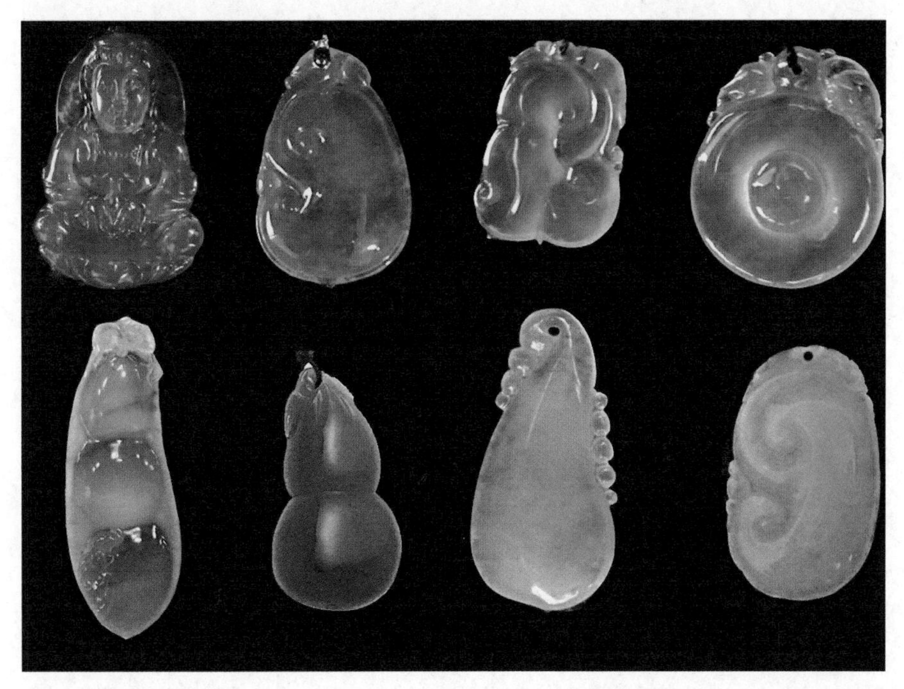

图8–22　受消费者青睐的翡翠挂件

一些有意义的饰件式样和搭配。据一位小店老板说，如今的年轻人多喜欢星座、属相，以及卡通形象之类的东西，迎合这种心理所制作的双鱼饰件、属相挂饰都很好卖。在十几元以内的小商品中，玉手链的五行玉珠样式、玉锁腰饰和足链都应用了传统元素，而且采用了年轻人理解和解释的方式在大众中继续承延长久以来的传统符号之意义。当然，翡翠挂饰中的观音、弥勒以及貔貅等题材，仍是主流、传统的题材，而且多用于和田玉和普通翡翠挂饰中。高级翡翠饰品则不局限于传统题材，而在当下的生活中寻找瑞意符号，比如在传统蝠、兽、竹、鹿、如意、灵芝、佛手瓜、铜钱、寿桃及其组合的形象基础上，增加了各种花叶、海豚、蜻蜓、蝴蝶、钥匙、星月、天使等。造型方面注重与其他饰件的搭配而进行综合考虑，比如佩绳的搭配、金属及宝石的搭配等。在做工方面，利用新技术处理出不同的表面肌理，如亚光的效果，类似的装饰方法在传统传世玉器中很少出现。与之相较，和田玉挂牌、把玩件以及新出的玛瑙把件多于翡翠。即使大多数玉器仍然继承了中国传统的造型与纹饰，但由于社会生活环境和方式发生了巨大的变化，工匠或艺人受当下社会价值观的影响，会在理解传统题材时赋予其不同的话语意义。这既可能是有意识地赋予，亦有可能是无意识地赋予。

表 8–1　现今市场上多见的玉饰题材及其寓意

题材	寓意
竹	节节高升、虚心劲节
葫芦	福禄万代、子孙万代
茄子	多子多福
佛手瓜	多福多寿
扁豆	连中三元、幸福长寿
辣椒	红红火火、君子之交
莲 + 藕	连生贵子
荷花 + 梅花	和和美美、夫妻恩爱
蝙蝠 + 鹭鸟 + 灵芝	福禄如意
葱 + 藕 + 菱角 + 荔枝	聪明伶俐

玉不琢，不成器。换在当代，保留玉材本身天然去雕饰的做法已不罕见，即前面提到的原石设计的自然美取向。事实上，高档的翡翠通常是以“素”身的方式来表现其自然本质的。业内流传有“无绺不遮花”的说法，即雕有美丽的花纹图案之下必有蹊跷。现代高品质的玉材，尤其是优质的和田白玉和翡翠

通常不采取任何加工处理，一是出于原料升值考虑，二是在未有适合的设计方案前避免滥制而造成因小失大的后果。突出自然美的原石设计与巧作成为现时的风尚。因优质玉石原料的逐渐稀缺，拥有上好的玉料而不轻易对其加工，成为一些商人、消费者或收藏者的心理趋向。他们既希望在投资中获得更多的经济价值，又恰巧迎合了人们喜好原石流露自然美感、返璞求真的心理。

传统玉石工艺品设计制作的普遍原则是“巧”“绝”“俏”，对原料的皮、脏、绺等破坏原石美的地方进行巧色制作亦非现代首创，早在商代就有了俏色鳖，历代也有玩好古玉之沁色的传统。当代对玉石皮色俏巧的追求不减，消费者喜好有自然皮料存留或似有沁色的玉石制品，因而市场上出现了大量故作皮色、仿作沁色的产品。很多和田玉的皮色属于后期加工处理的着色而非天然，翡翠的“翡”色更是常见这种人为假造的行为。不得不说，这种追逐自然美的需求反而诱发了社会上伪造自然品质、唯利是图的现象。

客观地讲，玉器的制作工艺受到技术发展的影响。现代电动工具与配套设备在减轻劳作负担、大大提高工作效率的同时，单位时间生产的产品数量明显增多。以目前市场上大多数的“饰玉”为例，尤其是价位在百元左右的商品，由原来的手工艺品逐步转化为产业化的半机械化产品。玉石制品可带来的经济效益促使企业不断地增加产品数量成批生产。然而，批量化在某种程度上正是将一种独特的手性活动由“人—物”的直接交流模式渐渐推向“物（机器）—物（玉石产品）”的间接交流模式。在由工具进步带来的解放之中，琢玉人的双手并未发挥出应有的创造力，有些人不得不湮没在程式化题材与样本的机械化制作活动之中。传统的“琢磨”意义也在工具和工艺的改进中发生了变化。原来，治玉不仅是“琢磨”思想、“琢磨”人品，还是名副其实地“琢磨”工艺。如今由新材料制成的工具，加快了琢磨工艺的速度，使“琢磨”这一长时间的设计构想、制作和思考过程缩短。传统治玉讲求的“欲速则不达”的旨意以及治玉过程中磨炼人品性的意义随之削弱。现今玉器商品的市场价位参差不齐，低的几十元而已，高的几百元、上千元甚至上万元不止。中低档的商品附加值低，带有概括、简单、普遍化的特点。与之相比，高档的商品附加值高，一些昂贵的首饰件配合现代的宝石设计，在经济价值上居高不下，而一些大师、名家制作的玉器精品更是在价格上独领风骚。

佩戴之用的玉器，以饰玉为例，其尺度与着装、建筑生活空间有着密切的关系。传统的中国服饰讲求饰品的佩戴规矩，饰玉作为饰品的一项，只能在一定范围内起到真正的装饰作用。当“冠服以仪”的传统服饰制度被打破之后，佩戴饰玉的位置更加自由，不再过分讲求与服饰之间的搭配是否合乎仪礼。一些饰玉不再藏匿于服饰之下作为庇佑或珍藏之物，而大多显露在敞领的脖颈与胸前、腰与腕之间。这种由内而外的变化，也是一种从含蓄到彰显的变化。饰件装饰的复杂程度也根据服饰的繁简搭配有所差异，如翡翠挂件中的花件、珠串就是近年来新兴的种类。作为一种有手工编织编结参与的胸前花件链饰，配合现代的纤毛纺织品服饰要比佩戴在传统旗袍之上更符合时尚。在当代，男士佩件（以玉牌、小型手把件为主）因现代服装裤兜的设计，故在尺度方面也有新的变化。男士裤装的兜部，一方面提供了因佩件下垂产生重力的反作用力，另一方面构成了人手插入兜部把握饰玉的内在空间，使得仅以平面造型为主的传统佩饰扩展到立体造型的佩饰（含部分把玩件、珠串）。就首饰方面的手镯与戒指而言，物理尺度变小与当代建筑空间的变化存在某种关联。翡翠手镯与白玉手镯由圆体转变为扁体，这种使内部更加贴近腕骨和皮肤的变化亦应紧凑的建筑空间结构之变化，同时又避免了生活工作活动引发的不便。何况，若是手镯本身环径过大，环内空间再小也会带来诸多操作不便，这也是非圆条形手镯更有市场的原因之一。就心理尺度而言，戒指和手镯普遍向形体缩小的方向发展，小与精致、与价格相关。当然，这与玉本身的资源减少、成本增高、利用率提升、市场需求，甚至政治、社会因素都有一定关系。

“物—物”的间接交流模式让文化生产者的再生能力变弱，也让“玉”这个符号越来越抽象，特别是对“90 后”“00 后”“10 后”的年轻人而言，作为首饰的玉、摆件的玉，要以怎样的仪式感或故事才能为他们所认识？怎样被他们接受并传承？当自然资源愈加稀缺、匮乏时，我们是否需要创造这个时代的玉石“禁忌神话”，为下个世纪或更远的人类后代所留传？

三、玉无定价

如果说“黄金有价玉无价”本是用来形容玉德之价值的话，那么在改革开放之后，它确实反映了玉石及其制品的价格受到玉石原料资源、技术资本、社会资本以及经济制度等因素的深刻影响。

2005 年的统计资料显示，仅中国的珠宝玉石消费市场就已跃居世界第二[1]。

[1] 据新华社北京 2005 年 2 月 21 日电：中国轻工工艺品进出口商会 21 日提供的数据显示，中国珠宝首饰进口呈上升趋势，2005 年进口金额为 34.71 亿美元，比 2004 年增长 30.76%。2005 年主要进口国家和地区为欧盟、南非、印度、日本、瑞士。国际铂金协会提供的资料表明，近两年来，我国珠宝玉石市场的年销售额均超过了 1000 亿元，仅次于美国，居世界第二。中国已成为世界珠宝首饰的主要消费国。

不仅如此，2005 年，中国奢侈品市场的年销售额已达 20 多亿美元，占全球销售额的 12%。中国已经成为世界第三大奢侈品消费国。另有资料显示，2005 年中国珠宝玉石首饰销售额突破 1600 亿元，进出口总额超过 59 亿美元，全国加工企业超过 5000 家，从业人员 200 多万。至 2006 年，中国珠宝玉石首饰销售额年均增速在 10% 以上，并成为全球发展速度最快的珠宝玉石首饰消费市场和加工地[1]。

“一两田黄五两金”，尽管田黄并非传统意义上的“玉石”，但在现当代，它却是玉石经济价值直线上升的形象比喻。据行业资料统计，和田白玉籽料的市场价格以惊人的趋势逐年增长：1980 年每千克 100 元，1990 年每千克 2000 元，2000 年每千克 12000 元，2004 年每千克 35000 元，2006 年每千克 100000 元[2]。受玉石原料价格上涨及黄金市场带动等多种因素的影响，2007 年前 4 个月，翡翠价格上涨了 30% 且高过黄金的涨幅[3]。

20 世纪 80 年代至今，无论是玉石原料价格还是加工制作费用，其涨幅极大。80 年代，加工生产玉器的主要是国营玉器厂，当时进货原料都是按“吨”来计算；90 年代，玉石交易采用 8—10 千克的箱子交易；90 年代末，已过渡到采用“每公斤”作为交易单位；2003 年至今，包括和田玉在内的很多玉石都以“克”为单位进行交易。就加工费而言，因设计制作者的身份级别不同亦有高低之分。以加工一个玉熏炉为例，80 年代，加工费仅以国营厂工艺师的工资度量；90 年代，不算工时，雕一件要 2000 元；至 90 年代末，涨至 1 万元；如今的加工费用便宜的五六万元，而大师出手的则达到几十万元的高价[4]。

现今，尽管和田玉的产业链几乎让参与其中的所有人都获得利益，但是这些人的获利程度很不对称。通常和田玉流通线路所涉及的相关者是：玉石原料开采者→（现场）玉石采购商→和田玉零售商（加工、制作、销售）→玉石消费者（使用或收藏者）。但是，其中常有各种变化，比如和田玉在玉商之间倒手数次或者收藏家将和田玉再次拍卖出售返回到流通渠道等情况亦不鲜见。在和田玉的利益链中，开采玉石原料的工人无疑是最辛苦的。数以十万计的玉石开采者，往往要投入相当大的生产成本或时间成本，才能得到为数不多的和田玉料。但与流通领域和收藏领域的人相比，玉石开采者的收入微不足道，玉商、

[1] 资料来源：中国玉网：《玉石首饰销售额平均每年增速达 10%》，参见朱怡芳著：《文化密码：中国玉文化传统研究》，北京：九州出版社，2020 年。

[2] 资料来源：中国玉网：《和田玉连续十年每年升值 50%》，转载同 [1]。

[3] 资料来源：中国玉网：《2007 年以来翡翠价格上涨三成》，转载同 [1]。

[4] 朱怡芳著：《文化密码：中国玉文化传统研究》，北京：九州出版社，2020 年。

收藏家在和田玉的利益链中往往获益最多，某些设计制作者（如大师级人物）也有一定的获益空间（图 8-23—图 8-28）。

玉价一路飙升的市场行情背后潜藏着一股强大的经济资本力量。目前，国内市场的玉石工艺品并不仅限于某个玉种的时尚流行，而是形成了一种多品类、

图 8-23　商场柜台里各种畅销的玉饰题材

图 8-24　价格标为“面议”的奖赛作品

图 8-25　财神爷匹配的 18 万元（谐音“要发”）的价格标价

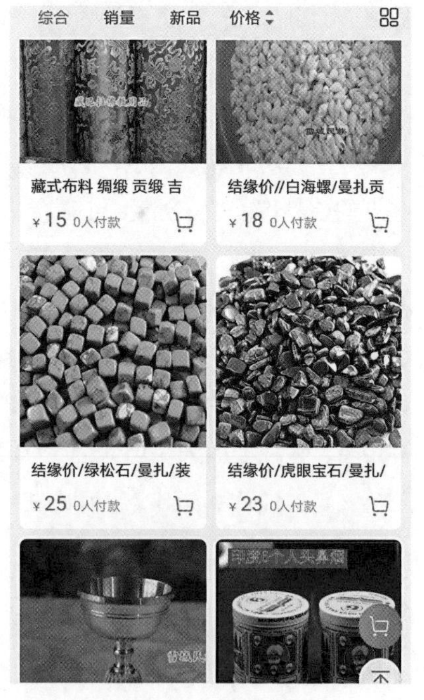

图 8-26　佛事网店售卖的玉石散珠

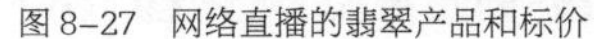
图 8–27　网络直播的翡翠产品和标价

图 8–28　苏富比拍卖现场的拍卖价 [1]

多档次的复合型市场消费品构成，比如翡翠、昆仑玉的饰品，和田玉把玩件，岫玉仿古件，玉髓手镯，等等。

中国人对玉的投资热现象也引起了国外一些社会媒体的密切关注。随着中国的玉石价格暴涨，梦想着一朝暴富的人们像蚂蚁一样聚集到产玉的新疆地区。新疆和田一带以出产中国最好的白田玉而闻名，由此这里刮起了“玉风暴”。出产上等玉的玉龙喀什河一带因疯狂挖掘，河道都改变了，来自全国各地的采玉人有数万之众，可谓人山人海。不仅是外地人，当地人也撇下生计，扛着锹加入了采玉大潮。据中国媒体称，仅 2020 年的玉价就上涨了 4 倍。最近重 15.8 克的最高等级的玉交易价达到了 12 万元，每克价格 7600 元左右，是每克 183 元的黄金的 40 多倍。玉能够在中国成为投机对象，是因为市面上资金过剩。预计年末将达到 3000 亿美元的巨额贸易顺差和涌入的套利资金等流动资金不仅辗转股市、抬高房地产价格，还席卷了普洱茶、珍珠、艺术品、玉等所有能够赚钱的领域。玉在经历了各朝各代之后，成了上流社会财富的象征，也成了身份的象征。中国人没有简单地把玉看作“昂贵的石头”，而是相信玉是有生命的，因此才有了“黄金有价玉无价”的说法 [2]。

为了牟取暴利，人们不惜破坏资源、不惜投入重力机械开采，大海捞针似

[1] 图片来源：http://www.luxe-life.com.cn/jj/1715，2020 年 4 月 22 日登录。

[2] 星岛环球网：《朝鲜日报〈中国刮起玉石风暴〉》，http://www.singtaonet.com，2007 年 11 月 27 日登录。

的搜寻致富的原料；为了投机致富，甚至不惜失去诚信而在原料、工艺上作假，以次充好、以假换真，唯利是图、瞒天过海总能从中投机得利。玉文化的比德价值观在当代的价值解构和转变是十分值得大作文章进行探究的地方。无论是“昂贵的石头”还是“疯狂的石头”，它反映了当代“利”“欲”价值观的强化和“德”“信”价值观的弱化，然而又不是简单如此。

其实，“黄金有价玉无价”亦可从文化资本的获得层面来讲。玉石资本中的经济资本、文化资本、社会资本之间存在互益转化的关系。文化资本不可能像经济资本一样独立存在，文化资本的获得需要投入时间以及更多无法估量的经济资本乃至社会资本。

能够理解玉文化，进行玉文化消费，达到一定的玉文化审美层次，必须具备玉文化资本。文化资本经培育而成，这种资本由个体通过社会化而加以内化，构成了欣赏与理解的框架，以身体化的状态存在。艺术价值高、历史文化价值高的玉石艺术品也属于特殊的文化商品，与人们消费的物质商品不同，文化商品要求鉴赏者真正具备文化鉴赏能力。收藏与鉴赏的能力正是玉石文化资本一种重要的具身知识素质（图 8-29—图 8-32）。

图 8-29　赌石批发市场[1]

图 8-30　2009 年中国国际珠宝展（北京）外景

图 8-31　扬州图书馆玉雕专场讲座

图 8-32　民间玉石爱好者家中的各类玉石摆设

[1] 图片来源：中华玉网，https//news. jades.cn/article-9308，2020 年 5 月 1 日登录。

俗话说："乱世藏金，盛世藏玉。"据不完全统计，至2008年，我国就有各类收藏协会、收藏品市场近万家，收藏者高达7000万人，中国似乎进入了全民收藏时代。业内人士认为，导致这种收藏热的原因是："金融证券业的平均投资回报率是15%，房地产业是21%，而艺术品收藏投资的回报率却在30%以上。"的确，高回报率让艺术品收藏成为最赚钱的行当，这也是全民收藏风潮兴起的根本原因和大众极力占有更多经济资本的动机。一讲到收藏，人们关注更多的是这种艺术品的经济价值以及怎样为自己带来更多的财富。较大经济资本的拥有者客观上有更大机会将物质性的资本转化为文化资本，比如现今所谓的高端收藏品鉴。这些经济资本持有者一方面可以通过消费"专家"服务获得文化资本，另一方面可用经济资本转化为可见的玉石艺术品获得文化资本。

可以说，收藏是玉文化传统得以传承数千年的一个重要而有效的途径。传统社会，通过皇室贵族的收藏与使用，统治阶级相对稳定地保留下来了丰富的玉石物质文明。即使是祭祀用玉，也多是权贵者生前所好之物。如今，大众消费驱使的经济利益带动的大众化收藏，已非传统意义的收藏。作为奢侈品或文化意味浓厚的玉石消费，对收藏者提出了较高的资质要求，即我们所说的文化资本。收藏者可以是宽泛意义上的文化资本持有者，也可以是专业文化资本的持有者。为了满足这些不同类型的收藏，社会生发出了一系列可选机制，包括博物馆（事业单位、民营企业）、艺术馆（国家的、个人的）、展览（销）会与博览会、培训班、电视节目、网络传媒、书刊及音像制品等。

然而，收藏家与收藏者不同，收藏家是仅有的，而谁都可能是收藏者。歌德说过，收藏家是最幸福和快乐的人。顾名思义，这种幸福和快乐并非仅因他所占有的财富，更主要地来自收藏过程，蕴含于玩摩与研究中的文化实践、精神及情致的享受。无论是投入还是获得，这也是玉文化中的"无价"所在。

第三节

日常与云端：逐渐消解的玉文化结界

"消解"不是消失，有消退、蔓延、跨界、转变、融合等新状态之意。业玉者的家庭、企业等机构化的圈子在改变，人力资本同样在改变玉石资本中的社会资本和文化资本。其实，有些圈子从未消失，而是扩展、散布、稀释或浓缩到令人无法察觉其范围；也可能以渗透的方式重新建构了新维度的圈子，不过尚未显化出来。如图 8–33 所示，存在由点组成的圆面世界渗透在由小圈组成的另一个维度的世界。看似没有明确的边界，但在质性上能迅速区分、集合。尤其是随着 4G、5G 网络的不断升级，当下日常生活时间的弱化和空间的扁平化、虚拟化，正在改造着人与人、人与物、人与自然原本的“界”的关系。

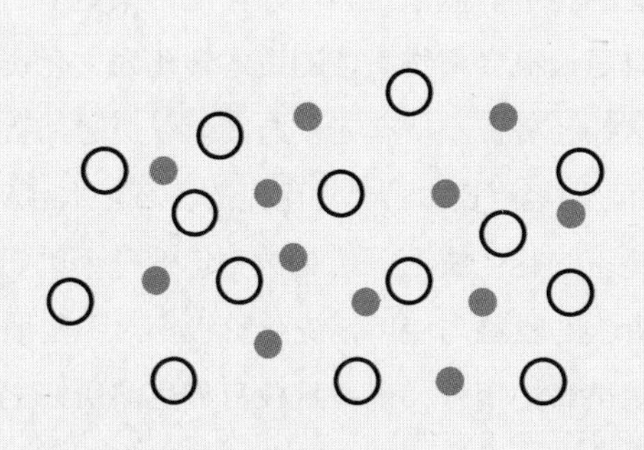

图 8–33 “消解”渗透的平面化示意图

一直以来，传统工艺都是在人们生活中发生的、需要人直接参与的造物活动，是以手艺和人性为特征的文化。正如日本工艺名家柳宗悦先生所说：“美不能只局限于欣赏，必须深深地扎根于生活之中，只有把美与生活统一起来的器物才是工艺品。如果工艺的文化不繁荣，所有的文化便失去了基础，因为文化首先必须是生活文化。”[1]

即使古老的神话、传统仪式及与其密切联系的艺术品远离我们今天日常生活的观念，但人们仍然会自然而然地寻找一种将至上和至远之意义拉近生活现实的方法。一方面，历史学、人类学、哲学、社会学、设计学等研究学者以及文学艺术创作者、媒体工作者们，愈加关注身边的日常生活问题及其研究，他们选择观察和研究的对象是“日常”；另一方面，在日常生活当中的主体本身，以其方式自发地进行着实践批判，更使得实践成为“日常”。

什么是手艺人的日常生活？必须要谈的是：他们和作为旁观者的我们，怎样看待日常“工作”“家庭 / 私人生活”和“闲暇”？

被誉为“日常生活批判理论之父”的法国学者亨利·列斐伏尔（Henri Lefebvre）在其论著《日常生活批判》中指出：“闲暇和日常生活之间的关系

[1] [日] 柳宗悦著，徐艺乙译：《工艺文化》，桂林：广西师范大学出版社，2011 年。

不能简化为‘星期日’和‘工作日’之间的简单时间关系。”[1]因为不可能将闲暇和工作从根本上分开。作为手艺人或艺术家，我们可见的看似他在休息和放松的时间，或许他的大脑从未停歇地进行着思考和为灵感铺垫的工作。在列斐伏尔看来，想象的“工作—闲暇”是统一体。由此，我们在研究手艺人的时候，真正需要研究的是他们的生活方式、闲暇活动以及劳动分工和在社会体制中的位置，因为闲暇能够从一个侧面反映出手艺人的社会身份和地位。着眼当下，对想象中的手艺人拥有自由和悠闲生活状态的热衷与推崇，或可以反映出现代人对手艺劳作者身份地位的认可比手艺人自知的地位要高。现代人期待那种免于劳累、紧张，免除焦虑和担心的能够让人放松的“闲暇”。

继承家庭手工业形式的现代家庭作坊，其工作场所与家庭日常生活联系在一起，家庭或家族管理着工作方式，同时也组织着家庭生活。因此，他们的生活方式不属于单独的个人，而是以家庭为单位的一群人；其生活在工作中展开，其工作在生活中发展。

当具有休闲属性的艺术进入现代人的日常生活，便能平衡“工作（职业生活）”“家庭 / 私人生活”和“闲暇生活”统一体的关系。但是，如果将工作和闲暇对立，就会以为是在用我们的工作挣来有限的闲暇。有一些闲暇活动是具有文化性、培养性特征的，比如读书、听音乐、做陶瓷、画画。这些在内容上不仅休闲、放松，还具有一定的知识性，也包含着生产性活动和专业化技术。闲暇生活中审美能力的培养在防止日常生活中人的异化、保持日常的连续性方面具有救赎功能。

日常生活是“人的”和“生活的”，是浅显的也是深刻的。浅显在平庸、平凡、琐碎、周而复始，深刻在改变的时候、改变什么、最难改变的那些。然而，我们对最熟悉的事物却未必真知。在列斐伏尔看来，“我们在美学的景色和认识之间掉进了陷阱……我们不能掌握人的实在……我们没有看到平凡的、熟悉的、日常的对象：田野的形状、犁的形状。我们被带到太远、太深的地方去搜寻人的实在，我们在云里雾里、在神话里追寻人的实在”[2]。

我们对治玉人劳动情况的描绘，特别是脏、苦、累之类所谓“客观”的描绘，很容易陷入有关“阶级命运”的骗术逻辑里。所以，不应该将材料、产品 / 作品、工具、手艺人抽离出他的日常生活，而将这些“符号”抽象化、形而上。

---

[1]《日常生活批判》是列斐伏尔思想的巅峰之作或元哲学著作，也是一部有关文化的现代马克思主义哲学理论著作。它是 20 世纪思想界摆脱“纯粹理性批判”而转向“日常生活批判”的一个分水岭。[法] 亨利 · 列斐伏尔著，叶齐茂等译：《日常生活批判》（第一卷），北京：社会科学文献出版社，2018 年：第 27 页。

[2] [法] 亨利 · 列斐伏尔著，叶齐茂等译：《日常生活批判》（第一卷），北京：社会科学文献出版社，2018 年：第 122 页。

这些对象在生活本身里是保持联系性的，看似琐碎和人为的分界不利于我们真正理解人和他所做的事。

不久前，一个叫做“分享生活和设计美学”的网站上刊载了一篇文章《60年前，他们睁开眼就想上班》，它描述了玻璃工厂中的童话世界——1958年的纪实短片*Glas*，影片在欢乐的节奏、钢琴与小号协奏的爵士乐背景音乐中展现了一幅工业时代忙碌的景象。就像置身演出现场，短片中小号响起时，工人们就鼓起腮帮子吹起了玻璃，如同小号手在表演，专注而又沉醉。工人们工作的现场还允许吸烟，工人用刚出炉的玻璃点燃香烟，边抽烟边吹玻璃的样子就像充满灵感的艺术家。

仪式感就是使某一天与其他日子不同，使某一时刻与其他时刻不同。治玉行业千千万万的工匠中不乏在千篇一律的工作里创造这种仪式感的人。

从“挣一份生活”到“生活的艺术”，当生产工具不属于手艺人，按照马克思关于劳动异化的理论，手艺人参与社会整体的创造性活动采用了外部必要性形式，即对个人来说，社会劳动披上了惩罚的外衣，从而必须去承担“挣一份生活”的压力。当手艺劳动变成了被迫做的事情（去人性化的一种手段、异己的对象）[1]，那么做出的东西未必是人所需要或喜欢的，更谈不上诚实的美物。生活的艺术则以一定数量的技巧和知识领域为基础，它假定作为整体的生活，日常生活应该成为一种艺术作品，生活的幸福美好成为一种手段和目标。生活的艺术意味着异化的终结并推动异化的终结[2]。美感的培养（美育）源自日常生活，呼应之，美感能力增强时发现生活中的美、创造美的生活事物才成为可能。

通过艺术实践批判日常生活，通过日常生活反思艺术生产。马克思曾提出两类改造日常生活的模式：道德秩序模式和审美性质模式。在审美性质模式的社会里，每个人都会重新发现自然生命的自发性和自然生命最初的创造性动力，都通过艺术家的眼睛去感受世界，用美术家的眼睛、音乐家的耳朵和诗人的语言去享受感官上的愉悦。一旦艺术被更替，日常生活就会吸收这种艺术，并通过吸收原来外在于它的艺术而得到改变。人的精神权力必须返回一般生活，通过改造日常生活将其自身投入日常生活中[3]。

无论是特殊性的还是普遍的感觉、观念、生活方式和愉悦，都是在日常生

[1]［德］马克思：《1844年经济学哲学手稿》，北京：人民出版社，1979年：第45页。
[2]［法］亨利·列斐伏尔著，叶齐茂等译:《日常生活批判》（第一卷），北京：社会科学文献出版社，2018年：第184页。
[3]同[2]，第266—267页。

活里确定下来的。某种特殊的、创造的有效性，也得返回到日常生活才能得到检验和确认。日常生活有机械意义上的循环，也有创造性的某种特殊，二者存在于不断激活的回路里。

就治玉者来讲，他有了一个“好生意”（相对而言），在一定程度上讲，他喜欢干这一行，“挣了一份殷实的收入”。但是，他用劳动谋了一份怎样的生活呢？是工匠的生活吗？回答是：这个治玉人用他的劳动谋生，却没有谋到一份工匠的生活……这个工匠支出的能量数量、手艺、知识和对工作的热爱，部分决定着他常常会有需要、欲望或“热望”，但是，并不能由前者推演出后者。这个工匠的过去和记忆，他来自何处（一定的国家、城镇、乡村），都会对他的这些需要和热望产生影响。一般而言，这个工匠会有一个家庭，有一定的生活方式；了解他，就要把他的工作和家庭生活联系起来，把他的工作时间和休闲时间联系起来。他需要的是什么？他的选择有哪些？

单单用劳动不能确定他的全部生活，也不能确定日常生活对他来说是什么，而对这个工匠在不工作时会“是”什么样有所了解才重要。

在现实生活中，我们感受到的是工作时间通过侵入家庭生活和闲暇时间而使得日常生活时间日趋分散，而无法将家庭时间和闲暇时间逆向渗入工作时间，因为会遭受职业伦理的谴责。

治玉人的生活、工作受制于社会关系的制约。比如，所在行业公认的惯例和规范、物质媒介和生产技术、赞助人和艺术市场、接受渠道等。正如贝克在《艺术界》（*Art Worlds*）中指出的，我们应该“把艺术界看成参与者之间确定的合作关系网”，“与其说艺术是洞察力的个人进行杰出创造的历史，不如说是社会惯例引导的社会机构的建构实践史”。这就是说，艺术品或手工艺品并不是艺术家 / 手艺人的个别创造，它是特定时空、特定关系内以特定方式生产出来的特定作品，是圈内外参与者相互合作甚至牵连影响的产物。手艺人自身也是一种社会文本，而且他们在社会文本中审视自己，又在社会文本中阐释和被阐释。

不仅是治玉人，大多数手艺人的日常话语中有个重要的表达特征，就是善用“物”语而非人言。手艺人用产品和作品说话，瑕疵、平庸、丑或美都会通过形式、功能、结构、材料、工艺诚实地表达出来，从而避免了用口说语言表达可能引起的欺骗性、模糊性、口是心非、言不由衷等情况。无俗便无雅，器物的雅致大多能反映出手艺人对不雅之物反叛的实践。我们创造的生活也在创造着我们自己。

信息技术的发展使得日常生活很大程度上与技术化有关。不只是手艺人的劳动、工作，在他们的家庭生活、休闲活动中，工业技术、信息技术都深刻地影响到手艺人对时间的认知和掌控。信息繁荣（就像癌细胞一样扩散恶化）所削弱的不只是观众的敏感性，还有手艺人的。手艺人因为自持的技术，而身体力行地对这种削弱危机进行批判，而观众则以拥护、维奉手艺人的这种批判能力参与到批判的阵营中，通过价值认可和共建，从而将美的需求渗透到更广范围的日常生活中，比如业玉人微信朋友圈所记录表达的日常（图 8-34—图 8-37）。

通过平凡批判平凡，每个业玉人的日常生活可能不值一提，可能使人感动，也可能具有丰富的创造性。正如列斐伏尔所说，日常生活批判从实际经验出发，为了改造日常生活而解释日常生活，日常生活建设着未来，也会为未来的不确定性所困扰和改造。

随着云端网络技术的发展，治玉的手艺人、商人利用这种“超时空”的技术宣传和销售产品，大大降低了传统广告宣传及销售所需要倾注的时间和经济成本，他们省去了交通费、摊位费甚至是交易税。智能电子设备、云端的社交网络（social network service，SNS ）空间，已成为创新者盘踞的领域，数字化技术驯化着中青年一代的新型生产和消费关系。资料显示，2018 年中国教育、医疗、制造业、房地产业和金融业企业直播用户的比重分别达到了 14.7%、13.6%、13.5%、12.3%、12.1%，预计到 2020 年中国直播营销市场规模将达到 76.3 亿元[1]，其直播市场规模将突破 600 亿元[2]。而现实证明，疫情期间，人们更加依赖网络世界。

除了前面提到的玉石商品直播购物，还有直播鉴定、云上讲堂、云端博物馆、云游学、云上玉雕节等（图 8-38—图 8-40），以“直播 + 虚拟礼物”“直播 + 电商”“直播 + 服务”“直播 + 广告”等带有仪式感的云端形式开展。消费者通过观看、学习、转发、评论、点赞、打赏等行为，直播人通过实时经网络传出加工制作的场景、专家鉴定服务、分装货物的情况，消费者和直播人作为信息的生产者和传播者，共同参与到信息时代“云端”玉文化的建构之中。

马歇尔·麦克卢汉在《理解媒介：论人的延伸》（*Understanding Media: The Extensions of Man*）中指出了媒介的作用，即社会发展的基本动力和区分不同社会形态的标志。综观历史发展，新媒介的产生以及人们对它的利用，

[1] 据艾媒咨询数据统计预测。

[2] 据方正证券统计预测。

图 8-34　业玉人平日在朋友圈的自勉

图 8-35　渗透于业玉人日常生活工作的“活儿”

图 8-36　社交网络上手艺人的身份

图 8-37　生意与修行并行不悖

图 8–38　中国·南阳（云）玉雕节

图 8–39　收藏鉴赏网络课[1]

图 8–40　玉器专业强化实训班的微信课广宣[2]

特别是当它渗入日常生活的方方面面时，这就宣告着一个新时代的来临。但是，治玉手艺不会因为媒介技术而失落，你能看到业玉布道者借助云端仪式中超时空的媒介技术来解蔽治玉本真性的自觉。这何尝不是新的神话？！

[1] 图片来源：“玉学院”微信公众号。
[2] 同 [1]。

APPENDIX

附录

附录 1

晋代郭璞《〈山海经〉校注》版本[1]中“玉”字出处

朱怡芳整理归纳

山海经·第一·南山经

《南山首经》

“玉”出现 7 处，10 山中有 6 山提及“玉”，祠礼用“玉”“璧”

[1]《南山经》之首曰䧿山。其首曰招摇之山，临于西海之上，多桂，多金玉。（另涉及草、木、华、兽）

[2] 又东三百里，曰堂庭之山，多棪木，多白猿，多水玉，多黄金。

[3] 又东三百八十里，曰猨翼之山，其中多怪兽，水多怪鱼，多白玉，多蝮虫，多怪蛇，多怪木，不可以上。

[4] 又东三百里，曰基山，其阳多玉，其阴多怪木。（另涉及兽、鸟）

[5] 又东三百里，曰青丘之山，其阳多玉，其阴多青雘。（另涉及兽、鸟、赤鱬）

[6] 又东三百五十里，曰箕尾之山，其尾踆于东海，多沙石。汸水出焉，而南流注于淯，其中多白玉。

[7] 凡䧿山之首，自招摇之山，以至箕尾之山。凡十山，二千九百五十里。其神状皆鸟身而龙首，其祠之礼：毛用一璋玉瘗，糈用稌米，一璧，稻米、白菅为席。

---

[1] 南宋淳熙七年池阳郡斋刻本《山海经》，原文共 300919 字。

《南次二经》

“玉”出现 10 处，17 山中有 10 山提及“玉”（含 1 山“无玉”），祠礼用“璧”

[1] 南次二经之首，曰柜山，西临流黄，北望诸，东望长右。英水出焉，西南流注于赤水，其中多白玉，多丹粟。（另涉及兽、鸟）

[2] 又东三百四十里，曰尧光之山，其阳多玉，其阴多金。（另涉及兽、䍶）

[3] 又东三百七十里，曰瞿父之山，无草木，多金玉。

[4] 又东四百里，曰句馀之山，无草木，多金玉。

[5] 又东五百里，曰浮玉之山，北望具区，东望诸。（另涉及兽、鱼）

[6] 又东五百里，曰成山，四方而三坛，其上多金玉，其下多青雘。

[7] 又东五百里，曰会稽之山，四方，其上多金玉，其下多砆石。

[8] 又东五百里，曰仆勾之山，其上多金玉，其下多草木，无鸟兽，无水。

[9] 又东四百里，曰洵山，其阳多金，其阴多玉。（另涉及兽）

[10] 东五百里，曰漆吴之山，无草木，多博石，无玉。

[11] 凡南次二经之首，自柜山至于漆吴之山。凡十七山，七千二百里。其神状皆龙身而鸟首。其祠：毛用一璧瘗，糈用稌。

《南次三经》

“玉”出现 6 处，14 山中有 5 山提及“玉”，祠礼与“玉”无关

[1] 东五百里，曰祷过之山，其上多金玉，其下多犀、兕，多象。（另涉及鸟、虎蛟、鱼、蛇）

[2] 又东五百里，曰丹穴之山，其上多金玉。（另涉及鸟）

[3] 又东四百里，至于非山之首，其上多金玉，无水，其下多蝮虫。

[4] 又东三百七十里，曰仑者之山，其上多金玉，其下多青雘。有木焉，其状如谷而赤理，其汗如漆，其味如饴，食者不饥，可以释劳，其名曰白䓘，可以血玉。

[5] 又东五百八十里，曰南禺之山，其上多金玉，其下多水。（另涉及凤皇）

山海经·第二·西山经

《西山首经》

“玉”出现 10 处，19 山中有 9 山提及“玉”，祠礼用“瑜”“珪”“璧”

[1] 又西八十里，曰小华之山，其木多荆杞，其兽多㸲牛，其阴多磬石，其阳多㻬琈之玉。（另涉及鸟、草、木）

[2] 又西六十里，曰石脆之山，其木多棕枏，其草多条，其状如韭，而白华黑实，食之已疥。其阳多㻬琈之玉，其阴多铜。

[3] 又西五十二里，曰竹山，其上多乔木，其阴多铁。有草焉，其名曰黄雚，其状如樗，其叶如麻，白华而赤实，其状如赭，浴之已疥，又可以已胕。竹水出焉，北流注于渭，其阳多竹箭，多苍玉。丹水出焉，东南流注于洛水，其中多水玉，多人鱼。（另涉及兽）

[4] 又西七十里，曰羭次之山，漆水出焉，北流注于渭。其上多棫橿，其下多竹箭，其阴多赤铜，其阳多婴垣之玉。（另涉及兽、鸟）

[5] 又西百五十里，曰时山，无草木。逐水出焉，北流注于渭，其中多水玉。

[6] 又西百八十里，曰大时之山，上多榖柞，下多杻橿，阴多银，阳多白玉。

[7] 又西百八十里，曰黄山，无草木，多竹箭。盼水出焉，西流注于赤水，其中多玉。（另涉及兽、鸟）

[8] 又西二百里，曰翠山，其上多棕枏，其下多竹箭，其阳多黄金、玉。（另涉及兽、鸟）

[9] 又西二百五十里，曰騩山，是錞于西海，无草木，多玉。

[10] 凡西经之首，自钱来之山至于騩山。凡十九山，二千九百五十七里。华山冢也，其祠之礼：太牢。羭山神也，祠之用烛，斋百日以百牺，瘗用百瑜，汤其酒百樽，婴以百珪百璧。其余十七山之属，皆毛牷用一羊祠之。烛者百草之未灰，白席采等纯之。

《西次二经》

“玉”出现 8 处，17 山中有 8 山提及“玉”，祠礼与“玉”无关

[1] 之首，曰钤山，其上多铜，其下多玉，其木多杻橿。

[2] 西二百里，曰泰冒之山，其阳多金，其阴多铁。浴水出焉，东流注于河，其中多藻玉，多白蛇。

[3] 又西二百里，曰龙首之山，其阳多黄金，其阴多铁。苕水出焉，东南流注于泾水，其中多美玉。

[4] 又西二百里，曰鹿台之山，其上多白玉，其下多银。（另涉及兽、鸟）

[5] 又西四百里，曰小次之山，其上多白玉，其下多赤铜。（另涉及兽）

[6] 又西四百里，曰薰吴之山，无草木，多金玉。

[7] 又西二百五十里，曰众兽之山，其上多㻬琈之玉，其下多檀楮，多黄金，其兽多犀兕。

[8] 又西五百里，曰皇人之山，其上多金玉，其下多青雄黄。

《西次三经》

"玉"出现 19 处，23 山中有 11 山提及"玉"， 祠礼用"玉"

[1] 又西北四百二十里，曰峚山，其上多丹木，员叶而赤茎，黄华而赤实，其味如饴，食之不饥。丹水出焉，西流注于稷泽，其中多白玉，是有玉膏，其源沸沸汤汤，黄帝是食是飨。是生玄玉。玉膏所出，以灌丹木。丹木五岁，五色乃清，五味乃馨。黄帝乃取峚山之玉荣，而投之钟山之阳。瑾瑜之玉为良，坚粟精密，浊泽有而光。五色发作，以和柔刚。天地鬼神，是食是飨；君子服之，以御不祥。自峚山至于钟山，四百六十里，其闲尽泽也。是多奇鸟、怪兽、奇鱼，皆异物焉。

[2] 又西三百二十里，曰槐江之山。丘时之水出焉，而北流注于泑水。其中多蠃母，其上多青雄黄，多藏琅玕、黄金、玉，其阳多丹粟，其阴多采黄金银。实惟帝之平圃，神英招司之，其状马身而人面，虎文而鸟翼，徇于四海，其音如榴。南望昆仑，其光熊熊，其气魂魂。西望大泽，后稷所潜也；其中多玉，其阴多榣木之有若。（另涉及牛、马）

[3] 又西三百七十里，曰乐游之山。桃水出焉，西流注于稷泽，是多白玉。（另涉及鱼、蛇）

[4] 西水行四百里，曰流沙，二百里至于蠃母之山，神长乘司之，是天之九德也。其神状如人而犳尾。其上多玉，其下多青石而无水。

[5] 又西三百五十里，曰玉山，是西王母所居也。西王母其状如人，豹尾虎齿而善啸，蓬发戴胜，是司天之厉及五残。有兽焉，其状如犬而豹文，其角如牛，其名曰狡，其音如吠犬，见则其国大穰。（另涉及鸟、鱼）

[6] 又西二百里，曰长留之山，其神白帝少昊居之。其兽皆文尾，其鸟皆文首。是多文玉石。实惟员神磈氏之宫。是神也，主司反景。

[7] 又西二百里，曰符惕之山，其上多棕柟，下多金玉，神江疑居之。是山也，多怪雨，风云之所出也。

[8] 又西一百九十里，曰騩山，其上多玉而无石。神耆童居之，其音常如钟磬。其下多积蛇。

[9] 又西三百五十里，曰天山，多金玉，有青雄黄。

[10] 又西二百九十里，曰泑山，神蓐收居之。其上多婴短之玉，其阳多瑾瑜之玉，其阴多青雄黄。

[11] 西水行百里，至于翼望之山，无草木，多金玉。（另涉及兽、鸟）

[12] 凡西次三经之首，崇吾之山至于翼望之山。凡二十三山，六千七百四十四里。其神状皆羊身人面。其祠之礼，用一吉玉瘗，糈用稷米。

《西次四经》

“玉”出现 11 处，19 山中有 9 山提及“玉”， 祠礼与“玉”无关

[1] 北百七十里，曰申山，其上多穀柞，其下多杻橿，其阳多金玉。

[2] 北二百里，曰鸟山，其上多桑，其下多楮，其阴多铁，其阳多玉。

[3] 西北三百里，曰申首之山，无草木，冬夏有雪。申水出于其上，潜于其下，是多白玉。

[4] 又西五十五里，曰泾谷之山，泾水出焉，东南流注于渭，是多白金白玉。

[5] 又西百二十里，曰刚山，多柒木，多㻬琈之玉。（另涉及神、兽）

[6] 又西三百五十里，曰英鞮之山，上多漆木，下多金玉，鸟兽尽白。（另涉及鱼、蛇、马）

[7] 又西三百里，曰中曲之山，其阳多玉，其阴多雄黄、白玉及金。（另涉及兽、虎、木）

[8] 又西二百二十里，曰鸟鼠同穴之山，其上多白虎、白玉。渭水出焉，而东流注于河。其中多鳋鱼，其状如鳣鱼，动则其邑有大兵。滥水出于其西，西流注于汉水。多絮魮之鱼，其状如覆铫，鸟首而鱼翼鱼尾，音如磬石之声，是生珠玉。

[9] 西南三百六十里，曰崦嵫之山，其上多丹木，其叶如谷，其实大如瓜，赤符而黑理，食之已瘅，可以御火。其阳多龟，其阴多玉。（另涉及兽、马、蛇、鸟）

山海经·第三·北山经

《北山首经》

“玉”出现 8 处，25 山中有 7 山提及“玉”， 祠礼用“玉”“珪”

[1] 又北二百五十里，曰求如之山，其上多铜，其下多玉，无草木。（另涉及鱼、马、牛）

[2] 又北三百里，曰带山，其上多玉，其下多青碧。（另涉及兽、鸟、鱼）

[3] 又北三百八十里，曰虢山，其上多漆，其下多桐椐，其阳多玉，其阴多铁。（另涉及兽、鸟）

[4] 又北四百里，至于虢山之尾，其上多玉而无石。

[5] 又北二百里，曰潘侯之山，其上多松柏，其下多榛楛，其阳多玉，其阴多铁。（另涉及兽）

[6] 北二百八十里，曰大咸之山，无草木，其下多玉。（另涉及蛇）

[7] 又北百八十里，曰浑夕之山，无草木，多铜玉。（另涉及蛇、肥遗）

[8] 凡北山经之首，自单狐之山至于堤山。凡二十五山，五千四百九十里，其神皆人面蛇身。其祠之，毛用一雄鸡彘瘗，吉玉用一珪，瘗而不糈。其山北人，皆生食不火之物。

《北次二经》

“玉”出现 14 处，17 山中有 14 山提及“玉”， 祠礼用“璧”“珪”

[1] 之首，在河之东，其首枕汾，其名曰管涔之山。其上无木而多草，其下多玉。

[2] 又西二百五十里，曰少阳之山，其上多玉，其下多赤银。

[3] 又北五十里，曰县雍之山，其上多玉，其下多铜。（另涉及兽、鸟、鱼）

[4] 又北二百里，曰狐岐之山，无草木，多青碧。胜水出焉，而东北流注于汾水，其中多苍玉。

[5] 又北三百五十里，曰白沙山，广员三百里，尽沙也，无草木鸟兽。鲔水出于其上，潜于其下，是多白玉。

[6] 又北三百八十里，曰狂山，无草木。是山也，冬夏有雪。狂水出焉，而西流注于浮水，其中多美玉。

[7] 又北三百八十里，曰诸馀之山，其上多铜玉，其下多松柏。

[8] 又北三百五十里，曰敦头之山，其上多金玉，无草木。（另涉及马、牛）

[9] 又北三百五十里，曰钩吾之山，其上多玉，其下多铜。（另涉及兽、虎）

[10] 又北三百里，曰北嚣之山，无石，其阳多碧，其阴多玉。（另涉及兽、虎、鸟）

[11] 又北三百五十里，曰梁渠之山，无草木，多金玉。（另涉及兽、鸟、夸父）

[12] 又北三百八十里，曰湖灌之山，其阳多玉，其阴多碧，多马。（另涉及木）

[13] 又北水行五百里，流沙三百里，至于洹山，其上多金玉。（另涉及桑、树、蛇）

[14] 又北三百里，曰敦题之山，无草木，多金玉。

[15] 凡北次二经之首，自管涔之山至于敦题之山。凡十七山，五千六百九十里。其神皆蛇身人面。其祠：毛用一雄鸡彘瘗；用一璧一珪，投而不糈。

《北次三经》

“玉”出现34处，46山中有31山提及“玉”，祠礼用“玉”“璧”

[1] 北次三经之首，曰太行之山。其首曰归山，其上有金玉，其下有碧。（另涉及兽、鸟）

[2] 又东北二百里，曰龙侯之山，无草木，多金玉。（另涉及鱼）

[3] 又东北二百里，曰马成之山，其上多文石，其阴多金玉。（另涉及兽、鸟）

[4] 又东北七十里，曰咸山，其上有玉，其下多铜，是多松柏，草多茈草。（另涉及器酸）

[5] 又东三百里，曰阳山，其上多玉，其下多金铜。（另涉及兽、鸟、蛇、鱼）

[6] 又东三百五十里，曰贲闻之山，其上多苍玉，其下多黄垩，多涅石。

[7] 又东北三百里，曰教山，其上多玉而无石。教水出焉，西流注于河，是水冬干而夏流，实惟干河。其中有两山。是山也，广员三百步，其名曰发丸之山，其上有金玉。

[8] 又南三百里，曰景山，南望盐贩之泽，北望少泽，其上多草、藷萸，其草多秦椒，其阴多赭，其阳多玉。（另涉及鸟、蛇、酸）

[9] 又东南三百二十里，曰孟门之山，其上多苍玉，多金，其下多黄垩，多涅石。

[10] 又东南三百二十里，曰平山。平水出于其上，潜于其下，是多美玉。

[11] 又东二百里，曰京山，有美玉，多漆木，多竹，其阳有赤铜，其阴有玄䃤。

[12] 又东二百里，曰虫尾之山，其上多金玉，其下多竹，多青碧。

[13] 又东三百里，曰彭毗之山，其上无草木，多金玉，其下多水。（另涉及肥遗、蛇）

[14] 又东三百七十里，曰泰头之山。共水出焉，南注于虖池。其上多金玉，其下多竹箭。

[15] 又北二百里，曰谒戾之山，其上多松柏，有金玉。（另涉及林）

[16] 东三百里，曰沮洳之山，无草木，有金玉。

[17] 又东北百二十里，曰少山，其上有金玉，其下有铜。

[18] 又东北二百里，曰锡山，其上多玉，其下有砥。

[19] 又北二百里，曰景山，有美玉。

[20] 又北百里，曰题首之山，有玉焉，多石，无水。

[21] 又北百里，曰绣山，其上有玉、青碧，其木多栒。（另涉及草）

[22] 又北百二十里，曰敦与之山，其上无草木，有金玉。

[23] 又北百七十里，曰柘山，其阳有金玉，其阴有铁。

[24] 又北三百里，曰维龙之山，其上有碧玉，其阳有金，其阴有铁。（另涉及石）

[25] 又北百八十里，曰白马之山，其阳多石玉，其阴多铁，多赤铜。

[26] 又北三百里，曰泰戏之山，无草木，多金玉。（另涉及兽）

[27] 又北三百里，曰石山，多藏金玉。

[28] 又北三百里，曰陆山，多美玉。

[29] 又北四百里，曰乾山，无草木，其阳有金玉，其阴有铁而无水。（另涉及兽）

[30] 又北五百里，曰碣石之山。绳水出焉，而东流注于河，其中多蒲夷之鱼。其上有玉，其下多青碧。

[31] 又北水行四百里，至于泰泽。其中有山焉，曰帝都之山，广员百里，无草木，有金玉。

[32] 凡北次三经之首，自太行之山以至于无逢之山。凡四十六山，万二千三百五十里。其神状皆马身而人面者廿神。其祠之，皆用一藻茝瘗。其十四神状皆彘身而载玉。其祠之，皆玉，不瘗。其十神状皆彘身而八足蛇尾。其祠之，皆用一璧瘗之。大凡四十四神，皆用稌糈米祠之，此皆不火食。

山海经·第四·东山经

《东山首经》

“玉”出现8处，12山中有6山提及“玉”， 祠礼与“玉”无关

[1] 又南三百里，曰藟山，其上有玉，其下有金。

[2] 又南三百里，曰栒状之山，其上多金玉，其下多青碧石。（另涉及兽、鸟、鱼）

[3] 又南四百里，曰高氏之山，其上多玉，其下多箴石。诸绳之水出焉，东流注于泽，其中多金玉。

[4] 又南三百里，曰岳山，其上多桑，其下多樗。泺水出焉，东流注于泽，其中多金玉。

[5] 又南三百里，曰独山，其上多金玉，其下多美石。（另涉及蛇、鱼）

[6] 又南三百里，曰泰山，其上多玉，其下多金。有兽焉，其状如豚而有珠，名曰狪狪，其鸣自訆。环水出焉，东流注于江，其中多水玉。

《东次二经》

“玉”出现5处，17山中有5山提及“玉”， 祠礼用“璧”

[1] 又西南四百里，曰峄皋之山，其上多金玉，其下多白垩。

[2] 又南三百里，曰碧山，无草木，多大蛇，多碧、水玉。

[3] 又南五百里，曰缑氏之山，无草木，多金玉。

[4] 又南三百里，曰姑逢之山，无草木，多金玉。（另涉及兽）

[5] 又南五百里，曰凫丽之山，其上多金玉，其下多箴石。（另涉及兽）

[6] 凡东次二经之首，自空桑之山至于磹山。凡十七山，六千六百四十里。其神状皆兽身人面载觡。其祠：毛用一鸡祈，婴用一璧瘗。

《东次三经》

“玉”出现 3 处，9 山中有 3 山提及“玉”， 祠礼与“玉”无关

[1] 又东次三经之首，曰尸胡之山，北望殚山，其上多金玉，其下多棘。（另涉及兽、鱼）

[2] 又南水行五百里，曰流沙，行五百里，有山焉，曰跂踵之山，广员二百里，无草木，有大蛇，其上多玉。（另涉及龟、鱼、鸟）

[3] 又南水行九百里，曰踇隅之山，其上多草木，多金玉，多赭。（另涉及兽）

《东次四经》

“玉”出现 4 处，8 山中有 4 山提及“玉”， 祠礼与“玉”无关

[1] 又南三百二十里，曰东始之山，上多苍玉。（另涉及木、马、鱼）

[2] 又东南二百里，曰钦山，多金玉而无石。（另涉及鱼、兽）

[3] 又东北二百里，曰剡山，多金玉。（另涉及兽、蛇）

[4] 又东二百里，曰太山，上多金玉、桢木。（另涉及兽、牛、蛇、草、鱼）

山海经·第五·中山经

《中山首经》

"玉"出现 1 处，15 山均与"玉"无关，祠礼用"玉"

凡薄山之首，自甘枣之山至于鼓镫之山。凡十五山，六千六百七十里。历儿，冢也，其祠礼：毛，太牢之具；县以吉玉。其余十三山者，毛用一羊，县婴用桑封，瘗而不糈。桑封者，桑主也，方其下而锐其上，而中穿之加金。

《中次二经》

"玉"出现 6 处，9 山中有 5 山提及"玉"，祠礼用"玉"

[1] 又西南二百里，曰发视之山，其上多金玉，其下多砥砺。

[2] 又西三百里，曰豪山，其上多金玉而无草木。

[3] 又西三百里，曰鲜山，多金玉，无草木。（另涉及蛇）

[4] 又西百二十里，曰蔓山，蔓水出焉，而北流注于伊水，其上多金玉，其下多青雄黄。（另涉及木、草、鱼）

[5] 又西一百五十里，曰蔓渠之山，其上多金玉，其下多竹箭。（另涉及兽、虎、马）

[6] 凡济山之首，自辉诸之山至于蔓渠之山。凡九山，一千六百七十里，其神皆人面而鸟身。祠用毛，用一吉玉，投而不糈。

《中次三经》

"玉"出现7处，5山均提及"玉"，祠礼用"玉"

[1] 萯山之首，曰敖岸之山，其阳多㻬琈之玉，其阴多赭、黄金。神熏池居之。是常出美玉。（另涉及林、兽）

[2] 又东十里，曰青要之山，实惟帝之密都。北望河曲，是多驾鸟。南望墠渚，禹父之所化，中多仆累、蒲卢。䰠武罗司之，其状人面而豹文，小要而白齿，而穿耳以鐻，其鸣如鸣玉。（另涉及鸟、草、木）

[3] 又东十里，曰騩山，其上有美枣，其阴有㻬琈之玉。（另涉及鱼）

[4] 又东四十里，曰宜苏之山，其上多金玉，其下多蔓居之木。

[5] 又东二十里，曰和山，其上无草木而多瑶碧，实惟河之九都。是山也五曲，九水出焉，合而北流注于河，其中多苍玉。（另涉及神、虎）

[6] 凡萯之首，自敖岸之山至于和山，凡五山，四百四十里。其祠：泰逢、熏池、武罗皆一牡羊副，婴用吉玉。其二神用一雄鸡瘗之。糈用稌。

《中次四经》

"玉"出现6处，9山中有6山提及"玉"，祠礼与"玉"无关

[1] 中次四经厘山之首，曰鹿蹄之山，其上多玉，其下多金。（另涉及石）

[2] 又西一百二十里，曰厘山，其阳多玉，其阴多蒐。（另涉及兽）

[3] 又西二百里，曰箕尾之山，多榖，多涂石，其上多㻬琈之玉。

[4] 又西二百五十里，曰柄山，其上多玉，其下多铜。（另涉及羊、木、鱼）

[5] 又西二百里，曰白边之山，其上多金玉，其下多青雄黄。

[6] 又西二百里，曰熊耳之山，其上多漆，其下多棕。浮濠之水出焉，而西流注于洛，其中多水玉，多人鱼。（另涉及草、华、鱼）

《中次五经》

"玉"出现8处，16山中有5山提及"玉"，祠礼用"玉""璧"

[1] 东三百里，曰首山，其阴多榖、柞，其草多茉芫。其阳多㻬琈之玉，木多槐。（另涉及鸟）

[2] 又北十里，曰超山，其阴多苍玉，其阳有井，冬有水而夏竭。

[3] 又东十里，曰历山，其木多槐，其阳多玉。

[4] 又东十里，曰尸山，多苍玉，其兽多麖。尸水出焉，南流注于洛水，其中多美玉。

[5] 又东北二十里，曰升山，其木多榖柞、棘，其草多藷藇，蕙多寇脱。黄酸之水出焉，而北流注于河，其中多璇玉。

[6] 凡薄山之首，自苟林之山至于阳虚之山。凡十六山，二千九百八十二里。升山冢也，其祠礼：太牢，婴用吉玉。首山䰠也，其祠用稌、黑牺、太牢之具、蘖酿；干儛，置鼓；婴用一璧。尸水，合天也，肥牲祠之；用一黑犬于上，用一雌鸡于下，刉一牝羊，献血。婴用吉玉，彩之飨之。

《中次六经》

"玉"出现 12 处，14 山中有 11 山提及"玉"，祠礼与"玉"无关

[1] 西十里，曰缟羝之山，无草木，多金玉。

[2] 又西十里，曰廆山，多㻬琈之玉。（另涉及木、鸟）

[3] 又西三十里，曰娄涿之山，无草木，多金玉。（另涉及石）

[4] 又西四十里，曰白石之山。惠水出于其阳，而南流注于洛，其中多水玉。（另涉及石）

[5] 又西七十二里，曰密山，其阳多玉，其阴多铁。（另涉及龟、鸟、草、木）

[6] 又西百里，曰长石之山，无草木，多金玉。其西有谷焉，名曰共谷，多竹。（另涉及石）

[7] 又西一百四十里，曰傅山，无草木，多瑶碧。厌染之水出于其阳，而南流注于洛，其中多人鱼。其西有林焉，名曰墦冢。谷水出焉，而东流注于洛，其中多珚玉。

[8] 又西五十里，曰橐山，其木多樗，多構木，其阳多金玉，其阴多铁，多萧。（另涉及鸟、鱼）

[9] 又西九十里，日常烝之山，无草木，多垩。潐水出焉，而东北流注于河，其中多苍玉。

[10] 又西九十里，曰夸父之山，其木多棕枏，多竹箭，其兽多㸲牛、羬羊，其鸟多鷩，其阳多玉，其阴多铁。其北有林焉，名曰桃林，是广员三百里，其中多马。湖水出焉，而北流注于河，其中多珚玉。

[11] 又西九十里，曰阳华之山，其阳多金玉，其阴多青雄黄。（另涉及草、鱼、铜）

《中次七经》

"玉"出现 10 处，19 山中有 7 山提及"玉"， 祠礼用"玉"

[1] 又东五十二里，曰放皋之山。明水出焉，南流注于伊水，其中多苍玉。（另涉及木、华、兽）

[2] 又东五十七里，曰大䔄之山，多㻬琈之玉，多麋玉。（另涉及草、牛、龟）

[3] 又东五十里，曰少室之山，百草木成囷。其上有木焉，其名曰帝休，叶状如杨，其枝五衢，黄华黑实，服者不怒。其上多玉，其下多铁。（另涉及鱼）

[4] 又北三十里，曰讲山，其上多玉，多柘、多柏。（另涉及木）

[5] 又北三十里，曰婴梁之山，上多苍玉，錞于玄石。

[6] 又东三十五里，曰敏山。上有木焉，其状如荆，白华而赤实，名曰蓟柏，服者不寒。其阳多㻬琈之玉。

[7] 又东三十里，曰大騩之山，其阴多铁、美玉、青垩。（另涉及草、华）

[8] 凡苦山之首，自休与之山至于大騩之山。凡十有九山，千一百八十四里。其十六神者，皆豕身而人面。其祠：毛牷用一羊羞，婴用一藻玉瘗。苦山、少室、太室皆冢也。其祠之：太牢之具，婴以吉玉。其神状皆人面而三首。其余属皆豕身人面也。

《中次八经》

"玉"出现 11 处，23 山中有 9 山提及"玉"， 祠礼用"璧""圭"

[1] 中次八经荆山之首，曰景山，其上多金玉，其木多杼檀。（另涉及鱼）

[2] 又东北百五十里，曰骄山，其上多玉，其下多青雘。（另涉及木、羊、虎）

[3] 又东北百二十里，曰女几之山，其上多玉，其下多黄金。（另涉及兽、鸟）

[4] 又东北二百里，曰宜诸之山，其上多金玉，其下多青雘。洈水出焉，而南流注于漳，其中多白玉。

[5] 又东二百里，曰陆鄃之山，其上多㻬琈之玉，其下多垩。（另涉及木）

[6] 又东百五十里，曰岐山，其阳多赤金，其阴多白珉，其上多金玉，其下多青雘。（另涉及木、神）

[7] 又东北三百里，曰灵山，其上多金玉，其下多青雘。（另涉及木）

[8] 又南百二十里，曰若山，其上多㻬琈之玉，多赭，多邽石，多寓木，多柘。

[9] 又东南一百五十里，曰玉山，其上多金玉，其下多碧铁，其木多柏。

[10] 凡荆山之首，自景山至琴鼓之山。凡二十三山，二千八百九十里。其神状皆鸟身而人面。其祠：用一雄鸡祈瘗，用一藻圭，糈用稌。骄山，冢也。其祠：用羞酒少牢祈瘗，婴毛一璧。

《中次九经》

“玉”出现 8 处，16 山中有 7 山提及“玉”， 祠礼用“玉”“璧”

[1] 又东北三百里，曰岷山。江水出焉，东北流注于海，其中多良龟，多鼍。其上多金玉，其下多白珉。（另涉及木、兽、夔牛）

[2] 又东五百里，曰鬲山，其阳多金，其阴多白珉。蒲鸏之水出焉，而东流注于江，其中多白玉。（另涉及兽、熊罴）

[3] 又东北三百里，曰隅阳之山，其上多金玉，其下多青雘。（另涉及木、桑、草）

[4] 又东三百里，曰勾檷之山，其上多玉，其下多黄金。（另涉及木、草）

[5] 又东二百里，曰玉山，其阳多铜，其阴多赤金。（另涉及木、兽、鸟）

[6] 又东一百五十里，曰熊山。有穴焉，熊之穴，恒出入神人。夏启而冬闭；是穴也，冬启乃必有兵。其上多白玉，其下多白金。（另涉及木、草）

[7] 又东一百四十里，曰騩山，其阳多美玉、赤金，其阴多铁。（另涉及木）

[8] 凡岷山之首，自女几山至于贾超之山。凡十六山，三千五百里。其神状皆马身而龙首。其祠：毛用一雄鸡瘗，糈用稌。文山、勾檷、风雨、騩之山，是皆冢也。其祠之：羞酒，少牢具，婴毛一吉玉。熊山，席也，其祠：羞酒，太牢具，婴毛一璧。干儛，用兵以禳；祈，璆冕舞。

《中次十经》

“玉”出现 2 处，9 山中有 2 山提及“玉”， 祠礼用“璧”

[1] 之首，曰首阳之山，其上多金玉，无草木。

[2] 又西五十里，曰涿山，其木多榖柞杻，其阳多㻬琈之玉。

[3] 凡首阳山之首，自首山至于丙山。凡九山，二百六十七里。其神状皆龙身而人面。其祠之：毛用一雄鸡瘗，糈用五种之糈。堵山，冢也，其祠之：少牢具，羞酒祠，婴毛一璧瘗。騩山，帝也，其祠羞酒，太牢具；合巫祝二人儛，婴一璧。

《中次十一经》

“玉”出现 14 处，48 山中有 11 山提及“玉”，祠礼用“玉”“璧”“珪”

[1] 又东南二百里，曰帝囷之山，其阳多㻬琈之玉，其阴多铁。（另涉及蛇）

[2] 又东南五十里，曰视山，其上多韭。有井焉，名曰天井，夏有水，冬竭。其上多桑，多美垩、金玉。

[3] 又东南三十五里，曰即谷之山，多美玉，多玄豹，多闾麈，多麢㚟。其阳多珉，其阴多青雘。

[4] 又东南三十里，曰游戏之山，多杻橿榖，多玉，多封石。

[5] 又东南三十里，曰毕山。帝苑之水出焉，东北流注于视，其中多水玉，多蛟。其上多㻬琈之玉。

[6] 又东四十里，曰婴山，其下多青雘，其上多金玉。

[7] 又东三十里，曰倚帝之山，其上多玉，其下多金。（另涉及兽）

[8] 又东七十里，曰妪山，其上多美玉，其下多金，其草多鸡谷。

[9] 又东五十里，曰声匈之山，其木多榖，多玉，上多封石。

[10] 又东三百里，曰奥山，其上多柏杻橿，其阳多㻬琈之玉。

[11] 又东三百十里，曰杳山，其上多嘉荣草，多金玉。

[12] 凡荆山之首，自翼望之山至于几山。凡四十八山，三千七百三十二里。其神状皆彘身人首。其祠：毛用一雄鸡祈，瘗用一珪，糈用五种之精。禾山，帝也。其祠：太牢之具，羞瘗，倒毛；用一璧，牛无常。堵山、玉山冢也，皆倒祠，羞毛少牢，婴毛吉玉。

《中次十二经》

“玉”出现6处，15山中有5山提及“玉”，祠礼用“玉”“圭”“璧”

[1] 又东南五十里，曰云山，无草木。有桂竹，甚毒，伤人必死。其上多黄金，其下多㻬琈之玉。

[2] 又东南五十里，曰风伯之山，其上多金玉，其下多酸石、文石，多铁。（另涉及木、林、鸟兽）

[3] 又东南一百八十里，曰暴山，其木多棕楠、荆芑、竹箭、䉋箘，其上多黄金、玉，其下多文石、铁。（另涉及兽）

[4] 又东南二百里，曰即公之山，其上多黄金，其下多㻬琈之玉。（另涉及木、桑、兽、龟）

[5] 又东二百里，曰真陵之山，其上多黄金，其下多玉。（另涉及木、草）

[6] 凡洞庭山之首，自篇遇之山至于荣余之山。凡十五山，二千八百里。其神状皆鸟身而龙首。其祠：毛用一雄鸡、一牝豚钊，糈用稌。凡夫夫之山、即公之山、尧山、阳帝之山，皆冢也，其祠：皆肆瘗，祈用酒，毛用少牢，婴毛一吉玉。洞庭、荣余，山神也，其祠：皆肆瘗，祈酒太牢。祠：婴用圭璧十五，五采惠之。

山海经·第六·海外南经

未出现“玉”字

山海经·第七·海外西经

“玉”出现 1 处

大乐之野，夏后启于此儛九代，乘两龙，云盖三层。左手操翳，右手操环，佩玉璜。在大运山北。一曰大遗之野。

山海经·第八·海外北经

“玉”出现 1 处

平丘在三桑东。爰有遗玉、青鸟、视肉、杨柳、甘柤、甘华，百果所生。

山海经·第九·海外东经

“玉”出现1处

蹉丘，爰有遗玉、青马、视肉、杨柳、甘华。百果所生。

山海经·第十·海内南经

未出现“玉”字

山海经·第十一·海内西经

“玉”出现2处

[1] 海内昆仑之墟，在西北，帝之下都。昆仑之墟，方八百里，高万仞。上有木禾，长五寻，大五围。面有九井，以玉为槛。面有九门，门有开明兽守之，百神之所在。

[2] 开明北有视肉、珠树、文玉树、玗琪树、不死树。

山海经·第十二·海内北经

未出现“玉”字

山海经·第十三·海内东经

“玉”出现 2 处

西胡白玉山在大夏东，苍梧在白玉山西南，皆在流沙西，昆仑墟东南。昆仑山在西胡西。皆在西北。

山海经·第十四·大荒东经

“玉”出现 1 处

东北海外，又有三青马、三骓、甘华。爰有遗玉、三青鸟、三骓、视肉、甘华、甘柤。百谷所在。

山海经·第十五·大荒南经

“玉”出现 2 处

[1] 大荒之中，有不姜之山，黑水穷焉。又有贾山，汔水出焉。又有言山。又有登备之山。有恝恝之山。又有蒲山，澧水出焉。又有隗山，其西有丹，其东有玉。

[2] 有南类之山。爰有遗玉、青马、三骓、视肉、甘华。百谷所在。

山海经·第十六·大荒西经

“玉”出现 1 处

大荒之中，有山名曰丰沮玉门，日月所入。

山海经·第十七·大荒北经

未出现“玉”字

山海经·第十八·海内经

未出现“玉”字

附录 2

中国远古历史的想象性推测有关研究资料

（根据丁振宗的《破解〈山海经〉——古中国的 X 档案》整理归纳）

[1] 夸父追日是黄帝一项太空实验失败的记录。

[2] 女娲是一枚能在环绕地球的轨道上发射多枚人造卫星的太空火箭。

[3] 后羿射日是黄帝的另一项太空实验失败的记录。

[4] 黄帝曾在日本境内的一座山峰上试炸一枚氢弹，其威力相当于美国当年轰炸广岛原子弹的 178 倍。

[5] 黄帝有一座核子发电厂，在青藏高原的一座山内，如今可能还存在。

[6] 黄帝和蚩尤大战是一场洲际、太空核子大战，黄帝险胜。黄帝的洲际导弹都朝向东和东南，其攻击的对象是位于中南美洲的蚩尤。

[7] 大洪水的发生是黄帝策划故意为之的事件。由于当时亚洲大部分板块都在海水下，陆地上沼泽多而可利用的地面不多，与蚩尤的核战之后，地面损坏的设施和放射性物质太多，而且印度板块向北移动很快会与亚欧板块相撞引发更大的破坏和地质动荡，所以“帝乃命禹卒布土，均定九州”，即布下 9 处受控制的核子反应堆，12 年后将欧亚板块推了起来，也正是燕山运动引发亚洲地壳变动的重要原因。当时的昆仑山北部包括新疆、外蒙古和内蒙古，以及更北边的西伯利亚都属于《山海经》中的北海位置，因为地壳变动后就会引发洪水向南流动，所以鲧采用鲧船、鲲船等设备挖河床筑造堤坝的方式缓解了洪水滔天的更大灾难。

[8]《山海经》中记载的以上事件和燕山运动都发生在 6700 万年以前。燕山运动之后地球南北极改变了原有的位置，地球自转速度也慢了下来。

[9] 共工和相柳是卓越的地质学家。

[10] 鲧是卓越的土木工程师，他挖河床和堤坝时大洪水还未发生，他的工作是洪水来临前的疏导。

[11] 鲧被宰剖之后才产生禹，是加工改装而成的，所以鲧不是禹的父母。

[12] 禹不是治大洪水而是制造了大洪水。

[13] 昆仑之墟的位置在北纬 33°—36°、东经 84°—92°之间一片海拔超过 5000 米形状不规则的台地上，昆仑之丘是格拉丹东山峰所在位置，玉山是藏色岗日山峰所在地。

[14] 黄帝时期已进入核子时代，其采备、工具、设施、流程和事件如下表。

铀矿原料出产地	主要是：青藏高原北部的“崟山”，青藏高原南部的“旄山之尾”“灌湘之山”，其他出产“白玉”（铀锭）的山
运载铀矿原料的工具	负责空运的设备为“怪鸟”“奇鸟”，负责水运的设备为“奇鱼”
铀矿提炼厂地点	部分提炼工艺在“灌山”，完全提炼成品在“崟山”
核能发电厂	青藏高原北部“钟山”下的“烛龙”
核武装配厂	云南地区的大型工厂“延维”
第一枚氢弹名称	“夔”
试炸日期	6700 万年以前
试炸地点	日本境内的一座山峰
氢弹威力	等同于 3556000 吨 TNT 炸药威力
运载核弹的轰炸机	驻扎在青藏高原西北部的“灭蒙鸟”“鵹鸟”“黄鷔”“黄鸟”等
核子潜艇基地	鸟鼠同穴山，黄帝时代渭河的发源地

注：今天的青藏高原地理地貌与《山海经》描述的时代不同，当时青藏高原和四川、云南的交界地属于海岸。

附录 3

佛教装饰供养用途的宝玉石

朱怡芳整理归纳

序号	出现的形式		类型代码	具体内容和意义
1	八瑞相中的宝玉石	宝伞上的装饰	S	八瑞相上的宝伞有珠宝链。大龙神敬献给国王的黄金宝伞不仅上面缀满珠宝，连伞圈都缀有散发甘露香气的珠宝，而且伞的手柄也是用青玉做成的。若是佛像上有大白伞，则是金刚乘女神大白伞盖佛母的标识。宝伞的圆顶象征智慧，帷幔则象征各种慈悲方法或方便善巧[1]
2		宝瓶内的藏储	O S	宝瓶是财神的象征，其中宝藏神、多闻天王、增禄天母，其造型来源是印度黏土制成的陶水瓶，也意味着雌性的子宫。通常宝瓶都位于佛像的脚下，里面会有取之不竭、源源不断地向外涌出的珠宝。宝瓶的顶饰有一块如意宝或三联宝石（三睛宝石，象征着佛、法、僧三宝）
3		胜利幢上的装饰	H S	与战斗、军旗相关的胜利幢，其上有着与宝伞帷幔上的缀饰和宝瓶顶部如意宝相似的宝玉石饰物
4		金轮上的装饰	S	有时转轮画在华丽的梨形框圈内，而框圈上镶嵌着珠宝

[1]［英］罗伯特・比尔著，向红笳译：《藏传佛教象征符号与器物图解》，中国藏学出版社，2014 年：第 5 页。

续表

序号	出现的形式		类型代码	具体内容和意义
5	八瑞物中的宝玉石		C	象征佛陀八正道的佛教八瑞物也源自前佛教时期，也是一组重要的佛教符号。这八件瑞物当中的朱砂[1]是矿石直接提取物，用于宗教目的和仪式，也象征某些降魔和财富女神，比如吉祥天母。在汉地佛教中，朱砂和黄金一起象征愉悦和繁荣。朱砂粉是宗教手工制品主要的装饰颜料[2]
6	转轮王七政宝中的装饰[3]	神珠宝	F C	八面神珠宝或八面如意宝可以实现转轮王及其光芒笼罩下的人的一切欲望。具有传奇色彩的红宝石是在海水被搅拌时露出水面的，成为毗湿奴和讫瑟吒的胸饰。与红色珠宝一样，神珠宝也具有八大特征：光芒能照亮黑夜、遇酷暑变凉遇寒冷变暖、可变成解渴的小溪或甜水河、能生成转轮王所希望的一切、能控制龙众并防止水患及冰雹暴雨、其各个面都散射出彩色光泽能治愈一切精神障碍并涤除自然界的污浊之物、其光芒可以治愈一切疾病、可预防婴儿夭折保佑祖孙三代按吉祥顺序自然死亡。在画作上，神珠宝通常画成一串被拉长的多彩的棒状物，插在月亮形小圆盘和莲花上。八面神珠宝被画成琉璃宝石的深青金石色，发出蓝色的光，能够照亮整个宫室或转轮王的四兵[4]
7		披挂和供物	H O	在白象、绀马上，有装饰性的宝玉石，比如在白象脖子上会挂有珠宝项链，绀马身上披挂众神披有的黄金珠宝披饰，马鞍上常驮着神珠宝供物，为转轮王送去吉祥祝福[5]

[1] 梵文“sindura”，普遍定义为铅丹、辰砂、朱砂或圣灰。[英]罗伯特·比尔著，向红笳译：《藏传佛教象征符号与器物图解》，中国藏学出版社，2014年：第28页。

[2] 同[1]，第29页。

[3] 转轮王出生时，金轮宝、神珠宝、玉女宝、主藏臣宝、白象宝、绀马宝、将军宝这七政宝同时出现，其中金轮宝和神珠宝是转轮王世俗和精神尊严的象征，也是获得圆满的神奇工具。

[4] [英]罗伯特·比尔著，向红笳译：《藏传佛教象征符号与器物图解》，中国藏学出版社，2014年：第43页。

[5] 同[4]，第45页。

续表

序号	出现的形式	类型代码	具体内容和意义
8	转轮王七近宝中的装饰	S F	源自古印度的七件皇室标识[1]理念的转轮王七近宝当中也有宝玉石的装饰，这七近宝分别是：宝剑、龙皮褥、宫室、衣袍、林苑、靴履和宝座。转轮王的剑能刺穿愚痴、消灭仇敌，宝剑剑柄的圆头底上有一个五股金刚杵或一块珠宝饰。转轮王的宫室也具有古印度宫殿的特征，它由优质木料、大理石、珍稀金属和七种珠宝修造而成
9	转轮王七珍中的装饰	S	转轮王七珍包括犀牛角、一对方形缠枝耳环、红色珊瑚树、一对圆形缠枝耳环、十字徽相或标识、一对象牙、镶嵌在三叶饰金座上的三睛宝石，分别代表金轮宝、神珠宝、玉女宝、主藏臣宝、白象宝、绀马宝、将军宝。在绘画表现当中，会用十字珠宝表示将军宝、三睛宝石代表神珠宝。三睛宝石一般画成如意（三叶状的云纹）或金刚杵形状，有的会画出宝石的三面或三个喜旋。十字将军宝一般画作十字（方胜形），上面镶嵌有珠宝[2]
10	三宝	F	三颗一组的宝石代表“三宝”，佛、法、僧“三宝”是佛坛上的中央供物，代表一切佛的身（行为）、语（言语）、意（思想）

[1] 七件标识物是宝剑、白色华盖、皇冠、鞋履、拂尘、权杖、宝座。

[2]［英］罗伯特·比尔著，向红笳译：《藏传佛教象征符号与器物图解》，中国藏学出版社，2014 年：第 48—52 页。

续表

序号	出现的形式	类型代码	具体内容和意义
11	龙神的夜明珠	F	与印度的龙众[1]一样，传说中的中国龙偏爱控制天气，尤其偏爱狂暴的雷鸣及暴风骤雨。从龙爪中散射出叉形闪电，从口中喷出灼热的火球。倾盆大雨如热带暴雨般从其闪亮的鳞片落下，龙爪抓住的四大珠宝生成了露珠，当爪子并拢时生成瓢泼大雨。在绘画中，包在烈焰中的红色或白色小球代表的是夜明珠，它常与龙神一起出现，而且多见二龙戏珠或在天空追逐宝珠。有种说法认为叉形闪电爆炸形成无数白色的小闪光体时就生成了夜明珠。另外，天蓝色或绿松石色的龙是众多佛教护法神、水神或风暴神及护宝神的坐骑[2]
12	金翅鸟的冠顶装饰	S	作为万鸟之王和苯教火鸟，金翅鸟双角之间隆起的肉髻里藏有一块龙众宝。这块珠宝和月牙、太阳及滴露状的饰物一起装饰在冠顶。据说金翅鸟从须弥山龙众之王那里偷走了这块珠宝，人们认为金翅鸟喷出的是治疗蛇咬和其他毒物的解毒剂[3]。也许这块珠宝在现实中的原型就是可以解毒的蛇胆
13	饕餮的缀饰	H	根据《室犍陀往世书》中的神话故事，饥肠辘辘的凶魔失去了自己的猎物后只好自食其身，直到仅仅剩下了头颅，湿婆对凶魔的力大无比感到欢心，就将他的脸命名为“荣光之脸”，命它永远担当自己门槛的保护神。在藏族艺术中，饕餮作为一种纹饰出现在铠甲、头盔、盾牌和武器上，通常它的上颌挂有一颗珠宝、一组珠宝或珠宝帘帐，从而整个饕餮脸的帘帐构成一张珠宝网，多被画在庙宇围墙的大梁上[4]

[1] 龙众的梵文是“Naga”，源自印度的古蛇崇拜。龙众是低下宝物和“伏藏”的守护者。这从现代文学作品、英国作家托尔金的《霍比特人》（*The Hobbit: The Desolation of Smaug*）中也能管窥到恶龙与珠宝的关系。[英]罗伯特·比尔：《藏传佛教象征符号与器物图解》，向红笳译，中国藏学出版社，2014年：第77页。

[2] [英]罗伯特·比尔著，向红笳译：《藏传佛教象征符号与器物图解》，中国藏学出版社，2014年：第75页。

[3] 同[2]，第80页。

[4] 同[2]，第84—85页。

续表

序号	出现的形式	类型代码	具体内容和意义
14	太阳和月亮	C	作为光源和光的反射物，太阳和月亮象征着绝对和相对真理、胜义谛和世俗谛的菩提心露（即直心，指纯一无染的心灵）。在古印度文化中，火晶是一种具有神力的玻璃，作为“智慧”禅垫的红色或金黄色太阳圆盘专门给半怒相神或怒相神使用，所以画成火晶制成的。水晶是具有凹透能力的散光物，作为“方便”禅垫的白色月亮圆盘是给善相神使用的，所以画成水晶制成的[1]
15	须弥山	C	须弥山是伟大的“世界之山”，它从宇宙中心隆起，东西南北四面的色彩分别为：东方东胜身洲是白色的（水晶或银），呈半圆形；西方西牛货洲是红色的（红宝石），呈圆形；南方南瞻部洲是蓝色的（蓝宝石），呈斧头状；北方北俱卢洲是金色的（黄金），呈方形[2]
16	金刚杵	F	金刚石的化学成分是C，摩氏硬度10，是自然界中天然存在的最坚硬的物质[3]。佛教中的金刚杵[4]是金刚乘坚不可摧之道的典型象征。在藏文中，它是“石王”之意，和金刚石（金刚钻）一样不易切割也不易摧毁，还有璀璨之光。印度吠陀时期是大天神因陀罗的主要武器，它被画成中间有洞的圆盘，上面有一对交叉的涡杆或一根带槽的金属棒，棒上有一百颗或一千颗钉，作为霹雳闪电[5] 此处描述的圆盘、涡杆、霹雳闪电似乎与玉璧、玉琮有关，而且可能揭示了电磁原理。其实在藏传佛教的藏语中一般没有对译“钻石”的名称，只有金刚钻、水晶、珍宝类属

[1] [英] 罗伯特·比尔著，向红笳译：《藏传佛教象征符号与器物图解》，中国藏学出版社，2014年：第87页。

[2] 同[1]，第89页。

[3] 依照摩氏硬度标准(Mohs hardness scale)共分10级，钻石(金刚石)为最高级第10级；如小刀的硬度约为5.5、铜币约为3.5—4、指甲约为2—3、玻璃硬度为6。

[4] 梵文“Vajra”，也有人认为金刚杵是由天降的陨石天铁锻造做成的。

[5] 同[1]，第93页。

续表

序号	出现的形式	类型代码	具体内容和意义
17	法铃上的饰物	S	法铃的装饰带上有八张挂着珠宝帘帐的饕餮脸，代表着大十字金刚杵的八大摩羯头。大十字金刚杵承托着位于中央的坛城宫，悬挂的珠宝网代表着宫墙复杂的装饰性结构。金刚铃的铃杆中央有大智慧的波罗蜜多女神，她戴着珠宝头冠，上面代表五智佛的五智宝珠叠列在金刚杵的莲花基座上，形成金刚铃的冠状[1]
18	天杖的装饰	H	天杖是金刚乘佛教中具有象征意义的最复杂的器物之一，上面有十字金刚杵和宝瓶，因而伴有悬珠饰物[2]
19	达玛茹的装饰	H S	作为湿婆教的早期标识，达玛茹是以“舞蹈之王”化身显现的湿婆右手所持的一件器物。它是一个沙漏状的小鼓，中间腰部有一块装饰带，通常是金属箍条或绸缎做成，上面挂有珠宝饰手柄。在神灵手持达玛茹的绘画中，手柄通常表现为一串珠宝链，链子末端有一个三叶云纹和一个带穗的三层帐幔[3]
20	嘎布拉碗里的供物	O	嘎布拉碗是用人颅骨的上半部做成的椭圆形供器、饭碗或祭祀用碗。作为温和相神或略带怒相神的器物，嘎布拉碗也表现为一个大海螺，内装水果、药品、食物和珠宝等供物[4]

[1] [英] 罗伯特·比尔著，向红笳译：《藏传佛教象征符号与器物图解》，中国藏学出版社，2014年：第102页。
[2] 同[1]，第109页。
[3] 同[1]，第114页。
[4] 同[1]，第119页。

续表

序号	出现的形式	类型代码	具体内容和意义
21	宝剑的装饰	F	宝剑是智慧的象征或断灭愚痴和障蔽的觉识。某些无上密宗瑜伽神，像怖畏金刚，所持的宝剑也象征着得到获得成就所需的八大神通力[1]。某些勇士神的身上，特别是中央神与四方神形成一组的情况下，宝剑被认为是用铁、水晶、铜、金和琉璃制成的[2]
22	三股叉的装饰	S	三股叉在很多宗教中都是具有象征性的符号，在早期印度佛教中象征着“三宝”的三位一体和与佛陀有关的道德、禅定，智慧的经、律、论。佛教中的三股叉通常置于红色檀香杆的顶端，底部用半截金刚杵、珠宝或球饰为饰[3]
23	矛的装饰	S F	矛是许多怒相神“方法”右手所持的武器，象征刺向或斩断各种谬见和偏颇的见解。作为手持的武器，矛被画作有红色或白色檀香木或橡木杆，矛杆下端以一个半截金刚杵、珠宝或小圆饰为饰物。某些保护神的矛也可以画成用金、银、铜、水晶、琉璃或珊瑚等珍贵材质制成。作为“八部众”的护法天神通常也持有带珠宝装饰的矛[4]
24	短橛的装饰	S	短橛是一种武器，象征可以粉碎由“业”而生的愚昧之障和精神上的污垢。作为右手“方法”的器物，短橛形状各异，最常见的金刚乘神的短橛是一种锥形长木杆，细长的底座上有一个小珠宝饰或半截金刚杵饰，杆顶有一个大的半截金刚杵饰、珠宝饰或三股叉饰。珠宝镶顶的短橛是多闻天王几种化身的器物，常被画作上有一个如意宝饰、一个火焰宝饰或一个“珠宝花蔓”饰[5]

[1] 八大神通力包括：剑力、千里眼、飞毛腿、隐身术、炼丹术、飞天、能够移位且有多种化身，能够穿行各界。

[2] [英] 罗伯特·比尔著，向红笳译：《藏传佛教象征符号与器物图解》，中国藏学出版社，2014 年：第 131—132 页。

[3] 同 [2]，第 138 页。

[4] 同 [2]，第 142 页。

[5] 同 [2]，第 145 页。

续表

序号	出现的形式	类型代码	具体内容和意义
25	横棒的装饰	S	横棒也叫巫术棒或魔力棒，是怒相护法神“宝帐怙主”[1]的独特器物。宝帐怙主的横棒被画作一个木横梁上面有几个城堡门道，横梁两端是对称的沉重的金钮带，饰钮形似镶嵌莲花的珠宝、金刚杵或涡旋状摩羯尾图案[2]
26	骨架棒的装饰	S	在众多怒相护法神中，像阎王、怖畏金刚和尸陀林主的右手上都绘有骨架棒。和骷髅棒一样，它也源自湿婆教信徒的天杖，最初是把人的骷髅头插在胫骨或大腿骨上制成。龇牙咧嘴或傲慢自大的骷髅骨的底部常用一块珠宝或一个半截金刚杵为饰[3]
27	板斧的装饰	S	板斧是砍伐工具，月牙形的斧身外形与怒相神“钺刀”身相似，斧头接点的顶部和后背通常有两个半截金刚杵饰象征不可摧毁的特质。其锥形手柄用红檀香木制成，底部有一小块珠宝饰或半截金刚杵饰，上半部还系有一条打结的丝带[4]
28	铁锤的装饰	S	铁质金刚锤是右手“方法”所持的武器，象征砸碎邪恶本性，尤其是贪、嗔、痴“三毒”。金刚锤的顶部、背部有半截金刚杵饰，与板斧一样，手柄底部有一小块珠宝饰或半截金刚杵饰，斧杆上半部也系有一条打结的丝带[5]

[1] 其名源自《金刚怙主密续》，据说最初是信奉佛教的印度最大的佛学机构那烂陀寺的保护神。

[2]［英］罗伯特·比尔著，向红笳译：《藏传佛教象征符号与器物图解》，中国藏学出版社，2014年：第147页。

[3] 同[2]，第149页。

[4] 同[2]，第152页。

[5] 同[2]，第153页。

续表

序号	出现的形式	类型代码	具体内容和意义
29	铁钩的装饰	S	与套索搭配使用的铁钩也叫金刚钩，用于降伏的一对器具，神灵的“方法”右手常挥舞铁钩，有时铁钩画作刺入怨敌的心脏，象征控制或钩住一切恶业，把芸芸众生推向解脱。铁钩的接点有圆形和方形，顶部或背部饰有半截金刚杵或珠宝，与铁锤一样，其杆底部有一小块珠宝饰或半截金刚杵饰，杆的上半部也系有一条打结的丝带[1]
30	套索的装饰	S	套索常掌握在某些神灵的“智慧”左手中，可以与右手握着的铁钩搭配使用，代表“念”和“正见”的结合，套索捆住“命脉”和一切障魔的静脉最后将其扼杀。某些善相神的套索被画作用金、珠宝、绳、夜莲花根或花朵做成[2]
31	手持莲花上的标识	F	男女菩萨的手持莲花上一般都有特殊的标识，这些标识都放在莲花圆拱形果荚皮或中间的果荚上。八大菩萨之一的地藏菩萨，其手持莲花上托有的器物标识是珠宝[3]
32	旗幡的饰物	S	旗幡是护法神的主要标识，代表战事的旗幡通常呈三角丝绸长旗形状。有的护法神或“赞”神都戴有小三角旗幡作为头盔饰物，护法神的头盔顶常饰有小矛尖或宝剑、珠宝、红色牦牛尾、孔雀翎等标识[4]

[1] [英] 罗伯特·比尔著，向红笳译：《藏传佛教象征符号与器物图解》，中国藏学出版社，2014年：第154页。

[2] 同[1]，第155页。

续表

序号	出现的形式	类型代码	具体内容和意义
33	三层饰的组成	H S	三层饰由三个领带形状的丝绸幔帐组成，是宝伞、宝幢、天杖、达玛茹和三股叉等众多礼器上的饰物。三层饰象征着佛教各类三个一组的意义，比如三宝、三世佛、三乘、三界、三身、身语意等。怖畏金刚的三层饰通常挂在三股杆上的一根珠宝链上，象征着怖畏金刚殊胜“三界”。有时三层饰和珠宝璎珞挂在一根杆上，杆顶饰有长寿瓶或半截金刚杵及连在一起的月牙和太阳饰。三层饰顶部通常冠有一块珠宝或一个月牙、太阳和滴露，在它们的下面是三睛宝石。作为三宝的象征物，三睛宝石是汉族艺术中的玉玦状的三叶如意“云饰”[1]
34	镶珠璎珞	S	镶珠璎珞触碰弟子的头表示为他们祈福。罗汉或佛陀的一位天界侍从手中也持有镶珠璎珞。通常将它画作镶珠小三角形帷幔或几根白色牦牛尾，卷轴上的装饰华丽，有时杆上带有金刚杵饰顶[2]
35	牦牛尾拂尘的装饰	S	白色牦牛尾拂尘在古印度是皇家的标识。早期佛教用白色牦牛拂尘作为佛陀统治和慈悲的标识，它和宝伞都是最早的佛教护法象征物。佛陀的天上眷属及观音菩萨和金刚手菩萨在侧伴顶髻母时也都持有牦牛拂尘。作为手持器物，拂尘通常插在一根有金色珠宝饰的手柄上，上面挂有一个金色铃铛[3]

[1] [英] 罗伯特·比尔著，向红笳译：《藏传佛教象征符号与器物图解》，中国藏学出版社，2014 年：第 185 页。
[2] 同 [1]，第 186 页。
[3] 同 [1]，第 187 页。

续表

序号	出现的形式	类型代码	具体内容和意义
36	宝箧的装饰	S	印度佛教早期，贝叶经通常放在编织的宝箧中。宝箧代表佛陀教义的精神滋养，统称律、经、论“三藏”，所以常被画在印度班智达或藏族学者的身边。椭圆形、圆形或卵形的宝箧上有带装饰的箍条，顶部饰有一个带莲花托的珠宝和丝带。某些宁玛派伏藏师的左手常托有宝箧作为手持器物。宝箧也会出现在他们周边地区的岩缝或岩洞里。通常宝箧画成长方形或圆形的柳条盒或镀金盒，盖上饰有一颗珠宝[1]
37	僧钵和装饰	F S	释迦牟尼得道后四方的四大天王每人赠给他一只僧钵，其中最漂亮的钵是用宝石制成的，最朴素的一只是用普通石头做成的。据说他挑选了最朴素的石钵，然后将几个僧钵用法力混成一个普通的钵，所以也有说法认为他用的石钵是紫色斑岩或长石做成的。在绘画中，佛陀的僧钵口沿处有时画有小串珍珠或金色珠宝饰。阿弥陀佛常被画作手托绿松石僧钵，药师佛手捧青金石色的琉璃或绿柱石做成的盈满甘露的僧钵。有时代表佛、法、僧的三种水果或三块珠宝也可以画在僧钵上[2]

[1] [英] 罗伯特·比尔著，向红笳译：《藏传佛教象征符号与器物图解》，中国藏学出版社，2014年：第190页，第211页。

[2] 同[1]，第192页。

续表

序号	出现的形式	类型代码	具体内容和意义
38	念珠	F	传统的佛教念珠是由108颗大小一样的珠粒做成的，通常握在神灵或世系大师的右手中，象征通过背诵咒语、供奉和慈悲觉识体现出其语之纯净。在印度教、耆那教和佛教中，108代表神圣和完满的数字。密宗“四种仪式”[1]规定要使用一些特殊的念珠，比如水晶、珍珠、白莲子、白珊瑚、螺壳或象牙念珠都用于怀柔仪式，菩提子、莲子、黄金、白银、青铜念珠用于增财或增长仪式，红珊瑚、红珍珠、红玛瑙念珠用于召唤、吸引和熄灭仪式。通常观音会手持一串白水晶或珍珠念珠，象征心境平和。念珠一般由三股或九股捻线串成，108颗中用不同颜色的珠粒或半宝石珠粒把念珠分成四个相等的部分，通常放在27、54、81颗珠粒的珠顶。念珠上还有两个带法轮或珠宝装饰的穗状计数绳，或是用彩珠计数，放在第10和第21颗珠粒的珠顶用来计算背诵咒语的次数。念珠的末端有两颗“大师”珠粒，一颗为圆形，另一颗为锥形，象征着认知空性的智慧和空性本身。两颗珠粒的形状也代表佛陀的菩提塔[2]

[1] 是指怀柔仪式、增长仪式、熄灭仪式、诛灭仪式。

[2] [英]罗伯特·比尔著，向红笳译：《藏传佛教象征符号与器物图解》，中国藏学出版社，2014年：第197页。

序号	出现的形式	类型代码	具体内容和意义
39	珠宝	CFOSH	作为象征色的珠宝，梵文和藏文中“珠宝”一词常用在描述印度大班智达和藏族仁波切身上。蓝、白、黄、红、绿五大颜色经常等同于珍贵的宝石和金属。“珍宝”和“如意宝”等词语用来描述佛及其教法，像是“三宝”就是佛、法、僧的同义词 作为器物本身的珠宝，在古代印度传说中，九珠宝被视为九曜，即月曜星珍珠、日曜星红宝石、木曜星黄玉或黄宝石、金曜星钻石、水曜星祖母绿、火曜星红珊瑚、土曜星蓝宝石、罗睺星石榴石、计都星猫睛石。在藏族传说中，有五宝和七宝之说。五宝中，前四宝是金、银、珍珠、珊瑚，而琉璃、绿松石或宝石排列在第五位，有时会用水晶代替珍珠，祖母绿代替宝石。七宝分别是金、银、珊瑚、珍珠、琉璃、钻石、宝石，其中琉璃有时常被视为蓝石、蓝晶或闪烁蓝光的杂青金石，因为琉璃可呈现白、黄、红、绿、蓝色，只有发出这种光谱的半宝石才是蓝石 藏族绘画艺术中宝石作为供品、饰物和器物出现，在描述神灵和坛城时，用宝石来比喻的情况也十分普遍，比如红宝石。作为贡品的珠宝一般画作圆形或梨形，颜色从顶部到底部逐渐变深，珠宝通常带有清晰的顶尖，顶尖上有几条金色的环线，也可根据彩色线条进行排列形成金字塔状，表示珠宝在闪烁发光。珠宝供品和器物也可以画成多面珠宝

续表

序号	出现的形式	类型代码	具体内容和意义
			作为饰物的珠宝画作不同形状，代表善相受用身神或菩萨的“八大宝饰”：珠宝冠、耳饰、短项链或箍式项圈、长垂心部的中长项链、长垂脐部的长项链、手镯和臂镯、踝饰、镶珠腰带。在神灵绘画中，白珍珠和红珊瑚是最常见的珠宝饰物，象征着月亮和太阳、方法和智慧、红白菩提心露及男精女血的结合。善相神所戴头冠饰有五块带有莲花托的珠宝。五颗珠宝的颜色与五佛相符，中央的珠宝颜色代表神灵所属的佛部，其他四块珠宝按照坛城的方位顺序排列 作为手持器物，众多的佛教神灵，特别是与财富繁茂有关的神灵，都手持珠宝。通常画成梨状和带有喷焰顶的宝石状，有时画成多面珠宝[1]
40	如意宝	S F	据说如意宝存在于神界和龙界，这块如意宝经常画成夹在大龙王们合十的手掌间。转龙王宝马的马鞍上也会画有如意宝，它还是“风马”的标识，表示吉祥的祝福传递到四面八方。如意宝可以画成红、橘红、绿色和蓝色的梨形珠宝，一般置于莲花托上，四周环围着冠状火焰或炽热的光；也可以画成八面珠宝的形状，画有三个被拉长的茎状物或棒形茎状物，茎状物上有三块一组的珠宝。实际上，只有六个面能画出彩色珠宝尖，其他两面被珠宝主串挡住了。密集金刚和度母的几个化身都将如意宝握在手中作为手持器物。度母被画成从如意树上采撷珠宝，并将珠宝分赠芸芸众生。如意宝也被画作戴在某些菩萨和本尊神的发髻上[2]

[1] [英] 罗伯特·比尔著，向红笳译：《藏传佛教象征符号与器物图解》，中国藏学出版社，2014 年：第 198—200 页。
[2] 同 [1]，第 201 页。

序号	出现的形式	类型代码	具体内容和意义
41	如意树	S F	在印度神话中，在搅拌宇宙大海时，如意树从浩瀚的水面露出。据说它开在因陀罗五大天堂花园最中央的须弥山山顶上。每座花园都有自己的中央如意树。为了争夺如意树，阿修罗们与天神的战事不断，因为天神随意采撷如意树上的神花和神果。人们常把如意树视为印度珊瑚树（尘世间的一种对应物），它被画成长着黄金根、白银树干、杂青金石枝条、珊瑚叶、珍珠花、宝石花蕾和钻石果的样子。在肖像画中，如意树被画在彩色风景画中，树上饰有花朵、丝绸，并挂有珠宝。在无量寿佛和顶髻天母这类的长寿神所持长寿瓶的顶部也画有小棵如意树[1]
42	水晶	S F	南喀·诺布在著作《水晶和光明之路》中描述了镜子、水晶和水晶球是如何用于大圆满法中对精义、本质和精进进行阐述的。镜子无条件地反射光芒，水晶无条件地折射光芒，水晶球则在内部成像。作为礼器，闪烁发光的水晶出现在灌顶仪式的第四步骤中，以向弟子介绍和阐释“意”的光明特质。闪闪发光的水晶也出现在拉萨龙王庙里有关大圆满法的壁画上。作为宝石或一种珍贵物质，水晶形成了须弥山的东坡面。也可以用水晶来描绘在东部的方位神和东方精怪的品性与器具。石水晶还可以用来雕刻小型佛塔、佛像和礼器，因为石水晶的晶莹剔透象征着它们具有“金刚”的特质。在印度教中，湿婆教林伽和护符[2]在传统上都是用石水晶雕刻的。观音化现的“虚空王”的两只右手都持有月亮水晶、水水晶和太阳水晶或火水晶作为手持器物。水水晶具有使液体或阳光变凉的特质，火水晶就像一个聚光镜可以聚合阳光以点燃圣火。“避火难观音”手持一块冰凉的月亮水晶，“避象难观音”手持一块炽热的太阳水晶。四臂观音和四臂白色无量寿佛常被画成手持水晶念珠和水晶拂尘器物，而众多的金刚乘神灵则被画成手持宝瓶[3]

[1] [英]罗伯特·比尔著，向红笳译：《藏传佛教象征符号与器物图解》，中国藏学出版社，2014年：第202页。

[2] 这些护符和成排的小型宗教像都是用半宝石刻成的，在印度和尼泊尔的旅游市场上能轻易买到。

[3] 同[1]，第202—203页。

续表

序号	出现的形式	类型代码	具体内容和意义
43	瑟珠	F	缟玛瑙在藏文中被叫作“瑟”，常用作护身符，以抵御各种邪恶影响。有种说法认为瑟珠是天神抛洒下来的珠宝，每当珠宝破损或变成碎粒时，天神就将它们抛下。也有一些说法认为瑟珠是天上如意树掉下来的果实，是传说中金翅鸟口中落下的东西，是藏族英雄格萨尔王散落的珍宝。瑟珠一般分为两种：一种是圆桶形棕色或黑白条纹相间的缟玛瑙，上有圆形“睛”或环；另一种是圆形玉髓或光玉髓变体，上有螺旋形赭色、白色或金色条纹。根据形状，还分为细长的锥状母瑟珠和较厚的桶状公瑟珠。最受尊崇的瑟珠是圆桶状棕色或黑色缟玛瑙，上面有九个白“睛”，睛内有一个带成角的、与卐字符相似的图案，九睛瑟珠十分罕见。自公元前3世纪以来，在印度河和底格里斯河之间广阔的区域可能就已经用了蚀刻玉髓、蚀刻光玉髓和蚀刻不透明玛瑙的技术：先用芦苇笔或毛笔蘸着浓烈的苏打水在圆筒状石头上画出图案；烘干时，将石头埋在热灰中烘烤片刻；石头变冷、被清洗干净后，变得更黑的石头上就会留下带釉的白色图案或者说是白色图案渗入更黑的石头中；把苏打水溶液涂在整块石头上就可以得到相反的图案；再进行烧烤直到石头变白；再用硝酸铜溶液进行蚀刻，直至出现白底黑色图案[1]

[1] 20世纪瑟珠被大量仿制，如今在印度、尼泊尔、中国都已仿制出瓷、塑料、树脂、牦牛角和玻璃的瑟珠。中国台湾现已制出最上乘的仿制品，工艺采用的是原始的火蚀刻加工工艺。[英]罗伯特·比尔……2014年：第203页。

续表

序号	出现的形式	类型代码	具体内容和意义
44	吐宝鼠鼬的珠宝	F	吐宝鼠鼬张开的大嘴吐出珠宝雨，它是宝藏神、多闻天王或沙毗门天这类财神左手所持的器物。罗汉巴枯拉的左手也持有鼠鼬，当鼠鼬吐出一串珠宝时，他用右手抚摸它并紧握住它。当对着神灵的左侧挤压鼠鼬时，它就会吐宝。对于财宝和财富的护宝者龙或蛇来说，鼠鼬还是它们的天敌[1]。珠宝雨或吐宝鼠鼬象征物源于中亚的一种习俗，在中亚，人们用鼠鼬皮制作钱包或珠宝袋，从鼠鼬口中可以倒出硬币、宝石或子安贝壳[2]
45	金耳环和珠宝冠	F	男女菩萨身着古代印度王子和公主所穿的“五种丝绸盛装”并佩戴“八种珠宝饰”，他们的长耳垂上都佩戴金耳环。佛众曾摒弃所有的世俗财富和饰物，因此，他们的长耳垂上不画任何饰物，象征着他们断灭一切。罗汉罗睺罗手中握有从众神那里得来的珠宝，是他在神域传授教法时神奇生成的供品。珠冠戴在最温和的男女神灵的头上，珠冠上的五颗珠宝代表着把“五盛阴苦”和“五浊”变成“五佛智”[3]

[1] 其原型或来自农耕社会现实中的蛇鼠天敌。

[2] [英]罗伯特·比尔著，向红笳译：《藏传佛教象征符号与器物图解》，中国藏学出版社，2014年：第204页。

[3] 同[2]，第205页。

续表

序号	出现的形式	类型代码	具体内容和意义
46	礼瓶	S H F	在许多金刚乘仪式中，要使用两种礼瓶，一种是主瓶，一种是羯磨瓶。羯磨瓶上刻有五佛的象征物：法轮、金刚杵、珠宝、莲花宝剑或十字金刚杵。在作为撒水掸子使用的孔雀翎前面可以画上一块装饰华丽的如意宝。礼瓶中的灌顶水代表 25 种宝瓶药，其中有 5 种珍贵物质：金、珍珠、水晶、珊瑚、绿松石（或琉璃）。礼瓶饰有莲瓣、珍珠和吉祥符号。在沙坛城的开光仪式中要使用胜利瓶，这种瓶子上带有八张饕餮脸的珠宝饰带。作为手持器物，礼瓶被描述或画成多种变体，可用水晶、铜、金、银、红宝石、蓝宝石或其他宝石制成，用它来盛放甘露、宝物、珠宝等。另外，怀柔仪式要用水晶做成的礼瓶[1]
47	长寿瓶	S H	长寿瓶是无量寿佛的手持器物，也是无量寿佛的几个人神化身的器物。无量寿佛是红色无量光佛（阿弥陀佛）的受用身。在绘画中，增寿仪式使用的长寿瓶的球状体上都画有珠宝串和珍珠饰带，瓶的沿口画有盘卷在一起的摩羯尾或珠宝图案。长寿瓶顶上冠有一尊无量光佛像或无量寿佛像，有时是一个喷焰红色珠宝或一块珠宝背光，背光中间有无量光佛的种子字符“Hrih”[2]
48	金色宝瓶的装饰	S O	金色宝瓶主要是财富之神的器物，常用在增长仪式上。宝瓶一般画作装饰华丽的金瓶，珠宝不断从中喷涌。金色宝瓶的上沿口饰有一颗如意宝珠，有时是三联珠宝，代表“三宝”[3]

[1] [英] 罗伯特·比尔著，向红笳译：《藏传佛教象征符号与器物图解》，中国藏学出版社，2014 年：第 208—209 页。
[2] 同 [1]，第 210 页。
[3] 同 [2]。

续表

序号	出现的形式	类型代码	具体内容和意义
49	护身佛盒	S	藏族的护身佛盒是用来盛放圣物和其他物品的圆盒、方盒或拱形灵骨盒，它是藏族珠宝物之一，具有私人佛龛的功能，通常都戴在脖子上，置于胸前，宛若一个圆形雕饰。通常盒子上镶嵌着绿松石、珊瑚、珍珠、琉璃和琥珀。盒子背面可以拆下装进一些小的圣物，比如宝石、印制的咒语、舍利等[1]

注：根据《藏传佛教象征符号与器物图解》（表中简写为《藏》）、《印度传统珠宝首饰》（*Traditional Jewelry of Indi*）、《7000年珠宝史》（*7000 Years of Jewellery*）等文献整理制成。参见罗伯特·比尔著，向红笳译：《藏传佛教象征符号与器物图解》，中国藏学出版社，2014年。Oppi Untracht. *Traditional Jewelry of India*. London: Thames and Hudson Ltd. 1997。Hugh Tait. *7000 Years of Jewellery*. British Museum Press, 2009.

[1]［英］罗伯特·比尔著，向红笳译：《藏传佛教象征符号与器物图解》，中国藏学出版社，2014年：第212页。

后记

寻找昆仑山巅的西王母

清明节时回乡祭祖，烧纸的烟气和香火升腾的瞬间，叨念和情感似乎已经传递到了另一个世界，如果它存在。

人存在的意义究竟是什么？哲学家们将此在（being-in-the world）具体到了人们“活着”的当下，将超越世界的存在（beyond-the-world）解释为意识的自由世界。的确，我感受了这样两个世界的存在。《玉山之巅》的初稿基本是在 2020 年新冠肺炎疫情期间完成的。在“家”这个小世界里，有父母亲人相互陪伴，每天自己又能在写作的世界里神思畅游。自我的内部世界在封闭了外部物质世界之后，反而更加开阔、丰富、充实、平和了许多。

感谢亦师亦友者经常与我交流关于玉文化的感受。我十分希望同道中人关注到玉石多元叙事表达的问题，特别是我浅尝却尚未深入研究的方言玉文化、玉神话。在这方面，我的父亲，还有李纶、陈朋旭、何马、林少江、梁飞雄、张秀珍等师友提供了热心的解释、帮助。当然，也要感谢在爱丁堡相识的香港科技大学语言学博士周颖异帮助我严谨地完善“玉”方言的国际音标。感谢女性业玉人杨丽莉、李艳愿意提供反映她们日常生活的社交网络资料。感谢经常一起“头脑风暴”的刘建宇、韩军、岳书斌，他们是我雏形书稿的读者。正是他们的打击与批评，使我在辩驳中更加明晰想要传递的信息。特别感谢主编李砚祖先生及江苏凤凰出版集团对此书出版工作的支持和重视。

在玉文化研究这条路上，要感谢一直给予我心灵震撼和精神滋养的学者、业玉人，众多可爱可敬的调研对象。他们以自己或悲或喜或平凡的生活样子鲜活地阐释着待玉、治玉、业玉的意义——“活儿”就等于“活着”。二十几年来，很多受访者的名字渐渐变成了电脑文档里的符号，但是，他们同时生化成了我留在字里行间的情感，以及记忆甚至梦境里鲜活的情态。于我而言，这是证明他们存在过的痕迹，代表存在的意义。

成书那一刻才恍悟，不用再去追究“玉出昆仑”到底是在哪里，还有那个我们今天依然无法复原的西王母原貌。还原到现实的生活，我心中的西王母及近是某个人，及远是物象、技术，具有影响他人的力量，可以通过知识教化、情感感化、技术驯化来调教人的想象力。昆仑山，则恰恰是那个充满想象的世界，有着自由流动的意识，又如梦幻泡影。我们总是希望美好的想象与愿望变成真实，又希望不堪的真实仅仅是幻境。如果西王母代表真实，那么必定有一座昆仑山，昆仑山巅也一定长居这位西王母，因为想象与真实从未分离过。

朱怡芳

2020 年 6 月 6 日于北京